EXERCICES DE MATHÉMATIQUES
ORAUX X-ENS

AF863078

Enseignement des mathématiques

1. J.-Y. Ouvrard, *Probabilités I*
2. J. Hubbard, B. West, *Équations différentielles et systèmes dynamiques*
3. M. Cottrell, V. Genon-Catalot, Ch. Duhamel, Th. Meyre, *Exercices de probabilités*
4. F. Rouvière, *Petit guide de calcul différentiel à l'usage de la licence et de l'agrégation*
5. J.-Y. Ouvrard, *Probabilités II*
6. G. Zémor, *Cours de cryptographie*
7. A. Szpirglas, *Exercices d'algèbre*
8. B. Perrin-Riou, *Algèbre, arithmétique et Maple*
10. S. Francinou, H. Gianella, S. Nicolas, *Exercices des oraux X-ENS, Algèbre 1*
11. S. Francinou, H. Gianella, S. Nicolas, *Exercices des oraux X-ENS, Analyse 1*
12. S. Francinou, H. Gianella, S. Nicolas, *Exercices des oraux X-ENS, Algèbre 2*
13. S. Francinou, H. Gianella, S. Nicolas, *Exercices des oraux X-ENS, Analyse 2*
14. S. Francinou, H. Gianella, S. Nicolas, *Exercices des oraux X-ENS, Algèbre 3*
15. H. Krivine, *Exercices de mathématiques pour physiciens*
16. J. Jacod, Ph. Protter, *L'essentiel en théorie des probabilités*
17. M. Willem, *Analyse fonctionnelle élémentaire*
18. É. Amar, É. Matheron, *Analyse complexe*
19. B. Randé, *Problèmes corrigés. Concours 2002 et 2003 (MP)*
20. D. Perrin, *Mathématiques d'école*
21. B. Randé, *Problèmes corrigés. Concours 2004 (MP)*
22. P. Bourgade, *Olympiades internationales de mathématiques 1976-2005*
23. V. Prasolov, *Problèmes et théorèmes d'algèbre linéaire*

515
FRA
e
(2)

SERGE FRANCINOU
HERVÉ GIANELLA
SERGE NICOLAS

Exercices de mathématiques des oraux de l'École polytechnique et des Écoles normales supérieures

Analyse. Tome II

Deuxième édition, revue et augmentée

PILON

MINES PARISTECH
605.105
Bibliothèque

CASSINI

Serge Francinou, ancien élève de l'École normale supérieure et agrégé de Mathématiques est actuellement professeur en classe préparatoire au lycée Marcelin Berthelot.

Hervé Gianella, ancien élève de l'École normale supérieure et agrégé de Mathématiques est actuellement professeur en classe préparatoire au lycée Saint-Louis.

Serge Nicolas, ancien élève de l'École normale supérieure et agrégé de Mathématiques est actuellement professeur en classe préparatoire au lycée Henri IV.

2e édition
ISBN 978-2-84225-141-3
© Cassini, Paris, 2009.

(1ere édition, 2004, ISBN-10 : 2-84225-033-8, ISBN-13 : 978-2-84225-033-1)

Introduction

Cet ouvrage est le second tome d'analyse d'un recueil d'exercices de mathématiques destiné à la préparation des oraux des concours d'entrée aux Écoles normales supérieures et à l'École polytechnique. Il comportera six tomes, trois d'algèbre et trois d'analyse.

La vocation première des Écoles normales est de former des chercheurs ou des enseignants-chercheurs. Le concours d'entrée vise donc à détecter les qualités scientifiques du candidat, son aptitude à la recherche. À l'oral, on jugera avant tout la capacité de prendre des initiatives, d'utiliser une indication, de mener à bien une démarche. On ne sera pas surpris que les exercices posés aient un contenu mathématique riche, qu'ils soient très éloignés du simple exercice technique, d'application du cours, qu'ils soient souvent difficiles. Ils visent la plupart du temps à la démonstration d'un résultat mathématique significatif. Ils pourraient apparaître excessivement difficiles, si on perdait de vue le déroulement concret de l'épreuve. L'oral des ENS est un long dialogue (l'épreuve dure environ cinquante minutes, comme d'ailleurs à l'École polytechnique) entre le candidat et l'examinateur, qui tout au long de l'épreuve fournit des indications, quand c'est nécessaire, pour relancer la réflexion du candidat et tester ses réactions. Il est d'ailleurs impossible de rendre pleinement compte dans un recueil d'exercices du caractère oral de l'épreuve.

L'École polytechnique, quant à elle, est plus généraliste. Les exercices posés au concours sont de facture plus classique et, en règle générale, l'examinateur intervient moins. C'est au candidat de montrer sa maîtrise du programme dans la résolution d'un exercice dont la difficulté est cependant très variable. Certains sont proches des exercices d'ENS. Les énoncés circulent d'ailleurs d'un concours à l'autre, ou peuvent même être repris d'exercices d'Olympiades.

Les énoncés qui figurent dans ce recueil ont été donnés entre 1996 et 2008. Ils sont extraits pour l'essentiel des listes publiées chaque année par la RMS (*Revue des mathématiques de l'enseignement supérieur* aux éditions Vuibert jusqu'en 2003 et désormais *Revue de la filière Mathématiques* aux éditions e.net) dont nous remercions les auteurs pour l'aide précieuse qu'ils apportent ainsi aux élèves et aux professeurs des classes préparatoires. Il s'agit de versions communiquées par les étudiants, reflétant la compréhension que ceux-ci ont eue de l'exercice et le déroulement conjoncturel de leur oral, comme le montrent les variations d'une année à l'autre pour un même exercice. Nous n'avons pas hésité à les modifier, pour rectifier des erreurs, compléter un énoncé quand manifestement l'exercice s'est arrêté avant que le résultat que l'examinateur avait en vue ne soit atteint, ou ajouter des indications.

Nous avons choisi de laisser quelques énoncés « bruts », ceux pour lesquels nous estimons qu'une démarche naturelle (qui peut être longue et ardue) permet de conduire à la solution. Pour d'autres exercices, nous avons pris la liberté de rajouter des questions intermédiaires, qui auraient pu être celles posées par l'examinateur. Quitte à perdre en concision, nous avons tenu à rédiger les solutions les plus pédagogiques possible, essayant d'exposer clairement les idées et démarches des raisonnements sans pour autant escamoter les détails ou calculs qui peuvent paraître évidents. On évite autant que possible l'introduction d'une astuce ou d'un objet *ad hoc* permettant d'atteindre rapidement la solution. S'il n'y a pas moyen d'expliquer l'origine de cette astuce, c'est que l'exercice est peu intéressant et que l'étudiant en tirera peu de profit.

À l'intérieur de chaque chapitre, les exercices ont été regroupés thématiquement, et à l'intérieur de chaque thème, souvent par ordre de difficulté croissante. Ainsi regroupés, ils apparaîtront plus accessibles, car plongés dans leur contexte mathématique, éclairés par d'autres exercices voisins. Les introductions historiques qui ouvrent chaque chapitre, outre leur intérêt propre, visent au même but. Enfin, nous avons agrémenté les énoncés de quelques remarques préliminaires. Sans faire de rappels de cours systématiques, nous avons énoncé, voire redémontré certains résultats : lemmes classiques, intervenant dans la résolution d'un grand nombre d'exercices, ou résultats au contraire à la lisière du programme, mais utiles, pour lesquels des éclaircissements étaient nécessaires. On trouvera aussi des remarques de synthèse ou des généralisations qui, nous l'espérons, pourront amener le candidat curieux à approfondir ses connaissances. Les quelques indications bibliographiques ont le même objectif.

Le lecteur ne tirera profit de ce livre d'exercices que s'il cherche des solutions personnelles avant d'en étudier les corrigés. Une bonne connaissance du cours est indispensable. En effet, les théorèmes du programme fournissent bon nombre de schémas de démonstration. Rappelons aussi quelques démarches générales qui peuvent faciliter l'appréhension des exercices difficiles :

▷ ne pas hésiter à faire un calcul formel, par exemple avec des séries entières, pour se faire une idée du résultat et justifier ensuite la convergence.

▷ pour des questions asymptotiques concernant les intégrales il faut souvent essayer de repérer le (où les) endroit(s) où la contribution de la fonction est la plus importante et/ou remplacer la fonction intégrée par une fonction qui lui est équivalente et qui conduit à une intégrale calculable.

▷ ne pas perdre de vue les liens étroits qu'il y a entre les séries de Fourier et les séries entières. L'une des deux théories peut servir à résoudre un exercice posé *a priori* dans l'autre.

Au-delà des étudiants en classe préparatoire, ces ouvrages intéresseront aussi les candidats au CAPES et à l'Agrégation, qui y trouveront matière à réviser les principales notions du programme, ainsi que des exemples pour nourrir un développement pour leur oral. Leur connaissance de l'Analyse Complexe pourra éclairer ou raccourcir certaines solutions du chapitre sur les séries entières.

Voyons maintenant plus précisément le contenu de ce tome 2 d'analyse. Le premier chapitre, un peu à part, concerne l'intégrale sur un segment. C'est le seul qui peut être étudié en première année. Nous avons choisi de regrouper les exercices concernant l'intégrale généralisée dans le troisième tome d'analyse. Il est toutefois possible, à l'occasion d'un exercice, de rencontrer le théorème de convergence dominée. Les trois autres chapitres sont centrés sur les séries, et concernent des notions au cœur du programme de seconde année : suites et séries de fonctions, séries entières et séries de Fourier.

Comme dans les autres tomes, les exercices sont classés par thème. La difficulté est toutefois plutôt croissante : les chapitres commencent par des questions techniques ou des savoir-faire indispensables (calculs d'intégrales, de rayon de convergence, de développement en série de Fourier,...) et se terminent souvent par des exercices difficiles qui ont pour objet de démontrer des théorèmes du niveau licence ou maîtrise (citons par exemple le théorème d'Ascoli, le théorème de Fejér,...).

Le troisième et dernier tome d'analyse portera sur l'intégrale généralisée, la topologie, les équations différentielles et les fonctions de plusieurs variables.

Nous remercions André et Catherine Bellaïche, René Cori, Rached Mneimné, Bernard Randé, Yves Duval et Joon Kwon pour leur relecture approfondie de l'ouvrage et leurs nombreuses suggestions, tant sur le fond que sur la forme.

Enfin, si vous souhaitez nous contacter pour nous faire part de vos remarques, vous pouvez envoyer un courrier à l'adresse *fgn.cassini@free.fr*.

Chapitre 1
Intégration

À partir de la deuxième moitié du XVIIe *siècle et de la mise en place du calcul infinitésimal, s'impose le concept d'intégration, traité comme le concept inverse de celui de dérivation. Leibniz donne une méthode permettant, en principe, le calcul des primitives d'une fonction rationnelle. Euler montre comment ramener à ce calcul celui de nombreuses primitives comme* $\int \mathrm{R}(x, \sqrt{\mathrm{P}(x)})\,dx$, *où* R *est une fraction rationnelle et* P *un polynôme de degré inférieur ou égal à* 2. *Il développe aussi la théorie des intégrales doubles. Vers 1730, il introduit la fonction* Γ *comme fonction interpolatrice des factorielles, sous forme de produit infini puis sous forme d'intégrale. Il commence l'étude des intégrales elliptiques dont Lagrange introduit la forme générale (1784). L'étude en est approfondie par Legendre, puis Abel et Jacobi (vers 1830). Laplace est le premier à démontrer que* $\int_{-\infty}^{+\infty} e^{-t^2}\,dt = \sqrt{\pi}$. *En liaison avec le calcul des probabilités, vers 1778, il obtient des formules asymptotiques pour les intégrales du type* $\int_a^b g(t)h(t)^n\,dt$ *lorsque* n *tend vers* $+\infty$. *Il considère le point* c *où* h *atteint son maximum et utilise les développements de Taylor de* g *et* h *au point* c *(méthode de Laplace). En 1749, Euler pose le problème de développer une fonction* 2π*-périodique arbitraire sous la forme* $\sum_{k=0}^{+\infty} a_k \cos kx + b_k \sin kx$, *et note les relations d'orthogonalité* $\int_0^\pi \cos mx \cos nx\,dx = 0$. *Clairaut donne la forme générale des coefficients.*

Cauchy, vers 1820, définit l'intégrale d'une fonction continue sur un segment comme la limite quand $\max(x_i - x_{i-1})$ *tend vers* 0 *de* $\sum_{i=1}^{n}(x_i - x_{i-1})f(x_i)$, *en utilisant implicitement la continuité uniforme de la fonction. Il faudra attendre 1872 pour que Heine introduise la notion de continuité uniforme et montre qu'une fonction définie sur un segment y est uniformément continue. En 1854, dans un mémoire intitulé* « La possibilité de représenter une fonction par une série trigonométrique », *Riemann pose les bases de ce qui allait devenir l'intégrale de Riemann. Il définit l'intégrale d'une fonction bornée sur un segment comme la limite de ses sommes de Riemann* $\sum_{i=1}^{n}(x_i - x_{i-1})f(\lambda_i)$ *où* λ_i *est un point quelconque de* $[x_{i-1}, x_i]$. *Il démontre un critère d'intégrabilité (qui en langage moderne se ramène à : l'ensemble des points de discontinuité de la fonction est de mesure nulle), montre que les fonctions monotones sont intégrables, donne un exemple de fonction monotone ayant une infinité de discontinuités et enfin, revenant aux séries trigonométriques, montre que toute fonction intégrable a des coefficients de Fourier qui tendent vers* 0. *Vers 1860, Weierstrass montre que si une série de fonctions continues converge uniformément sur* $[a, b]$, *on peut intégrer cette série terme à terme, opération que l'on ne s'était pas privé de faire depuis au moins un siècle et demi sans aucune justification.*

L'intégrale de Riemann domine jusqu'aux travaux de Lebesgue. Celui-ci complète les travaux de Borel sur la théorie de la mesure et construit ce qui s'appelle depuis la mesure de Lebesgue sur $\mathbb{R}^n$. *Pour définir l'intégrale il remplace les fonctions en escalier utilisées par Riemann par des fonctions étagées (fonctions dont l'image est finie mais où l'image réciproque de chaque point est un ensemble mesurable quelconque et pas forcément un intervalle). Lebesgue montre immédiatement la fécondité de ses conceptions par les théorèmes fondamentaux de passage à la limite pour les suites de fonctions, puis par le renouvellement qu'il apporte à la théorie des séries de Fourier (1903).*

1.1. Un calcul d'intégrale

Calculer $\displaystyle\int_0^{\pi/4} \ln(1 + \tan x)\mathrm{d}x$.

(**École polytechnique**)

▷ **Solution.**

Notons I l'intégrale à calculer. Il s'agit d'un exemple classique, et il n'y en a pas beaucoup, où la primitive de la fonction intégrée n'est pas calculable, mais où il est possible de s'en sortir par une petite astuce. On remplace $\tan x$ par $\dfrac{\sin x}{\cos x}$. On obtient

$$\mathrm{I} = \int_0^{\pi/4} \ln(\sin x + \cos x)\mathrm{d}x - \int_0^{\pi/4} \ln\cos x \,\mathrm{d}x.$$

On a $\sin x + \cos x = \sqrt{2}\cos\left(x - \dfrac{\pi}{4}\right)$, de sorte que

$$\int_0^{\pi/4} \ln(\sin x + \cos x)\mathrm{d}x = \frac{\pi}{4}\ln\sqrt{2} + \int_0^{\pi/4} \ln\cos\left(x - \frac{\pi}{4}\right)\mathrm{d}x.$$

Or, par le changement de variable $u = \dfrac{\pi}{4} - x$, on a

$$\int_0^{\pi/4} \ln\cos\left(x - \frac{\pi}{4}\right)\mathrm{d}x = \int_0^{\pi/4} \ln\cos u\,\mathrm{d}u.$$

On obtient donc finalement

$$\boxed{\mathrm{I} = \frac{\pi}{4}\ln\sqrt{2} = \frac{\pi}{8}\ln 2}. \lhd$$

Les prochains exercices sont consacrés à des inégalités intégrales. Le sujet est vaste et les techniques employées très variées. L'inégalité qui suit est une simple utilisation de la positivité.

1.2. Une inégalité (1)

Soit $f : [0,1] \longrightarrow \mathbb{R}$ continue et telle que $\int_0^1 f(t)\mathrm{d}t = 0$. On pose $\alpha = \min\limits_{x\in[0,1]} f(x)$ et $\beta = \max\limits_{x\in[0,1]} f(x)$. Montrer que $\int_0^1 f(t)^2\mathrm{d}t \leqslant -\alpha\beta$.

(**École polytechnique**)

$\rhd$ **Solution.**

Les fonctions $f - \alpha$ et $\beta - f$ sont positives, si bien que

$$0 \leqslant \int_0^1 (f-\alpha)(\beta - f) = (\beta+\alpha)\int_0^1 f - \alpha\beta - \int_0^1 f^2 = -\alpha\beta - \int_0^1 f^2,$$

et donc

$$\boxed{\int_0^1 f^2 \leqslant -\alpha\beta}. \lhd$$

1.3. Une inégalité (2)

Soit $f : [0,1] \longrightarrow \mathbb{R}$ une fonction concave et continue telle que $f(0) = 1$. Montrer que

$$\int_0^1 xf(x)\mathrm{d}x \leqslant \frac{2}{3}\left(\int_0^1 f(x)\mathrm{d}x\right)^2.$$

(**École polytechnique**)

▷ **Solution.**

Posons $\mathrm{A} = \int_0^1 f(x)\,\mathrm{d}x$ et $\mathrm{B} = \int_0^1 xf(x)\,\mathrm{d}x$. Comme f est continue, $\mathrm{F} : x \longmapsto \int_0^x f$ est une primitive de f et une intégration par parties donne

$$\mathrm{B} = \Big[x\mathrm{F}(x)\Big]_0^1 - \int_0^1 \mathrm{F}(x)\,\mathrm{d}x = \mathrm{A} - \int_0^1 \Big(\int_0^x f(t)\,\mathrm{d}t\Big)\mathrm{d}x.$$

Soit $x > 0$. Pour tout $t \in [0, x]$ on a, par concavité de f,

$$f(t) \geqslant \frac{t}{x} f(x) + \frac{x-t}{x} f(0) = \frac{f(x)-1}{x} t + 1,$$

et en intégrant, il vient

$$\int_0^x f(t)\,\mathrm{d}t \geqslant \frac{f(x)-1}{x}\frac{x^2}{2} + x = \frac{xf(x)+x}{2}.$$

Ainsi,

$$\mathrm{A} - \mathrm{B} = \int_0^1 \Big(\int_0^x f(t)\,\mathrm{d}t\Big)\,\mathrm{d}x \geqslant \int_0^1 \frac{xf(x)+x}{2}\mathrm{d}x$$

et on obtient $\mathrm{A} - \mathrm{B} \geqslant \frac{\mathrm{B}}{2} + \frac{1}{4}$, ou encore $\mathrm{B} \leqslant \frac{2}{3}\Big(\mathrm{A} - \frac{1}{4}\Big)$. Or, on a $\mathrm{A} - \frac{1}{4} \leqslant \mathrm{A}^2$ car $(2\mathrm{A}-1)^2 \geqslant 0$, si bien que $\boxed{\mathrm{B} \leqslant \frac{2}{3}\mathrm{A}^2}$. ◁

1.4. Inégalité de Young

1. Soit $f : \mathbb{R}_+ \to \mathbb{R}_+$ une fonction de classe $\mathcal{C}^1$ telle que $f(0) = 0$, $f' > 0$ et $\lim_{x \to +\infty} f(x) = +\infty$. Montrer que pour $a \geqslant 0$,

$$af(a) = \int_0^a f(t)\,\mathrm{d}t + \int_0^{f(a)} f^{-1}(t)\,\mathrm{d}t,$$

puis que, pour $b \geqslant 0$,

$$ab \leqslant \int_0^a f(t)\,\mathrm{d}t + \int_0^b f^{-1}(t)\,\mathrm{d}t$$

(*inégalité de Young*).

2. Établir que l'inégalité de la question précédente reste valable si on suppose seulement f continue strictement croissante avec $f(0) = 0$ et $\lim_{x \to +\infty} f(x) = +\infty$.

(**École polytechnique**)

▷ **Solution.**

1. Posons $\mathrm{F}(a) = \int_0^a f(t)\,\mathrm{d}t + \int_0^{f(a)} f^{-1}(t)\,\mathrm{d}t - af(a)$. Par hypothèse, f établit un $\mathcal{C}^1$-difféomorphisme de $\mathbb{R}_+$ sur lui-même. Il en résulte que f^{-1} est de classe $\mathcal{C}^1$ et en particulier continue, et donc que F est de classe $\mathcal{C}^1$ sur $\mathbb{R}_+$. On a pour tout $a \geqslant 0$,

$$\mathrm{F}'(a) = f(a) + f^{-1}(f(a)) \times f'(a) - f(a) - af'(a) = 0.$$

Comme $\mathrm{F}' = 0$, F est constante et comme $\mathrm{F}(0) = 0$, elle est identiquement nulle. Cela montre la première égalité qui devient très claire si on interprète les intégrales en terme d'aires : la somme des deux aires grisées de la figure est égale à l'aire du rectangle.

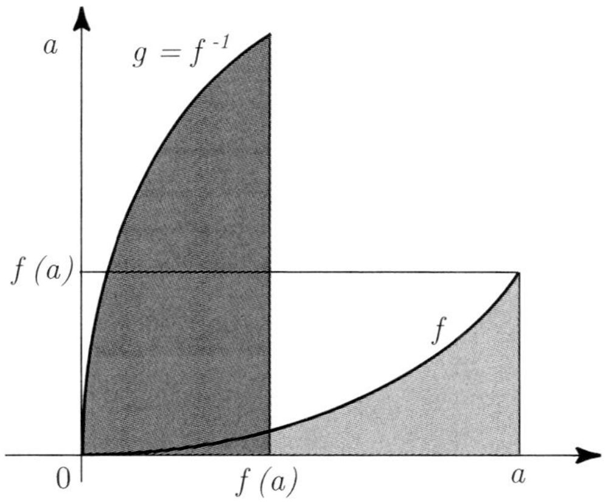

Soient a, b deux réels positifs. Pour montrer l'inégalité, supposons d'abord $b \geqslant f(a)$. On a d'après l'identité précédente,

$$\int_0^a f + \int_0^b f^{-1} - ab = af(a) + \int_{f(a)}^b f^{-1} - ab = \int_{f(a)}^b (f^{-1} - a) \geqslant 0$$

car f^{-1} étant croissante, elle est minorée par a sur l'intervalle $[f(a), b]$. Lorsque $b \leqslant f(a)$ on fait le même travail mais en faisant jouer à f^{-1} le rôle de f. On écrit

$$\begin{aligned}\int_0^a f + \int_0^b f^{-1} - ab &= \int_0^{f^{-1}(b)} f + \int_{f^{-1}(b)}^a f + \int_0^b f^{-1} - ab \\ &= \int_{f^{-1}(b)}^a f + bf^{-1}(b) - ab = \int_{f^{-1}(b)}^a (f - b) \geqslant 0.\end{aligned}$$

2. La preuve de l'inégalité de Young à partir de l'égalité obtenue dans la première question n'utilise pas du tout le caractère dérivable de

f. Il nous suffit donc de prouver que l'égalité

$$af(a) = \int_0^a f(t)\,\mathrm{d}t + \int_0^{f(a)} f^{-1}(t)\,\mathrm{d}t$$

est encore vraie avec f seulement continue et bien entendu strictement monotone avec $f(0) = 0$ et $\lim\limits_{x\to+\infty} f(x) = +\infty$. Notons que ces hypothèses permettent de dire que f est un homéomorphisme strictement croissant de $\mathbb{R}_+$ sur lui-même. Cela justifie l'existence de f^{-1} ainsi que sa continuité.

On va prouver cette égalité de plusieurs manières. Soit $a \geqslant 0$.

• La vision de l'égalité en terme d'aires donnée ci-dessus fait bien sentir que la dérivabilité de f n'est pas utile. Considérons l'ensemble $\mathrm{A} = \{(x,y),\ 0 \leqslant x \leqslant a,\ 0 \leqslant y \leqslant f(x)\}$. L'aire de A vaut $\int_0^a f(x)\mathrm{d}x$. La transformation $s : (x,y) \mapsto (y,x)$ conserve les aires (c'est simplement la symétrie par rapport à la droite d'équation $y = x$). L'aire de A est donc égale à l'aire de son image $\mathrm{A}' = s(\mathrm{A})$. Or,

$$\begin{aligned}\mathrm{A}' &= \{(x,y),\ 0 \leqslant y \leqslant a,\ 0 \leqslant x \leqslant f(y)\}\\ &= \{(x,y),\ 0 \leqslant y \leqslant a,\ 0 \leqslant f^{-1}(x) \leqslant y\}\\ &= \{(x,y),\ 0 \leqslant x \leqslant f(a),\ f^{-1}(x) \leqslant y \leqslant a\}.\end{aligned}$$

Ainsi, l'aire de A′ vaut $\int_0^{f(a)} (a - f^{-1}(x))\,\mathrm{d}x = af(a) - \int_0^{f(a)} f^{-1}(x)\,\mathrm{d}x$. L'égalité des deux aires fournit le résultat.

• Voici une autre solution purement analytique. Il suffit de prouver que la fonction F introduite dans la question 1 est toujours identiquement nulle avec la seule hypothèse f continue. Pour cela, on va montrer que F est dérivable de dérivée nulle, mais en revenant à la définition de la dérivabilité. Soit $a \geqslant 0$. Le taux d'accroissement $\dfrac{\mathrm{F}(a+h) - \mathrm{F}(a)}{h}$ vaut

$$\frac{1}{h}\left(\int_a^{a+h} f + \int_{f(a)}^{f(a+h)} f^{-1} - (a+h)f(a+h) + af(a)\right).$$

Le rapport $\dfrac{1}{h}\int_a^{a+h} f$ tend vers $f(a)$ lorsque h tend vers 0 car f est continue. Le terme $f(a+h)$ tend également vers $f(a)$ par continuité de f. Il reste donc à prouver que

$$\psi(h) = \frac{1}{h}\int_{f(a)}^{f(a+h)} f^{-1} - a\frac{f(a+h) - f(a)}{h} = \frac{1}{h}\int_{f(a)}^{f(a+h)} (f^{-1} - a)$$

tend vers 0 lorsque h tend vers 0. Comme f^{-1} est continue, la première formule de la moyenne assure l'existence d'un réel c_h compris entre $f(a)$

et $f(a+h)$ tel que

$$\psi(h)=\frac{(f(a+h)-f(a))(f^{-1}(c_h)-a)}{h}.$$

Par croissance de f^{-1}, le rapport $\dfrac{f^{-1}(c_h)-a}{h}$ est dans $[0,1]$, et $\psi(h)$ tend donc vers 0 quand h tend vers 0. Ainsi, F est dérivable en a avec $\mathrm{F}'(a)=0$. On peut alors conclure comme dans la première question.

• Pour terminer, nous proposons une troisième démonstration de l'égalité de Young qui fait appel aux sommes de Riemann : prenons une subdivision régulière $0=x_0<x_1<\cdots<x_n=a$ de l'intervalle $[0,a]$. Posons $y_i=f(x_i)$ pour $0\leqslant i\leqslant n$. Comme f est continue, la quantité $\sum\limits_{i=1}^{n} y_i(x_i-x_{i-1})$ converge vers $\int_0^a f$ lorsque n tend vers l'infini. Or, nous avons

$$\begin{aligned}\sum_{i=1}^{n} y_i(x_i-x_{i-1}) &= \sum_{i=1}^{n} y_i x_i-\sum_{i=0}^{n-1} y_{i+1}x_i = y_n x_n-\sum_{i=0}^{n}(y_i-y_{i+1})x_i\\ &= af(a)-\sum_{i=0}^{n}(y_i-y_{i+1})x_i. \qquad (*)\end{aligned}$$

Comme f^{-1} est également continue, la dernière somme est une somme de Riemann qui va converger vers $\int_0^{f(a)} f^{-1}$ sous réserve que le pas de la subdivision des y_i converge aussi vers 0. C'est bien le cas : en effet, d'après le théorème de Heine, f est uniformément continue sur le compact $[0,a]$ et si $\varepsilon>0$ est donné, il existe $\eta>0$ tel que si $|x-y|\leqslant\eta$, on a $|f(x)-f(y)|\leqslant\varepsilon$. Pour n suffisamment grand, $\dfrac{a}{n}\leqslant\eta$ et pour tout $i\in[\![1,n]\!]$, $x_i-x_{i-1}=\dfrac{a}{n}$ et $0\leqslant y_i-y_{i-1}\leqslant\varepsilon$. Le pas de la subdivision des y_i est donc inférieur ou égal à ε. En passant à la limite dans $(*)$, il vient

$$\int_0^a f(x)\mathrm{d}x=af(a)-\int_0^{f(a)} f^{-1}(x)\mathrm{d}x. \ \lhd$$

En appliquant l'inégalité de Young avec la fonction $f(t)=t^{p-1}$ *pour* $p>1$ *on obtient l'inégalité de Hölder* $ab\leqslant\dfrac{a^p}{p}+\dfrac{b^q}{q}$ *où* q *est l'exposant conjugué de* p*, i.e. l'unique réel tel que* $\dfrac{1}{p}+\dfrac{1}{q}=1$.

Le théorème de majoration dit que $\left|\int_a^b f\right|\leqslant\int_a^b |f|$*. Il peut se voir comme une version continue de l'inégalité triangulaire. Lorsque* f *est continue à valeurs réelles, il est aisé de voir que l'inégalité ci-dessus est* *une égalité si et seulement si f garde un signe constant*[1]*. L'exercice suivant étudie le cas d'égalité dans $\mathbb{R}^n$, la norme euclidienne remplaçant la valeur absolue.*

1.5. Cas d'égalité dans le théorème de majoration

Soit $f : [a, b] \longrightarrow \mathbb{R}^n$ continue, $\mathbb{R}^n$ étant muni de sa structure euclidienne canonique. Donner une condition nécessaire et suffisante pour que

$$\left\| \int_a^b f \right\| = \int_a^b \|f\|.$$

(École polytechnique)

▷ **Solution.**

Montrons que la condition cherchée est que f prenne ses valeurs dans une demi-droite issue de l'origine, autrement dit qu'il existe un vecteur e de norme 1 et une fonction $\varphi : [a, b] \to \mathbb{R}_+$ tels que, pour tout $t \in [a, b]$, $f(t) = \varphi(t)e$. Dans le cas $n = 1$ on retrouve ainsi le fait que f garde un signe constant.

• Montrons pour commencer que cette condition est suffisante. En effet, on a alors,

$$\int_a^b f(t)\,\mathrm{d}t = \Big(\int_a^b \varphi(t)\,\mathrm{d}t \Big) e$$

et donc

$$\left\| \int_a^b f(t)\,\mathrm{d}t \right\| = \left| \int_a^b \varphi(t)\,\mathrm{d}t \right| = \int_a^b \varphi(t)\,\mathrm{d}t,$$

car φ est positive. Comme, pour tout $t \in [a, b]$, $\|f(t)\| = \varphi(t)$, on a le résultat voulu.

• Supposons réciproquement que $\left\| \int_a^b f \right\| = \int_a^b \|f\|$. Si $\int_a^b \|f\| = 0$, alors $\|f\| = 0$, puisque cette fonction est positive et continue, et $f = 0$. On prend dans ce cas e unitaire quelconque et $\varphi = 0$.

Sinon, on pose, comme le montre le sens direct $e = \dfrac{\int_a^b f}{\int_a^b \|f\|}\cdot$ On a alors

$$\left\| \int_a^b f \right\| = \left\langle e, \int_a^b f \right\rangle = \int_a^b \langle e, f(t) \rangle\,\mathrm{d}t \leqslant \int_a^b \|f(t)\|\,\mathrm{d}t = \left\| \int_a^b f \right\|,$$

---

1. Si $\int_a^b |f| = \varepsilon \int_a^b f$ avec $\varepsilon = \pm 1$, l'intégrale de la fonction continue positive $|f| - \varepsilon f$ est nulle, et donc $|f| = \varepsilon f$ *i.e.* $f = \varepsilon |f|$.

d'après l'inégalité de Cauchy-Schwarz. Ainsi l'inégalité est une égalité et $\int_a^b (\|f(t)\| - \langle e, f(t)\rangle)\,\mathrm{d}t = 0$. Comme la fonction qu'on intègre est continue et positive, elle est nulle. On a donc, pour tout $t \in [a,b]$, $\langle e, f(t)\rangle = \|f(t)\|$. On en déduit que $f(t) \in \mathbb{R}_+ e$, ce qui donne le résultat voulu si on pose, pour tout $t \in [a,b]$, $\varphi(t) = \|f(t)\|$. $\triangleleft$

Pour $f : [a,b] \longrightarrow \mathbb{C}$, continue, l'égalité $\left|\int_a^b f\right| = \int_a^b |f|$ est donc réalisée si et seulement si l'argument de $f(t)$ est constant, i.e. s'il existe $\theta \in \mathbb{R}$ et $\rho : [a,b] \longrightarrow \mathbb{R}_+$ tels que $f(t) = \rho(t)e^{i\theta}$ pour tout $t \in [a,b]$.

1.6. Une inégalité (3)

Soit $\mathrm{E} = \mathcal{C}^1([a,b],\mathbb{R})$.

1. Montrer que, pour tout $\varepsilon > 0$, il existe $\mathrm{C} > 0$ tel que pour tout $f \in \mathrm{E}$ et tout $x \in [a,b]$,

$$|f(x)^2 - f(a)^2| \leqslant \mathrm{C}\int_a^b f^2 + \varepsilon \int_a^b f'^2.$$

2. Montrer que, pour tout $\varepsilon > 0$, il existe $\mathrm{D} > 0$ tel que, pour tout $f \in \mathrm{E}$,

$$\sup_{x\in[a,b]} f^2(x) \leqslant \mathrm{D}\int_a^b f^2 + \varepsilon \int_a^b f'^2.$$

(**École polytechnique**)

$\triangleright$ **Solution.**

1. On écrit, pour tout $x \in [a,b]$,

$$|f(x)^2 - f(a)^2| = \left|\int_a^x 2f(t)f'(t)\,\mathrm{d}t\right| \leqslant \int_a^x 2|f(t)||f'(t)|\,\mathrm{d}t \leqslant \int_a^b 2|f(t)||f'(t)|\,\mathrm{d}t.$$

On pense à la majoration $2|f(t)||f'(t)| \leqslant f^2(t) + f'^2(t)$. L'appliquer directement ne fait pas apparaître ε. On écrit donc

$$2|f(t)||f'(t)| = 2\left|\frac{1}{\sqrt{\varepsilon}}f(t)\right| |\sqrt{\varepsilon}f'(t)| \leqslant \frac{1}{\varepsilon}f^2(t) + \varepsilon f'^2(t)$$

et on obtient

$$|f(x)^2 - f(a)^2| \leqslant \frac{1}{\varepsilon}\int_a^b f^2 + \varepsilon\int_a^b f'^2.$$

L'astuce consistant à majorer le produit $2ab$ *par* $\frac{1}{\varepsilon}a^2 + \varepsilon b^2$ *est très utilisée dans la théorie des équations aux dérivées partielles, théorie dont est issu cet énoncé.*

2. Soit $x \in [a, b]$. Pour tout $t \in [a, b]$, on a

$$f^2(x) = f^2(t) + \int_t^x 2f(u)f'(u)\,\mathrm{d}u.$$

On en déduit que

$$f^2(x) \leqslant f^2(t) + \int_a^b 2|f(u)||f'(u)|\mathrm{d}u.$$

En intégrant sur $[a, b]$ par rapport à t, on obtient

$$(b-a)f^2(x) \leqslant \int_a^b f^2(t)\,\mathrm{d}t + (b-a)\int_a^b 2|f(u)||f'(u)|\mathrm{d}u$$

et donc

$$f^2(x) \leqslant \frac{1}{b-a}\int_a^b f^2(t)\,\mathrm{d}t + \int_a^b 2|f(u)||f'(u)|\mathrm{d}u.$$

En raisonnant comme dans la première question, on en déduit que

$$\begin{aligned} f^2(x) &\leqslant \frac{1}{b-a}\int_a^b f^2(t)\,\mathrm{d}t + \frac{1}{\varepsilon}\int_a^b f^2 + \varepsilon\int_a^b f'^2 \\ &\leqslant \left(\frac{1}{b-a} + \frac{1}{\varepsilon}\right)\int_a^b f^2 + \varepsilon\int_a^b f'^2. \end{aligned}$$

Cela étant vrai pour tout $x \in [a, b]$, on a donc

$$\sup_{x\in[a,b]} f^2(x) \leqslant \left(\frac{1}{b-a} + \frac{1}{\varepsilon}\right)\int_a^b f^2 + \varepsilon\int_a^b f'^2. \quad \triangleleft$$

L'exercice suivant s'intéresse à des intégrales de la forme $\int_a^b e^{i\varphi(t)}\,dt$. *Il est clair que le module de cette intégrale est majoré par* $b-a$. *Toutefois, lorsque la fonction* φ *varie assez rapidement, on peut espérer obtenir une majoration meilleure puisque les complexes de module 1 vont avoir tendance à se compenser. L'inégalité de Van der Corput quantifie cette idée et donne une majoration remarquable qui ne dépend pas de la longueur de l'intervalle.*

1.7. Inégalité de Van der Corput

Montrer qu'il existe une suite $(c_k)_{k\geqslant 1}$ de réels positifs vérifiant

(i) pour tout $a<b$, tout $\varphi \in \mathcal{C}^2([a,b],\mathbb{R})$ vérifiant $|\varphi'|\geqslant 1$ et φ' monotone, et tout $\lambda>0$

$$\left|\int_a^b e^{i\lambda\varphi(x)}\mathrm{d}x\right| \leqslant \frac{c_1}{\lambda};$$

(ii) pour tout $a<b$, tout $k\in\mathbb{N}^*$ avec $k\geqslant 2$, toute fonction $\varphi\in\mathcal{C}^{k+1}([a,b],\mathbb{R})$ vérifiant $|\varphi^{(k)}|\geqslant 1$, tout $\lambda>0$

$$\left|\int_a^b e^{i\lambda\varphi(x)}\mathrm{d}x\right| \leqslant \frac{c_k}{\lambda^{1/k}}.$$

(**École normale supérieure**)

▷ **Solution.**

Nous allons démontrer l'existence des c_k par récurrence sur k.

• Commençons par prouver l'existence de c_1. Quitte à prendre le conjugué de l'intégrale à majorer (ce qui revient à remplacer φ par $-\varphi$) on peut faire l'hypothèse que $\varphi'\geqslant 1$. Comme φ' ne s'annule pas, on peut écrire

$$\int_a^b e^{i\lambda\varphi(x)}\mathrm{d}x = \int_a^b \frac{i\lambda\varphi'(x)e^{i\lambda\varphi(x)}}{i\lambda\varphi'(x)}\mathrm{d}x,$$

ce qui donne en intégrant par parties

$$\int_a^b e^{i\lambda\varphi(x)}\mathrm{d}x = \left[\frac{e^{i\lambda\varphi(x)}}{i\lambda\varphi'(x)}\right]_a^b + \int_a^b \frac{\varphi''(x)e^{i\lambda\varphi(x)}}{i\lambda\varphi'(x)^2}\mathrm{d}x.$$

En passant au module, on obtient

$$\left|\int_a^b e^{i\lambda\varphi(x)}\mathrm{d}x\right| \leqslant \frac{1}{\lambda}\left(\frac{1}{\varphi'(a)}+\frac{1}{\varphi'(b)}+\int_a^b\frac{|\varphi''(x)|}{\varphi'(x)^2}\mathrm{d}x\right).$$

Comme φ'' est de signe constant, on a

$$\int_a^b \frac{|\varphi''(x)|}{\varphi'(x)^2}\mathrm{d}x = \left|\int_a^b \frac{\varphi''(x)}{\varphi'(x)^2}\mathrm{d}x\right| = \left|\frac{1}{\varphi'(a)}-\frac{1}{\varphi'(b)}\right| \leqslant \frac{1}{\varphi'(a)}+\frac{1}{\varphi'(b)}.$$

Compte-tenu de l'inégalité $\varphi'\geqslant 1$, on majore finalement par

$$\left|\int_a^b e^{i\lambda\varphi(x)}\mathrm{d}x\right| \leqslant \frac{4}{\lambda}.$$

On peut donc prendre $c_1 = 4$.

• Supposons $k \geqslant 2$. Quitte à changer φ en son opposé, on peut à nouveau supposer $\varphi^{(k)} \geqslant 1$ (en particulier $\varphi^{(k-1)}$ est strictement croissante et s'annule au plus une fois).

⋆ Supposons tout d'abord que la fonction $\varphi^{(k-1)}$ s'annule en un point c de $]a,b[$. Pour $\alpha > 0$ tel que $c+\alpha \leqslant b$, on peut écrire, pour $x \in [c+\alpha, b]$, $\varphi^{(k-1)}(x) = \int_c^x \varphi^{(k)} \geqslant x - c \geqslant \alpha$ et donc $\dfrac{\varphi^{(k-1)}(x)}{\alpha} \geqslant 1$. Par hypothèse de récurrence, on a donc

$$\left|\int_{c+\alpha}^{b} e^{i\lambda\varphi(x)}\mathrm{d}x\right| = \left|\int_{c+\alpha}^{b} e^{\lambda\alpha i\frac{\varphi(x)}{\alpha}}\mathrm{d}x\right| \leqslant \frac{c_{k-1}}{(\alpha\lambda)^{1/(k-1)}}.$$

De même, si $c - \alpha \geqslant a$, on a $-\varphi^{(k-1)}(x) = \int_x^c \varphi^{(k)} \geqslant c - x \geqslant \alpha$ et donc $\left|\dfrac{\varphi^{(k-1)}(x)}{\alpha}\right| \geqslant 1$ pour $x \in [a, c-\alpha]$. On peut majorer de façon identique

$$\left|\int_{a}^{c-\alpha} e^{i\lambda\varphi(x)}\mathrm{d}x\right| = \left|\int_{a}^{c-\alpha} e^{\lambda\alpha i\frac{\varphi(x)}{\alpha}}\mathrm{d}x\right| \leqslant \frac{c_{k-1}}{(\alpha\lambda)^{1/(k-1)}}.$$

Comme $\left|\int_{c-\alpha}^{c+\alpha} e^{i\lambda\varphi(x)}\mathrm{d}x\right| \leqslant \int_{c-\alpha}^{c+\alpha} 1 = 2\alpha$, on a donc

$$\left|\int_{a}^{b} e^{i\lambda\varphi(x)}\mathrm{d}x\right| \leqslant 2\alpha + \frac{2c_{k-1}}{(\alpha\lambda)^{1/(k-1)}}.$$

Remarquons que cette inégalité est vraie en fait pour tout $\alpha > 0$: en effet, si $c + \alpha > b$ (resp. $c - \alpha < a$) , on a alors $\left|\int_c^b e^{i\lambda\varphi(x)}\mathrm{d}x\right| \leqslant \alpha$ (resp. $\left|\int_a^c e^{i\lambda\varphi(x)}\mathrm{d}x\right| \leqslant \alpha$). Il suffit alors de prendre $\alpha = \dfrac{1}{\lambda^{1/k}}$ et il vient

$$\left|\int_{a}^{b} e^{i\lambda\varphi(x)}\mathrm{d}x\right| \leqslant \frac{2}{\lambda^{1/k}} + \frac{2c_{k-1}}{(\lambda^{(1-1/k)})^{1/(k-1)}} = \frac{2+2c_{k-1}}{\lambda^{1/k}}.$$

⋆ Supposons maintenant que $\varphi^{(k-1)}$ ne s'annule pas sur $]a,b[$. Par continuité, elle reste de signe constant. Dans le cas où elle est positive, on a $\varphi^{(k-1)}(a) \geqslant 0$. Pour $\alpha > 0$ avec $a + \alpha < b$, on peut écrire que si $x \in [a+\alpha, b]$, $\varphi^{(k-1)}(x) = \int_a^x \varphi^{(k)} + \varphi^{(k-1)}(a) \geqslant (x-a) + 0 \geqslant \alpha$. En majorant comme précédemment, on trouve

$$\left|\int_{a}^{b} e^{i\lambda\varphi(x)}\mathrm{d}x\right| \leqslant \int_a^{a+\alpha} 1 + \left|\int_{a+\alpha}^{b} e^{i\lambda\varphi(x)}\mathrm{d}x\right| \leqslant \alpha + \frac{c_{k-1}}{(\alpha\lambda)^{1/(k-1)}},$$

inégalité qui reste évidemment valable si $a+\alpha \geqslant b$. Toujours en prenant $\alpha = \dfrac{1}{\lambda^{1/k}}$, il vient

$$\left| \int_a^b e^{i\lambda\varphi(x)} \mathrm{d}x \right| \leqslant \frac{1+c_{k-1}}{\lambda^{1/k}} \leqslant \frac{2+2c_{k-1}}{\lambda^{1/k}}.$$

Dans le cas où $\varphi^{(k-1)}$ reste négative, on considère un découpage de l'intégrale en $b-\alpha$ et on arrive à la même majoration.

Il suffit donc de poser $c_{k+1} = 2(1+c_k)$. $\triangleleft$

Les méthodes usuelles de calcul approché de l'intégrale d'une fonction f, disons continue, sur un segment $[a,b]$, consistent à remplacer f par une fonction plus simple (constante, affine, polynomiale,...) sur chaque intervalle de la subdivision régulière du segment en n morceaux, puis de faire tendre n vers l'infini. On obtient alors une suite qui converge vers $\int_a^b f$. Pour estimer la vitesse de convergence de cette suite on est souvent amené à faire une hypothèse de régularité plus forte sur la fonction f. L'exercice suivant propose une telle estimation pour une fonction de classe $\mathcal{C}^2$ dans le cadre de la méthode des trapèzes.

1.8. Majoration de l'erreur dans la méthode des trapèzes

Soit $f \in \mathcal{C}^2([a,b],\mathbb{R})$. Montrer que

$$\left| \int_a^b f(t)\mathrm{d}t - \frac{b-a}{2}\big(f(a)+f(b)\big) \right| \leqslant \frac{(b-a)^3}{12} \|f''\|_\infty.$$

(**École polytechnique**)

$\triangleright$ **Solution.**

Il est bon de remarquer que la quantité à majorer mesure la différence entre l'aire définie entre la courbe et l'axe des x et l'aire du trapèze défini par la sécante à la courbe en a et b et l'axe des x.

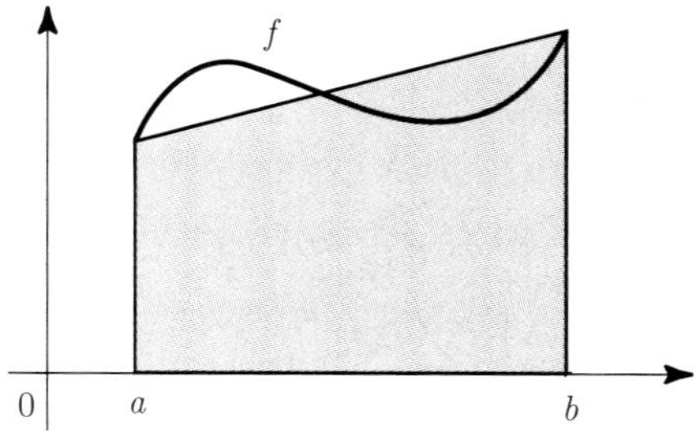

Si on pose pour $x \in [a,b]$, $g(x) = f(x) - \left[\dfrac{f(b)-f(a)}{b-a}(x-a) + f(a)\right]$ (on retire à f l'équation de la sécante, on a g de classe $\mathcal{C}^2$, $g'' = f''$, $g(a) = g(b) = 0$ et

$$\int_a^b g = \int_a^b f - \frac{b-a}{2}\Big(f(a)+f(b)\Big).$$

Afin de faire apparaître la dérivée seconde de g, nous allons intégrer deux fois par parties : nous allons dériver g deux fois et intégrer deux fois la constante 1. Cependant, afin de supprimer les termes entre crochets, nous choisirons judicieusement les constantes des primitives. On a donc

$$\begin{aligned}\int_a^b g &= [(t-m)g]_a^b - \int_a^b (t-m)g'(t)\mathrm{d}t = -\int_a^b (t-m)g'(t)\mathrm{d}t\\ &= -\left[\left(\frac{t^2}{2} - mt + h\right)\right]_a^b + \int_a^b \left(\frac{t^2}{2} - mt + h\right) g''(t)\mathrm{d}t\end{aligned}$$

où m et h sont des constantes à choisir. Prenons donc m et h dans $\mathbb{R}$ tels que $\left(\frac{t^2}{2} - mt + h\right) = \frac{(t-a)(t-b)}{2}$. Le crochet est alors nul et $\int_a^b g = \int_a^b \frac{(t-a)(t-b)}{2} g''(t)\mathrm{d}t = \int_a^b \frac{(t-a)(t-b)}{2} f''(t)\mathrm{d}t$. Comme f'' est continue sur le compact $[a,b]$, elle est bornée et

$$\begin{aligned}\left|\int_a^b g\right| &\leqslant \|f''\|_\infty \int_a^b \frac{(t-a)(b-t)}{2}\mathrm{d}t\\ &\leqslant \frac{\|f''\|_\infty}{2}\left(\left[\frac{(t-a)^2}{2}(b-t)\right]_a^b + \int_a^b \frac{(t-a)^2}{2}\mathrm{d}t\right)\end{aligned}$$

ce qui donne $\left|\int_a^b g\right| \leqslant \frac{\|f''\|_\infty}{2}\left(0 + \left[\frac{(t-a)^3}{6}\right]_a^b\right) = \frac{\|f''\|_\infty}{12}(b-a)^3$. On conclut donc

$$\boxed{\left|\int_a^b f(t)\mathrm{d}t - \frac{b-a}{2}(f(a)+f(b))\right| \leqslant \frac{(b-a)^3}{12}\|f''\|_\infty}. \lhd$$

On en déduit une majoration de l'erreur dans la méthode des trapèzes. On considère une subdivision $a = x_0 < x_1 < \cdots < x_n = b$ de l'intervalle $[a,b]$ en n intervalles égaux. Pour $k \in [\![0, n-1]\!]$, on remplace $\int_{x_k}^{x_{k+1}} f(t)\, dt$ par l'aire du trapèze défini par la sécante à la courbe en x_k et x_{k+1} et l'axe des abscisses. On obtient $\frac{1}{2}f(x_0) + \sum_{k=1}^{n-1} f(x_k) + \frac{1}{2}f(x_n)$ comme valeur approchée de $\int_a^b f(t)\, dt$. L'erreur commise est majorée par $\frac{\|f''\|_\infty (b-a)^3}{12n^2}$.

On dit que la méthode des trapèzes est du deuxième ordre. Le lecteur pourra se reporter à l'exercice 1.19 pour d'autres résultats concernant le calcul approché d'intégrales.

L'exercice concerne une estimation du même type que celle de l'énoncé précédent, mais avec une fonction convexe.

1.9. Méthode des trapèzes pour une fonction convexe

Soit f une fonction convexe de $\mathcal{C}^1(\mathbb{R}_+, \mathbb{R})$ et $n \in \mathbb{N}$, $n \geqslant 2$. Montrer que

$$0 \leqslant \frac{1}{2}f(0)+f(1)+\cdots+f(n-1)+\frac{1}{2}f(n)-\int_0^n f \leqslant \frac{1}{8}(f'(n)-f'(0)).$$

(**École polytechnique**)

▷ **Solution.**

On observe que la quantité $\dfrac{f(k)+f(k+1)}{2}$ représente l'aire du trapèze délimité par l'axe des abscisses, les droites d'équation $x = k$ et $x = k+1$ et la corde du graphe de f qui joint les points $(k, f(k))$ et $(k+1, f(k+1))$. Ainsi,

$$\mathrm{S}_n = \frac{1}{2}f(0) + f(1) + \cdots + f(n-1) + \frac{1}{2}f(n) = \sum_{k=0}^{n-1} \frac{f(k)+f(k+1)}{2}$$

est la somme des aires de ces trapèzes.

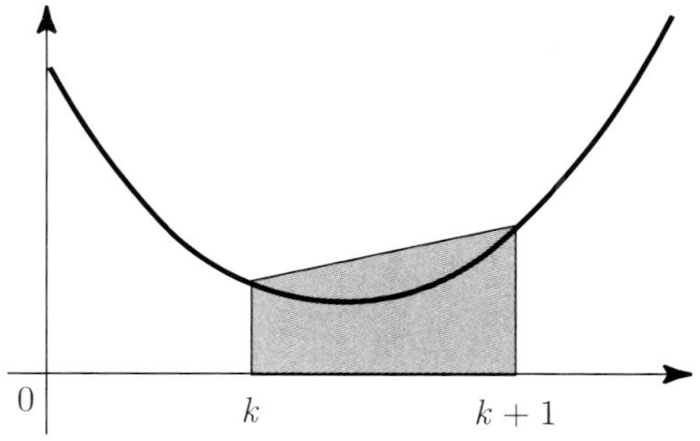

Comme la fonction f est convexe, il est déjà clair que $\int_0^n f \leqslant \mathrm{S}_n$. Cela provient de ce que sur chaque intervalle $[k, k+1]$ le graphe de f se trouve en-dessous de la corde qui joint les points $(k, f(k))$ et $(k+1, f(k+1))$.

On cherche maintenant à majorer l'erreur $S_n - \int_0^n f$. On se place sur un intervalle $[k, k+1]$ et on majore $\dfrac{f(k)+f(k+1)}{2} - \int_k^{k+1} f$.

Géométriquement, l'idée consiste à minorer f par sa tangente en k sur $[k, k+\frac{1}{2}]$ et par sa tangente en $k+1$ sur $[k+\frac{1}{2}, k+1]$.

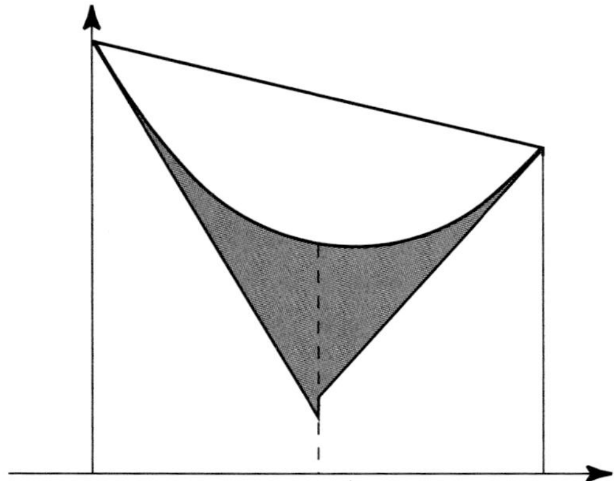

On a donc pour tout $t \in [k, k+\frac{1}{2}]$, $f(t) \geqslant f(k) + f'(k)(t-k)$ et pour tout $t \in [k+\frac{1}{2}, k+1]$, $f(t) \geqslant f(k+1) + f'(k+1)(t-k-1)$. Calculons

$$\begin{aligned}\int_k^{k+\frac{1}{2}} [f(k) + f'(k)(t-k)]\mathrm{d}t &= \frac{f(k)}{2} + f'(k)\left[\frac{(t-k)^2}{2}\right]_k^{k+\frac{1}{2}} \\ &= \frac{f(k)}{2} + \frac{f'(k)}{8}\end{aligned}$$

et

$$\begin{aligned}&\int_{k+\frac{1}{2}}^{k+1} [f(k+1) + f'(k+1)(t-k-1)]\mathrm{d}t \\ &\qquad = \frac{f(k+1)}{2} - f'(k+1)\left[\frac{(t-k-1)^2}{2}\right]_{k+\frac{1}{2}}^{k+1} \\ &\qquad = \frac{f(k)}{2} - \frac{f'(k+1)}{8}.\end{aligned}$$

Ainsi, $\int_k^{k+1} f$ est minoré par $\dfrac{f(k)+f(k+1)}{2} + \frac{1}{8}(f'(k) - f'(k+1))$. On a donc $\dfrac{f(k)+f(k+1)}{2} - \int_k^{k+1} f \leqslant \frac{1}{8}(f'(k+1) - f'(k))$. En sommant cela pour k entre 0 et $n-1$ on obtient la majoration demandée,

$$\boxed{0 \leqslant \mathrm{S}_n - \int_0^n f \leqslant \frac{1}{8}(f'(n) - f'(0))}. \lhd$$

Pour établir la majoration, on peut aussi reprendre la méthode de l'exercice précédent et intégrer par parties, en considérant la primitive $t \longmapsto t - (k + \frac{1}{2})$ *de* 1*. On obtient*

$$\frac{1}{2}(f(k) + f(k+1)) - \int_k^{k+1} f(t)\,dt = \int_k^{k+1} \left(t - \left(k + \frac{1}{2}\right)\right) f'(t)\,dt.$$

Comme f' *est croissante, on en déduit*

$$\int_k^{k+\frac{1}{2}} \left(t - \left(k + \frac{1}{2}\right)\right) f'(t)\,dt \leqslant f'(k) \int_k^{k+\frac{1}{2}} \left(t - \left(k + \frac{1}{2}\right)\right) = -\frac{f'(k)}{8},$$

$$\int_{k+\frac{1}{2}}^{k+1} \left(t - \left(k + \frac{1}{2}\right)\right) f'(t)\,dt \leqslant f'(k+1) \int_{k+\frac{1}{2}}^{k+1} \left(t - \left(k + \frac{1}{2}\right)\right) dt = \frac{f'(k+1)}{8}$$

et donc $\displaystyle\frac{1}{2}(f(k) + f(k+1)) - \int_k^{k+1} f(t)\,dt \leqslant \frac{f'(k+1) - f'(k)}{8}$.

1.10. Recherche d'un minimum

Trouver le minimum de $\displaystyle\int_{-1}^{1} |t^2 + at + b|\,\mathrm{d}t$ lorsque a et b décrivent $\mathbb{C}$.

(**École polytechnique**)

▷ **Solution.**

Posons, pour $(a,b) \in \mathbb{C}^2$, $f(a,b) = \displaystyle\int_{-1}^{1} |t^2 + at + b|\,\mathrm{d}t$. On constate que

$$\begin{aligned} f(a,b) &= \int_{-1}^{1} \sqrt{(t^2 + \mathrm{Re}(a)t + \mathrm{Re}(b))^2 + (\mathrm{Im}(a)t + \mathrm{Im}(b))^2}\,\mathrm{d}t \\ &\geqslant \int_{-1}^{1} |t^2 + \mathrm{Re}(a)t + \mathrm{Re}(b)|\,\mathrm{d}t = f(\mathrm{Re}(a), \mathrm{Re}(b)). \end{aligned}$$

On peut donc se limiter à $(a,b) \in \mathbb{R}^2$, ce qu'on fait dans la suite de l'exercice.

L'observation essentielle est que la fonction $(a,b) \mapsto \displaystyle\int_{-1}^{1} |t^2 + at + b|\mathrm{d}t$ est convexe sur $\mathbb{R}^2$. En effet, si (a,b) et (a',b') sont deux couples de $\mathbb{R}^2$ et λ un réel de $[0,1]$, par l'inégalité triangulaire, on a pour $t \in [-1,1]$,

$$|t^2 + ((1-\lambda)a + \lambda a')t + (1-\lambda)b + \lambda b')| \leqslant (1-\lambda)|t^2 + at + b| + \lambda|t^2 + a't + b'|.$$

En intégrant cela par rapport à t, on obtient

$$f((1-\lambda)a+\lambda a',(1-\lambda)b+\lambda b') \leqslant (1-\lambda)f(a,b)+\lambda f(a',b').$$

On peut même observer que f est strictement convexe, c'est-à-dire que l'inégalité ci-dessus est stricte si $(a,b) \neq (a',b')$ et $\lambda \in \,]0,1[$. Comme il est clair que f est continue et que $f(a,b)$ tend vers $+\infty$ lorsque $|a|+|b|$ tend vers $+\infty$, on en déduit que f admet un minimum sur $\mathbb{R}^2$ et que celui-ci est atteint en un point unique. On va déterminer ce point.

Si on effectue le changement de variable $u=-t$, on obtient

$$f(a,b)=\int_{-1}^{1}|t^2+at+b|\mathrm{d}t=\int_{-1}^{1}|u^2-au+b|\mathrm{d}u=f(-a,b).$$

Ainsi, si b est fixé, la fonction $a \mapsto f(a,b)$ est paire. Or, d'après ce qui précède, il s'agit d'une fonction convexe d'une variable réelle : elle atteint donc son minimum en 0 (car $f(0) \leqslant \dfrac{f(x)+f(-x)}{2}=f(x)$ pour tout x). Le minimum de f est donc nécessairement atteint lorsque $a=0$.

Il ne reste plus qu'à étudier le minimum de $f(0,b)=\int_{-1}^{1}|t^2+b|\mathrm{d}t$. On calcule cette intégrale en discutant selon la position de b par rapport à -1 et 0 pour enlever la valeur absolue.

- Si $b \geqslant 0$, $f(0,b)=\dfrac{2}{3}+2b$.
- Si $b \leqslant -1$, $f(0,b)=-2b-\dfrac{2}{3}\cdot$
- Enfin si $-1<b<0$, on pose $b=-c^2$ avec $0<c<1$ et on a

$$f(0,b)=2\int_{0}^{1}|t^2-c^2|\mathrm{d}t=2\int_{0}^{c}(c^2-t^2)\mathrm{d}t+2\int_{c}^{1}(t^2-c^2)\mathrm{d}t.$$

Après simplification, on obtient $f(0,b)=\dfrac{2}{3}(4c^3-3c^2+1)$. Une étude de fonction montre que le polynôme $4c^3-3c^2+1$ atteint sur l'intervalle $[0,1]$ son minimum en $\dfrac{1}{2}\cdot$

On peut donc conclure que la fonction f atteint son minimum pour $a=0$ et $b=-\dfrac{1}{4}\cdot$ En ce point elle vaut $\dfrac{1}{2}\cdot$ ◁

1.11. Recherche d'une borne inférieure

Soit F l'ensemble des fonctions $f \in \mathcal{C}^1([0,1],\mathbb{R})$ vérifiant $f(0)=0$ et $f(1)=1$. Déterminer $\inf\limits_{f\in \mathrm{F}} \int_0^1 |f'-f|$.

(École normale supérieure, École polytechnique)

▷ **Solution.**

La quantité $f' - f$ invite à introduire la fonction $g : x \mapsto f(x)e^{-x}$. En effet, g est de classe $\mathcal{C}^1$ et on a $g'(x) = (f'(x) - f(x))e^{-x}$ pour tout $x \in [0,1]$. On remplace donc $f'(x) - f(x)$ par $e^x g'(x)$. Lorsque f parcourt l'ensemble F la fonction g parcourt l'ensemble G des fonctions de classe $\mathcal{C}^1$ qui prennent la valeur 0 en 0 et la valeur $\frac{1}{e}$ en 1. Et $h = g'$ parcourt donc l'ensemble H des fonctions continues dont l'intégrale sur $[0,1]$ vaut $\frac{1}{e}\cdot$ On a donc

$$\inf_{f\in \mathrm{F}} \int_0^1 |f' - f| = \inf_{g\in \mathrm{G}} \int_0^1 e^x |g'(x)| \mathrm{d}x = \inf_{h\in \mathrm{H}} \int_0^1 e^x |h(x)| \mathrm{d}x.$$

Ce changement de variable permet de résoudre facilement le problème posé. En effet, si $h \in \mathrm{H}$ on a

$$\int_0^1 e^x |h(x)| \mathrm{d}x \geqslant \int_0^1 |h(x)| \mathrm{d}x \geqslant \int_0^1 h(x) \mathrm{d}x = \frac{1}{e}\cdot$$

Montrons que $\frac{1}{e}$ est exactement la borne inférieure recherchée. Pour cela, on va construire une suite de fonctions $(h_n)_{n\geqslant 1}$ telle que $\int_0^1 e^x |h_n(x)| \mathrm{d}x$ tende vers $\frac{1}{e}$. On choisit des fonctions positives, affines par morceaux qui concentrent la masse au voisinage de 0. Plus précisément, on prend h_n nulle sur $[1/n, 1]$ et affine sur $[0, 1/n]$ avec $h_n(0) = \frac{2n}{e}$ et $h_n(1/n) = 0$. Il est facile de voir que $h_n \in \mathrm{H}$ et

$$\int_0^1 e^x |h_n(x)| \mathrm{d}x = \int_0^{1/n} e^x h_n(x) \mathrm{d}x \leqslant e^{1/n} \int_0^1 h_n(x) \mathrm{d}x = \frac{e^{1/n}}{e}\cdot$$

Le majorant tend bien vers $\frac{1}{e}$ lorsque n tend vers l'infini ce qui prouve le résultat.

Conclusion. On a $\boxed{\inf_{f\in \mathrm{F}} \int_0^1 |f' - f| = \frac{1}{e}}\cdot$ ◁

Les exercices qui suivent concernent encore des inégalités et ils reposent sur l'importante inégalité de Cauchy-Schwarz.

1.12. Inégalité de Hardy

Soit $f : [0,1] \longrightarrow \mathbb{R}$ une fonction continue. On pose pour tout $x \in]0,1]$, $\mathrm{F}(x) = \frac{1}{x}\int_0^x f(t)\mathrm{d}t$ et $\mathrm{F}(0) = f(0)$. Montrer que

$$\int_0^1 \mathrm{F}^2(x)\mathrm{d}x \leqslant 4\int_0^1 f^2(x)\mathrm{d}x.$$

(**École polytechnique**)

▷ **Solution.**

Comme f est continue, F est de classe $\mathcal{C}^1$ sur $]0,1]$. De plus la fonction F est continue en 0, puisque $\mathrm{F}(x)$ est le taux d'accroissement entre 0 et x d'une primitive de f. Cela justifie donc l'existence de l'intégrale de F^2. Pour tout x dans $]0,1]$ on a

$$\mathrm{F}'(x) = \frac{-1}{x^2}\int_0^x f + \frac{f(x)}{x}$$

autrement dit $x\mathrm{F}'(x) = f(x) - \mathrm{F}(x)$. En multipliant par $\mathrm{F}(x)$, on obtient $\mathrm{F}^2(x) = f(x)\mathrm{F}(x) - x\mathrm{F}(x)\mathrm{F}'(x)$. On va intégrer cette relation entre $\varepsilon > 0$ et 1. On obtient

$$\int_\varepsilon^1 \mathrm{F}^2 = \int_\varepsilon^1 f\mathrm{F} - \int_\varepsilon^1 x\mathrm{F}(x)\mathrm{F}'(x)\mathrm{d}x = \int_\varepsilon^1 f\mathrm{F} - \left[x\frac{\mathrm{F}^2(x)}{2}\right]_\varepsilon^1 + \frac{1}{2}\int_\varepsilon^1 \mathrm{F}^2.$$

En faisant tendre ε vers 0, on en déduit donc que

$$\int_0^1 \mathrm{F}^2 = 2\int_0^1 f\mathrm{F} - \mathrm{F}^2(1) \leqslant 2\int_0^1 f\mathrm{F}.$$

On en déduit, grâce à l'inégalité de Cauchy-Schwarz, que

$$\int_0^1 \mathrm{F}^2 \leqslant 2\int_0^1 f\mathrm{F} \leqslant 2\sqrt{\int_0^1 f^2}\sqrt{\int_0^1 \mathrm{F}^2}.$$

Si $\int_0^1 \mathrm{F}^2 > 0$, en élevant au carré, il reste $\left(\int_0^1 \mathrm{F}^2\right)^2 \leqslant 4\int_0^1 f^2 \int_0^1 \mathrm{F}^2$ et en divisant par l'intégrale de F^2, on trouve la majoration voulue

$$\boxed{\int_0^1 \mathrm{F}^2 \leqslant 4\int_0^1 f^2}.$$

Cette majoration reste clairement valable lorsque $\int_0^1 \mathrm{F}^2 = 0$. ◁

Le résultat est un cas particulier des inégalités de Hardy. Le cas général consiste en une majoration de la la norme p *de* F *en fonction de celle de* f : $\|F\|_p \leqslant q\|f\|_p$, *où* $\|f\|_p = \left(\int_0^1 |f|^p\right)^{\frac{1}{p}}$ *et* $\frac{1}{p} + \frac{1}{q} = 1$ *(ici on a le cas* $p = q = 2$*).*

1.13. Recherche d'un minimum

> Déterminer le minimum de $\int_0^1 (f''(t))^2 \mathrm{d}t$ dans l'ensemble des fonctions de classe $\mathcal{C}^2$ de $[0,1]$ dans $\mathbb{R}$ vérifiant $f(0) = f(1) = 0$ et $f'(0) = a$ où a est un réel donné.
>
> (**École polytechnique**)

▷ **Solution.**

Le carré présent dans l'intégrale nous invite à essayer d'utiliser l'inégalité de Cauchy-Schwarz. Soit f une fonction dans l'ensemble considéré par l'énoncé. On a des informations sur f en deux points distincts à savoir 0 et 1. On va estimer $f(1)$ à partir des informations en 0 en utilisant la formule de Taylor avec reste intégral. On a

$$f(1) = f(0) + f'(0) + \int_0^1 (1-t) f''(t) \mathrm{d}t,$$

ce qui, compte-tenu des hypothèses vérifiées par f, donne

$$-a = \int_0^1 (1-t) f''(t) \mathrm{d}t.$$

L'inégalité de Cauchy-Schwarz donne alors,

$$a^2 \leqslant \int_0^1 (1-t)^2 \mathrm{d}t \int_0^1 (f''(t))^2 \mathrm{d}t = \frac{1}{3} \int_0^1 (f''(t))^2 \mathrm{d}t.$$

Cette inégalité est une égalité si et seulement si f'' est proportionnelle à la fonction $t \longmapsto 1-t$.

Si $f''(t) = \lambda(1-t)$, f est de la forme $f(t) = \frac{\lambda}{6}(1-t)^3 + \alpha(1-t) + \beta$. La condition $f(1) = 0$ impose $\beta = 0$. La condition $f(0) = 0$ donne $\lambda = -6\alpha$ et enfin la condition $f'(0) = a$ conduit à $\alpha = \frac{a}{2}$.

Conclusion. Le minimum de $\int_0^1 (f''(t))^2 \mathrm{d}t$ est égal à $3a^2$ et il n'est atteint que pour la fonction $t \longmapsto \frac{a}{2}((1-t)-(1-t)^3) = \frac{a}{2}(1-t)t(2-t)$. ◁

1.14. Étude d'une suite

Soient f et g continues de $[0,1]$ dans $]0,+\infty[$. On pose, pour tout n de $\mathbb{N}$, $u_n = \int_0^1 g(x)f(x)^n \mathrm{d}x$. Étudier la suite $\left(\frac{u_{n+1}}{u_n}\right)_{n\in\mathbb{N}}$.

(École polytechnique)

▷ **Solution.**

Les fonctions f et g sont continues à valeurs dans $]0,+\infty[$. La suite $(u_n)_{n\in\mathbb{N}}$ est donc à termes strictement positifs. Posons, pour tout entier naturel n, $v_n = \frac{u_{n+1}}{u_n}\cdot$ Pour tout n de $\mathbb{N}$, on a

$$u_{n+1} = \int_0^1 g(x)(f(x))^{n+1}\mathrm{d}x = \int_0^1 \left(g(x)^{\frac{1}{2}} f(x)^{\frac{n+2}{2}}\right)\left(g(x)^{\frac{1}{2}} f(x)^{\frac{n}{2}}\right)\mathrm{d}x.$$

En appliquant l'inégalité de Cauchy-Schwarz, on obtient

$$(u_{n+1})^2 \leqslant \int_0^1 g(x)f(x)^{n+2}\mathrm{d}x \int_0^1 g(x)f(x)^n\mathrm{d}x,$$

c'est-à-dire $(u_{n+1})^2 \leqslant u_{n+2}u_n$. On a donc $\frac{u_{n+1}}{u_n} \leqslant \frac{u_{n+2}}{u_{n+1}}$, soit encore $v_n \leqslant v_{n+1}$. La suite $(v_n)_{n\in\mathbb{N}}$ est donc croissante. Montrons qu'elle est majorée. Posons $\mathrm{M} = \sup\limits_{[0,1]} f$. Pour tout entier naturel n et tout x de $[0,1]$, on a $g(x)f(x)^{n+1} \leqslant \mathrm{M}g(x)f(x)^n$. En intégrant cette inégalité on en déduit que $u_{n+1} \leqslant \mathrm{M}u_n$ et donc que $v_n \leqslant \mathrm{M}$.

La suite $(v_n)_{n\in\mathbb{N}}$ est croissante et majorée par M donc converge. On note ℓ sa limite. C'est un réel strictement positif car $(v_n)_{n\in\mathbb{N}}$ est croissante. La suite $\ln v_n = \ln u_{n+1} - \ln u_n$ converge vers $\ln \ell$ donc d'après le théorème de Cesàro la suite $\frac{\ln u_n}{n}$ converge aussi vers $\ln \ell$. En repassant à l'exponentielle on en déduit que la suite $u_n^{1/n}$ converge vers ℓ. Or la limite de cette suite peut se calculer directement (c'est une question classique que le lecteur retrouvera dans l'exercice 1.32). Précisons cela.

La borne supérieure de f sur le compact $[0,1]$ est atteinte : il existe α dans $[0,1]$ tel que $f(\alpha) = \mathrm{M}$. Soit $\varepsilon > 0$; il existe un intervalle $[a,b]$, avec $a < b$, inclus dans $[0,1]$, tel que pour tout x de $[a,b]$, on ait l'encadrement $\mathrm{M} - \varepsilon \leqslant f(x) \leqslant \mathrm{M}$. On a alors pour tout entier naturel n,

$$\int_0^1 g(x)f(x)^n\mathrm{d}x \geqslant \int_a^b g(x)(\mathrm{M}-\varepsilon)^n\mathrm{d}x \geqslant (\mathrm{M}-\varepsilon)^n \int_a^b g(x)\mathrm{d}x$$

$$\text{et} \quad \int_0^1 g(x)f(x)^n\mathrm{d}x \leqslant \mathrm{M}^n \int_0^1 g(x)\mathrm{d}x.$$

On a donc $(\mathrm{M}-\varepsilon)\left(\int_a^b g(x)\mathrm{d}x\right)^{\frac{1}{n}} \leqslant u_n^{1/n} \leqslant \mathrm{M}\left(\int_0^1 g(x)\mathrm{d}x\right)^{\frac{1}{n}}$. Sachant que

$$\lim_{n\to\infty}(\mathrm{M}-\varepsilon)\left(\int_a^b g(x)\mathrm{d}x\right)^{\frac{1}{n}} = \mathrm{M}-\varepsilon \quad \text{et} \quad \lim_{n\to\infty}\mathrm{M}\left(\int_0^1 g(x)\mathrm{d}x\right)^{\frac{1}{n}} = \mathrm{M},$$

on en déduit qu'il existe un entier naturel n_0 tel que, pour tout entier $n \geqslant n_0$,

$$\mathrm{M}-2\varepsilon \leqslant u_n^{1/n} \leqslant \mathrm{M}+2\varepsilon.$$

On a donc $\lim\limits_{n\to\infty} u_n^{1/n} = \mathrm{M}$ et par conséquent $\ell = \mathrm{M}$.

Conclusion. La suite $\left(\dfrac{u_{n+1}}{u_n}\right)_{n\in\mathbb{N}}$ converge vers $\mathrm{M} = \sup\limits_{[0,1]} f$. ◁

L'énoncé suivant établit l'inégalité de Wirtinger. Le lecteur trouvera une autre démonstration de cette inégalité à l'aide des séries de Fourier (cf. exercice 4.20).

1.15. Inégalité de Wirtinger

Soit E l'ensemble des fonctions $f : [0,1] \to \mathbb{R}$ de classe $\mathcal{C}^1$ telles que $f(0) = f(1) = 0$.

1. Soit $f \in \mathrm{E}$. Montrer que $\mathrm{I}_1 = \displaystyle\int_0^1 f(t)f'(t)\,\mathrm{cotan}(\pi t)\mathrm{d}t$ et $\mathrm{I}_2 = \displaystyle\int_0^1 \frac{f(t)^2}{\tan^2 \pi t}(1+\tan^2 \pi t)\mathrm{d}t$ existent. Comparer I_1 et I_2.

2. Montrer que pour tout $f \in \mathrm{E}$, on a

$$\int_0^1 f'^2 \geqslant \pi^2 \int_0^1 f^2$$

(*inégalité de Wirtinger*).

3. Quels sont les cas d'égalité ?

(École polytechnique)

▷ **Solution.**

1. Commençons par justifier l'existence de I_1. On a *a priori* un problème en 0 et en 1. Comme $f(0) = 0$ et que f est de classe $\mathcal{C}^1$, on a en 0 le développement limité suivant : $f(t) = f'(0)t + o(t)$. On sait par ailleurs que, toujours en 0, $\mathrm{cotan}\,\pi t \sim \dfrac{1}{\pi t}$. On a donc

$$f(t)f'(t)\,\mathrm{cotan}\,\pi t \xrightarrow[t\to 0]{} \frac{f'(0)^2}{\pi}.$$

La fonction intégrée se prolonge donc par continuité en 0. Il en est de même en 1 de sorte que I_1 est parfaitement défini. Pour l'intégrale I_2 c'est pareil : on vérifie que la fonction intégrée que l'on peut peut écrire $t \longmapsto f(t)^2(1+\operatorname{cotan}^2 \pi t)$ se prolonge par continuité en 0, 1 et $\frac{1}{2}$.

Pour comparer I_1 et I_2, on effectue une intégration par parties dans I_1. Pour tout $\varepsilon > 0$, $\int_\varepsilon^{1-\varepsilon} f(t)f'(t) \operatorname{cotan} \pi t dt$ vaut

$$\left[\frac{1}{2} f^2(t) \operatorname{cotan} \pi t\right]_\varepsilon^{1-\varepsilon} + \frac{\pi}{2}\int_\varepsilon^{1-\varepsilon} f^2(t)(1+\operatorname{cotan}^2 \pi t)\mathrm{d}t.$$

Si on fait tendre ε vers 0 il vient d'après ce qui précède $\boxed{I_1 = \frac{\pi}{2} I_2}$.

2. Soit $f \in E$ non nulle (si f est nulle l'inégalité est triviale). D'après l'inégalité de Cauchy-Schwarz, on a

$$I_1^2 \leqslant \int_0^1 (f'(t))^2 \mathrm{d}t \int_0^1 (f(t))^2 \operatorname{cotan}^2 \pi t \mathrm{d}t.$$

Posons alors $I_2 = A + B$ avec $A = \int_0^1 f^2$ et $B = \int_0^1 (f(t))^2 \operatorname{cotan}^2 \pi t \mathrm{d}t$. Alors, $I_2^2 = (A+B)^2 \geqslant 4AB$ (inégalité qui provient tout simplement du fait que $(A-B)^2 \geqslant 0$). On a donc

$$\int_0^1 f'^2 \geqslant \frac{I_1^2}{B} = \frac{\pi^2}{4}\frac{I_2^2}{B} \geqslant \pi^2 A = \pi^2 \int_0^1 f^2.$$

C'est le résultat demandé.

3. On a égalité si et seulement si il y a égalité dans l'inégalité de Cauchy-Schwarz et si $A = B$. Soit $f \in E$ une fonction non nulle réalisant l'égalité. Il existe un réel λ tel que $f'(t) = kf(t) \operatorname{cotan} \pi t$ pour tout $t \in]0,1[$. Alors, on a

$$k^2 \int_0^1 f(t)^2 \operatorname{cotan}^2 \pi t \mathrm{d}t = \int_0^1 f'^2 = \pi^2 \int_0^1 f^2 = \pi^2 \int_0^1 f(t)^2 \operatorname{cotan}^2 \pi t \mathrm{d}t$$

et on en déduit que $k^2 = \pi^2$.

• Si $k = \pi$, les solutions de l'équation $f'(t) = kf(t) \operatorname{cotan} \pi t$ sont les fonctions de la forme $t \longmapsto A \sin \pi t$, $A \in \mathbb{R}$. Elles sont dans E et vérifient toutes le cas d'égalité.

• Si $k = -\pi$, les solutions de l'équation différentielle sont les fonctions $t \longmapsto \frac{A}{\sin \pi t}$. Il ne s'agit pas d'éléments de E. ◁

De la linéarité de l'intégrale, il résulte notamment que l'application $(f,g) \mapsto \int_a^b fg$ *est une forme bilinéaire symétrique positive. C'est même un produit scalaire si on se restreint à un sous-espace de* $\mathcal{C}^0([a,b],\mathbb{R})$. *Les exercices qui suivent s'interprètent alors géométriquement comme la recherche de l'orthogonal de certains sous-espaces au sens de ce produit scalaire.*

1.16. Fonctions dont les deux premiers moments sont nuls

Soit $a < b$ deux réels et E l'ensemble des fonctions continues de $[a, b]$ dans $\mathbb{R}$. On pose

$$\mathrm{F} = \{g \in \mathcal{C}^2([a,b],\mathbb{R}),\ g(a) = g(b) = g'(a) = g'(b) = 0\}.$$

1. Soit $f \in \mathrm{E}$. Montrer l'équivalence :

$$\exists g \in \mathrm{F},\quad g'' = f \iff \int_a^b f(t)\mathrm{d}t = \int_a^b tf(t)\mathrm{d}t = 0.$$

2. Soit $h \in \mathrm{E}$ telle que $\int_a^b h(t)g''(t)\mathrm{d}t = 0$ pour tout $g \in \mathrm{F}$. Montrer que h est affine.

(**École polytechnique**)

▷ **Solution.**

1. Notons G l'ensemble des fonctions f de E qui s'écrivent sous la forme $f = g''$ avec $g \in \mathrm{F}$. C'est un sous-espace vectoriel de E (comme image de F par l'application linéaire $g \mapsto g''$) et la question consiste à prouver que G est exactement l'orthogonal, au sens du produit scalaire $(f,g) \mapsto \int_a^b fg$, du sous-espace A formé des fonctions affines.

• Soit $f \in \mathrm{G}$ et $g \in \mathrm{F}$ tel que $f = g''$. On a alors

$$\int_a^b f(t)\mathrm{d}t = \int_a^b g''(t)\mathrm{d}t = [g'(t)]_a^b = 0,$$

et

$$\int_a^b tf(t)\mathrm{d}t = \int_a^b tg''(t)\mathrm{d}t = [tg'(t)]_a^b - \int_a^b g'(t)\mathrm{d}t = [tg'(t) - g(t)]_a^b = 0$$

par définition de F.

• Réciproquement, si f appartient à E et vérifie

$$\int_a^b f(t)\mathrm{d}t = \int_a^b tf(t)\mathrm{d}t = 0,$$

posons, pour tout $x \in [a, b]$,

$$f_1(x) = \int_a^x f(t)\mathrm{d}t \text{ et } g(x) = \int_a^x f_1(t)\mathrm{d}t.$$

La fonction g est $\mathcal{C}^2$ sur $[a,b]$ et vérifie $g'' = f$. On a, de plus

$$g'(a) = f_1(a) = 0\ ;\quad g'(b) = f_1(b) = \int_a^b f(t)\mathrm{d}t = 0\ ;$$
$$g(a) = 0\ ;\quad g(b) = [tf_1(t)]_a^b - \int_a^b tf(t)\mathrm{d}t = 0.$$

Donc g appartient à F et on a l'équivalence voulue *i.e.* $\mathrm{A}^\perp = \mathrm{G}$.

2. Cette seconde question demande de prouver que l'orthogonal de G est le sous-espace A formé des fonctions affines, autrement dit que $(\mathrm{A}^\perp)^\perp = \mathrm{A}$. L'inclusion $\mathrm{A} \subset (\mathrm{A}^\perp)^\perp = \mathrm{G}^\perp$ est banale. L'énoncé demande l'autre inclusion qui en dimension infinie n'est pas automatique. Elle est vérifiée ici car A est un sous-espace de E de dimension finie.

Puisque A est de dimension finie, la projection orthogonale sur A est bien définie. On prend $f \in (\mathrm{A}^\perp)^\perp$ qu'on écrit

$$f = u + v \quad \text{avec} \quad u \in \mathrm{A}, v \in \mathrm{A}^\perp.$$

On obtient $0 = \langle v, f\rangle = \langle v, v\rangle$, d'où on déduit $v = 0$ et $f \in \mathrm{A}$. On a l'inclusion voulue. ◁

Dans l'énoncé suivant, on s'intéresse aux fonctions orthogonales aux polynômes de degré inférieur ou égal à n, puis à l'orthogonal de l'espace des polynômes. Ce sont des questions très classiques.

1.17. Fonctions dont les n premiers moments sont nuls

Soit $f : [0,1] \longrightarrow \mathbb{R}$ une fonction continue

1. On suppose que pour tout $k \in [\![0,n]\!]$, $\int_0^1 f(x)x^k\mathrm{d}x = 0$. Montrer que f possède au moins $n+1$ zéros dans $[0,1]$.

2. On suppose que pour tout $k \in \mathbb{N}$, $\int_0^1 f(x)x^k\mathrm{d}x = 0$. Montrer que f est identiquement nulle.

(**École polytechnique**)

▷ **Solution.**

1. Par linéarité de l'intégrale, on a $\int_0^1 f\mathrm{P} = 0$ pour tout polynôme P de degré inférieur ou égal à n. Raisonnons par l'absurde et supposons que f ait moins de n zéros dans $[0,1]$. Entre deux zéros consécutifs, le signe de f reste constant d'après le théorème des valeurs intermédiaires puisque f est continue. Notons $\alpha_1 < \alpha_2 < \cdots < \alpha_p$ les zéros de f qui correspondent à un changement de signe pour f. Nécessairement, $p \leqslant n$. Soit $\mathrm{P} = (\mathrm{X}-\alpha_1)(\mathrm{X}-\alpha_2)\dots(\mathrm{X}-\alpha_p) \in \mathbb{R}[\mathrm{X}]$. On a $\deg \mathrm{P} \leqslant n$ et P change de signe en même temps que f en les α_k. Par conséquent, le produit $f\mathrm{P}$ reste de signe constant. Comme $f\mathrm{P}$ est continue et $\int_0^1 f\mathrm{P} = 0$, $f\mathrm{P} = 0$. Pour tout $x \in [0,1]$, distinct des α_k, $\mathrm{P}(x) \neq 0$ et donc $f(x) = 0$. C'est absurde puisque f a moins de n zéros.

Conclusion. La fonction f a au moins $n+1$ zéros dans $[0,1]$.

2. On utilise le théorème de Weierstrass : il existe une suite de polynôme $(\mathrm{P}_n)_{n\geqslant 0}$ qui converge uniformément vers f sur $[0,1]$ (on en trouvera une preuve dans l'exercice 2.18). Par linéarité de l'intégrale, $\int_0^1 f\mathrm{P}_n = 0$ pour tout n. Or, f étant bornée car continue sur un segment, la suite $(f\mathrm{P}_n)_{n\geqslant 0}$ converge uniformément vers f^2 sur $[0,1]$. En passant à la limite sous le signe intégral on a donc $\int_0^1 f^2 = 0$. Comme f^2 est continue et positive, cela impose $f^2 = 0$ et donc $f = 0$. ◁

Le résultat de la seconde question signifie que l'orthogonal du sous-espace des fonctions polynomiales pour le produit scalaire $(f,g) \mapsto \int_0^1 fg$ *est réduit à* $\{0\}$ *: c'est donc un exemple de sous-espace d'un espace préhilbertien qui n'a pas de supplémentaire orthogonal.*

L'énoncé suivant est encore une variation sur le même thème. On y utilise le résultat de la question 2 mais sur un segment $[a,b]$ *quelconque.*

1.18. Recherche d'orthogonal

Soit $y : [a,b] \longrightarrow \mathbb{R}$ une fonction continue.

1. On suppose que pour toute fonction u de classe $\mathcal{C}^\infty$ telle que $\int_a^b u(t)\mathrm{d}t = 0$, on a $\int_a^b u(t)y(t)\mathrm{d}t = 0$. Montrer que y est constante.

2. Que dire si $\int_a^b u(t)y(t)\mathrm{d}t = 0$ pour toute fonction u de classe $\mathcal{C}^\infty$ telle que $u(a) = u(b)$?

(**École polytechnique**)

▷ **Solution.**

Notons $\mathrm{E} = \mathcal{C}^\infty([a,b],\mathbb{R})$ et remarquons que si l'on suppose que $\int_a^b uy = 0$ pour toute fonction $u \in \mathrm{E}$, c'est-à-dire si on supprime les conditions restrictives sur u, on a clairement $y = 0$. En effet, l'hypothèse est en particulier vraie pour les polynômes. D'après le théorème de Weierstrass, il existe une suite $(\mathrm{P}_n)_{n\geqslant 0}$ de polynômes convergeant uniformément vers y sur $[a,b]$. Puisque y est bornée, la suite $(\mathrm{P}_n y)_{n\geqslant 0}$

converge uniformément vers y^2 et on a donc $\int_a^b y^2 = \lim_{n\to+\infty} \int_a^b y\mathrm{P}_n = 0$, par hypothèse, puisqu'un polynôme est $\mathcal{C}^\infty$. On en déduit que $y = 0$ puisqu'elle est continue. On va se ramener à ce cas dans chacune des questions.

1. Considérons les formes linéaires sur E

$$\mathrm{I} : u \longmapsto \int_a^b u \quad \text{et} \quad \mathrm{I}_y : u \longmapsto \int_a^b yu.$$

L'hypothèse se traduit par $\operatorname{Ker} \mathrm{I} \subset \operatorname{Ker} \mathrm{I}_y$. Cela implique que I_y est proportionnel à I. Soit $\lambda \in \mathbb{R}$ tel que $\mathrm{I}_y = \lambda \mathrm{I}$ et $z = y - \lambda$. On a alors, pour tout $u \in \mathrm{E}$, $\int_a^b uz = \mathrm{I}_y(u) - \lambda\mathrm{I}(u) = 0$. On en déduit d'après la remarque initiale que $z = 0$ et donc $y = \lambda$: la fonction y est constante. Il est clair, réciproquement, que toute fonction constante a la propriété voulue.

2. La condition $u(a) = u(b)$ s'écrit $\int_a^b u' = 0$. Soit $v \in \mathrm{E}$ tel que $\int_a^b v(t)\mathrm{d}t = 0$, et soit u la primitive de v qui s'annule en a (et donc en b). On a par hypothèse $\int_a^b uy = 0$. En considérant une primitive Y de y, on obtient, en intégrant par parties,

$$\int_a^b uy = [u\mathrm{Y}]_a^b - \int_a^b v\mathrm{Y} = -\int_a^b v\mathrm{Y} = 0.$$

Ceci est vrai pour toute fonction $v \in \mathrm{E}$, telle que $\int_a^b v(t)\mathrm{d}t = 0$, donc d'après la question précédente, la fonction Y est constante et sa dérivée y est nulle. $\lhd$

1.19. Méthode de Gauss

Soit $n \geqslant 1$ et $\mathrm{L}_n(\mathrm{X})$ le polynôme $\dfrac{\mathrm{d}^n}{\mathrm{dX}^n}(\mathrm{X}^2 - 1)^n$.

1. Montrer que

$$\forall \mathrm{Q} \in \mathbb{R}_{n-1}[\mathrm{X}], \quad \int_{-1}^1 \mathrm{Q}(x)\mathrm{L}_n(x)\mathrm{d}x = 0.$$

2. Montrer que L_n admet n racines simples $x_1, \ldots, x_n$ qui se trouvent dans l'intervalle $]-1, 1[$.

3. Montrer qu'il existe $(\alpha_1, \ldots, \alpha_n) \in \mathbb{R}^n$ tel que

$$\forall \mathrm{Q} \in \mathbb{R}_{2n-1}[\mathrm{X}], \quad \int_{-1}^{1} \mathrm{Q}(x)\mathrm{d}x = \sum_{i=1}^{n} \alpha_i \mathrm{Q}(x_i).$$

(**École normale supérieure**)

▷ **Solution.**

1. Posons $\mathrm{P}_n = (\mathrm{X}^2 - 1)^n$ et soit $\mathrm{Q} \in \mathbb{R}_{n-1}[\mathrm{X}]$. On a $\mathrm{L}_n = \mathrm{P}_n^{(n)}$. On calcule l'intégrale par parties. On a

$$\int_{-1}^{1} \mathrm{QL}_n = \left[\frac{\mathrm{d}^{n-1}}{\mathrm{d}x^{n-1}}(x^2-1)^n \mathrm{Q}(x)\right]_{-1}^{1} - \int_{-1}^{1} \mathrm{Q}'(x)\frac{\mathrm{d}^{n-1}}{\mathrm{d}x^{n-1}}(x^2-1)^n \mathrm{d}x.$$

Or, 1 et -1 sont des racines d'ordre n de $\mathrm{P}_n = (\mathrm{X}^2-1)^n$, donc sont racines simples de $\mathrm{P}_n^{(n-1)} = \dfrac{\mathrm{d}^{n-1}}{\mathrm{dX}^{n-1}}(\mathrm{X}^2-1)^n$ et le crochet est nul. On intègre encore $n-1$ fois par parties pour obtenir finalement

$$\int_{-1}^{1} \mathrm{Q}(x)\mathrm{L}_n(x)\mathrm{d}x = -\int_{-1}^{1} \mathrm{Q}'(x)\mathrm{P}_n^{(n-1)} = \int_{-1}^{1} \mathrm{Q}''(\mathrm{X})\mathrm{P}_n^{(n-2)}$$
$$= \cdots = (-1)^n \int_{-1}^{1} \mathrm{Q}^{(n)}\mathrm{P}_n = 0$$

car $\mathrm{Q}^{(n)} = 0$.

2. On peut résoudre cette question en appliquant le théorème de Rolle successivement à $\mathrm{P}_n, \mathrm{P}'_n, \ldots, \mathrm{P}_n^{(n-1)}$. Cependant, on peut aussi utiliser la question précédente. Notons $x_1 < x_2 < \cdots < x_p$ les racines de L_n qui sont dans l'intervalle $]-1,1[$ et de multiplicité impaire. Posons $\mathrm{Q}(\mathrm{X}) = (\mathrm{X}-x_1)\ldots(\mathrm{X}-x_p)$. La fonction polynôme $x \longmapsto \mathrm{Q}(x)\mathrm{L}_n(x)$ garde alors un signe constant sur l'intervalle $]-1,1[$ et ne s'annule qu'en les x_i. Si $p \leqslant n-1$ cela induit une contradiction avec la question précédente car $\int_{-1}^{1} \mathrm{QL}_n$ est non nul. Comme $\deg \mathrm{L}_n = n$ on a donc $p = n$ ce qui signifie que L_n admet n racines dans $]-1,1[$ qui sont toutes de multiplicité 1, c'est-à-dire simples.

3. Les applications $g_k : \mathrm{Q} \longmapsto \mathrm{Q}(x_k)$ sont des formes linéaires sur $\mathbb{R}_{2n-1}[\mathrm{X}]$ de même que l'application $f : \mathrm{Q} \longmapsto \int_{-1}^{1} \mathrm{Q}$. La question consiste à prouver que $f \in \mathrm{Vect}(g_1, \ldots, g_n)$. Pour cela, il suffit que f soit nulle sur le sous-espace $\bigcap_{i=1}^{n} \mathrm{Ker}\, g_i$. Or, si Q est un polynôme de E dans $\bigcap_{i=1}^{n} \mathrm{Ker}\, g_i$, on a $\mathrm{Q}(x_i) = 0$ pour tout i, de sorte que Q est divisible par le polynôme $(X - x_1)\dots(X - x_n)$ et donc par L_n qui lui est associé (d'après la question 2). On peut donc écrire $Q(X) = L_n(X)R(X)$ avec $\deg R \leqslant n-1$ et $f(Q) = \int_{-1}^{1} Q = \int_{-1}^{1} L_n R = 0$. ◁

La méthode de Gauss exposée dans l'exercice est une méthode de calcul approchée des intégrales. Pour toute fonction f continue sur $[-1,1]$ on prend $\sum_{k=1}^{n} a_k f(x_k)$ comme valeur approchée de $\int_{-1}^{1} f(x)\,dx$. On obtient la valeur exacte pour tout polynôme de degré $\leqslant 2n-1$. On remarque que la famille (P_n) est une base de $\mathbb{R}[X]$ formée de polynômes orthogonaux, car P_n est de degré n. Le polynôme $\frac{1}{2^n n!} P_n$ est appelé n-ième polynôme de Legendre.

La méthode se généralise au calcul de $\int_a^b f(x)w(x)\,dx$ où la fonction w est continue et strictement positive sur $]a,b[$. On considère le produit scalaire défini sur $\mathbb{R}[X]$ par $\langle P, Q\rangle = \int_a^b P(x)Q(x)w(x)\,dx$ et on construit une suite orthonormale de polynômes $(P_n)_{n\in\mathbb{N}}$ tels que $\deg P_n = n$. On peut démontrer que chaque P_n possède n racines distinctes sur $]a,b[$ et que, pour tout $n \in \mathbb{N}^*$, il existe des réels $a_1, \dots, a_n$ tels que $\int_a^b Q(x)w(x)\,dx = \sum_{k=1}^{n} a_k Q(x_k)$ pour tout polynôme Q de degré $\leqslant 2n-1$. On prend $\sum_{k=1}^{n} a_k f(x_k)$ comme valeur approchée de $\int_a^b f(x)w(x)\,dx$. L'erreur commise est donnée, pour une fonction de classe $\mathcal{C}^{2n}$, par la formule $\int_a^b f(x)w(x)\,dx = \sum_{k=1}^{n} a_k f(x_k) + \frac{f^{(2n)}(c)}{(2n)!C_n^2}$, où C_n est le coefficient de X^n dans P_n et $c \in]a,b[$.

Les cinq exercices suivants font intervenir des sommes de Riemann.

1.20. Une somme de Riemann (1)

> Calculer $\lim_{n\to+\infty} \frac{1}{n\sqrt{n}} \sum_{k=1}^{n} E(\sqrt{k})$ où E est la fonction partie entière.
>
> **(École polytechnique)**

▷ **Solution.**

Pour tout $k \geqslant 0$, on a $\sqrt{k} - 1 \leqslant E(\sqrt{k}) \leqslant \sqrt{k}$. Posons pour $n \geqslant 0$, $u_n = \frac{1}{n\sqrt{n}} \sum_{k=1}^{n} E(\sqrt{k})$. On a

$$\frac{1}{n\sqrt{n}}\sum_{k=1}^{n}(\sqrt{k}-1) \leqslant u_n \leqslant \frac{1}{n\sqrt{n}}\sum_{k=1}^{n}\sqrt{k}$$

$$\frac{1}{n}\left(\sum_{k=1}^{n}\sqrt{\frac{k}{n}}\right) - \frac{1}{\sqrt{n}} \leqslant u_n \leqslant \frac{1}{n}\left(\sum_{k=1}^{n}\sqrt{\frac{k}{n}}\right).$$

Comme $x \longmapsto \sqrt{x}$ est continue sur $[0,1]$, nous reconnaissons dans $\frac{1}{n}\left(\sum_{k=1}^{n}\sqrt{\frac{k}{n}}\right)$ une somme de Riemann qui converge vers $\int_0^1 \sqrt{t}\mathrm{d}t = \frac{2}{3}$ lorsque n tend vers l'infini. Nous avons donc encadré u_n par deux suites qui convergent vers $\frac{2}{3}$. D'après le théorème d'encadrement,

$$\boxed{\lim_{n\to+\infty} u_n = \frac{2}{3}}. \lhd$$

1.21. Une somme de Riemann (2)

Soit $f : \mathbb{R} \to \mathbb{R}$ de classe $\mathcal{C}^2$. Quelle est la limite de

$$u_n = \frac{1}{n+1}\sum_{k=0}^{n} f\left(\frac{k}{n+1}\right) f'\left(\frac{k+1}{n+1}\right)\ ?$$

(**École normale supérieure**)

▷ **Solution.**

Il est naturel de comparer u_n à la suite v_n définie pour $n \in \mathbb{N}$ par

$$v_n = \frac{1}{n+1}\sum_{k=0}^{n} f\left(\frac{k}{n+1}\right) f'\left(\frac{k}{n+1}\right)$$

dans laquelle on reconnaît une somme de Riemann qui converge vers $\int_0^1 ff' = \frac{f(1)^2 - f(0)^2}{2}$. Considérons la différence

$$u_n - v_n = \frac{1}{n+1}\sum_{k=0}^{n} f\left(\frac{k}{n+1}\right)\left(f'\left(\frac{k+1}{n+1}\right) - f'\left(\frac{k}{n+1}\right)\right).$$

Les fonctions f et f'' sont continues sur le compact $[0,1]$, donc bornées respectivement par un réel M_0 et un réel M_2. En vertu de l'inégalité des accroissements finis, il vient

$$|u_n - v_n| \leqslant \frac{1}{n+1}\sum_{k=0}^{n}\left|f\left(\frac{k}{n+1}\right)\right|\frac{\mathrm{M}_2}{n+1} \leqslant \frac{1}{n+1}\sum_{k=0}^{n}\frac{\mathrm{M}_0\mathrm{M}_2}{n+1} \leqslant \frac{\mathrm{M}_0\mathrm{M}_2}{n+1}.$$

On en déduit que $u_n - v_n$ converge vers 0 et par conséquent

$$\lim_{n\to+\infty} \frac{1}{n+1}\sum_{k=0}^{n} f\left(\frac{k}{n+1}\right) f'\left(\frac{k+1}{n+1}\right) = \frac{f(1)^2 - f(0)^2}{2}. \quad \triangleleft$$

Le cours démontre la convergence des sommes de Riemann vers l'intégrale d'une fonction continue. Un problème intéressant consiste à chercher un développement asymptotique de ces sommes de Riemann en mettant une hypothèse de régularité plus forte sur f. L'exercice suivant, classique, donne les deux premiers termes du développement lorsque la fonction est supposée de classe $\mathcal{C}^2$.

1.22. Étude asymptotique des sommes de Riemann

Soit $f : [a,b] \longrightarrow \mathbb{R}$ une fonction de classe $\mathcal{C}^1$. On pose pour $n \in \mathbb{N}^*$,

$$u_n = \frac{b-a}{n}\sum_{k=1}^{n} f\left(a + k\frac{b-a}{n}\right).$$

1. Étudier la limite de $v_n = n\left(u_n - \int_a^b f(t)\mathrm{d}t\right)$.

2. On suppose maintenant f de classe $\mathcal{C}^2$. Trouver un développement asymptotique de u_n en $+\infty$ à la précision $o\left(\frac{1}{n^2}\right)$.

(**École normale supérieure, École polytechnique**)

$\triangleright$ **Solution.**

1. On remarque que, d'après le cours, la suite $(u_n)_{n\geqslant 1}$ converge vers $\int_a^b f(t)\mathrm{d}t$, puisqu'il s'agit d'une somme de Riemann. On a donc affaire à une forme indéterminée.

Pour tout $n \geqslant 1$ et tout $k \geqslant 1$, posons $a_k = a + kh$ avec $h = \frac{b-a}{n}$. Transformons l'expression de v_n à l'aide d'une primitive F de la fonction continue f :

$$\begin{aligned} v_n &= n\sum_{k=1}^{n}\left(hf(a_k) - \int_{a_{k-1}}^{a_k} f(t)\mathrm{d}t\right) = n\sum_{k=1}^{n}(h\mathrm{F}'(a_k) - \mathrm{F}(a_k) + \mathrm{F}(a_{k-1})) \\ &= n\sum_{k=1}^{n}(\mathrm{F}(a_{k-1}) - \mathrm{F}(a_k) + h\mathrm{F}'(a_k)) = n\sum_{k=1}^{n}\frac{h^2}{2}\mathrm{F}''(c_k) \end{aligned}$$

où $c_k \in \,]a_{k-1}, a_k[$ vérifie

$$\mathrm{F}(a_{k-1}) = \mathrm{F}(a_k) + \mathrm{F}'(a_k)(-h) + \mathrm{F}''(c_k)\frac{(-h)^2}{2},$$

l'existence de c_k étant justifiée par la formule de Taylor-Lagrange (car $a_{k-1} - a_k = -h$). Ainsi, on a

$$v_n = \frac{(b-a)^2}{2n}\sum_{k=1}^{n} f'(c_k) \xrightarrow[n\to+\infty]{} \frac{b-a}{2}\int_a^b f'(t)\mathrm{d}t,$$

puisqu'on reconnaît une somme de Riemann. Comme f est de classe $\mathcal{C}^1$, il reste

$$\boxed{\lim_{n\to+\infty} v_n = \frac{(b-a)(f(b)-f(a))}{2}}.$$

2. Dans la question précédente, on a obtenu le développement asymptotique suivant de la somme de Riemann u_n :

$$u_n = \int_a^b f(t)\mathrm{d}t + (f(b)-f(a))\frac{b-a}{2n} + o\left(\frac{1}{n}\right)\cdot$$

Pour obtenir le terme suivant du développement, on va pousser à l'ordre suivant la formule de Taylor-Lagrange appliquée à F entre a_k et a_{k-1} : il existe pour tout k, $d_k \in]a_{k-1}, a_k[$ tel que

$$\mathrm{F}(a_{k-1}) = \mathrm{F}(a_k) - h\mathrm{F}'(a_k) + \mathrm{F}''(a_k)\frac{h^2}{2} - \mathrm{F}'''(d_k)\frac{h^3}{6}\cdot$$

Cela s'écrit aussi

$$hf(a_k) = \int_{a_{k-1}}^{a_k} f + f'(a_k)\frac{h^2}{2} - f''(d_k)\frac{h^3}{6}\cdot$$

En sommant de $k = 1$ à n, on obtient

$$u_n = \int_a^b f + \frac{(b-a)}{2n}\left(\frac{b-a}{n}\sum_{k=1}^{n} f'(a_k)\right) - \frac{(b-a)^2}{6n^2}\left(\frac{b-a}{n}\sum_{k=1}^{n} f''(d_k)\right).$$

Or, d'après la question précédente,

$$\frac{b-a}{n}\sum_{k=1}^{n} f'(a_k) = \int_a^b f' + (f'(b)-f'(a))\frac{b-a}{2n} + o\left(\frac{1}{n}\right).$$

Ainsi, il vient

$$u_n = \int_a^b f + (f(b)-f(a))\frac{b-a}{2n} + (f'(b)-f'(a))\frac{(b-a)^2}{4n^2} - \frac{(b-a)^2}{6n^2}\int_a^b f'' + o\left(\frac{1}{n^2}\right),$$

ce qui donne en regroupant les termes en $\frac{1}{n^2}$,

$$\boxed{u_n = \int_a^b f + (f(b) - f(a))\frac{b-a}{2n} + (f'(b) - f'(a))\frac{(b-a)^2}{12n^2} + o\left(\frac{1}{n^2}\right)}. \lhd$$

La formule d'Euler-Mac Laurin permet d'obtenir un développement asymptotique des sommes de Riemann à un ordre arbitraire. Ce développement fait intervenir les nombres de Bernoulli.

1.23. Découpage en morceaux de même aire

Soit f une fonction continue et > 0 sur $[a, b]$ et $n \in \mathbb{N}^*$.

1. Montrer qu'il existe une unique subdivision $(x_0, x_1, \ldots, x_n)$ de $[a, b]$ telle que, pour k de $[\![1, n]\!]$,

$$\int_{x_{k-1}}^{x_k} f(t)\mathrm{d}t = \frac{1}{n}\int_a^b f(t)\mathrm{d}t.$$

2. Trouver la limite, quand n tend vers $+\infty$, de $\frac{1}{n}\sum\limits_{k=0}^{n} f(x_k)$.

(**École polytechnique**)

▷ **Solution.**

1. Soit F la fonction définie sur $[a, b]$ par $\mathrm{F}(x) = \int_a^x f(t)\mathrm{d}t$. Elle a pour dérivée f qui est strictement positive par hypothèse. Donc F est une bijection strictement croissante de $[a, b]$ sur $[0, \mathrm{I}]$, où $\mathrm{I} = \int_a^b f$.

On veut $x_0 = a$, $x_n = b$ et $\mathrm{F}(x_k) - \mathrm{F}(x_{k-1}) = \frac{1}{n}\mathrm{I}$ pour tout entier $k \in [\![1, n]\!]$. Cela équivaut à $\mathrm{F}(x_k) = \frac{k}{n}\mathrm{I}$ pour tout k de $[\![1, n]\!]$. Comme $\frac{k}{n}\mathrm{I}$ appartient à $[0, \mathrm{I}]$, il existe, par bijectivité de F, un unique réel $x_k \in [a, b]$ tel que $\mathrm{F}(x_k) = \frac{k}{n}\mathrm{I}$. Ceci montre l'existence et l'unicité de la subdivision $(x_0, x_1, \ldots, x_n)$.

2. Posons $u_n = \frac{1}{n}\sum\limits_{k=0}^{n} f(x_k)$. On obtient

$$u_n = \frac{1}{n}\sum_{k=0}^{n} f\left(\mathrm{F}^{-1}\left(\frac{k}{n}\mathrm{I}\right)\right) = \frac{1}{n}\sum_{k=0}^{n}(f \circ \mathrm{F}^{-1})\left(\frac{k}{n}\mathrm{I}\right).$$

On reconnaît dans u_n une somme de Riemann. La fonction $f \circ \mathrm{F}^{-1}$ étant continue sur $[0, \mathrm{I}]$, on en déduit que

$$\lim_{n\to+\infty} u_n = \frac{1}{\mathrm{I}}\int_0^{\mathrm{I}} (f\circ \mathrm{F}^{-1})(t)\mathrm{d}t.$$

Par le changement de variable $u = \mathrm{F}^{-1}(t)$, on obtient $\int_0^{\mathrm{I}} f\circ\mathrm{F}^{-1} = \int_a^b f^2$, et finalement

$$\boxed{\lim_{n\to+\infty} u_n = \frac{\int_a^b f^2}{\int_a^b f}}. \quad \triangleleft$$

L'énoncé suivant, qui fait aussi appel aux sommes de Riemann, est nettement plus technique que les précédents.

1.24. Estimation d'une suite de coefficients binomiaux

1. Soit f une fonction continue de $[0,1]$ dans $\mathbb{R}$. Déterminer

$$\lim_{n\to+\infty}\prod_{k=1}^{n}\left(1+\frac{1}{n}f\left(\frac{k}{n}\right)\right).$$

2. Soit (n_i) une suite d'entiers pairs , (μ_i) une suite d'entiers. On suppose que ces deux suites tendent vers $+\infty$, que $\mu_i \leqslant n_i$ pour tout i et que $\dfrac{\mu_i - \frac{n_i}{2}}{\sqrt{n_i}}$ a une limite $\lambda > 0$ quand i tend vers $+\infty$. Trouver un équivalent de $\mathrm{C}_{n_i}^{\mu_i}$.

(**École normale supérieure**)

▷ **Solution.**

1. Posons $u_n = \prod_{k=1}^{n}\left(1+\frac{1}{n}f\left(\frac{k}{n}\right)\right)$. Pour $n > \|f\|_\infty$, tous les termes du produit sont strictement positifs et on peut donc considérer $\ln u_n = \sum_{k=1}^{n}\ln\left(1+\frac{1}{n}f\left(\frac{k}{n}\right)\right)$. Comme $\left|\frac{1}{n}f\left(\frac{k}{n}\right)\right| \leqslant \frac{\|f\|_\infty}{n}$, pour tout $k\in[\![1,n]\!]$ et que $\ln(1+x)\underset{x\to 0}{\sim} x$, on compare $\ln u_n$ à $v_n = \frac{1}{n}\sum_{k=1}^{n} f\left(\frac{k}{n}\right)$. On reconnaît dans v_n une somme de Riemann de f et on a donc $\lim_{n\to+\infty} v_n = \int_0^1 f(t)\,\mathrm{d}t$.

Pour tout $|x|\leqslant \frac{1}{2}$, la formule de Taylor-Lagrange à l'ordre 2 donne l'existence de $c\in\left[-\frac{1}{2},\frac{1}{2}\right]$ tel que $\ln(1+x) = x + \frac{x^2}{2}\times\frac{-1}{(c+1)^2}$, ce qui implique $|\ln(1+x)-x|\leqslant 2x^2$. On en déduit que, si $n\geqslant 2\|f\|_\infty$,

$$\begin{aligned}|\ln u_n - v_n| &\leqslant \sum_{k=1}^{n} \left|\ln\left(1+\frac{1}{n}f\left(\frac{k}{n}\right)\right) - \frac{1}{n}f\left(\frac{k}{n}\right)\right| \\ &\leqslant \sum_{k=1}^{n} \frac{2}{n^2}\left(f\left(\frac{k}{n}\right)\right)^2 \leqslant \frac{2\|f\|_\infty^2}{n}.\end{aligned}$$

Ainsi, $\ln u_n - v_n$ tend vers 0 et $\ln u_n$ a même limite que v_n donc

$$\lim_{n\to+\infty} u_n = \exp\left(\int_0^1 f(t)\,\mathrm{d}t\right).$$

2. Posons, pour tout i, $m_i = \dfrac{n_i}{2}$. Puisque μ_i est équivalent à m_i et qu'il est aisé d'obtenir un équivalent de $\mathrm{C}_{2m_i}^{m_i}$ par la formule de Stirling, comparons $\mathrm{C}_{2m_i}^{\mu_i}$ à $\mathrm{C}_{2m_i}^{m_i}$. Pour i assez grand, on a $\mu_i > m_i$, puisque $\mu_i - m_i \underset{i\to\infty}{\sim} \lambda\sqrt{2m_i}$. On a donc $m_i > 2m_i - \mu_i$ et on obtient

$$\begin{aligned}\frac{\mathrm{C}_{2m_i}^{\mu_i}}{\mathrm{C}_{2m_i}^{m_i}} &= \frac{(m_i!)^2}{\mu_i!(2m_i-\mu_i)!} = \frac{m_i(m_i-1)\dots(2m_i-\mu_i+1)}{(m_i+1)(m_i+2)\dots\mu_i} \\ &= \frac{\displaystyle\prod_{k=0}^{\mu_i-m_i-1}(m_i-k)}{\displaystyle\prod_{k=1}^{\mu_i-m_i}(m_i+k)} = \frac{\displaystyle\prod_{k=1}^{\mu_i-m_i-1}\left(1-\frac{k}{m_i}\right)}{\displaystyle\prod_{k=1}^{\mu_i-m_i}\left(1+\frac{k}{m_i}\right)}.\end{aligned}$$

Comme $\mu_i - m_i \underset{i\to\infty}{\sim} \lambda\sqrt{2m_i}$, le numérateur est approximativement égal à $\prod_{k=1}^{n}\left(1-\dfrac{k}{m_i}\right)$ ou encore à $\prod_{k=1}^{n}\left(1-\dfrac{2\lambda^2 k}{n^2}\right) = \prod_{k=1}^{n}\left(1-\dfrac{1}{n}\dfrac{2\lambda^2 k}{n}\right)$, où $n = \mathrm{E}(\lambda\sqrt{2m_i})$ et on retrouve une expression semblable à celle de la question 1, avec $f : x \longmapsto -2\lambda^2 x$. Il en serait de même pour le dénominateur. Plutôt que de justifier ces approximations successives, il est plus simple de reprendre directement la démarche de la première question. On pose

$$\mathrm{N}_i = \prod_{k=1}^{\mu_i-m_i-1}\left(1-\frac{k}{m_i}\right) \quad\text{et}\quad \mathrm{D}_i = \prod_{k=1}^{\mu_i-m_i}\left(1+\frac{k}{m_i}\right).$$

Pour i assez grand, on a

$$\ln(\mathrm{N}_i) = \sum_{k=1}^{\mu_i-m_i-1}\ln\left(1-\frac{k}{m_i}\right).$$

On obtient, comme dans la question 1, que si i est assez grand pour que l'on ait $\dfrac{\mu_i-m_i-1}{m_i} \leqslant \dfrac{1}{2}$,

$$\left|\ln(\mathrm{N}_i) + \sum_{k=1}^{\mu_i - m_i - 1} \frac{k}{m_i}\right| \leqslant \sum_{k=1}^{\mu_i - m_i - 1} \frac{2k^2}{m_i^2}$$

$$\leqslant \frac{2(\mu_i - m_i - 1)^3}{m_i^2} \underset{i\to\infty}{\sim} \frac{2\lambda^3(2m_i)^{\frac{3}{2}}}{m_i^3} \xrightarrow[i\to\infty]{} 0.$$

Comme

$$\sum_{k=1}^{\mu_i - m_i - 1} \frac{k}{m_i} = \frac{(\mu_i - m_i - 1))(\mu_i - m_i)}{2m_i} \underset{i\to\infty}{\sim} \frac{2\lambda^2 m_i}{2m_i} \xrightarrow[i\to\infty]{} \lambda^2,$$

on en déduit que $\lim\limits_{i\to\infty} \mathrm{N}_i = e^{-\lambda^2}$. On trouve de même $\lim\limits_{i\to\infty} \mathrm{D}_i = e^{\lambda^2}$ et donc

$$\lim_{i\to+\infty} \frac{\mathrm{C}_{2m_i}^{\mu_i}}{\mathrm{C}_{2m_i}^{m_i}} = e^{-2\lambda^2}.$$

Reste à trouver un équivalent de $\mathrm{C}_{2m_i}^{m_i} = \dfrac{(2m_i)!}{(m_i!)^2}$. La formule de Stirling $n! \underset{n\to+\infty}{\sim} n^n e^{-n}\sqrt{2\pi n}$ donne

$$\mathrm{C}_{2m_i}^{m_i} \underset{i\to\infty}{\sim} \frac{(2m_i)^{2m_i} e^{-2m_i}\sqrt{4\pi m_i}}{m_i^{2m_i} e^{-2m_i}(2\pi m_i)} \underset{i\to\infty}{\sim} \frac{2^{2m_i}}{\sqrt{\pi m_i}}.$$

En remplaçant m_i par $\dfrac{n_i}{2}$, on obtient

$$\boxed{\mathrm{C}_{n_i}^{\mu_i} \underset{i\to\infty}{\sim} \frac{e^{-2\lambda^2} 2^{n_i + \frac{1}{2}}}{\sqrt{\pi n_i}}}. \quad \triangleleft$$

Les deux exercices suivants exploitent la densité dans l'espace des fonctions continues sur $[a, b]$ de l'espace des fonctions en escalier. On commence par démontrer le résultat pour une fonction en escalier.

1.25. Lemme de Riemann-Lebesgue

> Soit f continue de $[a, b]$ dans $\mathbb{C}$. Montrer que $\mathrm{I}_n = \int_a^b f(t)e^{int}\,\mathrm{d}t$ tend vers 0.
>
> (**École polytechnique**)

▷ **Solution.**

Nous commençons par démontrer le résultat pour une fonction f en escalier. Nous l'étendrons ensuite aux fonctions continues par un argument de densité. Si f est la fonction caractéristique d'un intervalle $[\alpha, \beta]$ inclus dans $[a, b]$, on a, pour tout $n \in \mathbb{N}$,

$$\mathrm{I}_n = \int_\alpha^\beta e^{int}\,\mathrm{d}t = \frac{1}{n}(e^{in\beta} - e^{in\alpha}) \quad \text{et} \quad |\mathrm{I}_n| \leqslant \frac{2}{n}.$$

La suite $(\mathrm{I}_n)_{n\geqslant 0}$ tend bien vers 0.

Si f est une fonction en escalier, elle s'écrit comme combinaison linéaire de fonctions caractéristiques d'intervalles et le propriété résulte de la linéarité de l'intégrale et de la limite. Enfin, si f est supposée seulement continue, pour tout $\varepsilon > 0$, il existe une fonction en escalier g telle que $\|f - g\|_\infty \leqslant \varepsilon$. On a alors, pour tout $n \in \mathbb{N}$,

$$\begin{aligned}
|\mathrm{I}_n| &\leqslant \left|\int_a^b (f(t) - g(t))e^{int}\,\mathrm{d}t\right| + \left|\int_a^b g(t)e^{int}\,\mathrm{d}t\right| \\
&\leqslant \int_a^b |f(t) - g(t)|\,\mathrm{d}t + \left|\int_a^b g(t)e^{int}\,\mathrm{d}t\right| \\
&\leqslant (b-a)\varepsilon + \left|\int_a^b g(t)e^{int}\,\mathrm{d}t\right|.
\end{aligned}$$

Le deuxième terme tendant vers 0, on aura $|\mathrm{I}_n| \leqslant 2(b-a)\varepsilon$ pour n assez grand et donc $\lim\limits_{n\to+\infty} \mathrm{I}_n = 0$. $\triangleleft$

La propriété est vérifiée, avec la même démonstration, pour toute fonction réglée puisqu'une telle fonction est encore limite uniforme d'une suite de fonctions en escalier (cf. exercice 4.6 du tome 1).

Notons que lorsque f est de classe $\mathcal{C}^1$, on peut démontrer le résultat directement en écrivant

$$\mathrm{I}_n = \left[f(t)\frac{e^{int}}{in}\right]_a^b - \frac{1}{in}\int_a^b f'(t)e^{int}\,dt$$

et donc

$$|\mathrm{I}_n| \leqslant \frac{1}{n}\left(2\|f\|_\infty + \int_a^b |f'(t)|\,dt\right).$$

À partir de là, le théorème de Weierstrass, par un argument de densité, permet d'étendre le résultat aux fonctions continues, ce qui fournit une autre solution de l'exercice.

1.26. Deuxième formule de la moyenne

Soient $f, g : [a,b] \longrightarrow \mathbb{R}$ continues par morceaux avec f positive et décroissante. Prouver l'existence de $c \in [a,b]$ tel que

$$\int_a^b f(t)g(t)\mathrm{d}t = f(a^+)\int_a^c g(t)\mathrm{d}t,$$

où $f(a^+)$ désigne la limite à droite en a de f.

(**École polytechnique**)

▷ **Solution.**

• Notons $\mathrm{G} : x \in [a,b] \longmapsto \int_a^x g$. La fonction G est continue (car lipschitzienne de rapport $\|g\|_\infty$). Il suffit de prouver d'après le théorème des valeurs intermédiaires que

$$mf(a^+) \leqslant \int_a^b fg \leqslant \mathrm{M}f(a^+),$$

où $m = \min \mathrm{G}$ et $\mathrm{M} = \max \mathrm{G}$ (G est continue donc est bornée et atteint ses bornes sur le compact $[a,b]$).

• Nous allons d'abord le vérifier lorsque f est une fonction en escalier. On considère alors $a = x_0 < x_1 < \cdots < x_n = b$ subdivision compatible avec f et on note f_i la valeur constante de f sur $]x_{i-1}, x_i[$ $(1 \leqslant i \leqslant n)$. Remarquons dès maintenant que $f_1 = f(a^+)$. On a alors

$$\begin{aligned}
\int_a^b fg &= \sum_{i=1}^n \int_{x_{i-1}}^{x_i} f_i g = \sum_{i=1}^n f_i \int_{x_{i-1}}^{x_i} g \\
&= \sum_{i=1}^n f_i(\mathrm{G}(x_i) - \mathrm{G}(x_{i-1})) = \sum_{i=1}^n f_i\mathrm{G}(x_i) - \sum_{i=1}^n f_i\mathrm{G}(x_{i-1}) \\
&\underset{\boxed{j=i-1}}{=} \sum_{i=1}^n f_i\mathrm{G}(x_i) - \sum_{j=0}^{n-1} f_{j+1}\mathrm{G}(x_j) \\
&= \sum_{i=1}^{n-1} (f_i - f_{i+1})\mathrm{G}(x_i) - f_1\mathrm{G}(a) + f_n\mathrm{G}(b) \\
&= \sum_{i=1}^{n-1} (f_i - f_{i+1})\mathrm{G}(x_i) + f_n\mathrm{G}(b).
\end{aligned}$$

Comme pour tout $1 \leqslant i \leqslant n-1$, $f_i - f_{i+1} \geqslant 0$ (f est décroissante), on a $m(f_i - f_{i+1}) \leqslant (f_i - f_{i+1})\mathrm{G}(x_i) \leqslant \mathrm{M}(f_i - f_{i+1})$. Comme f est positive, $f_n \geqslant 0$ et

$$m\left(\sum_{i=1}^{n-1}(f_i - f_{i+1}) + f_n\right) \leqslant \int_a^b fg \leqslant \mathrm{M}\left(\sum_{i=1}^{n-1}(f_i - f_{i+1}) + f_n\right).$$

Les f_i s'éliminant en diagonale, il reste

$$mf_1 \leqslant \int_a^b fg \leqslant \mathrm{M}f_1, \quad \text{ce qui s'écrit } mf(a^+) \leqslant \int_a^b fg \leqslant \mathrm{M}f(a^+).$$

• Passons au cas général : f est supposée continue par morceaux. On considère une subdivision $a = a_0 < a_1 < \cdots < a_n = b$ compatible avec f et on note f_i l'application continue sur $[a_{i-i}, a_i]$ qui coïncide avec f sur $]a_{i-1}, a_i[$ $(1 \leqslant i \leqslant n)$. On se donne $\varepsilon > 0$. D'après le théorème de Heine, chaque f_i est uniformément continue. Comme elles sont en nombre fini, il existe η un module d'uniforme continuité pour ε valable pour toutes les applications f_i. On prend dans chaque intervalle $[a_{i-1}, a_i]$ une subdivision de pas inférieur ou égal à η. En en prenant la réunion, on obtient une subdivision $\mathrm{S} = \{a = x_0 < x_1 < \cdots < x_n = b\}$ de l'intervalle $[a, b]$ qui est de pas inférieur ou égal à η.

On considère l'application $h : [a, b] \longrightarrow \mathbb{R}$ en escalier qui vaut $f\left(\dfrac{x_{i-1} + x_i}{2}\right)$ sur $]x_{i-1}, x_i[$ et $f(x_i)$ en x_i. Alors h est décroissante et positive, et par construction, $\|f - h\|_\infty \leqslant \varepsilon$.

D'après le cas déjà étudié, on a

$$mh(a^+) \leqslant \int_a^b hg \leqslant \mathrm{M}h(a^+).$$

Or, $\int_a^b |f - h| g \leqslant \varepsilon \|g\|_\infty (b - a)$, si bien qu'on a

$$mh(a^+) - \varepsilon\|g\|_\infty(b - a) \leqslant \int_a^b fg \leqslant \mathrm{M}h(a^+) + \varepsilon\|g\|_\infty(b - a).$$

D'autre part, $h(a^+) = f\left(\dfrac{x_0 + x_1}{2}\right)$ et donc, pour tout $x \in\,]x_0, x_1[$, on a par uniforme continuité $|h(a^+) - f(x)| \leqslant \varepsilon$, ce qui donne en faisant tendre x vers a, $|h(a^+) - f(a^+)| \leqslant \varepsilon$. On en déduit que

$$mf(a^+) - \varepsilon(m + \|g\|_\infty(b - a)) \leqslant \int_a^b fg \leqslant \mathrm{M}f(a^+) + \varepsilon(\mathrm{M} + \|g\|_\infty(b - a)).$$

Cette inégalité étant vraie pour tout $\varepsilon > 0$, on peut faire tendre ε vers 0, ce qui donne l'inégalité attendue

$$mf(a^+) \leqslant \int_a^b fg \leqslant \mathrm{M}f(a^+).$$

Conclusion. Il existe donc $c \in [a, b]$ tel que

$$\boxed{\int_a^b f(t)g(t)\mathrm{d}t = f(a^+) \int_a^c g(t)\mathrm{d}t}. \ \triangleleft$$

Notons que la démonstration est considérablement simplifiée si f est de classe $\mathcal{C}^1$ et g est continue. On peut alors écrire en gardant les notations de l'exercice,

$$\int_a^b f(t)g(t)\,dt = \mathrm{G}(b)f(b) - \int_a^b \mathrm{G}(t)f'(t)\,dt.$$

Comme f et $-f'$ sont positives, on obtient $mf(b) \leqslant \mathrm{G}(b)f(b) \leqslant \mathrm{M}f(b)$ et

$$m(f(a) - f(b)) = m\int_a^b (-f'(t))\,dt \leqslant \int_a^b (-\mathrm{G}(t)f'(t))\,dt$$
$$\leqslant \mathrm{M}\int_a^b (-f'(t))\,dt = \mathrm{M}(f(a) - f(b))$$

et en additionnant $mf(a) \leqslant \int_a^b f(t)g(t)\,dt \leqslant \mathrm{M}f(a)$.

Les trois exercices suivants étudient la notion d'équirépartition d'une suite de réels du segment $[0,1]$. De manière informelle une telle suite est dite équirépartie si pour tout intervalle I inclus dans $[0,1]$ la probabilité pour un terme de la suite d'être dans I est égale à la longueur de I. Le premier exercice précise cette définition et étudie quelques généralités.

1.27. Suites équiréparties : généralités

Soit $(u_n)_{n\geqslant 1}$ une suite de points de $[0,1]$. Pour $0 \leqslant a < b \leqslant 1$, on pose

$$\mathrm{S}_n(a,b) = \mathrm{Card}\{k \in [\![1,n]\!],\ u_k \in [a,b[\}.$$

On dit que la suite $(u_n)_{n\geqslant 1}$ est *équirépartie* si $\dfrac{\mathrm{S}_n(a,b)}{n}$ tend vers $b-a$ pour tout $0 \leqslant a < b \leqslant 1$.

1. Montrer que si $(u_n)_{n\geqslant 1}$ est équirépartie l'ensemble des u_n est dense dans $[0,1]$. La réciproque est-elle vraie ?

2. Pour tout $n \in \mathbb{N}^*$, on pose

$$\mathrm{D}_n = \sup_{0\leqslant a<b\leqslant 1}\left|\frac{\mathrm{S}_n(a,b)}{n} - (b-a)\right| \quad \text{et} \quad \mathrm{D}_n^* = \sup_{0<\alpha<1}\left|\frac{\mathrm{S}_n(0,\alpha)}{n} - \alpha\right|.$$

Montrer que $\mathrm{D}_n^* \leqslant \mathrm{D}_n \leqslant 2\mathrm{D}_n^*$.

3. Montrer que la suite $(u_n)_{n\geqslant 1}$ est équirépartie si et seulement si la suite $(\mathrm{D}_n)_{n\geqslant 1}$ tend vers 0.

(**École polytechnique**)

▷ **Solution.**

1. Supposons que $(u_n)_{n\geqslant 1}$ est équirépartie et considérons a, b deux réels tels que $0 \leqslant a < b \leqslant 1$. Comme $\dfrac{\mathrm{S}_n(a,b)}{n}$ tend vers $b-a > 0$, il existe un rang N au-delà duquel $S_n(a,b) > 0$. Cela signifie qu'il existe au moins un indice k tel que u_k appartienne à $[a,b[$. L'ensemble $\{u_n,\ n \geqslant 1\}$ est donc dense dans le segment $[0,1]$. La réciproque n'est bien entendu pas vraie. Considérons par exemple la suite $(v_n)_{n\geqslant 1}$ définie par $v_{2n} = u_n$ et $v_{2n+1} = 0$, où $(u_n)_{n\geqslant 1}$ est toujours une suite équirépartie. L'ensemble des v_n contient $\{u_n,\ n \geqslant 1\}$ et est donc toujours dense dans $[0,1]$. En revanche

$$\frac{S_{2n}(0,1/2)}{2n} = \frac{n + S_n(0,1/2)}{2n} \xrightarrow[n\to+\infty]{} \frac{1}{2} + \frac{1}{4} = \frac{3}{4} \neq \frac{1}{2},$$

et $(v_n)_{n\geqslant 1}$ n'est donc pas équirépartie.

Il n'est pas difficile de vérifier que la définition de l'équirépartition prise ici correspond bien à ce qui est annoncé avant l'exercice : si $(u_n)_{n\geqslant 1}$ est équirépartie et si I *est un intervalle quelconque (pas forcément semi-ouvert à droite),* $\frac{1}{n}\,\mathrm{Card}\{k \in [\![1,n]\!], u_k \in \mathrm{I}\}$ *tend vers la longueur de* I *quand n tend vers $+\infty$.*

2. L'inégalité $D_n^* \leqslant D_n$ est évidente : la borne supérieure est prise sur l'ensemble des intervalles du type $[0,\alpha[$ qui est inclus dans l'ensemble de tous les intervalles semi-ouverts. Prenons maintenant $0 \leqslant a < b \leqslant 1$. On a clairement $S_n(a,b) = S_n(0,b) - S_n(0,a)$. Ainsi,

$$\left|\frac{S_n(a,b)}{n} - (b-a)\right| \leqslant \left|\frac{S_n(0,b)}{n} - b\right| + \left|\frac{S_n(0,a)}{n} - a\right| \leqslant 2D_n^*.$$

En passant à la borne supérieure on a donc $D_n \leqslant 2D_n^*$.

3. Si D_n tend vers 0 la suite $\frac{S_n(a,b)}{n}$ tend vers $(b-a)$ pour tout $0 \leqslant a < b \leqslant 1$ et $(u_n)_{n\geqslant 1}$ est équirépartie.

Montrons la réciproque en raisonnant par l'absurde. On suppose donc que la suite (u_n) est équirépartie et que D_n ne tend pas vers 0. D'après la question précédente, D_n^* ne tend pas vers 0 non plus. On peut donc trouver $\varepsilon > 0$ et $\varphi : \mathbb{N} \to \mathbb{N}$ strictement croissante telle que $D_{\varphi(n)}^* \geqslant 2\varepsilon$ pour tout n. Par définition de $D_{\varphi(n)}^*$, on peut donc trouver un réel $\alpha_{\varphi(n)}$ de $]0,1[$ tel que

$$\left|\frac{S_{\varphi(n)}(0,\alpha_{\varphi(n)})}{\varphi(n)} - \alpha_{\varphi(n)}\right| \geqslant \varepsilon.$$

Par compacité du segment $[0,1]$ on peut, quitte à prendre une sous-suite de $(\alpha_{\varphi(n)})$, supposer directement que cette suite converge vers un réel α. Supposons $0 < \alpha < 1$ et soit $\eta > 0$ tel que $0 < \alpha - \eta < \alpha + \eta < 1$. Pour n assez grand, on a $\alpha - \eta \leqslant \alpha_{\varphi(n)} \leqslant \alpha + \eta$. On a forcément, pour les mêmes n,

$$S_{\varphi(n)}(0,\alpha-\eta) \leqslant S_{\varphi(n)}(0,\alpha_{\varphi(n)}) \leqslant S_{\varphi(n)}(0,\alpha+\eta).$$

On en déduit que pour n assez grand,

$$\frac{S_{\varphi(n)}(0,\alpha-\eta)}{\varphi(n)} \leqslant \frac{S_{\varphi(n)}(0,\alpha_{\varphi(n)})}{\varphi(n)} \leqslant \frac{S_{\varphi(n)}(0,\alpha+\eta)}{\varphi(n)}.$$

Comme le terme de gauche de cette inégalité tend vers $\alpha-\eta$ et le terme de droite vers $\alpha+\eta$ (car la suite est supposée équirépartie), on a pour n assez grand $\alpha - 2\eta \leqslant \dfrac{S_{\varphi(n)}(0,\alpha_{\varphi(n)})}{\varphi(n)} \leqslant \alpha + 2\eta$. Comme $\alpha-\eta \leqslant \alpha_{\varphi(n)} \leqslant \alpha+\eta$ on a finalement pour n assez grand,

$$-3\eta \leqslant \frac{S_{\varphi(n)}(0,\alpha_{\varphi(n)})}{\varphi(n)} - \alpha_{\varphi(n)} \leqslant 3\eta$$

et cela est contradictoire pour η assez petit (par exemple $\eta = \varepsilon/4$). On adapte sans mal ce raisonnement lorsque $\alpha = 0$ ou $\alpha = 1$. $\lhd$

L'exercice suivant établit un critère d'équirépartition particulièrement efficace démontré par Weyl en 1916. On y utilise essentiellement la définition de l'intégrale d'une fonction continue.

1.28. Suites équiréparties : critère de Weyl

Soit $(u_n)_{n\geqslant 1}$ une suite de $[0,1]$. Pour $0 \leqslant a \leqslant b \leqslant 1$, on pose

$$X_n(a,b) = \mathrm{Card}\{k \in [\![1,n]\!], u_k \in [a,b]\}.$$

Prouver l'équivalence des propriétés suivantes :

(i) $\dfrac{X_n(a,b)}{n}$ tend vers $b-a$ pour tout couple (a,b) ;

(ii) pour toute fonction $f : [0,1] \longrightarrow \mathbb{R}$ continue, on a

$$\lim_{n\to+\infty} \frac{1}{n}\sum_{k=1}^{n} f(u_k) = \int_0^1 f(t)\mathrm{d}t \ ;$$

(iii) pour tout $p \in \mathbb{N}^*$, on a $\displaystyle\lim_{n\to+\infty} \frac{1}{n}\sum_{k=1}^{n} e^{2i\pi p u_k} = 0$.

(École normale supérieure)

$\triangleright$ **Solution.**

• Montrons que $(i) \Longrightarrow (ii)$. Notons que la quantité $\dfrac{X_n(a,b)}{n}$ est égale à $\dfrac{1}{n}\displaystyle\sum_{k=1}^{n} \chi_{[a,b]}(u_k)$ où $\chi_{[a,b]}$ désigne la fonction caractéristique du segment

$[a,b]$ et que $\int_a^b \chi_{[a,b]} = b - a$. La propriété (ii) est donc vérifiée pour les fonctions caractéristiques d'un segment. En fait, toute fonction en escalier f sur $[0,1]$ est combinaison linéaire de fonctions caractéristiques de segments (éventuellement réduits à un point pour obtenir les valeurs de f aux points de discontinuité). Par linéarité, la propriété (ii) est alors vraie pour toute fonction en escalier. Montrons maintenant que (ii) est vérifiée pour les fonctions continues. Soit $f : [0,1] \longrightarrow \mathbb{R}$ une fonction continue et $\varepsilon > 0$. On sait qu'on peut trouver une fonction en escalier g qui approche f uniformément à ε près sur $[0,1]$, *i.e.* telle que $\|f - g\|_\infty \leqslant \varepsilon$. Grâce à l'inégalité triangulaire, pour tout $n \geqslant 1$, on peut majorer $\left|\frac{1}{n}\sum_{k=1}^{n} f(u_k) - \int_0^1 f\right|$ par

$$\left|\frac{1}{n}\sum_{k=1}^{n}(f(u_k) - g(u_k))\right| + \left|\frac{1}{n}\sum_{k=1}^{n} g(u_k) - \int_0^1 g\right| + \left|\int_0^1 g - \int_0^1 f\right|.$$

Le premier terme est majoré par ε de même que le dernier. Comme g est en escalier, le terme du milieu devient inférieur à ε au-delà d'un certain rang N. Bref, pour $n \geqslant \mathrm{N}$, $\left|\frac{1}{n}\sum_{k=1}^{n} f(u_k) - \int_0^1 f\right| \leqslant 3\varepsilon$ ce qui prouve (ii).

Bien entendu (ii) reste encore vraie pour une fonction continue par morceaux et même une fonction réglée.

• Montrons réciproquement que $(ii) \Longrightarrow (i)$. Une fonction caractéristique d'un segment I (distinct de $[0,1]$) présente au moins une discontinuité donc ne peut pas être obtenue comme limite uniforme d'une suite de fonctions continues. En fait on n'a pas besoin d'une approximation uniforme : il va suffire d'encadrer χ_{I} par deux suites de fonctions continues affines par morceaux qui convergent vers χ_{I} au sens de la norme intégrale. Prenons pour commencer un segment $\mathrm{I} = [\alpha, \beta]$ avec $0 < \alpha < \beta < 1$. On considère les suites de fonctions continues φ_k et ψ_k définies pour k suffisamment grand par les figures suivantes :

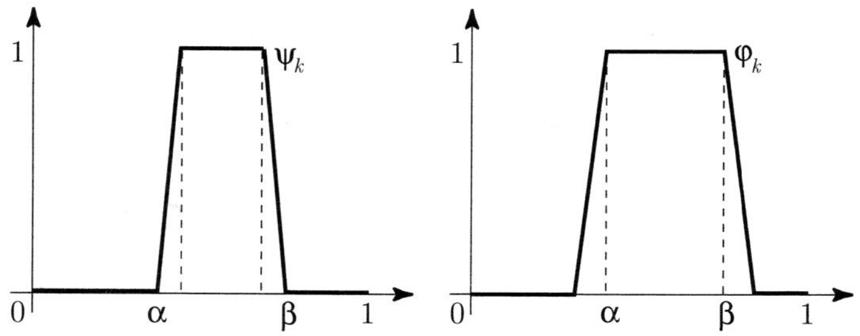

Ainsi, ψ_k est nulle sur les segments $[0,\alpha]$ et $[\beta,1]$ et vaut 1 sur le segment $[\alpha + 1/k, \beta - 1/k]$ et est affine sur les deux segments qui restent.

On observe que pour tout p assez grand, $\psi_p \leqslant \chi_{\mathrm{I}} \leqslant \varphi_p$. Il en résulte que pour tout $n \geqslant 1$, $\frac{1}{n}\sum_{k=1}^{n} \psi_p(u_k) \leqslant \frac{\mathrm{X}_n(\alpha,\beta)}{n} \leqslant \frac{1}{n}\sum_{k=1}^{n} \varphi_p(u_k)$. Par hypothèse,

$$\lim_{n\to+\infty} \frac{1}{n}\sum_{k=1}^{n} \psi_p(u_k) = \int_0^1 \psi_p = \beta - \alpha - \frac{1}{p}$$

et

$$\lim_{n\to+\infty} \frac{1}{n}\sum_{k=1}^{n} \varphi_p(u_k) = \int_0^1 \varphi_p = \beta - \alpha + \frac{1}{p}\cdot$$

Soit $\varepsilon > 0$. Choisissons p tel que $\frac{1}{p} < \varepsilon$. Il existe N tel que pour $n \geqslant \mathrm{N}$, $\left|\frac{\mathrm{X}_n(\alpha,\beta)}{n} - \beta + \alpha\right| \leqslant 2\varepsilon$. Ainsi, $\frac{\mathrm{X}_n(\alpha,\beta)}{n}$ converge vers $\beta - \alpha$ lorsque $0 < \alpha < \beta < 1$. Il est aisé d'adapter cela lorsque $\alpha = 0$ ou $\beta = 1$.

• La propriété (iii) résulte directement de (ii) puisque

$$\lim_{n\to+\infty} \frac{1}{n}\sum_{k=1}^{n} e^{2i\pi p u_k} = \int_0^1 \cos(2\pi p x)\mathrm{d}x + i\int_0^1 \sin(2\pi p x)\mathrm{d}x = 0.$$

• Montrons enfin que $(iii) \Longrightarrow (ii)$. Par linéarité, on a la propriété (ii) pour tout polynôme trigonométrique du type

$$x \longmapsto a_0 + \sum_{k=1}^{n} a_k \cos(2k\pi x) + \sum_{k=1}^{n} b_k \sin(2k\pi x).$$

D'après le théorème de Weierstrass trigonométrique, toute fonction continue $f : [0,1] \longrightarrow \mathbb{R}$ vérifiant $f(0) = f(1)$ est limite uniforme d'une suite de polynômes trigonométriques de ce type. Comme précédemment, on en déduit que (ii) est vérifiée pour une telle fonction continue. Si f ne vérifie pas la condition $f(0) = f(1)$ on peut, pour tout $\varepsilon > 0$, trouver une fonction continue g vérifiant $g(0) = g(1)$ et $\int_0^1 |f - g| \leqslant \varepsilon$. Comme dans l'implication $(ii) \Longrightarrow (i)$, cela suffit pour prouver que (ii) est aussi vraie pour f.

Les propositions (i), (ii) et (iii) sont donc toutes équivalentes. ◁

La proposition (i) correspond à l'équirépartition de la suite $(u_n)_{n\geqslant 1}$. Le critère de Weyl correspond à l'équivalence des assertions (i) et (iii).

L'exercice suivant en donne un exemple d'application avec l'étude des suites arithmétiques. On dit qu'une suite réelle $(x_n)_{n\geqslant 1}$ est équirépartie modulo 1 si la suite $u_n = x_n - \mathrm{E}(x_n)$ est équirépartie. Notons que comme les fonctions $e_p : x \longmapsto e^{2ip\pi x}$ sont toutes 1-périodiques, on a encore l'équivalence

$$(x_n)_{n\geqslant 1} \text{ équirépartie modulo } 1 \Longleftrightarrow \forall p \in \mathbb{N}^*,\ \lim_{n\to+\infty} \frac{1}{n}\sum_{k=1}^{n} e_p(x_k) = 0.$$

1.29. Suites équiréparties : un exemple

Soit $\theta > 0$. Montrer que la suite $(n\theta)_{n\geqslant 1}$ est équirépartie modulo 1 si et seulement si $\theta \notin \mathbb{Q}$.

(**École polytechnique**)

▷ **Solution.**

• Supposons $\theta \notin \mathbb{Q}$. Pour prouver que la suite $(n\theta)_{n\geqslant 1}$ est équirépartie on va utiliser le critère de Weyl, ce qui est facile ici car les sommes d'exponentielles se calculent (on a la somme des termes d'une progression géométrique). Plus précisément, avec les notations du préambule, on a pour tout $p \in \mathbb{N}^*$,

$$\frac{1}{n}\sum_{k=1}^{n} e_p(k\theta) = \frac{1}{n}\sum_{k=1}^{n} e_p(\theta)^k = \frac{e_p(\theta)}{n}\cdot\frac{e_p(\theta)^n - 1}{e_p(\theta) - 1} = \frac{e_p(\theta)}{n}\cdot\frac{e_p(n\theta) - 1}{e_p(\theta) - 1}$$

et ce calcul est possible car comme $\theta \notin \mathbb{Q}$, $e_p(\theta) \neq 1$ pour tout entier $p \in \mathbb{N}^*$. Comme $|e_p(n\theta)| = 1$ pour tout n, la suite $\frac{e_p(n\theta) - 1}{e_p(\theta) - 1}$ est bornée et $\frac{1}{n}\sum\limits_{k=1}^{n} e_p(k\theta)$ tend vers 0 quand n tend vers $+\infty$. Donc si $\theta \notin \mathbb{Q}$, la suite $(n\theta)_{n\geqslant 1}$ est équirépartie modulo 1.

• Supposons que $\theta = \frac{p}{q} \in \mathbb{Q}$, avec p, q dans $\mathbb{N}^*$ premiers entre eux. On a, en notant $\{x\} = x - \mathrm{E}(x)$ la partie fractionnaire d'un réel x, $\{(n+q)\theta\} = \{n\theta + p\} = \{n\theta\}$. Donc la suite $\{n\theta\}$ est périodique de période q et n'est donc clairement pas équirépartie. ◁

Le lecteur trouvera une application de ce résultat dans l'exercice 1.13 du tome 1 d'algèbre qui étudie la distribution du premier chiffre de l'écriture en base 10 *des puissances de* 2*. Notons que l'exercice ci-dessus a été posé comme seconde question d'un exercice qui demandait aussi de prouver le critère de Weyl. Il est possible de donner une preuve directe du résultat mais ce n'est pas facile.*

Ici commence une série d'exercices sur le vaste thème des intégrales à paramètres. Le lecteur trouvera d'autres exercices sur ce thème, mais avec des intégrales généralisées, dans le troisième tome d'analyse.

1.30. Calcul d'une intégrale

Soient $a > 1$ et $b > 1$. Calculer $\displaystyle\int_0^{\pi} \ln\left(\frac{b - \cos x}{a - \cos x}\right) \mathrm{d}x$.

(**École polytechnique**)

▷ **Solution.**

L'intégrande est bien continu sur $[0, \pi]$. Il semble vain de vouloir calculer une primitive directement. En revanche, on peut écrire

$$\mathrm{I} = \int_0^{\pi} \ln\left(\frac{b - \cos x}{a - \cos x}\right) \mathrm{d}x = \mathrm{F}(b) - \mathrm{F}(a),$$

où $\mathrm{F} : t \longmapsto \int_0^{\pi} \ln(t - \cos x)\mathrm{d}x$.

La fonction $(t, x) \in]1, +\infty[\times\mathbb{R} \longmapsto \ln(t - \cos x)$ étant de classe $\mathcal{C}^{\infty}$, on peut dériver sous le signe intégrale, si bien que pour $t > 1$,

$$\mathrm{F}'(t) = \int_0^{\pi} \frac{\mathrm{d}x}{t - \cos x}.$$

Cette nouvelle intégrale présente l'avantage de pouvoir se calculer. Pour expliciter $\mathrm{F}'(t)$, on fait le changement de variable classique $u = \tan\left(\frac{x}{2}\right)$:

$$\begin{aligned}\mathrm{F}'(t) &= \int_0^{+\infty} \frac{2\mathrm{d}u}{(1+u^2)\left(t - \dfrac{1-u^2}{1+u^2}\right)} = \int_0^{+\infty} \frac{2\mathrm{d}u}{(1+u^2)t - (1-u^2)}\\ &= \frac{2}{t+1}\int_0^{+\infty} \frac{\mathrm{d}u}{u^2 + \dfrac{t-1}{t+1}}\\ &= \frac{2}{t+1}\left[\frac{1}{\sqrt{\dfrac{t-1}{t+1}}}\arctan\left(\frac{u}{\sqrt{\dfrac{t-1}{t+1}}}\right)\right]_0^{+\infty} = \frac{\pi}{\sqrt{t^2-1}}.\end{aligned}$$

Une primitive de $\dfrac{1}{\sqrt{t^2-1}}$ est $\operatorname{Argch} t = \ln(t + \sqrt{t^2-1})$. On en déduit que $\mathrm{F}(b) - \mathrm{F}(a) = \pi(\operatorname{Argch} b - \operatorname{Argch} a)$ ou encore

$$\boxed{\int_0^{\pi} \ln\left(\frac{b - \cos x}{a - \cos x}\right) \mathrm{d}x = \pi \ln\left(\frac{b + \sqrt{b^2-1}}{a + \sqrt{a^2-1}}\right)}. \ \triangleleft$$

1.31. Mesure du domaine d'annulation d'une fonction

Soit f une fonction continue de $[0, 1]$ dans $\mathbb{R}_+$ et g l'application de $\mathbb{R}$ dans $\mathbb{R}_+$ définie par $g(x) = \int_0^1 \sqrt{x^2 + f(t)}\mathrm{d}t$.

1. Montrer que g est continue sur $\mathbb{R}$ et de classe $\mathcal{C}^1$ sur $\mathbb{R}^*$.

2. On suppose que $\{t \in [0, 1], f(t) = 0\} = [a, b] \subset [0, 1]$. Calculer $g'_d(0)$.

(**École normale supérieure**)

▷ **Solution.**

1. Considérons

$$\varphi : (x,t) \in \mathbb{R} \times [0,1] \longmapsto \sqrt{x^2 + f(t)}.$$

La fonction φ est continue sur $\mathbb{R} \times [0,1]$. On en déduit que g est continue sur $\mathbb{R}$. La fonction $x \longmapsto \sqrt{x}$ étant dérivable sur $\mathbb{R}^*$, la fonction φ admet sur $\mathbb{R}^* \times [0,1]$ une dérivée partielle $\dfrac{\partial \varphi}{\partial x}$. Pour $(x,t) \in \mathbb{R}^* \times [0,1]$,

$$\frac{\partial \varphi}{\partial x}(x,t) = \frac{x}{\sqrt{x^2 + f(t)}}.$$

$\dfrac{\partial \varphi}{\partial x}$ est continue sur $\mathbb{R}^* \times [0,1]$. On en déduit que g est $\mathcal{C}^1$ sur $\mathbb{R}^*$ et que pour $x \in \mathbb{R}^*$,

$$g'(x) = \int_0^1 \frac{x}{\sqrt{x^2 + f(t)}} \mathrm{d}t.$$

On peut noter de plus que la fonction g est convexe car, pour tout $a \geqslant 0$, la fonction $x \longmapsto \sqrt{x^2 + a}$ l'est.

2. Pour tout $t \in [0,1]$, la fonction $x \longmapsto \dfrac{x}{\sqrt{x^2 + f(t)}}$ est croissante. On en déduit que $g'_{|]0,+\infty[}$ est croissante et minorée par 0. Elle possède donc une limite finie en 0. Comme g est continue en 0, $g_{|[0,+\infty[}$ est $\mathcal{C}^1$ et $g'_d(0) = \lim\limits_{x \to 0^+} g'(x)$.

On écrit, pour $x > 0$,

$$g'(x) = \int_0^a \frac{x}{\sqrt{x^2 + f(t)}} \mathrm{d}t + (b-a) + \int_b^1 \frac{x}{\sqrt{x^2 + f(t)}} \mathrm{d}t.$$

Pour tout $t \in [0,a[\cup]b,1[$, on a $\lim\limits_{x \to 0} \dfrac{x}{\sqrt{x^2 + f(t)}} = \dfrac{0}{\sqrt{f(t)}} = 0$. Comme de plus, pour $t \in [0,1]$ et $x \in \mathbb{R}$, on a $\left| \dfrac{x}{\sqrt{x^2 + f(t)}} \right| \leqslant 1$, on obtient par convergence dominée,

$$\lim_{x \to 0} \int_0^a \frac{x}{\sqrt{x^2 + f(t)}} \mathrm{d}t = \lim_{x \to 0} \int_b^1 \frac{x}{\sqrt{x^2 + f(t)}} \mathrm{d}t = 0.$$

Conclusion. $g'_d(0) = b - a$. ◁

Le lecteur connaissant l'intégrale de Lebesgue pourra prouver que si on prend f borélienne, $g'_d(0)$ est toujours égal à la mesure de Lebesgue de l'ensemble des zéros de f.

1.32. Limites de normes intégrales

> Soit f continue de $[0,1]$ dans $\mathbb{R}_+^*$. On pose pour $\alpha > 0$,
>
> $$\mathrm{I}(\alpha) = \left(\int_0^1 (f(t))^\alpha \, \mathrm{d}t\right)^{1/\alpha}.$$
>
> Étudier les limites de $\mathrm{I}(\alpha)$ quand α tend vers 0^+ et quand α tend vers $+\infty$.
>
> (**École polytechnique**)

▷ **Solution.**

• Soit F la fonction définie sur $\mathbb{R}$ par $\mathrm{F}(\alpha) = \int_0^1 (f(t))^\alpha \, \mathrm{d}t$. Si F est continue en 0, $\mathrm{F}(\alpha)$ tend vers $\mathrm{F}(0) = 1$ quand $\alpha \to 0^+$ et $\mathrm{I}(\alpha)$ est une forme indéterminée du type 1^∞. On va donc montrer que F est continue, et même dérivable, ce qui nous donnera un développement limité en 0 suffisant pour lever l'indétermination.

La fonction $\varphi : (t, \alpha) \in [0,1] \times \mathbb{R}^+ \longmapsto (f(t))^\alpha \in \mathbb{R}$ est continue sur $[0,1] \times \mathbb{R}$ et pour tout $(t, \alpha) \in [0,1] \times \mathbb{R}$, on a $\dfrac{\partial \varphi}{\partial \alpha}(t, \alpha) = \ln f(t)\,(f(t))^\alpha$. Donc $\dfrac{\partial \varphi}{\partial \alpha}$ est continue sur $[0,1] \times \mathbb{R}$. On en déduit que F est dérivable sur $\mathbb{R}$ et que, pour tout $\alpha \in \mathbb{R}$, on a

$$\mathrm{F}'(\alpha) = \int_0^1 \ln f(t)\,(f(t))^\alpha \, \mathrm{d}t.$$

Pour tout réel α, on a $\mathrm{I}(\alpha) = \exp\left(\dfrac{1}{\alpha} \ln \mathrm{F}(\alpha)\right)$. Sachant que $\lim\limits_{\alpha \to 0} \mathrm{F}(\alpha) = \mathrm{F}(0) = 1$, on obtient

$$\lim_{\alpha \to 0} \frac{1}{\alpha} \ln \mathrm{F}(\alpha) = \lim_{\alpha \to 0} \frac{\mathrm{F}(\alpha) - 1}{\alpha} = \mathrm{F}'(0) = \int_0^1 \ln f.$$

On en déduit que

$$\boxed{\lim_{\alpha \to 0} \mathrm{I}(\alpha) = \exp\left(\int_0^1 \ln f\right)}.$$

• On a, pour tout $\alpha \in \mathbb{R}_+^*$, $\mathrm{F}(\alpha) \leqslant (\|f\|_\infty)^\alpha$ et donc $\mathrm{I}(\alpha) \leqslant \|f\|_\infty$. Comme f est continue sur le compact $[0,1]$, elle y atteint son maximum $\|f\|_\infty$ en un point t_0. Soit $\varepsilon > 0$. Par continuité de f en t_0, il existe un intervalle d'intérieur non vide $\mathrm{J} \subset [0,1]$, contenant t_0 tel que, pour tout $t \in \mathrm{J}$, on a $f(t) \geqslant \|f\|_\infty - \varepsilon$. Si on note ℓ la longueur de J, on obtient, pour tout $\alpha \in \mathbb{R}_+^*$,

$$\mathrm{F}(\alpha) \geqslant \int_{\mathrm{J}} (\|f\|_\infty - \varepsilon)^\alpha \geqslant \ell\,(\|f\|_\infty - \varepsilon)^\alpha$$

et donc $\mathrm{I}(\alpha) \geqslant \ell^{\frac{1}{\alpha}}(\|f\|_\infty - \varepsilon)$. Comme $\lim\limits_{\alpha \to +\infty} \ell^{\frac{1}{\alpha}}(\|f\|_\infty - \varepsilon) = \|f\|_\infty - \varepsilon$, il existe $\mathrm{A} > 0$ tel que, pour $\alpha > \mathrm{A}$, on ait $\|f\|_\infty - 2\varepsilon \leqslant \mathrm{I}(\alpha) \leqslant \|f\|_\infty$. On conclut

$$\boxed{\lim_{\alpha \to +\infty} \mathrm{I}(\alpha) = \|f\|_\infty}. \lhd$$

Pour $p \geqslant 1$ on sait que $f \longmapsto \|f\|_p = \left(\int_0^1 |f|^p\right)^{1/p}$ est une norme sur l'espace $\mathcal{C}^0([0,1],\mathbb{R})$. On montre comme dans le second point que pour toute fonction $f \in \mathcal{C}^0([0,1],\mathbb{R})$ la norme $\|f\|_p$ tend vers la norme infinie de f lorsque $p \to +\infty$.

Les exercices qui suivent sont de nature asymptotique et concernent des recherches de limites, d'équivalents, voire de développements asymptotiques.

1.33. Équivalent d'une primitive

Soit $f : x \longmapsto e^{-x^2} \int_0^x e^{t^2} \mathrm{d}t$. En donner un équivalent en $+\infty$.

(École polytechnique)

$\rhd$ **Solution.**

On ne peut pas calculer une primitive de la fonction $t \mapsto e^{t^2}$, c'est-à-dire l'exprimer à l'aide des fonctions usuelles (cela peut se formuler de manière précise et se démontrer mais ce n'est pas facile ; le lecteur intéressé pourra faire le problème d'écrit Lyon-Cachan de 1995). Si l'on essayait tout de même, une idée naturelle serait de la chercher sous la forme $g(t)e^{t^2}$. Comme on a

$$\frac{\mathrm{d}\big(g(t)e^{t^2}\big)}{\mathrm{d}t} = \big(g'(t) + 2tg(t)\big)e^{t^2},$$

on serait alors ramené à chercher les solutions de l'équation différentielle $g'(t) + 2tg(t) = 1$. Ce qui se passe, évidemment, c'est que la méthode de la variation de la constante conduit à l'intégrale que l'on cherche à calculer !

Mais ici on ne demande pas de calculer explicitement $\int_0^x e^{t^2} \mathrm{d}t$, on n'en veut qu'un équivalent. Il nous suffit pour cela d'utiliser le théorème d'intégration des relations de comparaison. Plutôt que de chercher g telle que $g'(t)+2tg(t) = 1$, il nous suffit de trouver g telle que $g'(t)+2tg(t) \sim 1$ pour t tendant vers $+\infty$. Comme les intégrales divergent clairement, on a alors

$$g(x)e^{x^2} - g(0) = \int_0^x (g'(t) + 2tg(t))e^{t^2}\mathrm{d}t \sim \int_0^x e^{t^2}\mathrm{d}t$$

et on a obtenu notre équivalent. Trouver une fonction g de classe $\mathcal{C}^1$ telle que $g'(t) + 2tg(t) \sim 1$ quand $t \to +\infty$ est facile. Il suffit de prendre $g(t) = \dfrac{1}{2t}$ ou plutôt $g(t) = \dfrac{1}{2(t+1)}$ pour éviter tout problème en 0. On en déduit donc que

$$\boxed{f(x) \underset{x\to+\infty}{\sim} \frac{1}{2x}}. \quad \lhd$$

1.34. Recherche de limite

Soient $f : \mathbb{R} \longrightarrow \mathbb{R}$ continue, g définie pour $x > 0$ par

$$g(x) = \frac{1}{x}\int_0^x \cos(x-y)f(y)\mathrm{d}y.$$

Déterminer la limite de g en 0. En supposant que f a une limite en $+\infty$, déterminer celle de g.

(**École polytechnique**)

$\rhd$ **Solution.**

• Étudions la limite en 0 : pour tout $x > 0$, on a

$$g(x) = \frac{\cos x}{x}\int_0^x \cos y f(y)\mathrm{d}y + \frac{\sin x}{x}\int_0^x \sin y f(y)\mathrm{d}y.$$

Or si φ est une fonction continue de $\mathbb{R}$ dans $\mathbb{R}$, on a

$$\frac{1}{x}\int_0^x \varphi(y)\mathrm{d}y = \frac{\Phi(x) - \Phi(0)}{x} \xrightarrow[x\to 0]{} \Phi'(0) = \varphi(0),$$

où Φ désigne une primitive de φ. Ainsi, on obtient ici

$$\lim_{x\to 0} g(x) = \cos(0)\cos(0)f(0) + 0 = f(0).$$

• Passons à la limite en $+\infty$. Notons ℓ la limite de f en $+\infty$. Comme

$$\frac{1}{x}\int_0^x \cos(x-y)(f(y)-\ell)\mathrm{d}y = g(x) - \frac{\ell}{x}\int_0^x \cos(x-y)\mathrm{d}y,$$

et comme
$$\frac{1}{x}\int_0^x \cos(x-y)\mathrm{d}y = \frac{\sin x}{x} \xrightarrow[x\to+\infty]{} 0,$$
on se ramène à traiter le cas où la limite de f en l'infini est nulle. Soient ε et $\mathrm{A} > 0$ tels que $|f(x)| \leqslant \varepsilon$ pour $x \geqslant \mathrm{A}$. Pour $x \geqslant \mathrm{A}$ on a
$$\begin{aligned}|g(x)| &\leqslant \frac{1}{x}\int_0^{\mathrm{A}} |\cos(x-y)f(y)|\mathrm{d}y + \frac{1}{x}\int_{\mathrm{A}}^x |\cos(x-y)f(y)|\mathrm{d}y\\ &\leqslant \frac{1}{x}\int_0^{\mathrm{A}} |f(y)|\mathrm{d}y + \frac{1}{x}\int_{\mathrm{A}}^x \varepsilon\mathrm{d}y \leqslant \frac{1}{x}\int_0^{\mathrm{A}} |f(y)|\mathrm{d}y + \varepsilon.\end{aligned}$$

Comme $\lim\limits_{x\to+\infty} \frac{1}{x}\int_0^{\mathrm{A}} |f(y)|\mathrm{d}y = 0$, pour x assez grand, $|g(x)| \leqslant 2\varepsilon$. On conclut que g tend vers 0. Dans le cas général on a donc
$$\boxed{\lim_{x\to+\infty} g(x) = \ell = \lim_{x\to+\infty} f(x)}. \triangleleft$$

L'exercice suivant est un grand classique qu'il est bon de connaître.

1.35. Équivalent des intégrales de Wallis

Chercher un équivalent de I_n où $\mathrm{I}_n = \int_0^{\frac{\pi}{2}} \cos^n t\,\mathrm{d}t$. En déduire la nature de la série $\sum(\mathrm{I}_n)^\alpha$.

(École polytechnique)

▷ **Solution.**

On reconnaît les célèbres intégrales de Wallis. On effectue une intégration par parties afin d'obtenir une relation de récurrence. Il vient, pour $n \geqslant 2$,
$$\mathrm{I}_n = \int_0^{\pi/2} \cos\cdot\cos^{n-1} = [\sin\cos^{n-1}]_0^{\pi/2} + (n-1)\int_0^{\pi/2} \sin^2\cos^{n-2}.$$
Le crochet est nul et, en remplaçant $\sin^2$ par $1-\cos^2$, on obtient la relation de récurrence $\mathrm{I}_n = (n-1)(\mathrm{I}_{n-2} - \mathrm{I}_n)$ que peut aussi s'écrire $n\mathrm{I}_n = (n-1)\mathrm{I}_{n-2}$.

On a donc pour tout $n \geqslant 1$, $n\mathrm{I}_{n-1}\mathrm{I}_n = (n-1)\mathrm{I}_{n-2}\mathrm{I}_{n-1}$. Autrement dit, la suite de terme général $n\mathrm{I}_{n-1}\mathrm{I}_n$ est constante. Elle vaut $\frac{\pi}{2}$, puisque $\mathrm{I}_0 = \frac{\pi}{2}$ et $\mathrm{I}_1 = 1$. On en déduit que, pour $n \geqslant 1$, $n\mathrm{I}_{n-1}\mathrm{I}_n = \frac{\pi}{2}$.

Par ailleurs, on a, pour $n \in \mathbb{N}$ et $t \in \left[0, \frac{\pi}{2}\right]$, $0 \leqslant \cos^{n+1} t \leqslant \cos^n t$ et donc en intégrant cela $0 \leqslant \mathrm{I}_{n+1} \leqslant \mathrm{I}_n$: la suite (I_n) est décroissante.

On obtient, pour $n \geqslant 1$, $\mathrm{I}_{n+1} \leqslant \mathrm{I}_n \leqslant \mathrm{I}_{n-1}$ et $\mathrm{I}_n\mathrm{I}_{n+1} \leqslant \mathrm{I}_n^2 \leqslant \mathrm{I}_{n-1}\mathrm{I}_n$, c'est-à-dire, d'après ce qui précède,

$$\frac{\pi}{2(n+1)} \leqslant \mathrm{I}_n^2 \leqslant \frac{\pi}{2n}.$$

On en déduit $\mathrm{I}_n^2 \underset{n\to\infty}{\sim} \dfrac{\pi}{2n}$ et, I_n étant positif, $\mathrm{I}_n \sim \sqrt{\dfrac{\pi}{2n}}$.

On a donc $\mathrm{I}_n^\alpha \underset{n\to\infty}{\sim} \left(\dfrac{\pi}{2n}\right)^{\frac{\alpha}{2}}$ et, par comparaison avec les séries de Riemann, la série $\sum \mathrm{I}_n^\alpha$ converge si et seulement si $\alpha > 2$. ◁

1.36. Recherche d'un équivalent (1)

Soit $f : [0,1] \longrightarrow \mathbb{R}$ continue et telle que $f(0) \neq 0$.

1. Donner un équivalent en $+\infty$ de $g(t) = \displaystyle\int_0^1 \frac{f(x)}{1+tx}\,\mathrm{d}x$.

2. Majorer la différence entre g et cet équivalent quand f est de classe $\mathcal{C}^1$.

(**École polytechnique**)

▷ **Solution.**

1. Dans l'intégrale définissant g, effectuons le changement de variable $u = tx$ pour obtenir pour $t > 0$,

$$g(t) = \frac{1}{t}\int_0^t \frac{f\left(\frac{u}{t}\right)}{1+u}\,\mathrm{d}u.$$

Quand t tend vers $+\infty$, $f\left(\dfrac{u}{t}\right)$ est « proche » de $f(0)$ par continuité. Or, nous avons

$$\frac{1}{t}\int_0^t \frac{f(0)}{1+u}\,\mathrm{d}u = f(0)\frac{\ln(1+t)}{t} \underset{t\to+\infty}{\sim} f(0)\frac{\ln t}{t},$$

car $f(0) \neq 0$. On peut donc imaginer que $g(t) \underset{t\to+\infty}{\sim} f(0)\dfrac{\ln t}{t}$. Justifions cela.

Notons $g_0(t) = \displaystyle\int_0^1 \frac{f(0)}{1+tx}\,\mathrm{d}x$ pour $t > 0$. Nous venons de montrer que $g_0(t) \underset{t\to+\infty}{\sim} f(0)\dfrac{\ln t}{t}$. Majorons la différence $|g(t) - g_0(t)|$.

Soit $\varepsilon > 0$ et $a \in \,]0,1[$ tel que $|f(x) - f(0)| \leqslant \varepsilon$ pour tout $x \in [0,a]$. En coupant l'intégrale en deux, on obtient

$$\begin{aligned}|g(t) - g_0(t)| &\leqslant \left|\int_0^a \frac{f(x)-f(0)}{1+tx}\,\mathrm{d}x\right| + \left|\int_a^1 \frac{f(x)-f(0)}{1+tx}\,\mathrm{d}x\right| \\ &\leqslant \varepsilon\int_0^a \frac{1}{1+tx}\,\mathrm{d}x + 2\|f\|_\infty \int_a^1 \frac{\mathrm{d}x}{ta}\end{aligned}$$

$$\leqslant \varepsilon\frac{\ln(1+t)}{t}+\frac{2\|f\|_\infty}{ta}$$
$$\leqslant \frac{\ln(1+t)}{t}\left(\varepsilon+\frac{2\|f\|_\infty}{a\ln(1+t)}\right).$$

Comme la quantité $\varepsilon + \dfrac{2\|f\|_\infty}{a\ln(1+t)}$ tend vers ε lorsque t tend vers l'infini, on en déduit que pour t assez grand, elle devient inférieure ou égale à 2ε. On a alors
$$|g(t)-g_0(t)|\leqslant 2\varepsilon\frac{\ln(1+t)}{t}$$
et par conséquent, $g(t)-g_0(t)=o(g_0(t))$, ou encore
$$\boxed{g(t)\underset{t\to+\infty}{\sim} g_0(t)\underset{t\to+\infty}{\sim} f(0)\frac{\ln t}{t}}.$$

2. Si on suppose f de classe $\mathcal{C}^1$, f' est en particulier continue sur le compact $[0,1]$ et, d'après l'inégalité des accroissements finis,
$$|g(t)-g_0(t)|\leqslant \int_0^1\frac{|f(x)-f(0)|}{1+tx}\mathrm{d}x\leqslant\int_0^1\frac{x\|f'\|_\infty}{1+tx}\mathrm{d}x$$
$$\leqslant \|f'\|_\infty\int_0^1\frac{\mathrm{d}x}{t}=\frac{\|f'\|_\infty}{t}.$$
Par ailleurs,
$$\left|g_0(t)-f(0)\frac{\ln t}{t}\right|=|f(0)|\left|\int_0^1\frac{\mathrm{d}x}{1+tx}-\frac{\ln t}{t}\right|\leqslant|f(0)|\frac{\ln(1+1/t)}{t}.$$
Ainsi, par inégalité triangulaire, on a
$$\boxed{\left|g(t)-f(0)\frac{\ln t}{t}\right|\leqslant\frac{1}{t}\left(\|f'\|_\infty+|f(0)|\ln 2\right)}.\ \triangleleft$$

Dans l'exercice suivant on n'hésitera pas à utiliser le théorème de convergence dominée.

1.37. Recherche d'un équivalent (2)

Chercher un équivalent en $+\infty$ de
$$\Phi(t)=\int_0^1\frac{\mathrm{d}x}{(1+x+x^2)^t}.$$

(**École polytechnique**)

▷ **Solution.**

Nous pouvons appliquer le théorème de convergence dominée pour prouver que Φ admet 0 comme limite lorsque t tend vers $+\infty$. En effet, la fonction $(t,x) \longmapsto \dfrac{1}{(1+x+x^2)^t}$ est continue sur $\mathbb{R}_+^2$; pour tout $x \in]0,1]$,

$$\frac{1}{(1+x+x^2)^t} \xrightarrow[t\to+\infty]{} 0$$

et on a la domination $0 \leqslant \dfrac{1}{(1+x+x^2)^t} \leqslant 1$ pour tout $t>0$ avec la fonction constante 1 qui est intégrable sur $[0,1]$. On a donc

$$\boxed{\lim_{t\to+\infty} \Phi(t) = 0}.$$

Pour t grand, la principale contribution de la fonction $x \longmapsto \dfrac{1}{(1+x+x^2)^t}$ à l'intégrale se situe en 0. On a, pour x tendant vers 0,

$$\frac{1}{(1+x+x^2)^t} = \exp(-t\ln(1+x+x^2)) = \exp(-tx+o(x)),$$

si bien que l'on peut imaginer comparer $\Phi(t)$ à $\int_0^1 e^{-tx}\mathrm{d}x$ que l'on sait calculer :

$$\int_0^1 e^{-tx}\mathrm{d}x \underbrace{=}_{u=xt} \frac{1}{t}\int_0^t e^{-u}\mathrm{d}u \underset{t\to+\infty}{\sim} \frac{1}{t}.$$

Contrôlons pour $t>0$ la différence entre $\Phi(t)$ et $\int_0^1 e^{-tx}\mathrm{d}x$:

$$\begin{aligned}\left|\Phi(t) - \int_0^1 e^{-xt}\mathrm{d}x\right| &\leqslant \int_0^1 \left|e^{-t\ln(1+x+x^2)} - e^{-tx}\right|\mathrm{d}x \\ &\leqslant \int_0^1 e^{-tx}\left|e^{-t(\ln(1+x+x^2)-x)} - 1\right|\mathrm{d}x \\ &\underbrace{\leqslant}_{u=xt} \frac{1}{t}\int_0^t e^{-u}\left|e^{-t\ln\left(1+\frac{u}{t}+\frac{u^2}{t^2}\right)+u} - 1\right|\mathrm{d}u.\end{aligned}$$

Une étude simple des variations de $x \longmapsto \ln(1+x+x^2)-x$ montre que cette fonction est toujours positive sur $[0,1]$ si bien que pour $u \in [0,t]$, on a $-t\ln\left(1+\dfrac{u}{t}+\dfrac{u^2}{t^2}\right)+u \leqslant 0$ et

$$\left|\Phi(t) - \int_0^1 e^{-xt}\mathrm{d}x\right| \leqslant \frac{1}{t}\int_0^t e^{-u}\left(1 - e^{-t\ln\left(1+\frac{u}{t}+\frac{u^2}{t^2}\right)+u}\right)\mathrm{d}u.$$

Dans ces conditions, on a pour tout $0 \leqslant u \leqslant t$ la domination

$$e^{-u}\left(1-e^{-t\ln\left(1+\frac{u}{t}+\frac{u^2}{t^2}\right)+u}\right) \leqslant e^{-u},$$

ou encore

$$\forall (u,t)\in\mathbb{R}_+^2,\quad e^{-u}\left(1-e^{-t\ln\left(1+\frac{u}{t}+\frac{u^2}{t^2}\right)+u}\right)1_{[0,t]}(u) \leqslant e^{-u}.$$

Or $u \longmapsto e^{-u}$ est intégrable sur $\mathbb{R}_+$. Par continuité de l'exponentielle, on a $e^{-u}\left(1-e^{-t\ln\left(1+\frac{u}{t}+\frac{u^2}{t^2}\right)+u}\right) = e^{-u}(1-e^{o(1/t)}) \xrightarrow[t\to+\infty]{} 0$ et il résulte du théorème de convergence dominée que

$$\int_{\mathbb{R}_+} e^{-u}\left(1-e^{-t\ln\left(1+\frac{u}{t}+\frac{u^2}{t^2}\right)+u}\right)1_{[0,t]}(u)\mathrm{d}u \xrightarrow[t\to+\infty]{} 0.$$

On en déduit que $\Phi(t) - \int_0^1 e^{-xt}\mathrm{d}x = o(1/t)$. On conclut donc que $\Phi(t) \underset{t\to+\infty}{\sim} \int_0^1 e^{-xt}\mathrm{d}x$ et finalement

$$\boxed{\Phi(t) \underset{t\to+\infty}{\sim} \frac{1}{t}}. \quad \triangleleft$$

1.38. Recherche d'un équivalent (3)

On pose $u_n = \displaystyle\int_0^{1/2} \frac{\sin^2 \pi n x}{\tan \pi x}\mathrm{d}x$. Étudier la série $\sum \dfrac{u_n^\alpha}{n^\beta}$ pour $(\alpha,\beta)\in\mathbb{R}^2$.

(École polytechnique)

▷ **Solution.**

Le problème consiste essentiellement à déterminer un équivalent de la suite u_n.

La fonction continue $x \in]0,1/2[\longmapsto \dfrac{\sin^2 n\pi x}{\tan \pi x}$ se prolonge par continuité en 0 (avec la valeur 0) et en $1/2$ (avec également la valeur 0), si bien que u_n est bien défini pour tout $n\in\mathbb{N}$. La quantité $\tan \pi x$ tendant vers 0 en 0, tandis que, n tendant vers l'infini, $\sin^2 \pi n x$ vaut 1 en des points de plus en plus proches de 0. On peut donc imaginer que la majeure contribution se trouvera au voisinage de 0 et remplacer $\tan \pi x$ par l'équivalent simple πx pour x tendant vers 0. Posons donc

$$v_n = \int_0^{1/2} \frac{\sin^2(\pi n x)}{\pi x} \mathrm{d}x \quad \text{pour } n \text{ entier naturel.}$$

Opérons le changement de variables $z = n\pi x$ dans l'intégrale,

$$v_n = \frac{1}{\pi} \int_0^{\frac{n\pi}{2}} \frac{\sin^2 z}{z} \mathrm{d}z = \frac{1}{2\pi} \int_0^{\frac{n\pi}{2}} \frac{1-\cos 2z}{z} \mathrm{d}z = \frac{1}{2\pi} \int_0^{n\pi} \frac{1-\cos u}{u} \mathrm{d}u.$$

En notant $\mathrm{C} = \frac{1}{2\pi} \int_0^{\pi} \frac{1-\cos u}{u} \mathrm{d}u$, il vient

$$v_n = \mathrm{C} + \frac{1}{2\pi} \int_{\pi}^{n\pi} \frac{\mathrm{d}u}{u} - \frac{1}{2\pi} \int_{\pi}^{n\pi} \frac{\cos u}{u} \mathrm{d}u.$$

La dernière intégrale admet une limite finie lorsque n tend vers l'infini puisqu'en intégrant par parties,

$$\begin{aligned} \int_{\pi}^{n\pi} \frac{\cos u}{u} \mathrm{d}u &= \left[\frac{\sin u}{u}\right]_{\pi}^{n\pi} + \int_{\pi}^{n\pi} \frac{\sin u}{u^2} \mathrm{d}u \\ &= \int_{\pi}^{n\pi} \frac{\sin u}{u^2} \mathrm{d}u \xrightarrow[n\to+\infty]{} \int_{\pi}^{+\infty} \frac{\sin u}{u^2} \mathrm{d}u, \end{aligned}$$

car la fonction $u \longmapsto \frac{\sin u}{u^2}$, majorée en valeur absolue par $u \longmapsto \frac{1}{u^2}$ est intégrable sur $[\pi, +\infty[$. Il reste donc au voisinage de $+\infty$,

$$v_n = \frac{\ln n}{2\pi} + O(1) \underset{n\to+\infty}{\sim} \frac{\ln n}{2\pi}.$$

Estimons maintenant la différence $u_n - v_n$ lorsque n tend vers $+\infty$. On peut écrire

$$u_n - v_n = \int_0^{1/2} \sin^2(n\pi x) f(x) \mathrm{d}x \quad \text{avec } f(x) = \frac{1}{\tan \pi x} - \frac{1}{\pi x}$$

pour x dans $]0, 1/2[$. Cette fonction f se prolonge par continuité en $1/2$ (avec la valeur $-2/\pi$) et également en 0 puisque,

$$f(x) = \frac{\pi x - \tan \pi x}{\pi x \tan \pi x} = \frac{o(x^2)}{\pi^2 x^2 + o(x^2)} = o(1) \text{ si } x \text{ tend vers } 0.$$

En posant $f(0) = 0$ et $f(1/2) = -2/\pi$, on obtient une fonction continue sur le compact $[0, 1/2]$ et donc nécessairement bornée. Il s'ensuit

$$|u_n - v_n| \leqslant \int_0^{1/2} |f(x)| \mathrm{d}x \leqslant \frac{\|f\|_\infty}{2}.$$

La différence $u_n - v_n$ est donc négligeable devant v_n, et on obtient donc l'équivalent

$$\boxed{u_n \underset{n\to+\infty}{\sim} \frac{\ln n}{2\pi}}.$$

Pour α et β réels, on a donc

$$\frac{u_n^\alpha}{n^\beta} \underset{n\to+\infty}{\sim} \frac{(\ln n)^\alpha}{(2\pi)^\alpha n^\beta}.$$

D'après le théorème de comparaison des séries à termes positifs, et les résultats sur les séries de Bertrand, il y a convergence si, et seulement si, $\beta > 1$ ou $\beta = 1$ et $\alpha < -1$. ◁

1.39. Développement asymptotique (1)

On pose $u_n = \displaystyle\int_0^1 \frac{x^n}{\sqrt{1+x}}\,\mathrm{d}x$. Déterminer $\lim\limits_{n\to+\infty} u_n$, puis un équivalent et un développement asymptotique à deux termes de u_n.
(**École polytechnique**)

▷ **Solution.**

• On obtient le limite de la suite (u_n) en appliquant le théorème de convergence dominée. En effet, la suite de fonctions $x \longmapsto \dfrac{x^n}{\sqrt{1+x}}$ converge simplement sur $[0,1]$ vers une fonction qui est nulle sur $[0,1[$ et, pour tout $n \geqslant 1$ et tout $x \in [0,1]$, on a la majoration

$$0 \leqslant \frac{x^n}{\sqrt{1+x}} \leqslant \frac{1}{\sqrt{1+x}},$$

où $x \longmapsto \dfrac{1}{\sqrt{1+x}}$ est une fonction intégrable sur $[0,1]$. On peut donc affirmer que

$$\boxed{\lim_{n\to+\infty} u_n = 0}.$$

On peut remarquer ici qu'il n'y a pas convergence uniforme de la suite de fonctions vers la fonction nulle.

• Pour trouver un équivalent de u_n, il convient d'observer que la contribution à l'intégrale se concentre au voisinage de 1. Pour conjecturer l'équivalent, on remplace $x \longmapsto \dfrac{1}{\sqrt{1+x}}$ par sa valeur en 1. On trouve alors

$$\int_0^1 \frac{x^n}{\sqrt{2}}\mathrm{d}x = \frac{1}{(n+1)\sqrt{2}} \underset{n\to\infty}{\sim} \frac{1}{n\sqrt{2}}.$$

Démontrons que cela constitue un équivalent de u_n. On a $\left|u_n - \displaystyle\int_0^1 \frac{x^n}{\sqrt{2}}\mathrm{d}x\right| = \displaystyle\int_0^1 \frac{x^n(\sqrt{2}-\sqrt{1+x})}{\sqrt{2}\sqrt{1+x}}\,\mathrm{d}x$ et, pour tout $x \in [0,1]$,

$$\frac{\sqrt{2}-\sqrt{1+x}}{\sqrt{2}\sqrt{1+x}} = \frac{1-x}{\sqrt{2}\sqrt{1+x}(\sqrt{2}+\sqrt{1+x})} \leqslant \frac{1-x}{2}.$$

On en déduit que

$$\left|u_n - \int_0^1 \frac{x^n}{\sqrt{2}}\mathrm{d}x\right| \leqslant \frac{1}{2}\int_0^1 (x^n - x^{n+1})\,\mathrm{d}x = \frac{1}{2(n+1)(n+2)}.$$

On a donc $u_n = \dfrac{1}{\sqrt{2}(n+1)} + O\left(\frac{1}{n^2}\right)$, $u_n = \dfrac{1}{\sqrt{2}n} + O\left(\frac{1}{n^2}\right)$ et donc

$$\boxed{u_n \underset{n\to\infty}{\sim} \frac{1}{\sqrt{2}n}}.$$

• Nous allons chercher un terme supplémentaire dans le développement asymptotique. Pour cela, écrivons le développement limité en 1 de la fonction $x \mapsto \dfrac{1}{\sqrt{1+x}}$:

$$\begin{aligned}\frac{1}{\sqrt{1+x}} &= \frac{1}{\sqrt{2}}\frac{1}{\sqrt{1+\dfrac{x-1}{2}}} = \frac{1}{\sqrt{2}}\left(1 - \frac{x-1}{4} + o(x-1)\right)\\ &= \frac{1}{\sqrt{2}} + \frac{1-x}{4\sqrt{2}} + \alpha(x)(1-x),\end{aligned}$$

où α est une fonction tendant vers 0 en 1. Cette fonction α se prolonge donc en une fonction continue sur tout $[0,1]$. On peut ainsi écrire

$$u_n = \frac{1}{\sqrt{2}(n+1)} + \int_0^1 \frac{x^n - x^{n+1}}{4\sqrt{2}}\mathrm{d}x + \int_0^1 (x^n - x^{n+1})\alpha(x)\mathrm{d}x.$$

Pour n tendant vers l'infini, on a $\dfrac{1}{\sqrt{2}(n+1)} = \dfrac{1}{\sqrt{2}n} - \dfrac{1}{\sqrt{2}n^2} + o\left(\dfrac{1}{n^2}\right)$ et

$$\int_0^1 \frac{x^n - x^{n+1}}{4\sqrt{2}}\mathrm{d}x = \frac{1}{4\sqrt{2}(n+1)(n+2)} = \frac{1}{4\sqrt{2}n^2} + o\left(\frac{1}{n^2}\right).$$

Quant au dernier terme, on va le majorer en coupant l'intégrale en deux. Soit $\varepsilon > 0$ et $a \in]0,1[$ tel que α soit en valeur absolue inférieure ou égale à ε sur $[a,1]$. Dans ces conditions, on a

$$\begin{aligned}\left|\int_0^1 (x^n - x^{n+1})\alpha(x)\mathrm{d}x\right| &\leqslant \|\alpha\|_\infty \int_0^a (x^n - x^{n+1})\mathrm{d}x + \varepsilon\int_a^1 (x^n - x^{n+1})\mathrm{d}x\\ &\leqslant \|\alpha\|_\infty a^n + \varepsilon\int_0^1 (x^n - x^{n+1})\mathrm{d}x\\ &\leqslant \|\alpha\|_\infty a^n + \frac{\varepsilon}{(n+1)(n+2)}\\ &\leqslant \frac{1}{n^2}\left(\|\alpha\|_\infty n^2 a^n + \varepsilon\right).\end{aligned}$$

Pour n assez grand, $\|\alpha\|_\infty n a^n + \varepsilon \leqslant 2\varepsilon$, et donc $\int_0^1 (x^n - x^{n+1})\alpha(x)\mathrm{d}x$ est négligeable devant $\frac{1}{n^2}\cdot$ On conclut ainsi que

$$\boxed{u_n = \frac{1}{\sqrt{2}n} - \frac{3}{4\sqrt{2}n^2} + o\left(\frac{1}{n^2}\right)}. \triangleleft$$

La première partie de la solution montre que pour toute fonction f continue en 1 on a $\int_0^1 x^n f(x)dx = \frac{f(1)}{n} + o\left(\frac{1}{n}\right)$.

1.40. Développement asymptotique (2)

1. Soit $0 < \varepsilon < 1$. On pose $\mathrm{I} = \int_0^{\pi/2} \frac{\cos x}{\sqrt{\sin^2 x + \varepsilon \cos^2 x}} \mathrm{d}x$. Calculer I. Donner un équivalent de I quand ε tend vers 0.

2. On pose $\mathrm{J} = \int_0^{\pi/2} \frac{1}{\sqrt{\sin^2 x + \varepsilon \cos^2 x}} \mathrm{d}x$. Déterminer les deux premiers termes du développement asymptotique de J quand ε tend vers 0.

(**École polytechnique**)

$\triangleright$ **Solution.**

1. On va calculer l'intégrale I explicitement. Le changement de variable $u = \sqrt{\frac{1-\varepsilon}{\varepsilon}} \sin x$ conduit à

$$\mathrm{I} = \int_0^{\frac{\pi}{2}} \frac{\cos x}{\sqrt{(1-\varepsilon)\sin^2 x + \varepsilon}} \mathrm{d}x = \sqrt{\frac{\varepsilon}{1-\varepsilon}} \int_0^{\sqrt{\frac{1-\varepsilon}{\varepsilon}}} \frac{1}{\sqrt{\varepsilon u^2 + \varepsilon}} \mathrm{d}u$$
$$= \frac{1}{\sqrt{1-\varepsilon}} \int_0^{\sqrt{\frac{1-\varepsilon}{\varepsilon}}} \frac{1}{\sqrt{1+u^2}} \mathrm{d}u.$$

Une primitive de $x \longmapsto \frac{1}{\sqrt{1+x^2}}$ est $x \longmapsto \ln(x + \sqrt{1+x^2}) = \operatorname{Argsh} x$, donc on a

$$\mathrm{I} = \frac{1}{\sqrt{1-\varepsilon}} \ln\left(\sqrt{\frac{1-\varepsilon}{\varepsilon}} + \sqrt{\frac{1-\varepsilon}{\varepsilon} + 1}\right)$$
$$= \frac{1}{\sqrt{1-\varepsilon}} \left(\ln\sqrt{\frac{1-\varepsilon}{\varepsilon}} + \ln\left(1 + \frac{1}{\sqrt{1-\varepsilon}}\right)\right).$$

Il est clair que

$$\mathrm{I} \underset{\varepsilon \to 0}{\sim} -\frac{1}{2}\ln \varepsilon.$$

2. Dans l'intégrale J, la fonction qu'on intègre est maximale lorsque $x = 0$ et vaut alors $\dfrac{1}{\sqrt{\varepsilon}}$ qui tend vers l'infini lorsque ε tend vers 0. On peut donc penser que la contribution principale à l'intégrale provient des valeurs de x proches de 0. Mais dans ce cas $\cos x$ est proche de 1 et il est raisonnable de penser que $\mathrm{J} \underset{\varepsilon \to 0}{\sim} \mathrm{I}$. Pour le montrer, examinons $\mathrm{J} - \mathrm{I}$. On a

$$\begin{aligned} 0 \leqslant \mathrm{J} - \mathrm{I} &= \int_0^{\frac{\pi}{2}} \frac{1 - \cos x}{\sqrt{\sin^2 x + \varepsilon \cos^2 x}}\, \mathrm{d}x \\ &\leqslant \int_0^{\frac{\pi}{2}} \frac{2\sin^2 \frac{x}{2}}{\sin x}\, \mathrm{d}x = \int_0^{\frac{\pi}{2}} \tan\frac{x}{2}\, \mathrm{d}x = \Big[-2\ln\cos\frac{x}{2}\Big]_0^{\frac{\pi}{2}} = \ln 2. \end{aligned}$$

Puisque I tend vers $+\infty$ quand ε tend vers 0, on en déduit que

$$\mathrm{J} \underset{\varepsilon \to 0}{\sim} \mathrm{I} \underset{\varepsilon \to 0}{\sim} -\frac{1}{2}\ln \varepsilon.$$

Pour déterminer le deuxième terme du développement asymptotique de J, déterminons, pour commencer le deuxième terme de celui de I. On a

$$\begin{aligned} \mathrm{I} &= (1-\varepsilon)^{-\frac{1}{2}}\Big(-\frac{1}{2}\ln\varepsilon + \frac{1}{2}\ln(1-\varepsilon) + \ln\Big(1 + (1-\varepsilon)^{-\frac{1}{2}}\Big)\Big) \\ &= (1 + O(\varepsilon))\Big(-\frac{1}{2}\ln\varepsilon + \ln 2 + O(\varepsilon)\Big) = -\frac{1}{2}\ln\varepsilon + \ln 2 + o(1). \end{aligned}$$

Précisons maintenant le comportement de $\mathrm{J} - \mathrm{I}$, en montrant que $\lim\limits_{\varepsilon \to 0}(\mathrm{J} - \mathrm{I}) = \ln 2$. Considérons la fonction $\varphi : [0, \frac{\pi}{2}] \times [0,1] \longrightarrow \mathbb{R}$ définie par

$$\varphi(x,\varepsilon) = \frac{1 - \cos x}{\sqrt{\sin^2 x + \varepsilon\cos^2 x}} \quad \text{si} \quad (x,\varepsilon) \neq (0,0) \quad \text{et} \quad \varphi(0,0) = 0.$$

La fonction φ est continue sur $[0, \frac{\pi}{2}] \times [0,1]$. En effet, pour tout couple $(x,\varepsilon) \in \,]0, \frac{\pi}{2}] \times [0,1]$, on a $0 \leqslant \varphi(x,\varepsilon) \leqslant \dfrac{1-\cos x}{\sin x} = \tan\dfrac{x}{2}$, ce qui assure la continuité en $(0,0)$. Le théorème de continuité des intégrales à paramètre, montre que la fonction $\varepsilon \longmapsto \int_0^{\frac{\pi}{2}} \varphi(x,\varepsilon)\,\mathrm{d}x = \mathrm{J} - \mathrm{I}$ est continue sur $[0,1]$. On a donc

$$\lim_{\varepsilon \to 0}(\mathrm{J} - \mathrm{I}) = \int_0^{\frac{\pi}{2}} \frac{1-\cos x}{\sin x}\,\mathrm{d}x = \int_0^{\frac{\pi}{2}} \tan\frac{x}{2}\,\mathrm{d}x = \ln 2.$$

On en déduit que

$$\boxed{\mathrm{J} = \mathrm{I} + \ln 2 + o(1) = -\frac{1}{2}\ln\varepsilon + 2\ln 2 + o(1)}. \quad \triangleleft$$

Les deux énoncés qui suivent sont difficiles et concernent la méthode de Laplace.

1.41. Méthode de Laplace (1)

Soit $f : [0,1] \longrightarrow \mathbb{R}$ de classe $\mathcal{C}^\infty$. On suppose qu'il existe $k \in \mathbb{N}$ tel que $f^{(k)}(0) \neq 0$. Pour $\lambda > 0$, on pose $\mathrm{I}(\lambda) = \int_0^1 (1-t^2)^\lambda f(t)\mathrm{d}t$. Trouver un équivalent de $\mathrm{I}(\lambda)$ lorsque λ tend vers l'infini.

(École normale supérieure)

▷ **Solution.**

• On peut légitimement penser que la contribution à l'intégrale $\mathrm{I}(\lambda)$ se concentre en 0 car pour $t > 0$ la quantité $(1-t^2)^\lambda$ tend vers 0 lorsque λ tend vers $+\infty$. Par ailleurs, au voisinage de 0, on a

$$(1-t^2)^\lambda = e^{\lambda\ln(1-t^2)} = e^{-\lambda t^2 + o(t^2)}.$$

Si on remplace $(1-t^2)^\lambda$ par le terme $e^{-\lambda t^2}$, on obtient une intégrale plus facile à estimer. En effet, par le changement de variable $u = \sqrt{\lambda}t$,

$$\int_0^1 e^{-\lambda t^2}\mathrm{d}t = \int_0^{\sqrt{\lambda}} e^{-u^2}\frac{\mathrm{d}u}{\sqrt{\lambda}} \underset{\lambda\to\infty}{\sim} \frac{1}{2}\sqrt{\frac{\pi}{\lambda}}$$

car $\int_{\mathbb{R}_+} e^{-u^2}\mathrm{d}u = \frac{\sqrt{\pi}}{2}$.

On va aussi remplacer f par un équivalent en 0. Si on note n le plus petit entier naturel tel que $f^{(n)}(0) \neq 0$, on a $f(t) \underset{t\to 0}{\sim} \frac{f^{(n)}(0)}{n!}t^n$ et nous allons donc nous intéresser aux intégrales

$$\mathrm{I}_n(\lambda) = \int_0^1 (1-t^2)^\lambda t^n \mathrm{d}t \quad \text{et} \quad \mathrm{J}_n(\lambda) = \int_0^1 e^{-\lambda t^2} t^n \mathrm{d}t,$$

puisque $(1-t^2)^\lambda$ est « proche » de $e^{-\lambda t^2}$ pour t voisin de 0. En faisant le changement de variables $u = \sqrt{\lambda}t$ dans $\mathrm{J}_n(\lambda)$, on arrive à

$$\mathrm{J}_n(\lambda) = \int_0^{\sqrt{\lambda}} e^{-u^2}\frac{u^n}{(\sqrt{\lambda})^{n+1}}\mathrm{d}u \underset{\lambda\to\infty}{\sim} \frac{1}{\lambda^{\frac{n+1}{2}}}\int_{\mathbb{R}_+} u^n e^{-u^2}\mathrm{d}u = \frac{\mathrm{A}_n}{\lambda^{\frac{n+1}{2}}},$$

en notant $A_n = \int_{\mathbb{R}_+} u^n e^{-u^2} du$. Ces constantes A_n sont des valeurs particulières de la fonction Γ d'Euler comme le montre le changement de variable $v = u^2$:

$$A_n = \frac{1}{2}\int_{\mathbb{R}_+} v^{\frac{n-1}{2}} e^{-v} dv = \frac{1}{2}\Gamma\left(\frac{n+1}{2}\right).$$

L'équation fonctionnelle $\Gamma(x+1) = x\Gamma(x)$ pour $x > 0$ conduit à la relation de récurrence $A_n = \frac{n-1}{2} A_{n-2}$. À partir de $A_0 = \frac{\sqrt{\pi}}{2}$ et $A_1 = \left[-\frac{e^{-u^2}}{2}\right]_0^{+\infty} = \frac{1}{2}$, on obtient donc

$$\begin{aligned} A_{2n} &= \frac{2n-1}{2} A_{2(n-1)} = \cdots = \frac{(2n-1)(2n-3)\dots 1}{2^n} A_0 \\ &= \frac{(2n)!}{2^n 2.4\dots(2n)} \frac{\sqrt{\pi}}{2} = \frac{(2n)!}{2^{2n+1} n!}\sqrt{\pi} \end{aligned}$$

et

$$A_{2n+1} = \frac{2n}{2} A_{2n-1} = n A_{2n-1} = \cdots = n! A_1 = \frac{n!}{2}.$$

• Nous allons maintenant prouver que $I_n(\lambda) \underset{\lambda\to\infty}{\sim} J_n(\lambda)$. Il suffit de montrer que la différences de ces deux quantités est négligeable devant $J_n(\lambda)$ *i.e.* devant $\frac{1}{\lambda^{\frac{n+1}{2}}}$. Comme pour $x > -1$, $\ln(1+x) \leqslant x$, on a pour tout $t \in [0,1[$, $e^{\lambda \ln(1-t^2)} \leqslant e^{-\lambda t^2}$, si bien que

$$\begin{aligned} 0 \leqslant J_n(\lambda) - I_n(\lambda) &= \int_0^1 \left(e^{-\lambda t^2} - (1-t^2)^\lambda\right) t^n dt \\ &= \int_0^1 e^{-\lambda t^2} t^n \left(1 - e^{\left(\lambda(\ln(1-t^2)+t^2)\right)}\right) dt. \end{aligned}$$

Dans cette dernière intégrale, on reconnaît la fonction intégrée dans $J_n(\lambda)$ à ceci près qu'elle est multipliée par $\left(1 - e^{\left(\lambda(\ln(1-t^2)+t^2)\right)}\right)$, fonction qui tend vers 0 en 0. On va donc essayer de majorer cette quantité au voisinage de 0.

Pour $x \in \left[0, \frac{1}{2}\right[$, la dérivée de $x \longmapsto \ln(1-x) + x$ est $\frac{-x}{1-x}$. La formule des accroissements finis assure l'existence de $c \in]0, x[$ tel que

$$\ln(1-x) + x - 0 = \frac{-c}{1-c} x \quad \text{et} \quad |\ln(1-x) + x| \leqslant 2x^2.$$

On va découper l'intégrale en question en $\alpha \in]0, \frac{1}{2}]$ car si $t \in [0, \alpha[$, $t^2 \leqslant \frac{1}{2}$ et on a donc

$$-\ln(1-t^2) - t^2 \leqslant 2t^4 \quad \text{soit} \quad \ln(1-t^2) + t^2 \geqslant -2t^4.$$

Ainsi, on a la majoration

$$
\begin{aligned}
0 \leqslant \mathrm{J}_n(\lambda) - \mathrm{I}_n(\lambda) &\leqslant \int_0^\alpha e^{-\lambda t^2} t^n \left(1 - e^{-2\lambda t^4}\right) \mathrm{d}t + \int_\alpha^1 e^{-\lambda t^2} t^n \mathrm{d}t \\
&\leqslant \int_0^\alpha e^{-\lambda t^2} t^n \left(1 - e^{-2\lambda t^4}\right) \mathrm{d}t + e^{-\lambda\alpha^2} \\
&\leqslant \int_{\mathbb{R}_+} e^{-\lambda t^2} t^n \left(1 - e^{-2\lambda t^4}\right) \mathrm{d}t + e^{-\lambda\alpha^2} \\
&\leqslant \frac{1}{\lambda^{\frac{n+1}{2}}} \int_{\mathbb{R}_+} e^{-u^2} u^n \left(1 - e^{-\frac{2u^4}{\lambda}}\right) \mathrm{d}u + e^{-\lambda\alpha^2},
\end{aligned}
$$

par le changement de variables $u = \sqrt{\lambda} t$. Démontrons à l'aide du théorème de convergence dominée que l'intégrale $\int_{\mathbb{R}_+} e^{-u^2} u^n \left(1 - e^{-2u^2/\lambda}\right) \mathrm{d}u$ tend vers 0 lorsque λ tend vers l'infini : pour tout $\lambda > 0$, on a la majoration

$$
0 \leqslant e^{-u^2} u^n \left(1 - e^{-2u^4/\lambda}\right) \leqslant e^{-u^2} u^n,
$$

et la fonction $u \longmapsto e^{-u^2} u^n$ est intégrable sur $\mathbb{R}_+$. D'autre part, lorsque λ tend vers l'infini, pour tout $u \geqslant 0$,

$$
e^{-u^2} u^n \left(1 - e^{-2u^4/\lambda}\right) \xrightarrow[\lambda \to \infty]{} 0.
$$

Le théorème de convergence dominée assure donc que

$$
0 \leqslant \mathrm{J}_n(\lambda) - \mathrm{I}_n(\lambda) \leqslant o\left(\frac{1}{\lambda^{\frac{n+1}{2}}}\right) + e^{-\lambda\alpha^2} = o\left(\frac{1}{\lambda^{\frac{n+1}{2}}}\right).
$$

On peut donc conclure que

$$
\mathrm{I}_n(\lambda) \underset{\lambda \to \infty}{\sim} \mathrm{J}_n(\lambda) \underset{\lambda \to \infty}{\sim} \frac{\mathrm{A}_n}{\lambda^{\frac{n+1}{2}}}.
$$

• Entamons maintenant la dernière étape qui consiste à montrer que si n est le plus petit entier tel que $f^{(n)}(0) \neq 0$, alors $\mathrm{I}(\lambda)$ est équivalent à $\frac{f^{(n)}(0)}{n!} \mathrm{I}_n(\lambda)$. Notons $a = \frac{f^{(n)}(0)}{n!}$. La fonction $t \longmapsto \frac{f(t) - at^n}{t^{n+1}}$ admet une limite en 0 et se prolonge donc en une fonction continue sur $[0,1]$. Elle est particulier bornée sur ce compact et il existe donc $\mathrm{M} \geqslant 0$ tel que $|f(t) - at^n| \leqslant \mathrm{M}t^{n+1}$ pour tout $0 \leqslant t \leqslant 1$. Par conséquent, on peut majorer en valeur absolue la différence de $\mathrm{I}(\lambda)$ et $a\mathrm{I}_n(\lambda)$:

$$
\begin{aligned}
|\mathrm{I}(\lambda) - a\mathrm{I}_n(\lambda)| &= \left| \int_0^1 (1 - t^2)^\lambda (f(t) - at^n) \mathrm{d}t \right| \\
&\leqslant \int_0^1 (1 - t^2)^\lambda |f(t) - at^n| \mathrm{d}t \leqslant \mathrm{M} \int_0^1 (1 - t^2)^\lambda t^{n+1} \mathrm{d}t \\
&\leqslant \mathrm{M}\mathrm{I}_{n+1}(\lambda).
\end{aligned}
$$

Or, $I_{n+1}(\lambda)$ est négligeable devant $I_n(\lambda)$ d'après les équivalents précédents. Par conséquent, $I(\lambda)$ est équivalent à $aI_n(\lambda)$.

Conclusion. Sachant que n désigne le plus petit entier naturel tel que $f^{(n)}(0) \neq 0$, on a

$$\boxed{I(\lambda) \underset{\lambda\to\infty}{\sim} \frac{A_n f^{(n)}(0)}{n!} \frac{1}{\lambda^{\frac{n+1}{2}}}},$$

ce qui donne pour n pair $I(\lambda) \underset{\lambda\to\infty}{\sim} \dfrac{\sqrt{\pi} f^{(n)}(0)}{2^{n+1}(n/2)!} \dfrac{1}{\lambda^{\frac{n+1}{2}}}$ et pour n impair,

$$I(\lambda) \underset{\lambda\to\infty}{\sim} \frac{\left(\frac{n-1}{2}\right)! f^{(n)}(0)}{2(n!)} \frac{1}{\lambda^{\frac{n+1}{2}}}. \quad \lhd$$

Dans l'exercice suivant on utilise la méthode de Laplace pour obtenir un développement asymptotique de la suite $-x_n$ où x_n est l'unique racine du polynôme de Taylor en 0 de l'exponentielle à l'ordre n, pour n impair. L'équivalent de cette suite avait été obtenu par des méthodes plus élémentaires dans l'exercice 2.41 du tome 1 d'Analyse.

1.42. Méthode de Laplace (2)

1. Soit $\Phi :]a,b[\longrightarrow \mathbb{R}$ une fonction de classe $\mathcal{C}^2$, croissante et $h : [a,b[\longrightarrow \mathbb{R}$ continue ($-\infty < a < b \leqslant +\infty$). Soit $\xi \in]a,b[$ tel que $h(\xi) \neq 0$ et $\Phi'(\xi) \neq 0$. Soit enfin $(\alpha,\beta) \in \mathbb{R}^2$. On pose

$$I_n = \int_a^{\xi+\alpha\frac{\ln n}{n}+\frac{\beta}{n}} h(t)e^{n\Phi(t)}\mathrm{d}t.$$

Trouver un équivalent de I_n.

2. Soit $P_n = \sum\limits_{k=0}^{n} \dfrac{X^k}{k!}$. Pour n impair, on note $-x_n$ l'unique racine réelle de P_n. Trouver un développement asymptotique de x_n sous la forme $x_n = \xi n + \alpha \ln n + \beta + o(1)$.

(**École normale supérieure**)

▷ **Solution.**

1. On remarque que la fonction Φ étant croissante elle possède une limite finie ou égale à $-\infty$ en a. La fonction $\exp\circ\Phi$ possède donc une limite finie en a. Ceci assure l'existence de l'intégrale I_n.

Nous allons utiliser une variante de la méthode de Laplace. L'idée est que, la fonction Φ étant croissante, n tendant vers $+\infty$ et la fonction exp croissant vivement, la contribution la plus importante à I_n sera fournie par les valeurs proches de la borne supérieure de l'intégrale, c'est-à-dire proche de ξ. On pose $\varepsilon_n = \alpha \frac{\ln n}{n} + \frac{\beta}{n}$, quantité qui tend vers 0 quand n tend vers $+\infty$. On multiplie I_n par $e^{-n\Phi(\xi)}$ et on considère l'intégrale

$$J_n = \int_a^{\xi+\varepsilon_n} h(x) e^{n(\Phi(x)-\Phi(\xi))} \, \mathrm{d}x.$$

La fonction Φ est croissante donc $\Phi' \geqslant 0$. On a donc $\Phi'(\xi) > 0$ et $h(\xi) \neq 0$. Par continuité, il existe $\delta > 0$ tel que $I = [\xi - \delta, \xi + \delta] \subset]a, b[$ et, pour $x \in I$, $\Phi'(x) > 0$ et $h(x) \neq 0$. On pose $m = \inf_{x \in I} \Phi'(x) > 0$. La fonction Φ est strictement croissante sur I. On introduit enfin une suite (η_n) à termes positifs, à choisir, telle que $\varepsilon_n \underset{n\to\infty}{=} o(\eta_n)$. Il existe $n_0 \in \mathbb{N}^*$ tel que $|\varepsilon_n| < \eta_n < \delta$ pour $n \geqslant n_0$. On suppose désormais $n \geqslant n_0$.

On découpe l'intégrale J_n en trois morceaux :

$$K_1 = \int_a^{\xi-\delta} h(x) e^{n(\Phi(x)-\Phi(\xi))} \, \mathrm{d}x, \ K_2 = \int_{\xi-\delta}^{\xi-\eta_n} h(x) e^{n(\Phi(x)-\Phi(\xi))} \, \mathrm{d}x,$$

$$\text{et} \quad K_3 = \int_{\xi-\eta_n}^{\xi+\varepsilon_n} h(x) e^{n(\Phi(x)-\Phi(\xi))} \, \mathrm{d}x.$$

On a $|K_1| \leqslant e^{n(\Phi(\xi-\delta)-\Phi(\xi))} \int_a^{\xi-\delta} |h(x)| \, \mathrm{d}x$, par croissance de Φ. On en déduit que, $K_1 \underset{n\to+\infty}{=} O(e^{n(\Phi(\xi-\delta)-\Phi(\xi))})$, avec $\Phi(\xi - \delta) - \Phi(\xi) < 0$.

La fonction Φ' étant minorée par m, on obtient, par l'inégalité des accroissements finis, pour $x \in [\xi - \delta, \xi - \eta_n]$,

$$e^{n(\Phi(x)-\Phi(\xi))} \leqslant e^{nm(x-\xi)} \leqslant e^{-nm\eta_n}.$$

On en déduit que

$$|K_2| \leqslant e^{-nm\eta_n} \int_{\xi-\delta}^{\xi-\eta_n} |h(x)| \, \mathrm{d}x \leqslant e^{-nm\eta_n} \int_{\xi-\delta}^{\xi} |h(x)| \, \mathrm{d}x.$$

Si on prend $\eta_n = n^{-\lambda}$ avec $\lambda \in]0, 1[$, qui a les propriétés voulues, on a $e^{-nm\eta_n} = e^{-mn^{1-\lambda}}$ et on obtient $K_2 \underset{n\to\infty}{=} O(e^{-mn^{1-\lambda}})$.

Intéressons-nous au dernier morceau. La fonction exp gardant un signe constant, il existe, d'après la formule de la moyenne, $\xi' \in [\xi - \eta_n, \xi + \varepsilon_n]$ tel que

$$K_3 = h(\xi') \int_{\xi-\eta_n}^{\xi+\varepsilon_n} e^{n(\Phi(x)-\Phi(\xi)} \, \mathrm{d}x.$$

On applique la formule de Taylor à l'ordre 2. Pour tout $x \in [\xi - \eta_n, \xi + \varepsilon_n]$, il existe $c_x \in [\xi - \eta_n, \xi + \varepsilon_n]$ tel que

$$\Phi(x) - \Phi(\xi) = (x - \xi)\Phi'(\xi) + \frac{1}{2}(x - \xi)^2 \Phi''(c_x).$$

On en déduit que

$$\mathrm{K}_3 = h(\xi') \int_{\xi - \eta_n}^{\xi + \varepsilon_n} e^{n(x - \xi)\Phi'(\xi)} e^{\frac{n}{2}(x - \xi)^2 \Phi''(c_x)} \, \mathrm{d}x.$$

Si M est un majorant de Φ'' sur I, on a pour $x \in [\xi - \eta_n, \xi + \varepsilon_n]$,

$$\frac{n}{2}(x - \xi)^2 |\Phi''(c_x)| \leqslant \frac{n}{2} \mathrm{M} \eta_n^2 \leqslant \frac{\mathrm{M}}{2} n^{1 - 2\lambda} \xrightarrow[n \to +\infty]{} 0$$

si $\lambda \in \left]\frac{1}{2}, 1\right[$ (on peut donc prendre par exemple $\eta_n = n^{-\frac{3}{4}}$). Pour ce choix de η_n, on obtient l'encadrement

$$\begin{aligned} e^{-\frac{\mathrm{M}}{2} n^{1-2\lambda}} \int_{\xi - \eta_n}^{\xi + \varepsilon_n} e^{n(x - \xi)\Phi'(\xi)} \, \mathrm{d}x &\leqslant \int_{\xi - \eta_n}^{\xi + \varepsilon_n} e^{n(\Phi(x) - \Phi(\xi))} \, \mathrm{d}x \\ &\leqslant e^{\frac{\mathrm{M}}{2} n^{1-2\lambda}} \int_{\xi - \eta_n}^{\xi + \varepsilon_n} e^{n(x - \xi)\Phi'(\xi)} \, \mathrm{d}x \end{aligned}$$

d'où l'on tire les équivalences

$$\mathrm{K}_3 \underset{n \to \infty}{\sim} h(\xi') \int_{\xi - \eta_n}^{\xi + \varepsilon_n} e^{n(x - \xi)\Phi'(\xi)} \, \mathrm{d}x \underset{n \to \infty}{\sim} h(\xi) \int_{\xi - \eta_n}^{\xi + \varepsilon_n} e^{n(x - \xi)\Phi'(\xi)} \, \mathrm{d}x,$$

puisque η_n et ε_n tendent vers 0. Enfin, on obtient

$$\begin{aligned} \int_{\xi - \eta_n}^{\xi + \varepsilon_n} e^{n(x - \xi)\Phi'(\xi)} \, \mathrm{d}x &= \frac{e^{n\varepsilon_n \Phi'(\xi)} - e^{-n\eta_n \Phi'(\xi)}}{n\Phi'(\xi)} \\ &\underset{n \to \infty}{\sim} \frac{e^{\Phi'(\xi)(\alpha \ln n + \beta)} - e^{-\Phi'(\xi) n^{1-\lambda}}}{n\Phi'(\xi)} \\ &\underset{n \to \infty}{\sim} \frac{e^{\Phi'(\xi)(\alpha \ln n + \beta)}}{n\Phi'(\xi)}, \end{aligned}$$

puisque

$$-\Phi'(\xi) n^{1-\lambda} - \Phi'(\xi)(\alpha \ln n + \beta) \underset{n \to \infty}{\sim} -\Phi'(\xi) n^{1-\lambda} \xrightarrow[n \to +\infty]{} -\infty,$$

et donc

$$\mathrm{K}_3 \underset{n \to \infty}{\sim} \frac{h(\xi) e^{\Phi'(\xi)(\alpha \ln n + \beta)}}{n\Phi'(\xi)} \underset{n \to \infty}{\sim} \frac{h(\xi) e^{\beta \Phi'(\xi)}}{\Phi'(\xi)} n^{\alpha \Phi'(\xi) - 1}.$$

Il est clair que K_1 et K_2 sont négligeables devant K_3. Ainsi J_n est équivalent à K_3 et I_n à $e^{n\Phi(\xi)}K_3$. On obtient finalement

$$\boxed{I_n \underset{n\to\infty}{\sim} \frac{h(\xi)e^{\beta\Phi'(\xi)}}{\Phi'(\xi)} n^{\alpha\Phi'(\xi)-1}e^{n\Phi(\xi)}}.$$

2. On montre facilement que pour n pair P_n est toujours positif et que pour n impair P_n possède une unique racine négative notée $-x_n$. Le polynôme P_n est le polynôme de Taylor de exp à l'ordre n. La question 1 suggère d'écrire la formule de Taylor avec reste intégral en 0. On a, pour tout réel x, $e^x = P_n(x) + \dfrac{1}{n!}\displaystyle\int_0^x e^t(x-t)^n\,dt$. On suppose n impair. On obtient, pour $x = -x_n$, $e^{-x_n} = \dfrac{1}{n!}\displaystyle\int_0^{-x_n} e^t(-x_n-t)^n\,dt$, ce qui peut s'écrire

$$1 = \frac{1}{n!}\int_0^{-x_n} e^{t+x_n}(-x_n-t)^n\,dt = \frac{1}{n!}\int_0^{x_n} e^u u^n\,du,$$

en faisant le changement de variable $u = x_n + t$ et en tenant compte de l'imparité de n.

Le développement asymptotique cherché suggère que c'est $\dfrac{x_n}{n}$ qui joue le rôle tenu par $\xi+\varepsilon_n$ dans la question 1. Faisons donc le changement de variable $t = \dfrac{u}{n}$ dans l'intégrale précédente. On obtient

$$1 = \frac{n^{n+1}}{n!}\int_0^{\frac{x_n}{n}} e^{nt}t^n\,dt = \frac{n^{n+1}}{n!}\int_0^{\frac{x_n}{n}} e^{n(t+\ln t)}\,dt.$$

Déterminons ξ, α et β pour que $\dfrac{n^{n+1}}{n!}\displaystyle\int_0^{\xi+\alpha\frac{\ln n}{n}+\frac{\beta}{n}} e^{n(t+\ln t)}dt \underset{n\to\infty}{\sim} 1.$ Il résulte de la question 1, en prenant $a = 0$, $b = +\infty$, $h(t) = 1$ et $\Phi(t) = t + \ln t$, dont on vérifie aisément qu'ils ont les propriétés voulues, que

$$I_n = \int_0^{\xi+\alpha\frac{\ln n}{n}+\frac{\beta}{n}} e^{n(t+\ln t)}dt \underset{n\to\infty}{\sim} \frac{1}{1+\dfrac{1}{\xi}}e^{\beta(1+\frac{1}{\xi})}n^{\alpha(1+\frac{1}{\xi})-1}e^{n(\xi+\ln\xi)}.$$

En utilisant la formule de Stirling, on obtient

$$\frac{n^{n+1}}{n!} \underset{n\to\infty}{\sim} \frac{n^{n+1}}{\sqrt{2\pi n}n^n e^{-n}} \underset{n\to\infty}{\sim} \frac{\sqrt{n}e^n}{\sqrt{2\pi}},$$

puis

$$\frac{n^{n+1}}{n!}\int_0^{\xi+\alpha\frac{\ln n}{n}+\frac{\beta}{n}} e^{n(t+\ln t)}dt \underset{n\to\infty}{\sim} \frac{1}{\sqrt{2\pi}(1+\dfrac{1}{\xi})}e^{\beta(1+\frac{1}{\xi})}n^{\alpha(1+\frac{1}{\xi})-\frac{1}{2}}e^{n(\xi+\ln\xi+1)}.$$

Ceci est équivalent à 1 si

$$\boxed{\alpha = \frac{\xi}{2(1+\xi)} \quad \beta = \frac{\xi}{\xi+1}\ln\Big(\sqrt{2\pi}\frac{\xi+1}{\xi}\Big) \quad \text{et} \quad \xi e^{\xi+1} = 1}.$$

Toute solution de l'équation $xe^{x+1} = 1$ est strictement positive. Sur $\mathbb{R}_+$, la fonction $x \longmapsto xe^{x+1}$ croît strictement de 0 à$+\infty$. L'équation possède donc une unique solution ξ. On en déduit un unique triplet (α, β, ξ) ayant les propriétés voulues.

Montrons qu'avec ce triplet $\lim\limits_{n\to+\infty} x_n - (\xi n + \alpha \ln n + \beta) = 0$. Raisonnons par l'absurde. Pour simplifier, posons $y_n = \xi n + \alpha \ln n + \beta$ et, pour tout réel x, $\mathrm{F}_n(x) = \dfrac{n^{n+1}}{n!}\displaystyle\int_0^x e^{n(t+\ln t)}\mathrm{d}t$. Ainsi on a $\mathrm{F}_n(\frac{x_n}{n}) = 1$ et $\mathrm{F}_n(\frac{y_n}{n}) \underset{n\to\infty}{\sim} 1$. La fonction F_n est croissante. Supposons qu'il existe $\varepsilon > 0$ tel que $x_n - y_n > \varepsilon$ pour une infinité de valeurs. On a alors pour une infinité de valeurs, $\mathrm{F}_n(\frac{x_n}{n}) \geqslant \mathrm{F}_n(\frac{y_n+\varepsilon}{n})$. Quand n tend vers l'infini, la méthode précédente fournit un équivalent de $\mathrm{F}_n(\frac{y_n+\varepsilon}{n})$: il suffit de remplacer β par $\beta+\varepsilon$. On obtient

$$\mathrm{F}_n\Big(\frac{y_n+\varepsilon}{n}\Big) \underset{n\to\infty}{\sim} \mathrm{F}_n\Big(\frac{y_n}{n}\Big)e^{c(1+\frac{1}{\xi})} \underset{n\to\infty}{\sim} e^{\varepsilon(1+\frac{1}{\xi})} > 1.$$

On obtiendra $\mathrm{F}_n(\frac{x_n}{n}) > 1$ pour une infinité de valeurs. C'est impossible. On démontre de même qu'il est impossible d'avoir $x_n - y_n < -\varepsilon$ pour une infinité de valeurs. Ainsi, quel que soit $\varepsilon > 0$, on obtient, pour n assez grand, $|x_n - y_n| \leqslant \varepsilon$. On a bien $\lim\limits_{n\to+\infty} x_n - (\xi n + \alpha \ln n + \beta) = 0$, pour les valeurs de α, β et ξ obtenues plus haut, c'est-à-dire

$$\boxed{x_n = \xi n + \alpha \ln n + \beta + o(1)}. \ \triangleleft$$

L'exercice suivant obtient le développement en série entière de la fonction $x \longmapsto (\arcsin x)^2$ *à partir du calcul des intégrales de Wallis. Ce développement sera obtenu par une autre méthode dans l'exercice 3.19 du chapitre sur les séries entières.*

1.43. Développement en série entière

1. Calculer $\mathrm{I}_n = \displaystyle\int_0^{\pi/2} (\cos x)^n \mathrm{d}x$ pour tout $n \in \mathbb{N}$.

2. Calculer $\displaystyle\int_0^{\pi/2} \frac{\mathrm{d}x}{1 - t\cos x}$ pour $|t| < 1$.

> **3.** En déduire le développement en série entière de $(\arcsin t)^2$.
> (**École polytechnique**)

▷ **Solution.**

1. On reconnaît dans I_n une intégrale de Wallis. On va utiliser la relation de récurrence $n\mathrm{I}_n = (n-1)\mathrm{I}_{n-2}$ qui découle d'une simple intégration par parties (cf. exercice 1.35). On a aisément $\mathrm{I}_0 = \dfrac{\pi}{2}$ et $\mathrm{I}_1 = 1$. On en déduit que

$$\begin{aligned}\mathrm{I}_{2p} &= \frac{2p-1}{2p}\mathrm{I}_{2(p-1)} = \frac{(2p-1)(2p-3)\cdots 1}{(2p)(2p-2)\cdots 2}\mathrm{I}_0 \\ &= \frac{(2p)!}{(2p)^2(2p-2)^2\cdots 2^2}\,\frac{\pi}{2} = \boxed{\frac{(2p)!}{2^{2p}(p!)^2}\,\frac{\pi}{2}} \quad \text{et}\end{aligned}$$

$$\mathrm{I}_{2p+1} = \frac{2p}{2p+1}\mathrm{I}_{2p-1} = \frac{(2p)(2p-2)\cdots 2}{(2p+1)(2p-1)\cdots 3}\mathrm{I}_1 = \boxed{\frac{2^{2p}(p!)^2}{(2p+1)!}}.$$

2. Nous allons calculer l'intégrale considérée, que nous noterons $\mathrm{J}(t)$, en faisant le changement de variable $u = \tan\dfrac{x}{2}$. On a $\cos x = \dfrac{1-u^2}{1+u^2}$ et $2\mathrm{d}u = (1+u^2)\mathrm{d}x$, d'où

$$\begin{aligned}\mathrm{J}(t) &= 2\int_0^1 \frac{\mathrm{d}u}{(1+u^2)\left(1 - t\left(\dfrac{1-u^2}{1+u^2}\right)\right)} \\ &= 2\int_0^1 \frac{\mathrm{d}u}{1-t+(1+t)u^2} = \frac{2}{1-t}\int_0^1 \frac{\mathrm{d}u}{1+\left(\sqrt{\dfrac{1+t}{1-t}}\,u\right)^2} \\ &= \frac{2}{1-t}\sqrt{\frac{1-t}{1+t}}\arctan\left(\sqrt{\frac{1+t}{1-t}}\right) \\ &= \frac{2}{\sqrt{1-t^2}}\arctan\left(\sqrt{\frac{1+t}{1-t}}\right).\end{aligned}$$

On peut simplifier cette expression. En notant $\theta = \arccos t \in]0, \pi[$, on obtient

$$\begin{aligned}\arctan\left(\sqrt{\frac{1+t}{1-t}}\right) &= \arctan\sqrt{\frac{\cos^2\theta/2}{\sin^2\theta/2}} = \arctan\underbrace{(\operatorname{cotan}\theta/2)}_{\geqslant 0} \\ &= \arctan\left(\tan\left(\frac{\pi}{2} - \frac{\theta}{2}\right)\right)\end{aligned}$$

$$= \frac{\pi}{2} - \frac{\theta}{2} \quad \left(\text{car} \frac{\pi}{2} - \frac{\theta}{2} \in \left]-\frac{\pi}{2}, \frac{\pi}{2}\right[\right),$$
$$= \frac{\pi}{2} - \frac{\arccos t}{2} = \frac{\pi}{4} + \frac{\arcsin t}{2}.$$

On a finalement

$$\boxed{\int_0^{\pi/2} \frac{\mathrm{d}x}{1 - t\cos x} = \frac{\arcsin t}{\sqrt{1-t^2}} + \frac{\pi}{2\sqrt{1-t^2}}}.$$

3. Fixons $t \in]-1, 1[$. Pour tout $x \in \mathbb{R}$, on a $|t \cos x| \leqslant |t|$, si bien que la série $\frac{1}{1 - t\cos x} = \sum_{n=0}^{+\infty} t^n \cos^n x$ est normalement convergente sur $\mathbb{R}$. Cela légitime l'interversion intégrale-série qui suit

$$\int_0^{\frac{\pi}{2}} \frac{\mathrm{d}x}{1 - t\cos x} = \int_0^{\frac{\pi}{2}} \sum_{n=0}^{+\infty} t^n \cos^n x \mathrm{d}x = \sum_{n=0}^{+\infty} \int_0^{\frac{\pi}{2}} t^n \cos^n x \mathrm{d}x = \sum_{n=0}^{+\infty} \mathrm{I}_n t^n.$$

Notons pour $t \in]1, 1[$, $f(t) = (\arcsin t)^2$. On a

$$f'(t) = \frac{2 \arcsin t}{\sqrt{1-t^2}} = 2 \sum_{n=0}^{+\infty} \mathrm{I}_n t^n - \frac{\pi}{\sqrt{1-t^2}}.$$

Or, le développement en série entière de $\frac{1}{\sqrt{1-t^2}}$ est connu. Il vaut

$$1 + \left(\frac{-1}{2}\right)(-t^2) + \frac{(-\frac{1}{2})(-\frac{3}{2})(-t^2)^2}{2} + \cdots$$
$$+ \frac{(-\frac{1}{2}) \cdots (-\frac{(2p-1)}{2})(-t^2)^p}{p!} + \cdots$$

ce qui donne, après simplification et en faisant apparaître des factorielles comme dans la première question,

$$\frac{1}{\sqrt{1-t^2}} = \sum_{n=0}^{+\infty} \frac{(2p)!}{2^{2p}(p!)^2} t^{2p} = \frac{2}{\pi} \sum_{p=0}^{+\infty} \mathrm{I}_{2p} t^{2p}.$$

Ainsi, il reste $f'(t) = 2 \sum_{p=0}^{+\infty} \mathrm{I}_{2p+1} t^{2p+1}$. Comme $f(0) = 0$, il vient par intégration

$$(\arcsin t)^2 = 2 \sum_{p=0}^{+\infty} \frac{\mathrm{I}_{2p+1}}{2p+2} t^{2p+2} = 2 \sum_{p=0}^{+\infty} \frac{2^{2p}(p!)^2}{(2p+2)!} t^{2p+2} = \sum_{p=0}^{+\infty} \frac{2^{2p+1} t^{2p+2}}{(p+1)^2 \mathrm{C}_{2p+2}^{p+1}},$$

ou encore

$$\boxed{(\arcsin t)^2 = \sum_{p=1}^{+\infty} \frac{2^{2p-1}}{p^2 \mathrm{C}_{2p}^p} t^{2p}}. \triangleleft$$

Ce développement en série entière sera obtenu par une autre méthode dans le chapitre série entière (cf. exercice 3.19).

Sont regroupés ci-après des exercices centrés sur les intégrales indéfinies, bien que celles-ci apparaissent déjà dans l'un ou l'autre des exercices précédents. Les deux premiers sont des exemples concrets du lemme de Gronwall qui consiste à obtenir une majoration de la fonction f à partir d'une inégalité de la forme $0 \leqslant f(x) \leqslant a + \int_0^x g(t)f(t)dt$. Ce lemme est notamment utilisé pour établir l'unicité dans le théorème de Cauchy-Lipschitz. Le lecteur trouvera la forme générale avec diverses généralisations dans le troisième tome d'analyse.

1.44. Lemme de Gronwall (1)

Soit $f : [0,1] \longrightarrow \mathbb{R}_+$ une fonction continue. On suppose qu'il existe un réel a tel que pour tout $t \in [0,1]$, $f(t) \leqslant a \int_0^t f(u)\mathrm{d}u$. Que dire de f ?

(**École polytechnique**)

▷ **Solution.**

Notons $\mathrm{F} : t \longmapsto \int_0^t f(u)\mathrm{d}u$ l'intégrale indéfinie de f. Il s'agit d'une fonction dérivable, qui vérifie par hypothèse $\mathrm{F}' \leqslant a\mathrm{F}$. On en déduit que la fonction $g(t) = \mathrm{F}(t)e^{-at}$ a une dérivée négative et par suite est décroissante sur $\mathbb{R}_+$. Or $g(0) = \mathrm{F}(0) = 0$ et g, tout comme F, est positive. Par suite g est nulle, donc F aussi. Il en résulte que f est la fonction nulle. ◁

1.45. Lemme de Gronwall (2)

Soient $f : [1, +\infty[\longrightarrow \mathbb{R}$ positive continue, a et b dans $\mathbb{R}_+$. On suppose que pour $x \geqslant 1$,

$$f(x) \leqslant a \int_1^x \frac{f(t)}{t^2}\mathrm{d}t + b.$$

Trouver une fonction simple majorant f.

(**École polytechnique**)

▷ **Solution.**

Si $a = 0$, f est majorée par b. Supposons donc $a > 0$.

Posons, pour $x \geqslant 1$, $\mathrm{F}(x) = \displaystyle\int_1^x \frac{f(t)}{t^2}\mathrm{d}t$. En divisant la relation de l'énoncé par x^2, on obtient, pour $x \geqslant 1$, $\mathrm{F}'(x) \leqslant \dfrac{a}{x^2}\mathrm{F}(x) + \dfrac{b}{x^2}$. Comparativement à l'exercice précédent, il n'est pas forcément évident de penser ici à introduire la fonction $\mathrm{G}(x) = \mathrm{F}(x)e^{\frac{a}{x}}$ pour traduire l'inégalité ci-dessus en

$$\mathrm{G}'(x) = \left(\mathrm{F}'(x) - \frac{a}{x^2}\mathrm{F}(x)\right)e^{\frac{a}{x}} \leqslant \frac{b}{x^2}e^{\frac{a}{x}},$$

qui permet ensuite par intégration de majorer G, puis F et enfin f. Donnons donc une méthode générale et naturelle pour travailler avec une telle inéquation différentielle qui explique la provenance de cette fonction G. L'idée est simplement de se ramener à une équation différentielle en donnant un nom à la différence : posons $h(x) = \mathrm{F}'(x) - \dfrac{a}{x^2}\mathrm{F}(x) - \dfrac{b}{x^2}$. La fonction F est solution de cette équation différentielle avec par hypothèse h négative sur $[1, +\infty[$. Or, on sait très bien résoudre cette équation linéaire du premier ordre avec second membre : les solutions de l'équation homogène associée sont les fonctions $\mathrm{C}e^{-\frac{a}{x}}$, $\mathrm{C} \in \mathbb{R}$. On applique alors la méthode de variation de la constante en cherchant F sous la forme $\mathrm{F}(x) = \mathrm{C}(x)e^{-\frac{a}{x}}$ (la fonction C n'est autre que la fonction G parachutée ci-dessus !). En remplaçant dans l'équation on obtient

$$\mathrm{C}'(x) = e^{\frac{a}{x}}\left(\frac{b}{x^2} + h(x)\right) \leqslant e^{\frac{a}{x}}\frac{b}{x^2}.$$

En intégrant, on obtient, pour $x \geqslant 1$,

$$\mathrm{C}(x) = \int_1^x \mathrm{C}'(t)\mathrm{d}t \leqslant \int_1^x \frac{b}{t^2}e^{\frac{a}{t}}\,\mathrm{d}t = \left[-\frac{b}{a}e^{\frac{a}{t}}\,\mathrm{d}t\right]_1^x = \frac{b}{a}(e^a - e^{\frac{a}{x}}).$$

On en déduit que $\mathrm{F}(x) = \mathrm{C}(x)e^{-\frac{a}{x}} \leqslant \dfrac{b}{a}(e^{a-\frac{a}{x}} - 1)$, puis en reportant dans l'inégalité de l'énoncé

$$\boxed{f(x) \leqslant be^{a-\frac{a}{x}}}. \quad ◁$$

1.46. Moyenne spatiale

Déterminer les fonctions continues f telles que pour tout $x \in \mathbb{R}$ et tout $a > 0$,

$$f(x) = \frac{1}{2a}\int_{x-a}^{x+a} f.$$

(**École polytechnique**)

▷ **Solution.**

La condition imposée à f signifie que la valeur moyenne de f sur tout intervalle centré en x est égale à $f(x)$. Visiblement les fonctions affines ont cette propriété. On va montrer que ce sont les seules.

Soit f une fonction vérifiant les conditions de l'énoncé et F une primitive de f sur $\mathbb{R}$. L'égalité $f(x) = \frac{1}{2a}\int_{x-a}^{x+a} f$ devient

$$f(x) = \frac{1}{2a}(\mathrm{F}(x+a) - \mathrm{F}(x-a)). \qquad *$$

On va en déduire une relation ne faisant intervenir que la fonction f. On a, pour $x \in \mathbb{R}$ et $a > 0$,

$$\begin{aligned}4af(x) &= \mathrm{F}(x+2a) - \mathrm{F}(x-2a)\\ &= \mathrm{F}(x+2a) - \mathrm{F}(x) + \mathrm{F}(x) - \mathrm{F}(x-2a)\\ &= 2af(x+a) + 2af(x-a).\end{aligned}$$

On en déduit que, pour $x \in \mathbb{R}$ et $a > 0$, on a

$$2f(x) = f(x+a) + f(x-a).$$

D'autre part, on remarque que la relation $(*)$ implique que f est dérivable sur $\mathbb{R}$. En dérivant par rapport à a la dernière relation, on obtient, pour $x \in \mathbb{R}$ et $a > 0$,

$$0 = f'(x+a) - f'(x-a).$$

On en déduit que la fonction f' est constante, c'est-à-dire que f est affine. ◁

Les exercices qui suivent concernent des équations intégrales.

1.47. Une équation intégrale (1)

Soit $k > 0$. Trouver toutes les fonctions continues $f : \mathbb{R}_+^* \longrightarrow \mathbb{R}$ telles qu'il existe $c \in \mathbb{R}$ vérifiant

$$\forall x > 0, \qquad \int_x^{kx} f(t)\mathrm{d}t = c.$$

(**École polytechnique**)

▷ **Solution.**

Analyse. Soit f une solution. La fonction φ définie sur l'intervalle $\mathbb{R}_+^*$ par $\varphi(x) = \int_x^{kx} f(t)\mathrm{d}t$ est dérivable sur $\mathbb{R}_+^*$ et pour $x > 0$,

$$\varphi'(x) = kf(kx) - f(x).$$

Ainsi φ est constante si, pour tout $x > 0$,

$$kf(kx) = f(x).$$

En considérant la fonction g définie sur $\mathbb{R}_+^*$ par $g(x) = xf(x)$, on obtient, pour tout $x > 0$

$$g(kx) = g(x). \qquad *$$

Considérons la fonction $h = g \circ \exp$. De $(*)$ on tire, pour tout réel t,

$$h(t) = g(e^t) = g(ke^t) = h(t + \ln k).$$

Donc h doit être périodique de période $\ln k$. D'autre part, f étant continue, g et donc h le sont.

Synthèse. Réciproquement, si h est une fonction appartenant à $\mathcal{C}^0(\mathbb{R}, \mathbb{R})$ et $\ln k$-périodique, alors $g = h \circ \ln$ appartient à $\mathcal{C}^0(\mathbb{R}_+^*, \mathbb{R})$ et vérifie, pour tout $x > 0$

$$g(kx) = h(\ln(kx)) = h(\ln x + \ln k) = h(\ln x) = g(x).$$

La fonction $f : \mathbb{R}_+^* \longrightarrow \mathbb{R}$ définie par $f(x) = \dfrac{h(\ln x)}{x}$ a les propriétés voulues. ◁

1.48. Une équation intégrale (2)

> Déterminer les fonctions continues $f : \mathbb{R} \longrightarrow \mathbb{R}$ telles que pour tout $x \in \mathbb{R}$,
>
> $$f(x) = 2\int_0^x \sqrt{f(t)}\mathrm{d}t.$$
>
> (**École polytechnique**)

▷ **Solution.**

Soit f une solution. Il est clair que la fonction f est positive ou nulle. Mais pour $x \leqslant 0$, on a $\int_0^x \sqrt{f(t)}\mathrm{d}t \leqslant 0$ donc $f(x) \leqslant 0$. On en déduit que f est nulle sur $\mathbb{R}_-$.

La fonction est dérivable, de dérivée $2\sqrt{f} \geqslant 0$, donc f est croissante.

Sur un intervalle où f ne s'annule pas, on a $\dfrac{f'}{2\sqrt{f}} = 1$. Il existe une constante c telle que $\sqrt{f(x)} = x - c$ et $f(x) = (x-c)^2$. Si f n'est pas la fonction nulle, $\{x, f(x) = 0\}$ est un ensemble non vide (il contient $\mathbb{R}_-$) et majoré puisque f est croissante. Soit $a \geqslant 0$ sa borne supérieure. On a, par continuité de f, $f(a) = 0$ et, pour $x > a$, $f(x) = (x-c)^2$. On a donc $c = a$ et f est définie par

$$f(x) = \begin{cases} 0 & \text{si } x \leqslant a \\ (x-a)^2 & \text{si } x > a. \end{cases}$$

Il est clair réciproquement que toute fonction de ce type avec $a \geqslant 0$ est solution. Il faut signaler que la fonction nulle est aussi solution. ◁

1.49. Une équation intégrale (3)

Trouver les application continues f de $\mathbb{R}$ dans $\mathbb{R}$ telles que pour tout $(x, y) \in \mathbb{R}^2$,

$$f(x)f(y) = \int_{x-y}^{x+y} f(t)\mathrm{d}t.$$

(**École polytechnique**)

▷ **Solution.**

Si f est une solution qui n'est pas la fonction nulle, l'écriture

$$f(x) = \frac{1}{f(y)} \int_{x-y}^{x+y} f(t)\,\mathrm{d}t,$$

pour $f(y) \neq 0$, montre que f est dérivable sur $\mathbb{R}$. En dérivant par rapport à x, on obtient

$$f'(x) = \frac{1}{f(y)}(f(x+y) - f(x-y)),$$

ce qui montre que f est deux fois dérivable. En prolongeant le raisonnement on montrerait qu'elle est $\mathcal{C}^\infty$. En dérivant la formule initiale par rapport à x puis y, on obtient

$$f'(x)f(y) = f(x+y) - f(x-y) \quad \text{et} \quad f(x)f'(y) = f(x+y) + f(x-y),$$

puis en additionnant

$$f'(x)f(y) + f(x)f'(y) = 2f(x+y).$$

En dérivant de nouveau par rapport à x et y, on obtient

$$2f'(x+y) = f''(x)f(y) + f'(x)f'(y) = f'(x)f'(y) + f(x)f''(y)$$

et donc, pour tout $(x, y) \in \mathbb{R}^2$,

$$f''(x)f(y) = f(x)f''(y).$$

On considérant y tel que $f(y) \neq 0$, on montre l'existence de $\lambda \in \mathbb{R}$ tel que, pour tout réel x,

$$f''(x) = \lambda f(x).$$

D'autre part, en faisant $x = y = 0$ dans l'égalité initiale, on obtient $f(0) = 0$; si on fait $x = y = 0$ dans l'expression de $2f'(x+y)$ on a alors $2f'(0) = (f'(0))^2$. La valeur $f'(0) = 0$ conduisant à la fonction nulle, il faut $f'(0) = 2$.

- Si $\lambda = 0$, on obtient, pour tout x, $f'(x) = 2$ et $f(x) = 2x$.
- Si $\lambda > 0$, on écrit $\lambda = \omega^2$, et il existe $(a, b) \in \mathbb{R}^2$ tel que $f(x) = a\operatorname{ch}(\omega x) + b\operatorname{sh}(\omega x)$. Les conditions initiales imposent $a = 0$ et $b = \frac{2}{\omega}$ soit $f(x) = \frac{2}{\omega}\operatorname{sh}(\omega x)$.
- Si $\lambda < 0$, on écrit $\lambda = -\omega^2$, il existe $(a, b) \in \mathbb{R}^2$ tel que $f(x) = a\cos(\omega x) + b\sin(\omega x)$. Les conditions initiales imposent $a = 0$ et $b = \frac{2}{\omega}$ soit $f(x) = \frac{2}{\omega}\sin(\omega x)$.

On vérifie facilement que toutes les fonctions trouvées conviennent. ◁

1.50. Une équation intégrale (4)

1. Existe-t-il une fonction f continue et bornée de $[0, +\infty[$ dans $\mathbb{R}$ telle que, pour tout $x \geqslant 0$, on ait

$$f(x) = 1 + \int_0^x \frac{e^{-t^2}}{1 + f(t)^2}\,\mathrm{d}t\ ?$$

2. Étudier la suite de fonctions $f_n : [0, +\infty[\longrightarrow \mathbb{R}$ définie par $f_0(x) = 0$ et, pour tout $(n, x) \in \mathbb{N} \times \mathbb{R}_+$,

$$f_{n+1}(x) = 1 + \int_0^x \frac{e^{-t^2}}{1 + f_n(t)^2}\,\mathrm{d}t.$$

(**École polytechnique**)

▷ **Solution.**

1. Si f existe, elle est dérivable sur $[0,+\infty[$ et, pour tout $x \geqslant 0$, on a $f'(x) = \dfrac{e^{-x^2}}{1+(f(x))^2}$ et donc $f'(x) + f'(x)(f(x))^2 = e^{-x^2}$. On intègre, en notant que l'équation initiale implique $f(0) = 1$. On obtient, pour tout $x \geqslant 0$,

$$f(x) + \frac{1}{3}(f(x))^3 = \int_0^x e^{-t^2}\,dt + \frac{4}{3},$$

ce qui peut s'écrire $\Phi(f(x)) = \int_0^x e^{-t^2}\,dt + \frac{4}{3}$, où Φ est la fonction définie sur $\mathbb{R}$ par

$$\Phi(x) = \frac{1}{3}x^3 + x.$$

On a, pour tout réel x, $\Phi'(x) = x^2 + 1 > 0$. La fonction Φ réalise une bijection de $\mathbb{R}$ sur $\mathbb{R}$ et f est nécessairement définie par

$$f(x) = \Phi^{-1}\left(\int_0^x e^{-t^2}\,dt + \frac{4}{3}\right).$$

Montrons réciproquement que cette fonction a les propriétés voulues. On pose, pour tout $x \geqslant 0$, $g(x) = \int_0^x e^{-t^2}\,dt + \frac{4}{3}$ et donc $f = \Phi^{-1} \circ g$. La fonction Φ^{-1} est dérivable sur $\mathbb{R}$ (puisque Φ' ne s'annule pas) et $(\Phi^{-1})'(x) = \dfrac{1}{\Phi'(\Phi^{-1}(x))}$. La fonction f est donc dérivable sur $[0,+\infty[$ et, pour tout $x \geqslant 0$,

$$f'(x) = (\Phi^{-1})'(g(x))g'(x) = \frac{g'(x)}{\Phi'(\Phi^{-1}(g(x)))} = \frac{e^{-x^2}}{\Phi'(f(x))} = \frac{e^{-x^2}}{1+((f(x))^2}.$$

On a donc, pour tout $x \geqslant 0$,

$$\int_0^x \frac{e^{-t^2}}{1+(f(t))^2}\,dt = \int_0^x f'(t)\,dt = f(x) - f(0) = f(x) - \Phi^{-1}\left(\frac{4}{3}\right) = f(x) - 1.$$

Montrons enfin que f est bornée. La fonction g est croissante et

$$g(0) = \frac{4}{3} = \Phi(1) \quad \text{et} \quad \lim_{x\to+\infty} g(x) = \int_0^\infty e^{-t^2}\,dt + \frac{4}{3} = \frac{\sqrt{\pi}}{2} + \frac{4}{3} = \alpha.$$

(il est classique que $\int_0^{+\infty} e^{-t^2}\,dt = \frac{\sqrt{\pi}}{2}$). Puisque Φ^{-1} est strictement croissante, on a, pour tout $x \in \mathbb{R}$, $f(x) \in [1, \Phi^{-1}(\alpha)[$: la fonction f est bornée.

2. Montrons que la suite (f_n) converge uniformément vers f sur $\mathbb{R}$. Notons pour commencer que, pour tout entier n, la fonction f_n est bornée. C'est vrai pour $n = 0$ et pour $n \in \mathbb{N}$, $x \geqslant 0$, on a

$$0 \leqslant \int_0^x \frac{e^{-t^2}}{1+(f_n(t))^2}\,dt \leqslant \int_0^x e^{-t^2}\,dt \leqslant \int_0^{+\infty} e^{-t^2}\,dt \leqslant \frac{\sqrt{\pi}}{2} < 1$$

et donc $0 < f_{n+1}(x) < 2$.

Pour $n \in \mathbb{N}$ et $x \geqslant 0$, on écrit

$$|f_{n+1}(x) - f(x)| = \left|\int_0^x \frac{e^{-t^2}(f^2(t) - f_n^2(t))}{(1+f^2(t))(1+f_n^2(t))}\,\mathrm{d}t\right|.$$

On en déduit que

$$\begin{aligned}|f_{n+1}(x) - f(x)| &\leqslant \int_0^x \frac{e^{-t^2}(|f(t) - f_n(t)|)(f(t) + f_n(t))}{(1+f^2(t))(1+f_n^2(t))}\,\mathrm{d}t \\ &\leqslant \|f_n - f\|_\infty \int_0^x \frac{e^{-t^2}((f(t) + f_n(t)}{(1+f^2(t))(1+f_n^2(t))}\,\mathrm{d}t.\end{aligned}$$

Puisque, pour tout $y \geqslant 0$, on a $2y \leqslant 1 + y^2$, on obtient, pour $t \geqslant 0$,

$$\frac{f(t) + f_n(t)}{(1+(f(t))^2)(1+(f_n(t))^2))} \leqslant \frac{f(t)}{1+(f(t))^2} + \frac{f_n(t)}{1+(f_n(t))^2} \leqslant \frac{1}{2} + \frac{1}{2} \leqslant 1$$

et donc, pour $x \geqslant 0$,

$$|f_{n+1}(x) - f(x)| \leqslant \|f_n - f\|_\infty \int_0^x e^{-t^2}\,\mathrm{d}t \leqslant \|f_n - f\|_\infty \int_0^{+\infty} e^{-t^2}\,\mathrm{d}t.$$

Enfin, ceci étant vrai pour tout $x \geqslant 0$, on a

$$\|f_{n+1} - f\|_\infty \leqslant k\|f_n - f\|_\infty,$$

où $k = \int_0^{+\infty} e^{-t^2}\,\mathrm{d}t = \frac{\sqrt{\pi}}{2}$. Puisque $k < 1$, on en déduit que la suite $(\|f_n - f\|_\infty)$ converge vers 0 et donc que (f_n) converge uniformément vers f sur $[0, +\infty[$. $\lhd$

Les deux derniers exercices du chapitre concernent la notion d'indice d'un chemin fermé du plan complexe.

1.51. Indice d'une courbe fermée

Soit E l'ensemble des fonctions de classe $\mathcal{C}^1$ de $\mathbb{R}$ dans $\mathbb{C}^*$ qui sont 2π-périodiques. Pour tout $f \in \mathrm{E}$, on pose

$$d(f) = \frac{1}{2i\pi}\int_0^{2\pi} \frac{f'(\theta)}{f(\theta)}\mathrm{d}\theta.$$

1. d est-elle définie ?

2. En utilisant $\psi(t) = \exp\left(\int_0^t \frac{f'(\theta)}{f(\theta)}\,\mathrm{d}\theta\right)$, montrer que $d(f) \in \mathbb{Z}$.

3. Montrer que

$$\forall f \in \mathrm{E},\ \exists \varepsilon > 0,\ \forall g \in \mathrm{E},\ \|f - g\|_\infty \leqslant \varepsilon \Longrightarrow d(f) = d(g).$$

4. Soit $\mathrm{F} = \{f \in \mathcal{C}^0(\mathbb{R}, \mathbb{C}^*),\ f\ 2\pi\text{-périodique}\}$. Peut-on prolonger d en une fonction définie et continue sur F pour la norme $\|\ \|_\infty$?

(**École normale supérieure**)

▷ **Solution.**

1. La fonction f étant de classe $\mathcal{C}^1$ et ne s'annulant pas sur $\mathbb{R}$, la fonction $\frac{f'}{f}$ est définie et continue sur $\mathbb{R}$, ce qui justifie l'existence de d.

2. La fonction ψ est de classe $\mathcal{C}^1$ puisque $t \longmapsto \int_0^t \frac{f'}{f}$ est $\mathcal{C}^1$ et sa dérivée vaut

$$\psi'(t) = \frac{f'(t)}{f(t)} \exp\left(\int_0^t \frac{f'(\theta)}{f(\theta)} \mathrm{d}\theta\right) = \frac{f'(t)}{f(t)} \psi(t).$$

Autrement dit, tout comme f, ψ est solution de l'équation différentielle linéaire d'ordre 1, $y' - \frac{f'}{f} y$. Il existe donc un réel K tel que $\psi = \mathrm{K} f$. Or f est 2π-périodique, donc ψ l'est aussi. Ainsi, $\psi(2\pi) = \psi(0) = 1$ et il en résulte que $\int_0^{2\pi} \frac{f'}{f} \in 2i\pi\mathbb{Z}$ et $d(f) \in \mathbb{Z}$.

3. Comme f est à valeurs complexes non nulles, de classe $\mathcal{C}^1$, il existe, par le théorème du relèvement, $\rho : \mathbb{R} \longrightarrow \mathbb{R}_+^*$ et $\varphi : \mathbb{R} \longrightarrow \mathbb{R}$ de classe $\mathcal{C}^1$ telles que pour tout $t \in \mathbb{R}$, $f(t) = \rho(t) e^{i\varphi(t)}$. En fait, $\rho = |f|$ et $\varphi(t)$ représente l'argument de $f(t)$ suivi par continuité à partir d'un choix de l'argument de $f(0)$. Comme f est 2π-périodique, $\varphi(0) \equiv \varphi(2\pi) \pmod{2\pi}$. En fait,

$$\begin{aligned}
\int_0^{2\pi} \frac{f'}{f} = \int_0^{2\pi} \left(\frac{\rho'}{\rho} + i\varphi'\right) &= [\ln \rho]_0^{2\pi} + [i\varphi]_0^{2\pi} \\
&= \ln\left(\frac{|f(2\pi)|}{|f(0)|}\right) + i(\varphi(2\pi) - \varphi(0)) \\
&= \ln(1) + i(\varphi(2\pi) - \varphi(0)) = i(\varphi(2\pi) - \varphi(0)) \in 2i\pi\mathbb{Z}.
\end{aligned}$$

Ainsi, on obtient

$$\boxed{d(f) = \frac{\varphi(2\pi) - \varphi(0)}{2\pi}}$$

et $d(f)$ est le nombre de tours (comptés algébriquement) que fait la courbe fermée $f_{|[0,2\pi]} : [0, 2\pi] \longrightarrow \mathbb{C}^*$ autour de 0. Voici un exemple où l'indice vaut 3 :

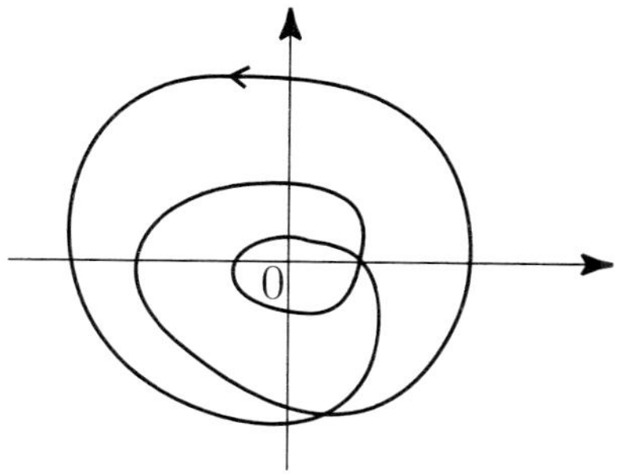

On imagine bien que si une courbe g est suffisamment proche de celle de f, elle tournera autant de fois autour de zéro.

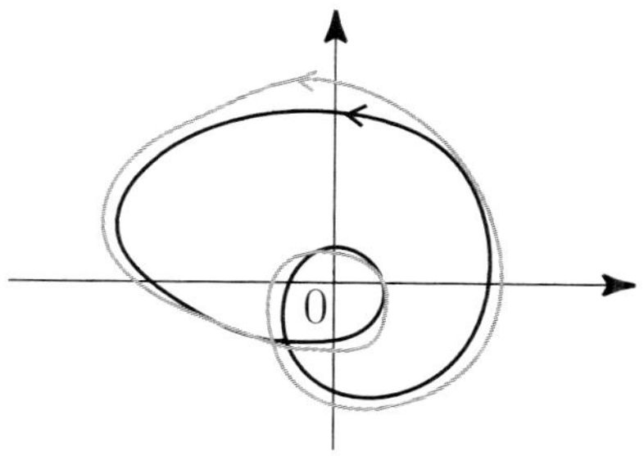

Formalisons cela : posons $\varepsilon = \min|f| > 0$ ($|f|$ est continue sur le compact $[0, 2\pi]$ donc est bornée et atteint ses bornes ; son minimum sur $[0, 2\pi]$ l'est aussi sur $\mathbb{R}$ puisque f est 2π-périodique) et prenons $g \in \mathrm{E}$ vérifiant $\|f - g\|_\infty \leqslant \frac{\varepsilon}{2}$. Il existe $\tilde{\rho} = |g|$ et $\tilde{\varphi}$ fonctions $\mathcal{C}^1$ de $\mathbb{R}$ dans $\mathbb{R}$ vérifiant $g = \tilde{\rho}e^{i\tilde{\varphi}}$.

Quitte à multiplier f et g par $e^{-i\varphi(0)}$, on peut supposer $\varphi(0) = 0$ (cela ne change ni $\|f - g\|$, ni l'indice de f et g). Quitte à retirer un multiple convenable de 2π à $\tilde{\varphi}$, on peut supposer $\tilde{\varphi}(0) \in [-\pi, \pi]$. On peut écrire la minoration suivante,

$$\frac{\varepsilon}{2} \geqslant |\rho e^{i\varphi} - \tilde{\rho}e^{i\tilde{\varphi}}| \geqslant \rho \left|1 - \frac{\tilde{\rho}}{\rho}e^{i(\tilde{\varphi}-\varphi)}\right| \geqslant \varepsilon \left|1 - \frac{\tilde{\rho}}{\rho}e^{i(\tilde{\varphi}-\varphi)}\right|$$

et donc,

$$\left|1 - \frac{\tilde{\rho}}{\rho}e^{i(\tilde{\varphi}-\varphi)}\right| \leqslant \frac{1}{2}.$$

Autrement dit, le complexe $\frac{\tilde{\rho}}{\rho}e^{i(\tilde{\varphi}-\varphi)}$ est dans le disque fermé de rayon $\frac{1}{2}$ et de centre 1. Cela nous garantit que la fonction $\tilde{\varphi} - \varphi$ prend exclusivement des valeurs comprises entre $\left[-\frac{\pi}{2}, \frac{\pi}{2}\right]$ modulo 2π, autrement dit dans la réunion des intervalles $\left[-\frac{\pi}{2}+2k\pi, \frac{\pi}{2}+2k\pi\right]$. Comme la fonction $\tilde{\varphi}-\varphi$ est continue, le théorème des valeurs intermédiaires nous assure que pour tout $x \in [0, 2\pi]$, $(\tilde{\varphi}-\varphi)(x)$ reste dans $\left[-\frac{\pi}{2}, \frac{\pi}{2}\right]$. En particulier, $\tilde{\varphi}(0)$ est dans l'intervalle $\left[-\frac{\pi}{2}, \frac{\pi}{2}\right]$.

Or, si on imagine que $d(f) \neq d(g)$, cela signifie que la quantité

$$|\tilde{\varphi}(2\pi)-\tilde{\varphi}(0)-\big(\varphi(2\pi)-\varphi(0)\big)| = |\tilde{\varphi}(2\pi)-\tilde{\varphi}(0)-\varphi(2\pi)| \geqslant 2\pi,$$

et par inégalité triangulaire,

$$|\tilde{\varphi}(2\pi)-\varphi(2\pi)| \geqslant 2\pi - \frac{\pi}{2} \geqslant \pi,$$

ce qui constitue une contradiction.

Conclusion. Pour tout $f \in \mathrm{E}$ et tout $g \in \mathrm{E}$, si $\|f-g\|_\infty \leqslant \dfrac{\min|f|}{2}$, alors $d(f) = d(g)$.

4. Nous allons démontrer que le prolongement est possible.

• Soit f une fonction de F et posons $\varepsilon = \min|f| > 0$. Le théorème de Weierstrass trigonométrique assure l'existence d'une suite de polynômes trigonométriques qui converge uniformément vers f. Si P est un élément de cette suite et si $\|\mathrm{P}-f\| < \varepsilon$, P ne peut s'annuler et $\mathrm{P} \in \mathrm{E}$. Soit $\alpha > 0$. On va montrer qu'en choisissant bien α, pour tout g et h dans E vérifiant $\|f-g\|_\infty \leqslant \alpha$ et $\|f-h\|_\infty \leqslant \alpha$, on a l'égalité $d(g) = d(h)$. On a $\|g-h\|_\infty \leqslant 2\alpha$ d'une part, et d'autre part

$$|g| \geqslant |f| - |g-f| \geqslant \varepsilon - \alpha.$$

Or $\varepsilon - \alpha \geqslant 2\alpha$ dès que $\alpha \leqslant \frac{\varepsilon}{3}$. En faisant un tel choix, lorsque les conditions $\|f-g\|_\infty \leqslant \alpha$ et $\|f-h\|_\infty \leqslant \alpha$ sont toutes deux réalisées, on a $\|g-h\|_\infty \leqslant \min|g|$ et d'après la question précédente $d(g) = d(h)$.

On définira donc $d(f)$ comme la valeur commune des $d(g)$ où g est une fonction de E dans la boule fermée $\bar{\mathrm{B}}(f, \varepsilon/3)$.

• Montrons enfin que la fonction d ainsi prolongée sur F est continue pour la norme de la convergence uniforme. Pour cela, vérifions qu'elle est localement constante. Soit $f \in \mathrm{F}$ et $\varepsilon = \min|f|$. Prenons $g \in \mathrm{B}(f, \frac{\varepsilon}{3})$. L'intersection des boules ouvertes $\mathrm{B}(f, \frac{\varepsilon}{3})$ et $\mathrm{B}(g, \min|g|/3)$ est un ouvert non vide puisqu'il contient g. On peut trouver d'après le théorème de Weierstrass, une fonction $h : \mathbb{R} \longrightarrow \mathbb{C}$ de classe $\mathcal{C}^1$ dans cette intersection. Comme $\|f-h\|_\infty \leqslant \frac{\varepsilon}{3}$, h ne s'annule pas et $h \in \mathrm{E}$. Par définition du prolongement de d, $d(g) = d(h) = d(f)$.

Conclusion. d est localement constante donc continue sur $(\mathrm{F}, \|\ \|_\infty)$. ◁

L'entier $d(f)$ représente l'indice de la courbe fermée associée à f.

Le célèbre théorème de d'Alembert-Gauss affirme que tout polynôme non constant à coefficients complexes admet au moins une racine dans $\mathbb{C}$. Par suite un tel polynôme est forcément scindé. L'exercice suivant fournit une preuve de ce théorème qui utilise la notion d'indice étudié dans l'exercice précédent.

1.52. Une preuve du théorème de d'Alembert-Gauss

Pour $f \in \mathcal{C}^1(\mathbb{R}, \mathbb{C})$ fonction 2π-périodique ne s'annulant jamais on pose $\mathrm{I}(f) = \dfrac{1}{2i\pi} \displaystyle\int_0^{2\pi} \frac{f'(t)}{f(t)}\,\mathrm{d}t$.

1. Montrer que $\mathrm{I}(f)$ est un entier.

Soit P un polynôme complexe. On pose $f_{\mathrm{P}}(t) = \mathrm{P}(e^{it})$. On admet le théorème de d'Alembert dans la question 2 mais pas dans la question 3.

2. Caractériser $\mathrm{I}(f_{\mathrm{P}})$ à l'aide des zéros de P.

3. En utilisant $\mathrm{P}(re^{it})$ pour r variable, donner une preuve du théorème de d'Alembert.

(**École normale supérieure**)

▷ **Solution.**

1. On se reportera aux deux premières questions de l'exercice précédent.

2. On ne peut définir $\mathrm{I}(f_{\mathrm{P}})$ que si la fonction f_{P} ne s'annule pas sur le cercle unité, c'est-à-dire si P n'a pas de racine de module 1. Faisons cette hypothèse et notons $\alpha_1, \ldots, \alpha_n$ les racines de P où $n = \deg \mathrm{P}$ (on sait que ces racines existent par le théorème de d'Alembert qu'on admet dans cette question). On sait que

$$\frac{\mathrm{P}'}{\mathrm{P}} = \sum_{k=1}^{n} \frac{1}{\mathrm{X} - \alpha_k}.$$

On en déduit que, pour tout $t \in [0, 2\pi]$,

$$\frac{f'_{\mathrm{P}}(t)}{f_{\mathrm{P}}(t)} = ie^{it}\frac{\mathrm{P}'(e^{it})}{\mathrm{P}(e^{it})} = \sum_{k=1}^{n} \frac{ie^{it}}{e^{it} - \alpha_k},$$

puis que

$$\mathrm{I}(f_{\mathrm{P}}) = \sum_{k=1}^{n} \frac{1}{2\pi} \int_0^{2\pi} \frac{e^{it}}{e^{it} - \alpha_k}\,\mathrm{d}t.$$

Pour calculer ces intégrales, nous effectuons un développement en série entière de la fraction rationnelle $\dfrac{1}{\mathrm{X} - \alpha_k}$. Il faut distinguer deux cas selon que $|\alpha_k|$ est supérieur ou inférieur à 1.

Si $|\alpha_k| < 1$, on écrit, pour tout $t \in \mathbb{R}$,

$$\frac{e^{it}}{e^{it} - \alpha_k} = \frac{1}{1 - \alpha_k e^{-it}} = \sum_{p=0}^{+\infty} \alpha_k^p e^{-ipt}.$$

Cette série étant normalement convergente, on peut intervertir sommation et intégration. On obtient

$$\frac{1}{2\pi} \int_0^{2\pi} \frac{e^{it}}{e^{it} - \alpha_k} = \frac{1}{2\pi} \sum_{p=0}^{+\infty} \alpha_k^p \int_0^{2\pi} e^{-ipt}\,\mathrm{d}t = 1,$$

car seul le terme qui correspond à $p = 0$ n'est pas nul et vaut 2π.

Si $|\alpha_k| > 1$, on écrit, pour tout $t \in \mathbb{R}$,

$$\frac{e^{it}}{e^{it} - \alpha_k} = -\frac{e^{it}}{\alpha_k} \frac{1}{1 - \dfrac{e^{it}}{\alpha_k}} = -\sum_{p=0}^{+\infty} \frac{e^{i(p+1)t}}{\alpha_k^{p+1}}.$$

Comme précédemment, on obtient

$$\frac{1}{2\pi} \int_0^{2\pi} \frac{e^{it}}{e^{it} - \alpha_k} = -\frac{1}{2\pi} \sum_{p=0}^{+\infty} \alpha_k^{-(p+1)} \int_0^{2\pi} e^{i(p+1)t}\,\mathrm{d}t = 0,$$

car cette fois toutes les intégrales sont nulles.

On déduit de ces calculs que $\mathrm{I}(f_{\mathrm{P}})$ est égal au nombre de racines du polynôme P qui sont à l'intérieur du disque unité.

3. Démontrons le théorème de d'Alembert en raisonnant par l'absurde. Soit P un polynôme non constant, de degré n. On suppose donc que P ne possède pas de racine. Pour tout $r \geqslant 0$, la fonction φ_r définie par $\varphi_r(t) = \mathrm{P}(re^{it})$ ne s'annule pas sur $[0, 2\pi]$ et on peut définir $\mathrm{I}(\varphi_r)$. On pose, pour tout $r \geqslant 0$,

$$\mathrm{F}(r) = \mathrm{I}(\varphi_r) = \frac{1}{2\pi} \int_0^{2\pi} \frac{\mathrm{P}'(re^{it})re^{it}}{\mathrm{P}(re^{it})}\,\mathrm{d}t.$$

La fonction $(r, t) \longmapsto \dfrac{\mathrm{P}'(re^{it})re^{it}}{\mathrm{P}(re^{it})}$ étant continue sur $\mathbb{R}_+ \times [0, 2\pi]$, il résulte des propriétés des intégrales à paramètre que F est continue sur $\mathbb{R}_+$. Puisqu'elle est à valeurs dans $\mathbb{Z}$, on en déduit qu'elle est constante sur $\mathbb{R}_+$. Il est clair que $\mathrm{F}(0) = 0$. On a donc $\mathrm{F}(r) = 0$ pour tout $r \geqslant 0$. Calculons maintenant la limite de F en $+\infty$ en passant à la limite dans l'intégrale. Quand $|x|$ tend vers $+\infty$, on a $\dfrac{x\mathrm{P}'(x)}{\mathrm{P}(x)} \sim n$ (quotient des termes de plus haut degré). On en déduit que, pour tout $t \in [0, 2\pi]$, on a $\displaystyle\lim_{r \to +\infty} \frac{\mathrm{P}'(re^{it})re^{it}}{\mathrm{P}(re^{it})} = n$. Justifions l'échange de la limite et de l'intégrale en utilisant le théorème de convergence dominée. La fonction $x \longmapsto \dfrac{x\mathrm{P}'(x)}{\mathrm{P}(x)}$ est continue sur $\mathbb{C}$ et tend vers une limite finie quand $|x|$ tend vers $+\infty$. On en déduit qu'elle est bornée sur $\mathbb{C}$. Il existe donc $\mathrm{K} > 0$ tel que, pour tout $(r,t) \in \mathbb{R}_+ \times [0, 2\pi]$ on ait $\left|\dfrac{\mathrm{P}'(re^{it})re^{it}}{\mathrm{P}(re^{it})}\right| \leqslant \mathrm{K}$. Le théorème de convergence dominée s'applique et on obtient

$$\lim_{r\to+\infty} \mathrm{F}(r) = \frac{1}{2\pi}\int_0^{2\pi}\left(\lim_{r\to+\infty}\frac{\mathrm{P}'(re^{it})re^{it}}{\mathrm{P}(re^{it})}\right)\mathrm{d}t = n.$$

Puisque $n \geqslant 1$ par hypothèse, cela est contradictoire avec le fait que F est nulle sur $\mathbb{R}_+$. L'hypothèse que P n'a pas de racine est donc absurde. $\triangleleft$

On peut démontrer, comme dans la question précédente, que pour toutes les valeurs de r *pour lesquelles* P *n'a pas de racine de module* r, $\mathrm{F}(r)$ *est égal au nombre de racines de* P *qui sont à l'intérieur du cercle de centre* 0 *de rayon* r.

Le lecteur trouvera une autre preuve du théorème de d'Alembert-Gauss dans l'exercice 3.41.

Chapitre 2
Suites et séries de fonctions

Jusqu'au XIXe *siècle, la notion de convergence d'une suite de fonctions est utilisée sans soulever les questions fondamentales qu'elle entraîne. Cauchy, dans son* Cours d'Analyse *de l'École Polytechnique (1821), pense même pouvoir démontrer la continuité de la somme d'une série de fonctions continues. Abel relève l'erreur et donne l'exemple de la somme de la série trigonométrique* $\sum_{n=1}^{+\infty} \frac{(-1)^n \sin nx}{n}$ *qui n'est pas continue. Cauchy donnera un énoncé exact en 1853, en utilisant, mais sans la nommer, une hypothèse de convergence uniforme. C'est Seidel et Stokes qui donneront la notion générale de convergence uniforme vers 1848.*

Rappelons qu'une suite de fonctions $(f_n)_{n\geqslant 0}$ *définie sur un ensemble* X *à valeurs réelles ou complexes converge uniformément vers* f *sur* X *si pour tout* $\varepsilon > 0$ *il existe un rang* N *à partir duquel l'écart* $|f(x) - f_n(x)|$ *est majoré par* ε *pour tout point* x *de* X.

La convergence uniforme fournit un critère particulièrement simple pour obtenir la continuité de la limite f *lorsque les fonctions* f_n *sont toutes supposées continues. Elle n'est toutefois pas nécessaire comme on pourra s'en rendre compte en faisant l'exercice 2.10.*

On dit que la série de fonctions $\sum f_n(x)$ *converge uniformément sur* X *si la suite des sommes partielles converge uniformément sur* X. *Cela est notamment réalisé lorsque la série est normalement convergente sur* X, *c'est-à-dire lorsque la série à termes positifs* $\sum \|f_n\|_\infty$ *converge (où* $\|f_n\|_\infty = \sup_{x\in X} |f_n(x)|$*). La réciproque est fausse : il peut y avoir convergence uniforme et divergence de* $\sum \|f_n\|_\infty$. *Toutefois, dans les cas pratiques, comme on le constatera sur les premiers exercices ci-après, les séries de fonctions sont fréquemment normalement convergentes. On pensera ainsi aux séries entières qui convergent normalement sur tout compact inclus dans le disque ouvert de convergence.*

2.1. Majoration sur une demi-droite

Soit $(a_n)_{n\geqslant 1}$ une suite de nombres complexes. On suppose qu'il existe $\rho > 0$ et $\mathrm{M} > 0$ tels que pour tout $n \in \mathbb{N}^*$, $\left|\dfrac{a_n}{n^\rho}\right| \leqslant \mathrm{M}$. On pose $f(z) = \sum\limits_{n=1}^{+\infty} a_n e^{2i\pi nz}$.

1. Montrer que f existe sur $\mathrm{P} = \{z \in \mathbb{C}, \operatorname{Im} z > 0\}$.

2. Montrer que la série converge uniformément sur tout compact de P.

3. Montrer l'existence de $\mathrm{C} > 0$ tel que pour tout $y > 0$ et $x \in \mathbb{R}$

$$|f(x+iy)| \leqslant \frac{\mathrm{C}}{y^{1+\rho}}.$$

(**École polytechnique**)

▷ **Solution.**

1. Soit $z \in \mathrm{P}$ et posons $y = \operatorname{Im} z > 0$. On a, pour tout $n \in \mathbb{N}$,

$$|a_n e^{2i\pi nz}| = |a_n| e^{-2\pi ny} \leqslant \mathrm{M} n^\rho e^{-2\pi ny} = o\left(\frac{1}{n^2}\right).$$

La série $\sum a_n e^{2i\pi nz}$ converge donc absolument et f est définie sur P.

2. La fonction $z \longmapsto \operatorname{Im} z$ est continue sur $\mathbb{C}$. Sur un compact K de P, elle atteint son minimum $y_0 > 0$. On a, pour $z \in \mathrm{K}$ et $n \in \mathbb{N}$, $|a_n e^{2i\pi nz}| \leqslant \mathrm{M} n^\rho e^{-2\pi n y_0}$. La série $\sum \mathrm{M} n^\rho e^{-2\pi n y_0}$ étant convergente, la série définissant f converge normalement donc uniformément sur K.

Il s'ensuit que f est continue sur P *tout entier.*

3. D'après la question 1, on a pour tout $z \in \mathrm{P}$ la majoration $|f(z)| \leqslant \mathrm{M} \sum\limits_{n=1}^{+\infty} n^\rho e^{-2\pi ny}$ où $z = x + iy$ avec $y > 0$. Comme $t \longmapsto t^\rho e^{-2\pi ty}$ est décroissante pour t grand, nous allons utiliser une comparaison avec une intégrale pour majorer cette somme. On considère la fonction $\varphi : t \longmapsto t^\rho e^{-2\pi ty}$. La fonction φ est intégrable sur $\mathbb{R}_+$. On a, pour $t > 0$,

$$\varphi'(t) = e^{-2\pi ty}(\rho t^{\rho-1} - 2\pi y t^\rho) = e^{-2\pi ty} t^{\rho-1}(\rho - 2\pi yt).$$

On a donc $\varphi'(t) \leqslant 0$ si $t \geqslant \dfrac{\rho}{2\pi y}$ de sorte que φ décroît sur $\left[\dfrac{\rho}{2\pi y}, +\infty\right[$.
On pose $\alpha = \dfrac{\rho}{2\pi y}$ et $n_0 = \mathrm{E}(\alpha)$. On a, pour $n \geqslant n_0 + 2$, la majoration $\varphi(n) \leqslant \int_{n-1}^{n} \varphi(t)\mathrm{d}t$ et donc $\sum\limits_{n=n_0+2}^{+\infty} \varphi(t)\mathrm{d}t \leqslant \int_{n_0+1}^{+\infty} \varphi(t)\mathrm{d}t$.

Sur l'intervalle $[\alpha, n_0 + 1]$, la fonction φ est encore décroissante. On peut écrire

$$\int_{\alpha}^{n_0+1} \varphi(t)\mathrm{d}t \geqslant (n_0+1-\alpha)\varphi(n_0+1),$$

ce qui, additionné à l'inégalité précédente donne

$$\sum_{n=n_0+1}^{+\infty} \varphi(n) \leqslant \int_{\alpha}^{+\infty} \varphi(t)\mathrm{d}t + (\alpha - n_0)\varphi(n_0+1)$$
$$\leqslant \int_{\alpha}^{+\infty} \varphi(t)\mathrm{d}t + (\alpha - n_0)\varphi(\alpha),$$

car le maximum de φ est atteint en α. Enfin, comme φ est croissante sur l'intervalle $[0, n_0]$,

$$\sum_{n=1}^{n_0} \varphi(n) \leqslant n_0\varphi(\alpha).$$

En additionnant, on obtient finalement

$$\sum_{n=1}^{+\infty} \varphi(n) \leqslant \alpha\varphi(\alpha) + \int_{\alpha}^{+\infty} \varphi(t)\mathrm{d}t \leqslant \alpha\varphi(\alpha) + \int_{0}^{+\infty} \varphi(t)\mathrm{d}t.$$

Le changement de variable $u = 2\pi t y$ dans l'intégrale donne

$$\int_{0}^{+\infty} \varphi(t)\mathrm{d}t = \int_{0}^{+\infty} t^{\rho} e^{-2\pi t y}\mathrm{d}t = \frac{1}{(2\pi y)^{\rho+1}} \int_{0}^{+\infty} u^{\rho} e^{-u}\mathrm{d}u.$$

Par ailleurs, on a $\alpha\varphi(\alpha) = \dfrac{\rho^{\rho+1}e^{-\rho}}{(2\pi y)^{\rho+1}}$. On obtient donc

$$|f(z)| \leqslant \frac{\mathrm{C}}{y^{\rho+1}}, \text{ avec } \mathrm{C} = \frac{\mathrm{M}}{(2\pi)^{\rho+1}} \left(\int_{0}^{+\infty} u^{\rho} e^{-u}\mathrm{d}u + \rho^{\rho+1}e^{-\rho} \right).$$

On constate que C est bien indépendant de $z \in \mathrm{P}$. $\lhd$

On notera que l'étude de la fonction f se ramène à celle d'une série entière si on pose $u = e^{2i\pi z}$ puisqu'on a alors $f(z) = \sum_{n=1}^{+\infty} a_n u^n$. L'application $\psi : z \mapsto e^{2i\pi z}$ envoie le demi-plan P *dans le disque unité ouvert* D *privé de* 0. *Le résultat de la question 2 s'éclaire : l'image d'un compact* K *de* P *par ψ est un compact* K′ *inclus dans le disque* D *et comme la série entière $\sum_{n=1}^{+\infty} a_n u^n$ a un rayon de convergence $\geqslant 1$ (par l'hypothèse faite sur la suite (a_n)) elle converge normalement sur* K′.

Avec cette traduction, la troisième question de l'exercice consiste à majorer la série entière sur un rayon de D. *Le lecteur pourra se reporter aux exercices 3.22 et 3.23 du chapitre sur les séries entières pour des questions du même type (estimation de la somme d'une série entière en des points du cercle de convergence). La technique de comparaison avec une intégrale utilisée dans la solution ci-dessus est très générale.*

2.2. Une décomposition en série de la valeur absolue

Soit $f : \mathbb{R} \to \mathbb{R}$ la fonction 1-périodique définie par $f(x) = x^2$ pour $|x| \leqslant \frac{1}{2}$. Montrer que pour tout $x \in \mathbb{R}$,

$$\sum_{n=-\infty}^{+\infty} 2^n f\left(\frac{x}{2^n}\right) = |x|.$$

(École polytechnique)

▷ **Solution.**

Posons pour tout x réel, $\varphi(x) = \sum\limits_{n=-\infty}^{+\infty} 2^n f\left(\frac{x}{2^n}\right)$. On va commencer par prouver que φ est bien définie sur $\mathbb{R}$ et même que la série converge normalement sur tout segment $[-\mathrm{A}, \mathrm{A}]$ avec $\mathrm{A} > 0$, ce qui permettra d'obtenir la continuité de φ. Soit $\mathrm{A} > 0$ et n_0 un entier naturel tel que $\frac{\mathrm{A}}{2^{n_0}} \leqslant \frac{1}{2}$. Pour $n \geqslant n_0$, on a

$$\left|2^n f\left(\frac{x}{2^n}\right)\right| = \frac{x^2}{2^n} \leqslant \frac{\mathrm{A}^2}{2^n}.$$

Comme f est bornée par $\frac{1}{4}$, on a pour tout $n < n_0$,

$$\left|2^n f\left(\frac{x}{2^n}\right)\right| \leqslant \frac{1}{4.2^{-n}}.$$

Comme les séries $\sum\limits_{n=n_0}^{+\infty} \frac{\mathrm{A}^2}{2^n}$ et $\sum\limits_{n=-\infty}^{n_0-1} \frac{1}{4.2^{-n}}$ convergent, il y a convergence normale sur $[-\mathrm{A}, \mathrm{A}]$ de la série définissant φ. Comme f est continue, il en va de même de φ sur $[-\mathrm{A}, \mathrm{A}]$, et finalement sur $\mathbb{R}$, la continuité étant une propriété locale.

La fonction φ étant clairement paire, il suffit de montrer que pour tout $x \geqslant 0$, $\varphi(x) = x$. Par un simple changement d'indices, on constate que

$$\varphi(2x) = \sum_{n=-\infty}^{+\infty} 2^n f\left(\frac{x}{2^{n-1}}\right) = 2\sum_{n=-\infty}^{+\infty} 2^{n-1} f\left(\frac{x}{2^{n-1}}\right) = 2\varphi(x).$$

Calculons la différence $\varphi(x+1) - \varphi(x)$ pour x dans $[0, 1]$. On a

$$\begin{aligned}\varphi(x+1)-\varphi(x) &= \sum_{n=-\infty}^{+\infty} 2^n \left(f\left(\frac{x+1}{2^n}\right) - f\left(\frac{x}{2^n}\right)\right)\\ &= \sum_{n=1}^{+\infty} 2^n \left(f\left(\frac{x+1}{2^n}\right) - f\left(\frac{x}{2^n}\right)\right), \text{ par 1-périodicité,}\\ &= \sum_{n=2}^{+\infty} 2^n \left(f\left(\frac{x+1}{2^n}\right) - f\left(\frac{x}{2^n}\right)\right)\\ &\quad + 2\left(\left(\frac{x-1}{2}\right)^2 - \left(\frac{x}{2}\right)^2\right)\\ &= \sum_{n=2}^{+\infty} \frac{1}{2^n}(2x+1) + \frac{1}{2}(-2x+1)\\ &= x + \frac{1}{2} - x + \frac{1}{2} = 1.\end{aligned}$$

On a clairement $\varphi(0) = 0$. La relation prouvée à l'instant montre que $\varphi(1) = 1$. Par l'identité $\varphi(2x) = 2\varphi(x)$ on obtient $\varphi\left(\frac{1}{2}\right) = \frac{1}{2}$, puis $\varphi\left(\frac{1}{4}\right) = \frac{1}{4}$. Comme $\varphi\left(\frac{3}{2}\right) = \varphi\left(1+\frac{1}{2}\right) = \varphi\left(\frac{1}{2}\right) + 1 = \frac{3}{2}$ on a aussi $\varphi\left(\frac{3}{4}\right) = \frac{3}{4}$. Montrons plus généralement par récurrence sur $k \geqslant 0$ que $\varphi\left(\frac{p}{2^k}\right) = \frac{p}{2^k}$ pour tout $p \in [\![0, 2^k]\!]$. On vient de voir à l'instant que cela est vrai pour $k = 0, 1, 2$. Supposons le résultat au rang k. Pour $p \in [\![0, 2^k]\!]$ on a directement

$$\varphi\left(\frac{p}{2^{k+1}}\right) = \frac{1}{2}\varphi\left(\frac{p}{2^k}\right) = \frac{1}{2}\cdot\frac{p}{2^k} = \frac{p}{2^{k+1}}.$$

Prenons maintenant p tel que $2^k < p \leqslant 2^{k+1}$. Alors $p' = p - 2^k$ est dans $[\![1, 2^k]\!]$ et

$$\varphi\left(\frac{p}{2^{k+1}}\right) = \frac{1}{2}\varphi\left(\frac{p}{2^k}\right) = \frac{1}{2}\varphi\left(\frac{p'}{2^k}+1\right) = \frac{1}{2}\left(\varphi\left(\frac{p'}{2^k}\right)+1\right) = \frac{p}{2^{k+1}}$$

en utilisant l'hypothèse de récurrence.

Ainsi, φ coïncide avec l'identité sur l'ensemble des nombres dyadiques du segment $[0, 1]$. Cet ensemble étant dense dans $[0, 1]$ et la fonction φ étant continue, on a $\varphi(x) = x$ pour tout $x \in [0, 1]$. La propriété $\varphi(2x) = 2\varphi(x)$ permet alors de montrer facilement que φ est l'identité sur $\mathbb{R}_+$ et donc égale à la fonction valeur absolue sur $\mathbb{R}$ par parité.

Conclusion. Pour tout $x \in \mathbb{R}$, on a

$$\boxed{\sum_{n=-\infty}^{+\infty} 2^n f\left(\frac{x}{2^n}\right) = |x|}. \lhd$$

Il est bien connu que les fonctions continues f de $\mathbb{R}$ dans $\mathbb{R}$ vérifiant $f(x+y) = f(x) + f(y)$ pour tout $(x,y) \in \mathbb{R}^2$ sont les fonctions linéaires $x \mapsto ax$. Dans l'exercice suivant on montre qu'une fonction f pour laquelle la fonction $(x,y) \mapsto f(x+y) - f(x) - f(y)$ est bornée diffère d'une fonction linéaire par une fonction bornée. C'est un grand classique des oraux.

2.3. Fonctions continues presque additives

Soit $f : \mathbb{R} \longrightarrow \mathbb{R}$ continue. On suppose qu'il existe $a > 0$ tel que pour tout $(x,y) \in \mathbb{R}^2$

$$|f(x+y) - f(x) - f(y)| \leqslant a.$$

Montrer que pour tout $x \in \mathbb{R}$, $\left(\dfrac{f(2^n x)}{2^n}\right)_{n\in\mathbb{N}}$ a une limite $g(x)$.
Montrer que g est continue linéaire et que $f - g$ est bornée.

(**École polytechnique, école normale supérieure**)

▷ **Solution.**

Considérons, pour $n \in \mathbb{N}$, la fonction g_n définie par $g_n(x) = \dfrac{f(2^n x)}{2^n}\cdot$ Il résulte de l'inégalité vérifiée par f, dans laquelle on remplace x et y par $2^{n-1}x$ que, pour $n \in \mathbb{N}$ et $x \in \mathbb{R}$,

$$|g_n(x) - g_{n-1}(x)| = \frac{1}{2^n}|f(2^n x) - 2f(2^{n-1}x)| \leqslant \frac{a}{2^n}\cdot$$

Cela montre que la série de fonctions $\sum(g_n - g_{n-1})$ converge normalement et donc uniformément sur $\mathbb{R}$. La suite de fonction $(g_n)_{n\geqslant 0}$ converge donc uniformément sur $\mathbb{R}$. Appelons g sa limite. Celle-ci est continue sur $\mathbb{R}$ car les fonctions g_n le sont et la convergence est uniforme.

D'autre part, on a, d'après de ce qui précède, pour $n \in \mathbb{N}$ et $x \in \mathbb{R}$,

$$|g_n(x) - f(x)| = |g_n(x) - g_0(x)| \leqslant \sum_{k=1}^{n} |g_k(x) - g_{k-1}(x)| \leqslant \sum_{k=1}^{n} \frac{a}{2^k}$$

$$\leqslant \frac{a}{2}\frac{1 - \dfrac{1}{2^n}}{1 - \dfrac{1}{2}} \leqslant a.$$

En faisant tendre n vers $+\infty$, on obtient $|g(x) - f(x)| \leqslant a$ pour tout réel x. Ainsi, la fonction $g - f$ est bornée.

Toujours d'après l'inégalité vérifiée par f, on a, pour $(x,y) \in \mathbb{R}^2$ et $n \in \mathbb{N}$,

$$|g_n(x+y) - g_n(x) - g_n(y)| = \frac{1}{2^n}|f(2^n x + 2^n y) - f(2^n x) - f(2^n y)| \leqslant \frac{a}{2^n}\cdot$$

En faisant tendre n vers l'infini, il vient $g(x+y) = g(x) + g(y)$ pour tout couple $(x, y) \in \mathbb{R}^2$.

Comme nous l'avons dit plus haut, il est classique que les morphismes continus du groupe $(\mathbb{R}, +)$ dans lui-même sont les applications linéaires $x \mapsto ax$. Rappelons tout de même la preuve de ce résultat. Un morphisme de groupe g de $(\mathbb{R}, +)$ dans $(\mathbb{R}, +)$ vérifie, pour tout $x \in \mathbb{R}$ et $\lambda \in \mathbb{Q}$, $g(\lambda x) = \lambda g(x)$. En effet, si $\lambda \in \mathbb{Z}$, cela résulte directement du fait que g est un morphisme. Enfin si $\lambda = \dfrac{p}{q}$, avec $(p, q) \in \mathbb{Z}^2$, on écrit $qg(\lambda x) = g(q\lambda x) = g(px) = pg(x)$, d'où résulte $g(\lambda x) = \lambda g(x)$. Si $\lambda \in \mathbb{R}$, on considère une suite de rationnels (λ_n) qui converge vers λ et on utilise la continuité de g. On obtient

$$g(\lambda x) = \lim_{n \to +\infty} g(\lambda_n x) = \lim_{n \to +\infty} \lambda_n g(x) = \lambda g(x),$$

ce qui achève de démontrer que g est linéaire. $\triangleleft$

Notons que la réciproque est triviale : toute fonction de la forme $x \mapsto ax + h(x)$ *où h est continue et bornée vérifie la propriété de l'énoncé. Signalons aussi que ce résultat se généralise (avec la même démonstration) à une fonction* $f : \mathrm{E} \longrightarrow \mathrm{F}$ *où* E *et* F *sont des espaces vectoriels normés réels,* F *étant supposé complet (pour que la convergence absolue de* $\sum(g_n - g_{n-1})$ *entraîne la convergence simple).*

Il est plus délicat d'établir la convergence uniforme d'une série de fonctions lorsqu'il n'y a pas convergence normale. Dans ce cas, on peut être amené à utiliser le critère spécial des séries alternées ou à effectuer des transformations d'Abel.

2.4. Contrôle uniforme de séries alternées

On pose pour $n \in \mathbb{N}^*$ et $x \in \mathbb{R}$

$$u_n(x) = (-1)^n \underbrace{\sin(\sin(\ldots(\sin(x))\ldots))}_{n \text{ fois}}.$$

Montrer que la série de fonction $\sum\limits_{n=1}^{+\infty} u_n(x)$ converge simplement mais pas normalement sur $\mathbb{R}$. La convergence est-elle uniforme sur $\mathbb{R}$?

(**École polytechnique**)

▷ **Solution.**

• Posons pour tout $n \geqslant 1$ et tout $x \in \mathbb{R}$,

$$v_n(x) = \underbrace{\sin(\sin(\ldots(\sin(x))\ldots))}_{n \text{ fois}}.$$

On a $\sin(\mathbb{R}) = [-1,1]$ et $\sin([-1,1]) \subset [-1,1]$. On en déduit que pour tout $n \geqslant 1$, $v_n(x) \in [-1,1]$. Sur $[-1,1]$, $\sin x$ est du signe de x, donc $v_n(x)$ est du signe de $v_1(x)$. La série de terme général $u_n(x) = (-1)^n v_n(x)$ est donc alternée.

Montrons que $\sum u_n(x)$ vérifie pour tout $x \in \mathbb{R}$ le critère spécial des séries alternées. Pour x réel, $|\sin x| \leqslant |x|$, donc pour $n \in \mathbb{N}^*$, $|u_n(x)| \leqslant |u_{n-1}(x)|$. La suite $(|u_n(x)|)$ est décroissante et minorée par 0. Elle converge donc vers un réel ℓ. Pour $n \geqslant 2$, $|u_n(x)| = |\sin u_{n-1}(x)|$ et par passage à la limite, sin étant continue, $|\sin \ell| = |\ell|$. En étudiant les fonctions $x \longmapsto \sin x - x$ et $x \longmapsto \sin x + x$, on constate que nécessairement $\ell = 0$. La suite de terme général $|u_n(x)|$ converge vers 0 en décroissant et la série $\sum u_n(x)$ vérifie les hypothèses du théorème spécial des séries alternées. La série $\sum u_n(x)$ converge donc simplement.

• Montrons qu'elle ne converge pas normalement sur $\mathbb{R}$ *i.e.* que la série $\sum \|u_n\|_\infty$ diverge. Sur $[-1,1]$, la fonction sinus est strictement croissante ; $v_1(\mathbb{R}) = [-1,1]$, donc pour $n \geqslant 2$, $v_n(\mathbb{R}) = [v_{n-1}(-1), v_{n-1}(1)]$ et $\|u_n\|_\infty = v_{n-1}(1)$. Posons pour $n \geqslant 2$, $a_n = v_{n-1}(1)$. La suite $(a_n)_{n\geqslant 2}$ converge vers 0. Cherchons-en un équivalent par la méthode classique suivante (que l'on trouvera détaillée dans l'exercice 2.25 du premier tome d'analyse). Pour $n \geqslant 2$, on a $a_{n+1} = \sin a_n = a_n - \dfrac{a_n^3}{6} + o(a_n^3)$. Pour $\alpha \in \mathbb{R}$, on a

$$\begin{aligned} a_{n+1}^\alpha - a_n^\alpha &= a_n^\alpha \left[\left(1 - \frac{a_n^2}{6} + o(a_n^2)\right)^\alpha - 1\right] \\ &= a_n^\alpha \left[1 - \frac{\alpha a_n^2}{6} + o(a_n^2) - 1\right] \underset{n\to\infty}{\sim} -\frac{\alpha}{6} a_n^{\alpha+2}. \end{aligned}$$

Prenons $\alpha = -2$ de sorte que l'équivalent soit une constante. On a alors $a_{n+1}^{-2} - a_n^{-2} \underset{n\to\infty}{\sim} \dfrac{1}{3}$. Comme la série de terme général $\dfrac{1}{3}$ (à termes positifs) diverge, on obtient un équivalent sur les sommes partielles :

$$a_n^{-2} - a_2^{-2} = \sum_{k=2}^{n-2} a_{n+1}^{-2} - a_n^{-2} \underset{n\to\infty}{\sim} \frac{n-3}{3} \underset{n\to\infty}{\sim} \frac{n}{3}$$

d'où $a_n^{-2} \underset{n\to\infty}{\sim} \dfrac{n}{3}$ car a_n^{-2} tend vers $+\infty$ et $a_n \underset{n\to\infty}{\sim} \sqrt{\dfrac{3}{n}}$. On en déduit que $\sum a_n$ diverge et par conséquent $\sum \|u_n\|_\infty$ aussi. La série ne converge pas normalement sur $\mathbb{R}$.

• Elle converge cependant uniformément sur $\mathbb{R}$. En effet, pour tout $x \in \mathbb{R}$ le théorème spécial des séries alternées permet de majorer le reste d'indice n comme suit :

$$\left|\sum_{k=n}^{+\infty} u_k(x)\right| \leqslant |u_n(x)| \leqslant a_n \xrightarrow[n \to +\infty]{} 0. \lhd$$

Il existe de nombreux procédés permettant de sommer des séries divergentes. Par exemple on dit qu'une série réelle ou complexe $\sum u_n$ converge au sens de Cesàro lorsque la suite de ses sommes partielles converge en moyenne. Ainsi la série $\sum(-1)^n$ diverge au sens usuel mais converge au sens de Cesàro avec une somme égale à $\frac{1}{2}\cdot$ Le théorème de Cesàro montre la cohérence du procédé : si une série converge, alors elle converge au sens de Cesàro avec la même somme.

Un autre procédé classique est la sommation au sens d'Abel : pour une suite u_n donnée on regarde si la série entière $\sum u_n x^n$ a un rayon de convergence supérieur ou égal à 1 et ensuite si sa somme possède une limite lorsque x tend vers 1 par valeurs inférieures. Cette limite est alors appelée somme au sens d'Abel de la série. Par exemple avec la suite $u_n = (-1)^n$ on a $\sum\limits_{n=0}^{+\infty}(-1)^n x^n = \dfrac{1}{1+x}$ pour tout $x \in]-1, 1[$ et la somme tend vers $\frac{1}{2}$ lorsque $x \to 1^-$. La série $\sum(-1)^n$ est donc aussi sommable au sens d'Abel avec une somme qui vaut $\frac{1}{2}$. Le théorème d'Abel-Dirichlet, que le lecteur trouvera dans l'exercice 3.6, montre que ce procédé de sommation est aussi cohérent.

La sommation au sens de Riemann qui fait l'objet de l'exercice suivant est de même nature. Elle intervient dans l'étude des séries trigonométriques. L'énoncé fait démontrer la cohérence du procédé. Il est assez difficile et on sera amené à utiliser une transformation d'Abel.

2.5. Sommation au sens de Riemann

On suppose que la série complexe $\sum a_n$ converge. On pose pour $h \neq 0$,

$$f(h) = a_0 + \sum_{n=1}^{+\infty} a_n \left(\frac{\sin nh}{nh}\right)^2.$$

Étudier l'existence et la continuité de f. La fonction f admet-elle une limite en 0 ?

(**École polytechnique**)

▷ **Solution.**

• La série $\sum a_n$ étant convergente, il existe $M \geqslant 0$ majorant les $|a_n|$. Dans ces conditions, si $\alpha > 0$, on peut écrire pour tout $|h| > \alpha$,

$$\left| a_n \left(\frac{\sin nh}{nh} \right)^2 \right| \leqslant \frac{M}{n^2 h^2} \leqslant \frac{M}{n^2 \alpha^2}.$$

Cette majoration assure la convergence normale de la série définissant f sur l'ouvert $]-\infty, -\alpha[\cup]\alpha, +\infty[$: la fonction f y est donc définie et continue. Comme α a été choisi quelconque, f est définie et continue sur $\mathbb{R}^*$ tout entier.

• Passons à l'étude de la limite en 0. Comme $\lim_{x \to 0} \frac{\sin x}{x} = 1$, il semble raisonnable d'espérer que la limite de f en 0 est $\sum_{n=0}^{+\infty} a_n$.

C'est le cas si la série de terme général a_n est absolument convergente : en effet, la convergence de la série définissant f est alors normale sur $\mathbb{R}^*$ (donc uniforme) puisque pour tout $h \neq 0$,

$$\left| a_n \left(\frac{\sin nh}{nh} \right)^2 \right| \leqslant |a_n|.$$

Le théorème d'interversion des limites justifie la limite attendue.

• La situation est plus délicate lorsque la série $\sum a_n$ est seulement semi-convergente. Nous allons effectuer une transformation d'Abel pour faire apparaître f comme limite uniforme de fonctions continues. Plus précisément, nous allons noter pour tout $h \in \mathbb{R}$, $\varepsilon_0(h) = 1$ et pour $n \geqslant 1$,

$$\varepsilon_n(h) = \begin{cases} \left(\frac{\sin nh}{nh} \right)^2 & \text{si } h \neq 0 \\ 1 & \text{si } h = 0. \end{cases}$$

D'autre part, on notera $R_n = \sum_{k=n}^{+\infty} a_k$ pour tout $n \geqslant 0$. Pour $h \neq 0$, $f(h) = \sum_{n=0}^{+\infty} a_n \varepsilon_n(h)$. Si on prolonge f en 0 en posant $f(0) = R_0 = \sum_{n=0}^{+\infty} a_n$, il s'agit de montrer la continuité de f en 0.

Donnons une nouvelle expression de f en effectuant une transformation d'Abel : soit $N \geqslant 1$ et h réel,

$$\begin{aligned} \sum_{n=0}^{N} a_n \varepsilon_n(h) &= \sum_{n=0}^{N} (R_n - R_{n+1}) \varepsilon_n(h) = \sum_{n=0}^{N} R_n \varepsilon_n(h) - \sum_{n=1}^{N+1} R_n \varepsilon_{n-1}(h) \\ &= R_0 + \sum_{n=1}^{N} R_n (\varepsilon_n(h) - \varepsilon_{n-1}(h)) - R_{N+1} \varepsilon_N(h). \end{aligned}$$

Comme $|\varepsilon_{\mathrm{N}}(h)| \leqslant 1$, la limite de $\mathrm{R}_{\mathrm{N}+1}\varepsilon_{\mathrm{N}}(h)$ est nulle lorsque N tend vers l'infini. En faisant tendre N vers $+\infty$, il en résulte que la série $\sum \mathrm{R}_n(\varepsilon_n(h) - \varepsilon_{n-1}(h))$ converge et que

$$\boxed{f(h) = \mathrm{R}_0 + \sum_{n=1}^{+\infty} \mathrm{R}_n(\varepsilon_n(h) - \varepsilon_{n-1}(h))}.$$

Nous allons prouver la convergence uniforme sur $\mathbb{R}$ de cette série de fonctions en majorant une tranche de Cauchy : prenons h non nul, $\mathrm{N} \geqslant 1$ et $p \geqslant 0$. On peut écrire

$$\begin{aligned}
\left|\sum_{n=\mathrm{N}}^{\mathrm{N}+p} \mathrm{R}_n(\varepsilon_n(h) - \varepsilon_{n-1}(h))\right| &\leqslant \sup_{n \geqslant \mathrm{N}} |\mathrm{R}_n| \sum_{n=\mathrm{N}}^{\mathrm{N}+p} |\varepsilon_n(h) - \varepsilon_{n-1}(h)| \\
&\leqslant \sup_{n \geqslant \mathrm{N}} |\mathrm{R}_n| \sum_{n=\mathrm{N}}^{\mathrm{N}+p} \left| \int_{(n-1)h}^{nh} \frac{\mathrm{d}}{\mathrm{d}u}\left(\frac{\sin^2 u}{u^2}\right) \mathrm{d}u \right| \\
&\leqslant \sup_{n \geqslant \mathrm{N}} |\mathrm{R}_n| \sum_{n=\mathrm{N}}^{\mathrm{N}+p} \int_{(n-1)h}^{nh} \left| \frac{\mathrm{d}}{\mathrm{d}u}\left(\frac{\sin^2 u}{u^2}\right) \right| \mathrm{d}u \\
&\leqslant \sup_{n \geqslant \mathrm{N}} |\mathrm{R}_n| \int_{(\mathrm{N}-1)h}^{(\mathrm{N}+p)h} \left| \frac{\mathrm{d}}{\mathrm{d}u}\left(\frac{\sin^2 u}{u^2}\right) \right| \mathrm{d}u \\
&\leqslant \sup_{n \geqslant \mathrm{N}} |\mathrm{R}_n| \int_{\mathbb{R}_+} \left| \frac{\mathrm{d}}{\mathrm{d}u}\left(\frac{\sin^2 u}{u^2}\right) \right| \mathrm{d}u.
\end{aligned}$$

La dernière inégalité est justifiée, car la fonction $\mathrm{D} : u \longmapsto \dfrac{\mathrm{d}}{\mathrm{d}u}\left(\dfrac{\sin^2 u}{u^2}\right)$ est intégrable sur $]0, +\infty[$. En effet, d'une part, D se prolonge par continuité en 0, puisque la fonction $u \longmapsto \dfrac{\sin u}{u}$, prolongée convenablement en 0, est de classe $\mathcal{C}^\infty$ sur $\mathbb{R}$ (elle est développable en série entière sur $\mathbb{R}$). D'autre part,

$$\mathrm{D}(u) = \frac{2 \sin u(u \cos u - \sin u)}{u^3} = O\left(\frac{1}{u^2}\right) \text{ au voisinage de } +\infty.$$

Le théorème de comparaison des fonctions positives intégrables assure l'intégrabilité de D.

On remarquera que l'inégalité montrée ci-dessus pour h non nul reste encore valable pour $h = 0$. En faisant tendre p vers l'infini, le reste de la série se majore ainsi

$$\left|\sum_{n=\mathrm{N}}^{+\infty} \mathrm{R}_n(\varepsilon_n(h) - \varepsilon_{n-1}(h))\right| \leqslant \sup_{n \geqslant \mathrm{N}} |\mathrm{R}_n| \int_{\mathbb{R}_+} \left| \frac{\mathrm{d}}{\mathrm{d}u}\left(\frac{\sin^2 u}{u^2}\right) \right| \mathrm{d}u \xrightarrow[\mathrm{N} \to +\infty]{} 0.$$

La convergence de cette série de fonctions continues étant uniforme sur $\mathbb{R}$, f est continue en 0 et on a bien

$$\boxed{\lim_{h\to 0} f(h) = \sum_{n=0}^{+\infty} a_n}. \triangleleft$$

Les séries de Dirichlet de la forme $\sum \frac{a_n}{n^s}$ *ont une grande importance en arithmétique. Si on prend par exemple la suite* a_n *constante égale à 1 on obtient la célèbre fonction zêta de Riemann dont les propriétés sont intimement liées à la répartition des nombres premiers. L'énoncé ci-après démontre un résultat sur la convergence uniforme des séries de Dirichlet qu'on peut voir comme l'analogue du théorème d'Abel sur les séries entières (cf. exercice 3.6).*

2.6. Convergence uniforme des séries de Dirichlet

Soient $(a_n)_{n\in\mathbb{N}} \in \mathbb{C}^{\mathbb{N}}$ et $(\lambda_n)_{n\in\mathbb{N}}$ une suite strictement croissante de réels tendant vers $+\infty$. Montrer que si la série $\sum a_n e^{-\lambda_n z_0}$ converge, alors la série $\sum a_n e^{-\lambda_n z}$ converge uniformément sur l'ensemble $\{z \in \mathbb{C}, |\arg(z - z_0)| \leqslant \theta_0\}$, où θ_0 est donné dans $\left[0, \frac{\pi}{2}\right[$.

(**École normale supérieure**)

▷ **Solution.**

Notons qu'il suffit de démontrer la propriété dans le cas où $z_0 = 0$. Le cas général s'y ramène en remplaçant la suite a_n par la suite $a_n e^{-\lambda_n z_0}$.
On pose, pour tout $n \in \mathbb{N}$, $A_n = \sum_{k=0}^{n} a_k$. Supposons que $\sum_{n=0}^{+\infty} a_n = 0$, ce qui revient à changer la valeur de a_0 et ne change rien à notre problème. Par ce biais, la suite (A_n) converge vers 0. Soit $z = \rho e^{i\theta}$, avec $|\theta| \leqslant \theta_0$ et $\rho > 0$. Si $0 \leqslant N \leqslant P$,

$$\begin{aligned}
\sum_{n=N}^{P} a_n e^{-\lambda_n z} &= \sum_{n=N}^{P} (A_n - A_{n-1}) e^{-\lambda_n z} \\
&= \sum_{n=N}^{P} A_n e^{-\lambda_n z} - \sum_{n=N-1}^{P-1} A_n e^{-\lambda_{n+1} z} \\
&= \sum_{n=N}^{P-1} A_n (e^{-\lambda_n z} - e^{-\lambda_{n+1} z}) + A_P e^{-\lambda_P z} - A_{N-1} e^{-\lambda_N z}.
\end{aligned}$$

On va majorer cette tranche de Cauchy.

$$\left|\sum_{n=N}^{P} a_n e^{-\lambda_n z}\right| \leqslant \sum_{n=N}^{P-1} |A_n||e^{-\lambda_n z} - e^{-\lambda_{n+1} z}| + |A_P||e^{-\lambda_P z}| + |A_{N-1}||e^{-\lambda_N z}|$$

$$\leqslant \sup_{n \geqslant N-1} |A_n| \left(\sum_{n=N}^{P-1} |e^{-\lambda_n z} - e^{-\lambda_{n+1} z}| + |e^{-\lambda_P z}| + |e^{-\lambda_N z}| \right).$$

On a, pour tout $n \in \mathbb{N}$,

$$|e^{-\lambda_n z} - e^{-\lambda_{n+1} z}| = \left| \int_{\lambda_n}^{\lambda_{n+1}} z e^{-tz} \mathrm{d}t \right| \leqslant \rho \int_{\lambda_n}^{\lambda_{n+1}} |e^{-tz}| \mathrm{d}t.$$

Par conséquent, on a

$$\sum_{n=N}^{P-1} |e^{-\lambda_n z} - e^{-\lambda_{n+1} z}| \leqslant \rho \int_{\lambda_N}^{\lambda_P} |e^{-tz}| \mathrm{d}t.$$

On a $|e^{-tz}| = e^{\mathrm{Re}(-tz)} = e^{-t\rho\cos\theta}$. Supposons N choisi tel que $\lambda_n > 0$ pour $n \geqslant N$. Alors, pour $\lambda_N \leqslant t \leqslant \lambda_P$, on a $t > 0$ et donc la majoration $|e^{-tz}| \leqslant e^{-t\rho\cos\theta_0} \leqslant 1$, puisque $\cos\theta \geqslant \cos\theta_0$ si $|\theta| \leqslant \theta_0$; cela conduit à

$$\sum_{n=N}^{P-1} |e^{-\lambda_n z} - e^{-\lambda_{n+1} z}| \leqslant \rho \int_{\lambda_N}^{\lambda_P} e^{-t\rho\cos\theta_0} \mathrm{d}t$$

$$\leqslant \frac{1}{\cos\theta_0}(e^{-\lambda_N \rho\cos\theta_0} - e^{-\lambda_P \rho \cos\theta_0}).$$

On reprend la majoration de $\left|\sum_{n=N}^{P} a_n e^{-\lambda_n z}\right|$:

$$\left|\sum_{n=N}^{P} a_n e^{-\lambda_n z}\right| \leqslant \sup_{n \geqslant N-1} |A_n| \left(\sum_{n=N}^{P-1} |(e^{-\lambda_n z} - e^{-\lambda_{n+1} z})| + |e^{-\lambda_P z}| + |e^{-\lambda_N z}| \right)$$

$$\leqslant \sup_{n \geqslant N-1} |A_n| \left(\frac{1}{\cos\theta_0}(e^{-\lambda_N \cos\theta_0} - e^{-\lambda_P \rho\cos\theta_0}) + 2 \right)$$

$$\leqslant \sup_{n \geqslant N-1} |A_n| \left(\frac{1}{\cos\theta_0} + 2 \right).$$

La suite (A_n) convergeant vers 0, il existe, pour $\varepsilon > 0$ donné, un entier n_0 tel que $|A_n| \leqslant \dfrac{\cos\theta_0}{2\cos\theta_0 + 1}\varepsilon$ pour $n \geqslant n_0$. On a alors, si $n_0 \leqslant N \leqslant P$ et $|\arg(z)| \leqslant \theta_0$, $\left|\sum_{n=N}^{P} A_n e^{-\lambda_n z}\right| \leqslant \varepsilon$. La série $\sum a_n e^{-\lambda_n z}$ converge donc uniformément sur l'ensemble $\{z \in \mathbb{C}, |\arg(z)| \leqslant \theta_0\}$ représenté ci-après.

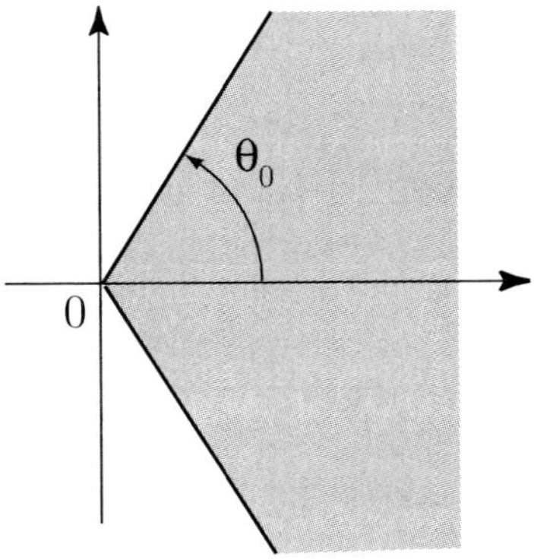

L'exercice suivant donne une condition nécessaire et suffisante pour avoir la convergence uniforme sur $\mathbb{R}$ *d'une série trigonométrique en sinus dont les coefficients tendent vers* 0 *en décroissant. La seconde question est difficile.*

2.7. Convergence d'une série trigonométrique

Soit $(b_n)_{n\geqslant 1}$ une suite réelle décroissante qui converge vers 0.

1. Montrer que la série $\sum\limits_{n\geqslant 1} b_n \sin nt$ converge uniformément sur tout segment $[\alpha, 2\pi - \alpha]$ $(0 < \alpha < \pi)$.

2. Montrer l'équivalence des deux conditions :

(i) $b_n = o\left(\dfrac{1}{n}\right)$ lorsque n tend vers l'infini ;

(ii) la série $\sum\limits_{n\geqslant 1} b_n \sin nt$ converge uniformément sur $\mathbb{R}$.

(**École polytechnique**)

▷ **Solution.**

1. Posons, pour n entier naturel, $\mathrm{U}_n(t) = \sum\limits_{k=1}^{n} \sin kt$. Pour tout réel $t \notin 2\pi\mathbb{Z}$, $\mathrm{U}_n(t)$ est la partie imaginaire de

$$1 + e^{it} + e^{2it} + \cdots + e^{int} = \frac{1 - e^{i(n+1)t}}{1 - e^{it}} = \frac{1 - e^{i(n+1)t}}{2ie^{-it/2}\sin(t/2)}.$$

Ainsi, $|\mathrm{U}_n(t)| \leqslant \dfrac{2}{2|\sin t/2|} = \dfrac{1}{|\sin t/2|}$. Soit $\alpha \in \,]0, \pi[$ et t un réel quelconque du segment $[\alpha, 2\pi - \alpha]$. On effectue une transformation d'Abel sur la tranche de Cauchy $\mathrm{S}_{n,p} = \sum\limits_{k=n}^{n+p} b_k \sin kt$. Il vient :

$$\begin{aligned}S_{n,p} &= \sum_{k=n}^{n+p} b_k(U_k(t) - U_{k-1}(t)) \\ &= b_{n+p}U_{n+p}(t) - b_nU_{n-1}(t) + \sum_{k=n}^{n+p-1} U_k(t)(b_k - b_{k+1}).\end{aligned}$$

On majore les termes U_k par l'inégalité ci-dessus. Comme la suite $(b_k)_{k\geqslant 1}$ est décroissante, il vient :

$$|S_{n,p}| \leqslant \frac{b_{n+p} + b_n}{\sin \alpha/2} + \sum_{k=n}^{n+p-1} \frac{b_k - b_{k+1}}{\sin \alpha/2} \leqslant \frac{2b_n}{\sin \alpha/2}.$$

Il en résulte que la série $\sum_{n\geqslant 1} b_n \sin nt$ converge et que cette convergence est uniforme sur le segment $[\alpha, 2\pi - \alpha]$. Évidemment la série converge aussi en un point de $2\pi\mathbb{Z}$, sa somme étant nulle. Elle converge donc pour tout réel t.

2. • Supposons (ii) vérifiée et montrons (i). On utilise la tranche de Cauchy $u_n(t) = \sum_{k=n+1}^{2n} b_k \sin kt$. Par hypothèse, elle tend uniformément vers 0 sur $\mathbb{R}$. Pour $k \in [\![n+1, 2n]\!]$ on peut minorer chaque b_k par b_{2n}. Pour $t = \dfrac{\pi}{6n}$ et $k \in [\![n+1, 2n]\!]$ on a $\dfrac{\pi}{6} \leqslant kt \leqslant \dfrac{\pi}{3}$ de sorte que $\sin kt \geqslant \dfrac{1}{2}$. On peut donc écrire

$$u_n\left(\frac{\pi}{6n}\right) \geqslant \sum_{k=n+1}^{2n} b_{2n}\frac{1}{2} = \frac{1}{2}nb_{2n} \geqslant 0.$$

Il en résulte que la suite $2nb_{2n}$ tend vers 0. Or, comme $b_{2n+1} \leqslant b_{2n}$, $(2n+1)b_{2n+1}$ tend aussi vers 0. Il en résulte que $b_n = o\left(\dfrac{1}{n}\right)$.

• Réciproquement, supposons que la suite nb_n tend vers 0. On note $R_n(t) = \sum_{k=n+1}^{+\infty} b_k \sin kt$ le reste d'ordre n de la série. Il s'agit de montrer que R_n tend uniformément vers 0 sur $\mathbb{R}$. Par 2π-périodicité, il suffit de le faire sur $[0, 2\pi]$ et comme $|R_n(2\pi - t)| = |R_n(t)|$ on peut même se limiter à $[0, \pi]$. La première question montre que si $t \in]0, \pi]$,

$$|R_n(t)| \leqslant \frac{2b_n}{\sin t/2}.$$

Le problème est que cette majoration devient inutile au voisinage de 0. On va donc l'améliorer en utilisant le fait que la suite kb_k tend vers 0. Soit $t \in]0, \pi]$, $n \in \mathbb{N}^*$ et $p \in \mathbb{N}^*$. On a :

$$R_n(t) = \sum_{k=n+1}^{n+p} b_k \sin kt + R_{n+p}(t).$$

Dans la première somme on majore $|\sin kt|$ par kt ce qui fait apparaître un terme kb_k et pour le second reste on utilise la majoration ci-dessus. Il vient

$$|\mathrm{R}_n(t)| \leqslant t \sum_{k=n+1}^{n+p} kb_k + \frac{2b_{n+p}}{|\sin t/2|} \leqslant tp \left(\sup_{k \geqslant n} kb_k \right) + \frac{2\pi b_{n+p}}{t}$$

puisque $\dfrac{1}{\sin t/2} \leqslant \dfrac{\pi}{t}$. Soit $\varepsilon > 0$. On peut trouver un rang N tel que pour tout $k \geqslant \mathrm{N}$, $0 \leqslant kb_k \leqslant \varepsilon$. Si n est un entier quelconque supérieur à N on a donc, pour tout $p \in \mathbb{N}^*$ et tout $t \in]0, \pi]$,

$$|\mathrm{R}_n(t)| \leqslant (pt)\varepsilon + \frac{2\pi(n+p)b_{n+p}}{(n+p)t} \leqslant (pt)\varepsilon + \frac{2\pi}{pt}\varepsilon.$$

Comme cela est vrai pour tout p et tout t, la subtilité consiste à appliquer cette inégalité avec un entier p judicieusement choisi comme fonction du réel t : on prend $p = \mathrm{E}(1/t) + 1$. On a alors $1 \leqslant pt \leqslant t + 1 \leqslant \pi + 1$ de sorte que

$$\forall n \geqslant \mathrm{N}, \quad \forall t \in]0, \pi], \quad |\mathrm{R}_n(t)| \leqslant (3\pi + 1)\varepsilon.$$

Cette technique porte le nom de découpe taubérienne. Le lecteur trouvera d'autres exemples d'utilisation de cette technique dans l'exercice 3.26.

Comme $\mathrm{R}_n(0) = 0$, l'inégalité demeure vraie pour $t = 0$ et cela signifie exactement que R_n converge uniformément vers 0. $\lhd$

Le même problème pour une série trigonométrique en cosinus est plus facile. On montre, comme dans la première question, que si (a_n) est une suite réelle décroissante de limite nulle, la série $\sum a_n \cos nt$ converge uniformément sur tout segment $[\alpha, 2\pi - \alpha]$ avec $0 < \alpha < \pi$. Pour la convergence uniforme sur $\mathbb{R}$ c'est infiniment plus simple. En effet, si la série converge pour $x = 0$, la série $\sum a_n$ converge et dans ce cas la série $\sum a_n \cos nt$ converge normalement.

2.8. Étude de la convergence d'une série de fonctions

Soit $(f_n)_{n \geqslant 0}$ une suite de fonctions continues sur $[0, 1]$ à valeurs réelles. On suppose que $|f_n(x) f_m(x)| \leqslant 2^{-|n-m|}$ pour tout couple $(n, m) \in \mathbb{N}^2$ et tout $x \in [0, 1]$.

1. Montrer que la série $\sum f_n$ converge simplement sur $[0, 1]$.

2. Montrer que sa somme est bornée.

3. La convergence est-elle uniforme sur $[0, 1]$?

(**École normale supérieure**)

▷ **Solution.**

1. Soit $x \in [0,1]$. Si $(f_n(x))_{n\geqslant 0}$ n'est pas la suite nulle, auquel cas la série $\sum f_n(x)$ converge, on considère un entier m tel que $f_m(x) \neq 0$. Pour tout $n \geqslant m$, on a

$$|f_n(x)| \leqslant \frac{2^{-|m-n|}}{|f_m(x)|} \leqslant \frac{2^m}{|f_m(x)|}2^{-n}.$$

La série $\sum |f_n(x)|$ est majorée par une série géométrique convergente, donc elle converge. La série $\sum f_n(x)$ est donc absolument convergente pour tout $x \in [0,1]$ et la série $\sum f_n$ converge simplement sur $[0,1]$.

2. Montrons que la somme S est bornée. On a, pour tout $x \in [0,1]$,

$$|\mathrm{S}(x)| \leqslant \sum_{n=0}^{+\infty} |f_n(x)|.$$

Soit $x \in [0,1]$. Il existe $m \in \mathbb{N}$ tel que $|f_m(x)| = \max_{n\in\mathbb{N}} |f_n(x)|$. En effet, la suite $(|f_n(x)|)_{n\geqslant 0}$ est bornée puisqu'elle converge vers 0 et on peut poser $\mathrm{M} = \sup_{n\in\mathbb{N}} |f_n(x)|$. Si $\mathrm{M} = 0$, n'importe quel entier m convient, sinon il existe $\mathrm{N} \in \mathbb{N}$ tel que $|f_n(x)| < \mathrm{M}$ si $n > \mathrm{N}$. On alors $\mathrm{M} = \sup_{0\leqslant n\leqslant \mathrm{N}} |f_n(x)| = \max_{0\leqslant n\leqslant \mathrm{N}} |f_n(x)|$ et il existe bien $m \in [\![0,\mathrm{N}]\!]$ tel que $|f_m(x)| = \mathrm{M}$. On a alors, pour tout $n \in \mathbb{N}$,

$$|f_n(x)|^2 \leqslant |f_n(x)|\,|f_m(x)| \leqslant 2^{-|m-n|}$$

et $|f_n(x)| \leqslant (\sqrt{2})^{-|m-n|}$. On en déduit que

$$\begin{aligned}|\mathrm{S}(x)| &\leqslant \sum_{n=0}^{+\infty} (\sqrt{2})^{-|m-n|} = \sum_{n=0}^{m} (\sqrt{2})^{-m+n} + \sum_{n=m+1}^{+\infty} (\sqrt{2})^{m-n}\\ &= \sum_{k=0}^{m} (\sqrt{2})^{-k} + \sum_{k=1}^{+\infty} (\sqrt{2})^{-k} = \frac{1-(\sqrt{2})^{-(m+1)}}{1-(\sqrt{2})^{-1}} + \frac{(\sqrt{2})^{-1}}{1-(\sqrt{2})^{-1}}\\ &\leqslant \frac{\sqrt{2}}{\sqrt{2}-1} + \frac{1}{\sqrt{2}-1} = (\sqrt{2}+1)^2.\end{aligned}$$

Cela est valable pour tout $x \in [0,1]$ donc S est bornée sur $[0,1]$.

3. La méthode adoptée précédemment ne permet pas de conclure à la convergence uniforme, car l'entier m dépend de x. Montrons que l'on n'a pas nécessairement convergence uniforme. Pour tout $n \in \mathbb{N}$, considérons la fonction continue $f_n : [0,1] \longrightarrow \mathbb{R}$, nulle sur $\left[0, \frac{1}{2^{2n+2}}\right]$ et $\left[\frac{1}{2^{2n}}, 1\right]$, prenant la valeur 1 en $\frac{1}{2^{2n+1}}$ et affine sur $\left[\frac{1}{2^{2n+2}}, \frac{1}{2^{2n+1}}\right]$ et $\left[\frac{1}{2^{2n+1}}, \frac{1}{2^{2n}}\right]$. Pour $m \neq n$, on a pour tout $x \in [0,1]$, $f_m(x)f_n(x) = 0$ car les intervalles $\left]\frac{1}{2^{2n+2}}, \frac{1}{2^{2n}}\right[$ et $\left]\frac{1}{2^{2m+2}}, \frac{1}{2^{2m}}\right[$ sont disjoints. Pour $m = n$, $f_m(x)f_n(x) = (f_n(x))^2 \leqslant 1$. L'hypothèse de l'énoncé est donc vérifiée.

Cependant la série $\sum f_n$ ne converge pas uniformément. En effet, en notant R_n le reste d'ordre n de la série, on obtient, pour tout $n \in \mathbb{N}$,

$$\mathrm{R}_n\left(\frac{1}{2^{2n+3}}\right) = f_{n+1}\left(\frac{1}{2^{2n+3}}\right) = 1,$$

donc (R_n) ne peut pas converger uniformément vers 0. ◁

Dans les exemples où la convergence n'est pas uniforme c'est souvent à cause de problèmes en un point particulier et dès qu'on se place sur un compact qui évite ce point, la convergence est uniforme. Cette situation est toutefois loin d'être générale. L'exercice suivant donne ainsi un exemple d'une suite de fonctions continues qui converge simplement sur $\mathbb{R}$, mais pour laquelle la convergence n'est uniforme sur aucun intervalle ouvert.

2.9. Suite ne convergeant uniformément sur aucun ouvert

On considère $f_n : \mathbb{R} \longrightarrow \mathbb{R}$ définie par $f_n\left(\frac{1}{n}\right) = 1$, $f_n(x) = 0$ pour $x \in \mathbb{R}_- \cup \left[\frac{2}{n}, +\infty\right[$, et f_n affine sur $\left[0, \frac{1}{n}\right]$ et sur $\left[\frac{1}{n}, \frac{2}{n}\right]$. Soit $m \longmapsto r_m$ une bijection de $\mathbb{N}^*$ sur $\mathbb{Q}$. On pose, pour $t \in \mathbb{R}$,

$$g_n(t) = \sum_{m=1}^{+\infty} \frac{f_n(t - r_m)}{2^m}$$

1. Établir la continuité de g_n.

2. Étudier la convergence simple et uniforme de la suite $(g_n)_{n\geqslant 1}$.

(**École polytechnique**)

▷ **Solution.**

1. Fixons n dans $\mathbb{N}^*$. On remarque que, f_n étant continue, la fonction $t \longmapsto \frac{f_n(t - r_m)}{2^m}$ est continue pour tout $m \geqslant 1$. Comme $|f_n| \leqslant 1$, la majoration $\left|\frac{f_n(t - r_m)}{2^m}\right| \leqslant \frac{1}{2^m}$ valable pour tout $t \in \mathbb{R}$, garantit la convergence normale sur $\mathbb{R}$ de la série de fonction définissant g_n, qui est donc une fonction continue.

2. Soit $m \geqslant 1$. Pour tout t réel, $\frac{f_n(t - r_m)}{2^m} \xrightarrow[n\to+\infty]{} 0$, car la suite (f_n) converge simplement vers 0. Soit $\mathrm{N} \geqslant 1$. On va couper en deux la somme définissant g_n :

$$0 \leqslant g_n(t) = \sum_{m=1}^{\mathrm{N}} \frac{f_n(t-r_m)}{2^m} + \sum_{m=\mathrm{N}+1}^{+\infty} \frac{f_n(t-r_m)}{2^m}$$
$$\leqslant \sum_{m=1}^{\mathrm{N}} \frac{f_n(t-r_m)}{2^m} + \sum_{m=\mathrm{N}+1}^{+\infty} \frac{1}{2^m}.$$

Prenons $\varepsilon > 0$. On peut choisir N de telle manière que le reste de série convergente $\sum\limits_{m=\mathrm{N}+1}^{+\infty} \frac{1}{2^m}$ soit inférieur à ε. Dans ces conditions,

$$0 \leqslant g_n(t) \leqslant \sum_{m=1}^{\mathrm{N}} \frac{f_n(t-r_m)}{2^m} + \varepsilon \leqslant 2\varepsilon,$$

pour n assez grand, puisque la somme finie tend vers 0 quand n tend vers l'infini. Nous venons donc de prouver que la suite (g_n) converge simplement vers 0.

La convergence n'est pas uniforme sur $\mathbb{R}$: en effet, pour tout $t \in \mathbb{R}$,

$$g_n(t) \geqslant \frac{f_n(t-r_1)}{2} \geqslant 0.$$

Donc $\|g_n\|_\infty \geqslant \sup\limits_{t\in\mathbb{R}} \dfrac{f_n(t-r_1)}{2} = \dfrac{1}{2}.$

On a même mieux : la convergence de la suite (g_n) n'est uniforme sur aucun intervalle de longueur non nulle de $\mathbb{R}$. En effet, soit $a < b$. On peut trouver par densité de $\mathbb{Q}$ un rationnel r_m dans $]a,b[$. Dans ces conditions, pour n assez grand, $r_m + \dfrac{1}{n} \in\,]a,b[$ et

$$\sup_{t\in]a,b[} g_n(t) \geqslant \sup_{t\in]a,b[} \frac{f_n(t-r_m)}{2^m} = \frac{1}{2^m}.$$

La convergence de g_n n'est donc pas uniforme sur $]a,b[$.

Conclusion. La suite (g_n) converge simplement vers la fonction nulle, sans que la convergence soit uniforme sur aucun intervalle de $\mathbb{R}$ de longueur non nulle. ◁

Au cours des exercices qui précèdent nous avons utilisé à plusieurs reprises le fait qu'une limite uniforme de fonctions continues est continue. L'exercice suivant montre toutefois que la convergence uniforme n'est pas une condition nécessaire pour garantir la continuité d'une limite simple de fonctions continues.

2.10. Continuité et convergence de fonctions

Soit $(f_n)_{n\in\mathbb{N}}$ une suite d'applications de $\mathbb{R}$ dans $\mathbb{R}$. On suppose que cette suite converge simplement vers f sur $\mathbb{R}$. De plus, on suppose que pour tout $\varepsilon > 0$ et tout $n \in \mathbb{N}$

$$\exists n_1, \ldots, n_r \geqslant n,\ \forall x \in \mathbb{R},\ \exists k \in [\![1, r]\!],\ |f_{n_k}(x) - f(x)| \leqslant \varepsilon.$$

1. La suite $(f_n)_{n\in\mathbb{N}}$ converge-t-elle uniformément sur $\mathbb{R}$ vers la fonction f ?

2. On suppose que les fonctions f_n sont toutes continues en un réel x_0. Peut-on en déduire que f est continue en x_0 ?

(**École polytechnique**)

▷ **Solution.**

1. Montrons que ce n'est pas nécessairement le cas ; prenons $f = 0$ et la suite (f_n) définie de la manière suivante : pour $n \in \mathbb{N}$, on pose $f_{2n}(x) = 0$ pour $x < 0$ et $f_{2n}(x) = \dfrac{x}{2n+1}$ pour $x \geqslant 0$. Quant à f_{2n+1}, on le définit par $f_{2n+1}(x) = f_{2n}(-x)$. La suite (f_n) converge simplement vers la fonction nulle, sans converger uniformément, et comme pour tout $x \in \mathbb{R}$, on a $f_{2n}(x) = f(x)$ ou $f_{2n+1}(x) = f(x)$, la condition de l'énoncé est bien vérifiée.

2. Montrons la continuité de f en x_0 lorsqu'on suppose les f_n continues en ce point. Soit $\varepsilon > 0$. Il existe $\mathrm{N} \geqslant 0$ tel que pour tout $n \geqslant \mathrm{N}$, $|f_n(x_0) - f(x_0)| \leqslant \varepsilon$. Il existe $n_1, \ldots, n_r \geqslant \mathrm{N}$ tels que pour tout $x \in \mathbb{R}$, il existe $k \in [\![1, r]\!]$ avec

$$|f_{n_k}(x) - f(x)| \leqslant \varepsilon.$$

Chaque fonction f_{n_k} étant continue en x_0, il existe $\eta_k > 0$ tel que si $x \in [x_0 - \eta_k, x_0 + \eta_k]$, alors $|f_{n_k}(x) - f(x)| \leqslant \varepsilon$. Notons η le plus petit de ces réels η_k. Prenons $x \in [x_0 - \eta, x_0 + \eta]$ et considérons l'entier k tel que $|f_{n_k}(x) - f(x)| \leqslant \varepsilon$. Dans ces conditions,

$$\begin{aligned}|f(x) - f(x_0)| &\leqslant |f(x) - f_{n_k}(x)| + |f_{n_k}(x) - f_{n_k}(x_0)| + |f_{n_k}(x_0) - f(x_0)| \\ &\leqslant \varepsilon + \varepsilon + \varepsilon = 3\varepsilon,\end{aligned}$$

car $n_k \geqslant \mathrm{N}$ et $|x - x_0| \leqslant \eta_k$. La fonction f est donc continue en x_0. ◁

Lorsqu'on se place sur un compact X *la condition donnée dans l'énoncé équivaut à la continuité de la limite. En effet, le lecteur pourra prouver que si (f_n) est une suite de fonctions continues qui converge simplement sur le compact* X *vers f, alors f est continue si et seulement si pour tout $\varepsilon > 0$ et tout $n \in \mathbb{N}$*

$$\exists n_1, \ldots, n_r \geqslant n,\ \forall x \in \mathrm{X},\ \exists k \in [\![1, r]\!],\ |f_{n_k}(x) - f(x)| \leqslant \varepsilon.$$

Il s'agit toutefois d'une condition de continuité globale. En fait, la continuité en un point est une notion locale et on peut donner une condition nécessaire et suffisante générale pour avoir la continuité d'une limite simple en un point a. Soit (f_n) *une suite de fonctions continues en a qui converge simplement vers une fonction f disons sur* $\mathbb{R}$*. Alors f est continue en a si et seulement si pour tout* $\varepsilon > 0$ *il existe un rang* N *tel que pour* $n \geqslant \mathrm{N}$*, on ait* $|f(x) - f_n(x)| \leqslant \varepsilon$ *sur un voisinage de a (voisinage qui dépend de n).*

On voit bien que cette condition est réalisée lorsque la convergence est supposée uniforme, mais aussi lorsque la suite (f_n) *est équicontinue en a (voir l'exercice 2.34 pour la définition de l'équicontinuité). Elle est toutefois beaucoup moins commode à utiliser que la notion de convergence uniforme.*

Lorsqu'on étudie la conservation d'une régularité plus fine que la continuité par passage à la limite, les choses se compliquent. Ainsi la limite simple, ou même uniforme, d'une suite (ou une série) de fonctions dérivables n'est pas forcément dérivable, et lorsqu'elle l'est, sa dérivée n'est pas forcément la limite de la suite des fonctions dérivées. L'énoncé suivant en donne une illustration.

2.11. Série normalement convergente de somme non dérivable

Montrer que la fonction $f : x \longmapsto \sum_{n=1}^{+\infty} \frac{\sin(2^n x)}{2^n}$ n'est pas dérivable en 0.

(**École normale supérieure**)

▷ **Solution.**

On notera que la série qui définit f converge normalement sur $\mathbb{R}$ de sorte que f est définie et continue sur $\mathbb{R}$. Pour N entier naturel non nul, considérons $x_\mathrm{N} = \frac{\pi}{2^{\mathrm{N}+1}}$. Pour n entier $\geqslant \mathrm{N}+1$, $\sin(2^n x_\mathrm{N}) = 0$, si bien que

$$f(x_\mathrm{N}) = \sum_{n=1}^{\mathrm{N}} \frac{\sin(2^n x_\mathrm{N})}{2^n} \geqslant \sum_{n=1}^{\mathrm{N}} \frac{2}{\pi} \frac{2^n x_\mathrm{N}}{2^n} = \frac{2}{\pi} \mathrm{N} x_\mathrm{N}$$

en vertu de l'inégalité de convexité, $\sin x \geqslant \frac{2}{\pi} x$ valable pour x compris entre 0 et $\frac{\pi}{2}$. Ainsi, $\lim_{\mathrm{N}\to+\infty} x_\mathrm{N} = 0$ et

$$\frac{f(x_\mathrm{N})}{x_\mathrm{N}} \geqslant \frac{2}{\pi}\mathrm{N} \xrightarrow[\mathrm{N}\to+\infty]{} +\infty.$$

Cela prouve que f n'est pas dérivable en 0. ◁

Signalons que l'on peut démontrer en fait que cette fonction f n'est dérivable nulle part. Le lecteur trouvera un exemple détaillé de fonction continue partout et dérivable nulle part dans l'exercice 2.15.

L'hypothèse essentielle du théorème de dérivation d'une suite de fonctions est la convergence uniforme de la suite des dérivées : on suppose que $f_n : \mathrm{I} \longrightarrow \mathbb{R}$ est une suite de fonctions dérivables qui converge simplement vers une fonction f et dont la suite des dérivées (f_n') converge uniformément sur I vers une fonction g. Alors f est dérivable sur I et sa dérivée est g.

2.12. Régularité d'une série trigonométrique

Soit $(a_n)_{n\in\mathbb{Z}} \in \mathbb{C}^{\mathbb{Z}}$. On pose, pour x réel, $u(x) = \sum\limits_{n\in\mathbb{Z}} a_n e^{inx}$.

1. On suppose que la famille $(n^2 a_n^2)_{n\in\mathbb{Z}}$ est sommable. Montrer l'existence et la continuité de u sur $\mathbb{R}$.

2. Trouver une condition nécessaire et suffisante sur α pour que la sommabilité de la famille $(n^\alpha a_n^2)_{n\in\mathbb{Z}}$ garantisse l'existence et la continuité de u sur $\mathbb{R}$.

3. On suppose que la famille $(n^4 a_n^2)_{n\in\mathbb{Z}}$ est sommable. Que peut-on dire de plus de u ?

(**École normale supérieure**)

▷ **Solution.**

1. D'après l'inégalité de Cauchy-Schwarz on a pour tout $\mathrm{N} \in \mathbb{N}$,

$$\sum_{\substack{|n|\leqslant \mathrm{N}\\ n\neq 0}} |a_n| = \sum_{\substack{|n|\leqslant \mathrm{N}\\ n\neq 0}} |na_n|\frac{1}{|n|} \leqslant \left(\sum_{\substack{|n|\leqslant \mathrm{N}\\ n\neq 0}} n^2|a_n|^2 \sum_{\substack{|n|\leqslant \mathrm{N}\\ n\neq 0}} \frac{1}{n^2}\right)^{1/2}$$
$$\leqslant \left(\sum_{n\in\mathbb{Z}} n^2|a_n|^2 \times 2\sum_{n=1}^{+\infty} \frac{1}{n^2}\right)^{1/2}.$$

On en déduit en particulier que les séries $\sum a_n e^{inx}$ et $\sum a_{-n} e^{-inx}$ convergent normalement, donc uniformément sur $\mathbb{R}$ (puisque, pour tout réel x, $|a_n e^{inx}| = |a_n|$), ce qui montre que u est définie sur $\mathbb{R}$. Les fonctions $u_n : x \longmapsto a_n e^{inx}$ étant continues sur $\mathbb{R}$, la fonction u est également continue sur $\mathbb{R}$.

2. Pour $\alpha > 1$, on peut écrire de même,

$$\sum_{\substack{|n|\leqslant N\\ n\neq 0}} |a_n| = \sum_{\substack{|n|\leqslant N\\ n\neq 0}} |n|^{\frac{\alpha}{2}}|a_n|\frac{1}{|n|^{\frac{\alpha}{2}}} \leqslant \left(\sum_{\substack{|n|\leqslant N\\ n\neq 0}} |n|^{\alpha}|a_n|^2 \sum_{\substack{|n|\leqslant N\\ n\neq 0}} \frac{1}{|n|^{\alpha}}\right)^{1/2}$$
$$\leqslant \left(\sum_{n\in\mathbb{Z}} |n|^{\alpha}|a_n|^2 \times 2\sum_{n=1}^{+\infty}\frac{1}{n^{\alpha}}\right)^{1/2}$$

et la conclusion est la même.

Pour $\alpha = 1$, la conclusion n'est plus assurée. Considérons par exemple la suite $(a_n)_{n\in\mathbb{Z}}$ définie par $a_n = \dfrac{1}{n\ln n}$ si $n > 0$ et $a_n = 0$ sinon. On a $na_n^2 = \dfrac{1}{n(\ln n)^2}$. Il est classique la série $\sum \dfrac{1}{n(\ln n)^2}$ converge (c'est une série de Bertrand ; plus généralement la série $\sum \dfrac{1}{n(\ln n)^{\alpha}}$ converge pour $\alpha > 1$). Mais la série $\sum a_n$ diverge (c'est encore une série de Bertrand, avec cette fois-ci $\alpha = 1$). La fonction u n'est pas définie en 0. *A fortiori*, pour $\alpha < 1$, on ne peut pas conclure.

3. Pour tout $n \in \mathbb{Z}$, la fonction u_n est dérivable sur $\mathbb{R}$ et on a pour tout x, $u_n'(x) = ina_n e^{inx}$. Par hypothèse, la famille $(n^4a_n^2)_{n\in\mathbb{Z}}$ est sommable, c'est-à-dire que la famille $\left(n^2(ina_n)^2\right)_{n\in\mathbb{Z}}$ est sommable. Le résultat de la question 1 appliqué à $\sum\limits_{n\in\mathbb{Z}} ina_ne^{inx}$ montre que les séries $\sum u_n'$ et $\sum u_{-n}'$ convergent uniformément sur $\mathbb{R}$. Le théorème de dérivation des séries de fonctions permet de conclure que la fonction u est dérivable sur $\mathbb{R}$ et que, pour $x \in \mathbb{R}$,

$$u'(x) = \sum_{n\in\mathbb{Z}} ina_ne^{inx}. \lhd$$

2.13. Série de primitives successives

Soit $f_0 : [a, b] \longrightarrow \mathbb{R}$ une fonction continue avec $a < b$. On définit une suite de fonctions $f_n : [a, b] \longrightarrow \mathbb{R}$ par $f_{n+1}(x) = \int_a^x f_n$ pour $n \in \mathbb{N}$ et $x \in [a, b]$.

Étudier et évaluer la fonction $g : x \in [a, b] \longmapsto \sum\limits_{n=1}^{+\infty} f_n(x)$.

(**École polytechnique**)

▷ **Solution.**

Comme f_0 est continue, une récurrence immédiate sur $n \geqslant 1$, démontre que la fonction f_n est de classe $\mathcal{C}^n$ et que $f_n' = f_{n-1}$.

Si la série $\sum f_n$ converge et si on peut dériver terme à terme, on obtient

$$g'(x) = \sum_{n=1}^{+\infty} f'_n = \sum_{n=0}^{\infty} f_n = f_0 + g.$$

La fonction g vérifie une équation différentielle linéaire du premier ordre avec second membre dont la résolution avec la méthode de variation de la constante donne

$$\boxed{g(x) = e^x \left(\int_a^x f_0(t) e^{-t} \mathrm{d}t \right)},$$

pour tout $x \in [a, b]$, compte tenu de $g(a) = 0$.

Il nous reste à justifier l'existence de g et la dérivation terme à terme. Majorons $f_n(x)$ pour $x \in [a, b]$ et $n \geqslant 0$. Notons $\mathrm{M}_0 = \|f_0\|_\infty$ (f_0 est continue sur le segment $[a, b]$ donc bornée). On a pour tout $x \in [a, b]$,

$$|f_1(x)| \leqslant \int_a^x \mathrm{M}_0 \mathrm{d}t = \mathrm{M}_0(x - a)$$

et

$$|f_2(x)| = \int_a^x \mathrm{M}_0(t - a) \mathrm{d}t = \frac{\mathrm{M}_0(x - a)^2}{2}.$$

Établissons par récurrence sur $n \geqslant 0$ que $|f_n(x)| \leqslant \dfrac{\mathrm{M}_0(x - a)^n}{n!}$. On vient de le vérifier pour $n = 0$, 1 et 2. Pour $n \geqslant 3$, en supposant l'inégalité au rang $n - 1$, on a pour $x \in [a, b]$,

$$|f_n(x)| \leqslant \int_a^x |f_{n-1}(t)| \mathrm{d}t \leqslant \int_a^x \frac{\mathrm{M}_0(t - a)^{n-1}}{(n - 1)!} \mathrm{d}t = \frac{\mathrm{M}_0(x - a)^n}{n!}.$$

En particulier, $\|f_n\| \leqslant \dfrac{\mathrm{M}_0(b - a)^n}{n!}$ et la série $\sum f_n$ converge normalement sur $[a, b]$, ainsi que la série des dérivées. Le théorème de dérivation des suites de fonctions justifie donc la dérivation terme à terme. ◁

2.14. Équivalent d'une série de fonctions

On note $u_n(x) = \dfrac{x^n}{1 - x^n}$ et $f(x) = \sum\limits_{n=1}^{+\infty} u_n(x)$.

1. Étudier la définition, la continuité et la dérivabilité de f.

2. Donner un équivalent de f en 1^-.

3. Démontrer que pour $|x| < 1$, $f(x) = \sum\limits_{n=1}^{+\infty} d(n) x^n$ où $d(n)$ désigne le nombre de diviseurs positifs de n.

(**École polytechnique**)

▷ **Solution.**

1. Pour $|x| < 1$, le terme $|u_n(x)|$ est équivalent à $|x|^n$ lorsque n tend vers $+\infty$. Le théorème de comparaison des séries à termes positifs assure la convergence de la série $\sum u_n(x)$. En revanche, si $x = \pm 1$, $u_n(x)$ n'est pas défini pour tout n, donc f n'est pas définie pour ces valeurs là. Enfin, si $|x| > 1$, $|u_n(x)|$ tend vers 1 lorsque n tend vers l'infini et la série $\sum u_n(x)$ diverge. Le domaine de définition de f est donc $]-1, 1[$.

Soit a un réel de $]0, 1[$. La majoration,

$$\left|\frac{x^n}{1-x^n}\right| \leqslant \frac{a^n}{1-a^n}$$

pour $|x| \leqslant a$, assure la convergence normale de la série $\sum u_n(x)$ sur $[-a, a]$. Les u_n étant continues sur $]-1, 1[$, f est continue sur $[-a, a]$, et donc sur $]-1, 1[$ puisque la continuité est une propriété locale.

Chaque u_n est dérivable avec $u_n'(x) = \dfrac{nx^{n-1}}{(1-x^n)^2}$ et si $|x| \leqslant a$,

$$|u_n'(x)| \leqslant \frac{na^{n-1}}{(1-a^n)^2} \underset{n\to\infty}{\sim} na^{n-1} = o\left(\frac{1}{n^2}\right).$$

Le théorème de dérivation des suites de fonctions permet de conclure à la dérivabilité de f sur $[-a, a]$ pour tout $a < 1$, et donc sur $]-1, 1[$.

2. Cherchons un équivalent de f en 1^- par la méthode classique de comparaison série intégrale : pour $x \in]0, 1[$, la fonction $\varphi : t \longmapsto \dfrac{x^t}{1-x^t}$ (de dérivée $t \longmapsto \dfrac{\ln(x)x^t}{(1-x^t)^2} \leqslant 0$) est décroissante sur $\mathbb{R}_+^*$. Par conséquent, on a pour tout $n \geqslant 2$ l'encadrement

$$\int_n^{n+1} \varphi(t)\mathrm{d}t \leqslant \int_n^{n+1} \varphi(n)\mathrm{d}t = u_n(x) = \int_{n-1}^n \varphi(n)\mathrm{d}t \leqslant \int_{n-1}^n \varphi(t)\mathrm{d}t.$$

La fonction φ est continue et intégrable sur $[1, +\infty[$ ($\varphi(t)$ est équivalent à x^t négligeable devant $\dfrac{1}{t^2}$ lorsque t tend vers $+\infty$). En sommant de $n = 2$ à $n = \mathrm{N}$, on obtient

$$\int_2^{\mathrm{N}+1} \varphi(t)\mathrm{d}t \leqslant \sum_{n=2}^{\mathrm{N}} u_n(x) \leqslant \int_1^{\mathrm{N}} \varphi(t)\mathrm{d}t,$$

et en faisant tendre N vers l'infini, on obtient

$$\int_2^{+\infty} \varphi(t)\mathrm{d}t \leqslant \sum_{n=2}^{+\infty} u_n(x) \leqslant \int_1^{+\infty} \varphi(t)\mathrm{d}t. \qquad (*)$$

En effectuant le changement de variables $u = x^t$ (sur un segment $[a, b]$ de $\mathbb{R}_+^*$ puis en faisant tendre b vers l'infini), on trouve

$$\int_a^{+\infty} \varphi(t)\mathrm{d}t = -\frac{1}{\ln x}\int_0^{x^a} \frac{\mathrm{d}u}{1-u} = \frac{\ln(1-x^a)}{\ln x}.$$

Or, pour x tendant vers 1,

$$\begin{aligned}\ln(1-x^a) &= \ln(1-x) + \ln\left(\frac{1-x^a}{1-x}\right)\\ &= \ln(1-x) + \ln a + o(1) \underset{x\to 1}{\sim} \ln(1-x).\end{aligned}$$

Dans l'encadrement $(*)$, les membres de gauche et de droite sont équivalents à $\dfrac{\ln(1-x)}{\ln x} \underset{x\to 1^-}{\sim} \dfrac{\ln(1-x)}{x-1}$ lorsque x tend vers 1^-. Comme $u_1(x)$ est négligeable devant $\dfrac{\ln(1-x)}{x-1}$, on obtient

$$\boxed{f(x) \underset{x\to 1^-}{\sim} \frac{\ln(1-x)}{x-1}}. \ \triangleleft$$

3. On peut écrire pour $n \geqslant 1$ et $|x| < 1$

$$\frac{x^n}{1-x^n} = x^n \sum_{k=0}^{+\infty} (x^n)^k = \sum_{k=1}^{+\infty} x^{nk}.$$

Comme la série de terme général $\sum\limits_{k=1}^{n} |x|^{nk} = \dfrac{|x|^n}{1-|x|^n}$ converge, la famille $(x^{nk})_{n,k\geqslant 1}$ est sommable en vertu des théorèmes sur les familles positives sommables (cf. tome 1 d'analyse). Le théorème d'associativité permet alors de rassembler les couples (n, k) pour lesquels le produit nk vaut p. Il y en a autant que de diviseurs de p, si bien que

$$f(x) = \sum_{(n,k)\in(\mathbb{N}^*)^2} x^{nk} = \sum_{p=1}^{+\infty} d(p) x^p.$$

Le lecteur pourra compléter cette étude en s'intéressant aux séries de Lambert $\sum\limits_{n=1}^{+\infty} \dfrac{n^\alpha x^n}{1-x^n}$ *avec* $\alpha \in \mathbb{N}^*$ *(voir l'exercice 3.25).*

La théorie des suites et séries de fonctions permet souvent d'exprimer des fonctions solutions d'un problème donné tel qu'une équation différentielle (par exemple, sous la forme d'une série entière, ou d'une série de Fourier). Dans l'exercice suivant, nous allons utiliser une suite de fonctions affines par morceaux pour construire un exemple de fonction continue nulle part dérivable. C'est à Bolzano que l'on doit ce travail.

2.15. Courbe de Bolzano

On définit la suite de fonctions $(f_n)_{n\in\mathbb{N}}$ de $[0,1]$ dans $[0,1]$ par $f_0(x)=x$, f_{n+1} est affine sur chacun des intervalles $\left[\dfrac{k}{3^{n+1}}, \dfrac{k+1}{3^{n+1}}\right]$ et vérifie

$$f_{n+1}\left(\frac{k}{3^n}\right)=f_n\left(\frac{k}{3^n}\right),\quad f_{n+1}\left(\frac{k}{3^n}+\frac{1}{3^{n+1}}\right)=f_n\left(\frac{k}{3^n}+\frac{2}{3^{n+1}}\right)$$

$$\text{et}\quad f_{n+1}\left(\frac{k}{3^n}+\frac{2}{3^{n+1}}\right)=f_n\left(\frac{k}{3^n}+\frac{1}{3^{n+1}}\right).$$

1. Montrer que $|f_n(x)-f_n(y)|\leqslant 2^n|x-y|$ pour tout couple $(x,y)\in[0,1]^2$.

2. Montrer que pour tout $x\in[0,1]$, $|f_{n+1}(x)-f_n(x)|\leqslant \dfrac{2^n}{3^{n+1}}\cdot$

3. Montrer que la suite $(f_n)_{n\in\mathbb{N}}$ converge uniformément vers une fonction continue f.

4. Démontrer que pour $p\in[\![0,3^n]\!]$, $f\left(\frac{p}{3^n}\right)=f_n\left(\frac{p}{3^n}\right)$.

5. Montrer que f n'est dérivable en aucun point de $[0,1]$ de la forme $\dfrac{p}{3^n}$ où $p\in[\![0,3^n]\!]$.

6. Montrer que f n'est dérivable en aucun point de $[0,1]$ (on considérera la fonction $(h,k)\longmapsto \dfrac{f(x+h)-f(x-k)}{h+k}$).

(**École polytechnique**)

▷ **Solution.**

1. Chaque fonction f_n est affine par morceaux. Le dessin suivant montre comment on passe de f_n à f_{n+1} sur un intervalle du type $\left[\dfrac{k}{3^n}, \dfrac{k+1}{3^n}\right]$:

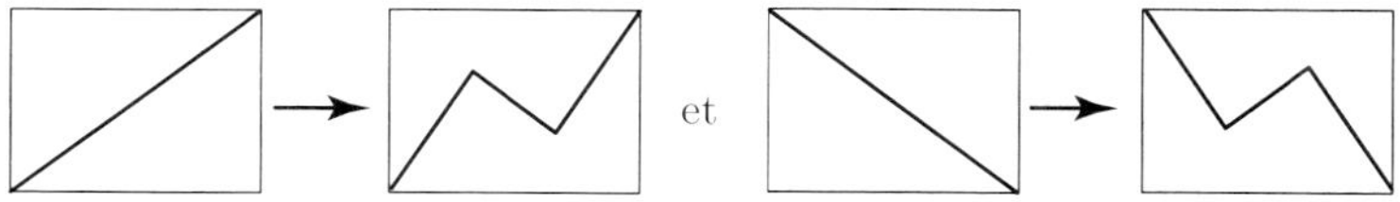

Les graphes des fonctions f_1, f_2, f_3 et f_5 représentés plus loin permettent de visualiser ce processus.

Si on note α la pente de f_n sur $\left[\dfrac{k}{3^n}, \dfrac{k+1}{3^n}\right]$, f_{n+1} admet comme pente 2α, (resp. $-\alpha$ et 2α) sur les intervalles $\left[\dfrac{k}{3^n}, \dfrac{k}{3^n}+\dfrac{1}{3^{n+1}}\right]$, (resp. $\left[\dfrac{k}{3^n}+\dfrac{1}{3^{n+1}}, \dfrac{k}{3^n}+\dfrac{2}{3^{n+1}}\right]$ et $\left[\dfrac{k}{3^n}+\dfrac{2}{3^{n+1}}, \dfrac{k+1}{3^n}\right]$). La fonction f_0 est affine de pente $1 = 2^0$. Par récurrence, on établit donc que les pentes de f_n sur les intervalles où elle est affine sont en valeurs absolues comprises entre 1 et 2^n. Si $x < y$ sont dans $[0, 1]$, il existe une subdivision du segment $[x, y]$ $\{x = a_0 < a_1 < \cdots < a_p = y\}$ pour laquelle f_n est affine sur chaque $]a_i, a_{i+1}[$. Dans ces conditions,

$$\begin{aligned}|f_n(x) - f_n(y)| &\leqslant \sum_{i=0}^{p-1} |f_n(a_i) - f_n(a_{i+1})| \leqslant 2^n \sum_{i=0}^{p-1} |a_i - a_{i-1}| \\ &\leqslant 2^n(y - x) = 2^n|x - y|.\end{aligned}$$

f_1 f_2

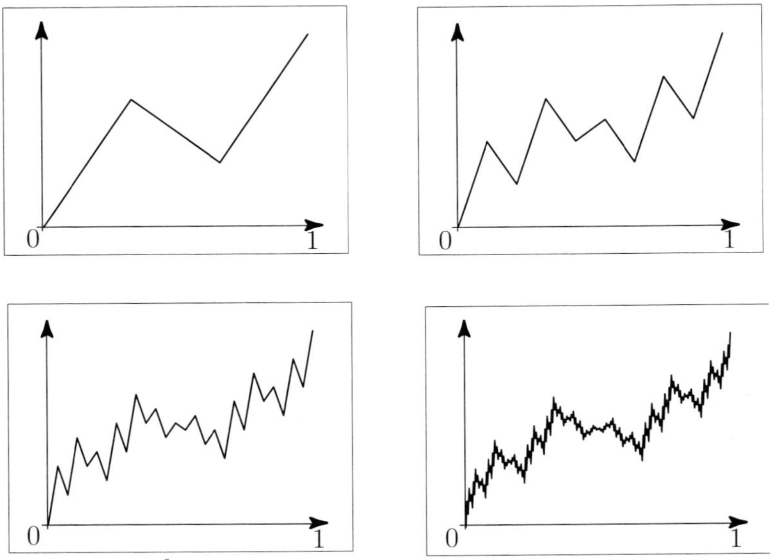

f_3 f_5

2. Si on reprend le dessin, on constate que sur $\left[\frac{k}{3^n}, \frac{k+1}{3^n}\right]$, la différence $|f_{n+1}(x) - f_n(x)|$ est maximale en $x_1 = \frac{k}{3^n} + \frac{1}{3^{n+1}}$ et $x_2 = \frac{k}{3^n} + \frac{2}{3^{n+1}}$, ce que confirmerait une petite étude analytique laissée au lecteur. D'autre part, sur les intervalles $\left[\frac{k}{3^n}, x_1\right]$ et $\left[x_2, \frac{k+1}{3^n}\right]$, $f_{n+1} - f_n$ est affine de pente égale à $\pm(2^{n+1} - 2^n) = \pm 2^n$. Comme f_n et f_{n+1} coïncident en $\frac{k}{3^n}$ et $\frac{k+1}{3^n}$, on obtient

$$|f_{n+1}(x_1) - f_n(x_1)| = |f_{n+1}(x_2) - f_n(x_2)| \leqslant 2^n \left|x_1 - \frac{k}{3^n}\right| = \frac{2^n}{3^{n+1}}.$$

Ainsi, pour tout $x \in [0,1]$, $|f_{n+1}(x) - f_n(x)| \leqslant \dfrac{2^n}{3^{n+1}}$.

3. Pour tout entier naturel n, $f_n = f_0 + \sum\limits_{k=1}^{n} (f_k - f_{k-1})$. La convergence uniforme de la suite f_n équivaut donc à celle de la série de fonctions $\sum(f_n - f_{n-1})$. Or cette dernière converge normalement sur $[0,1]$ puisque $\|f_{n+1} - f_n\|_\infty \leqslant \dfrac{1}{3}\left(\dfrac{2}{3}\right)^n$. En particulier, la limite f de la suite $(f_n)_{n\in\mathbb{N}}$ est continue puisque les f_n sont continues.

4. Montrons par récurrence sur $k \geqslant n$, que $f_k\left(\frac{p}{3^n}\right) = f_n\left(\frac{p}{3^n}\right)$. C'est évident pour $k = n$ et par construction pour $k = n+1$. Si $k \geqslant n+1$,

$$f_{k+1}\left(\frac{p}{3^n}\right) = f_{k+1}\left(\frac{3^{k-n}p}{3^k}\right) = f_k\left(\frac{3^{k-n}p}{3^k}\right) = f_k\left(\frac{p}{3^n}\right) = f_n\left(\frac{p}{3^n}\right),$$

par hypothèse de récurrence.

En faisant tendre k vers l'infini, il vient $f\left(\frac{p}{3^n}\right) = f_n\left(\frac{p}{3^n}\right)$.

5. On considère $a = \dfrac{p}{3^n}$ avec $p \in [\![0, 3^n - 1]\!]$. En reprenant la remarque du départ sur les pentes, la pente de f_n à droite de a est un réel α avec $|\alpha| \geqslant 1$. Pour $k \geqslant n$, lorsqu'on passe de f_k en f_{k+1}, la pente à droite de $a = \dfrac{p3^{k-n}}{3^k}$ est multipliée par 2. Autrement dit, on a

$$\left|f(a) - f\left(a + \frac{1}{3^k}\right)\right| = \left|f_k(a) - f_k\left(a + \frac{1}{3^k}\right)\right| = 2^{k-n}|\alpha|\frac{1}{3^k}.$$

Dans ces conditions, le rapport $\dfrac{\left|f(a) - f\left(a + \frac{1}{3^k}\right)\right|}{1/3^k}$ tend vers $+\infty$, et f n'est donc pas dérivable en a.

Pour $a = 1$, on raisonne de même en considérant $f\left(1 - \dfrac{1}{3^k}\right)$.

6. Il reste à vérifier que f n'est pas dérivable en un point a de $[0,1]$ qui n'est pas de forme $\dfrac{p}{3^n}$ avec p et n entiers naturels. Soit $n \geqslant 0$ et $p \in [\![0, 3^n - 1]\!]$ tel que $a \in \left]\dfrac{p}{3^n}, \dfrac{p+1}{3^n}\right[$. La pente de f_n sur $\left]\dfrac{p}{3^n}, \dfrac{p+1}{3^n}\right[$ sera notée α, $|\alpha| \geqslant 1$. On pose $a_0 = \dfrac{p}{3^n}$, $a_1 = \dfrac{3p+1}{3^{n+1}}$, $a_2 = \dfrac{3p+2}{3^{n+1}}$ et $a_3 = \dfrac{p+1}{3^n}$. Pour $i < j$, $\dfrac{f_{n+1}(a_j) - f_n(a_i)}{a_j - a_i}$ vaut 2α, $\pm\alpha$ ou $\dfrac{\alpha}{2}$. On peut choisir a_{i_1} et a_{i_2} dans $[a_0, a[$, puis a_{j_1}, a_{j_2} dans $]a, a_3]$ de telle manière que les pentes

$$\frac{f_{n+1}(a_{j_1}) - f_{n+1}(a_{i_1})}{a_{j_1} - a_{i_1}} \text{ et } \frac{f_{n+1}(a_{j_2}) - f_{n+1}(a_{i_2})}{a_{j_2} - a_{i_2}}$$

soient différentes. On a donc

$$\left| \frac{f(a_{j_1}) - f(a_{i_1})}{a_{j_1} - a_{i_1}} - \frac{f(a_{j_2}) - f(a_{i_2})}{a_{j_2} - a_{i_2}} \right| \geqslant \frac{|\alpha|}{2} \geqslant \frac{1}{2},$$

puisque f et f_{n+1} coïncident en les points a_{i_1}, a_{i_2}, a_{j_1} et a_{j_2}.

Comme $|a_i - a| \leqslant \frac{1}{3^n}$ $(0 \leqslant i \leqslant 3)$ et n pouvant être choisi arbitrairement grand, il s'ensuit que la fonction

$$\Phi : (h, k) \longmapsto \frac{f(a+h) - f(a-k)}{h+k} \quad \text{pour } h > 0 \text{ et } k > 0,$$

ne vérifie pas le critère de Cauchy au voisinage de $(0, 0)$. En particulier, cette fonction n'a pas de limite pour $(h, k) \in \mathbb{R}_+^* \times \mathbb{R}_+^*$ tendant vers $(0, 0)$.

Raisonnons par l'absurde et supposons f dérivable en a. Soit $\varepsilon > 0$. Il existe $\eta > 0$ tel que pour $|h| \leqslant \eta$,

$$|f(a+h) - f(a) - hf'(a)| \leqslant \varepsilon |h|.$$

Si $(h, k) \in \,]0, \eta[^2$, on a

$$\begin{aligned} |\Phi(h,k) - f'(a)| &= \frac{|f(a+h) - f(a) - hf'(a) + f(a) - f(a-k) - kf'(a)|}{h+k} \\ &\leqslant \frac{|f(a+h) - f(a) - hf'(a)| + |f(a) - f(a-k) - kf'(a)|}{h+k} \\ &\leqslant \varepsilon \frac{h+k}{h+k} = \varepsilon. \end{aligned}$$

Par conséquent, Φ admet $f'(a)$ comme limite : c'est contradictoire. Donc f n'est pas dérivable en a.

Conclusion. La fonction f est un exemple de fonction continue, nulle part dérivable sur $[0, 1]$. $\lhd$

D'autres exemples fameux furent donnés par Van der Waerden et Weierstrass. Pour ce dernier, il s'agit de la série de fonctions $\sum \beta^n \cos \pi \alpha^n x$ *avec* $\alpha\beta > 1 + \frac{3\pi}{2}$.

Voici maintenant deux exercices qui concernent l'intégration d'une série de fonctions. Rappelons que la convergence uniforme sur un segment offre une situation simple où il est légitime de passer à la limite sous le signe intégral pour les suites de fonctions et d'intervertir intégration et sommation pour les séries.

2.16. Interversion série-intégrale

Soit $\mathrm{T} > 0$ et $f : [0, \mathrm{T}] \longrightarrow \mathbb{C}$, continue.

1. Pour $n \in \mathbb{N}$ et $t \in [0, \mathrm{T}]$, on pose

$$g_n(t) = \sum_{k=0}^{+\infty} \frac{(-1)^k}{k!} \int_0^{\mathrm{T}} f(u) e^{-kn(t-u)}\, \mathrm{d}u.$$

Étudier la limite simple de la suite $(g_n)_{n \geqslant 0}$.

2. On suppose que la suite $\left(\int_0^{\mathrm{T}} f(t) e^{nt}\, \mathrm{d}t\right)_{n \geqslant 0}$ est bornée. Que peut-on en déduire ?

(**École polytechnique**)

▷ **Solution.**

1. Avant de calculer la limite de $g_n(t)$ on va transformer l'expression de $g_n(t)$ en échangeant intégration et sommation. Ayant fixé n et t, considérons la suite de fonctions définie, pour $u \in [0, \mathrm{T}]$ et $k \in \mathbb{N}$, par

$$v_k(u) = \frac{(-1)^k}{k!} f(u) e^{-kn(t-u)} = \frac{1}{k!} f(u) \left(-e^{-n(t-u)}\right)^k.$$

La série $\sum v_n(u)$ converge et

$$\sum_{k=0}^{+\infty} v_k(u) = f(u) \exp\left(-e^{-n(t-u)}\right).$$

D'autre part, on a pour tout $u \in [0, \mathrm{T}]$, $|v_k(u)| \leqslant \dfrac{\|f\|_\infty}{k!} \left(e^{n(\mathrm{T}-t)}\right)^k$ donc $\sum v_k$ converge uniformément sur $[0, \mathrm{T}]$.

On en déduit qu'on peut échanger intégration et sommation et écrire

$$\int_0^{\mathrm{T}} f(u) \exp\left(-e^{-n(t-u)}\right) \mathrm{d}u = \int_0^{\mathrm{T}} \left(\sum_{k=0}^{+\infty} v_k(u)\right) \mathrm{d}u = \sum_{k=0}^{+\infty} \int_0^{\mathrm{T}} v_k(u)\, \mathrm{d}u$$
$$= g_n(t).$$

Posons, pour tout $n \in \mathbb{N}$ et $u \in [0, \mathrm{T}]$, $h_n(u) = f(u) \exp\left(-e^{-n(t-u)}\right)$. Il est immédiat de voir que la suite (h_n) converge simplement vers la fonction h définie par :

$$\begin{cases} h(u) = f(u) & \text{si } u \in [0, t[\\ h(u) = f(u) e^{-1} & \text{si } u = t \\ h(u) = 0 & \text{si } u \in]t, \mathrm{T}]. \end{cases}$$

La fonction h est continue par morceaux donc intégrable sur $[0, \mathrm{T}]$. D'autre part, on a, pour $n \in \mathbb{N}$ et $u \in [0, \mathrm{T}]$, $|h_n(u)| \leqslant \|f\|_\infty$. Du théorème de convergence dominée, on peut déduire que, pour tout $t \in [0, \mathrm{T}]$,

$$\boxed{\lim_{n \to +\infty} g_n(t) = \int_0^{\mathrm{T}} h(u)\,\mathrm{d}u = \int_0^t f(u)\,\mathrm{d}u}.$$

2. Montrons que si la suite $\left(\int_0^{\mathrm{T}} f(t)e^{nt}\,\mathrm{d}t\right)_{n \geqslant 0}$ est bornée, la fonction f est nulle. Ce résultat est facile dans le cas où f est positive. Pour le cas général on va utiliser la première question.

On note M un majorant de $\left(\left|\int_0^{\mathrm{T}} f(t)e^{nt}\,\mathrm{d}t\right|\right)_{n \geqslant 0}$. On a, pour tout couple $(k, n) \in \mathbb{N}^2$ et tout $t \in [0, \mathrm{T}]$,

$$\left|\frac{(-1)^k}{k!}\int_0^{\mathrm{T}} f(u)e^{-kn(t-u)}\,\mathrm{d}u\right| = \frac{1}{k!}e^{-knt}\left|\int_0^{\mathrm{T}} f(u)e^{knu}\,\mathrm{d}u\right| \leqslant \mathrm{M}\frac{e^{-knt}}{k!}.$$

On en déduit que

$$\left|\sum_{k=1}^{+\infty}\frac{(-1)^k}{k!}\int_0^{\mathrm{T}} f(u)e^{-kn(t-u)}\,\mathrm{d}u\right| \leqslant \mathrm{M}\sum_{k=1}^{+\infty}\frac{e^{-knt}}{k!} \leqslant \mathrm{M}(\exp(e^{-nt}) - 1).$$

Pour $t > 0$, on a $\lim_{n \to \infty}(\exp(e^{-nt}) - 1) = 0$ et donc

$$\lim_{n \to \infty}\sum_{k=1}^{+\infty}\frac{(-1)^k}{k!}\int_0^{\mathrm{T}} f(u)e^{-kn(t-u)}\,\mathrm{d}u = 0.$$

On en déduit que, pour $t \in]0, \mathrm{T}]$, on a

$$\lim_{n \to +\infty} g_n(t) = \int_0^{\mathrm{T}} f(u)$$

(c'est le terme qui correspond à $k = 0$; il est indépendant de n). On a donc, d'après la première question, pour tout $t \in]0, \mathrm{T}]$,

$$\int_0^t f(u)\,\mathrm{d}u = \int_0^{\mathrm{T}} f(u)\,\mathrm{d}u.$$

La fonction $u \longmapsto \int_0^t f(u)\,\mathrm{d}u$ est constante sur $]0, \mathrm{T}]$. Sa dérivée f est nulle sur $]0, \mathrm{T}]$ et par continuité, f est nulle sur $[0, \mathrm{T}]$. $\triangleleft$

L'exercice suivant étudie ce que l'on peut dire de la convergence d'une série de fonctions $\sum |f_n(t)|$ *sous l'hypothèse que la série des intégrales* $\sum \int_a^b |f_n|$ *converge.*

2.17. Sur le théorème d'intégration d'une série de fonctions

Soit $f_n : [a,b] \longrightarrow \mathbb{R}$ $(n \in \mathbb{N})$ une suite de fonctions continues. On suppose que la série $\sum \int_a^b |f_n|$ converge.

1. Peut-on dire que pour tout $t \in [a,b]$, la série $\sum |f_n(t)|$ converge ?

2. Montrer que l'ensemble des $x \in [a,b]$ tels que la série $\sum |f_n(x)|$ converge est dense dans $[a,b]$.

3. Construire une suite $(f_n)_{n\in\mathbb{N}}$ vérifiant les hypothèses de l'énoncé telle que $\left\{x \in [a,b], \sum |f_n(x)| \text{ diverge}\right\}$ est dense.

(**École normale supérieure**)

▷ **Solution.**

Remarquons que la présence des valeurs absolues nous permet de supposer simplement que chaque fonction f_n est positive, ce que nous ferons dans la suite.

1. Il est facile de trouver des fonctions d'intégrales petites mais qui ne sont pas uniformément petites sur tout l'intervalle. Prenons par exemple l'intervalle $[0,1]$ et posons pour $n \geqslant 0$, $f_n : t \in [0,1] \longmapsto t^{(n+1)^2-1}$. Dans ces conditions, comme $\int_0^1 f_n = \dfrac{1}{(n+1)^2}$, la série $\sum \int_0^1 f_n$ converge. Mais $\sum f_n(1)$ ne converge pas puisque $f_n(1) = 1$ pour tout n. La réponse est donc négative.

2. Raisonnons par l'absurde et supposons qu'il existe $\alpha < \beta$ dans $[a,b]$ tels que pour tout x dans $[\alpha,\beta]$, $\sum f_n(x)$ diverge. Soit $\ell > 0$. Introduisons pour $n \in \mathbb{N}$

$$\Omega_n = \left\{x \in [\alpha,\beta], \sum_{k=0}^{n} f_k(x) > \ell\right\}.$$

Comme pour tout $n \in \mathbb{N}$, $f_n \geqslant 0$, $\Omega_n \subset \Omega_{n+1}$. De plus, les f_k étant continues, Ω_n est un ouvert de $[\alpha,\beta]$ (en tant qu'image réciproque d'un ouvert par une fonction continue). Comme $[\alpha,\beta]$ est compact et comme $[\alpha,\beta] = \bigcup_{n\in\mathbb{N}} \Omega_n$ (puisque pour tout $x \in [\alpha,\beta]$, $\lim_{\mathrm{N}\to+\infty} \sum_{n=0}^{\mathrm{N}} f_n(x) = +\infty$), il existe $\mathrm{N}_0 \in \mathbb{N}$ tel que $[\alpha,\beta] = \Omega_{\mathrm{N}_0}$. Autrement dit, pour tout $x \in [\alpha,\beta]$, on a

$$\sum_{n=0}^{\mathrm{N}_0} f_n(x) > \ell.$$

On a alors,

$$\sum_{n=0}^{+\infty} \int_a^b f_n \geqslant \sum_{n=0}^{\mathrm{N}_0} \int_a^b f_n \geqslant \sum_{n=0}^{\mathrm{N}_0} \int_\alpha^\beta f_n = \int_\alpha^\beta \sum_{n=0}^{\mathrm{N}_0} f_n \geqslant \int_\alpha^\beta \ell \geqslant \ell(\beta-\alpha).$$

Or, cette inégalité est valable pour tout $\ell > 0$, ce qui est impossible.

Conclusion. $\{x \in [a,b], \sum f_n(x) \text{ converge}\}$ est dense dans $[a,b]$.

3. On va se placer par exemple sur l'intervalle $[0,1]$. On va construire des fonctions affines par morceaux qui présentent de plus en plus de pics. Soit $n \geqslant 0$. On définit ainsi f_n : si $1 \leqslant k \leqslant 2^n - 1$, f_n est affine sur $\left[\frac{k}{2^n} - \frac{1}{8^n}, \frac{k}{2^n}\right]$ et sur $\left[\frac{k}{2^n}, \frac{k}{2^n} + \frac{1}{8^n}\right]$ avec

$$f_n\left(\frac{k}{2^n} - \frac{1}{8^n}\right) = f_n\left(\frac{k}{2^n} + \frac{1}{8^n}\right) = 0 \quad \text{et} \quad f_n\left(\frac{k}{2^n}\right) = 2^n.$$

En dehors de ces intervalles $\left[\frac{k}{2^n} - \frac{1}{8^n}, \frac{k}{2^n} + \frac{1}{8^n}\right]$ (k décrivant les entiers de 1 à $2^n - 1$, f_n est nulle. Voici par exemple le graphe de f_2 :

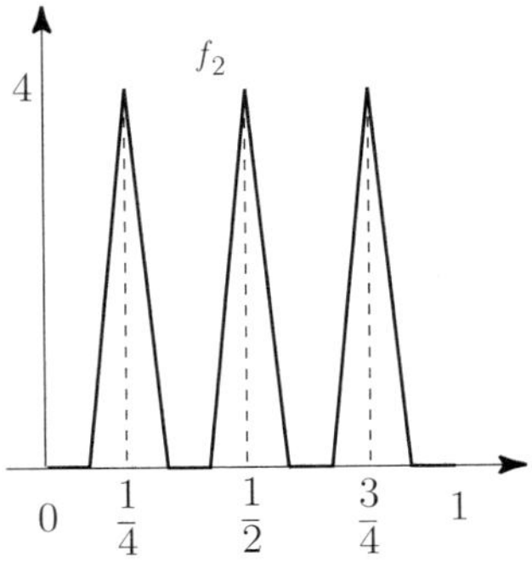

Pour $n \in \mathbb{N}$, $0 \leqslant \int_0^1 f_n = (2^n - 1) \times \frac{1}{8^n} \times 2^n \leqslant \frac{1}{2^n}\cdot$ Par conséquent, $\sum \int_0^1 f_n$ converge d'après le théorème de comparaison des séries à termes positifs.

Maintenant, pour tout réel dyadique $x = \frac{k}{2^{n_0}}$ appartenant à $[0,1]$ la série $\sum f_n(x)$ diverge, puisque $f_n(x) = 2^n$ pour $n \geqslant n_0$. La série diverge donc sur un ensemble dense de $[0,1]$. $\triangleleft$

Après avoir étudié les propriétés des limites de suites de fonctions, nous allons d'une certaine manière inverser notre point de vue et nous intéresser à l'approximation de fonctions. Le problème est le suivant. On dispose d'un ensemble F *de fonctions à valeurs réelles (ou complexes) définies sur un ensemble* X. *Peut-on décrire les fonctions de* X *dans* $\mathbb{R}$ *(ou* $\mathbb{C}$*) qui sont limites uniformes d'une suite de fonctions de* F *? La plupart du temps on travaille avec des fonctions bornées. Si on munit l'espace vectoriel des fonctions bornées sur* X *de la norme de la convergence uniforme* $\| \ \|_\infty$, *le problème précédent, formulé topologiquement, consiste à trouver l'adhérence de l'ensemble* F.

Un exemple important de cette situation, étudié en cours, est le théorème de Weierstrass qui affirme que l'espace des fonctions polynomiales est dense dans l'espace des fonctions continues de I *dans* $\mathbb{R}$ *lorsque* I *est un segment. L'exercice suivant donne une preuve de ce résultat, due à Bernstein, qui, pour* f *donnée, exhibe une suite explicite de polynômes qui converge vers* f.

2.18. Polynômes de Bernstein

1. Simplifier, pour tout $(x, y) \in \mathbb{R}^2$ et tout $n \in \mathbb{N}^*$,

$$\sum_{k=0}^{n} k\mathrm{C}_n^k x^k y^{n-k} \quad \text{et} \quad \sum_{k=0}^{n} k(k-1)\mathrm{C}_n^k x^k y^{n-k}.$$

2. On pose $r_k(x) = \mathrm{C}_n^k x^k (1-x)^{n-k}$ pour tout $x \in \mathbb{R}$ et tout $k \in \{0, 1, \ldots, n\}$. Démontrer l'égalité

$$\sum_{k=0}^{n} (k - nx)^2 r_k(x) = nx(1-x).$$

3. Soit $f : [0,1] \longrightarrow \mathbb{R}$ continue. Pour tout $n \in \mathbb{N}^*$, on pose

$$\mathrm{B}_n = \sum_{k=0}^{n} \mathrm{C}_n^k f\left(\frac{k}{n}\right) \mathrm{X}^k (1-\mathrm{X})^{n-k} \in \mathbb{R}[\mathrm{X}].$$

Soit $\varepsilon > 0$. Justifier l'existence de $\eta > 0$ tel que pour tout $x \in [0,1]$, $|f(x) - \mathrm{B}_n(x)| \leqslant \varepsilon + \dfrac{\|f\|_\infty}{2n\eta^2}$ (on pourra considérer les indices k tels que $|k - nx| \leqslant n\eta$ et ceux tels que $|k - nx| > n\eta$). En déduire que la suite $(\mathrm{B}_n)_{n \in \mathbb{N}}$ converge uniformément vers f sur $[a, b]$.

4. Soit $\mathrm{F} : [a, b] \longrightarrow \mathbb{R}$ continue. Montrer que F est limite uniforme sur $[a, b]$ d'une suite de polynômes.

(**École polytechnique**)

▷ **Solution.**

1. Notons pour $(x, y) \in \mathbb{R}^2$, $\mathrm{P}(x, y) = (x+y)^n = \sum\limits_{k=0}^{n} \mathrm{C}_n^k x^k y^{n-k}$. En dérivant par rapport à x, il vient

$$\frac{\partial \mathrm{P}}{\partial x}(x, y) = n(x+y)^{n-1} = \sum_{k=1}^{n} k\mathrm{C}_n^k x^{k-1} y^{n-k}.$$

En multipliant par x et en rajoutant le terme nul, d'indice $k = 0$, on obtient

$$\sum_{k=0}^{n} k\mathrm{C}_n^k x^k y^{n-k} = nx(x+y)^{n-1}.$$

En calculant la dérivée seconde, on a

$$\frac{\partial^2 \mathrm{P}}{\partial x^2}(x,y) = n(n-1)(x+y)^{n-2} = \sum_{k=2}^{n} k(k-1)\mathrm{C}_n^k x^{k-2} y^{n-k},$$

d'où

$$\sum_{k=0}^{n} k(k-1)\mathrm{C}_n^k x^k y^{n-k} = n(n-1)x^2(x+y)^{n-2}.$$

2. On peut écrire, en faisant $y = 1-x$ dans les égalités de la question précédente,

$$\begin{aligned}\sum_{k=0}^{n}(k-nx)^2 r_k(x) &= \sum_{k=0}^{n}(k^2 - 2knx + n^2x^2) r_k(x)\\ &= \sum_{k=0}^{n}(k(k-1) + k(1-2nx) + n^2x^2) r_k(x)\\ &= n(n-1)x^2.1^{n-2} + (1-2nx)nx.1^{n-1} + n^2x^2.1^n\\ &= nx(1-x).\end{aligned}$$

3. En remarquant que $f(x) = \sum\limits_{k=0}^{n} f(x) r_k(x)$, pour $x \in [0,1]$ et $n \geqslant 1$, on peut écrire

$$\begin{aligned}|f(x) - \mathrm{B}_n(x)| &= \left|\sum_{k=0}^{n}\left(f(x) - f\left(\frac{k}{n}\right)\right) r_k(x)\right|\\ &\leqslant \sum_{k=0}^{n}\left|f(x) - f\left(\frac{k}{n}\right)\right| r_k(x),\end{aligned}$$

les $r_k(x)$ étant positifs. Pour $\dfrac{k}{n}$ proche de x, on peut contrôler la différence $f(x) - f\left(\dfrac{k}{n}\right)$. Pour obtenir une majoration uniforme, nous allons exploiter le fait que f étant continue sur le segment $[0,1]$, elle est uniformément continue. Prenons $\eta > 0$ un module d'uniforme continuité de f pour $\varepsilon > 0$. Dans ces conditions, en posant $\delta_n(x) = |f(x) - \mathrm{B}_n(x)|$, on a

$$\begin{aligned}\delta_n(x) &\leqslant \sum_{|\frac{k}{n}-x|\leqslant\eta}\left|f(x) - f\left(\frac{k}{n}\right)\right| r_k(x) + \sum_{|\frac{k}{n}-x|>\eta}\left|f(x) - f\left(\frac{k}{n}\right)\right| r_k(x)\\ &\leqslant \varepsilon \sum_{|\frac{k}{n}-x|\leqslant\eta} r_k(x) + \sum_{|\frac{k}{n}-x|>\eta}\left|f(x) - f\left(\frac{k}{n}\right)\right| r_k(x)\end{aligned}$$

$$\leqslant \varepsilon + 2\|f\|_\infty \sum_{|\frac{k}{n}-x|>\eta} r_k(x),$$

la fonction étant bornée sur le compact $[0,1]$. Pour contrôler le second terme du majorant, on va utiliser l'identité prouvée à la question précédente. On peut écrire :

$$\begin{aligned}\sum_{|\frac{k}{n}-x|>\eta} r_k(x) &\leqslant \sum_{|\frac{k}{n}-x|>\eta} \frac{(k-nx)^2}{\eta^2 n^2} r_k(x)\\ &= \frac{1}{\eta^2 n^2} \sum_{|\frac{k}{n}-x|>\eta} (k-nx)^2 r_k(x)\\ &\leqslant \frac{1}{\eta^2 n^2} \sum_{k=0}^{n} (k-nx)^2 r_k(x) \leqslant \frac{nx(1-x)}{\eta^2 n^2} \leqslant \frac{1}{4\eta^2 n},\end{aligned}$$

puisque le maximum de la fonction $x \longmapsto x(1-x)$ sur $[0,1]$ est $\dfrac{1}{4}$. On obtient ainsi la majoration voulue

$$|f(x) - \mathrm{B}_n(x)| \leqslant \varepsilon + \frac{\|f\|_\infty}{2n\eta^2}.$$

En prenant $n \geqslant \dfrac{\|f\|_\infty}{2\varepsilon\eta^2}$, on obtient donc $\|f - \mathrm{B}_n\|_\infty \leqslant 2\varepsilon$. La suite $(\mathrm{B}_n)_{n\in\mathbb{N}}$ converge donc uniformément vers f sur $[0,1]$.

4. Si on pose $f(x) = \mathrm{F}(a + (b-a) - x)$ pour $x \in [0,1]$, on définit une fonction continue et nous pouvons lui associer la suite $(\mathrm{B}_n)_{n\in\mathbb{N}}$ construite précédemment. On vérifie alors que la suite de fonctions $x \longmapsto \mathrm{B}_n\left(\dfrac{x-a}{b-a}\right)$ converge uniformément vers F sur $[a,b]$. ◁

Ce théorème a donné lieu à des études quantitatives dont l'exercice 5.41 du tome 1 d'algèbre peuvent donner une petite idée. Le lecteur trouvera la version pour les polynômes trigonométriques dans le chapitre sur les séries de Fourier (cf. exercices 4.26 et 4.27).

Lorsqu'on se place sur un intervalle ouvert borné $]a,b[$*, le lecteur pourra montrer que les limites uniformes de fonctions polynomiales sont exactement les fonctions uniformément continues sur* $]a,b[$*, ou si l'on préfère, les fonctions continues qui admettent une limite finie en* a *et* b*. Enfin lorsqu'on se place sur un intervalle* I *non borné de* $\mathbb{R}$*, on montre qu'une limite uniforme de fonctions polynomiales est encore polynomiale. En effet, si* (P_n) *converge uniformément vers* f *sur* I*, on peut trouver un rang* N *tel que* $\|\mathrm{P}_n - f\|_\infty \leqslant 1$ *pour* $n \geqslant \mathrm{N}$*. Mais, si* $n \geqslant \mathrm{N}$*, on a alors* $\|\mathrm{P}_n - \mathrm{P}_{n+1}\|_\infty \leqslant 2$ *de sorte que le polynôme* $\mathrm{P}_n - \mathrm{P}_{n+1}$ *est borné sur* I *et par suite constant. Ainsi, pour* $n \geqslant \mathrm{N}$*,* $\mathrm{P}_n = \mathrm{P}_\mathrm{N} + \mathrm{P}_n(\alpha) - \mathrm{P}_\mathrm{N}(\alpha)$ *(où* $\alpha \in \mathrm{I}$ *est fixé) et la suite* (P_n) *converge vers* $f = \mathrm{P}_\mathrm{N} - \mathrm{P}_\mathrm{N}(\alpha) + f(\alpha)$

qui est donc polynomiale. Notons que cette question est souvent proposée aux oraux.

L'exercice suivant étudie les limites uniformes de polynômes strictement croissants.

2.19. Limites uniformes de polynômes strictement croissants

Quelles sont les fonctions continues de $[a,b]$ dans $\mathbb{R}$ qui sont limite uniforme sur $[a,b]$ d'une suite de polynômes strictement croissants ?
(**École normale supérieure**)

▷ **Solution.**

Il est clair que la limite simple d'une suite de polynômes strictement croissants est une fonction croissante. Montrons réciproquement que tout fonction continue croissante sur $[a,b]$ est limite uniforme d'une suite de polynômes strictement croissants. Il suffit bien entendu de le faire pour le segment $[0,1]$ et dans la suite la norme infinie fait référence à ce segment. Nous proposons deux solutions.

• La première solution repose sur le résultat classique de l'exercice 2.18 : si f est continue sur $[0,1]$, la suite $(\mathrm{B}_n(f))_{n\geqslant 1}$ des polynômes de Bernstein définis par

$$\mathrm{B}_n(f)=\sum_{k=0}^{n}\mathrm{C}_n^k f\Big(\frac{k}{n}\Big)\mathrm{X}^k(1-\mathrm{X})^{n-k}$$

converge vers f uniformément sur $[0,1]$.

Considérons une fonction f continue et croissante sur $[0,1]$ et montrons qu'alors le polynôme $\mathrm{B}_n(f)$ est, pour tout $n\in\mathbb{N}^*$, croissant sur $[0,1]$. Pour tout $x\in[0,1]$, $\mathrm{B}_n(f)'(x)$ vaut

$$\sum_{k=1}^{n}\mathrm{C}_n^k\, f\Big(\frac{k}{n}\Big)kx^{k-1}(1-x)^{n-k}-\sum_{k=0}^{n-1}\mathrm{C}_n^k\, f\Big(\frac{k}{n}\Big)(n-k)x^k(1-x)^{n-k-1}.$$

À l'aide des formules $k\,\mathrm{C}_n^k=n\,\mathrm{C}_{n-1}^{k-1}$ et $(n-k)\mathrm{C}_n^k=n\,\mathrm{C}_{n-1}^k$, on obtient

$$n\sum_{k=1}^{n}\mathrm{C}_{n-1}^{k-1}\, f\Big(\frac{k}{n}\Big)x^{k-1}(1-x)^{n-k}-n\sum_{k=0}^{n-1}\mathrm{C}_{n-1}^k\, f\Big(\frac{k}{n}\Big)x^k(1-x)^{n-k-1}$$

ce qui donne, après un décalage d'indice dans la première somme,

$$\mathrm{B}_n(f)'(x)=n\sum_{k=0}^{n-1}\mathrm{C}_{n-1}^k\Big(f\Big(\frac{k+1}{n}\Big)-f\Big(\frac{k}{n}\Big)\Big)x^k(1-x)^{n-k-1}.$$

Comme f est croissante, on a $\mathrm{B}_n'(f)(x) \geqslant 0$ pour tout $x \in [0,1]$ et la fonction $\mathrm{B}_n(f)$ est croissante sur $[0,1]$. On n'est toutefois pas sûr qu'elle soit strictement croissante. Posons $\mathrm{P}_n(f) = \dfrac{\mathrm{X}}{n} + \mathrm{B}_n(f)$. On a alors, pour tout $x \in [0,1]$, $\mathrm{P}_n'(f)(x) = \dfrac{1}{n} + \mathrm{B}_n'(f)(x) > 0$. La fonction polynomiale $\mathrm{P}_n(f)$ est strictement croissante sur $[0,1]$ et comme on a l'inégalité $\|f - \mathrm{P}_n(f)\|_\infty \leqslant \|f - \mathrm{B}_n(f)\|_\infty + \dfrac{1}{n}$, la suite $(\mathrm{P}_n)_{n\in\mathbb{N}^*}$ converge encore uniformément vers f sur $[0,1]$.

• Voici une seconde solution, plus susceptible d'être découverte à l'oral par un candidat ne connaissant pas les polynômes de Bernstein. On se donne toujours f continue et croissante sur $[0,1]$. Supposons d'abord que f est de classe $\mathcal{C}^1$. On a donc $f' \geqslant 0$. Soit $\varepsilon > 0$. On commence par choisir un polynôme Q strictement positif sur $[0,1]$ tel que $\|f' - \mathrm{Q}\|_\infty \leqslant \varepsilon$. Cela est possible grâce au théorème de Weierstrass : on choisit un polynôme R tel que $\|f' - \mathrm{R}\|_\infty < \dfrac{\varepsilon}{2}$ et on pose $\mathrm{Q} = \mathrm{R} + \dfrac{\varepsilon}{2}$. Soit alors P le polynôme défini par $\mathrm{P}(x) = f(0) + \int_0^x \mathrm{Q}(t)\mathrm{d}t$ pour tout $x \in [0,1]$. Le polynôme P est strictement croissant sur $[0,1]$ puisque $\mathrm{P}' = \mathrm{Q}$ et pour tout $x \in [0,1]$ on a

$$|\mathrm{P}(x) - f(x)| = \left|\int_0^x \mathrm{Q}(t)\mathrm{d}t - \int_0^x f'(t)\mathrm{d}t\right| \leqslant \int_0^x |\mathrm{Q}(t) - f'(t)|\,\mathrm{d}t \leqslant \varepsilon$$

et donc $\|\mathrm{P} - f\|_\infty \leqslant \varepsilon$. On peut donc trouver, pour tout $\varepsilon > 0$, un polynôme strictement croissant qui approche uniformément f sur $[0,1]$ à ε près ce qui prouve le résultat.

Pour passer au cas général, il suffit de prouver qu'une fonction continue croissante peut être approchée uniformément par des fonctions croissantes de classe $\mathcal{C}^1$. On utilise un procédé de régularisation classique. Prolongeons f sur $[1,2]$ par la valeur $f(1)$ et posons pour $n \geqslant 1$ et $x \in [0,1]$, $f_n(x) = n\int_x^{x+\frac{1}{n}} f(t)\mathrm{d}t$. Il est clair que f_n est de classe $\mathcal{C}^1$ pour tout n et croissante puisque $f_n'(x) = n\Big(f\Big(x + \dfrac{1}{n}\Big) - f(x)\Big) \geqslant 0$. Montrons que la suite (f_n) converge uniformément vers f sur $[0,1]$. Soit $\varepsilon > 0$ et η un module d'uniforme continuité de f associé à ε (le théorème de Heine garantit que f est uniformément continue sur le segment $[0,2]$). Pour $n \geqslant \dfrac{1}{\eta}$ et $x \in [0,1]$ on a

$$\begin{aligned} |f_n(x) - f(x)| &= \left| n\int_x^{x+\frac{1}{n}} (f(t) - f(x))\mathrm{d}t\right| \\ &\leqslant n\int_x^{x+\frac{1}{n}} |f(t) - f(x)|\mathrm{d}t \leqslant n\int_x^{x+\frac{1}{n}} \varepsilon = \varepsilon. \end{aligned}$$

Donc pour n assez grand on a $\|f_n - f\|_\infty \leqslant \varepsilon$ et cela prouve le résultat annoncé. ◁

L'exercice suivant concerne l'étude simultanée de l'interpolation et de l'approximation uniforme.

2.20. Un théorème de Walsh

> Soit $x_1, \ldots, x_n$ des points deux à deux distincts d'un segment $[a, b]$ et $f : [a, b] \to \mathbb{R}$ continue. Montrer qu'il existe une suite de polynômes coïncidant avec f en chaque point x_k, qui converge uniformément vers f sur $[a, b]$.
>
> **(École normale supérieure)**

▷ **Solution.**

Notons $\mathrm{L}_1, \ldots, \mathrm{L}_n$ les polynômes interpolateurs de Lagrange pour le système de points $(x_1, \ldots, x_n)$. Rappelons que $\mathrm{L}_k(\mathrm{X}) = \dfrac{\prod_{i \neq k}(\mathrm{X} - x_i)}{\prod_{i \neq k}(x_k - x_i)}$ est de degré $n-1$ et vérifie $\mathrm{L}_k(x_i) = \delta_{ik}$. On note $\mathrm{M} = \max_{1 \leqslant k \leqslant n} \|\mathrm{L}_k\|_\infty$. Pour prouver le résultat il suffit de montrer que pour tout $\varepsilon > 0$ on peut trouver un polynôme Q tel que $\mathrm{Q}(x_k) = f(x_k)$ pour tout k et vérifiant $\|f - \mathrm{Q}\|_\infty \leqslant \varepsilon$.

Soit $\varepsilon > 0$. On commence par choisir un polynôme P uniformément proche de f à ε près. L'existence d'un tel polynôme découle du théorème de Weierstrass. Soit L l'interpolateur de Lagrange de la fonction $f - \mathrm{P}$ en les x_k :

$$\mathrm{L}(\mathrm{X}) = \sum_{k=1}^{n} (f(x_k) - \mathrm{P}(x_k))\mathrm{L}_k(\mathrm{X}).$$

On observe que $\|\mathrm{L}\|_\infty \leqslant n\mathrm{M}\varepsilon$. Posons alors $\mathrm{Q} = \mathrm{P} + \mathrm{L}$. On a bien $\mathrm{Q}(x_k) = f(x_k)$ pour tout k et de plus

$$\|f - \mathrm{Q}\|_\infty \leqslant \|f - \mathrm{P}\|_\infty + \|\mathrm{L}\|_\infty \leqslant (1 + n\mathrm{M})\varepsilon.$$

Le coefficient $1 + n\mathrm{M}$ est une constante et le résultat est donc prouvé. ◁

On obtient de nouveaux problèmes très intéressants si on remplace les polynômes à coefficients réels par les polynômes à coefficients entiers. L'exercice suivant montre ainsi que si I *est un segment inclus dans* $]0, 1[$, *l'ensemble* $\mathbb{Z}[\mathrm{X}]$ *reste dense dans l'espace des fonctions continues sur* I.

2.21. Théorème de Chudnovsky

Soit I un segment contenu dans $]0, 1[$.

1. Soit φ l'application $x \longmapsto 2x(1-x)$. Étudier la convergence sur I de la suite de fonctions (φ_n) (où $\varphi_n = \varphi \circ \cdots \circ \varphi$).

2. Soit $f : \mathrm{I} \to \mathbb{R}$ une fonction continue. Montrer qu'il existe une suite de fonctions polynômes à coefficients dans $\mathbb{Z}$ convergeant uniformément vers f sur I.

(**École polytechnique**)

▷ **Solution.**

1. Une étude rapide de la fonction φ montre que $\varphi(]0,1[) = \left]0, \frac{1}{2}\right]$, que φ est croissante sur $\left[0, \frac{1}{2}\right]$ et que, pour tout $x \in \left]0, \frac{1}{2}\right]$, on a $\varphi(x) \geqslant x$. Enfin les points fixes de φ sont 0 et $\frac{1}{2}\cdot$ Voici le graphe de φ :

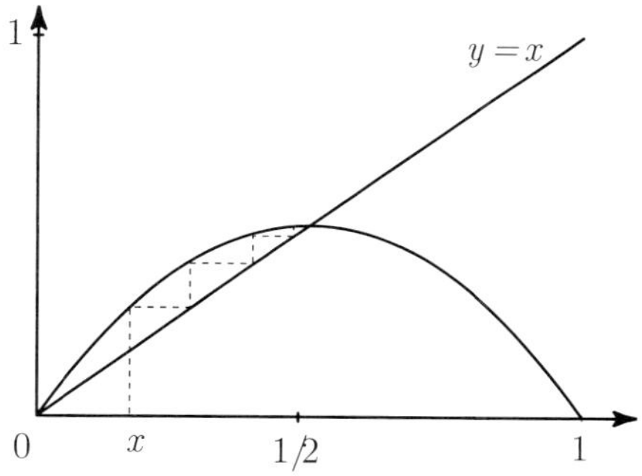

Soit $x \in]0, 1]$. Ce qui précède montre que la suite $(\varphi_n(x))_{n\in\mathbb{N}}$ prend, pour $n \geqslant 1$, ses valeurs dans $\left]0, \frac{1}{2}\right]$ et est croissante. Elle converge donc. Sa limite ne peut être 0 puisqu'elle croît ; c'est donc $\frac{1}{2}$. Ceci montre la convergence simple sur $]0, 1[$ de la suite $(\varphi_n)_{n\in\mathbb{N}}$ vers la fonction constante $x \longmapsto \frac{1}{2}\cdot$

Montrons que la convergence est uniforme sur I, où I est un segment contenu dans $]0, 1[$. L'image $\varphi(\mathrm{I})$ est un segment inclus dans $\left]0, \frac{1}{2}\right]$. Soit a la borne inférieure de ce segment. Sachant que φ est croissante sur $\left[0, \frac{1}{2}\right]$, on a, pour tout $x \in \mathrm{I}$ et $n \in \mathbb{N}^*$, $\varphi_{n-1}(a) \leqslant \varphi_n(x) \leqslant \frac{1}{2}$, puisque $\varphi(x) \in \left[a, \frac{1}{2}\right]$. La suite $(\varphi_n(a))$ convergeant vers $\frac{1}{2}$, cela montre que (φ_n) converge uniformément sur I.

2. Notons $\mathcal{C}$ l'algèbre des fonctions continues sur I, munie de la norme de la convergence uniforme. Dans la suite on identifie tout polynôme formel de $\mathbb{R}[X]$ avec la fonction de $\mathcal{C}$ qui lui est canoniquement associée. Avec cette identification, la question posée consiste à trouver l'adhérence de $\mathbb{Z}[X]$ dans $\mathcal{C}$. Comme φ_n est dans $\mathbb{Z}[X]$ pour tout n, la première question montre que la fonction constante $\frac{1}{2}$ est dans cette adhérence.

Notons que cette adhérence est stable pour la somme et pour le produit. En effet, si (P_n) et (Q_n) sont des suites de $\mathbb{Z}[X]$ qui convergent uniformément vers f et g sur I, alors $(P_n + Q_n)$ converge uniformément vers $f+g$ car $\|(f_n+g_n)-(f+g)\|_\infty \leqslant \|f_n - f\|_\infty + \|g_n - g\|_\infty$. De même en écrivant

$$\|f_n g_n - fg\|_\infty \leqslant \|f_n\|_\infty \|g_n - g\|_\infty + \|g\|_\infty \|f_n - f\|_\infty,$$

on voit que $(P_n Q_n)$ converge uniformément vers fg car la suite $\|f_n\|_\infty$ est bornée (puisqu'elle converge vers $\|f\|_\infty$).

Il en résulte que la fonction constante $\frac{1}{2^m}$ est dans $\overline{\mathbb{Z}[X]}$ pour tout $m \in \mathbb{N}$. Comme on a aussi toutes les fonction constantes à valeurs dans $\mathbb{Z}$, on a dans $\overline{\mathbb{Z}[X]}$ toutes les fonctions constantes $x \longmapsto \frac{p}{2^m}$ avec $p \in \mathbb{Z}$ et $m \in \mathbb{N}$. Comme l'ensemble $D = \left\{\frac{p}{2^m}, (p,m) \in \mathbb{Z} \times \mathbb{N}\right\}$ des rationnels dyadiques est dense dans $\mathbb{R}$, $\overline{\mathbb{Z}[X]}$ contient finalement toutes les fonctions constantes. Il en résulte que $\mathbb{R}[X] \subset \overline{\mathbb{Z}[X]}$ et donc que $\overline{\mathbb{R}[X]} \subset \overline{\mathbb{Z}[X]}$. Or par théorème de Weierstrass $\overline{\mathbb{R}[X]} = \mathcal{C}$. On a donc démontré que $\mathbb{Z}[X]$ est dense dans $\mathcal{C}$. ◁

Si on se place sur un segment I *qui contient des entiers, les fonctions dans l'adhérence de* $\mathbb{Z}[X]$ *doivent bien entendu prendre des valeurs entières en chaque point entier de* I. *Mais cela ne suffit pas. Le lecteur pourra ainsi montrer que si* $I = [a,b]$ *avec* $b - a > 4$ *alors* $\mathbb{Z}[X]$ *est fermé dans* $\mathcal{C}^0(I, \mathbb{R})$ *(utiliser le résultat de l'exercice 5.36 du tome 1 d'algèbre). La description générale de cette adhérence est assez délicate et dépend de la longueur de* I. *Le lecteur intéressé par cette question se reportera à l'article de Hervé Pépin et Nicolas Tosel publié dans la RMS de janvier 2004.*

Dans sa forme trigonométrique le théorème de Weierstrass affirme qu'une fonction continue et 2π*-périodique est limite uniforme sur* $\mathbb{R}$ *d'une suite de polynômes trigonométriques c'est-à-dire de fonctions de la forme* $\sum_{k=0}^{n} a_k \cos kx + b_k \sin kx$. *On en déduit que toute fonction continue* T*-périodique (avec* $T > 0$*) est limite uniforme sur* $\mathbb{R}$ *d'une suite de polynômes trigonométriques de la forme* $\sum_{k=0}^{n} a_k \cos \frac{2k\pi}{T} x + b_k \sin \frac{2k\pi}{T} x$. *Il est alors assez naturel de s'intéresser à l'adhérence, dans l'espace des fonctions continues bornées sur* $\mathbb{R}$ *muni de la norme de la convergence* *uniforme, du sous-espace engendré par toutes les fonctions* $x \mapsto \cos \omega x$, $x \mapsto \sin \omega x$ *lorsque* ω *parcourt* $\mathbb{R}$. *Cette adhérence contient toutes les fonctions continues périodiques d'après ce qu'on vient de dire. Mais ce n'est pas tout ! En effet, cette adhérence est un sous-espace vectoriel (et même une algèbre) et l'ensemble des fonctions périodiques n'est pas stable pour la somme : par exemple la fonction* $x \mapsto \cos x + \cos \sqrt{2}x$ *n'est pas périodique (il est facile de voir qu'elle ne prend la valeur* 2 *qu'en* $x = 0$*). Par définition cette adhérence est l'algèbre des fonctions presque périodiques.*

2.22. Algèbre des fonctions presque périodiques

Soit E l'espace vectoriel réel engendré par les fonctions $t \mapsto \sin \omega t$ et $t \mapsto \cos \omega t$ lorsque ω décrit $\mathbb{R}$, et F l'ensemble des limites uniformes des suites à valeurs dans E.

1. Montrer que F est une sous-algèbre de l'algèbre des fonctions continues bornées de $\mathbb{R}$ dans $\mathbb{R}$.

2. Soit $f \in \mathcal{C}^0(\mathbb{R}, \mathbb{R})$ et $g \in$ F. Montrer que $f \circ g \in$ F.

3. Pour $\omega \in \mathbb{R}$ et $g \in$ F, on note

$$\widetilde{g}(\omega) = \lim_{\mathrm{T} \to \infty} \frac{1}{2\mathrm{T}} \int_{-\mathrm{T}}^{\mathrm{T}} e^{-i\omega x} g(x) \mathrm{d}x.$$

Montrer que $\widetilde{g}(\omega)$ est bien défini, et qu'il est nul sauf pour un ensemble dénombrable de valeurs de ω.

(**École normale supérieure**)

▷ **Solution.**

1. Notons $\mathcal{C}$ l'algèbre des fonctions continues bornées de $\mathbb{R}$ dans $\mathbb{R}$ munie de la norme de la convergence uniforme. L'ensemble E est par définition un sous-espace vectoriel de $\mathcal{C}$ (tout élément de E est une fonction bornée sur $\mathbb{R}$ car les fonctions $t \longmapsto \sin \omega t$ et $t \longmapsto \cos \omega t$ le sont et une combinaison linéaire de fonctions bornées est bornée). C'est même une sous-algèbre. Pour le montrer, il faut vérifier que le produit de deux éléments de E est dans E ; par linéarité, il suffit de le vérifier pour les fonctions $t \longmapsto \sin \omega t$ et $t \longmapsto \cos \omega t$, où ω est un réel quelconque. Cela résulte de formules de trigonométrie bien connues : pour $(\omega, \omega', t) \in \mathbb{R}^3$,

$$\begin{cases} \cos \omega t \cos \omega' t = \frac{1}{2} \cos(\omega + \omega')t + \frac{1}{2} \cos(\omega - \omega')t \\ \sin \omega t \cos \omega' t = \frac{1}{2} \sin(\omega + \omega')t + \frac{1}{2} \sin(\omega - \omega')t \\ \sin \omega t \sin \omega' t = \frac{1}{2} \cos(\omega - \omega')t - \frac{1}{2} \cos(\omega + \omega')t. \end{cases}$$

Par définition, F est l'adhérence de E et il s'agit donc d'une sous-algèbre de $\mathcal{C}$. En effet, il suffit de vérifier que F est stable par combinaison linéaire et pour le produit. Soient f, g dans F et $(f_n)_{n\in\mathbb{N}}$, $(g_n)_{n\in\mathbb{N}}$ deux suites à valeurs dans E qui convergent uniformément vers f et g. Alors pour λ et μ dans $\mathbb{R}$, $\lambda f_n + \mu g_n$ converge uniformément sur $\mathbb{R}$ vers $\lambda f + \mu g$ qui est donc dans F et $(f_n g_n)$ converge uniformément sur $\mathbb{R}$ vers fg. Pour voir ce dernier point il suffit d'écrire que

$$\|f_n g_n - fg\|_\infty \leqslant \|f_n\|_\infty \|g_n - g\|_\infty + \|g\|_\infty \|f_n - f\|_\infty$$

et de constater que le majorant tend vers 0 (la suite $\|f_n\|_\infty$ converge vers $\|f\|_\infty$).

2. Soit $g \in$ F et f une fonction continue sur $\mathbb{R}$ (pas forcément bornée). Si f est un polynôme, il est clair que $f \circ g \in$ F car F est une sous-algèbre de $\mathcal{C}$. On va passer au cas général en utilisant le théorème de Weierstrass. La fonction g est bornée : posons $\mathrm{M} = \|g\|_\infty$. La restriction de f au segment $[-\mathrm{M}, \mathrm{M}]$ est, d'après le théorème de Weierstrass, limite uniforme sur ce segment d'une suite de fonctions polynômes $(\mathrm{P}_n)_{n\geqslant 0}$. Comme

$$\|\mathrm{P}_n \circ g - f \circ g\|_\infty \leqslant \sup_{t\in[-\mathrm{M},\mathrm{M}]} |\mathrm{P}_n(t) - f(t)|,$$

la suite $(\mathrm{P}_n \circ g)_{n\geqslant 0}$ de F converge uniformément vers $f \circ g$ sur $\mathbb{R}$. Comme F est fermé, on a donc $f \circ g \in$ F.

3. Soit $\omega \in \mathbb{R}$. Montrons, pour commencer que $\widetilde{g}(\omega)$ est bien défini si g est dans E. Étant données la linéarité de l'intégrale et de la limite, il suffit de le démontrer pour les fonctions $c_\alpha : t \mapsto \cos \alpha t$ et $s_\alpha : t \mapsto \sin \alpha t$. On a

$$\frac{1}{2\mathrm{T}} \int_{-\mathrm{T}}^{\mathrm{T}} e^{-i\omega t} e^{i\alpha t} \mathrm{d}t = \begin{cases} 1 \text{ si } \alpha = \omega \\ \dfrac{e^{i(\alpha-\omega)\mathrm{T}} - e^{-i(\alpha-\omega)\mathrm{T}}}{i(\alpha-\omega)2\mathrm{T}} & \text{si } \alpha \neq \omega. \end{cases}$$

On en déduit que, si $\alpha \neq \omega$, $\left| \dfrac{1}{2\mathrm{T}} \displaystyle\int_{-\mathrm{T}}^{\mathrm{T}} e^{-i\omega t} e^{i\alpha t} \mathrm{d}t \right| \leqslant \dfrac{1}{|\mathrm{T}(\alpha - \omega)|} \cdot$ On a donc $\displaystyle\lim_{\mathrm{T}\to+\infty} \frac{1}{2\mathrm{T}} \int_{-\mathrm{T}}^{\mathrm{T}} e^{-i\omega t} e^{i\alpha t} \mathrm{d}t = 0$ si $\alpha \neq \omega$ et 1 si $\alpha = \omega$.

Sachant que $c_\alpha(t) = \dfrac{e^{i\alpha t} + e^{-i\alpha t}}{2}$ et $s_\alpha(t) = \dfrac{e^{i\alpha t} - e^{-i\alpha t}}{2i}$, on en déduit l'existence de $\widetilde{c_\alpha}(\omega)$ et $\widetilde{s_\alpha}(\omega)$:

$$\widetilde{c_\alpha}(\omega) = \begin{cases} 0 & \text{si } |\alpha| \neq |\omega| \\ \dfrac{1}{2} & \text{si } |\alpha| = |\omega| \neq 0 \\ 1 & \text{si } \alpha = \omega = 0 \end{cases} \quad \text{et} \quad \widetilde{s_\alpha}(\omega) = \begin{cases} 0 & \text{si } |\alpha| \neq |\omega| \\ \dfrac{1}{2i} & \text{si } \alpha = \omega \neq 0 \\ \dfrac{-1}{2i} & \text{si } \alpha = -\omega \neq 0 \\ 0 & \text{si } \alpha = \omega = 0. \end{cases}$$

Établissons maintenant l'existence de $\widetilde{g}(\omega)$ pour g dans F et ω dans $\mathbb{R}$. Soit $(g_n)_{n\in\mathbb{N}}$ une suite à valeurs dans E convergeant uniformément vers g. Notons φ_n la fonction $\mathrm{T} \mapsto \dfrac{1}{2\mathrm{T}}\displaystyle\int_{-\mathrm{T}}^{\mathrm{T}} e^{-i\omega x} g_n(x)\mathrm{d}x$ pour tout n et soit $\varphi : \mathrm{T} \mapsto \dfrac{1}{2\mathrm{T}}\displaystyle\int_{-\mathrm{T}}^{\mathrm{T}} e^{-i\omega x} g(x)\mathrm{d}x$. Ces fonctions sont définies sur $\mathbb{R}_+^*$. D'après ce qui précède chaque fonction φ_n admet une limite lorsque $\mathrm{T} \to +\infty$. Or, pour tout $\mathrm{T} > 0$ le théorème de majoration montre que

$$|\varphi_n(\mathrm{T}) - \varphi(\mathrm{T})| \leqslant \frac{1}{2\mathrm{T}}\int_{-\mathrm{T}}^{\mathrm{T}} |g_n(x) - g(x)|\mathrm{d}x \leqslant \|g_n - g\|_\infty.$$

On en déduit que la suite $(\varphi_n)_{n\geqslant 0}$ converge uniformément vers φ sur $\mathbb{R}_+^*$. Le théorème d'interversion des limites permet alors de dire que φ admet une limite lorsque T tend vers $+\infty$. Cela prouve l'existence de $\widetilde{g}(\omega)$ et on peut même noter que $\widetilde{g}(\omega) = \lim\limits_{n\to+\infty} \widetilde{g_n}(\omega)$.

Il reste à démontrer que $\widetilde{g}(\omega)$ est nul sauf pour un nombre dénombrable de valeurs de ω. Pour tout n de $\mathbb{N}$, g_n est combinaison d'un nombre fini de fonctions c_ω et s_ω. Il existe donc un couple $(k,l) \in \mathbb{N}^2$ et $(\omega_1, \omega_2, \ldots, \omega_k, \alpha_1, \alpha_2, \ldots, \alpha_l) \in \mathbb{R}^{k+l}$ tel que $g_n \in \mathrm{Vect}(c_{\omega_1}, c_{\omega_2}, \ldots, c_{\omega_k}, s_{\alpha_1}, s_{\alpha_2}, \ldots, s_{\alpha_l})$. Soit A_n la réunion des ensembles $\{\omega_1, \omega_2, \ldots, \omega_k\}$ et $\{\alpha_1, \alpha_2, \ldots, \alpha_l\}$ et C_n la réunion de A_n et de $\mathrm{B}_n = \{-\omega, \omega \in \mathrm{A}_n\}$. De l'étude qui a été faite de $\widetilde{c_\alpha}(\omega)$ et $\widetilde{s_\alpha}(\omega)$, on déduit que si $\omega \notin \mathrm{C}_n$, alors $\widetilde{g_n}(\omega) = 0$.

Soit $\mathrm{C} = \bigcup\limits_{n=0}^{+\infty} \mathrm{C}_n$. En tant que réunion dénombrable d'ensembles finis, C est dénombrable et si $\gamma \notin \mathrm{C}$ on a $\widetilde{g_n}(\omega) = 0$ pour tout $n \in \mathbb{N}$. On en déduit que si $\gamma \notin \mathrm{C}$, alors $\widetilde{g}(\omega) = \lim\limits_{n\to+\infty} \widetilde{g_n}(\omega) = 0$. Hors de l'ensemble dénombrable C, $\widetilde{g}$ est nulle. $\lhd$

L'ensemble des valeurs de ω tel que $\widetilde{g}(\omega)$ soit non nul est appelé le spectre de f. L'étude des fonctions presque périodiques a fait l'objet de plusieurs problèmes de concours très intéressants : un sujet posé à l'ENS Lyon en 1992 et, plus récemment, le sujet Ulm-Cachan de 2002. Le lecteur y trouvera de nombreux résultats supplémentaires. Signalons que l'algèbre des fonctions presque périodiques est strictement incluse dans l'algèbre des fonctions continues bornées (une fonction presque périodique est uniformément continue sur $\mathbb{R}$).

L'énoncé suivant généralise et éclaire la preuve du théorème de Weierstrass par les polynômes de Bernstein donnée dans l'exercice 2.18.

2.23. Théorème de Korovkin (1953)

Soit $\mathrm{E} = \mathcal{C}([0,1],\mathbb{R})$, muni de la norme $\|.\|_\infty$. Pour $u \in \mathrm{L}(\mathrm{E})$, on dit que u est un opérateur positif (ce qu'on note $u \geqslant 0$) si, pour tout $f \in \mathrm{E}$,

$$f \geqslant 0 \Longrightarrow u(f) \geqslant 0.$$

1. Soit $u \in \mathrm{L}(\mathrm{E})$. On suppose $u \geqslant 0$. Montrer que u est continu.

2. Soit $f \in \mathrm{E}$. On fixe $\varepsilon > 0$. Établir l'existence de $c > 0$ tel que, pour tout $(x, y) \in [0,1]^2$,

$$|f(x) - f(y)| \leqslant \varepsilon + c(y-x)^2.$$

3. *Théorème de Korovkin.* Pour $k \in \mathbb{N}$, on note e_k l'élément de E défini par $e_k(x) = x^k$. Soit $(u_n)_{n\in\mathbb{N}} \in \mathrm{L}(\mathrm{E})^{\mathbb{N}}$ une suite d'opérateurs positifs. On suppose que pour $k = 0, 1, 2$ la suite $(u_n(e_k))_{n\in\mathbb{N}}$ converge vers e_k dans $(\mathrm{E}, \|.\|_\infty)$. Montrer que, pour tout $f \in \mathrm{E}$, la suite $(u_n(f))_{n\in\mathbb{N}}$ converge uniformément vers f.

(**École polytechnique**)

▷ **Solution.**

Notons que si $u \in \mathcal{L}(\mathrm{E})$ est positif, on a, pour $(f, g) \in \mathrm{E}^2$,

$$f \leqslant g \Longrightarrow u(f) \leqslant u(g),$$

et en particulier, pour tout $f \in \mathrm{E}$, $|u(f)| \leqslant u(|f|)$.

1. Pour tout $f \in \mathrm{E}$, des inégalités $-\|f\|_\infty e_0 \leqslant f \leqslant \|f\|_\infty e_0$, avec $e_0 : x \longmapsto 1$, on tire $-\|f\|_\infty u(e_0) \leqslant u(f) \leqslant \|f\|_\infty u(e_0)$, et donc

$$\|u(f)\|_\infty \leqslant \|f\|_\infty \|u(e_0)\|_\infty,$$

ce qui montre la continuité de u (l'application linéaire u est lipschitzienne de rapport $\|u(e_0)\|_\infty$).

2. Puisque f est continue sur le compact $[0,1]$, elle y est uniformément continue. Soit η un module d'uniforme continuité de f pour ε.

- Si $|y - x| \leqslant \eta$, alors $|f(y) - f(x)| \leqslant \varepsilon$.
- Si $|y - x| > \eta$, alors $\dfrac{(y-x)^2}{\eta^2} \geqslant 1$ et on a

$$|f(y) - f(x)| \leqslant 2\|f\|_\infty \leqslant \frac{2\|f\|_\infty}{\eta^2}(y-x)^2.$$

On a donc, pour tout $(x, y) \in [0,1]^2$,

$$|f(y) - f(x)| \leqslant \varepsilon + \frac{2\|f\|_\infty}{\eta^2}(y-x)^2,$$

ce qui est l'inégalité voulue avec $c = \dfrac{2\|f\|_\infty}{\eta^2}$.

3. Soit $f \in \mathrm{E}$ et $\varepsilon > 0$. On choisit c comme dans la question précédente. Fixons x dans $[0,1]$. On applique l'opérateur u_n sur l'inégalité

$$|f(y) - f(x)| \leqslant \varepsilon + c(y^2 - 2xy + x^2)$$

où les fonctions dépendent de la variable y, autrement dit sur l'inégalité entre fonctions : $|f - f(x)e_0| \leqslant \varepsilon e_0 + c(e_2 - 2xe_1 + x^2 e_0)$. On en déduit que la quantité $|u_n(f)(y) - f(x)u_n(e_0)(y)|$ est majorée par

$$\varepsilon u_n(e_0)(y) + c[u_n(e_2)(y) - 2xu_n(e_1)(y) + x^2 u_n(e_0)(y)]$$

pour tout $y \in [0,1]$. Par inégalité triangulaire on a

$$|u_n(f)(x) - f(x)| \leqslant |u_n(f)(x) - f(x)u_n(e_0)(x)| + |f(x)||u_n(e_0)(x) - 1|.$$

On applique l'inégalité précédente avec $y = x$ pour majorer le terme $|u_n(f)(x) - f(x)u_n(e_0)(x)|$ par

$$\varepsilon u_n(e_0)(x) + c[u_n(e_2)(x) - 2xu_n(e_1)(x) + x^2 u_n(e_0)(x)].$$

Par hypothèse, cette quantité converge uniformément vers la fonction constante égale à ε lorsque n tend vers l'infini (le terme entre crochet tend uniformément vers 0). De plus, comme f est bornée, le terme $|f(x)||u_n(e_0)(x) - 1|$ converge uniformément vers 0. Il en résulte qu'il existe un rang N tel que pour tout $n \geqslant \mathrm{N}$ et tout $x \in [0,1]$,

$$|u_n(f)(x) - f(x)| \leqslant 2\varepsilon.$$

Conclusion. La suite $(u_n(f))_{n\in\mathbb{N}}$ converge uniformément vers f. Le résultat de cette question constitue le théorème de Korovkin. $\triangleleft$

On retrouve en particulier la preuve de Bernstein (voir exercice 2.18) du théorème de Weierstrass en prenant pour B_n *les opérateurs définis par* $\mathrm{B}_n(f)(x) = \sum\limits_{k=0}^{n} \mathrm{C}_n^k f\left(\dfrac{k}{n}\right) x^k(1-x)^{n-k}$. *Ils sont clairement positifs et il est facile de vérifier que* $\mathrm{B}_n(e_k)$ *converge uniformément vers* e_k *pour* $k = 0, 1, 2$.

L'énoncé suivant concerne encore des questions d'approximation uniforme mais cette fois sur l'intervalle $\mathbb{R}_+$ *qui n'est pas compact. Le fait qu'un polynôme non constant n'est plus borné sur* $\mathbb{R}_+$ *complique grandement les choses.*

2.24. Approximation de Laguerre

Soit $\lambda \geqslant 1$ et $\varepsilon > 0$. Montrer qu'il existe $P \in \mathbb{R}[X]$ tel que $|e^{-\lambda x} - e^{-x}P(x)| \leqslant \varepsilon$ pour tout $x \in \mathbb{R}_+$. On pourra commencer par le cas $1 \leqslant \lambda \leqslant 2$.

(**École normale supérieure**)

▷ **Solution.**

• Comme le préconise l'énoncé, supposons d'abord $1 \leqslant \lambda \leqslant 2$ et même $\lambda > 1$ puisque le problème est trivial pour $\lambda = 1$. Si on met e^{-x} en facteur, on est conduit à chercher un polynôme P qui approche bien la fonction $e^{-(\lambda-1)x}$. On va prendre son polynôme de Taylor en 0. L'inégalité de Taylor-Lagrange en 0 à l'ordre n, nous permet d'affirmer que pour tout $x \geqslant 0$,

$$\left| e^{-(\lambda-1)x} - \sum_{k=0}^{n} \frac{(-1)^k(\lambda-1)^k}{k!} x^k \right| \leqslant \frac{(\lambda-1)^{n+1}x^{n+1}}{(n+1)!} \leqslant \frac{x^{n+1}}{(n+1)!}$$

car $0 \leqslant \lambda - 1 \leqslant 1$. Si on note $Q_n(x)$ le polynôme de Taylor d'ordre n ci-dessus, on a donc pour tout $x \geqslant 0$,

$$|e^{-\lambda x} - e^{-x}Q_n(x)| \leqslant \frac{e^{-x}x^{n+1}}{(n+1)!}.$$

Une étude de fonction très simple, montre que la fonction majorante atteint son maximum en $n+1$. On a donc

$$\|e^{-\lambda x} - e^{-x}Q_n(x)\|_\infty \leqslant \frac{e^{-n-1}(n+1)^{n+1}}{(n+1)!} \underset{n\to\infty}{\sim} \frac{1}{\sqrt{2\pi n}}$$

d'après l'équivalent de Stirling, ce qui tend vers 0 et donne le résultat demandé. On voit que cette solution ne convient pas pour tout λ car lorsque $\lambda > 2$, on a le terme $(\lambda-1)^{n+1}$ en plus et il rend le majorant divergent.

• On va alors montrer par récurrence sur l'entier $p \geqslant 1$, que le résultat reste vrai pour $\lambda \in]p, p+1]$. Le point précédent concerne le cas $p = 1$. Supposons le résultat prouvé pour $\lambda \in]p-1, p]$ et soit $\lambda \in]p, p+1]$. On dispose donc, par hypothèse de récurrence, d'une suite de polynômes (R_n) telle que $R_n(x)e^{-x}$ converge uniformément sur $\mathbb{R}^+$ vers $e^{-(\lambda-1)x}$. On écrit plutôt $e^{-(\lambda-1)x} = R_n(x)e^{-x} + \varepsilon_n(x)$ où (ε_n) est une suite de fonctions qui converge uniformément vers 0 sur $\mathbb{R}^+$. On multiplie cela par la fonction e^{-x} qui est bornée sur $\mathbb{R}^+$: on a

$$e^{-\lambda x} = R_n(x)e^{-2x} + e^{-x}\varepsilon_n(x) \tag{1}$$

et le reste tend uniformément vers 0. Par le point précédent (appliqué avec $\lambda = 2$), il existe une suite de polynômes (Q_n) telle que $e^{-x}\mathrm{Q}_n(x)$ converge uniformément vers e^{-2x}. Ici aussi, on écrit

$$e^{-2x} = e^{-x}\mathrm{Q}_n(x) + \widetilde{\varepsilon}_n(x) \tag{2}$$

avec $(\widetilde{\varepsilon}_n)$ qui tend uniformément vers 0.

Une première idée est de remplacer e^{-2x} donné par (2) dans l'égalité (1). Il vient

$$e^{-\lambda x} = e^{-x}\mathrm{Q}_n(x)\mathrm{R}_n(x) + \mathrm{R}_n(x)\widetilde{\varepsilon}_n(x) + e^{-x}\varepsilon_n(x).$$

Mais on ne peut pas conclure car, R_n n'étant pas borné sur $\mathbb{R}^+$, rien ne permet de dire que le terme $\mathrm{R}_n\widetilde{\varepsilon}_n$ converge uniformément vers 0.

On va procéder autrement pour fabriquer $e^{-\lambda x}$. L'idée est d'écrire (2) en $\dfrac{\lambda x}{2}$ et (1) en $\dfrac{x}{2}$ pour remplacer le terme $e^{-\lambda x/2}$. On a donc

$$e^{-\lambda x} = e^{-\lambda x/2}\mathrm{Q}_n(\lambda x/2) + \widetilde{\varepsilon}_n(\lambda x/2),$$

et le reste tend uniformément vers 0. Maintenant on remplace le terme $e^{-\lambda x/2}$ par $\mathrm{R}_n(x/2)e^{-x} + e^{-x/2}\varepsilon_n(x/2)$. Il vient

$$e^{-\lambda x} = \mathrm{R}_n(x/2)\mathrm{Q}_n(\lambda x/2)e^{-x} + \mathrm{Q}_n(\lambda x/2)e^{-x/2}\varepsilon_n(x/2) + \widetilde{\varepsilon}_n(\lambda x/2).$$

Le terme $\mathrm{R}_n(x/2)\mathrm{Q}_n(\lambda x/2)$ est un polynôme. Le terme $\widetilde{\varepsilon}_n(\lambda x/2)$ converge uniformément vers 0 sur $\mathbb{R}^+$. Il reste à regarder le terme $\mathrm{Q}_n(\lambda x/2)e^{-x/2}\varepsilon_n(x/2)$. On voit la différence par rapport à la première tentative : il reste ici une exponentielle et la fonction $\mathrm{Q}_n(\lambda x/2)e^{-x/2}$ est bornée. Si on note M_n sa borne supérieure, il suffit de faire en sorte que la suite $\mathrm{M}_n\|\varepsilon_n\|_\infty$ tende vers 0. Mais, (Q_n) étant donnée, rien n'interdit de choisir la suite (R_n) pour que cela soit vérifié ! ◁

On peut en déduire, à l'aide du théorème de Weierstrass et d'un changement de variable, que le sous-espace des fonctions $x \longmapsto \mathrm{P}(x)e^{-x}$ *est dense pour la norme uniforme dans l'espace des fonctions continues sur* $\mathbb{R}^+$ *tendant vers* 0 *en* $+\infty$.

Dans la série d'exercices qui vient, nous proposons des approximations explicites, de la fonction exponentielle pour le premier, de la fonction cotangente pour le second.

2.25. Convergence d'une suite de polynômes

1. Soit $n \in \mathbb{N}^*$ et $k \in [\![1, n]\!]$. Montrer que

$$1 - \frac{n(n-1)\dots(n-k+1)}{n^k} \leqslant \sum_{j=0}^{k-1} \frac{j}{n}.$$

2. En déduire que la suite de fonctions $(f_n)_{n\in\mathbb{N}^*}$ définie par $f_n(z) = \left(1 + \frac{z}{n}\right)^n$ converge uniformément sur tout compact de $\mathbb{C}$.

(École normale supérieure)

▷ **Solution.**

1. L'inégalité à démontrer peut s'écrire

$$1 - \prod_{j=0}^{k-1}\left(1 - \frac{j}{n}\right) \leqslant \sum_{j=0}^{k-1} \frac{j}{n}.$$

Nous démontrerons plus généralement que, pour tout $p \in \mathbb{N}$ et tout $(x_0, \dots, x_p) \in [0,1]^{p+1}$, on a

$$1 - \prod_{i=0}^{p}(1 - x_i) \leqslant \sum_{i=0}^{p} x_i,$$

en raisonnant par récurrence sur p.

La propriété est évidente pour $p = 0$ et si on la suppose vérifiée au rang $p \in \mathbb{N}$, alors on a, pour $(x_0, \dots, x_p, x_{p+1}) \in [0,1]^{p+1}$

$$\begin{aligned} 1 - \prod_{i=0}^{p+1}(1 - x_i) &= (1 - x_{p+1})\left(1 - \prod_{i=0}^{p}(1 - x_i)\right) + x_{p+1} \\ &\leqslant (1 - x_{p+1})\left(\sum_{i=0}^{p} x_i\right) + x_{p+1} \leqslant \sum_{i=0}^{p+1} x_i, \end{aligned}$$

ce qui termine la démonstration par récurrence.

2. Il est bien connu que, pour tout réel x, on a

$$\lim_{n\to+\infty}\left(1 + \frac{x}{n}\right)^n = e^x.$$

Montrons que la suite de fonctions $(f_n)_{n\in\mathbb{N}^*}$ converge vers la fonction exponentielle, uniformément sur tout compact de $\mathbb{C}$. Pour $z \in \mathbb{C}$ et $n \in \mathbb{N}^*$, on a

$$e^z = \sum_{k=0}^{n} \frac{z^k}{k!} + \sum_{k=n+1}^{+\infty} \frac{z^k}{k!} \quad \text{et} \quad \left(1 + \frac{z}{n}\right)^n = \sum_{k=0}^{n} \mathrm{C}_n^k \left(\frac{z}{n}\right)^k.$$

On en déduit que

$$f_n(z) - e^z = \left(1 + \frac{z}{n}\right)^n - e^z = \sum_{k=0}^{n} \left(\frac{\mathrm{C}_n^k}{n^k} - \frac{1}{k!}\right) z^k - \sum_{k=n+1}^{+\infty} \frac{z^k}{k!}$$

puis que

$$|f_n(z) - e^z| \leqslant \sum_{k=1}^{n} \left|\frac{n(n-1)\dots(n-k+1)}{n^k} - 1\right| \frac{|z|^k}{k!} + \sum_{k=n+1}^{+\infty} \frac{|z|^k}{k!}.$$

D'après la question 1, on a, pour $k \in [\![1, n]\!]$,

$$\begin{aligned}\left|\frac{n(n-1)\dots(n-k+1)}{n^k} - 1\right| = 1 - \frac{n(n-1)\dots(n-k+1)}{n^k} &\leqslant \sum_{j=0}^{k-1} \frac{j}{n} \\ &\leqslant \frac{k(k-1)}{2n}.\end{aligned}$$

Soit K un compact de $\mathbb{C}$ et $a \in \mathbb{R}_+^*$ tel que, pour tout $z \in \mathrm{K}$, on ait $|z| \leqslant a$. Alors, pour $n \in \mathbb{N}^*$ et $z \in \mathrm{K}$,

$$\begin{aligned}|f_n(z) - e^z| &\leqslant \frac{1}{2n} \sum_{k=1}^{n} \frac{k(k-1)}{k!} a^k + \sum_{k=n+1}^{+\infty} \frac{a^k}{k!} \\ &\leqslant \frac{1}{2n} \sum_{k=2}^{n} \frac{a^k}{(k-2)!} + \sum_{k=n+1}^{+\infty} \frac{a^k}{k!} \\ &\leqslant \frac{1}{2n} a^2 e^a + \sum_{k=n+1}^{+\infty} \frac{a^k}{k!}.\end{aligned}$$

Sachant que $\lim\limits_{n\to+\infty} \frac{1}{2n} a^2 e^a + \sum\limits_{k=n+1}^{+\infty} \frac{a^k}{k!} = 0$, on en déduit que la suite $(f_n)_{n\in\mathbb{N}^*}$ converge uniformément sur K vers la fonction exponentielle. $\triangleleft$

On pouvait montrer directement la question 2 de la manière suivante : prenons $\mathrm{M} \geqslant 0$ *et* $z \in \mathbb{C}$ *avec* $|z| \leqslant \mathrm{M}$. *À partir de*

$$|f_n(z) - e^z| \leqslant \sum_{k=1}^{n} \left|\frac{n(n-1)\dots(n-k+1)}{n^k} - 1\right| \frac{|z|^k}{k!} + \sum_{k=n+1}^{+\infty} \frac{|z|^k}{k!},$$

on peut écrire

$$|f_n(z) - e^z| \leqslant \sum_{k=1}^{n} \left(1 - \frac{n(n-1)\dots(n-k+1)}{n^k}\right) \frac{|z|^k}{k!} + \sum_{k=n+1}^{+\infty} \frac{|z|^k}{k!},$$

car $\dfrac{n(n-1))\cdots(n-k+1)}{n^k} \leqslant 1$. *Ainsi, on peut majorer*

$$|f_n(z) - e^z| \leqslant \sum_{k=1}^{n} \left(1 - \frac{n(n-1)\ldots(n-k+1)}{n^k}\right) \frac{\mathrm{M}^k}{k!} + \sum_{k=n+1}^{+\infty} \frac{\mathrm{M}^k}{k!}$$

$$\text{et} \quad |f_n(z) - e^z| \leqslant e^{\mathrm{M}} - \left(1 + \frac{\mathrm{M}}{n}\right)^n \xrightarrow[n\to\infty]{} 0,$$

ce qui prouve la convergence uniforme sur tout compact de $\mathbb{C}$.

Notons qu'il est vain d'espérer une convergence uniforme d'une suite de fonctions polynomiales vers l'exponentielle sur tout $\mathbb{C}$ *(voir la remarque qui suit l'exercice 2.18).*

Dans l'exercice suivant on obtient le développement eulérien de la fonction cotangente par des méthodes très élémentaires.

2.26. Développement eulérien de la cotangente

On pose pour x réel, $f(x) = \lim\limits_{n\to+\infty} \sum\limits_{k=-n}^{n} \dfrac{1}{x+k}$.

1. Montrer que f est définie sur $\mathbb{R}\backslash\mathbb{Z}$.

2. Vérifier les égalités ci-dessous :

a. pour $x \in \mathbb{R}\backslash\mathbb{Z}$, $f(-x) = -f(x)$;

b. pour $x \in \mathbb{R}\backslash\mathbb{Z}$, $f(x+1) = f(x)$;

c. pour $x \in \mathbb{R}\backslash\frac{1}{2}\mathbb{Z}$, $f(2x) = \frac{1}{2}\left(f(x) + f\left(x + \frac{1}{2}\right)\right)$.

3. Montrer que la fonction $x \longmapsto f(x) - \pi \operatorname{cotan}(\pi x)$ admet un prolongement continu à $\mathbb{R}$ tout entier.

4. Montrer que pour tout $x \in \mathbb{R}\backslash\mathbb{Z}$, $f(x) = \pi \operatorname{cotan} \pi x$.

(**École polytechnique**)

▷ **Solution.**

1. Posons pour x dans $\mathbb{R}\backslash\mathbb{Z}$ et $n \geqslant 1$, $\mathrm{U}_n(x) = \sum\limits_{k=-n}^{n} \dfrac{1}{x+k}$. On peut écrire en regroupant les termes d'indices k et $-k$,

$$\begin{aligned}\mathrm{U}_n(x) &= \frac{1}{x} + \sum_{k=1}^{n} \frac{1}{x+k} + \sum_{k=1}^{n} \frac{1}{x-k} = \frac{1}{x} + \sum_{k=1}^{n} \left(\frac{1}{x+k} + \frac{1}{x-k}\right) \\ &= \frac{1}{x} - 2x \sum_{k=1}^{n} \frac{1}{k^2 - x^2} = \frac{1}{x} - 2x \sum_{k=1}^{n} u_k(x)\end{aligned}$$

avec $u_k(x) = \dfrac{1}{k^2 - x^2}$ pour $k \in \mathbb{N}^*$ et $x \in \mathbb{R}\backslash\mathbb{Z}$. Fixons x dans $\mathbb{R}\backslash\mathbb{Z}$. Au voisinage de $+\infty$, $u_k(x) \underset{k\to\infty}{\sim} \dfrac{1}{k^2}$. Le théorème de comparaison des séries à termes positifs garantit alors la convergence de la série $\sum u_k(x)$ et par conséquent l'existence de la limite de $\mathrm{U}_n(x)$. On a donc

$$f(x) = \frac{1}{x} - 2x \sum_{k=1}^{+\infty} \frac{1}{k^2 - x^2}.$$

2. a. L'expression que l'on vient d'établir prouve que f est impaire.

b. Soit $n \geqslant 1$ et $x \in \mathbb{R}\backslash\mathbb{Z}$. On a

$$\begin{aligned}\mathrm{U}_n(x+1) &= \sum_{k=-n}^{n} \frac{1}{x+1+k} \underset{\boxed{j=k+1}}{=} \sum_{j=-n+1}^{n+1} \frac{1}{x+j} \\ &= \mathrm{U}_{n-1}(x) + \frac{1}{x+n} + \frac{1}{x+n+1} \xrightarrow[n\to+\infty]{} f(x).\end{aligned}$$

Donc $f(x+1) = f(x)$ et la fonction f est 1-périodique.

c. Pour $n \geqslant 1$ et $x \in \mathbb{R}\backslash\frac{1}{2}\mathbb{Z}$, on a en séparant les indice pairs et impairs,

$$\begin{aligned}\mathrm{U}_{2n}(2x) &= \sum_{k=-2n}^{2n} \frac{1}{2x+k} = \sum_{j=-n}^{n} \frac{1}{2x+2j} + \sum_{j=-n}^{n-1} \frac{1}{2x+2j+1} \\ &= \frac{1}{2}\sum_{j=-n}^{n} \frac{1}{x+j} + \frac{1}{2}\sum_{j=-n}^{n-1} \frac{1}{x+1/2+j} \\ &= \frac{1}{2}\mathrm{U}_n(x) + \frac{1}{2}\mathrm{U}_n(x+1/2) - \frac{1}{2x+1+2n},\end{aligned}$$

ce qui donne, en faisant tendre n vers $+\infty$,

$$f(2x) = \frac{1}{2}\left(f(x) + f\left(x + \frac{1}{2}\right)\right).$$

3. Notons g la fonction définie sur $\mathbb{R}\backslash\mathbb{Z}$ par $x \longmapsto f(x) - \pi\,\mathrm{cotan}(\pi x)$.

• Montrons que g est continue sur $\mathbb{R}\backslash\mathbb{Z}$. En tant que différence de deux fonctions 1-périodiques, elle est 1-périodique. Il suffit de prouver que g est continue sur $]0,1[$. Comme cotan est continue sur $]0,\pi[$, cela revient à montrer la continuité de f sur $]0,1[$. Vue l'expression de f trouvée à la question 1, nous avons à prouver la continuité sur $]0,1[$ de la fonction $x \longmapsto \sum_{k=1}^{+\infty} \dfrac{1}{k^2 - x^2}$. Nous allons faire un tout petit peu mieux en prouvant cette continuité sur $]-1,1[$, ce qui nous sera utile pour la suite.

• Considérons la fonction $h : x \in]-1,1[\longmapsto 2x\sum_{k=1}^{+\infty} \frac{1}{k^2-x^2}$. Cette série de fonctions continues converge normalement sur $[-a,a]$, $a \in]0,1[$, car pour tout $x \in [-a,a]$,

$$0 \leqslant \frac{|2x|}{k^2-x^2} \leqslant \frac{2}{k^2-a^2}$$

et $\sum \frac{2}{k^2-a^2}$ est une série convergente. Il s'ensuit que h est continue sur $[-a,a]$ pour tout $a<1$, et donc sur $]-1,1[$. Ainsi f, et donc g, est continue sur $]0,1[$, et par 1-périodicité, sur $\mathbb{R}\backslash\mathbb{Z}$.

• Par périodicité de g il suffit de la prolonger par continuité en 0 pour prouver qu'elle se prolonge en une fonction continue sur $\mathbb{R}$. Pour cela, il s'agit donc de prouver que g admet une limite finie en 0. Pour x voisin de 0, on a

$$\pi \operatorname{cotan} \pi x = \pi\frac{\cos \pi x}{\sin \pi x} = \pi\frac{1+o(x)}{\pi x + o(x^2)} = \frac{1}{x}(1+o(x)) = \frac{1}{x}+o(1).$$

Pour x voisin de 0, on a donc

$$\begin{aligned} f(x) - \pi \operatorname{cotan} \pi x &= \frac{1}{x} - h(x) - \frac{1}{x} + o(1) \\ &= -h(x) + o(1) \xrightarrow[x\to 0]{} -h(0)+0 = 0 \end{aligned}$$

puisque h est continue. Donc g se prolonge par continuité en 0, et par 1-périodicité en tout point de $\mathbb{Z}$.

4. • Posons $\widetilde{f} : x \in \mathbb{R}\backslash\mathbb{Z} \longmapsto \pi \operatorname{cotan} \pi x$. Montrons que, comme f, pour tout $x \in \mathbb{R}\backslash\frac{1}{2}\mathbb{Z}$, $\widetilde{f}(2x) = \frac{1}{2}\left(\widetilde{f}(x) + \widetilde{f}\left(x+\frac{1}{2}\right)\right)$. Soit $x \in \mathbb{R}\backslash\frac{1}{2}\mathbb{Z}$. On a

$$\begin{aligned} \widetilde{f}(2x) &= \pi\frac{\cos 2\pi x}{\sin 2\pi x} = \pi\frac{\cos^2 \pi x - \sin^2 \pi x}{2\sin \pi x \cos \pi x} = \frac{\pi}{2}\left(\frac{\cos \pi x}{\sin \pi x} - \frac{\sin \pi x}{\cos \pi x}\right) \\ &= \frac{\pi}{2}(\operatorname{cotan} \pi x - \tan \pi x) = \frac{\pi}{2}(\operatorname{cotan} \pi x + \operatorname{cotan}(\pi x + \pi/2)) \\ &= \frac{1}{2}(\widetilde{f}(x) + \widetilde{f}(x+1/2)). \end{aligned}$$

• La fonction g qui vaut $g(x) = f(x) - \widetilde{f}(x)$ pour $x \in \mathbb{R}\backslash\frac{1}{2}\mathbb{Z}$ et prolongée à $\mathbb{R}$ par continuité, vérifie donc trivialement la même relation pour $x \in \mathbb{R}\backslash\frac{1}{2}\mathbb{Z}$:

$$g(2x) = \frac{1}{2}(g(x) + g(x+1/2)). \qquad (*)$$

Comme g est continue, en faisant tendre x vers $x_0 \in \dfrac{1}{2}\mathbb{Z}$, $x \neq x_0$, on trouve que $(*)$ est aussi vraie pour un élément de $\dfrac{1}{2}\mathbb{Z}$, et donc pour tout $x \in \mathbb{R}$.

• La fonction $|g|$ est continue sur le compact $[0,1]$, donc elle est bornée et atteint ses bornes. En particulier, il existe $c \in [0,1]$ tel que $|g(c)| = \max\limits_{x\in[0,1]} |g(x)|$. Mais alors d'après $(*)$, on a l'inégalité

$$|g(c)| = \left| \frac{g\left(\frac{c}{2}\right) + g\left(\frac{c+1}{2}\right)}{2} \right| \leqslant \frac{\left|g\left(\frac{c}{2}\right)\right| + \left|g\left(\frac{c+1}{2}\right)\right|}{2} \leqslant \frac{\left|g\left(\frac{c}{2}\right)\right|}{2} + \frac{|g(c)|}{2}$$

et donc, $\dfrac{|g(c)|}{2} \leqslant \dfrac{|g(c/2)|}{2}$ ce qui entraîne $|g(c/2)| \geqslant \max\limits_{x\in[0,1]} |g(x)|$. On en déduit donc $|g(c/2)| = \max\limits_{x\in[0,1]} |g(x)|$ et par une récurrence immédiate, pour tout $n \in \mathbb{N}$:

$$\max_{x\in[0,1]} |g(x)| = |g(c/2^n)| \xrightarrow[n\to+\infty]{} g(0) = 0$$

puisque g est continue en 0. Par conséquent, $\max\limits_{x\in[0,1]} |g(x)| = 0$ et $g = 0$. On déduit donc que pour $x \in \mathbb{R}\backslash\mathbb{Z}$:

$$\boxed{f(x) = \lim_{n\to+\infty} \sum_{k=-n}^{n} \frac{1}{x+k} = \pi \operatorname{cotan} \pi x}. \lhd$$

Le lecteur trouvera une autre manière d'obtenir ce développement à l'aide des séries de Fourier dans l'exercice 4.9.

Les trois exercices qui suivent concernent les produits infinis. Étant donnée une suite $(a_n) \in \mathbb{C}^{\mathbb{N}}$, on dira que le produit infini $\prod a_n$ converge lorsque la suite des produits partiels $\mathrm{P}_n = \prod\limits_{k=0}^{n} a_k$ converge. On note alors $\prod\limits_{k=0}^{+\infty} a_k = \lim\limits_{n\to\infty} \mathrm{P}_n$. Notons que lorsqu'on développe la théorie des produits infinis, on impose en plus à cette limite d'être non nulle. Avec cette condition supplémentaire on voit facilement que pour qu'un produit infini converge il est nécessaire que le terme général a_n tende vers 1. Nous n'aurons toutefois pas besoin de cette convention dans les exercices qui suivent.

2.27. Produits infinis (1)

On pose, pour $z \in \mathbb{C}$, tel que $|z| < 1$,

$$f(z) = \prod_{k=1}^{+\infty}(1+z^k)\prod_{k=1}^{+\infty}(1-z^{2k-1}).$$

Justifier que f est définie, puis la calculer.

(**École normale supérieure**)

▷ **Solution.**

Posons, pour tout $n \in \mathbb{N}^*$,

$$a_n(z) = \prod_{k=1}^{n}(1+z^k) \;\text{ et }\; b_n(z) = \prod_{k=1}^{n}(1-z^{2k-1}).$$

Pour que z appartienne à l'ensemble de définition de f, il faut et suffit que les deux produits infinis convergent. Il est intéressant d'avoir un critère simple pour justifier qu'un produit infini de la forme $\prod(1+u_n)$ converge. Pour avoir des idées, imaginons que (u_n) soit une suite réelle positive qui converge vers 0. On a $\ln \prod_{k=1}^{n}(1+u_k) = \sum_{k=1}^{n}\ln(1+u_k)$ donc si la série $\sum \ln(1+u_k)$ converge, le produit infini converge. La réciproque est vraie si le produit infini converge vers une valeur non nulle (c'est pour ce genre de chose qu'il est commode de dire qu'un produit infini de limite nulle diverge). De plus comme $\ln(1+u_n) \sim u_n$, la convergence de la série $\sum \ln(1+u_n)$ équivaut à celle de la série $\sum u_n$ (on a pris u_n positif). Dans le cas complexe, c'est un peu plus difficile car on ne peut pas prendre le logarithme. On a tout de même le lemme suivant, fort utile en pratique, et qui va suffire pour l'exercice :

Lemme. *Soit $(u_n) \in \mathbb{C}^{\mathbb{N}}$. Si la série $\sum u_n$ converge absolument, alors le produit $\prod(1+u_n)$ converge. Si, de plus, on a $u_n \neq -1$ pour tout $n \in \mathbb{N}$, alors $\prod_{k=0}^{+\infty}(1+u_k)$ n'est pas nul.*

Démonstration.

• Posons, pour tout $n \in \mathbb{N}$, $\mathrm{P}_n = \prod_{k=0}^{n}(1+u_k)$. Notons pour commencer que pour tout n,

$$|\mathrm{P}_n| \leqslant \prod_{k=0}^{n}(1+|u_k|) \leqslant \prod_{k=0}^{n} e^{|u_k|} \leqslant e^{\sum_{k=0}^{n}|u_k|} \leqslant e^{\mathrm{S}},$$

où S est la somme de la série $\sum |u_n|$ (cela résulte de l'inégalité $1+x \leqslant e^x$, valable pour tout réel x). Ainsi la suite (P_n) est bornée. Nous savons que la suite (P_n) converge si et seulement si la série de terme général $\sum(\mathrm{P}_n - \mathrm{P}_{n-1})$ converge. Or celle-ci est absolument convergente car pour tout $n \geqslant 1$, on a

$$|\mathrm{P}_n - \mathrm{P}_{n-1}| = |\mathrm{P}_{n-1}||u_n| \leqslant e^{\mathrm{S}}|u_n|$$

et la série $\sum |u_n|$ converge par hypothèse. On peut donc conclure que la suite (P_n) converge.

• Supposons maintenant $1+u_n$ non nul pour tout n et montrons que la limite de (P_n) n'est pas nulle. Posons $\mathrm{Q}_n = \prod_{k=0}^{n} \frac{1}{1+u_k}$, ce qui est possible puisque les u_k sont différents de -1. On peut alors écrire

$$\mathrm{Q}_n = \prod_{k=0}^{n} \left(1 - \frac{u_k}{1+u_k}\right) = \prod_{k=0}^{n} (1+v_k)$$

avec $v_k = -\dfrac{u_k}{1+u_k}$ pour tout k. Comme la suite $(u_n)_{n\in\mathbb{N}}$ converge vers 0, $|u_n| \sim |v_n|$. Le théorème de comparaison des séries à termes positifs nous assure de la convergence de $\sum |v_n|$. D'après ce qui précède il s'ensuit que Q_n converge dans $\mathbb{C}$. Par définition on a $\mathrm{P}_n\mathrm{Q}_n = 1$ pour tout n. En passant à la limite on a $\lim\limits_{n\to+\infty} \mathrm{P}_n \lim\limits_{n\to+\infty} \mathrm{Q}_n = 1$ et la limite de la suite $(\mathrm{P}_n)_{n\geqslant 0}$ ne peut être nulle. ◊

Il résulte de ce lemme que $f(z)$ est bien défini si $|z| < 1$; en effet, les deux séries $\sum z^k$ et $\sum -z^{2k-1}$ convergent absolument. De plus on a, pour $|z| < 1$,

$$a_n(z) = \prod_{k=1}^{n} (1+z^k) = \frac{\prod_{k=1}^{n} (1-z^{2k})}{\prod_{k=1}^{n} (1-z^k)}.$$

On en déduit que

$$a_n(z)b_n(z) = \frac{\prod_{k=1}^{2n} (1-z^k)}{\prod_{k=1}^{n} (1-z^k)}.$$

Quand n tend vers $+\infty$ le numérateur et le dénominateur de cette expression tendent tous les deux vers $\prod_{k=1}^{+\infty} (1-z^k)$. Le produit $a_n(z)b_n(z)$ tend donc vers 1.

Conclusion. Pour $|z| < 1$, $\boxed{f(z) = 1}$. ◁

L'énoncé suivant est un bon moyen de s'exercer au calcul algébrique !

2.28. Produits infinis (2)

Soit $n \in \mathbb{N}^*$, q, z deux complexes tels que $0 < |q| < 1$ et $z \neq 0$. On pose

$$\mathrm{P}(z) = \prod_{k=1}^{n} (1 + q^{2k-1} z)(1 + q^{2k-1} z^{-1})$$

1. Montrer que $\mathrm{P}(z)$ se met sous la forme

$$\mathrm{P}(z) = c_0 + c_1(z + z^{-1}) + \cdots + c_n(z^n + z^{-n}).$$

2. Calculer les c_i en fonction de n, i et q.
3. Étudier les c_i et P lorsque n tend vers l'infini.

(**École normale supérieure**)

▷ **Solution.**

1. Il est clair que P est une fraction rationnelle dont le seul pôle est 0, pôle d'ordre n. Il existe donc des nombres complexes $c_{-n}, c_{-(n-1)}, \ldots, c_{n-1}, c_n$ tels que $\mathrm{P}(z) = \sum\limits_{i=-n}^{n} c_i z^i$. C'est tout simplement la décomposition en éléments simples de P. On remarque alors que $\mathrm{P}(z) = \mathrm{P}(z^{-1})$, d'où par unicité de la décomposition en éléments simples les relations $c_{-i} = c_i$ pour tout $i \in [\![1, n]\!]$. Cela donne le résultat voulu.

2. Pour calculer les coefficients c_i, on remarque qu'il y a une relation simple entre $\mathrm{P}(z)$ et $\mathrm{P}(q^2 z)$. En effet, on obtient

$$\begin{aligned}\mathrm{P}(q^2 z) &= \prod_{k=1}^{n} (1 + q^{2k+1} z)(1 + q^{2k-3} z^{-1}) \\ &= \mathrm{P}(z) \frac{1 + q^{2n+1} z}{1 + qz} \frac{1 + q^{-1} z^{-1}}{1 + q^{2n-1} z^{-1}} = \mathrm{P}(z) \frac{1 + q^{2n+1} z}{qz + q^{2n}}.\end{aligned}$$

De cette égalité qui s'écrit

$$(qz+q^{2n})\Big(c_0+\sum_{i=1}^{n} c_i(q^{2i}z^i+q^{-2i}z^{-i})\Big) = (1+q^{2n+1}z)\Big(c_0+\sum_{i=1}^{n} c_i(z^i+z^{-i})\Big),$$

on déduit, en comparant les coefficients de z^{i+1} dans les deux termes que, pour $0 \leqslant i \leqslant n-1$,

$$c_{i+1} q^{2(i+1)} q^{2n} + c_i q^{2i} q = c_{i+1} + q^{2n+1} c_i,$$

et donc

$$c_i = c_{i+1} \frac{1 - q^{2(n+i+1)}}{q^{2i+1} - q^{2n+1}} = \frac{c_{i+1}(1 - q^{2(n+i+1)})}{q^{2i+1}(1 - q^{2(n-i)})}.$$

On calcule directement

$$c_n = qq^3 \dots q^{2n-1} = q^{1+3+\cdots+(2n-1)} = q^{n^2}.$$

On en déduit que, pour $0 \leqslant i \leqslant n$, on a

$$c_i = \frac{c_n \displaystyle\prod_{k=n+i+1}^{2n} (1-q^{2k})}{q^{(2i+1)+(2i+3)+\cdots+(2n-1)} \displaystyle\prod_{k=1}^{n-i} (1-q^{2k})}.$$

La somme $(2i+1)+(2i+3)+\cdots+(2n-1)$ étant égale à $(n-i)(n+i)$ (c'est la somme de $n-i$ termes consécutifs d'une suite arithmétique), on obtient finalement, en remplaçant c_n par sa valeur,

$$\boxed{c_i = \frac{q^{i^2} \displaystyle\prod_{k=n+i+1}^{2n} (1-q^{2k})}{\displaystyle\prod_{k=1}^{n-i} (1-q^{2k})}}.$$

3. On fait maintenant varier n. Modifions légèrement les notations, en posant, pour tout $n \in \mathbb{N}$,

$$\begin{cases} \mathrm{P}_n = \displaystyle\prod_{k=1}^{n} (1+q^{2k-1}z)(1+q^{2k-1}z^{-1}) \\ c_i(n) = \dfrac{q^{i^2} \displaystyle\prod_{k=n+i+1}^{2n} (1-q^{2k})}{\displaystyle\prod_{k=1}^{n-i} (1-q^{2k})} \quad \text{pour } \ 0 \leqslant i \leqslant n. \end{cases}$$

Les différentes suites qui apparaissent ici font intervenir des produits. Du lemme prouvé dans l'exercice précédent, on déduit immédiatement que la suite (P_n) converge. En effet, on peut écrire, pour tout $n \in \mathbb{N}$,

$$\mathrm{P}_n = \prod_{k=1}^{n} (1+q^{2k-1}z) \prod_{k=1}^{n} (1+q^{2k-1}z^{-1}).$$

Les séries $\sum |q^{2k-1}z|$ et $\sum |q^{2k-1}z^{-1}|$ convergent puisque $|q| < 1$, donc les produits sont convergents. Ceci montre que (P_n) converge vers

$$\mathrm{P} = \prod_{k=1}^{+\infty} (1+q^{2k-1}z) \prod_{k=1}^{+\infty} (1+q^{2k-1}z^{-1}).$$

Pour $i \in \mathbb{N}$ et $n \geqslant i$, on peut écrire

$$c_i(n) = \frac{q^{i^2} \prod_{k=n+i+1}^{2n} (1-q^{2k})}{\prod_{k=1}^{n-i} (1-q^{2k})} = \frac{q^{i^2} \prod_{k=1}^{2n} (1-q^{2k})}{\prod_{k=1}^{n+i} (1-q^{2k}) \prod_{k=1}^{n-i} (1-q^{2k})}.$$

Le produit $\prod(1-q^{2k})$ converge, puisque $\sum |q^{2k}|$ converge (car $|q| < 1$). De plus, sa limite n'est pas nulle car, pour tout $k \in \mathbb{N}$, on a $q^{2k} \neq 1$. On en déduit que la suite $(c_i(n))_{n \geqslant i}$ converge et que sa limite est égale à

$$l_i = \frac{q^{i^2} \prod_{k=1}^{+\infty} (1-q^{2k})}{\left(\prod_{k=1}^{+\infty} (1-q^{2k})\right)^2} = \frac{q^{i^2}}{\prod_{k=1}^{+\infty} (1-q^{2k})}.$$

La suite (P_n) vérifie, pour tout $n \in \mathbb{N}$,

$$\mathrm{P}_n = c_0(n) + \sum_{i=1}^{n} c_i(n)(z^i + z^{-i}).$$

Il est tentant de penser que

$$\mathrm{P} = l_0 + \sum_{i=1}^{+\infty} l_i(z^i + z^{-i}).$$

On a, pour tout $i \in \mathbb{N}$, $\dfrac{l_{i+1}}{l_i} = \dfrac{q^{(i+1)^2}}{q^{i^2}} = q^{2i+1}$ et donc $\lim\limits_{i \to +\infty} \dfrac{l_{i+1}}{l_i} = 0$. Le rayon de convergence de la série entière $\sum l_i z^i$ est donc infini, ce qui montre l'existence de $\mathrm{Q} = l_0 + \sum\limits_{i=1}^{+\infty} l_i(z^i + z^{-i})$. On a alors, pour tout $n \in \mathbb{N}^*$,

$$\mathrm{P}_n - \mathrm{Q} = c_0(n) - l_0 + \sum_{i=1}^{n} (l_i - c_i(n))(z^i + z^{-i}) + \sum_{i=n+1}^{+\infty} l_i(z^i + z^{-i}).$$

Pour démontrer que $\mathrm{P}_n - \mathrm{Q}$ converge vers 0, il faut intervertir sommation et passage à la limite. Pour cela, il suffit que la série définissant P_n converge uniformément par rapport à n. Montrons donc qu'on peut majorer $|c_i(n)|$ pour $0 \leqslant i \leqslant n$, indépendamment de n, par le terme d'une série convergente. On écrit

$$c_i(n) = \frac{q^{i^2} \prod_{k=1}^{2n} (1-q^{2k})}{\prod_{k=1}^{n+i} (1-q^{2k}) \prod_{k=1}^{n-i} (1-q^{2k})}.$$

La suite de terme général $v_n = \prod\limits_{k=0}^{n} (1-q^{2k})$ convergeant vers une limite non nulle, il existe des réels a et b, strictement positifs, tels que, pour tout $n \in \mathbb{N}$, $a \leqslant |v_n| \leqslant b$. On en déduit que, pour $0 \leqslant i \leqslant n$, on a $|c_i(n)| \leqslant |q|^{i^2} ba^{-2} = \mathrm{C}|q|^{i^2}$. Par passage à la limite, on obtient la même majoration $|l_i| \leqslant \mathrm{C}|q|^{i^2}$ pour l_i. On peut alors écrire, pour $0 \leqslant m \leqslant n$,

$$\begin{aligned}
|\mathrm{P}_n - \mathrm{Q}| &\leqslant |c_0(n) - l_0| + \sum_{i=1}^{m} |c_i(n) - l_i| \left(|z|^i + |z|^{-i}\right) + \\
&\quad \sum_{i=m+1}^{n} 2\mathrm{C}|q|^{i^2} \left(|z|^i + |z|^{-i}\right) + \sum_{i=n+1}^{+\infty} \mathrm{C}|q|^{i^2} \left(|z|^i + |z|^{-i}\right) \\
&\leqslant |c_0(n) - l_0| + \sum_{i=1}^{m} |c_i(n) - l_i| \left(|z|^i + |z|^{-i}\right) \\
&\quad +2 \sum_{i=m+1}^{+\infty} \mathrm{C}|q|^{i^2} \left(|z|^i + |z|^{-i}\right).
\end{aligned}$$

Soit $\varepsilon > 0$. Choisissons m tel que $2 \sum\limits_{i=m+1}^{+\infty} \mathrm{C}|q|^{i^2} \left(|z|^i + |z|^{-i}\right) \leqslant \varepsilon$. Alors, pour tout $n \geqslant m$, on a

$$|\mathrm{P}_n - \mathrm{Q}| \leqslant |c_0(n) - l_0| + \sum_{i=1}^{m} |c_i(n) - l_i| \left(|z|^i + |z|^{-i}\right) + \varepsilon.$$

Le terme de droite tend vers ε quand n tend vers $+\infty$.Pour n assez grand, on aura $|\mathrm{P}_n - \mathrm{Q}| \leqslant 2\varepsilon$, ce qui montre que $\lim\limits_{n\to\infty} \mathrm{P}_n = \mathrm{Q}$, c'est-à-dire que $\mathrm{Q} = \mathrm{P}$. On a donc démontré que

$$\prod_{k=1}^{+\infty} (1 + q^{2k-1} z) \prod_{k=1}^{+\infty} (1 + q^{2k-1} z^{-1}) = l_0 + \sum_{i=1}^{+\infty} l_i \left(z^i + z^{-i}\right),$$

c'est-à-dire

$$\prod_{k=1}^{+\infty} (1 + q^{2k-1} z) \prod_{k=1}^{+\infty} (1 + q^{2k-1} z^{-1}) \prod_{k=1}^{+\infty} (1 - q^{2k}) = 1 + \sum_{i=1}^{+\infty} q^{i^2} (z^i + z^{-i}),$$

ce qui peut encore s'écrire

$$\boxed{\prod_{k=1}^{+\infty} (1 + q^{2k-1} z)(1 + q^{2k-1} z^{-1})(1 - q^{2k}) = \sum_{i \in \mathbb{Z}} q^{i^2} z^i}. \quad \lhd$$

2.29. Développement eulérien du sinus sur $\mathbb{C}$

1. Soit $z \in \mathbb{C}$. Montrer que

$$\left(1+\frac{iz}{2p}\right)^{2p} - \left(1-\frac{iz}{2p}\right)^{2p} = 2iz \prod_{k=1}^{p-1} \left(1 - \frac{z^2}{4p^2 \tan^2 \dfrac{k\pi}{2p}}\right).$$

2. Montrer que pour tout $z \in \mathbb{C}$, $\sin z = z \prod_{p=1}^{+\infty} \left(1 - \dfrac{z^2}{p^2\pi^2}\right)$.

(**École polytechnique**)

▷ **Solution.**

1. Considérons le polynôme $\mathrm{P} = (1+i\mathrm{X})^{2p} - (1-i\mathrm{X})^{2p}$. Le coefficient de X^{2p} est nul et celui de X^{2p-1} égal à $4p(-1)^{p-1}i$. Donc P est de degré $2p-1$. Cherchons ses racines. Pour z complexe distinct de $-i$ (qui n'est pas racine de P), on a

$$\begin{aligned}
\mathrm{P}(z) = 0 &\iff (1+iz)^{2p} - (1-iz)^{2p} = 0 \iff \left(\frac{1+iz}{1-iz}\right)^{2p} = 0 \\
&\iff \exists k \in [\![0, 2p-1]\!],\ \ \frac{1+iz}{1-iz} = \omega_k, \ \ \text{où } \omega_k = e^{\frac{2ik\pi}{2p}}\ , \\
&\iff \exists k \in [\![0, 2p-1]\!],\ \ (1+iz) = \omega_k(1-iz) \\
&\iff \exists k \in [\![0, 2p-1]\!],\ \ 1-\omega_k = -i(1+\omega_k)z \\
&\iff \exists k \in [\![0, 2p-1]\!],\ \ \omega_k \neq -1 \text{ et } z = i\frac{1-\omega_k}{1+\omega_k} \\
&\iff \exists k \in [\![0, 2p-1]\!]\setminus\{p\},\ \ z = \tan\frac{k\pi}{2p}
\end{aligned}$$

après simplification de $i\dfrac{1-e^{i\theta}}{1+e^{i\theta}}$ en $\tan\dfrac{\theta}{2}$. On obtient ainsi $2p-1$ racines deux à deux distinctes. À un scalaire multiplicatif près, P est donc égal à $\mathrm{X} \prod_{\substack{1\leqslant k\leqslant 2p-1 \\ k\neq p}} \left(\mathrm{X} - \tan\dfrac{k\pi}{2p}\right)$. Pour k décrivant $[\![1, p-1]\!]$,

$$\tan\left(\frac{(2p-k)\pi}{2p}\right) = \tan\left(\pi - \frac{k\pi}{2p}\right) = -\tan\left(\frac{k\pi}{2p}\right)$$

et $2p-k$ décrit $[\![p+1, 2p-1]\!]$. En associant les facteurs d'indices k et $2p-k$, on en déduit qu'à un scalaire près, P est égal à $\mathrm{X} \prod_{k=1}^{p-1} \left(\mathrm{X}^2 - \tan^2\dfrac{k\pi}{2p}\right)$.

En divisant chaque facteur par $-\tan^2 \dfrac{k\pi}{2p}$ qui est bien distinct de 0, on en déduit l'existence d'un scalaire $\lambda \in \mathbb{C}^*$ tel que

$$\mathrm{P} = \lambda \mathrm{X} \prod_{k=1}^{p-1} \left(1 - \frac{\mathrm{X}^2}{\tan^2 \dfrac{k\pi}{2p}} \right).$$

La valeur de λ est obtenue en regardant le coefficient de X dans P. On trouve $\lambda = 4ip$. Ainsi,

$$\mathrm{P} = 4ip\mathrm{X} \prod_{k=1}^{p-1} \left(1 - \frac{\mathrm{X}^2}{\tan^2 \dfrac{k\pi}{2p}} \right)$$

et en évaluant P en $\dfrac{z}{2p}$, on arrive à la relation voulue

$$\boxed{\left(1 + \frac{iz}{2p}\right)^{2p} - \left(1 - \frac{iz}{2p}\right)^{2p} = 2iz \prod_{k=1}^{p-1} \left(1 - \frac{z^2}{4p^2 \tan^2 \dfrac{k\pi}{2p}} \right)}.$$

2. Soit z un nombre complexe. L'idée est bien entendu de faire tendre p vers l'infini dans l'égalité ci-dessus. Comme $\lim\limits_{p \to +\infty} \left(1 + \dfrac{iz}{2p}\right)^{2p} = e^{iz}$ et $\lim\limits_{p \to +\infty} \left(1 - \dfrac{iz}{2p}\right)^{2p} = e^{-iz}$ (voir l'exercice 2.25), le terme de gauche de cette égalité tend vers $2i \sin z$. Il reste à regarder le comportement du produit.

Posons, pour $1 \leqslant k < p$, $u_k(p) = \dfrac{z^2}{4p^2 \tan^2 \dfrac{k\pi}{p}}$ et $u_k(p) = 0$ pour $k \geqslant p$. Notons alors

$$\mathrm{F}(p) = \prod_{k=1}^{+\infty} (1 - u_k(p)) = \prod_{k=1}^{p-1} \left(1 - \frac{z^2}{4p^2 \tan^2 \dfrac{k\pi}{2p}} \right)$$

le produit qui nous intéresse. Si k est fixé, le terme $u_k(p)$ tend vers $u_k = \dfrac{z^2}{4k^2\pi^2}$ lorsque p tend vers l'infini. Il est assez naturel d'imaginer que $\lim\limits_{p \to +\infty} \mathrm{F}(p) = \prod\limits_{k=1}^{+\infty} (1 - u_k)$ et c'est ce que nous allons prouver. Il s'agit d'un problème d'interversion de limites.

On va utiliser la forme trigonométrique de $1 - u_k(p)$ pour se ramener aux théorèmes sur les séries de fonctions que nous connaissons. Comme pour $x \in \left]0, \frac{\pi}{2}\right[$, $\tan x \geqslant x$, on a $|u_k(p)| \leqslant \frac{|z|^2}{k^2\pi^2}$ pour tout k et p dans $\mathbb{N}^*$. Il existe donc un rang $\mathrm{N} \geqslant 1$ tel que pour tout $k \geqslant \mathrm{N}$ et tout p, $|u_k(p)| \leqslant \frac{1}{2}$. À partir de ce rang, on peut choisir un argument $\varphi_k(p)$ de $1 - u_k(p)$ compris entre $-\frac{\pi}{2}$ et $\frac{\pi}{2}$:

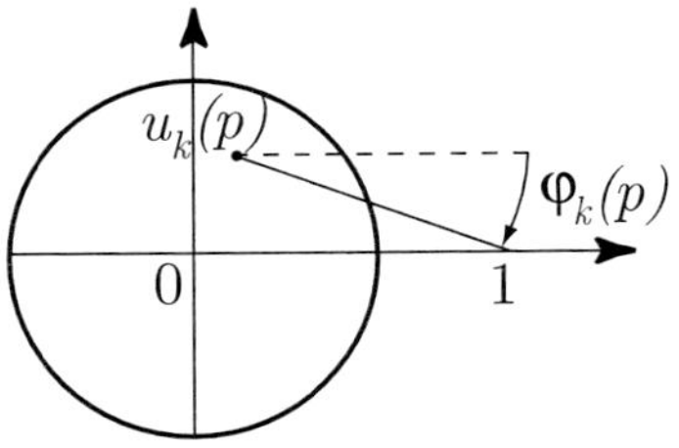

On peut alors écrire pour $k \geqslant \mathrm{N}$,

$$1 - u_k(p) = \exp\big(\ln|1 - u_k(p)| + i\varphi_k(p)\big) \quad \text{avec} \ -\frac{\pi}{2} \leqslant \varphi_k(p) \leqslant \frac{\pi}{2}.$$

On va maintenant montrer que la série $\sum\limits_{k=\mathrm{N}}^{+\infty} (\ln|1 - u_k(p)| + i\varphi_k(p))$ converge normalement en p ce qui permettra de passer à la limite.

• On va d'abord majorer le terme $|\ln|1 - u_k(p)||$ indépendamment de p. Pour $|u| < 1$ on a par croissance du logarithme

$$\ln(1 - |u|) \leqslant \ln|1 - u| \leqslant \ln(1 + |u|).$$

Comme $\left|\frac{\ln(1 - |u|)}{|u|}\right|$ et $\left|\frac{\ln(1 + |u|)}{|u|}\right|$ tendent vers 1 lorsque $|u|$ tend vers 0, on en déduit l'existence d'un réel $\alpha > 0$ tel que $|\ln|1 - u|| \leqslant 2|u|$ pour $|u| \leqslant \alpha$. Quitte à changer N, on peut supposer que $\frac{|z|^2}{k^2\pi^2} \leqslant \alpha$ pour tout $k \geqslant \mathrm{N}$. On a alors pour tout $p \geqslant 1$,

$$|\ln|1 - u_k(p)|| \leqslant 2|u_k(p)|.$$

• Occupons nous maintenant du terme $\varphi_k(p)$. On constate que $\sin|\varphi_k(p)| \leqslant |u_k(p)|$ (c'est clair sur la figure ci-dessus). Comme $\sin x \geqslant \frac{2}{\pi}x$ pour $0 \leqslant x \leqslant \frac{\pi}{2}$, on a

$$|\varphi_k(p)| \leqslant \frac{\pi}{2}|u_k(p)|.$$

Ainsi, en posant $\mathrm{C} = 2 + \dfrac{\pi}{2}$, on a pour tout p,

$$|\ln|1 - u_k(p)| + i\varphi_k(p)| \leqslant \mathrm{C}|u_k(p)| \leqslant \frac{\mathrm{C}|z|^2}{k^2\pi^2},$$

ce qui garantit la convergence normale de $\sum\limits_{k=\mathrm{N}}^{+\infty} (\ln|1 - u_k(p)| + i\varphi_k(p))$.

Comme la fonction argument $z \in \mathbb{C} \setminus \mathbb{R}_- \longmapsto \arg z \in \,]-\pi, \pi[$ est continue, la limite de $\ln|1 - u_k(p)| + i\varphi_k(p)$ lorsque p tend vers l'infini n'est autre que $\ln|1 - u_k| + i\arg(1 - u_k)$. Comme on peut passer à la limite dans la série, on a

$$\sum_{k=\mathrm{N}}^{+\infty} (\ln|1 - u_k(p)| + i\varphi_k(p)) \xrightarrow[p\to+\infty]{} \sum_{k=\mathrm{N}}^{+\infty} \ln|1 - u_k| + i\arg(1 - u_k).$$

La fonction exponentielle étant continue, $\exp(\ln|1 - u_k(p)| + i\varphi_k(p))$ tend vers $\exp\left(\sum\limits_{k=\mathrm{N}}^{+\infty} \ln|1 - u_k| + i\arg(1 - u_k)\right)$ et, toujours par continuité de l'exponentielle,

$$\exp\left(\sum_{k=\mathrm{N}}^{+\infty} \ln|1 - u_k| + i\arg(1 - u_k)\right) = \prod_{k=\mathrm{N}}^{+\infty} (1 - u_k).$$

On en déduit donc que la limite de $\mathrm{F}(p)$ lorsque p tend vers l'infini n'est autre $\prod\limits_{k=1}^{+\infty} (1 - u_k)$. Nous venons de prouver que

$$\lim_{p\to+\infty} \prod_{k=1}^{p-1} \left(1 - \frac{z^2}{4p^2 \tan^2 \dfrac{k\pi}{2p}}\right) = \prod_{k=1}^{+\infty} \left(1 - \frac{z^2}{k^2\pi^2}\right).$$

En passant à la limite dans la relation établie à la question précédente, on obtient la décomposition en facteur de $\sin z$:

$$\boxed{\sin z = z \prod_{k=1}^{+\infty} \left(1 - \frac{z^2}{k^2\pi^2}\right)}. \quad \triangleleft$$

Dans cette dernière partie, on s'intéresse aux conditions suffisantes qui permettent d'assurer la convergence uniforme d'une suite de fonctions. Beaucoup de résultats sont le fruit de recherches des écoles allemande et italienne à la fin du XIXe *siècle. Dini est à l'origine des résultats suivants qui sont très souvent posés aux oraux des concours.*

2.30. Théorème de Dini

Soit $a < b$ dans $\mathbb{R}$, $f_n : [a, b] \longrightarrow \mathbb{R}$ une suite de fonctions continues qui converge simplement vers une fonction continue f.

1. *Théorème de Dini :* on suppose que la suite $(f_n)_{n\in\mathbb{N}}$ est croissante, *i.e.* $f_n \leqslant f_{n+1}$. Démontrer que la convergence est uniforme.

2. On suppose que chaque fonction f_n est croissante. Montrer que la convergence est uniforme.

3. On considère la suite de fonctions $(p_n)_{n\geqslant 0}$ de $[0,1]$ dans $\mathbb{R}$ définie par $p_0 = 0$ et $p_{n+1}(x) = p_n(x) + \dfrac{1}{2}(x - p_n^2(x))$ pour tout n et tout x. Montrer que la suite $(p_n)_{n\geqslant 0}$ converge uniformément sur $[0,1]$.

(École polytechnique, école normale supérieure)

▷ **Solution.**

1. Nous proposons deux rédactions pour cette question.

• La première repose sur la propriété selon laquelle l'intersection d'une suite décroissante de compacts non vides n'est pas vide : posons pour $n \geqslant 0$, $g_n = f - f_n \geqslant 0$. Alors (g_n) est une suite décroissante de fonctions continues qui converge simplement vers la fonction nulle. Notons $\alpha_n = \|g_n\|_\infty$. Il s'agit de prouver que cette suite converge vers 0. Comme $\alpha_n = \sup\limits_{x\in[a,b]} g_n(x)$, la suite (α_n) est décroissante et positive. Elle converge donc vers un réel $\alpha \geqslant 0$. Raisonnons par l'absurde et supposons $\alpha > 0$. Considérons pour $n \geqslant 0$ les parties

$$\mathrm{K}_n = \left\{x \in [a,b], g_n(x) \geqslant \frac{\alpha}{2}\right\}.$$

Chaque partie K_n est non vide, bornée car contenue dans $[a,b]$, et en tant qu'image réciproque du fermé $[\alpha/2, +\infty[$ par la fonction continue g_n, K_n est fermée dans $[a,b]$ donc dans $\mathbb{R}$. Comme $g_{n+1} \leqslant g_n$, on a $\mathrm{K}_{n+1} \subset \mathrm{K}_n$. Il s'ensuit, par le théorème des compacts emboîtés, que $\bigcap\limits_{n\geqslant 0} \mathrm{K}_n$ est non vide. Il existe donc c appartenant à tout K_n et par conséquent tel que $g_n(c) \geqslant \dfrac{\alpha}{2}$ pour tout n, ce qui contredit la convergence simple vers 0.

• La seconde rédaction fait appel à la propriété de Borel-Lebesgue. Soit $\varepsilon > 0$. Les parties

$$\Omega_n = \{x \in [a,b], f(x) - \varepsilon < f_n(x)\}$$

constituent une suite croissante d'ouverts de $[a,b]$: en effet, Ω_n est l'image réciproque de l'ouvert $]-\infty, \varepsilon[$ par la fonction continue $f - f_n$, c'est donc un ouvert. Comme $f_n \leqslant f_{n+1}$, Ω_n est inclus dans Ω_{n+1}.

Comme la suite (f_n) converge simplement vers f, la réunion des Ω_n fait $[a,b]$ tout entier. Comme $[a,b]$ est compact, en vertu de la propriété de Borel-Lebesgue, il existe $n_0 \in \mathbb{N}$ tel que $\Omega_{n_0} = [a,b]$. Dans ces conditions, si $n \geqslant n_0$ et $x \in [a,b]$, on a $f(x) - f_{n_0}(x) \leqslant \varepsilon$ et

$$f(x) - \varepsilon < f_{n_0}(x) \leqslant f_n(x) \leqslant f(x).$$

Ainsi $\|f - f_n\| \leqslant \varepsilon$ et la convergence est donc uniforme sur $[a,b]$.

Ce résultat fondamental constitue le théorème de Dini. Le résultat de la question suivante est souvent qualifié de second théorème de Dini, voire même de « faux Dini ».

2. Sur un ensemble fini, la convergence simple équivaut à la convergence uniforme. On va donc se ramener à une subdivision (finie) de $[a,b]$ et contrôler l'écart entre f et f_n sur le reste du segment grâce à l'hypothèse de monotonie.

Soit $\varepsilon > 0$. La fonction f est continue sur le compact $[a,b]$. D'après le théorème de Heine, elle est uniformément continue. Considérons $\eta > 0$ un module d'uniforme continuité de f pour ε et une subdivision $\mathrm{S} = (a = a_0 < a_1 < \cdots < a_{n-1} < a_n = b)$ de $[a,b]$ de pas inférieur à η. Il existe $n_0 \in \mathbb{N}$ tel que pour tout entier $n \geqslant n_0$ et tout $i \in [\![0,n]\!]$, $|f(a_i) - f_n(a_i)| \leqslant \varepsilon$. Soit $n \geqslant n_0$ et $x \in [a,b]$. Supposons $a_i \leqslant x \leqslant a_{i+1}$ avec $0 \leqslant i \leqslant n-1$. On a $|f(x) - f(a_i)| \leqslant \varepsilon$ et on peut alors écrire

$$\begin{aligned}
|f(x) - f_n(x)| &\leqslant |f(x) - f(a_i)| + |f(a_i) - f_n(a_i)| + |f_n(a_i) - f_n(x)| \\
&\leqslant \varepsilon + \varepsilon + (f_n(x) - f_n(a_i)) \\
&\leqslant 2\varepsilon + f_n(a_{i+1}) - f_n(a_i) \text{ (car } f_n \text{ est croissante)} \\
&\leqslant 2\varepsilon + |f_n(a_{i+1}) - f(a_{i+1})| + |f(a_{i+1}) - f(a_i)| \\
&\qquad\qquad + |f(a_i) - f_n(a_i)| \\
&\leqslant 5\varepsilon.
\end{aligned}$$

La convergence est donc uniforme.

3. Cette question offre une application du (premier) théorème de Dini. Soit $x \in [0,1]$ fixé. La suite $p_n(x)$ est la suite récurrente associée à la fonction $g_x : t \mapsto t + \dfrac{1}{2}(x - t^2)$ avec la condition initiale $p_0(x) = 0$. Les points fixes de g_x sont $-\sqrt{x}$ et $\sqrt{x}$. Il est facile de voir que l'intervalle $[0, \sqrt{x}]$ est stable par g_x et que celle-ci y est croissante avec $g_x(t) \geqslant t$ pour tout $t \in [0, \sqrt{x}]$. On en déduit que la suite $(p_n(x))_{n \geqslant 0}$ est croissante et converge vers $\sqrt{x}$. La fonction racine carrée étant continue sur $[0,1]$ on peut applique le résultat de la question 1 et dire que la convergence de la suite (p_n) est uniforme. $\triangleleft$

On notera que dans les deux résultats de Dini l'hypothèse de continuité de f est fondamentale. Le lecteur trouvera sans mal des exemples où la convergence n'est pas uniforme si on ôte cette hypothèse.

Dans l'exercice suivant, on utilise le théorème de Dini pour s'assurer de la continuité d'une limite simple.

2.31. Un théorème de point fixe

Soit $\mathrm{H} : [0,1]^2 \longmapsto \mathbb{R}_+$ continue telle que, pour tout $x \in [0,1]$, $\mathrm{H}(x,x) = 0$. Pour toute application $\varphi : [0,1] \longrightarrow \mathbb{R}$ bornée, on pose

$$\forall t \in [0,1],\ (\mathrm{T}\varphi)(t) = \inf_{s\in[0,1]} (\varphi(s) + \mathrm{H}(t,s)).$$

1. Montrer que $\mathrm{T}\varphi$ est continue. On définit donc ainsi une application T de $\mathcal{C}([0,1],\mathbb{R})$ dans lui-même.

2. Caractériser les points fixes de T (vue comme application de $\mathcal{C}([0,1],\mathbb{R})$ dans lui-même).

3. Montrer que T est continue de $\mathcal{C}([0,1],\mathbb{R})$ dans lui-même pour la norme infinie.

4. Soit $\varphi \in \mathcal{C}([0,1],\mathbb{R})$. Montrer que la suite $(\mathrm{T}^n\varphi)_{n\geqslant 0}$ converge uniformément vers un point fixe de T.

(**École polytechnique**)

▷ **Solution.**

1. D'après le théorème de Heine, la fonction H est uniformément continue sur le compact $[0,1]^2$. Munissons $\mathbb{R}^2$ de la norme définie par $\|(x,y)\| = \max(|x|,|y|)$. Pour tout $\varepsilon > 0$, il existe donc $\eta > 0$ tel que $|\mathrm{H}(t,s) - \mathrm{H}(t',s')| \leqslant \varepsilon$ si $\|(s,t)-(s',t')\| \leqslant \eta$. Si t et t' sont deux éléments de $[0,1]$ tels que $|t-t'| \leqslant \eta$, on a pour tout $s \in [0,1]$, $\|(s,t)-(s,t')\| \leqslant \eta$ et donc $|\mathrm{H}(t,s) - \mathrm{H}(t',s)| \leqslant \varepsilon$. On en déduit que, pour tout $s \in [0,1]$, on a

$$\mathrm{T}_\varphi(t) \leqslant \varphi(s) + \mathrm{H}(t,s) \leqslant \varphi(s) + \mathrm{H}(t',s) + \varepsilon.$$

Cela étant vrai pour tout $s \in [0,1]$, on a

$$\mathrm{T}_\varphi(t) \leqslant \mathrm{T}_\varphi(t') + \varepsilon.$$

En échangeant les rôles de t et t', on obtient de même $\mathrm{T}_\varphi(t') \leqslant \mathrm{T}_\varphi(t) + \varepsilon$ et finalement

$$|\mathrm{T}_\varphi(t) - \mathrm{T}_\varphi(t')| \leqslant \varepsilon.$$

Ceci démontre la continuité de T_φ.

2. On cherche les fonctions φ de $\mathcal{C}([0,1],\mathbb{R})$ telles que $\mathrm{T}_\varphi(t) = \varphi(t)$ pour tout $t \in [0,1]$. Notons déjà que

$$\mathrm{T}_\varphi(t) \leqslant \varphi(t) + \mathrm{H}(t,t) = \varphi(t).$$

Pour avoir l'inégalité inverse, il faut $\varphi(t) \leqslant \varphi(s) + \mathrm{H}(s,t)$ pour tout $s \in [0,1]$. Finalement, φ est un point fixe de T si, pour tout $(s,t) \in [0,1]^2$, on a

$$\varphi(t) \leqslant \varphi(s) + \mathrm{H}(t,s).$$

3. Soit φ et ψ dans $\mathcal{C}([0,1],\mathbb{R})$. On a, pour tout $(s,t) \in [0,1]^2$,

$$\begin{aligned} \mathrm{T}_\varphi(t) &\leqslant \varphi(s) + \mathrm{H}(t,s) \\ &\leqslant \varphi(s) - \psi(s) + \psi(s) + \mathrm{H}(t,s) \\ &\leqslant \|\varphi - \psi\|_\infty + \psi(s) + \mathrm{H}(t,s) \end{aligned}$$

On en déduit en prenant la borne inférieure du second membre, que $\mathrm{T}_\varphi(t) \leqslant \mathrm{T}_\psi(t) + \|\varphi - \psi\|_\infty$. Les fonctions φ et ψ jouant le même rôle, on obtient pareillement $\mathrm{T}_\psi(t) \leqslant \mathrm{T}_\varphi(t) + \|\varphi - \psi\|_\infty$ et donc

$$|\mathrm{T}_\varphi(t) - \mathrm{T}_\psi(t)| \leqslant \|\varphi - \psi\|_\infty.$$

Cela étant vrai pour tout $t \in [0,1]$, on a

$$\|\mathrm{T}_\varphi - \mathrm{T}_\psi\|_\infty \leqslant \|\varphi - \psi\|_\infty.$$

L'application T est continue pour la norme infinie, puisque lipschitzienne de rapport 1.

4. Nous avons démontré dans la question 2 que, pour $\varphi \in \mathcal{C}([0,1],\mathbb{R})$ et $t \in [0,1]$, on a $\mathrm{T}_\varphi(t) \leqslant \varphi(t)$. On en déduit que, pour tout $n \in \mathbb{N}$, on a $\mathrm{T}_\varphi^{n+1}(t) \leqslant \mathrm{T}_\varphi^n(t)$. La suite $(\mathrm{T}_\varphi^n(t))_{n\in\mathbb{N}}$ est donc décroissante, pour tout $t \in [0,1]$. Montrons qu'elle est bornée.

L'image de la fonction nulle par T étant la fonction nulle, il résulte de la question 3 que l'on a, pour $\varphi \in \mathcal{C}([0,1],\mathbb{R})$, $\|\mathrm{T}_\varphi\|_\infty \leqslant \|\varphi\|_\infty$. On en déduit que la suite $\left(\|\mathrm{T}_\varphi^n\|_\infty\right)$ décroît. En particulier, $\|\mathrm{T}_\varphi^n\|_\infty \leqslant \|\varphi\|_\infty$ pour tout $n \in \mathbb{N}$ et donc pour tout $t \in [0,1]$, $|\mathrm{T}_\varphi^n(t)| \leqslant \|\varphi\|_\infty$. Pour tout $t \in [0,1]$, la suite $(\mathrm{T}_\varphi^n(t))_{n\in\mathbb{N}}$ est bornée ; elle est donc convergente puisqu'elle est décroissante. La suite (T_φ^n) converge donc simplement sur l'intervalle $[0,1]$. Notons f sa limite. Cette fonction est bien continue sur $[0,1]$: en effet, prenons $\varepsilon > 0$. Dans la première question, on a prouvé l'existence de $\eta > 0$ tel que pour tout $t, t' \in [0,1]$ avec $|t - t'| \leqslant \eta$ et toute application ψ bornée sur $[0,1]$, $|\mathrm{T}_\psi(t) - \mathrm{T}_\psi(t')| \leqslant \varepsilon$. En particulier, si $|t - t'| \leqslant \eta$, pour tout $n \geqslant 0$, $|\mathrm{T}_\varphi^n(t) - \mathrm{T}_\varphi^n(t')| \leqslant \varepsilon$. En faisant tendre n vers l'infini, il vient $|f(t) - f(t')| \leqslant \varepsilon$. La fonction f est bien dans $\mathcal{C}([0,1],\mathbb{R})$.

Montrons que f est un point fixe de T. On a, par définition de T, pour $(s,t) \in [0,1]^2$,

$$\mathrm{T}^n(\varphi)(t) = \mathrm{T}(\mathrm{T}^{n-1}(\varphi))(t) \leqslant \mathrm{T}^{n-1}(\varphi)(s) + \mathrm{H}(t,s).$$

En faisant tendre n vers $+\infty$, on obtient, pour tout $(s,t) \in [0,1]^2$,

$$f(t) \leqslant f(s) + \mathrm{H}(t,s).$$

Or nous avons vu dans la question 2 que c'est la condition pour que f soit un point fixe de T. L'application f est donc un point fixe de T. En particulier, il résulte de la première question que $f = \mathrm{T}(f)$ est continue sur $[0,1]$. Il reste à démontrer que la convergence est uniforme. Cela résulte du théorème de Dini (voir l'exercice précédent) appliquée à la suite $(-\mathrm{T}^n(\varphi))$ sur le segment $[0,1]$. $\lhd$

2.32. Suite de fonctions lipschitziennes sur un compact

1. Soit $[a,b]$ un segment de $\mathbb{R}$ et $(f_n)_{n\geqslant 0}$ une suite de fonctions c-lipschitziennes de $[a,b]$ dans $\mathbb{R}$ qui converge simplement vers une fonction f. Montrer que la convergence est uniforme sur $[a,b]$.

2. Plus généralement soit K un compact d'un espace vectoriel normé et $(f_n)_{n\geqslant 0}$ une suite de fonctions c-lipschitziennes de K dans $\mathbb{R}$ qui converge simplement vers $f : \mathrm{K} \to \mathbb{R}$. Montrer que la convergence est uniforme sur K.

(**École normale supérieure**)

$\rhd$ **Solution.**

1. L'idée est de se ramener à un ensemble fini de points, le caractère c-lipschitzien de toutes les fonctions f_n permettant de contrôler ce qui se passe ailleurs. Plus précisément, soit $\varepsilon > 0$ fixé et une subdivision $\mathrm{S} = (x_0 = a < x_1 < \cdots < x_p = b)$ du segment $[a,b]$ de pas inférieur à $\dfrac{\varepsilon}{3c}$. Puisque la suite $(f_n)_{n\geqslant 0}$ converge simplement vers f, on peut trouver un rang N tel que pour tout $n \geqslant \mathrm{N}$ et tout $k \in [\![0,p]\!]$, $|f_n(x_k) - f(x_k)| \leqslant \dfrac{\varepsilon}{3}$. Soit $x \in [a,b]$ un point quelconque et i tel que $x \in [x_i, x_{i+1}]$. Pour tout $n \geqslant \mathrm{N}$ on a

$$\begin{aligned} |f_n(x) - f(x)| &\leqslant |f_n(x) - f_n(x_i)| + |f_n(x_i) - f(x_i)| + |f(x_i) - f(x)| \\ &\leqslant c|x - x_i| + \frac{\varepsilon}{3} + c|x_i - x| \\ &\leqslant \frac{\varepsilon}{3} + \frac{\varepsilon}{3} + \frac{\varepsilon}{3} = \varepsilon \end{aligned}$$

car la fonction f est clairement aussi c-lipschitzienne. On a donc la majoration $\|f_n - f\|_\infty \leqslant \varepsilon$ pour tout $n \geqslant \mathrm{N}$ ce qui prouve le résultat.

2. L'idée est exactement la même : la précompacité de K permet de trouver un nombre fini $x_0, \ldots, x_p$ de points de K tels que les boules ouvertes $\mathrm{B}\left(x_i, \dfrac{\varepsilon}{3c}\right)$ recouvrent K. Cela se montre facilement par l'absurde (voir le tome analyse 3 pour de nombreux compléments sur la notion de précompacité). Soit $\varepsilon > 0$. On choisit N tel que pour tout $n \geqslant \mathrm{N}$ et tout $k \in [\![0, p]\!]$, $|f_n(x_k) - f(x_k)| \leqslant \dfrac{\varepsilon}{3}$ et la fin de la preuve est absolument identique à celle de la question 1. ◁

Ce résultat est utilisé dans la solution de l'exercice suivant.

2.33. Convergence uniforme de suites de fonctions convexes

> Soit $(f_n)_{n\in\mathbb{N}}$ une suite de fonctions convexes sur le segment $[a, b]$ qui converge simplement vers f. Montrer que la convergence est uniforme sur tout compact de $]a, b[$.
>
> (**École polytechnique**)

▷ **Solution.**

L'idée est d'utiliser la convexité pour contrôler les variations de f entre deux points, afin de passer de la convergence en un nombre fini de points à une convergence uniforme sur tout un segment $[\alpha, \beta] \subset]a, b[$. Plus précisément, nous allons écrire l'inégalité des pentes croissantes : pour une fonction convexe g sur $[a, b]$, et tout $x < y < z$ dans $[a, b]$, on a donc

$$\frac{g(x) - g(y)}{x - y} \leqslant \frac{g(x) - g(z)}{x - z} \leqslant \frac{g(y) - g(z)}{y - z}.$$

Fixons $\alpha < \beta$ dans $]a, b[$. Pour tout $n \in \mathbb{N}$, et tout $x < y$ dans $[\alpha, \beta]$, on a alors

$$\frac{f_n(a) - f_n(\alpha)}{a - \alpha} \leqslant \frac{f_n(x) - f_n(y)}{x - y} \leqslant \frac{f_n(b) - f_n(\beta)}{b - \beta}.$$

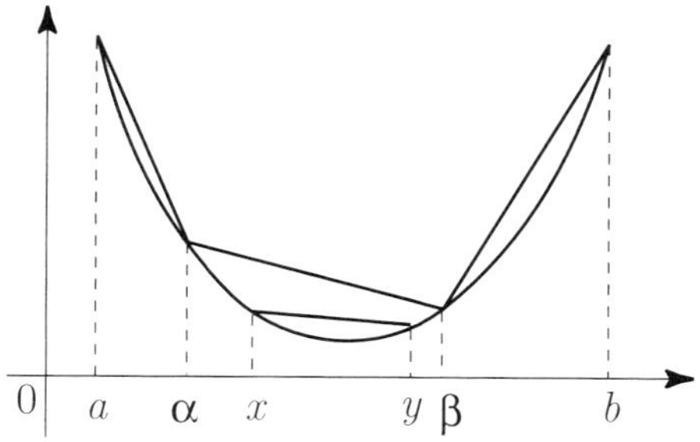

Les quantités $\dfrac{f_n(a) - f_n(\alpha)}{a - \alpha}$ et $\dfrac{f_n(b) - f_n(\beta)}{b - \beta}$ convergent respectivement vers $\dfrac{f(a) - f(\alpha)}{a - \alpha}$ et $\dfrac{f(b) - f(\beta)}{b - \beta}$. Elles sont en particulier bornées. Il existe donc M réel strictement positif tel que

$$-\mathrm{M} \leqslant \frac{f_n(a) - f_n(\alpha)}{a - \alpha} \leqslant \frac{f_n(x) - f_n(y)}{x - y} \leqslant \frac{f_n(b) - f_n(\beta)}{b - \beta} \leqslant \mathrm{M}.$$

Par conséquent, toutes les fonctions f_n sont M-lipschitziennes sur $[\alpha, \beta]$. On se reportera alors à l'exercice précédent pour en déduire la convergence uniforme des f_n vers f sur $[\alpha, \beta]$. ◁

Les trois exercices suivants sont difficiles et nécessitent la mise en œuvre du procédé d'extraction diagonale dû à Cantor.

2.34. Théorème d'Ascoli

Soit (f_n) une suite d'applications continues de $\mathbb{R}$ dans $\mathbb{R}$ et A une partie de $\mathbb{R}$.

1. On suppose que,

$$\forall x \in \mathrm{A}, \quad \exists \mathrm{M}_x \in \mathbb{R}, \quad \forall n \in \mathbb{N}, \quad |f_n(x)| \leqslant \mathrm{M}_x.$$

Montrer qu'il existe une suite extraite de (f_n) qui converge simplement sur A lorsque A est fini ou dénombrable.

2. On ajoute l'hypothèse suivante : pour tout $\varepsilon > 0$, et tout $x \in \mathbb{R}$, il existe $\eta > 0$ tel que

$$\forall n \in \mathbb{N}, \quad \forall y \in \mathbb{R}, \quad |x - y| \leqslant \eta \Longrightarrow |f_n(x) - f_n(y)| \leqslant \varepsilon$$

(on parle *d'équicontinuité* de la suite (f_n)).

Montrer qu'il existe une suite extraite de (f_n) qui converge simplement sur $\mathbb{R}$ et que la convergence est uniforme sur tout compact.

3. Réciproquement, si la suite (f_n) converge uniformément sur tout compact, montrer qu'elle est uniformément bornée sur tout compact et équicontinue.

(**École normale supérieure**)

▷ **Solution.**

1. Supposons A fini, $\mathrm{A} = \{a_1, a_2, \ldots, a_p\}$. La suite $(f_n(a_1))$ est bornée par hypothèse. D'après le théorème de Bolzano-Weierstrass, on peut en extraire une sous-suite convergente. Soit donc φ_1 une extraction telle que la sous-suite $(f_{\varphi_1(n)}(a_1))$ soit convergente, vers un réel ℓ_1. La suite $(f_{\varphi_1(n)}(a_2))$ est bornée et on peut choisir une extraction φ_2 de telle manière que la suite $(f_{\varphi_1 \circ \varphi_2(n)}(a_2))$ converge, vers un réel ℓ_2. On réitère ce procédé pour construire par récurrence des extractions φ_i telles que

$$\lim_{n\to+\infty} f_{\varphi_1\circ\cdots\circ\varphi_i(n)}(a_i) = \ell_i \in \mathbb{R}.$$

On pose $\psi(n) = \varphi_1 \circ \cdots \circ \varphi_p(n)$. Pour $1 \leqslant i \leqslant p$, la suite $(f_{\psi(n)}(a_i))$ est une suite extraite de $(f_{\varphi_1\circ\ldots\varphi_i(n)}(a_i))$ qui converge donc vers ℓ_i. La suite $(f_{\psi(n)})$ converge simplement sur A.

• Lorsque $\mathrm{A} = \{a_p\}_{p\geqslant 1}$ est infini dénombrable, on définit comme précédemment les extractions φ_i et on pose $\psi(n) = \varphi_1 \circ \cdots \circ \varphi_n(n)$. Alors, pour tout $p \geqslant 1$, la suite $(f_{\psi(n)}(a_p))_{n\geqslant p}$ est une suite extraite de $(f_{\varphi_1\circ\cdots\circ\varphi_p(n)}(a_p))_{n\geqslant p}$, qui converge vers ℓ_p. En effet, $n-1 < n \leqslant \varphi(n)$, donc

$$\varphi_{p+1}\circ\cdots\circ\varphi_{n-1}(n-1) < \varphi_{p+1}\circ\cdots\circ\varphi_{n-1}\circ\varphi_n(n)$$

et $f_{\psi(n)}(a_p) = f_{\varphi_1\circ\cdots\circ\varphi_p(\varphi_{p+1}\circ\cdots\circ\varphi_n(n))}(a_p)$ converge vers ℓ_p. La suite $(f_{\psi(n)})$ converge simplement sur A.

Cette construction d'une sous-suite convergente, extraite d'une famille dénombrable de suites, porte le nom de procédé diagonal de Cantor. On en trouvera une application dans l'exercice suivant.

2. Prenons $\mathrm{A} = \mathbb{Q}$. D'après la question précédente, il existe une extraction ψ telle que la suite $(f_{\psi(n)})$ converge simplement. Notons pour $n \geqslant 0$, $g_n = f_{\psi(n)}$. La suite (g_n) est équicontinue et converge simplement sur $\mathbb{Q}$.

• Soit $\varepsilon > 0$ et $x \in \mathbb{R}$. Il existe $\eta > 0$ tel que si $|y - x| \leqslant \eta$, alors $|g_n(x) - g_n(y)| \leqslant \varepsilon$ pour tout $n \in \mathbb{N}$. Montrons que la suite $(g_n(x))$ converge à l'aide du critère de Cauchy. Soit q un rationnel avec $|x-q| \leqslant \eta$. Alors pour n et n' entiers naturels,

$$\begin{aligned}|g_n(x) - g_{n'}(x)| &\leqslant |g_n(x) - g_n(q)| + |g_n(q) - g_{n'}(q)| + |g_{n'}(q) - g_{n'}(x)|\\ &\leqslant 2\varepsilon + |g_n(q) - g_{n'}(q)|.\end{aligned}$$

Or, la suite $(g_n(q))$ étant convergente, elle est de Cauchy : il existe n_0 entier naturel tel que si $n \geqslant n_0$ et $n' \geqslant n_0$, $|g_n(q) - g_{n'}(q)| \leqslant 3\varepsilon$. Dans ces conditions, la suite $((g_n(x))$ est de Cauchy, donc elle converge puisque $\mathbb{R}$ est complet.

Ainsi, la suite $(g_n)_{n\in\mathbb{N}}$ converge simplement sur $\mathbb{R}$.

• Montrons que la convergence est uniforme sur tout compact de $\mathbb{R}$. Soit K un compact de $\mathbb{R}$. Prenons $\varepsilon > 0$. Il existe alors pour tout $x \in \mathbb{R}$, un réel strictement positif η_x tel que

$$\forall n \in \mathbb{N}, \forall y \in \mathbb{R},\ |x - y| \leqslant \eta_x \Longrightarrow |g_n(x) - g_n(y)| \leqslant \varepsilon.$$

En passant à la limite dans la dernière inégalité, on a pour $|x - y| \leqslant \eta_x$, $|g(x) - g(y)| \leqslant \varepsilon$. Les ouverts $]x-\eta_x, x+\eta_x[$ recouvrent le compact K. Par le théorème de Borel-Lebesgue, on peut en extraire un sous-recouvrement fini : il existe $x_1, \ldots, x_p$ tel que

$$\mathrm{K} \subset \bigcup_{i=1}^{p}]x_i - \eta_{x_i}, x_i + \eta_{x_i}[.$$

Il existe un rang n_0 tel si $n \geqslant n_0$, on a pour chaque i,

$$|g_n(x_i) - g(x_i)| \leqslant \varepsilon.$$

Si $x \in \mathrm{K}$, on peut trouver i tel que $x \in]x_i - \eta_{x_i}, x_i + \eta_{x_i}[$. Si $n \geqslant n_0$, on a

$$\begin{aligned}|g_n(x) - g(x)| &\leqslant |g_n(x) - g_n(x_i)| + |g_n(x_i) - g(x_i)| + |g(x_i) - g(x)| \\ &\leqslant 3\varepsilon.\end{aligned}$$

Il y a donc convergence uniforme de la suite $(g_n)_{n\in\mathbb{N}}$ sur K.

3. Supposons que $(f_n)_{n\in\mathbb{N}}$ converge uniformément sur tout compact vers f. La fonction f est alors continue. Soit K un compact.

• Pour $g : \mathbb{R} \longrightarrow \mathbb{R}$ continue, posons $\|g\|_\infty = \sup_{x\in\mathrm{K}} |g(x)|$. Par hypothèse, la suite $(\|f_n - f\|_\infty)$ converge vers 0, elle est donc bornée par M. Si $x \in \mathrm{K}$ et $n \in \mathbb{N}$, on a

$$|f_n(x)| \leqslant |f(x)| + |f_n(x) - f(x)| \leqslant \|f\|_\infty + \mathrm{M}.$$

Donc la suite $(f_n)_{n\in\mathbb{N}}$ est uniformément bornée sur K.

• Soit $x \in \mathbb{R}$ et $\varepsilon > 0$. Il existe $\eta > 0$ tel que pour $|x - y| \leqslant \eta$, $|f(x) - f(y)| \leqslant \varepsilon$. Pour tout $n \in \mathbb{N}$, il existe $\eta_n > 0$ que l'on peut prendre inférieur ou égal à η tel que

$$\forall y \in \mathbb{R},\ |x - y| \leqslant \eta_n \Longrightarrow |f_n(x) - f_n(y)| \leqslant \varepsilon.$$

Il y a convergence uniforme de la suite $(f_n)_{n\in\mathbb{N}}$ sur $[x-\eta, x+\eta]$. Prenons $n_0 \in \mathbb{N}$ tel que pour tout $n \geqslant n_0$,

$$\forall y \in [x - \eta, x + \eta],\ |f_n(y) - f(y)| \leqslant \varepsilon.$$

Si on pose $\eta' = \min(\eta, \eta_0, \eta_1, \dots, \eta_{n_0})$, on a pour $n \geqslant n_0$, et tout y réel tel que $|x - y| \leqslant \eta'$,

$$\begin{aligned}|f_n(x) - f_n(y)| &\leqslant |f_n(x) - f(x)| + |f(x) - f(y)| + |f_n(y) - f(y)| \\ &\leqslant 3\varepsilon\end{aligned}$$

Si $n \leqslant n_0$, on a pour y réel tel que $|x - y| \leqslant \eta'$, $|f_n(x) - f_n(y)| \leqslant \varepsilon \leqslant 3\varepsilon$. La suite $(f_n)_{n\in\mathbb{N}}$ est donc équicontinue. ◁

Ce théorème permet de caractériser les parties compactes dans l'espace des fonctions continues muni de la norme de la convergence uniforme[1] *: pour qu'une partie $\mathcal{H}$ de $\mathcal{C}([a, b], \mathbb{R})$ muni de la norme $\|\ \|_\infty$ soit compacte, il faut et suffit qu'elle soit fermée bornée et équicontinue.*

1. Voir par exemple SCHWARTZ (L.), *Analyse hilbertienne*, Hermann, 1979, p. 129.

L'exercice suivant traite d'un cas particulier du théorème d'Ascoli. En effet, une suite de fonctions M-*lipschitziennes, constitue clairement une famille équicontinue.*

2.35. Un cas particulier du théorème d'Ascoli

> Soit $\mathrm{M} \geqslant 0$ et $(f_n)_{n\geqslant 0}$ une suite de fonctions de classe $\mathcal{C}^1$ sur $[0,1]$ vérifiant $|f_n(x)| + |f_n'(x)| \leqslant \mathrm{M}$ pour tout $x \in [0,1]$. Montrer qu'il existe une suite extraite de $(f_n)_{n\geqslant 0}$ qui converge uniformément.
> **(École normale supérieure)**

▷ **Solution.**

On va dans un premier temps construire une sous-suite de $(f_n)_{n\in\mathbb{N}}$ qui converge simplement sur les rationnels de $[0,1]$. Pour cela, on applique le procédé diagonal de Cantor : notons $(r_p)_{p\in\mathbb{N}}$ les éléments de $\mathbb{Q}\cap[0,1]$. Par hypothèse la suite $(f_n(r_0))_{n\geqslant 0}$ est bornée. On peut donc en extraire une sous-suite convergente $(f_{\varphi_0(n)}(r_0))_{n\geqslant 0}$. De la suite bornée $(f_{\varphi_0(n)}(r_1))_{n\geqslant 0}$ on peut également extraire une sous-suite convergente $(f_{\varphi_0\circ\varphi_1(n)}(r_1))_{n\geqslant 0}$. Bien entendu la suite $(f_{\varphi_0\circ\varphi_1(n)}(r_0))_{n\geqslant 0}$ converge toujours. On itère ce procédé. On construit donc une suite $(\varphi_p)_{p\geqslant 0}$ de fonctions strictement croissantes de $\mathbb{N}$ dans $\mathbb{N}$ telle que pour tout entier p, et tout $k \in [\![0,p]\!]$, la suite

$$f_{\varphi_0\circ\varphi_1\circ\cdots\varphi_p(n)}(r_k)$$

converge. Si on pose $g_n = f_{\varphi_0\circ\varphi_1\circ\cdots\varphi_n(n)}$, on a une suite extraite de $(f_n)_{n\in\mathbb{N}}$ telle que pour tout k, la suite $(g_n(r_k))$ converge (on pourra se reporter à la première question de l'exercice précédent pour les détails).

Nous allons prouver que la suite $(g_n)_{n\in\mathbb{N}}$ répond au problème. Tout d'abord, en montrant qu'elle converge simplement sur $[0,1]$, puis de manière uniforme. Les fonctions g_n sont de classe $\mathcal{C}^1$ et en particulier, elles sont M-lipschitziennes. Prenons $x \in [0,1]$ et vérifions que $(g_n(x))_{n\in\mathbb{N}}$ est une suite réelle de Cauchy. Soit $\varepsilon > 0$. On choisit $q \in [0,1]$ rationnel tel que $|x-q| \leqslant \varepsilon$. Pour tout $n, m \in \mathbb{N}$, on a

$$\begin{aligned} |g_n(x) - g_m(x)| &\leqslant |g_n(x) - g_n(q)| + |g_n(q) - g_m(q)| + |g_m(q) - g_m(x)| \\ &\leqslant 2\mathrm{M}\varepsilon + |g_n(q) - g_m(q)|. \end{aligned}$$

Comme $(g_n(q))_{n\in\mathbb{N}}$ converge, il existe $n_0 \in \mathbb{N}$ tel que si $n, m \geqslant n_0$, $|g_n(q)-g_m(q)| \leqslant \varepsilon$. Dans ces conditions, si $n, m \geqslant n_0$, on a la majoration $|g_n(x) - g_m(x)| \leqslant (2\mathrm{M}+1)\varepsilon$: la suite $(g_n(x))_{n\in\mathbb{N}}$ est bien de Cauchy, et $\mathbb{R}$ étant complet, la suite $(g_n)_{n\in\mathbb{N}}$ converge simplement sur $[0,1]$ vers une fonction que nous noterons g.

Le fait que la convergence est uniforme est classique et découle de ce que les fonctions g_n sont toutes M-lipschitziennes. Le lecteur trouvera cela dans la question 1 de l'exercice 2.32 qui avait été posée comme première question lors de l'oral. $\triangleleft$

Voici un autre situation où apparaît le procédé diagonal de Cantor.

2.36. Théorème de sélection de Helly

1. Soit $\mathrm{E} \subset \mathbb{R}$ dénombrable et (f_n) une suite de fonctions de E dans $\mathbb{R}$ telle que pour tout n et tout x de E, $|f_n(x)| \leqslant 1$. Montrer qu'il existe une sous-suite de (f_n) qui converge simplement vers une fonction $f : \mathrm{E} \to \mathbb{R}$.

2. Soit (f_n) une suite de fonctions croissantes de $\mathbb{R}$ dans $[-1, 1]$. Montrer qu'il existe une sous-suite de (f_n) qui converge simplement vers une fonction $f : \mathbb{R} \to [-1, 1]$.

(**École normale supérieure**)

$\triangleright$ **Solution.**

1. On applique le procédé diagonal de Cantor comme dans l'exercice précédent avec $(r_p)_{p\in\mathbb{N}}$ la suite des éléments de E pour construire une sous-suite de (f_n) simplement convergente.

2. Utilisons le résultat de la question précédente en prenant pour E l'ensemble des nombres rationnels. On peut supposer que notre suite (f_n) converge simplement sur $\mathbb{Q}$ vers une fonction $f : \mathbb{Q} \to \mathbb{R}$. Cette fonction est croissante sur $\mathbb{Q}$. Soit x un nombre réel. Supposons que f admette la même limite ℓ à gauche et à droite en x. Soit $\varepsilon > 0$. Il existe donc $\eta > 0$ tel que pour $t \in [x-\eta, x+\eta]$ (t rationnel), $|f(t) - \ell| \leqslant \varepsilon$. On choisit deux rationnels α et β tels que $\alpha \in [x-\eta, x]$ et $\beta \in [x, x+\eta]$. On a pour tout entier n, $f_n(\alpha) \leqslant f_n(x) \leqslant f_n(\beta)$. Pour n assez grand, $f_n(\beta) \leqslant f(\beta) + \varepsilon$ et $f_n(\alpha) \geqslant f(\alpha) - \varepsilon$. Il en résulte que pour n assez grand,

$$\ell - 2\varepsilon \leqslant f(\alpha) - \varepsilon \leqslant f_n(x) \leqslant f(\beta) + \varepsilon \leqslant \ell + 2\varepsilon.$$

Ainsi, la suite $(f_n(x))_{n\geqslant 0}$ converge vers ℓ.

L'ensemble D des points x tels que $\lim\limits_{x^-} f < \lim\limits_{x^+} f$ est au plus dénombrable : en effet, pour chaque $x \in \mathrm{D}$, on peut choisir un rationnel q_x compris entre $\lim\limits_{x^-} f$ et $\lim\limits_{x^+} f$. L'application $x \in \mathrm{D} \longmapsto q_x$ est clairement injective puisque f est croissante. Il s'ensuit donc que D est dénombrable. On peut donc, par une nouvelle application de la question 1 extraire de la suite (f_n) une sous-suite qui converge simplement sur D. Bien entendu cette sous-suite converge encore sur $\mathbb{R} \setminus \mathrm{D}$. $\triangleleft$

Dans l'exercice suivant on montre que pour une suite de fonctions prises dans un sous-espace de dimension finie de $\mathcal{C}^0([0,1],\mathbb{R})$ la convergence simple implique automatiquement la convergence uniforme.

2.37. Suite de fonctions d'un sous-espace de dimension finie de $\mathcal{C}^0([0,1])$

1. Soit $d \in \mathbb{N}^*$ et $(\mathrm{P}_n)_{n\geqslant 0}$ une suite de $\mathbb{R}_d[\mathrm{X}]$. Montrer que $(\mathrm{P}_n)_{n\geqslant 0}$ converge uniformément sur $[0,1]$ si et seulement si $(\mathrm{P}_n)_{n\geqslant 0}$ converge simplement sur $[0,1]$.

2. Soit V un sous-espace de dimension finie de $\mathcal{C}^0([0,1],\mathbb{R})$ et $(f_n)_{n\geqslant 0}$ une suite de V qui converge simplement sur $[0,1]$. Montrer que la convergence est uniforme sur $[0,1]$.

(**École normale supérieure**)

▷ **Solution.**

1. On sait qu'un polynôme de $\mathbb{R}_d[\mathrm{X}]$ est déterminé de manière unique par ses valeurs en $d+1$ points. Soit $x_0, x_1, \ldots, x_d$ des éléments distincts de $[0,1]$. En notant, pour $0 \leqslant i \leqslant d$, le i-ième polynôme interpolateur en ces points, défini par $\mathrm{L}_i = \dfrac{\prod_{k\neq i}(\mathrm{X}-x_k)}{\prod_{k\neq i}(x_i-x_k)}$, on obtient $\mathrm{P}_n = \sum_{i=0}^{d} \mathrm{P}_n(x_i)\mathrm{L}_i$.

Supposons que $(\mathrm{P}_n)_{n\geqslant 0}$ converge simplement vers une fonction f. Pour tout $x \in [0,1]$, on a

$$f(x) = \lim_{n\to+\infty} \mathrm{P}_n(x) = \sum_{i=0}^{d} \lim_{n\to+\infty} \mathrm{P}_n(x_i)\mathrm{L}_i(x) = \sum_{i=0}^{d} f(x_i)\mathrm{L}_i(x).$$

On en déduit que, pour tout $x \in [0,1]$,

$$|\mathrm{P}_n(x)-f(x)| \leqslant \sum_{i=0}^{d} |\mathrm{P}_n(x_i)-f(x_i)|\,|\mathrm{L}_i(x)| \leqslant \sum_{i=0}^{d} |\mathrm{P}_n(x_i)-f(x_i)|\,\|\mathrm{L}_i\|_\infty$$

et donc

$$\|\mathrm{P}_n - f\| \leqslant \sum_{i=0}^{d} |\mathrm{P}_n(x_i) - f(x_i)|\,\|\mathrm{L}_i\|_\infty.$$

Ainsi $(\|\mathrm{P}_n - f\|)$ converge vers 0 et la suite $(\mathrm{P}_n)_{n\geqslant 0}$ converge uniformément vers f. La réciproque est évidemment triviale.

2. On s'inspire de la question précédente et on va montrer qu'un élément de V est déterminé par ses valeurs en un nombre fini de points. Notons p la dimension de V et soit $(g_1, g_2, \ldots, g_p)$ une base de V. C'est un résultat classique qu'il existe une suite $(x_1, x_2, \dots, x_p)$ de points de $[0,1]$ telle que $\det(g_i(x_j))_{1 \leqslant i,j \leqslant d} \neq 0$ (le lecteur en trouvera une preuve dans l'exercice 1.16 du tome algèbre 2 et une autre dans l'exercice 6.28 du tome algèbre 1).

Exprimons chaque fonction f_n dans la base de V. Pour tout $n \in \mathbb{N}$, il existe $(a_{n,1}, a_{n,2}, \dots, a_{n,d})$ tel que $f_n = \sum\limits_{i=1}^{p} a_{n,i} g_i$. En écrivant cette égalité aux points x_j, on obtient

$$\forall i \in [\![1,p]\!], \quad f_n(x_j) = \sum_{i=1}^{p} a_{n,i} g_i(x_j),$$

que l'on considère comme un système linéaire de p équations dont les inconnues sont $a_{n,1}, a_{n,2}, \dots, a_{n,d}$. Le déterminant $\det(g_i(x_j))_{1 \leqslant i,j \leqslant n}$ du système n'est pas nul, donc il possède une solution unique, donnée par les formules de Cramer. En notant $C_1, C_2, \dots, C_p$ les colonnes de la matrice $(g_i(x_j))_{1 \leqslant i,j \leqslant n}$ et X_n le vecteur-colonne $\begin{pmatrix} f_n(x_1) \\ \vdots \\ f_n(x_p) \end{pmatrix}$, on obtient, pour tout $1 \leqslant i \leqslant p$,

$$a_{n,i} = \frac{\det(C_1, \dots, C_{i-1}, X_n, C_{i+1}, \dots, C_p)}{\det(g_i(x_j))_{1 \leqslant i,j \leqslant n}}.$$

À i fixé, la suite $(a_{n,i})$ apparaît comme une combinaison linéaire des suites $(f_n(x_j))$ $(1 \leqslant j \leqslant p)$. Chacune de ces suites est convergente, car (f_n) converge simplement, donc la suite $(a_{n,i})$ converge. On note a_i sa limite. De l'égalité,

$$\forall x \in [0,1], \quad f_n(x) = \sum_{i=1}^{d} a_{n,i} g_i(x),$$

on tire par passage à la limite,

$$\forall x \in [0,1], \quad f(x) = \sum_{i=1}^{d} a_i g_i(x).$$

On en déduit, pour tout $x \in [0,1]$,

$$|f_n(x) - f(x)| \leqslant \sum_{i=1}^{d} |a_{n,i} - a_i| |g_i(x)| \leqslant \sum_{i=1}^{d} |a_{n,i} - a_i| \, \|g_i\|_\infty$$

et donc

$$\|f_n(x) - f(x)\|_\infty \leqslant \sum_{i=1}^{d} |a_{n,i} - a_i| \, \|g_i\|_\infty.$$

Cela montre que $(\|f_n(x) - f(x)\|_\infty)$ tend vers 0 et donc que la suite (f_n) converge uniformément vers f sur $[0,1]$. $\lhd$

On a montré de plus que la limite f appartient à $\mathbb{R}_d[X]$ dans le premier cas et à V dans le second. Ce n'est pas étonnant puisqu'un sous-espace de dimension finie d'un espace vectoriel normé, ici $(\mathcal{C}^0([0,1],\mathbb{R}), \| \|_\infty)$, est fermé.

Le dernier exercice du chapitre est plus anecdotique que les précédents mais pas facile pour autant.

2.38. Critère de convergence uniforme

Soit $f_n : [0,1] \longrightarrow \mathbb{R}$ une suite de fonctions telle que pour toute suite convergente $(x_n)_{n\in\mathbb{N}}$ de $[0,1]$ la suite $(f_n(x_n))_{n\in\mathbb{N}}$ converge.

1. Montrer que la suite (f_n) converge simplement sur $[0,1]$ vers une fonction f.

2. Prouver la continuité de f.

3. En déduire que la convergence de (f_n) vers f est uniforme.

(**École polytechnique**)

$\rhd$ **Solution.**

1. Soit $x \in [0,1]$. En appliquant l'hypothèse avec la suite constante égale à x on peut affirmer que la suite $f_n(x)$ converge. On note $f(x)$ sa limite. Notons alors que pour toute suite (x_n) qui converge vers x la suite $f_n(x_n)$ converge vers $f(x)$. En effet, pour le montrer il suffit d'appliquer l'hypothèse avec la suite (y_n) définie par $y_{2p} = x_{2p}$ et $y_{2p+1} = x$:

$$\lim_{n\to+\infty} f_n(y_n) = \lim_{p\to+\infty} f_{2p}(y_{2p}) = \lim_{p\to+\infty} f_{2p}(x_{2p}) = \lim_{n\to+\infty} f_n(x_n)$$

et

$$\lim_{n\to+\infty} f_n(y_n) = \lim_{p\to+\infty} f_{2p+1}(y_{2p+1}) = \lim_{p\to+\infty} f_{2p+1}(x) = f(x).$$

L'unicité de la limite permet de conclure.

2. Raisonnons par l'absurde et supposons qu'il existe $a \in [0,1]$ tel que f ne soit pas continue en a. Il existe alors $\varepsilon > 0$ et une suite (x_n) qui converge vers a telle que $|f(x_n) - f(a)| \geqslant \varepsilon$ pour tout n. Par hypothèse, pour tout n, on a

$$\lim_{k\to+\infty} f_k(x_n) = f(x_n).$$

On peut donc choisir $\varphi(0) \in \mathbb{N}$ tel que $|f_{\varphi(0)}(x_0) - f(x_0)| \leqslant \dfrac{\varepsilon}{2}$. On peut choisir ensuite $\varphi(1) > \varphi(0)$ tel que $|f_{\varphi(1)}(x_1) - f(x_1)| \leqslant \dfrac{\varepsilon}{2}$. On construit ainsi par récurrence une fonction $\varphi : \mathbb{N} \longrightarrow \mathbb{N}$ strictement croissante en choisissant $\varphi(p) > \varphi(p-1)$ tel que

$$|f_{\varphi(p)}(x_p) - f(x_p)| \leqslant \frac{\varepsilon}{2}.$$

Il en résulte pour tout $p \in \mathbb{N}$ que $|f_{\varphi(p)}(x_p) - f(a)| \geqslant \frac{\varepsilon}{2}$. Posons pour $n \in \mathbb{N}$, $\mathrm{X}_n = x_p$ si n s'écrit $n = \varphi(p)$ avec $p \in \mathbb{N}$ et $\mathrm{X}_n = a$ sinon. On vérifie aisément que (X_n) converge vers a. D'autre part, on a pour tout $p \in \mathbb{N}$,

$$|f_{\varphi(p)}(\mathrm{X}_{\varphi(p)}) - f(a)| = |f_{\varphi(p)}(x_p) - f(a)| \geqslant \frac{\varepsilon}{2},$$

si bien que la suite $(f_{\varphi(p)}(\mathrm{X}_{\varphi(p)}))_{p\in\mathbb{N}}$ ne converge pas vers $f(a)$. Comme c'est une suite extraite de la suite $(f_p(\mathrm{X}_p))_{p\in\mathbb{N}}$, cette dernière ne peut converger vers $f(a)$, ce qui est contraire à l'hypothèse.

On conclut donc que la fonction f est continue.

3. Raisonnons par l'absurde et supposons que la convergence n'est pas uniforme. Il existe alors une sous-suite de $(\|f - f_n\|_\infty)_{n\in\mathbb{N}}$ ne convergeant pas vers 0 ; autrement dit, il existe $\varphi : \mathbb{N} \longrightarrow \mathbb{N}$ strictement croissante avec pour tout $n \in \mathbb{N}$

$$\sup_{x\in[0,1]} |f(x) - f_{\varphi(n)}(x)| = \|f - f_{\varphi(n)}\|_\infty \geqslant \varepsilon.$$

Par définition de la borne supérieure, il existe $x_n \in [0,1]$ tel que

$$|f(x_n) - g_n(x_n)| \geqslant \frac{\varepsilon}{2} \text{ où } g_n = f_{\varphi(n)}.$$

Comme $[0,1]$ est compact, on peut extraire de $(x_n)_{n\in\mathbb{N}}$ une sous-suite $(x_{\psi(n)})_{n\geqslant 0}$ (avec $\psi : \mathbb{N} \longrightarrow \mathbb{N}$ strictement croissante) convergente. Notons x la limite. On a

$$|f(x_{\psi(n)}) - g_{\psi(n)}(x_{\psi(n)})| \geqslant \frac{\varepsilon}{2}.$$

La suite $(g_{\psi(n)})$ vérifiant les mêmes conditions que $(f_n)_{n\in\mathbb{N}}$ et f étant continue, en faisant tendre n vers l'infini, on a $|f(x) - f(x)| \geqslant \varepsilon$ ce qui est absurde. On conclut donc que la convergence est uniforme. $\lhd$

Chapitre 3
Séries entières

La série géométrique est connue en substance depuis l'Antiquité. Au XVIIe *siècle, on doit à Gregory le développement de* $\tan x$ *et* $\arctan x$ *et à Mercator celui de* $\ln(1+x)$*. Vers 1665, Newton en même temps qu'il découvre le calcul infinitésimal, détermine de nombreux développements en séries entières, entre autres celui de* $(1-x^2)^{\frac{1}{2}}$*, par des méthodes indirectes, partant de problèmes d'intégration. À la suite de Newton, les mathématiciens ne cherchèrent plus à éviter les sommes infinies, comme avaient pu le faire les Grecs. Au* XVIIIe *siècle, après qu'a été énoncée la formule de Taylor, la plupart des mathématiciens en viennent à ne plus considérer que des fonctions analytiques, c'est-à-dire sommes au voisinage de chaque point d'une série entière. Mais cette approche est essentiellement formelle et ignore très souvent les problèmes de convergence. Dans* Introductio in analysin infinitorum *(1748), Euler développe cette « analyse algébrique » qui étend aux domaines des séries et des produits infinis les règles usuelles de manipulations algébriques. Les séries entières apparaissent alors comme des polynômes à une infinité de termes.*

Les fondements de la théorie des fonctions entières sont posés par Cauchy dans son Cours d'Analyse*(1821). Il fait une étude très précise de la convergence d'une série entière, met en évidence le rayon de convergence. En 1831, il établit la formule connue sous le nom de formule intégrale de Cauchy, donne une expression intégrale des coefficients du développement d'où il déduit les inégalités qui portent son nom. Riemann et Weierstrass développeront cette théorie en s'appuyant sur la vision géométrique, prenant comme champ d'étude les fonctions de la variable complexe dérivables (contrairement aux fonctions de la variable réelle, les fonctions* $\mathbb{C}$*-dérivables sont automatiquement analytiques, autrement dit développables en série de Taylor au voisinage de tout point).*

Les premiers exercices concernent le calcul du rayon de convergence de séries entières et l'étude de la convergence sur le disque de convergence.

3.1. Rayon de convergence (1)

Soit (a_n) une suite de nombres complexes et R le rayon de convergence de la série entière $\sum a_n z^n$. Déterminer le rayon de convergence de la série entière $\sum a_n^2 z^n$.

(**École polytechnique**)

▷ **Solution.**

Si la limite du rapport $\left|\dfrac{a_n}{a_{n+1}}\right|$ existe, elle est égale à R. Dans ces conditions, la limite de $\left|\dfrac{a_n^2}{a_{n+1}^2}\right| = \left|\dfrac{a_n}{a_{n+1}}\right|^2$ existe aussi et vaut R^2 qui est alors le rayon de convergence de $\sum a_n^2 z^n$. Il est raisonnable de penser que dans le cas général, le rayon de convergence est toujours R^2.

Prenons $r < \mathrm{R}^2$ un réel positif. Alors $\sqrt{r} < \mathrm{R}$ et ainsi la suite de terme général

$$|a_n^2 r^n| = \left[|a_n| \left(\sqrt{r}\right)^n\right]^2$$

est bornée. Par conséquent, le rayon de convergence R' de $\sum a_n^2 z^n$ est supérieur ou égal à r. Comme cela vaut pour tout $r < \mathrm{R}^2$ on en déduit que $\mathrm{R}' \geqslant \mathrm{R}^2$ (et $\mathrm{R}' = +\infty$ si $\mathrm{R} = +\infty$). Prenons maintenant un réel $r > \mathrm{R}^2$. La suite de terme général $a_n \left(\sqrt{r}\right)^n$ ne tend pas vers 0 et il en va donc de même de la suite de terme général $\left[a_n \left(\sqrt{r}\right)^n\right]^2 = a_n^2 r^n$. Ainsi on a $r \geqslant \mathrm{R}'$. Comme cela vaut pour tout $r > \mathrm{R}^2$, on a $\mathrm{R}' \leqslant \mathrm{R}^2$ et on conclut que $\boxed{\mathrm{R}' = \mathrm{R}^2}$. ◁

On montre de même que, pour tout entier $p \geqslant 2$, la série $\sum a_n^p z^n$ a pour rayon de convergence R^p.

3.2. Rayon de convergence (2)

Déterminer le rayon de convergence de $\sum e^{n \sin n} z^n$.

(**École polytechnique**)

▷ **Solution.**

Désignons par R le rayon de convergence de cette série. Pour tout réel $r > 0$, on a la majoration

$$0 \leqslant e^{n \sin n} r^n \leqslant e^n r^n = (er)^n.$$

Donc si $r < \frac{1}{e}$, la série de terme général $e^{n \sin n} r^n$ converge, ce qui montre que $R \geqslant \frac{1}{e}\cdot$

Prenons maintenant un réel $r > \frac{1}{e}\cdot$ Puisque 1 est valeur d'adhérence de la suite $(\sin n)_{n \geqslant 0}$ (on pourra se reporter à l'exercice 1.13 du premier tome d'analyse), il existe une suite $(k_n)_{n \in \mathbb{N}}$ d'entiers divergente vers l'infini telle que la limite de $\sin k_n$ soit égale à 1. Il s'ensuit que

$$\ln(e^{k_n \sin k_n} r^{k_n}) = k_n(\sin k_n + \ln r) \underset{n \to \infty}{\sim} k_n(1 + \ln r) \xrightarrow[n \to +\infty]{} +\infty.$$

La limite de $e^{n \sin n} r^n$ ne peut donc être nulle et $R \leqslant \frac{1}{e}\cdot$

Conclusion. On a $\boxed{R = \frac{1}{e}}\cdot$ ◁

Le rayon de convergence R *de* $\sum a_n z^n$ *est donné dans tous les cas par la formule d'Hadamard* $\frac{1}{R} = \limsup_{n \to +\infty} \sqrt[n]{a_n} \in \overline{\mathbb{R}}$ *(le lecteur consultera le premier tome d'analyse page 78 pour la définition des limites supérieures et inférieures). Ici, on obtient immédiatement*

$$\frac{1}{R} = \limsup_{n \to +\infty} \sqrt[n]{e^{n \sin n}} = \limsup_{n \to +\infty} e^{\sin n} = e \quad \textit{et} \quad R = \frac{1}{e},$$

puisque 1 *est la plus grande valeur d'adhérence de la suite* $(\sin n)_{n \geqslant 0}$.

3.3. Rayon de convergence (3)

> Déterminer le rayon de convergence de $\sum \frac{z^n}{\sin(n\pi\sqrt{3})}\cdot$
>
> (**École normale supérieure**)

▷ **Solution.**

On observe pour commencer que $\sin(n\pi\sqrt{3}) \neq 0$ pour tout entier n car $\sqrt{3}$ est irrationnel.

Pour $z = 1$ la série diverge car $|\sin(n\pi\sqrt{3})| \leqslant 1$ pour tout n. Donc le rayon de convergence R vérifie $R \leqslant 1$.

Pour obtenir une minoration de R on va majorer $|\sin(n\pi\sqrt{3})|^{-1}$ c'est-à-dire minorer $|\sin(n\pi\sqrt{3})|$. On introduit l'entier le plus proche de $n\sqrt{3}$ pour se ramener au sinus d'un réel de $\left[-\frac{\pi}{2}, \frac{\pi}{2}\right]$. Soit $p_n \in \mathbb{N}$ l'unique entier tel que $p_n - \frac{1}{2} \leqslant n\sqrt{3} < p_n + \frac{1}{2}$ et $\varepsilon_n = n\sqrt{3} - p_n \in [-1/2, 1/2[$. On a

$$|\sin(n\pi\sqrt{3})| = |\sin(\pi\varepsilon_n)| \geqslant \frac{2}{\pi}|\pi\varepsilon_n| = 2|\varepsilon_n|,$$

car $|\sin x| \geqslant \dfrac{2}{\pi}|x|$ si $x \in [-\pi/2, \pi/2]$. En passant à l'inverse cela donne,

$$\frac{1}{\left|\sin(n\pi\sqrt{3})\right|} \leqslant \frac{1}{2|\varepsilon_n|} = \frac{1}{2|n\sqrt{3} - p_n|} = \frac{n\sqrt{3} + p_n}{2|3n^2 - p_n^2|} \leqslant \frac{n\sqrt{3} + p_n}{2}.$$

Ce dernier terme est un $O(n)$. Il en résulte que, pour tout nombre complexe z vérifiant $|z| < 1$, la série $\sum \dfrac{z^n}{\sin(n\pi\sqrt{3})}$ converge.

Conclusion. On a $\boxed{\mathrm{R} = 1}$. ◁

3.4. Rayon de convergence (4)

> Déterminer le rayon de convergence R de la série entière $\sum \left(1 + \dfrac{(-1)^n}{n}\right)^{n^2} z^n$. Étudier la convergence lorsque $|z| = \mathrm{R}$.
>
> (**École polytechnique**)

▷ **Solution.**

Pour tout $r > 0$, on a la majoration

$$0 \leqslant \sqrt[n]{\left(1 + \frac{(-1)^n}{n}\right)^{n^2} r^n} \leqslant \left(1 + \frac{1}{n}\right)^n r \xrightarrow[n\to+\infty]{} re.$$

La règle de Cauchy assure que la série entière converge pour $|z| = r < \dfrac{1}{e}$, ce qui montre que $\mathrm{R} \geqslant \dfrac{1}{e}\cdot$ En revanche, si $r > \dfrac{1}{e}$, la suite correspondant aux indices pairs vérifie

$$\sqrt[2n]{\left(1 + \frac{1}{2n}\right)^{4n^2} r^{2n}} = \left(1 + \frac{1}{2n}\right)^{2n} r \xrightarrow[n\to+\infty]{} re > 1,$$

si bien que la suite $\left(1 + \dfrac{(-1)^n}{n}\right)^{n^2} r^n$ n'est pas bornée. On en conclut que $\mathrm{R} = \dfrac{1}{e}\cdot$ Enfin, si $|z| = \mathrm{R} = \dfrac{1}{e}$, le terme général de la série entière ne tend pas vers 0. En effet, le module du terme général correspondant à un indice n pair vaut

$$\left(1 + \frac{1}{n}\right)^{n^2} \frac{1}{e^n} = \exp\left(n^2 \ln\left(1 + \frac{1}{n}\right) - n\right) = \exp\left(-\frac{1}{2} + o(1)\right)$$
$$\xrightarrow[n\to+\infty]{} \frac{1}{\sqrt{e}}.$$

Il y a donc divergence de la série entière en tout point du cercle de convergence. ◁

Si une série entière a pour rayon de convergence R*, l'ensemble des points du cercle de convergence* $\{z, |z| = \mathrm{R}\}$ *où la série converge peut aller de l'ensemble vide au cercle entier en passant par des cas nettement plus complexes. Considérons par exemple la série* $\sum n^\alpha z^n$*, dont le rayon de convergence est* 1 *pour tout* α*. Si* $\alpha < -1$*, la série converge normalement sur* $\overline{\mathrm{D}} = \{z \in \mathbb{C}, |z| \leqslant 1\}$*. Si* $\alpha \geqslant 0$*, la série ne converge en aucun point du cercle de convergence, puisque son terme général ne tend pas vers* 0*. Enfin, si* $\alpha \in [-1, 0[$*, la série diverge pour* $z = 1$*, mais on peut montrer, grâce à une transformation d'Abel, qu'elle converge pour* $z = e^{i\theta}$ *si* $\theta \in]0, 2\pi[$*.*

L'exercice suivant, qui étudie la convergence d'une série entière en certains points du cercle de convergence, est nettement plus difficile que les énoncés précédents.

3.5. Étude d'une série entière sur le cercle de convergence

On considère la série entière $\sum c_n x^n$ où, pour $n \geqslant 1$, $c_n = \dfrac{p_n}{n}$, p_n étant le nombre d'entiers $k \geqslant 1$ tels que $k!$ divise n.

1. Donner le rayon de convergence de cette série.

2. Étudier la convergence de la série $\sum c_n x^n$ lorsque $x = e^{2i\pi r}$, avec r rationnel, puis lorsque $x = e^{2i\pi e}$. On pourra montrer que

$$\sum_{i=1}^{n} c_i x^i = \sum_{\substack{k \geqslant 1 \\ k! \leqslant n}} \frac{1}{k!} \left(\sum_{\ell=1}^{\frac{n}{k!}} \frac{x^{k!\,\ell}}{\ell} \right).$$

(**École polytechnique**)

▷ **Solution.**

1. On a, pour $n \geqslant 1$, $1 \leqslant p_n \leqslant n$, donc $\dfrac{1}{n} \leqslant c_n \leqslant 1$. Les séries $\sum \dfrac{x^n}{n}$ et $\sum x^n$ ayant pour rayon de convergence 1, on en déduit que le rayon de convergence de $\sum c_n x^n$ est 1.

Dans la question suivante, on étudie la convergence de la série en certains points du cercle de convergence.

2. Pour $n \in \mathbb{N}^*$, on pose $\mathrm{S}_n = \sum\limits_{i=1}^{n} c_i x^i$. On peut écrire $p_i = \sum\limits_{k!|i} 1$, pour tout $i \in \mathbb{N}^*$. On en déduit que

$$
\begin{aligned}
\mathrm{S}_n = \sum_{i=1}^{n}\sum_{k!|i}\frac{x^i}{i} &= \sum_{\substack{(i,k,\ell)\\ 1\leqslant i\leqslant n\\ i=k!\,\ell}}\frac{x^i}{i} = \sum_{\substack{(k,\ell)\\ 1\leqslant \ell\leqslant \frac{n}{k!}}}\frac{x^{k!\,\ell}}{k!\,\ell}\\
&= \sum_{1\leqslant k!\leqslant n}\frac{1}{k!}\left(\sum_{\ell=1}^{\frac{n}{k!}}\frac{x^{k!\,\ell}}{\ell}\right) = \sum_{1\leqslant k!\leqslant n}\frac{1}{k!}\sigma_{k,n},
\end{aligned}
$$

où $\sigma_{k,n} = \sum\limits_{\ell=1}^{\frac{n}{k!}} \dfrac{x^{k!\,\ell}}{\ell}$.

a. Supposons que r est rationnel : $r = \dfrac{p}{q}$, avec $q \in \mathbb{N}^*$ et que $x = e^{2i\pi r}$. On obtient $x^{k!} = e^{2i\pi\frac{pk!}{q}}$. Dès que $k \geqslant q$, on a $x^{k!} = 1$. L'ensemble des k tels que $x^{k!} \neq 1$ est donc un ensemble fini I. Pour tous les k tels que $x^{k!} = 1$, la série $\sum \dfrac{x^{k!\,\ell}}{\ell}$ diverge. Cela fait pressentir que $\sum c_n x^n$ diverge. Nous le justifierons en montrant que $|\mathrm{S}_n|$ tend vers $+\infty$ quand n tend vers $+\infty$.

Si $k \notin \mathrm{I}$, alors $\sigma_{k,n} = \sum\limits_{\ell=1}^{\frac{n}{k!}} \dfrac{1}{\ell} > 0$. On en déduit que, pour $n \geqslant q!$, on a

$$
\sum_{\substack{1\leqslant k!\leqslant n\\ k\notin \mathrm{I}}}\frac{1}{k!}\sigma_{k,n} \geqslant \frac{1}{q!}\sigma_{q,n} \geqslant \frac{1}{q!}\sum_{\ell=1}^{\frac{n}{q!}}\frac{1}{\ell}.
$$

Cette quantité tend vers $+\infty$ avec n, puisque q est fixé et que la série harmonique $\sum \dfrac{1}{\ell}$ diverge. Pour montrer que $|\mathrm{S}_n|$ tend vers $+\infty$, il suffit de montrer que $\sum\limits_{\substack{1\leqslant k!\leqslant n\\ k\in \mathrm{I}}} \dfrac{1}{k!}\sigma_{k,n}$ est borné (indépendamment de n).

Pour $k \in \mathrm{I}$, posons $u = x^{k!}$. On a donc $u \neq 1$. Pour tout $p \in \mathbb{N}^*$, il s'agit de majorer $\mathrm{A}_p = \sum\limits_{\ell=1}^{p} \dfrac{u^\ell}{\ell}$. On utilise une transformation d'Abel. On pose, pour $p \in \mathbb{N}$, $\mathrm{B}_p = \sum\limits_{\ell=0}^{p} u^\ell = \dfrac{1-u^{p+1}}{1-u}$. On a $|\mathrm{B}_p| \leqslant \dfrac{2}{|u-1|}$. On écrit alors

$$
\mathrm{A}_p = \sum_{l=1}^{p}\frac{\mathrm{B}_\ell - \mathrm{B}_{\ell-1}}{\ell} = \sum_{\ell=1}^{p}\frac{\mathrm{B}_\ell}{\ell} - \sum_{\ell=0}^{p-1}\frac{\mathrm{B}_\ell}{\ell+1} = \sum_{\ell=1}^{p-1}\mathrm{B}_\ell\left(\frac{1}{\ell} - \frac{1}{\ell+1}\right) + \frac{\mathrm{B}_p}{p} - \mathrm{B}_0.
$$

De la majoration de B_p, on déduit que

$$
|\mathrm{A}_p| \leqslant \frac{2}{|u-1|}\left(\sum_{\ell=1}^{p-1}\left(\frac{1}{\ell} - \frac{1}{\ell+1}\right) + \frac{1}{p} + 1\right) \leqslant \frac{4}{|u-1|}
$$

et en particulier $|\sigma_{k,n}| \leqslant \dfrac{4}{|u-1|} \leqslant \dfrac{4}{|x^{k!}-1|}$. Chaque terme $\dfrac{1}{k!}\sigma_{k,n}$, pour $k \in \mathrm{I}$, est majoré indépendamment de n. L'ensemble I étant fini, on en déduit que $\sum\limits_{\substack{1 \leqslant k! \leqslant n \\ k \in \mathrm{I}}} \frac{1}{k!} \sigma_{k,n}$ est borné, quand n varie. Ceci permet de conclure que $\lim\limits_{n \to +\infty} |\mathrm{S}_n| = +\infty$.

b. Nous allons montrer que pour $x = e^{2i\pi e}$ la série converge. On reprend les notations utilisées dans le premier cas. On a, pour tout $k \in \mathbb{N}^*$, $x^{k!} \neq 1$, car $e \notin \mathbb{Q}$. On en déduit, toujours en posant $u = x^{k!}$, que, pour tout $n \geqslant 1$, $|\sigma_{k,n}| \leqslant \frac{4}{|u-1|} \cdot$ Il s'agit de trouver un majorant de $\frac{1}{|u-1|} \cdot$ La formule de Taylor-Lagrange à l'ordre k appliquée à la fonction exponentielle entre 0 et 1 montre qu'il existe $c \in \left]0, 1\right[$ tel que

$$e = \sum_{j=0}^{k} \frac{1}{j!} + \frac{e^c}{(k+1)!}.$$

On note n_k l'entier $k! \sum\limits_{j=0}^{k} \frac{1}{j!}$ et on pose $r_k = k!e - n_k = \frac{e^c}{k+1} \cdot$ On a donc $\frac{1}{k+1} \leqslant r_k \leqslant \frac{e}{k+1}$, ce qui montre en particulier que $\lim\limits_{k \to +\infty} r_k = 0$. On en déduit que $x^{k!} = e^{2i\pi e k!} = e^{2i\pi(n_k + r_k)} = e^{2i\pi r_k}$. Il en résulte que $|\sigma_{k,n}| \leqslant \frac{4}{|e^{2i\pi r_k} - 1|} = \frac{2}{|\sin \pi r_k|} \cdot$ De la minoration $\sin x \geqslant \frac{2}{\pi} x$ si $x \in \left[0, \frac{\pi}{2}\right[$, on déduit que, pour k assez grand ($k \geqslant k_0$), on a, pour tout $n \in \mathbb{N}^*$, $|\sigma_{k,n}| \leqslant \frac{1}{r_k} \leqslant k+1$ et donc $\left|\frac{\sigma_{k,n}}{k!}\right| \leqslant \frac{k+1}{k!} \cdot$

On note, d'autre part, que pour tout $k \geqslant 1$, $\sigma_{k,n}$ a une limite quand n tend vers $+\infty$. En effet, en reprenant la méthode employée précédemment, on obtient, pour tout $k \geqslant 1$ et pour $1 \leqslant n \leqslant m$,

$$\begin{aligned}
\sigma_{k,m} - \sigma_{k,n} &= \sum_{\ell=n_0+1}^{m_0} \frac{u^\ell}{\ell} = \sum_{\ell=n_0+1}^{m_0} \frac{\mathrm{B}_\ell - \mathrm{B}_{\ell-1}}{\ell} \\
&= \frac{\mathrm{B}_{m_0}}{m_0} + \sum_{n_0+1}^{m_0-1} \mathrm{B}_\ell \left(\frac{1}{\ell} - \frac{1}{\ell+1}\right) - \frac{\mathrm{B}_{n_0}}{n_0+1},
\end{aligned}$$

où on a posé $m_0 = \mathrm{E}\left(\frac{m}{k!}\right)$ et $n_0 = \mathrm{E}\left(\frac{n}{k!}\right)$. On en déduit que

$$|\sigma_{k,m} - \sigma_{k,n}| \leqslant \frac{2}{|u-1|} \cdot \frac{2}{n_0+1} \leqslant \frac{4}{|u-1|} \cdot \frac{k!}{n}.$$

On en déduit que, pour tout $k \geqslant 1$, la suite $(\sigma_{k,n})_{n \in \mathbb{N}^*}$ est de Cauchy et donc convergente. On note σ_k sa limite. En fait, on a $\sigma_k = \sum\limits_{l=1}^{+\infty} \frac{x^{k!\,\ell}}{\ell} \cdot$ Il ne s'agit plus que d'intervertir une limite et une sommation. Il résulte de ce qui précède, en faisant tendre n vers $+\infty$, que, pour $k \geqslant k_0$, on a $\left|\frac{\sigma_k}{k}\right| \leqslant \frac{k+1}{k!}\cdot$ On en déduit que $\sum \frac{\sigma_k}{k!}$ converge. Soit $\varepsilon > 0$ et k_1 tel que $\sum\limits_{k=k_1+1}^{+\infty} \frac{k+1}{k!} \leqslant \varepsilon$. On a, pour $n \geqslant k_1$,

$$\begin{aligned}\left|\mathrm{S}_n - \sum_{k=1}^{+\infty} \frac{1}{k!}\sigma_k\right| &\leqslant \sum_{k=1}^{k_1} \frac{1}{k!}|\sigma_k - \sigma_{k,n}| + \sum_{k=k_1+1}^{n} \frac{1}{k!}|\sigma_{k,n}| + \sum_{k=k_1+1}^{+\infty} \frac{1}{k!}|\sigma_k| \\ &\leqslant \sum_{k=1}^{k_1} \frac{1}{k!}|\sigma_k - \sigma_{k,n}| + 2\varepsilon.\end{aligned}$$

Pour n assez grand, cela sera inférieur à 3ε. On en déduit que la suite (S_n), c'est-à-dire que la série $\sum c_n x^n$, converge. On a, de plus,

$$\sum_{n=1}^{+\infty} c_n x^n = \sum_{k=1}^{+\infty} \left(\frac{1}{k!}\sum_{\ell=1}^{+\infty} \frac{x^{k!\,\ell}}{\ell}\right). \quad \triangleleft$$

Le lecteur sait que la convergence d'une série entière est uniforme sur tout compact inclus dans le disque de convergence. La seconde question de l'exercice qui suit donne un théorème d'Abel qui caractérise les cas où la série converge uniformément sur tout le disque de convergence. Dans la première question on démontre le classique théorème d'Abel-Dirichlet. La résolution de ce type de questions repose sur des transformations d'Abel.

3.6. Le théorème d'Abel-Dirichlet

1. Soit $\sum a_n x^n$ une série entière de rayon de convergence égal à $\mathrm{R} \in]0, +\infty[$. On suppose que la série $\sum a_n \mathrm{R}^n$ converge. Montrer que la convergence de la série $\sum a_n x^n$ est uniforme sur le segment $[0, \mathrm{R}]$.

En déduire que

$$\sum_{n=0}^{+\infty} a_n \mathrm{R}^n = \lim_{x \to \mathrm{R}} \sum_{n=0}^{+\infty} a_n x^n.$$

> **2.** Soit $\sum a_n z^n$ une série entière de rayon de convergence égal à 1. On pose $\mathrm{D} = \{z \in \mathbb{C},\ |z| < 1\}$ et $\mathrm{U} = \{z \in \mathbb{C},\ |z| = 1\}$. Montrer que les assertions suivantes sont équivalentes :
>
> (i) la série converge uniformément sur $\overline{\mathrm{D}}$;
>
> (ii) la série converge uniformément sur D ;
>
> (iii) la série converge uniformément sur U.
>
> (**École normale supérieure**)

▷ **Solution.**

1. Soit $\varepsilon > 0$. On note $\rho_{\mathrm{N}} = \sum\limits_{n=\mathrm{N}}^{+\infty} a_n \mathrm{R}^n$ pour tout $\mathrm{N} \geqslant 0$. Nous allons majorer le reste de la série entière à l'aide d'une transformation d'Abel : pour $x \in [0, \mathrm{R}[$, on a

$$\begin{aligned}\sum_{n=\mathrm{N}}^{+\infty} a_n x^n = \sum_{n=\mathrm{N}}^{+\infty} a_n \mathrm{R}^n \left(\frac{x}{\mathrm{R}}\right)^n &= \sum_{n=\mathrm{N}}^{+\infty} (\rho_n - \rho_{n+1}) \left(\frac{x}{\mathrm{R}}\right)^n \\ &= \sum_{n=\mathrm{N}}^{+\infty} \rho_n \left(\frac{x}{\mathrm{R}}\right)^n - \sum_{n=\mathrm{N}}^{+\infty} \rho_{n+1} \left(\frac{x}{\mathrm{R}}\right)^n \\ &\text{(ces séries convergent car } (\rho_n) \text{ est bornée)} \\ &= \sum_{n=\mathrm{N}}^{+\infty} \rho_n \left(\frac{x}{\mathrm{R}}\right)^n - \sum_{n=\mathrm{N}+1}^{+\infty} \rho_n \left(\frac{x}{\mathrm{R}}\right)^{n-1} \\ &= \rho_{\mathrm{N}} \left(\frac{x}{\mathrm{R}}\right)^{\mathrm{N}} + \sum_{n=\mathrm{N}+1}^{+\infty} \rho_n \left(\left(\frac{x}{\mathrm{R}}\right)^n - \left(\frac{x}{\mathrm{R}}\right)^{n-1}\right).\end{aligned}$$

Il existe un rang n_0 tel que si $n \geqslant n_0$, $|\rho_n| \leqslant \varepsilon$. On obtient alors pour $\mathrm{N} \geqslant n_0$ la majoration

$$\left|\sum_{n=\mathrm{N}}^{+\infty} a_n x^n\right| \leqslant \varepsilon + \sum_{n=\mathrm{N}+1}^{+\infty} \varepsilon \underbrace{\left(\left(\frac{x}{\mathrm{R}}\right)^{n-1} - \left(\frac{x}{\mathrm{R}}\right)^n\right)}_{\geqslant 0} \leqslant \varepsilon + \varepsilon \left(\frac{x}{\mathrm{R}}\right)^{\mathrm{N}} \leqslant 2\varepsilon.$$

Cette majoration qui est encore vraie pour $x = \mathrm{R}$ traduit la convergence uniforme de la série entière sur $[0, \mathrm{R}]$.

Il en résulte que la fonction $x \longmapsto \sum\limits_{n=0}^{+\infty} a_n x^n$ est continue sur $[0, \mathrm{R}]$ en tant que limite uniforme de fonctions continues. On obtient alors la limite demandée.

Ce théorème peut s'avérer commode pour calculer les sommes de séries entières au point x égal au rayon de convergence. Par exemple, les séries entières $\sum\limits_{n=1}^{+\infty} \frac{(-1)^n}{n} x^n$ et $\sum\limits_{n=0}^{+\infty} \frac{(-1)^n}{2n+1} x^{2n}$ convergent en $x = 1$

par simple application du théorème spécial de convergence des séries alternées. Il en résulte que $\sum_{n=1}^{+\infty} \frac{(-1)^n}{n} = -\lim_{x\to 1^-} \ln(1+x) = -\ln 2$ *et de même que* $\sum_{n=0}^{+\infty} \frac{(-1)^n}{2n+1} = \lim_{x\to 1^-} \arctan x = \frac{\pi}{4}\cdot$

2. • L'implication $(i) \Longrightarrow (ii)$ est triviale car D est contenu dans $\overline{\mathrm{D}}$.

• Montrons que $(ii) \Longrightarrow (iii)$. On va utiliser le critère de Cauchy. Soit $\varepsilon > 0$. Par hypothèse, il existe un entier N tel que pour tout $n \geqslant \mathrm{N}$, tout $p \geqslant 0$ et tout $z \in \mathrm{D}$,

$$\left|\sum_{k=n}^{n+p} a_k z^k\right| \leqslant \varepsilon.$$

Par continuité du polynôme et passage des inégalités larges à la limite, cette majoration reste vraie pour tout point z de U. Le critère de Cauchy uniforme assure alors que la série converge uniformément sur U.

• Montrons que $(iii) \Longrightarrow (i)$. Introduisons naturellement pour $\mathrm{N} \geqslant 0$, $\theta \in \mathbb{R}$, $\rho_{\mathrm{N}}(\theta) = \sum_{n=\mathrm{N}}^{+\infty} a_n e^{in\theta}$, le reste de la série sur U, dont on sait qu'il converge uniformément vers 0 sur U.

Soit $\varepsilon > 0$. Pour $z \in \mathrm{D}$, écrivons $z = re^{i\theta}$ avec $0 \leqslant r < 1$ et $\theta \in \mathbb{R}$. Majorons le reste à l'aide d'une transformation d'Abel. Pour $\mathrm{N} \geqslant 0$, on obtient,

$$\begin{aligned}
\sum_{n=\mathrm{N}}^{+\infty} a_n z^n = \sum_{n=\mathrm{N}}^{+\infty} a_n e^{in\theta} r^n &= \sum_{n=\mathrm{N}}^{+\infty} \Big(\rho_n(\theta) - \rho_{n+1}(\theta)\Big) r^n \\
&= \sum_{n=\mathrm{N}}^{+\infty} \rho_n(\theta) r^n - \sum_{n=\mathrm{N}}^{-\infty} \rho_{n+1}(\theta) r^n \\
&= \sum_{n=\mathrm{N}}^{+\infty} \rho_n(\theta) r^n - \sum_{n=\mathrm{N}+1}^{+\infty} \rho_n(\theta) r^{n-1} \\
&= \sum_{n=\mathrm{N}+1}^{+\infty} \rho_n(\theta)(r^n - r^{n-1}) + \rho_{\mathrm{N}}(\theta) r^{\mathrm{N}}.
\end{aligned}$$

On obtient, grâce à l'inégalité triangulaire,

$$\begin{aligned}
\left|\sum_{n=\mathrm{N}}^{+\infty} a_n z^n\right| &\leqslant \sum_{n=\mathrm{N}+1}^{+\infty} |\rho_n(\theta)|(r^{n-1} - r^n) + |\rho_{\mathrm{N}}(\theta)| \\
&\leqslant \sup_{n\geqslant \mathrm{N}} |\rho_n(\theta)| \underbrace{\sum_{n=\mathrm{N}+1}^{+\infty} (r^{n-1} - r^n)}_{=r^{\mathrm{N}}\leqslant 1} + |\rho_{\mathrm{N}}(\theta)| \leqslant 2 \sup_{n\geqslant \mathrm{N}} |\rho_n(\theta)|.
\end{aligned}$$

Cette inégalité reste vraie si $z \in \mathrm{U}$.

Par hypothèse, il existe un rang n_0 tel que si $n \geqslant n_0$, pour tout $\theta \in \mathbb{R}$, $|\rho_n(\theta)| \leqslant \varepsilon$. Donc, pour $\mathrm{N} \geqslant n_0$ et pour tout $z \in \overline{\mathrm{D}}$, $\left|\sum_{n=\mathrm{N}}^{+\infty} a_n z^n\right| \leqslant 2\varepsilon$.

La convergence est donc uniforme sur $\overline{\mathrm{D}}$. ◁

La dernière implication peut se traiter beaucoup plus rapidement à l'aide du principe du maximum (voir exercice 3.40) en utilisant le critère de Cauchy uniforme : en effet, si la tranche de Cauchy $\left|\sum_{k=n}^{n+p} a_k z^k\right|$ *est majorée par* $\varepsilon > 0$ *pour tout* z *de* U, *le principe du maximum permet de dire que cette majoration est réalisée sur tout le disque* $\overline{\mathrm{D}}$.

Les prochains exercices concernent le calcul de la somme de quelques séries entières.

3.7. Calcul de la somme d'une série entière

Calculer $\sum_{n=1}^{+\infty} \dfrac{\sin(na)x^n}{n}$, où a et x sont des nombres réels.

(**École polytechnique**)

▷ **Solution.**

Les coefficients de la série proposée sont des fonctions impaires et 2π-périodiques de a. On peut donc supposer que $a \in [0, \pi]$. Lorsque a vaut 0 ou π, la série est clairement nulle. Dans la suite de la solution, on supposera donc que $a \in]0, \pi[$.

La série $\sum_{n=1}^{+\infty} \dfrac{\sin(na)x^n}{n}$ a clairement un rayon de convergence supérieur ou égal à 1. Pour x réel tel que $|x| < 1$, posons

$$\mathrm{G}_a(x) = \sum_{n=1}^{+\infty} \frac{\sin(na)x^n}{n}.$$

Le n du dénominateur est gênant. Pour s'en débarrasser, on dérive G_a. On obtient

$$\mathrm{G}'_a(x) = \sum_{n=1}^{+\infty} \sin(na)x^{n-1} = \mathrm{Im}\left(\sum_{n=1}^{+\infty} e^{ina}x^{n-1}\right)$$
$$= \mathrm{Im}\left(e^{ia}\sum_{n=0}^{+\infty}(e^{ia}x)^n\right) = \mathrm{Im}\left(\frac{e^{ia}}{1-e^{ia}x}\right) = \mathrm{Im}\left(\frac{1}{e^{-ia}-x}\right).$$

Comme G_a est de classe $\mathcal{C}^1$ et nulle en 0, on a

$$\mathrm{G}_a(x) = \int_0^x \mathrm{Im}\left(\frac{1}{e^{-ia}-t}\right)\mathrm{d}t.$$

On va simplement calculer cette intégrale. Il vient

$$\begin{aligned} \mathrm{G}_a(x) &= \int_0^x \mathrm{Im}\left(\frac{1}{\cos a - t - i\sin a}\right)\mathrm{d}t = \int_0^x \frac{\sin a}{(\cos a - t)^2 + \sin^2 a}\mathrm{d}t \\ &= \left[-\arctan\left(\frac{\cos a - t}{\sin a}\right)\right]_0^x \\ &= \arctan\left(\frac{x-\cos a}{\sin a}\right) + \arctan(\operatorname{cotan} a). \end{aligned}$$

Or, $\operatorname{cotan} a = \tan\left(\frac{\pi}{2} - a\right)$ et comme a est dans l'intervalle $]0, \pi[$, $\frac{\pi}{2} - a$ est dans $\left]-\frac{\pi}{2}, \frac{\pi}{2}\right[$ et $\arctan(\operatorname{cotan} a) = \frac{\pi}{2} - a$. On a donc, pour $a \in]0, \pi[$, et $|x| < 1$,

$$\boxed{\mathrm{G}_a(x) = \arctan\left(\frac{x - \cos a}{\sin a}\right) - a + \frac{\pi}{2}}.$$

Les symétries exposées au début de la solution permettent alors d'écrire $\mathrm{G}_a(x)$ pour tout réel a et tout x de $]-1, 1[$. ◁

Une transformation d'Abel montre que la série $\sum \frac{\sin na}{n}$ *(obtenue pour* $x = 1$*) converge. Le théorème d'Abel-Dirichlet (voir page 178) montre alors que* $\mathrm{G}_a(x)$ *tend vers* $\mathrm{G}_c(1)$ *lorsque* x *tend vers* 1. *On en déduit donc que, pour* $0 < a < \pi$,

$$\sum_{n=1}^{+\infty} \frac{\sin na}{n} = \arctan\left(\frac{1-\cos a}{\sin a}\right) - a + \frac{\pi}{2} = \frac{\pi - a}{2}$$

car $\frac{1-\cos a}{\sin a} = \tan\frac{a}{2}$. *Ce résultat est classique et se retrouve facilement à l'aide d'un développement en série de Fourier.*

Il n'y a pas de calculs supplémentaires pour trouver $\mathrm{G}_a(-1)$ *: il suffit de noter que* $\mathrm{G}_a(-1) = \mathrm{G}_{a+\pi}(1)$.

3.8. Calcul de la somme de séries de fonctions

Déterminer le domaine de définition et calculer

$$f(x) = \sum_{n=1}^{+\infty} \frac{1}{n^2}\left(x^n + \left(\frac{-x}{1-x}\right)^n\right) \quad \text{et} \quad g(x) = \sum_{n=1}^{+\infty} \frac{1}{n^2}(x^n + (1-x)^n).$$

(**École polytechnique**)

▷ **Solution.**

Le calcul de $f(x)$ et $g(x)$ se ramène à celui de la somme de la série entière $\sum \frac{x^n}{n^2}$, dont le rayon de convergence est 1. On pose, pour

$x \in [-1,1]$, $\varphi(x) = \sum_{n=1}^{+\infty} \frac{x^n}{n^2}$. Cette fonction est continue sur $[-1,1]$ et dérivable sur $]-1,1[$. On a, pour $x \in]-1,1[$ et $x \neq 0$,

$$\varphi'(x) = \sum_{n=1}^{+\infty} \frac{x^{n-1}}{n} = -\frac{\ln(1-x)}{x}$$

et de plus $\varphi'(0) = 1$.

• Recherchons le domaine de définition de f. Posons, pour $x \neq 1$ et $n \geqslant 1$,

$$u_n(x) = \frac{1}{n^2}\left(x^n + \left(\frac{-x}{1-x}\right)^n\right).$$

Si n est pair, on a

$$|u_n(x)| = \frac{1}{n^2}\left(|x|^n + \left|\frac{x}{1-x}\right|^n\right).$$

Pour qu'il y ait convergence de la série définissant f, il est donc nécessaire que $|x| \leqslant 1$ et que $\left|\frac{x}{1-x}\right| \leqslant 1$. C'est le cas si et seulement si $-1 \leqslant x \leqslant \frac{1}{2}$. Réciproquement, lorsque $-1 \leqslant x \leqslant \frac{1}{2}$, on a $\left|\frac{x}{1-x}\right| \leqslant 1$ et $|u_n(x)|$ est majoré par $\frac{1}{n^2}\left(|x|^n + \left|\frac{x}{1-x}\right|^n\right)$ qui est le terme général d'une série convergente. La fonction f est donc définie sur $\left[-1, \frac{1}{2}\right]$.

Pour $x \in \left[-1, \frac{1}{2}\right]$, on peut écrire $f(x) = \varphi(x) + \varphi\left(\frac{-x}{1-x}\right)$. La fonction f est donc dérivable sur $\left]-1, \frac{1}{2}\right[$ et sa dérivée vaut

$$f'(x) = -\frac{\ln(1-x)}{x} - \frac{-1}{(1-x)^2}\,\frac{\ln\left(1+\frac{x}{1-x}\right)}{\frac{-x}{1-x}} = \frac{\ln(1-x)}{(1-x)},$$

après simplifications. Comme $f(0) = 0$, il vient

$$\boxed{f(x) = -\frac{1}{2}\ln^2(1-x)}.$$

Cette formule reste valable en -1 et $\frac{1}{2}$ par continuité de φ et donc de f.

• Pour que $g(x)$ soit défini il apparaît nécessaire, en regardant les termes d'indices pair, que $|x| \leqslant 1$ et $|1-x| \leqslant 1$, autrement dit que $x \in [0,1]$. Il est alors clair que le segment $[0,1]$ est l'ensemble de définition de g.

Pour $x \in [0,1]$, on a $g(x) = \varphi(x) + \varphi(1-x)$. La fonction g est donc continue sur $[0,1]$ et dérivable sur $]0,1[$, avec pour $x \in\,]0,1[$,

$$g'(x) = -\frac{\ln(1-x)}{x} + \frac{\ln(1-(1-x))}{1-x} = -\frac{\ln(1-x)}{x} + \frac{\ln(x)}{1-x}$$

et donc $g(x) = -\ln(x)\ln(1-x) + \mathrm{C}$, où C est une constante. Puisque, pour x tendant vers 0, on a

$$\ln(x)\ln(1-x) \sim -x\ln x \xrightarrow[x\to 0]{} 0,$$

on en déduit, par continuité de g, que $\mathrm{C} = g(0) = \dfrac{\pi^2}{6}\cdot$ On obtient

$$g(x) = \frac{\pi^2}{6} - \ln(x)\ln(1-x) \quad \text{pour } x \in\,]0,1[\ \text{ et } \ g(0) = g(1) = \frac{\pi^2}{6}\cdot \ \triangleleft$$

L'exercice suivant s'intéresse à la fonction obtenue à partir d'une série entière en ne gardant que les termes dont l'indice décrit une suite arithmétique.

3.9. Somme d'une série entière extraite

Soit $\sum a_n z^n$ une série entière de rayon de convergence $\mathrm{R} > 0$. On pose $f(z) = \sum\limits_{n=0}^{+\infty} a_n z^n$ pour $|z| < \mathrm{R}$. Soit $p \in \mathbb{N}^*$ et $k \in [\![0, p-1]\!]$.

1. Montrer que le rayon de convergence de $\sum a_{np+k} z^{np+k}$ est au moins R.

2. Pour $|z| < \mathrm{R}$, exprimer $\sum\limits_{n=0}^{+\infty} a_{np+k} z^{np+k}$ à l'aide de f.

(**École polytechnique**)

$\triangleright$ **Solution.**

1. Pour tout $|z| < \mathrm{R}$, la suite $(a_n z^n)_{n\geqslant 0}$ est bornée. Soit $\mathrm{K} > 0$ tel que $|a_n z^n| \leqslant \mathrm{K}$ pour tout $n \in \mathbb{N}$. On a, en particulier, $|a_{np+k} z^{np+k}| \leqslant \mathrm{K}$. Donc le rayon de convergence de $\sum a_{np+k} z^{np+k}$ est supérieur ou égal à R.

2. Commençons par regarder le cas $p = 2$. On a clairement

$$f(z) + f(-z) = 2\sum_{n=0}^{+\infty} a_{2n} z^{2n} \ \text{ et } \ f(z) - f(-z) = 2\sum_{n=0}^{+\infty} a_{2n+1} z^{2n+1}.$$

Cela donne le résultat pour $p = 2$. Il s'agit de le généraliser.

Puisque -1 et 1 sont les racines carrées de 1, on songe à calculer dans le cas général $f(\omega z)$, où $\omega^p = 1$. Posons $\omega = e^{\frac{2i\pi}{p}}$ et fixons $z \in \mathbb{C}$,

$|z| < 1$. On a

$$f(z) + f(\omega z) + \cdots + f(\omega^{p-1} z) = \sum_{n=0}^{+\infty} a_n (1 + \omega^n + \cdots + (\omega^{p-1})^n) z^n.$$

Or, si $n \in \mathbb{N}$, nous savons que

$$\begin{aligned} 1 + \omega^n + \cdots + (\omega^{p-1})^n &= 1 + \omega^n + (\omega^n)^2 + \cdots + (\omega^n)^{p-1} \\ &= \begin{cases} \dfrac{1-(\omega^n)^p}{1-\omega^n} = \dfrac{1-(\omega^p)^n}{1-\omega^n} = 0 \text{ si } \omega^n \neq 1 \\ p \text{ si } \omega^n = 1 \end{cases} \\ &= \begin{cases} 0 \text{ si } n \notin p\mathbb{N} \\ 1 \text{ si } n \in p\mathbb{N}. \end{cases} \end{aligned}$$

Ainsi, on obtient $f(z) + f(\omega z) + \cdots + f(\omega^{p-1} z) = p \sum\limits_{n=0}^{+\infty} a_{pn} z^{pn}$ et la formule

$$\boxed{\sum_{n=0}^{+\infty} a_{pn} z^{pn} = \frac{f(z) + f(\omega z) + \cdots + f(\omega^{p-1} z)}{p}}.$$

Pour k quelconque dans $[\![0, p-1]\!]$, on calcule

$$\begin{aligned} f(z) + \omega^{-k} f(\omega z) + \cdots + \omega^{-(p-1)k} f(\omega^{p-1} z) &= \sum_{n=0}^{+\infty} a_n \left(\sum_{\ell=0}^{p-1} \omega^{-\ell k + n\ell} \right) z^n \\ &= \sum_{n=0}^{+\infty} a_n \left(\sum_{\ell=0}^{p-1} (\omega^{n-k})^\ell \right) z^n. \end{aligned}$$

Sachant que $\sum\limits_{\ell=0}^{p-1} (\omega^{n-k})^\ell = \begin{cases} p & \text{si } p|(n-k) \textit{ i.e. } n \in p\mathbb{N} + k \\ 0 & \text{sinon} \end{cases}$, on obtient

$$\boxed{\sum_{n=0}^{+\infty} a_{pn+k} z^{pn+k} = \frac{f(z) + \omega^{-k} f(\omega z) + \cdots + \omega^{-k(p-1)} f(\omega^{p-1} z)}{p}}. \quad \triangleleft$$

L'exercice suivant est un cas particulier du précédent, mais nous en donnons une autre solution fondée sur l'utilisation d'une équation différentielle.

3.10. Calcul d'une somme

Calculer $\sum_{n=0}^{+\infty} \frac{1}{(5n)!}\cdot$

(École polytechnique)

▷ **Solution.**

Pour calculer cette somme, introduisons la fonction f définie par $f(x) = \sum_{n=0}^{+\infty} \frac{x^{5n}}{(5n)!}\cdot$ Il s'agit de calculer $\mathrm{S} = f(1)$. Le rayon de convergence de la série définissant f est infini, donc f est définie et de classe $\mathcal{C}^\infty$ sur $\mathbb{R}$. D'après les propriétés des séries entières, on a, pour tout $x \in \mathbb{R}$,

$$\begin{aligned} f^{(5)}(x) &= \sum_{n=1}^{+\infty} 5n(5n-1)(5n-2)(5n-3)(5n-4)\frac{x^{5n-5}}{(5n)!} \\ &= \sum_{n=1}^{+\infty} \frac{x^{5n-5}}{(5n-5)!} = f(x). \end{aligned}$$

La fonction f est donc solution de l'équation différentielle linéaire à coefficients constants (E) $y^{(5)} = y$. Le polynôme caractéristique associé à cette équation est $\mathrm{X}^5 - 1$. Ses racines sont les racines cinquièmes de l'unité que nous noterons λ_1, λ_2, λ_3, λ_4, λ_5. Ces racines étant distinctes, toute solution de (E) s'écrit de manière unique sous la forme $x \longmapsto \sum_{k=1}^{5} a_k e^{\lambda_k x}$, où a_1, a_2, a_3, a_4, a_5 sont des constantes complexes. La fonction f vérifie les conditions $f(0) = 1$ et $f'(0) = f''(0) = f^{(3)}(0) = f^{(4)}(0) = 0$, c'est-à-dire $\sum_{k=1}^{5} a_k \lambda_k = 1$ et $\sum_{k=1}^{5} a_k \lambda_k^i = 0$ pour $1 \leqslant i \leqslant 4$. Sachant que la somme des puissances i-ièmes des racines cinquièmes de l'unité vaut 0 si i n'est pas multiple de 5 et 5 sinon, on en déduit qu'il faut prendre tous les a_k égaux à $\frac{1}{5}$ (ce système est de Cramer). On a donc, pour tout $x \in \mathbb{R}$, $f(x) = \frac{1}{5}\sum_{k=1}^{5} e^{\lambda_k x}$ et en particulier $\mathrm{S} = \frac{1}{5}\sum_{k=1}^{5} e^{\lambda_k}$. C'est bien le résultat que donne l'exercice précédent.

On peut préciser ce résultat en déterminant les racines cinquièmes de l'unité. Si λ est une telle racine, différente de 1, elle vérifie l'équation $\lambda^4 + \lambda^3 + \lambda^2 + \lambda + 1 = 0$. C'est une équation réciproque. On divise par λ^2 et on prend comme inconnue auxiliaire $\mu = \lambda + \frac{1}{\lambda}\cdot$ On obtient $\mu^2 + \mu - 1 = 0$, soit $\mu = \frac{-1+\varepsilon\sqrt{5}}{2}$, où $\varepsilon = \pm 1$. On détermine ensuite les valeurs de λ. On trouve $\lambda = \frac{-1+\varepsilon\sqrt{5}}{4} \pm i\,\frac{\sqrt{10+2\varepsilon\sqrt{5}}}{4}\cdot$ En regroupant les racines conjuguées, on trouve finalement

$$\boxed{\mathrm{S} = \frac{1}{5}\left(e + 2e^{-\frac{1+\sqrt{5}}{4}}\cos\frac{\sqrt{10-2\sqrt{5}}}{4} + 2e^{\frac{-1+\sqrt{5}}{4}}\cos\frac{\sqrt{10+2\sqrt{5}}}{4}\right)}. \quad \lhd$$

On a, plus généralement, pour $p \in \mathbb{N}^*$, $\sum\limits_{n=0}^{+\infty} \frac{1}{(pn)!} = \sum\limits_{k=1}^{p} e^{\lambda_k}$, où $\lambda_1, \ldots, \lambda_p$ sont les racines p-ièmes de l'unité (cf. exercice 3.9).

Dans l'exercice suivant, les séries entières servent d'outil pour le calcul de la somme de certaines séries alternées.

3.11. Calculs de sommes de séries alternées

> **1.** Calculer la somme de la série $\sum\limits_{n=0}^{+\infty} \frac{(-1)^n}{2n+1}$.
>
> **2.** Étudier la convergence et calculer la somme de la série de terme général $\frac{(-1)^n}{n+1}\left(\sum\limits_{k=0}^{n} \frac{1}{2k+1}\right)$.
>
> (**École polytechnique**)

$\rhd$ **Solution.**

1. La série $\sum(-1)^n \frac{1}{2n+1}$ converge, car elle vérifie le critère spécial de convergence des séries alternées. Nous allons donner deux solutions pour calculer sa somme.

• Une première idée consiste à introduire la fonction f définie par $f(x) = \sum\limits_{n=0}^{+\infty} (-1)^n \frac{x^{2n+1}}{2n+1}$. Le rayon de convergence de la série entière définissant f est 1. La fonction f est donc définie et dérivable sur $]-1,1[$. On a, pour tout $x \in\ ]-1,1[$,

$$f'(x) = \sum_{n=0}^{+\infty} (-1)^n x^{2n} = \frac{1}{1+x^2}.$$

Puisque de plus, $f(0) = 0$, on en déduit que, pour tout $x \in\ ]-1,1[$, $f(x) = \arctan(x)$. On a vu que f est définie en 1 et nous cherchons justement à calculer $f(1)$. Montrons la continuité de f en 1. Pour tout $x \in [0,1]$, la série définissant $f(x)$ vérifie le critère spécial des séries alternées. On en déduit que le reste $\mathrm{R}_n(x) = \sum\limits_{k=n}^{+\infty} (-1)^k \frac{x^{2k+1}}{2k+1}$ vérifie

$$|\mathrm{R}_n(x)| \leqslant \frac{x^{2n+1}}{2n+1} \leqslant \frac{1}{2n+1}.$$

La série qui définit f converge donc uniformément sur $[0,1]$ et f qui est limite uniforme de fonctions continues sur $[0,1]$ est donc continue sur $[0,1]$ et en particulier en 1. On conclut donc que

$$\boxed{\sum_{n=0}^{+\infty} \frac{(-1)^n}{2n+1} = \frac{\pi}{4}}.$$

Notons que l'on pouvait appliquer directement le théorème d'Abel-Dirichlet (voir page 178) pour montrer la continuité de f en 1.

• La seconde solution que nous proposons repose sur le fait que $\dfrac{(-1)^n}{2n+1} = \int_0^1 (-x^2)^n \mathrm{d}x$. On a alors envie d'écrire que

$$\begin{aligned}\sum_{n=0}^{+\infty} \frac{(-1)^n}{2n+1} &= \sum_{n=0}^{+\infty} \int_{[0,1[} (-x^2)^n \mathrm{d}x = \int_{[0,1[} \sum_{n=0}^{+\infty} (-x^2)^n \mathrm{d}x \\ &= \int_{[0,1[} \frac{\mathrm{d}x}{1+x^2} = [\arctan x]_0^1 = \frac{\pi}{4}.\end{aligned}$$

Le seul point de ce calcul qui mérite justification est l'interversion de la sommation et de l'intégration. Elle est légitimée par le théorème de convergence dominée, puisque pour tout N, la fonction $\left|\sum_{n=0}^{\mathrm{N}} (-x^2)^n\right|$ est majorée par 1 sur $[0,1[$.

2. Posons, pour tout $n \in \mathbb{N}$, $u_n = \dfrac{1}{n+1} \sum_{k=0}^{n} \dfrac{1}{2k+1}$. On a

$$u_{n+1} = \frac{1}{n+2} \sum_{k=0}^{n+1} \frac{1}{2k+1} = \frac{1}{n+2} \left((n+1)u_n + \frac{1}{2n+3} \right).$$

On en déduit que $u_{n+1} - u_n = \dfrac{1}{n+2} \left(\dfrac{1}{2n+3} - u_n \right)$. Or u_n est la moyenne de $n+1$ termes supérieurs à $\dfrac{1}{2n+1}$. On a donc $u_n \geqslant \dfrac{1}{2n+1}$ et $u_{n+1} - u_n \leqslant 0$: la suite (u_n) décroît. De plus, on sait que

$$\sum_{k=0}^{n} \frac{1}{2k+1} \leqslant \sum_{k=1}^{2n+1} \frac{1}{k} \underset{n\to\infty}{\sim} \ln(2n+1) \underset{n\to\infty}{\sim} \ln n.$$

On en déduit que $u_n = O\left(\dfrac{\ln n}{n}\right)$ et en particulier $\lim\limits_{n\to+\infty} u_n = 0$. La série $\sum (-1)^n u_n$ converge d'après le critère spécial des séries alternées.

Pour calculer la somme S de cette série, on procède comme dans la première solution de la question 1 et on pose $g(x) = \sum_{n=0}^{+\infty} (-1)^n u_n x^n$. Le rayon de convergence de la série définissant g est supérieur ou égal à 1, car la suite (u_n) converge vers 0. La série converge en 1 et on vérifie que g est continue sur $[0,1]$; en effet, pour $x \in [0,1]$ la série définissant g vérifie le critère spécial des séries alternées : la suite $(u_n x^n)$ est à termes positifs, décroissante (car produit de suites positives décroissantes) et converge vers 0. Le reste $\mathrm{R}'_n(x)$ de la série vérifie, pour tout $x \in [0,1]$, $|\mathrm{R}'_n(x)| \leqslant u_n x^n \leqslant u_n$. La série converge donc uniformément sur $[0,1]$ ce qui implique la continuité de la fonction g.

Notons que là encore, le théorème d'Abel-Dirichlet (voir page 178) permet de démontrer directement la continuité de g.

Déterminons maintenant la valeur de $g(x)$. L'expression $(-x)^n \sum_{k=0}^{n} \frac{1}{2k+1}$ fait penser à un produit de Cauchy. Effectivement, on a, pour $x \in]-1,1[$,

$$\left(\sum_{n=0}^{+\infty} \frac{(-x)^n}{2n+1}\right)\left(\sum_{n=0}^{+\infty}(-x)^n\right) = \sum_{n=0}^{+\infty}(n+1)u_n(-x)^n.$$

Compte tenu de la première question, on obtient pour $x \in]-1,1[$,

$$\sum_{n=0}^{+\infty}(n+1)u_n(-x)^n = \frac{\arctan(\sqrt{x})}{\sqrt{x}(1+x)}.$$

En intégrant, il vient, pour tout $x \in]-1,1[$,

$$xg(x) = \sum_{n=0}^{+\infty} u_n(-1)^n x^{n+1} = \int_0^x \frac{\arctan(\sqrt{t})}{\sqrt{t}(1+t)}\mathrm{d}t.$$

La continuité de g en 1 conduit à

$$\mathrm{S} = g(1) = \int_0^1 \frac{\arctan(\sqrt{t})}{\sqrt{t}(1+t)}\mathrm{d}t.$$

Le changement de variable $u = \sqrt{t}$ donne

$$\mathrm{S} = \int_0^1 \frac{2\arctan u}{1+u^2}\mathrm{d}u = \Big[(\arctan u)^2\Big]_0^1 = \left(\frac{\pi}{4}\right)^2.$$

On conclut que

$$\boxed{\sum_{n=0}^{+\infty}\left(\frac{(-1)^n}{n+1}\sum_{k=0}^{n}\frac{1}{2k+1}\right) = \frac{\pi^2}{16}}. \quad \triangleleft$$

Le problème inverse du calcul de la somme d'une série est le développement en série entière d'une fonction donnée. Les fonctions les plus simples qu'on sait être développables en série entière sont les fractions rationnelles. Comme on le redémontre dans l'exercice suivant, toute fraction rationnelle dont 0 n'est pas un pôle est développable en série entière au voisinage de 0, avec un rayon de convergence égal au plus petit module des pôles de f.

3.12. Développement en série entière des fractions rationnelles

1. Soit P et Q deux polynômes à coefficients complexes, avec $\mathrm{Q}(0) \neq 0$. Pour $z \in \mathbb{C}$ tel que $\mathrm{Q}(z) \neq 0$, on pose $f(z) = \dfrac{\mathrm{P}(z)}{\mathrm{Q}(z)}$. Montrer que f est développable en série entière au voisinage de 0 et que les coefficients de ce développement vérifient une relation de récurrence linéaire à coefficients constants. Préciser le rayon de convergence.

2. Réciproquement, si la suite de nombres complexes (u_n) vérifie une relation de récurrence linéaire à coefficients constants, montrer que la série entière $\sum u_n z^n$ a un rayon de convergence $\mathrm{R} > 0$ et qu'il existe deux polynômes à coefficients complexes P et Q avec $\mathrm{Q}(0) \neq 0$ tels que $\sum\limits_{n=0}^{+\infty} u_n z^n = \dfrac{\mathrm{P}(z)}{\mathrm{Q}(z)}$.

(**École polytechnique**)

▷ **Solution.**

1. Si Q est constant, f est un polynôme. Elle est donc développable en une série entière avec un rayon infini. Supposons Q non constant. En décomposant f en éléments simples sur $\mathbb{C}$, on montre que f est somme d'un polynôme correspondant à sa partie entière et de fonctions de la forme $z \longmapsto \dfrac{\alpha}{(z-z_0)^p}$, où $\alpha \in \mathbb{C}$, $z_0 \neq 0$ (car 0 n'est pas un pôle de f) et $p \in \mathbb{N}^*$. La fonction $z \longmapsto \dfrac{1}{z-z_0}$ est développable en série entière au voisinage de 0, car pour $|z| < |z_0|$, on a

$$\frac{1}{z-z_0} = -\frac{1}{z_0}\frac{1}{1-\dfrac{z}{z_0}} = -\frac{1}{z_0}\sum_{k=0}^{+\infty}\left(\frac{z}{z_0}\right)^k.$$

On en déduit que pour tout $p \geqslant 1$ la fonction $z \longmapsto \dfrac{1}{(z-z_0)^p}$ est développable en série entière au voisinage de 0, comme produit de telles fonctions et qu'il en est de même de $z \longmapsto \dfrac{\alpha}{(z-z_0)^p}$. Enfin f est développable en série entière au voisinage de 0, comme somme de telles fonctions. Notons $\sum\limits_{n=0}^{+\infty} u_n z^n$ ce développement en série entière, R son rayon de convergence et ρ le plus petit module des pôles de f. Ce qui précède montre que $\mathrm{R} \geqslant \rho$. En fait on peut noter qu'il y a forcément égalité. En effet, supposons $\mathrm{R} > \rho$ et soit z_0 un pôle de f de module ρ. Pour $|z| < \rho$ on peut écrire $f(z) = \sum_{n=0}^{+\infty} u_n z^n$. On prend $z = tz_0$ avec $t \in [0,1[$ et on fait tendre t vers 1. La quantité $|f(tz_0)|$ tend vers $+\infty$ car z_0 est un pôle, alors que la série admet une limite finie en z_0 puisque, comme $\mathrm{R} > \rho$, z_0 est dans son disque ouvert de convergence. L'hypothèse $\mathrm{R} > \rho$ est absurde et on a bien $\mathrm{R} = \rho$.

Pour $|z| < \mathrm{R}$ on peut donc écrire $f(z) = \sum_{n=0}^{+\infty} u_n z^n$. Notons p et q les degrés respectifs de P et Q et posons $\mathrm{P} = \sum_{k=0}^{p} a_k \mathrm{X}^k$ et $\mathrm{Q} = \sum_{k=0}^{q} b_k \mathrm{X}^k$. On a, pour $|z| < \mathrm{R}$,

$$\mathrm{P}(z) = \mathrm{Q}(z) f(z) = \sum_{k=0}^{q} b_k z^k \sum_{n=0}^{+\infty} u_n z^n.$$

Le développement en série de $\mathrm{Q}f$ est donné par un produit de Cauchy et par unicité du développement en série entière, les termes d'indice $> p$ sont nuls. Si on a $q > p$, les termes d'indice $\geqslant q$ sont nuls. On a alors, pour $n \geqslant q$, $\sum_{k=0}^{q} b_k u_{n-k} = 0$, ce qui peut s'écrire, puisque $b_0 = \mathrm{Q}(0) \neq 0$,

$$u_n = -\sum_{k=1}^{q} \frac{b_k}{b_0} u_{n-k}.$$

La suite (u_n) vérifie donc une relation de récurrence linéaire à coefficients constants d'ordre q. Dans le cas où $q \leqslant p$, il suffit d'écrire $\mathrm{Q} = \sum_{k=0}^{p+1} b_k \mathrm{X}^k$ avec $b_{q+1} = \cdots = b_{p+1} = 0$ pour se ramener au cas précédent.

2. Supposons, réciproquement, que la suite (u_n) vérifie une relation linéaire à coefficients constants. Il existe donc $q \in \mathbb{N}^*$ et $(\alpha_1, \alpha_2, \ldots, \alpha_q) \in \mathbb{C}^q$, tels que, pour $n \geqslant q$, $u_n = \sum_{k=1}^{q} \alpha_k u_{n-k}$.

On va montrer que $\sum u_n z^n$ a un rayon de convergence non nul. Ce résultat est immédiat si on connaît la forme générale d'une suite récurrente linéaire (c'est une combinaison linéaire de suites de la forme $n^k \rho^n$) mais nous allons en donner une preuve n'utilisant pas ce fait. On va majorer $|u_n|$ par une suite géométrique. Posons $\mathrm{K} = \max\left(\sum_{k=1}^{q} |\alpha_k|, 1\right)$ et $\mathrm{M} = \max_{0 \leqslant k \leqslant q-1} |u_k|$. On va montrer par récurrence sur n que, pour tout $n \in \mathbb{N}$, $|u_n| \leqslant \mathrm{K}^n \mathrm{M}$. C'est vrai pour $n \leqslant q-1$, car $\mathrm{K}^n \geqslant 1$, par définition. Si la propriété est vraie jusqu'au rang $n-1$, avec $n \geqslant q$, alors

$$|u_n| \leqslant \sum_{k=1}^{q} |\alpha_k||u_{n-k}| \leqslant \sum_{k=1}^{q} |\alpha_k|\mathrm{MK}^{n-k} \leqslant \mathrm{MK}^{n-1} \sum_{k=1}^{q} |\alpha_k| \leqslant \mathrm{MK}^n.$$

On en déduit que le rayon de convergence de $\sum u_n z^n$ vérifie $\mathrm{R} \geqslant \frac{1}{\mathrm{K}} > 0$. On pose, pour $|z| < \mathrm{R}$, $f(z) = \sum_{n=0}^{+\infty} u_n z^n$. On écrit alors la relation de récurrence sous la forme $-u_n + \sum_{k=1}^{q} \alpha_k u_{n-k} = 0$. Le calcul de la première question nous conduit à poser $\mathrm{Q} = \sum_{k=1}^{q} \alpha_k \mathrm{X}^k - 1$ et à considérer la fonction $\mathrm{Q}f$. Elle est développable en série entière de rayon $\geqslant \mathrm{R}$ et son développement $\sum_{n=0}^{+\infty} a_n z^n$ est donné par un produit de Cauchy. On obtient, pour $n \geqslant q$, $a_n = -u_n + \sum_{k=1}^{q} \alpha_k u_{n-k} = 0$. On en déduit que, pour $|z| < \mathrm{R}$, $\mathrm{Q}(z)f(z) = \sum_{n=0}^{q-1} a_n z^n$ et la fonction $\mathrm{Q}f$ est donc un polynôme P. On a $\mathrm{Q}(0) = -1 \neq 0$, donc dans un voisinage de 0, $\mathrm{Q}(z)$ est non nul et on peut écrire $\sum_{n=0}^{+\infty} u_n z^n = \frac{\mathrm{P}(z)}{\mathrm{Q}(z)}$. ◁

L'exercice suivant est l'occasion de s'exercer à écrire le développement en série entière d'une fraction rationnelle, dans différents cas – pôles réels ou non.

3.13. Signe des coefficients d'un développement en série entière

> Donner une condition nécessaire et suffisante sur le réel a pour que les coefficients du développement en série entière en 0 de la fraction $\mathrm{F}(x) = \frac{1}{1 - ax + ax^2 - x^3}$ soient tous positifs.
>
> (**École polytechnique**)

▷ **Solution.**

Puisque 0 n'est pas pôle de la fraction rationnelle F, celle-ci est développable en série entière autour de zéro. On a $\mathrm{F}(0) = 1$ et $\mathrm{F}'(0) = a$. Il est nécessaire, pour que les coefficients soient tous positifs, que $a \geqslant 0$, condition qu'on suppose réalisée par la suite. On a

$$\mathrm{F}(x) = \frac{1}{(1-x)(1-(a-1)x+x^2)}.$$

Nous allons décomposer F en éléments simples. Regardons le trinôme

$1-(a-1)x+x^2$. Son discriminant est $\Delta=(1-a)^2-4=a^2-2a-3$ qui se factorise en $\Delta=(a+1)(a-3)$.

• Étudions le cas où $a\in[0,3[$. Le trinôme admet alors deux racines complexes conjuguées dont le produit fait 1 : elles sont de module 1. Posons $\theta=\arccos\frac{a-1}{2}\in\left]0,\frac{2\pi}{3}\right]$. Ainsi,

$$\begin{aligned}1-(a-1)x+x^2&=1-2\cos\theta x+x^2=(x-e^{i\theta})(x-e^{-i\theta})\\&=(1-xe^{i\theta})(1-xe^{-i\theta}).\end{aligned}$$

Il existe alors $(\mathrm{A},\mathrm{B},\mathrm{C})\in\mathbb{C}^3$ avec A réel et $\overline{\mathrm{B}}=\mathrm{C}$ tel que

$$\mathrm{F}(x)=\frac{\mathrm{A}}{1-x}+\frac{\mathrm{B}}{1-xe^{i\theta}}+\frac{\mathrm{C}}{1-xe^{-i\theta}}.$$

On multiplie par $1-x$ et l'on fait $x=1$ pour obtenir

$$\mathrm{A}=\frac{1}{(1-e^{-i\theta})(1-e^{i\theta})}=\frac{1}{4\sin^2\frac{\theta}{2}}.$$

On multiplie par $1-xe^{i\theta}$ et l'on évalue en $x=e^{-i\theta}$ pour obtenir

$$\mathrm{B}=\frac{1}{(1-e^{-i\theta})(1-e^{-2i\theta})}=\frac{e^{i\frac{3\theta}{2}}}{2i\sin\frac{\theta}{2}\times 2i\sin\theta}=-\frac{e^{i\frac{3\theta}{2}}}{4\sin\theta\sin\frac{\theta}{2}}=\overline{\mathrm{C}}.$$

Pour $|x|<1$, on peut écrire

$$\begin{aligned}\mathrm{F}(x)&=\mathrm{A}\sum_{n=0}^{+\infty}x^n+\mathrm{B}\sum_{n=0}^{+\infty}e^{in\theta}x^n+\mathrm{C}\sum_{n=0}^{+\infty}e^{-in\theta}x^n\\&=\sum_{n=0}^{+\infty}\underbrace{\left(\mathrm{A}+2\,\mathrm{Re}(\mathrm{B}e^{in\theta})\right)}_{=a_n}x^n.\end{aligned}$$

Pour tout $n\in\mathbb{N}$, on a donc

$$a_n=\frac{1}{4\sin^2\frac{\theta}{2}}+\mathrm{Re}\left(-\frac{e^{i\frac{3\theta}{2}}e^{in\theta}}{4\sin\theta\sin\frac{\theta}{2}}\right)=\frac{1}{4\sin^2\frac{\theta}{2}}-\frac{2\cos[(n+3/2)\theta]}{4\sin\theta\sin\frac{\theta}{2}}$$

$$\begin{aligned}a_n&=\frac{\sin\theta-2\sin\frac{\theta}{2}\cos[(n+3/2)\theta]}{4\sin^2\frac{\theta}{2}\sin\theta}=\frac{2\sin\frac{\theta}{2}\left[\cos\frac{\theta}{2}-\cos[(n+3/2)\theta]\right]}{4\sin^2\frac{\theta}{2}\sin\theta}\\&=\frac{\sin\left[\left(\frac{n+1}{2}\right)\theta\right]\sin\left[\left(\frac{n+2}{2}\right)\theta\right]}{\sin\frac{\theta}{2}\sin\theta}.\end{aligned}$$

On passe de $\left(\frac{n+1}{2}\right)\theta$ à $\left(\frac{n+2}{2}\right)\theta$ en faisant un saut de $\frac{\theta}{2} \in \left]0, \frac{\pi}{3}\right]$. On aura $a_n < 0$ dès lors que ces deux réels sont de part et d'autre strictement d'un multiple de π (le sinus changeant de signe en tout point de $\pi\mathbb{Z}$).

Supposons que $\frac{2\pi}{\theta} \notin \mathbb{N}$. Si on pose $\mathrm{N} = \mathrm{E}(2\pi/\theta) \geqslant 3$, on a

$$\mathrm{N} < \frac{2\pi}{\theta} < \mathrm{N}+1 \text{ et } 0 < \frac{\mathrm{N}\theta}{2} < \pi < \frac{(\mathrm{N}+1)\theta}{2} < 2\pi$$

et donc

$$a_{\mathrm{N}-1} = \frac{\sin\left[\frac{\mathrm{N}}{2}\theta\right]\sin\left[\frac{\mathrm{N}+1}{2}\theta\right]}{\sin\frac{\theta}{2}\sin\theta} < 0.$$

Supposons $\frac{2\pi}{\theta} \in \mathbb{N}$ et écrivons $\theta = \frac{2\pi}{\mathrm{N}}$ avec $\mathrm{N} \in \mathbb{N}^*$. On a alors $\mathrm{N} \geqslant 3$. On considère les produits des sinus de deux termes consécutifs de la suite $\left(\frac{k\theta}{2}\right)_{k\in\mathbb{N}^*} = \left(\frac{k\pi}{\mathrm{N}}\right)_{k\in\mathbb{N}^*}$. Ces produits sont toujours positifs ou nuls (car les deux termes consécutifs sont dans un intervalle de la forme $[l\pi, (l+1)\pi]$ avec $l \in \mathbb{N}$). Dans ce cas là, les a_n sont tous positifs.

• Étudions le cas $a = 3$. Pour $|x| < 1$, on a

$$\mathrm{F}(x) = \frac{1}{(1-x)^3} = \sum_{n=0}^{+\infty} \frac{(n+2)(n+1)}{2} x^n$$

(développement obtenu en dérivant deux fois celui de $x \longmapsto \frac{1}{1-x}$). Dans ce cas là, les coefficients sont tous positifs (strictement).

• Traitons enfin le cas $a > 3$. Le trinôme $1-(a-1)x+x^2$ admet alors deux racines réelles distinctes dont le produit fait 1, et la somme $a-1>0$: ces deux racines sont donc de la forme λ et $\frac{1}{\lambda}$ avec $\lambda > 1$. Il existe $(\mathrm{A}, \mathrm{B}, \mathrm{C}) \in \mathbb{R}^3$ tel que

$$\mathrm{F}(x) = \frac{1}{(1-x)(1-\lambda x)(1-\frac{x}{\lambda})} = \frac{\mathrm{A}}{1-x} + \frac{\mathrm{B}}{1-\lambda x} + \frac{\mathrm{C}}{1-\frac{x}{\lambda}}.$$

Les réels A, B et C sont tous non nuls et pour $|x| < \frac{1}{\lambda}$,

$$\mathrm{F}(x) = \sum_{n=0}^{+\infty}\left(\mathrm{A} + \mathrm{B}\lambda^n + \mathrm{C}\frac{1}{\lambda^n}\right)x^n.$$

On trouve en multipliant successivement par $(1-x)$, $(1-\lambda x)$ et $(1-x/\lambda)$ et en substituant respectivement à x la valeur 1, $1/\lambda$ et λ :

$$\mathrm{A} = -\frac{\lambda}{(1-\lambda)^2}, \quad \mathrm{B} = \frac{\lambda^3}{(\lambda-1)^2(\lambda+1)} \quad \text{et} \quad \mathrm{C} = \frac{1}{(\lambda-1)^2(\lambda+1)}.$$

Ainsi, on obtient

$$\mathrm{F}(x) = \frac{1}{(\lambda-1)^2(\lambda+1)} \sum_{n=0}^{+\infty} \left(-\lambda(\lambda+1) + \lambda^{n+3} + \lambda^{-n}\right) x^n.$$

Étudions la fonction $h : t \geqslant 0 \longmapsto \lambda^{3+t} + \lambda^{-t}$. Elle est de classe $\mathcal{C}^\infty$ et pour $t \geqslant 0$, $h'(t) = \ln\lambda\,(\lambda^{3+t} - \lambda^{-t}) > 0$ car $\lambda > 1$. Donc h est croissante. Ainsi pour tout $n \in \mathbb{N}$,

$$\begin{aligned} -\lambda(\lambda+1) + \lambda^{n+3} + \lambda^{-n} &\geqslant -\lambda(\lambda+1) + h(0) = \lambda^3 - \lambda^2 - \lambda + 1 \\ &= (\lambda-1)(\lambda^2-1) > 0. \end{aligned}$$

Donc tous les coefficients de la série entière sont positifs (strictement).

Conclusion. Pour que les coefficients de la série entière de F soient tous positifs (ou nuls), il faut et il suffit que $a \geqslant 3$ ou que a soit de la forme $1 + 2\cos\left(\frac{2\pi}{\mathrm{N}}\right)$ avec $\mathrm{N} \geqslant 3$. ◁

3.14. Séries génératrices de deux suites récurrentes

Soit $(u_n)_{n\in\mathbb{N}}$ et $(v_n)_{n\in\mathbb{N}}$ deux suites de $\mathbb{C}$ vérifiant $u_{n+1} = u_n - v_n$ et $v_{n+1} = u_n - 2v_n$ pour tout $n \in \mathbb{N}$. Donner le rayon de convergence et la somme des séries entières $\sum u_n z^n$ et $\sum v_n z^n$.

(**École polytechnique**)

▷ **Solution.**

Il est possible d'exprimer u_n et v_n en fonction de n en introduisant $\mathrm{X}_n = \begin{pmatrix} u_n \\ v_n \end{pmatrix}$ et $\mathrm{A} = \begin{pmatrix} 1 & -1 \\ 1 & -2 \end{pmatrix}$. On a la relation $\mathrm{X}_{n+1} = \mathrm{AX}_n$ et donc $\mathrm{X}_n = \mathrm{A}^n\mathrm{X}_0$. Comme A est diagonalisable, sa diagonalisation donne l'expression de A^n, puis de X_n. Les suites $(u_n)_{n\in\mathbb{N}}$ et $(v_n)_{n\in\mathbb{N}}$ s'exprimant comme combinaison linéaire de deux suites géométriques (A possède deux valeurs propres distinctes), on peut calculer la somme des séries entières correspondantes. Cependant, il s'avère plus rapide d'exprimer le système linéaire dont $\sum\limits_{n=0}^{+\infty} u_n z^n$ et $\sum\limits_{n=0}^{+\infty} v_n z^n$ doivent être solutions.

Posons $f(z) = \sum\limits_{n=0}^{+\infty} u_n z^n$ et $g(z) = \sum\limits_{n=0}^{+\infty} v_n z^n$ et notons R_f et R_g les rayons de convergence respectifs de ces deux séries entières. Supposons que ces rayons sont strictement positifs. On a alors, lorsque $|z| < \min(\mathrm{R}_f, \mathrm{R}_g)$,

$$\begin{aligned} f(z) &= u_0 + \sum_{n=0}^{+\infty} u_{n+1} z^{n+1} = u_0 + \sum_{n=0}^{+\infty} (u_n - v_n) z^{n+1} \\ &= u_0 + z\big(f(z) - g(z)\big), \end{aligned}$$

c'est-à-dire

$$(1-z)f(z)+zg(z)=u_0. \tag{1}$$

On a de même

$$\begin{aligned} g(z) &= v_0+\sum_{n=0}^{+\infty} v_{n+1}z^{n+1} = v_0+\sum_{n=0}^{+\infty}(u_n-2v_n)z^{n+1} \\ &= v_0+z(f(z)-2g(z)) \end{aligned}$$

et donc

$$-zf(z)+(1+2z)g(z)=v_0. \tag{2}$$

Les équations (1) et (2) constituent un système linéaire de déterminant $(1-z)(1+2z)+z^2=1+2z-z-2z^2+z^2=1+z-z^2$. Le polynôme X^2-X-1 a deux racines réelles, $\dfrac{1+\sqrt{5}}{2}$ et $\dfrac{1-\sqrt{5}}{2}\cdot$ Par conséquent, si $|z|<\dfrac{\sqrt{5}-1}{2}$, le système est de Cramer et il donne

$$f(z)=\frac{1}{1+z-z^2}\begin{vmatrix} u_0 & z \\ v_0 & 1+2z\end{vmatrix}=\frac{z(2u_0-v_0)+u_0}{1+z-z^2},$$

$$g(z)=\frac{1}{1+z-z^2}\begin{vmatrix} 1-z & u_0 \\ -z & v_0\end{vmatrix}=\frac{z(u_0-v_0)+v_0}{1+z-z^2}.$$

Considérons maintenant les fonctions $f : z \longmapsto \dfrac{z(2u_0-v_0)+u_0}{1+z-z^2}$ et $g : z \longmapsto \dfrac{z(u_0-v_0)+v_0}{1+z-z^2}\cdot$ Ce sont des fractions rationnelles définies pour $z\in\mathbb{C}$, $|z|<\dfrac{\sqrt{5}-1}{2}$ qui vérifient les équations (1) et (2). Puisque 0 n'est un pôle ni de f, ni de g, f et g sont développables en série entière autour de zéro, avec un rayon égal au plus petit module de leurs pôles (au moins $\dfrac{\sqrt{5}-1}{2}$). Si on écrit $f(z)=\sum\limits_{n=0}^{\infty}u_nz^n$ et $g(z)=\sum\limits_{n=0}^{\infty}v_nz^n$, les équations (1) et (2) entraînent que, pour $n\in\mathbb{N}$, $u_{n+1}=u_n-v_n$ et $v_{n+1}=u_n-2v_n$. On retrouve les suites du départ.

Conclusion. Les séries entières $f(z)=\sum\limits_{n=0}^{\infty}u_nz^n$ et $g(z)=\sum\limits_{n=0}^{\infty}v_nz^n$ avec $(u_n)_{n\in\mathbb{N}}$ et $(v_n)_{n\in\mathbb{N}}$ définies par l'énoncé ont un rayon de convergence au moins égal à $\dfrac{\sqrt{5}-1}{2}$ et s'expriment ainsi

$$\boxed{f(z)=\frac{z(2u_0-v_0)+u_0}{1+z-z^2} \quad\text{et}\quad g(z)=\frac{z(u_0-v_0)+v_0}{1+z-z^2}}.$$

En ce qui concerne leur rayon respectif R_f et R_g, on a
- $R_f=R_g=+\infty$ si $u_0=v_0=0$;

• $R_f = \dfrac{\sqrt{5}+1}{2}$ si $2u_0 - v_0 \neq 0$ et $\dfrac{u_0}{2u_0 - v_0} = \dfrac{\sqrt{5}-1}{2}$ (le facteur $z - \dfrac{1-\sqrt{5}}{2}$ se simplifie au numérateur et au dénominateur) ; dans ce cas, le facteur $z - \dfrac{1-\sqrt{5}}{2}$ se simplifie aussi au numérateur et au dénominateur dans l'expression de $g(z)$ et $R_g = R_f$;

• dans les autres cas, $R_f = R_g = \dfrac{\sqrt{5}-1}{2}$. ◁

On peut facilement en déduire les expressions de u_n et v_n en fonction de n, u_0 et v_0. Il suffit pour cela d'écrire le développement en série entière des fractions $\dfrac{1}{1+z-z^2}$ et $\dfrac{z}{1+z-z^2}$.

Les deux exercices suivants sont liés à des problèmes de dénombrement. Dans les deux cas, pour étudier une suite (u_n), on considère sa série génératrice, définie par $f(z) = \sum_{n=0}^{+\infty} u_n z^n$. Pour d'autres exemples d'utilisation de cette notion, le lecteur se reportera à notre tome 1 d'algèbre (exercices 1.3, 1.5 et 5.26). Ici, l'idée fondamentale qui permet de calculer les sommes des séries génératrices est la suivante : si A et B sont deux parties non vides de $\mathbb{N}$, on a, si $|z| < 1$, $\sum_{n \in A} z^n \times \sum_{n \in B} z^n = \sum_{n \in \mathbb{N}} \alpha_n z^n$, où α_n est le nombre de façons d'écrire n comme somme d'un élément de A et d'un élément de B. En effet, ces trois séries ont un rayon de convergence au moins égal à 1 et l'égalité revient à faire le produit de Cauchy des séries entières.

3.15. Partitions d'un entier en parts fixées

> Soient $a_1, \dots, a_k$ des entiers naturels non nuls premiers entre eux dans leur ensemble. Pour $n \geqslant 1$, on note u_n le nombre de k-uplets $(x_1, \dots, x_k) \in \mathbb{N}^k$ tels que $a_1 x_1 + \cdots + a_k x_k = n$. Déterminer un équivalent de u_n en $+\infty$. On pourra considérer $\prod_{i=1}^{k} \dfrac{1}{1-z^{a_i}}$.
>
> **(École polytechnique)**

▷ **Solution.**

Les séries $\sum_{x_i \in \mathbb{N}} z^{x_i a_i}$ (pour $1 \leqslant i \leqslant k$) ont toutes pour rayon de convergence 1. Considérons le produit de Cauchy de ces k séries entières. Le coefficient de z^n dans ce produit de Cauchy est $\sum_{\substack{(x_1,\dots,x_k)\in\mathbb{N}^k \\ a_1x_1+\cdots+a_kx_k=n}} 1 = u_n$.

On a donc, pour $|z| < 1$,

$$f(z)=\sum_{n=0}^{+\infty}u_nz^n=\prod_{i=1}^{k}\left(\sum_{x_i=0}^{+\infty}z^{x_ia_i}\right)=\prod_{i=1}^{k}\frac{1}{1-z^{a_i}}\cdot$$

La fonction f est la série génératrice de la suite (u_n). C'est une fraction rationnelle dont les pôles sont les racines a_1-ièmes, $\ldots, a_k$-ièmes de l'unité. Le pôle 1 est de multiplicité k et tous les autres sont de multiplicité $< k$. En effet, d'après le théorème de Bezout, il existe des entiers $u_1,\ldots,u_k$ tels que $\sum\limits_{i=1}^{k}a_iu_i=1$. Si ω est une racine de l'unité telle que $\omega^{a_1}=\cdots=\omega^{a_k}=1$, alors

$$\omega=\omega^{\sum\limits_{i=1}^{k}a_iu_i}=\prod_{i=1}^{k}(\omega^{a_i})^{u_i}=1.$$

Si on note $\mathrm{P}=\{\omega_1,\omega_2,\ldots,\omega_p\}$ l'ensemble des pôles de f, avec $\omega_1=1$, il existe des constantes complexes c_{ij} $(1\leqslant i\leqslant p,\ 1\leqslant j\leqslant p-1)$ et α telles que, pour $|z|<1$,

$$f(z)=\frac{\alpha}{(1-z)^k}+\sum_{\substack{1\leqslant i\leqslant p\\1\leqslant j\leqslant p-1}}\frac{c_{ij}}{(\omega_i-z)^j}\cdot$$

Pour $\omega\in\mathrm{P}$ et $j\in\mathbb{N}$, la fonction $z\longmapsto\dfrac{1}{(\omega-z)^j}$ est développable en série entière de rayon de convergence 1. Ses coefficients s'obtiennent en dérivant $j-1$ fois le développement en série entière de la fonction $z\mapsto\dfrac{1}{\omega-z}$. On a, pour $|z|<1$, $\dfrac{1}{\omega-z}=\dfrac{1}{\omega}\dfrac{1}{1-\frac{z}{\omega}}=\sum\limits_{n=0}^{\infty}\dfrac{z^n}{\omega^{n+1}}$, puis, pour $j\leqslant k-1$,

$$\frac{(j-1)!}{(\omega-z)^j}=\sum_{n=j-1}^{+\infty}\frac{n!}{(n-j+1)!}\frac{z^{n-j+1}}{\omega^{n+1}}$$

$$\frac{1}{(\omega-z)^j}=\sum_{n=0}^{+\infty}\mathrm{C}_{n+j-1}^{n}\frac{z^n}{\omega^{n+j}}\cdot$$

On déduit de ce qui précède, en prenant les coefficients de z^n dans les différents développements en série entière, que

$$u_n=\alpha\mathrm{C}_{n+k-1}^{n}+\sum_{\substack{1\leqslant i\leqslant p\\1\leqslant j\leqslant p-1}}c_{ij}\mathrm{C}_{n+j-1}^{n}\omega^{-n-j},$$

le premier terme correspondant au développement de $\dfrac{1}{(1-z)^k}\cdot$ Celui-ci est équivalent, quand n tend vers $+\infty$, à $\alpha\dfrac{n^{k-1}}{(k-1)!}\cdot$ On remarque que tous les autres termes de la somme sont négligeables devant n^{k-1}. On a donc $u_n \underset{n\to\infty}{\sim} \alpha \dfrac{n^{k-1}}{(k-1)!}$. Il nous reste à calculer α. Classiquement, on multiplie $f(z)$ par $(1-z)^k$ et «on fait $z = 1$». On obtient

$$(1-z)^k f(z) = \prod_{i=1}^{k} \frac{1-z}{1-z^{a_i}} = \prod_{i=1}^{k} \frac{1}{(1+z+\cdots+z^{a_i-1})},$$

et donc $\alpha = \dfrac{1}{a_1 a_2 \ldots a_k}$. On conclut finalement que

$$\boxed{u_n \underset{n\to\infty}{\sim} \frac{1}{a_1 a_2 \ldots a_k} \frac{n^{k-1}}{(k-1)!}}. \quad \triangleleft$$

Dans un cas concret, le développement en série entière de la fonction f permet d'obtenir une expression explicite de u_n. Si par exemple on cherche de combien de manières il est possible de faire n euros avec des pièces (ou des billets !) de $1, 2$ ou 5 euros, il suffit de déterminer le coefficient u_n de x^n dans le développement en série entière de $\dfrac{1}{(1-x)(1-x^2)(1-x^5)}$. Après quelques calculs que nous invitons le lecteur à effectuer, on obtient pour cet exemple $u_n = \dfrac{13}{40} + \dfrac{n+1}{4} + \dfrac{(n+1)(n+2)}{20} + \dfrac{(-1)^n}{8} + \dfrac{\varepsilon_n}{5}$ avec $\varepsilon_n = 1$ si $n \equiv 0$ ou $n \equiv 2$ modulo 5, $\varepsilon_n = -1$ si $n \equiv 3$ ou $n \equiv 4$ modulo 5 et $\varepsilon_n = 0$ si $n \equiv 1$ modulo 5.

L'exercice suivant s'intéresse à la généralisation naturelle de ce qui précède en étudiant la série génératrice de la suite $p(n)$, où $p(n)$ est le nombre de partitions de n, c'est-à-dire le nombre de manières d'écrire n comme somme d'entiers non nuls (sans tenir compte de l'ordre).

3.16. Série génératrice du nombre de partitions de n

Pour $|t| < 1$, on pose $f(t) = \prod_{k=1}^{+\infty} \dfrac{1}{1-t^k}$.

1. Montrer que f est bien définie.

2. Démontrer, pour $|t| < 1$, l'identité $f(t) = 1 + \sum_{n=1}^{+\infty} p(n) t^n$, où $p(n)$ est le nombre de suites $y = (y_k)_{k\in\mathbb{N}^*}$ d'entiers naturels telles que $\sum_{k=1}^{+\infty} k y_k = n$.

(**École polytechnique**)

▷ **Solution.**

1. Posons pour $t \in\,]-1,1[$ et $n \geqslant 1$, $f_n(t) = \prod_{k=1}^{n} \frac{1}{1-t^k}\cdot$ On a

$$f_n(t) = \exp\left(-\sum_{k=1}^{n} \ln(1-t^k)\right).$$

Comme pour k tendant vers l'infini, $\ln(1-t^k) \sim -t^k$, et comme la série géométrique de raison $|t|$ converge, le théorème de comparaison des séries à termes positifs assure la convergence absolue de la série de terme général $\ln(1-t^k)$. Par continuité de l'exponentielle,

$$f_n(t) \xrightarrow[n\to+\infty]{} f(t) = \exp\left(-\sum_{k=1}^{+\infty} \ln(1-t^k)\right).$$

Donc, f est bien définie sur $]-1,1[$.

2. D'après la règle du produit de Cauchy des séries entières, f_n est développable en série entière sur $]-1,1[$. Écrivons pour $t \in\,]-1,1[$

$$f_n(t) = \sum_{\ell=0}^{+\infty} a_n(\ell)t^\ell.$$

On a alors

$$f_n(t) = \prod_{k=1}^{n} \frac{1}{1-t^k} = \prod_{k=1}^{n}\left(\sum_{\ell=0}^{+\infty} t^{k\ell}\right) = \sum_{\ell=0}^{+\infty}\left(\sum_{y_1+2y_2+\cdots+ny_n=\ell} 1\right)t^\ell.$$

Ainsi, $a_n(\ell)$ est le nombre de n-uplets $(y_1,\ldots,y_n)$ d'entiers $\geqslant 0$ vérifiant $y_1+2y_2+\cdots+ny_n = \ell$. On remarque que pour $n \geqslant \ell \geqslant 1$, $a_n(\ell) = p(\ell)$, puisque les termes y_k des suites qui interviennent dans la définition de $p(\ell)$ sont nécessairement nuls pour $k > \ell$. On pose $p(0) = 1$.

On a, pour $t \in [0,1[$,

$$0 \leqslant \sum_{\ell=0}^{n} p(\ell)t^\ell = \sum_{\ell=0}^{n} a_n(\ell)t^\ell \leqslant f_n(t) \leqslant f(t).$$

Donc, la série à termes positifs $\sum p(\ell)t^\ell$ converge. Cette série entière est de rayon de convergence 1.

Pour t dans $]-1,1[$, notons $\delta_n(t) = \left|f_n(t) - \sum_{\ell=0}^{+\infty} p(\ell)t^\ell\right|$. Comme pour tout n et tout ℓ, $0 \leqslant a_n(\ell) \leqslant p(\ell)$, on a

$$\delta_n(t) = \left|\sum_{\ell=n+1}^{+\infty} (a_n(\ell)-p(\ell))t^\ell\right| \leqslant \sum_{\ell=n+1}^{+\infty} (p(\ell)-a_n(\ell))|t|^\ell$$

$$\leqslant \sum_{\ell=n+1}^{+\infty} p(\ell)|t|^\ell \xrightarrow[n\to+\infty]{} 0.$$

On conclut donc que pour $t \in \,]-1,1[$,

$$\boxed{f(t)=\prod_{k=1}^{+\infty}\frac{1}{1-t^k}=\sum_{n=0}^{+\infty}p(n)t^n}.\triangleleft$$

La formule démontrée dans la question 2 qui décompose f comme un produit infini est due à Euler. Hardy et Ramanujan ont démontré en 1918 que $p(n)\underset{n\to\infty}{\sim}\dfrac{1}{4n\sqrt{3}}e^{\pi\sqrt{\frac{2n}{3}}}$*, introduisant pour cela une méthode appelée aujourd'hui méthode du cercle, qui s'est révélée très puissante en théorie analytique des nombres.*

3.17. Signe des dérivées successives d'une fonction

> Soit $a>0$. On pose, pour $x\in\,]-a,a[$, $f(x)=\ln(a-x)\ln(x+a)$. Déterminer, selon les valeurs de a et pour m assez grand, le signe de $f^{(m)}$. On pourra utiliser le développement de f en série entière.
> (**École polytechnique**)

▷ **Solution.**

Remarquons que f est paire. Si $x\in\,]-a,a[$, on obtient

$$\begin{aligned}f(x)&=(\ln a)^2+\ln a\ln\left(1+\frac{x}{a}\right)+\ln a\ln\left(1-\frac{x}{a}\right)\\&\qquad\qquad+\ln\left(1+\frac{x}{a}\right)\ln\left(1-\frac{x}{a}\right)\\&=(\ln a)^2+\ln a\ln\left(1-\frac{x^2}{a^2}\right)+\ln\left(1+\frac{x}{a}\right)\ln\left(1-\frac{x}{a}\right)\\&=(\ln a)^2-\ln a\sum_{n=1}^{+\infty}\frac{1}{n}\frac{x^{2n}}{a^{2n}}-\left(\sum_{n=1}^{+\infty}\frac{(-1)^{n+1}}{n}\frac{x^n}{a^n}\right)\left(\sum_{n=1}^{+\infty}\frac{1}{n}\frac{x^n}{a^n}\right),\end{aligned}$$

puisque $\left|\dfrac{x}{a}\right|<1$ et que la fonction $y\longmapsto\ln(1+y)$ est développable en 0 avec un rayon égal à 1. Le dernier terme est un produit de séries entières de rayon a. Ce produit est alors développable en série entière (de rayon au moins a) et s'exprime à l'aide du produit de Cauchy des séries :

$$\begin{aligned}\left(\sum_{n=1}^{+\infty}\frac{(-1)^{n+1}}{n}\frac{x^n}{a^n}\right)\left(\sum_{n=1}^{+\infty}\frac{1}{n}\frac{x^n}{a^n}\right)&=-\left(\sum_{n=1}^{+\infty}\frac{(-1)^{n}}{n}\frac{x^n}{a^n}\right)\left(\sum_{n=1}^{+\infty}\frac{1}{n}\frac{x^n}{a^n}\right)\\&=-\sum_{n=2}^{+\infty}\left(\sum_{k=1}^{n-1}\frac{(-1)^k}{k(n-k)}\right)\frac{x^n}{a^n}.\end{aligned}$$

La fonction f est donc développable en série entière en 0 avec un rayon de convergence égal à a et, f étant paire, les coefficients des puissances impaires sont nuls :

$$f(x) = (\ln a)^2 - \ln a \sum_{n=1}^{+\infty} \frac{1}{n}\frac{x^{2n}}{a^{2n}} + \sum_{n=1}^{+\infty}\left(\sum_{k=1}^{2n-1} \frac{(-1)^k}{k(2n-k)}\right)\frac{x^{2n}}{a^{2n}}.$$

Arrangeons $\sum_{k=1}^{2n-1} \frac{(-1)^k}{k(2n-k)}$. On obtient

$$\begin{aligned}\sum_{k=1}^{2n-1} \frac{(-1)^k}{k(2n-k)} &= \sum_{k=1}^{2n-1} \frac{(-1)^k}{2n}\left(\frac{1}{k} + \frac{1}{2n-k}\right)\\ &= \frac{1}{2n}\left(\sum_{k=1}^{2n-1} \frac{(1)^k}{k} + \frac{(-1)^{2n-k}}{2n-k}\right)\\ &= \frac{2}{2n}\left(\sum_{k=1}^{2n-1} \frac{(-1)^k}{k}\right) = \frac{1}{n}\left(\sum_{k=1}^{2n-1} \frac{(-1)^k}{k}\right).\end{aligned}$$

C'est un résultat classique que $\sum_{k=1}^{+\infty} \frac{(-1)^{k+1}}{k} = \ln(2)$. Pour le voir, il suffit d'écrire que

$$\sum_{k=1}^{+\infty} \frac{(-1)^{k+1}}{k} = \sum_{k=1}^{+\infty} \int_0^1 (-x)^{k-1}\mathrm{d}x = \int_0^1 \sum_{k=0}^{+\infty} (-x)^k \mathrm{d}x = \int_0^1 \frac{\mathrm{d}x}{1+x} = \ln 2.$$

L'interversion de l'intégration et de la sommation se justifie par le théorème de convergence dominée puisque pour tout $n \in \mathbb{N}$

$$\left|\sum_{k=0}^{n} (-x)^k\right| = \left|\frac{1-(-x)^{n+1}}{1+x}\right| \leqslant \frac{2}{1+x}.$$

Notons qu'il est aussi possible d'utiliser le théorème d'Abel-Dirichlet (voir page 178). On a donc

$$\sum_{k=1}^{2n-1} \frac{(-1)^k}{k} = -\ln 2 - \sum_{k=2n}^{+\infty} \frac{(-1)^k}{k}.$$

Exprimons alors $f(x)$ pour $x \in \left]-a, a\right[$:

$$\begin{aligned}f(x) &= (\ln a)^2 + \sum_{n=1}^{+\infty} \frac{1}{n}\left(-\ln a - \ln 2 - \sum_{k=2n}^{+\infty} \frac{(-1)^k}{k}\right)\frac{x^{2n}}{a^{2n}}\\ &= (\ln a)^2 + \sum_{n=1}^{+\infty} \underbrace{\frac{1}{n}\left(-\ln 2a - \sum_{k=2n}^{+\infty} \frac{(-1)^k}{k}\right)}_{=\mathrm{C}_n}\frac{x^{2n}}{a^{2n}}\\ &= (\ln a)^2 + \sum_{n=1}^{+\infty} \mathrm{C}_n \frac{x^{2n}}{a^{2n}}.\end{aligned}$$

Si $m \geqslant 1$, la dérivée d'ordre m de f s'écrit

$$f^{(m)}(x) = \sum_{n=\mathrm{E}(m/2)+1}^{+\infty} \mathrm{C}_n 2n(2n-1)\dots(2n-m+1)\frac{x^{2n-m}}{a^{2n}}.$$

Si $a \neq \frac{1}{2}$, $\mathrm{C}_n = \frac{1}{n}(-\ln 2a + o(1)) \sim \frac{-\ln 2a}{n}$ au voisinage de l'infini et il existe donc $m_0 > 0$ tel que pour $n \geqslant m_0$, $\mathrm{C}_n > 0$ (resp. $\mathrm{C}_n < 0$) si $a < \frac{1}{2}$ (resp. $a > \frac{1}{2}$). Si $a = \frac{1}{2}$, $\mathrm{C}_n = -\frac{1}{n}\left(\sum_{k=2n}^{+\infty}\frac{(-1)^k}{k}\right) < 0$. En effet, d'après le théorème spécial des séries alternées, le reste $\sum_{k=2n}^{+\infty}\frac{(-1)^k}{k}$ est du signe du premier terme de la série. Posons dans ce cas $m_0 = 1$.

On en tire le signe de $f^{(2m)}(x)$ et $f^{(2m+1)}(x)$ pour $m \geqslant m_0$:

Cas $a \geqslant \frac{1}{2}$

x	$-a$		0		a
$f^{(2m)}(x)$	‖	$-$		$-$	‖
$f^{(2m+1)}(x)$	‖	$+$	0	$-$	‖

Cas $a < \frac{1}{2}$

x	$-a$		0		a
$f^{(2m)}(x)$	‖	$+$		$+$	‖
$f^{(2m+1)}(x)$	‖	$-$	0	$+$	‖

◁

Dans les exercices suivants, on détermine des développements en série entière. L'existence de ces développements ne pose pas de problème en général. Mais pour ceux qui résultent d'un produit de Cauchy, les coefficients sont souvent malaisés à obtenir et on préfère montrer que la fonction à développer vérifie une équation différentielle.

3.18. Développement en série entière (1)

> Déterminer le développement en série entière en 0 de la fonction $x \longmapsto e^{-x^2/2}\int_0^x e^{t^2/2}\mathrm{d}t$.
>
> (**École polytechnique**)

▷ **Solution.**

Notons pour x réel, $\mathrm{F}(x) = e^{-x^2/2}\int_0^x e^{t^2/2}\mathrm{d}t$. Pour tout réel x,

$$e^{-x^2/2} = \sum_{n=0}^{+\infty}\frac{(-1)^n x^{2n}}{2^n n!} \quad \text{et} \quad e^{x^2/2} = \sum_{n=0}^{+\infty}\frac{x^{2n}}{2^n n!},$$

ce qui garantit que les fonctions $x \longmapsto e^{-x^2/2}$ et $x \longmapsto e^{x^2/2}$ sont développables en série entière sur $\mathbb{R}$ tout entier. Il en va de même de leurs primitives et donc comme le produit de deux fonctions développables en série entière sur $\mathbb{R}$ est encore développable en série entière sur $\mathbb{R}$, F vérifie également cette propriété.

Écrivons pour $x \in \mathbb{R}$, $F(x) = \sum_{n=0}^{+\infty} a_n x^n$. En dérivant F, on constate que F vérifie l'équation différentielle $y' + xy = 1$, ce qui donne pour tout réel x

$$\sum_{n=0}^{+\infty}(n+1)a_{n+1}x^n + \sum_{n=1}^{+\infty} a_{n-1}x^n = 1$$

et, par unicité du développement en série entière, $a_{n+1} = -\dfrac{a_{n-1}}{n+1}$ et $a_1 = 1$. Comme $a_0 = F(0) = 0$, tous les termes d'indice pair sont nuls (c'était prévisible puisque F est impaire) et pour les autres,

$$\begin{aligned} a_{2n+1} &= -\frac{a_{2n-1}}{2n+1} = \cdots = \frac{(-1)^n a_1}{(2n+1)(2n-1)\cdots 3} \\ &= \frac{(-1)^n (2n)(2n-2)\ldots 2}{(2n+1)!}, \end{aligned}$$

soit finalement, $a_{2n+1} = \dfrac{(-1)^n 2^n n!}{(2n+1)!}$. On conclut donc que, pour tout $x \in \mathbb{R}$,

$$\boxed{F(x) = \sum_{n=0}^{+\infty} \frac{(-1)^n 2^n n!}{(2n+1)!} x^{2n+1}}. \quad \lhd$$

3.19. Développement en série entière (2)

> Développer en série entière la fonction $x \longmapsto \arcsin x$, puis les fonctions $x \longmapsto \dfrac{\arcsin x}{\sqrt{1-x^2}}$ et $x \longmapsto (\arcsin x)^2$.
>
> (**École polytechnique**)

▷ **Solution.**

• Soit $f : x \longmapsto \arcsin x$. La fonction f est de classe $\mathcal{C}^\infty$ sur $]-1,1[$ et sa dérivée $x \longmapsto \dfrac{1}{\sqrt{1-x^2}}$ est développable en série entière avec un rayon égal à 1. Il en va donc de même de f. Le cours donne, pour $x \in]-1,1[$,

$$\begin{aligned} \frac{1}{\sqrt{1+x}} &= 1 + \sum_{n=1}^{+\infty}(-1)^n \frac{1\cdot 3\ldots(2n-1)}{2\cdot 4\ldots(2n)} x^n = \sum_{n=0}^{+\infty}(-1)^n \frac{(2n)!}{2^{2n}(n!)^2} x^n \\ &= \sum_{n=0}^{+\infty}(-1)^n \frac{C_{2n}^n}{4^n} x^n \end{aligned}$$

et donc

$$\frac{1}{\sqrt{1-x^2}} = \sum_{n=0}^{+\infty} \frac{\mathrm{C}_{2n}^n}{4^n} x^{2n}.$$

On obtient alors le développement de arcsin en intégrant celui de sa dérivée terme à terme et, compte tenu de $\arcsin 0 = 0$,

$$\boxed{\arcsin x = \sum_{n=0}^{+\infty} \frac{\mathrm{C}_{2n}^n}{(2n+1)4^n} x^{2n+1}}.$$

• Comme $x \longmapsto \arcsin x$ et $x \longmapsto \dfrac{1}{\sqrt{1-x^2}}$ sont développables en série entière avec un rayon égal à 1, leur produit l'est aussi avec un rayon supérieur ou égal à 1. En fait, ce rayon est exactement 1 puisque $\lim\limits_{x\to 1^-} \dfrac{\arcsin x}{\sqrt{1-x^2}} = +\infty$.

On constate vite que l'expression du coefficient de x^{2n+1} obtenue par la formule du produit de Cauchy ne se simplifie pas facilement. On va plutôt tenter de trouver une équation différentielle vérifiée par la fonction $g : x \in]-1, 1[\longmapsto \dfrac{\arcsin x}{\sqrt{1-x^2}}$. Si $x \in]-1, 1[$,

$$g'(x) = \frac{1}{1-x^2} + \frac{x \arcsin x}{(\sqrt{1-x^2})^3}.$$

Donc g vérifie l'équation différentielle linéaire $y'(1-x^2) - xy = 1$. Notons $\sum\limits_{n=0}^{+\infty} a_n x^n$ le développement en série entière de g. La relation vérifiée par g s'écrit

$$(1-x^2) \sum_{n=1}^{+\infty} n a_n x^{n-1} - \sum_{n=0}^{+\infty} a_n x^{n+1} = 1,$$

$$\sum_{n=1}^{+\infty} n a_n x^{n-1} - \sum_{n=1}^{+\infty} (n+1) a_n x^{n+1} - a_0 = 1,$$

$$-a_0 - 1 + a_1 + \sum_{n=1}^{+\infty} (n+2) a_{n+2} x^{n+1} - \sum_{n=1}^{+\infty} (n+1) a_n x^{n+1} = 0,$$

$$-a_0 - 1 + a_1 + \sum_{n=1}^{+\infty} \left[(n+2) a_{n+2} - (n+1) a_n\right] x^{n+1} = 0.$$

Comme g est impaire, tous les a_n pour n pair sont nuls. Par unicité du développement en série entière, on obtient

$$0 = -a_0 - 1 + a_1 = a_1 - 1 \quad \text{et} \quad a_{n+2} = \frac{n+1}{n+2} a_n \text{ si } n \geqslant 1.$$

D'où on tire $a_1 = 1$ et pour $n \geqslant 0$,

$$\begin{aligned} a_{2n+1} &= \frac{2n}{2n+1} a_{2n-1} = \frac{2n}{2n+1}\frac{2n-2}{2n-1} a_{2n-3} = \cdots \\ &= \frac{(2n)\cdot(2n-2)\dots 4\cdot 2}{(2n+1)\cdot(2n-1)\dots 5\cdot 3} a_1 \\ &= \frac{(2^n n!)^2}{(2n+1)!}. \end{aligned}$$

On a finalement, pour tout $x \in \left]-1,1\right[$,

$$\boxed{\frac{\arcsin x}{\sqrt{1-x^2}} = \sum_{n=0}^{+\infty} \frac{4^n (n!)^2}{(2n+1)!} x^{2n+1}}.$$

• Comme $\dfrac{\mathrm{d}(\arcsin x)^2}{\mathrm{d}x} = 2\dfrac{\arcsin x}{\sqrt{1-x^2}}$, on obtient le développement en série entière de $x \longmapsto (\arcsin x)^2$ en intégrant terme à terme celui de $2g$. Puisque $(\arcsin 0)^2 = 0$, on obtient, pour $|x| < 1$,

$$(\arcsin x)^2 = 2\sum_{n=0}^{+\infty} \frac{4^n (n!)^2}{(2n+1)!}\frac{x^{2n+2}}{2n+2} = \sum_{n=1}^{+\infty} \frac{4^{n-1}((n-1)!)^2}{(2n-1)!n} x^{2n},$$

$$\boxed{(\arcsin x)^2 = \frac{1}{2}\sum_{n=1}^{+\infty} \frac{(2x)^{2n}}{n^2 \mathrm{C}_{2n}^n}}. \quad \triangleleft$$

En prenant $x = \dfrac{1}{2}$, *il vient* $\dfrac{\pi^2}{18} = \sum\limits_{n=1}^{+\infty} \dfrac{1}{n^2 \mathrm{C}_{2n}^n}$. *On trouvera aussi ce dernier développement par une autre méthode dans l'exercice 1.43.*

Dans l'exercice suivant, on développe en série entière la composée d'une fonction développable en série entière et de la fonction exp. *On peut démontrer plus généralement, mais ce théorème n'est pas au programme, que la composée de deux fonctions développables en série entière est développable en série entière.*

3.20. Développement en série entière (3)

> Soit $g(x) = \exp\left(\sum\limits_{k=1}^{+\infty} \dfrac{x^k}{k^2}\right)$.
>
> **1.** Démontrer que g est développable en série entière avec un rayon de convergence $\mathrm{R} \geqslant 1$. On note g_n les coefficients du développement de G.

> **2.** Montrer que $g_n = o\left(\dfrac{\ln n}{n}\right)$.
>
> (**École polytechnique**)

▷ **Solution.**

1. Le rayon de convergence de la série entière $\sum \dfrac{x^n}{n^2}$ est 1. La fonction $f : x \longmapsto \sum\limits_{n=1}^{+\infty} \dfrac{x^n}{n^2}$ est définie sur $[-1, 1]$. Elle est dérivable sur $]-1, 1[$ et $f'(x) = \sum\limits_{n=1}^{+\infty} \dfrac{x^{n-1}}{n} = \sum\limits_{n=0}^{+\infty} \dfrac{x^n}{n+1}$. On en déduit que g est définie sur $[-1, 1]$, dérivable sur $]-1, 1[$ et vérifie $g'(x) = g(x)f'(x)$. On a de plus $g(0) = 1$. La fonction f' étant continue sur $]-1, 1[$, l'équation différentielle linéaire $y' = f'y$ possède une solution maximale unique prenant en 0 la valeur 1 et qui est définie sur $]-1, 1[$ tout entier. Cette solution est g.

Montrons que l'équation différentielle $y' = yf'$ possède une solution développable en série entière G telle que $G(0) = 1$. On aura d'après ce qui précède $G = g$. Cherchons G sous la forme $G(x) = \sum\limits_{n=0}^{+\infty} g_n x^n$ et supposons que cette série a un rayon de convergence non nul R. On a, pour $|x| < R$, $G'(x) = \sum\limits_{n=1}^{+\infty} n g_n x^{n-1} = \sum\limits_{n=0}^{+\infty} (n+1) g_{n+1} x^n$. La fonction fG est développable en série entière avec un rayon égal à $R' \geqslant \min(R, 1)$ le développement s'obtenant par un produit de Cauchy. L'égalité $G' = fG$ est vérifiée si on a, pour tout $n \in \mathbb{N}$,

$$(n+1)g_{n+1} = \sum_{k=0}^{n} \frac{g_k}{n-k+1}.$$

Le coefficient g_0 valant 1, cette relation de récurrence définit une suite unique. On montre facilement que, pour tout $n \in \mathbb{N}$, on a $0 \leqslant g_n \leqslant 1$. En effet $g_0 = 1$ et si on suppose la propriété vraie jusqu'au rang n alors

$$0 \leqslant g_{n+1} \leqslant \frac{1}{n+1} \sum_{k=0}^{n} \frac{g_k}{n-k+1} \leqslant \frac{1}{n+1} \sum_{k=0}^{n} g_k \leqslant 1.$$

On en déduit que le rayon de convergence de la série $\sum g_n x^n$ est supérieur ou égal à 1. L'équation différentielle possède une solution G telle que $G(0) = 1$, développable en série entière de rayon $R \geqslant 1$. Cette fonction est égale à g. La fonction g est donc développable en série entière sur $]-1, 1[$ [1].

2. On a, pour tout $n \in \mathbb{N}$, $0 \leqslant g_n \leqslant 1$. On en déduit que, pour tout $n \in \mathbb{N}^*$,

1. Notons que les résultats d'analyse complexe permettent d'obtenir sans calcul le

$$0 \leqslant g_n \leqslant \frac{1}{n}\sum_{k=0}^{n-1}\frac{1}{n-k} = \frac{1}{n}\sum_{k=1}^{n}\frac{1}{k} \underset{n\to\infty}{\sim} \frac{\ln n}{n}$$

et donc que $g_n = O\left(\dfrac{\ln n}{n}\right)$. Soit A tel que $g_n \leqslant \mathrm{A}\dfrac{\ln n}{n}$ pour tout $n \geqslant 2$. On obtient alors, pour $n \geqslant 2$,

$$\begin{aligned}
0 \leqslant g_n &\leqslant \frac{1}{n}\sum_{k=0}^{n-1}\frac{g_k}{n-k} \leqslant \frac{1}{n}\left(2 + \sum_{k=2}^{n-1}\frac{\mathrm{A}\ln k}{k(n-k)}\right) \\
&\leqslant \frac{1}{n}\left(2 + \mathrm{A}\ln n\sum_{k=2}^{n-1}\frac{1}{k(n-k)}\right) \\
&\leqslant \frac{1}{n}\left(2 + \mathrm{A}\frac{\ln n}{n}\sum_{k=2}^{n-1}\left(\frac{1}{k} + \frac{1}{n-k}\right)\right) \\
&\leqslant \frac{1}{n}\left(2 + 2\mathrm{A}\frac{\ln n}{n}\sum_{k=1}^{n}\frac{1}{k}\right) \underset{n\to\infty}{\sim} 2\mathrm{A}\frac{(\ln n)^2}{n^2}.
\end{aligned}$$

Cela montre que $g_n = O\left(\dfrac{(\ln n)^2}{n^2}\right)$ et donc que $g_n \underset{n\to+\infty}{=} o\left(\dfrac{\ln n}{n}\right)$. ◁

Résumons la méthode utilisée dans cet exercice pour montrer que g est développable en série entière. On montre que g est solution d'une équation différentielle (E), *puis que cette équation possède une solution développable en série entière h. En appliquant le théorème de Cauchy-Lipschitz, on montre que $h = g$ et donc que g est développable en série entière au voisinage de* 0.

3.21. Limite simple de polynômes à coefficients positifs

Soit $(\mathrm{P}_n)_{n\geqslant 0}$ une suite de polynômes à coefficients dans $\mathbb{R}_+$ qui converge simplement sur $[0,1]$ vers une fonction f. Montrer qu'il existe une suite $(b_n)_{n\geqslant 0}$ de réels positifs telle que

(i) le rayon de convergence R de la série $\sum b_n x^n$ est $\geqslant 1$;

(ii) $\forall x \in [0,1[$, $f(x) = \sum\limits_{n=0}^{+\infty} b_n x^n$.

(École normale supérieure)

---

fait que la fonction $z \longmapsto \exp \sum\limits_{n=1}^{+\infty}\dfrac{z^n}{n^2}$ est développable en série entière sur le disque unité ouvert de $\mathbb{C}$: c'est la composée de deux fonctions holomorphes.

▷ **Solution.**

On pose, pour tout $n \in \mathbb{N}$, $\mathrm{P}_n(x) = \sum_{k=0}^{+\infty} b_{n,k} x^k$, où $b_{n,k} = 0$ si k assez grand. Nous allons démontrer qu'il existe une application $\varphi : \mathbb{N} \longrightarrow \mathbb{R}$ strictement croissante telle que, pour tout $k \in \mathbb{N}$, $(b_{\varphi(n),k})$ converge. En appelant b_k la limite , on montrera qu'on obtient le résultat voulu.

Pour tout $n \in \mathbb{N}$, P_n est à coefficients positifs, donc pour tout $k \in \mathbb{N}$, on a $0 \leqslant b_{n,k} \leqslant \mathrm{P}_n(1)$. La suite $(\mathrm{P}_n(1))$ est convergente donc majorée par M. Ainsi, pour tout $(n,k) \in \mathbb{N}^2$, on a $0 \leqslant b_{n,k} \leqslant \mathrm{M}$. Pour construire φ, on utilise le procédé diagonal de Cantor. La suite $(b_{n,0})$ est bornée donc, d'après le théorème de Bolzano-Weierstrass, on peut en extraire une sous-suite convergente. Soit donc φ_0 une extraction telle que la sous-suite $(b_{\varphi_0(n),0})$ soit convergente vers un réel b_0. La suite $(b_{\varphi_0(n),1})$ est bornée et on peut choisir une extraction φ_1 telle que la suite $(b_{\varphi_0 \circ \varphi_1(n),1})$ converge vers un réel b_1. On réitère ce procédé pour construire par récurrence des extractions φ_k telles que $(b_{\varphi_0 \circ \cdots \circ \varphi_k(n),k})$ converge vers b_k. On pose $\varphi(n) = \varphi_0 \circ \cdots \circ \varphi_n(n)$. Alors, pour tout $k \in \mathbb{N}$, $(b_{\varphi(n),k})_{n \geqslant k}$ est une suite extraite de $(b_{\varphi_0 \circ \cdots \circ \varphi_k(n),k})_{n \geqslant k}$, qui converge vers b_k. En effet, on a $n - 1 < n \leqslant \varphi(n)$, donc

$$\varphi(n-1) = \varphi_0 \circ \cdots \circ \varphi_{n-1}(n-1) < \varphi_0 \circ \cdots \circ \varphi_{n-1} \circ \varphi_n(n) = \varphi(n)$$

et $b_{\varphi(n),k} = b_{\varphi_0 \circ \cdots \circ \varphi_k(\varphi_{k+1} \circ \cdots \circ \varphi_n)(n),k}$ pour $n \geqslant k$ donc $(b_{\varphi(n),k})$ converge vers b_k pour tout $k \in \mathbb{N}$.

Soit $x \in [0,1]$. Pour tout $n \in \mathbb{N}$, on a $0 \leqslant \mathrm{P}_n(x) \leqslant \mathrm{P}_n(1) \leqslant \mathrm{M}$ et *a fortiori* $0 \leqslant \mathrm{P}_{\varphi(n)}(x) \leqslant \mathrm{M}$, *i.e.* $\sum_{k=0}^{+\infty} b_{\varphi(n),k} x^k \leqslant \mathrm{M}$. Soit $\mathrm{N} \in \mathbb{N}$. On a pour tout $n \in \mathbb{N}$, $\sum_{k=0}^{\mathrm{N}} b_{\varphi(n),k} x^k \leqslant \mathrm{M}$ et en faisant tendre n vers $+\infty$, on obtient $\sum_{k=0}^{\mathrm{N}} b_k x^k \leqslant \mathrm{M}$. Ainsi les sommes partielles de la série à termes positifs $\sum b_k x^k$ sont majorées donc cette série converge. Le rayon de convergence de $\sum b_k x^k$ est supérieur ou égal à 1. Posons $g(x) = \sum_{k=0}^{+\infty} b_k x^k$. Il reste à montrer que $g(x) = f(x)$ pour tout $x \in [0,1[$.

Soit $x \in [0,1[$ et $\mathrm{N} \in \mathbb{N}$. On a pour tout $(n,k) \in \mathbb{N}^2$, $0 \leqslant b_{\varphi(n),k} \leqslant \mathrm{M}$ et par passage à la limite $0 \leqslant b_k \leqslant \mathrm{M}$. On en déduit

$$0 \leqslant \sum_{k=\mathrm{N}}^{+\infty} b_{\varphi(n),k} x^k \leqslant \sum_{k=\mathrm{N}}^{+\infty} \mathrm{M} x^k \leqslant \frac{\mathrm{M}x^{\mathrm{N}}}{1-x},$$

et de même $0 \leqslant \sum_{k=\mathrm{N}}^{+\infty} b_k x^k \leqslant \frac{\mathrm{M}x^{\mathrm{N}}}{1-x} \cdot$ On obtient ainsi

$$|P_{\varphi(n)}(x) - g(x)| \leqslant \sum_{k=0}^{N-1} |b_{\varphi(n),k} - b_k| x^k + \frac{2Mx^N}{1-x}.$$

En faisant tendre n vers $+\infty$, on en déduit

$$|f(x) - g(x)| \leqslant \frac{2Mx^N}{1-x}.$$

Quand N tend vers $+\infty$, $\dfrac{2Mx^N}{1-x}$ tend vers 0 donc $f(x) = g(x)$. ◁

En revanche, on n'a pas nécessairement $f(1) = g(1)$. *Prenons par exemple, pour* $n \in \mathbb{N}$, $P_n = \dfrac{1}{n+1} \sum\limits_{k=0}^{n} x^k$. *On a* $P_n(x) = \dfrac{1 - x^{n+1}}{(n+1)(1-x)}$ *pour* $x \in [0,1[$ *et donc* $f(x) = 0$. *Comme* $P_n(1) = 1$ *pour tout* $n \in \mathbb{N}$, $f(1) = 1$. *Pour* $(k,n) \in \mathbb{N}^2$, $b_{n,k} = \dfrac{1}{n+1}$ *et donc* $b_k = 0$ *pour tout* $k \in \mathbb{N}$. *La fonction* g *est la fonction nulle et* $f(1) \neq g(1)$.

Sont regroupés maintenant un ensemble d'exercices où il s'agit de trouver la limite ou un équivalent d'une fonction développable en série entière, en un point du cercle de convergence. Une première méthode, mise en œuvre dans l'exercice suivant, est la comparaison série-intégrale.

3.22. Recherche d'un équivalent

Trouver un équivalent quand x tend vers 1 de $f(x) = \sum\limits_{n=0}^{+\infty} x^{2^n}$.

(**École polytechnique**)

▷ **Solution.**

Le rayon de convergence de la série entière $\sum x^{2^n}$ est 1 ; la fonction f est donc définie sur $]-1,1[$. Pour déterminer un équivalent de f en 1, nous utiliserons la méthode de comparaison série-intégrale.

Soit $x \in [0,1[$; la fonction $t \longmapsto x^{2^t} = e^{2^t \ln x}$ est positive et décroissante sur $\mathbb{R}$, car $\ln x \leqslant 0$. On a donc, pour tout $k \in \mathbb{N}$,

$$x^{2^{k+1}} \leqslant \int_k^{k+1} x^{2^t} \mathrm{d}t \leqslant x^{2^k}.$$

Pour $n \in \mathbb{N}$, en additionnant les inégalités obtenues en faisant varier k de 0 à n, on obtient

$$\sum_{k=1}^{n+1} x^{2^k} \leqslant \int_0^{n+1} x^{2^t} \mathrm{d}t \leqslant \sum_{k=0}^{n} x^{2^k} \leqslant f(x).$$

On en déduit l'existence de $\int_{\mathbb{R}_+} x^{2^t}\,\mathrm{d}t$. En faisant tendre n vers $+\infty$, on obtient

$$f(x) - x \leqslant \int_0^{+\infty} x^{2^t}\,\mathrm{d}t \leqslant f(x),$$

c'est-à-dire

$$\int_0^{+\infty} x^{2^t}\,\mathrm{d}t \leqslant f(x) \leqslant \int_0^{+\infty} x^{2^t}\,\mathrm{d}t + x. \qquad (*)$$

On va chercher un équivalent de l'intégrale. Pour ce faire on va, en utilisant le changement de variable $u = -(\ln x)e^{t\ln 2}$, placer la variable x dans les bornes. On obtient

$$\int_0^{+\infty} x^{2^t}\,\mathrm{d}t = \int_0^{+\infty} e^{(\ln x)e^{t\ln 2}}\mathrm{d}t = \frac{1}{\ln 2}\int_{-\ln x}^{+\infty} \frac{e^{-u}}{u}\mathrm{d}u.$$

Il faut trouver un équivalent de $\int_{-\ln x}^{+\infty} \frac{e^{-u}}{u}\mathrm{d}u$. Quand x tend vers 1, $-\ln x$ tend vers 0. La fonction $u \longmapsto \frac{e^{-u}}{u}$ est intégrable sur $[1, +\infty[$, mais pas sur $]0, 1]$. De plus, on a $\frac{e^{-u}}{u} \underset{u\to 0}{\sim} \frac{1}{u}$. Ces fonctions étant de signe constant et pas intégrables sur $]0, 1]$, on en déduit que

$$\int_x^1 \frac{e^{-u}}{u}\mathrm{d}u \underset{x\to 0}{\sim} \int_x^1 \frac{1}{u}\mathrm{d}u = -\ln x \text{ et } \int_{-\ln x}^1 \frac{e^{-u}}{u}\mathrm{d}u \underset{x\to 1^-}{\sim} -\ln(-\ln x)).$$

On obtient enfin $\int_{-\ln x}^{+\infty} \frac{e^{-u}}{u}\mathrm{d}u \underset{x\to 1}{\sim} -\ln(-\ln x)$ et donc

$$\int_0^{+\infty} x^{2^t}\,\mathrm{d}t \underset{x\to 1}{\sim} -\frac{\ln(-\ln x)}{\ln 2}.$$

Les inégalités $(*)$ montrent alors que $f(x) \underset{x\to 1}{\sim} -\frac{\ln(-\ln x)}{\ln 2}\cdot$ En écrivant, pour tout $x \in]0, 1]$,

$$\ln(-\ln x) = \ln\left(\frac{-\ln x}{1-x}\right) + \ln(1-x),$$

on en déduit que

$$\boxed{f(x) \underset{x\to 1}{\sim} -\frac{\ln(1-x)}{\ln 2}}\cdot \ \triangleleft$$

Les exercices suivants fournissent une autre méthode pour obtenir des équivalents de la somme d'une série entière. Ils affirment, sous certaines conditions, que si $a_n \underset{n\to\infty}{\sim} b_n$*, alors* $\sum_{n=0}^{+\infty} a_n x^n \sim \sum_{n=0}^{+\infty} b_n x^n$*, l'équivalence ayant lieu au bord du domaine de convergence. L'énoncé suivant regroupe des questions provenant de plusieurs oraux.*

3.23. Étude asymptotique au bord du disque de convergence

Soient (a_n) et (b_n) deux suites de nombres complexes. On note R et R′ les rayons de convergence respectifs de $\sum a_n x^n$ et $\sum b_n x^n$ et, sous réserve de convergence, $f(x) = \sum_{n=0}^{+\infty} a_n x^n$ et $g(x) = \sum_{n=0}^{+\infty} b_n x^n$. On suppose que (b_n) est à valeurs dans $\mathbb{R}_+^*$ et qu'il existe $\ell \in \mathbb{C}$ tel que $\lim_{n\to+\infty} \frac{a_n}{b_n} = \ell$.

1. Montrer que $\mathrm{R} \geqslant \mathrm{R}'$.

2. On suppose que $\mathrm{R}' = 1$ et que $\sum b_n$ diverge. Montrer que

$$\lim_{x\to 1^-} \frac{f(x)}{g(x)} = \ell.$$

3. On suppose que $\mathrm{R}' = +\infty$. Montrer que $\lim_{x\to+\infty} \frac{f(x)}{g(x)} = \ell$.

4. Soit $p \in \mathbb{N}$. Déterminer la limite lorsque x tend vers 1^- de

$$(1-x)^{p+1} \sum_{n=0}^{+\infty} n^p x^n.$$

(**École polytechnique**)

▷ **Solution.**

1. La suite $\left(\frac{a_n}{b_n}\right)$ converge donc elle est bornée. Soit M tel que, pour tout $n \in \mathbb{N}$, $\left|\frac{a_n}{b_n}\right| \leqslant \mathrm{M}$. Pour tout $x \in \mathbb{C}$, on a $|a_n||x|^n \leqslant \mathrm{M}|b_n||x|^n$. Si $|x| < \mathrm{R}'$, la série $\sum b_n x^n$ converge, donc $\sum a_n x^n$ converge aussi et on a $\mathrm{R} \geqslant \mathrm{R}'$.

2. Les deux séries ont, d'après la première question, un rayon de convergence $\geqslant 1$. On remarque, pour commencer, que $\lim_{x\to 1^-} g(x) = +\infty$. En effet, pour tout $\mathrm{A} > 0$, il existe $n_1 \in \mathbb{N}$ tel que $\sum_{n=0}^{n_1} b_n \geqslant 2\mathrm{A}$, puisque $\sum b_n$ diverge et est à termes positifs. On a donc $\lim_{x\to 1^-} \sum_{n=0}^{n_1} b_n x^n \geqslant 2\mathrm{A}$ et il existe $x_0 \in]0,1[$ tel que, si $x \in [x_0, 1[$, on a $\sum\limits_{n=0}^{n_1} b_n x^n \geqslant \mathrm{A}$ et *a fortiori* $g(x) \geqslant \mathrm{A}$ (car $b_n > 0$).

Soit $\varepsilon > 0$. Par hypothèse, il existe $n_0 \in \mathbb{N}$ tel que, pour $n \geqslant n_0$, on ait $\left|\dfrac{a_n}{b_n} - \ell\right| \leqslant \varepsilon$ et donc $|a_n - \ell b_n| \leqslant \varepsilon b_n$. On en déduit que, pour $x \in]0,1[$, on a

$$\left|\sum_{n=n_0}^{+\infty} a_n x^n - \ell \sum_{n=n_0}^{+\infty} b_n x^n\right| \leqslant \varepsilon \sum_{n=n_0}^{\infty} b_n x^n \leqslant \varepsilon g(x),$$

puis

$$|f(x) - \ell g(x)| \leqslant \sum_{n=0}^{n_0-1} |a_n - \ell b_n| x^n + \varepsilon g(x) \leqslant \sum_{n=0}^{n_0-1} |a_n - \ell b_n| + \varepsilon g(x).$$

Enfin, on obtient

$$\left|\frac{f(x)}{g(x)} - \ell\right| \leqslant \frac{\sum\limits_{n=0}^{n_0-1} |a_n - \ell b_n|}{g(x)} + \varepsilon.$$

Comme $\lim\limits_{x\to 1^-} \dfrac{\sum\limits_{n=0}^{n_0-1} |a_n - \ell b_n|}{g(x)} + \varepsilon = \varepsilon$, il existe $x_1 \in]0,1[$ tel que, si $x \in [x_1, 1[$, alors $\left|\dfrac{f(x)}{g(x)} - \ell\right| \leqslant 2\varepsilon$, ce qui est le résultat voulu.

3. D'après la question 1, les deux séries entières ont un rayon de convergence infini. On choisit n_0 comme dans la question 2. La démonstration est la même. On obtient, pour tout réel $x \geqslant 1$,

$$\left|\frac{f(x)}{g(x)} - \ell\right| \leqslant \frac{\sum\limits_{n=0}^{n_0-1} |a_n - \ell b_n| x^n}{g(x)} + \varepsilon \leqslant \frac{\left(\sum\limits_{n=0}^{n_0-1} |a_n - \ell b_n|\right) x^{n_0-1}}{g(x)} + \varepsilon.$$

On remarque que $\lim\limits_{x\to+\infty} \dfrac{x^{n_0-1}}{g(x)} = 0$, car $g(x) \geqslant b_{n_0} x^{n_0}$. Le majorant tend donc vers ε lorsque $x \to +\infty$, d'où l'on déduit l'existence de $x_1 > 0$ tel que $\left|\dfrac{f(x)}{g(x)} - \ell\right| \leqslant 2\varepsilon$, pour $x \geqslant x_1$.

4. On applique le résultat de la question 2. Le rayon de convergence de $\sum n^p x^n$ est 1. Si le calcul de $g(x) = \sum\limits_{n=0}^{+\infty} n^p x^n$ n'est pas simple, on sait en revanche calculer $\sum\limits_{n=0}^{+\infty} n(n-1)\dots(n-p+1)x^{n-p}$, somme dans laquelle on reconnaît la dérivée p-ième de la série géométrique. En posant $h(x) = \sum\limits_{n=0}^{\infty} x^n = \dfrac{1}{1-x}$, on obtient donc, pour $p \in \mathbb{N}$ et $x \in]-1,1[$,

$$f(x)=\sum_{n=0}^{+\infty} n(n-1)\dots(n-p+1)x^n = x^p h^{(p)}(x) = x^p \frac{p!}{(1-x)^{p+1}}.$$

Si on pose $a_n = n(n-1)\dots(n-p+1)$ et $b_n = n^p$, la suite (b_n) est à termes strictement positifs, $\lim\limits_{n\to+\infty} \frac{a_n}{b_n} = 1$ et $\sum b_n$ diverge. On en déduit que $\lim\limits_{x\to 1^-} \frac{f(x)}{g(x)} = 1$, c'est-à-dire que $f(x) \underset{x\to 1^-}{\sim} g(x) \underset{x\to 1^-}{\sim} \frac{p!}{(1-x)^{p+1}}$ et finalement

$$\boxed{\lim_{x\to 1^-} (1-x)^{p+1} \sum_{n=0}^{+\infty} n^p x^n = p!}. \ \triangleleft$$

Avec les hypothèses de l'énoncé, il résulte en particulier de cet exercice que si $a_n \underset{n\to\infty}{\sim} b_n$ *(resp.* $a_n = o(b_n)$ *en* $+\infty$*), on obtient en* 1 *ou en* $+\infty$, $f \sim g$ *(resp.* $f = o(g)$*).*

Le résultat de la question 4 peut être obtenu également par comparaison à une intégrale, en opérant comme dans l'exercice 3.22. On trouve que $\sum\limits_{n=0}^{+\infty} n^p x^n \underset{x\to 1^-}{\sim} \int_{\mathbb{R}_+} t^p x^t\,dt$. *On montre facilement, par récurrence sur* p, *que* $\int_{\mathbb{R}_+} t^p x^t\,dt = \frac{p!}{(-\ln x)^{p+1}} \underset{x\to 1^-}{\sim} \frac{p!}{(1-x)^{p+1}}$, *ce qui conduit au résultat.*

La première question de l'exercice suivant a été résolue d'une autre manière dans l'exercice 1.16 de notre tome 1 d'algèbre (il s'agissait de la démonstration même de Gauss). La suite de l'exercice est une application du résultat de l'exercice 3.23.

3.24. Un théorème de Gauss

On considère le plan $\mathbb{R}^2$ muni de sa norme euclidienne canonique $\|\ \|$. Pour $x \geqslant 0$, on pose

$$q(x) = \operatorname{Card}\{a \in \mathbb{Z}^2,\ \|a\| \leqslant x\} \quad \text{et} \quad q_+(x) = \operatorname{Card}\{a \in \mathbb{N}^2,\ \|a\| \leqslant x\}.$$

1. Trouver un équivalent de $q(x)$ et de $q_+(x)$ lorsque $x \to +\infty$.

2. On pose pour $t \in\ ]-1,1[$, $g(t) = \frac{1}{1-t}\left(\sum\limits_{n=0}^{+\infty} t^{n^2}\right)^2$. Relier g et q_+ puis donner un équivalent de g en 1^-.

(École normale supérieure)

▷ **Solution.**

1. Pour tout $x \geqslant 0$, $q(x)$ représente le nombre de points à coordonnées entières dans le disque de centre 0 et de rayon x et $q_+(x)$ le nombre de points à coordonnées entières $\geqslant 0$ dans ce même disque. De manière intuitive, il y a environ 1 point à coordonnées entières par cm^2 (si on prend le centimètre comme unité de longueur) et il est donc assez raisonnable de penser que lorsque x tend vers $+\infty$, $q(x)$ va être équivalent à πx^2 (l'aire du disque euclidien de rayon x).

On commence par chercher un équivalent de $q_+(n)$ lorsque $n \in \mathbb{N}$ tend vers l'infini. L'idée est de compter le nombre de points de $\mathbb{Z}^2$ dans le quart de disque de rayon n en les comptant colonne par colonne.

Soit n un entier naturel. Pour (k, l) dans $\mathbb{N}^2$, l'inégalité $\|(k, l)\| \leqslant n$, qui s'écrit $k^2 + l^2 \leqslant n^2$, équivaut à $0 \leqslant k \leqslant n$ et $0 \leqslant l \leqslant \sqrt{n^2 - k^2}$. En comptant le nombre de couples (k, l) vérifiant cette inégalité pour k fixé, on obtient

$$q_+(n) = \sum_{k=0}^{n} \sum_{0 \leqslant l \leqslant \sqrt{n^2-k^2}} 1 = \sum_{k=0}^{n} \left(\mathrm{E}(\sqrt{n^2 - k^2}) + 1\right).$$

On a donc l'encadrement

$$\sum_{k=0}^{n} \sqrt{n^2 - k^2} \leqslant q_+(n) \leqslant \sum_{k=0}^{n} \sqrt{n^2 - k^2} + n + 1,$$

ce qui donne en divisant par n^2

$$\frac{1}{n} \sum_{k=0}^{n} \sqrt{1 - \frac{k^2}{n^2}} \leqslant \frac{q_+(n)}{n^2} \leqslant \frac{1}{n} \sum_{k=0}^{n} \sqrt{1 - \frac{k^2}{n^2}} + \frac{1}{n} + \frac{1}{n^2}.$$

Nous reconnaissons alors une somme de Riemann relative à la subdivision régulière du segment $[0, 1]$ de pas $\dfrac{1}{n}$ pour la fonction $t \longmapsto \sqrt{1 - t^2}$. On en déduit que

$$\frac{1}{n} \sum_{k=0}^{n} \sqrt{1 - \frac{k^2}{n^2}} = \frac{1}{n} \sum_{k=0}^{n-1} \sqrt{1 - \frac{k^2}{n^2}} \xrightarrow[n \to +\infty]{} \int_0^1 \sqrt{1 - t^2}\, \mathrm{d}t.$$

Cette intégrale représente, comme prévu, l'aire d'un quart de disque de rayon 1 et vaut donc $\dfrac{\pi}{4}$. Par le calcul, cela se voit en posant $t = \sin\theta$:

$$\int_0^1 \sqrt{1 - t^2}\, \mathrm{d}t = \int_0^{\pi/2} \sqrt{1 - \sin^2\theta} \cos\theta\, \mathrm{d}\theta = \int_0^{\pi/2} \cos^2\theta\, \mathrm{d}\theta$$
$$= \int_0^{\pi/2} \frac{1 + \cos(2\theta)}{2}\, \mathrm{d}\theta = \frac{\pi}{4}.$$

En vertu de l'inégalité établie et du théorème d'encadrement, on en déduit que

$$\lim_{n\to+\infty}\frac{q_+(n)}{n^2}=\frac{\pi}{4}.$$

Il est facile de voir que cet équivalent reste vrai pour un réel positif x quelconque : en effet, si x est un réel positif et $n=\mathrm{E}(x^2)$, on a $q_+(n)\leqslant q_+(x)\leqslant q_+(n+1)$ et donc, en divisant par x^2

$$\frac{q_+(n)}{x^2}\leqslant\frac{q_+(x)}{x^2}\leqslant\frac{q_+(n+1)}{x^2}\text{ , puis }\frac{q_+(n)}{(n+1)^2}\leqslant\frac{q_+(x)}{x^2}\leqslant\frac{q_+(n+1)}{n^2}.$$

Or, d'après ce qui précède, $\displaystyle\lim_{n\to+\infty}\frac{q_+(n)}{(n+1)^2}=\lim_{n\to+\infty}\frac{q_+(n+1)}{n^2}=\frac{\pi}{4}.$ Toujours d'après le théorème d'encadrement, on a $\displaystyle\lim_{n\to+\infty}\frac{q_+(x)}{x^2}=\frac{\pi}{4}.$ On conclut que

$$\boxed{q_+(x)\underset{x\to+\infty}{\sim}\frac{\pi x^2}{4}}.$$

On calcule $q(x)$ à partir de $q_+(x)$ en faisant attention aux points sur les axes qui sont comptés deux fois et au point $(0,0)$ compté 4 fois. On obtient $q(x)=4q_+(x)-4\mathrm{E}(x)-3$ et

$$\boxed{q(x)\underset{x\to+\infty}{\sim}\pi x^2}.$$

2. Comme la série $\sum t^{n^2}$ est de rayon de convergence 1, g est définie sur $]-1,1[$. On va calculer g^2 en effectuant le produit de Cauchy de la série entière $\sum t^{n^2}$ par elle-même. Nous savons alors que l'on obtient une série entière de rayon au moins 1. Plus précisément, si on pose, pour $n\geqslant 0$, $a_n=\displaystyle\sum_{\substack{\mathrm{K}+\mathrm{L}=n\\ \mathrm{K,L}\text{ carrés}}}1=\sum_{\substack{k^2+l^2=n\\ 0\leqslant k,l\leqslant n}}1$, alors, on a, pour $t\in\,]-1,1[$,

$$\left(\sum_{n=0}^{+\infty}t^{n^2}\right)^2=\sum_{n=0}^{+\infty}a_nt^n\quad\text{et}\quad g(t)=\frac{1}{1-t}\sum_{n=0}^{+\infty}a_nt^n.$$

Si $n\geqslant 0$, a_n est alors le nombre de couples $(k,l)\in\mathbb{N}^2$ tels que $k^2+l^2=n$. Toujours d'après les règles du produit de Cauchy, on a, pour $t\in\,]-1,1[$,

$$\begin{aligned}g(t)&=\left(\sum_{n=0}^{+\infty}t^n\right)\left(\sum_{n=0}^{+\infty}a_nt^n\right)=\sum_{n=0}^{+\infty}(a_0+a_1+\cdots+a_n)t^n\\&=\sum_{n=0}^{+\infty}q_+(\sqrt{n})t^n.\end{aligned}$$

Pour obtenir un équivalent de $g(t)$ en 1^-, on va remplacer $q_+(\sqrt{n})$ par son équivalent trouvé en 1. Ceci est possible en vertu du lemme suivant :

Lemme. *Soient* $(a_n)_{n\in\mathbb{N}}$ *et* $(b_n)_{n\in\mathbb{N}}$ *deux suites de* $\mathbb{R}_+$ *équivalentes. On suppose que* $r(t) = \sum_{n=0}^{+\infty} a_n t^n$ *est de rayon* 1 *et que* $\sum a_n$ *diverge.*

Alors $\displaystyle\sum_{n=0}^{+\infty} b_n t^n = s(t) \underset{t\to 1^-}{\sim} r(t).$

Ce résultat classique fait l'objet de l'exercice 3.23. On obtient donc,

$$g(t) \underset{t\to 1-}{\sim} \sum_{n=0}^{+\infty} \frac{\pi}{4} n t^n = \frac{\pi t}{4} \sum_{n=1}^{+\infty} n t^{n-1} = \frac{\pi t}{4} \frac{\mathrm{d}}{\mathrm{d}t} \frac{1}{1-t} = \frac{\pi t}{(1-t)^2}.$$

On conclut que

$$\boxed{g(t) \underset{t\to 1^-}{\sim} \frac{\pi}{4} \frac{1}{(1-t)^2}}. \lhd$$

On en déduit que $\sum_{n=0}^{+\infty} t^{n^2} \underset{t\to 1^-}{\sim} \dfrac{\sqrt{\pi}}{2\sqrt{1-t}}$*. Notons que cela aurait aussi pu être établi, comme dans l'exercice 3.22, à l'aide de la méthode de comparaison série-intégrale en reliant* $\sum_{n=0}^{+\infty} t^{n^2}$ *et* $\int_0^{+\infty} t^{u^2} du$*. On trouve alors*

$$\sum_{n=0}^{+\infty} t^{n^2} \underset{t\to 1}{\sim} \frac{1}{\sqrt{-\ln t}} \int_0^{+\infty} e^{-v^2} dv \underset{t\to 1}{\sim} \frac{\sqrt{\pi}}{2\sqrt{1-t}}.$$

De cela on tire directement l'équivalent de g.

3.25. Série de Lambert

Soit $\alpha \in \mathbb{N}^*$ et $x \in [0,1[$.

1. Montrer que la série $\sum \dfrac{n^\alpha x^n}{1-x^n}$ converge.

2. Donner un équivalent de sa somme $\varphi(x) = \sum_{n=1}^{+\infty} \dfrac{n^\alpha x^n}{1-x^n}$, lorsque $x \to 1^-$ (on exprimera $\varphi(x)$ comme somme d'une série double et on considérera le développement en série entière de $\dfrac{\varphi(x)}{1-x}$).

(**École polytechnique**)

▷ **Solution.**

1. Pour $x \in [0,1[$, le terme général $\dfrac{n^\alpha x^n}{1-x^n}$ de la série est équivalent à $n^\alpha x^n = o\left(\dfrac{1}{n^2}\right)$ lorsque n tend vers l'infini, donc la série converge, d'après le théorème de comparaison des séries à termes positifs.

2. On peut écrire, pour $n \geqslant 1$,

$$\frac{x^n}{1-x^n} = x^n \sum_{k=0}^{+\infty} (x^n)^k = \sum_{k=1}^{+\infty} x^{nk}.$$

D'après les théorèmes sur les familles sommables positives (le lecteur pourra se reporter à notre premier tome d'analyse p. 201), la famille $(n^\alpha x^{nk})_{n,k\geqslant 1}$ est sommable et sa somme est $\varphi(x)$. Le théorème d'associativité permet de rassembler les termes selon la valeur p du produit nk. On obtient

$$\varphi(x) = \sum_{p=1}^{+\infty} \left(\sum_{n|p} n^\alpha x^p \right) = \sum_{p=1}^{+\infty} \left(\sum_{n|p} n^\alpha \right) x^p.$$

Posons $a_p = \sum_{n|p} n^\alpha$ pour $p \geqslant 1$. Pour trouver un équivalent de $\varphi(x)$, on souhaiterait avoir un équivalent de a_p, mais ceci n'apparaît pas facile. Par exemple, pour $\alpha = 1$, a_p est la somme des diviseurs de p : c'est une suite qui varie de manière assez irrégulière. Souvent, ces fonctions arithmétiques prennent un comportement beaucoup plus régulier lorsqu'on les étudie en moyenne (le lecteur en trouvera un autre exemple dans l'exercice 3.26 du tome 1 d'analyse). C'est pour cela qu'on va, comme le préconise l'énoncé, faire le produit de Cauchy de $\varphi(x)$ avec $\frac{1}{1-x}$. D'après la règle sur le produit de Cauchy, on obtient, pour $x \in [0,1[$,

$$\frac{\varphi(x)}{1-x} = \sum_{p=1}^{+\infty} (a_1 + \cdots + a_p) x^p = \sum_{p=1}^{+\infty} b_p x^p$$

avec

$$b_p = a_1 + \cdots + a_p = \sum_{k=1}^{p} \sum_{n|k} n^\alpha = \sum_{n=1}^{p} n^\alpha \sum_{n|k} 1 = \sum_{n=1}^{p} \mathrm{E}\left(\frac{p}{n}\right) n^\alpha.$$

La suite b_p est beaucoup plus facile à estimer que la suite a_p. En effet,

$$\frac{b_p}{p^{\alpha+1}} = \frac{1}{p} \sum_{n=1}^{p} \mathrm{E}\left(\frac{p}{n}\right) \left(\frac{n}{p}\right)^\alpha$$

est une somme de Riemann associée à la fonction $x \longmapsto \mathrm{E}\left(\frac{1}{x}\right) x^\alpha$. Cette fonction admet en tout point de $[0,1]$ une limite à gauche et à droite (rappelons que $\alpha \geqslant 1$). Elle est donc réglée, c'est-à-dire limite uniforme de fonctions en escalier. La somme de Riemann ci-dessus converge donc vers l'intégrale de cette fonction entre 0 et 1. Calculons cette intégrale :

$$\begin{aligned}\int_0^1 \mathrm{E}\left(\frac{1}{x}\right) x^\alpha \mathrm{d}x &= \sum_{n=1}^{+\infty} \int_{\frac{1}{n+1}}^{\frac{1}{n}} \mathrm{E}\left(\frac{1}{x}\right) x^\alpha \mathrm{d}x \\ &= \sum_{n=1}^{+\infty} n \int_{\frac{1}{n+1}}^{\frac{1}{n}} x^\alpha \mathrm{d}x \\ &= \frac{1}{\alpha+1} \sum_{n=1}^{+\infty} n \left(\frac{1}{n^{\alpha+1}} - \frac{1}{(n+1)^{\alpha+1}}\right).\end{aligned}$$

Si $\mathrm{N} \geqslant 1$, on peut écrire

$$\begin{aligned}\sum_{n=1}^{\mathrm{N}} n \left(\frac{1}{n^{\alpha+1}} - \frac{1}{(n+1)^{\alpha+1}}\right) &= \sum_{n=1}^{\mathrm{N}} \frac{1}{n^\alpha} - \sum_{n=1}^{\mathrm{N}} \frac{n+1-1}{(n+1)^{\alpha+1}} \\ &= 1 - \frac{1}{(\mathrm{N}+1)^\alpha} + \sum_{n=1}^{\mathrm{N}} \frac{1}{(n+1)^{\alpha+1}} \\ &= \sum_{n=1}^{\mathrm{N}+1} \frac{1}{n^{\alpha+1}} - \frac{1}{(\mathrm{N}+1)^\alpha},\end{aligned}$$

et en faisant tendre N vers $+\infty$, il vient finalement

$$\int_0^1 \mathrm{E}\left(\frac{1}{x}\right) x^\alpha \mathrm{d}x = \frac{1}{\alpha+1} \sum_{n=1}^{+\infty} \frac{1}{n^{\alpha+1}} = \frac{\zeta(\alpha+1)}{\alpha+1} \neq 0$$

où ζ désigne la fonction zêta de Riemann définie pour tout $x > 1$ par $\zeta(x) = \sum_{n=1}^{+\infty} \frac{1}{n^x}$. On obtient donc $b_p \underset{p\to\infty}{\sim} \frac{\zeta(\alpha+1)}{\alpha+1} p^{\alpha+1}$, ce qui est encore équivalent à

$$\frac{\zeta(\alpha+1)}{\alpha+1}(p+\alpha+1)(p+\alpha)\dots(p+1).$$

D'après un résultat classique sur les équivalents de séries entières à coefficients positifs (on pourra se reporter à l'exercice 3.23), on en déduit que

$$\begin{aligned}\frac{\varphi(x)}{1-x} = \sum_{p=1}^{+\infty} b_p x^p &\underset{x\to 1^-}{\sim} \frac{\zeta(\alpha+1)}{\alpha+1} \sum_{p=0}^{+\infty} (p+\alpha+1)(p+\alpha)\dots(p+1)x^p \\ &\underset{x\to 1^-}{\sim} \frac{\zeta(\alpha+1)}{\alpha+1} \frac{(\alpha+1)!}{(1-x)^{\alpha+2}} \text{ (on dérive } \frac{1}{1-x} \ \alpha+1 \text{ fois)} \\ &\underset{x\to 1^-}{\sim} \frac{\alpha!\zeta(\alpha+1)}{(1-x)^{\alpha+2}}.\end{aligned}$$

On conclut

$$\boxed{\varphi(x) \underset{x\to 1^-}{\sim} \frac{\alpha!\zeta(\alpha+1)}{(1-x)^{\alpha+1}}}. \quad \triangleleft$$

Les théorèmes taubériens qui suivent énoncent des conditions sous lesquelles une réciproque du théorème d'Abel-Dirichlet (voir page 178) est valide. En effet, celle-ci est fausse en général. Si on considère la suite de terme général $a_n = (-1)^n$, la série $\sum a_n x^n$ a pour rayon de convergence 1, sa somme, égale à $\dfrac{1}{x+1}$, a pour limite $\dfrac{1}{2}$ quand x tend vers 1, sans que la série $\sum a_n$ converge. Nous avons regroupé ensemble plusieurs exercices posés à l'école polytechnique, avec des hypothèses variées. Notons que la même conclusion reste vérifiée avec l'hypothèse plus faible $a_n = O\left(\dfrac{1}{n}\right)$ (théorème taubérien de Hardy-Littlewood).

3.26. Théorèmes taubériens

Soit $(a_n)_{n\in\mathbb{N}}$ une suite de $\mathbb{C}$ telle que $f(x) = \sum\limits_{n=0}^{+\infty} a_n x^n$ existe pour tout $x \in \,]-1,1[$ et $\lim\limits_{x\to 1^-} f(x) = \ell \in \mathbb{C}$. Démontrer que la série $\sum a_n$ converge et a pour somme ℓ dans les différents cas suivants :

1. $a_n \geqslant 0$ pour tout $n \in \mathbb{N}$;

2. $a_n = o\left(\dfrac{1}{n}\right)$ lorsque n tend vers l'infini ;

3. $\sum\limits_{n=0}^{+\infty} n|a_n|^2$ converge (dans ce cas le résultat est dû à Fejér) ;

4. $\lim\limits_{n\to\infty} \dfrac{a_1 + 2a_2 + \cdots + na_n}{n} = 0.$

(**École polytechnique**)

▷ **Solution.**

1. Dans ce cas, la fonction f est croissante sur $[0,1[$. On a donc, pour tout $x \in [0,1[$, $\sum\limits_{n=0}^{+\infty} a_n x^n \leqslant \ell$ et, *a fortiori*, pour tout $\mathrm{N} \in \mathbb{N}$, $\sum\limits_{n=0}^{\mathrm{N}} a_n x^n \leqslant \ell$. En faisant tendre x vers 1, on obtient $\sum\limits_{n=0}^{\mathrm{N}} a_n \leqslant \ell$. Ainsi $\sum a_n$ converge et sa somme est $\leqslant \ell$. Mais, d'autre part, $\sum\limits_{n=0}^{+\infty} a_n$ majore f sur $[0,1]$, ce qui implique $\ell \leqslant \sum\limits_{n=0}^{+\infty} a_n$ et l'égalité voulue.

2. Soit $\varepsilon > 0$. Il s'agit de prouver qu'on a, pour N assez grand, $\delta_{\mathrm{N}} = \left|\ell - \sum\limits_{n=0}^{\mathrm{N}} a_n\right| \leqslant \varepsilon$. Pour ce faire, on effectue une découpe taubérienne ; on introduit $f(x)$ en choisissant x convenablement (en fonction de N) pour contrôler chaque terme. Soit donc $x \in [0,1[$ et

$$\begin{aligned}\delta_{\mathrm{N}} &= \left|\ell - f(x) + f(x) - \sum_{n=0}^{\mathrm{N}} a_n\right| \\ &= \left|\ell - f(x) + \sum_{n=\mathrm{N}+1}^{+\infty} a_n x^n + \sum_{n=0}^{\mathrm{N}} a_n(x^n - 1)\right|.\end{aligned}$$

D'après l'inégalité triangulaire, la série entière convergeant absolument sur $[0, 1[$, on peut écrire

$$\begin{aligned}\delta_{\mathrm{N}} &\leqslant |\ell - f(x)| + \sum_{n=\mathrm{N}+1}^{+\infty} |a_n| x^n + \sum_{n=0}^{\mathrm{N}} |a_n|(1 - x^n) \\ &\leqslant |\ell - f(x)| + \sum_{n=\mathrm{N}+1}^{+\infty} \frac{n|a_n|}{\mathrm{N}} x^n + (1-x)\sum_{n=0}^{\mathrm{N}} |a_n|(1 + x + \cdots + x^{n-1}) \\ &\leqslant |\ell - f(x)| + \frac{1}{\mathrm{N}} \sup_{n\geqslant \mathrm{N}} |na_n| \sum_{n=\mathrm{N}+1}^{+\infty} x^n + (1-x)\sum_{n=0}^{\mathrm{N}} n|a_n| \\ &\leqslant |\ell - f(x)| + \frac{1}{\mathrm{N}} \sup_{n\geqslant \mathrm{N}} |na_n| \frac{x^{\mathrm{N}+1}}{1-x} + (1-x)\sum_{n=0}^{\mathrm{N}} n|a_n| \\ &\leqslant |\ell - f(x)| + \frac{1}{\mathrm{N}(1-x)} \sup_{n\geqslant \mathrm{N}} |na_n| + (1-x)\mathrm{N}\left(\frac{1}{\mathrm{N}}\sum_{n=0}^{\mathrm{N}} n|a_n|\right).\end{aligned}$$

Par hypothèse, $\sup\limits_{n\geqslant \mathrm{N}} n|a_n| \xrightarrow[\mathrm{N}\to+\infty]{} 0$ et, en vertu du théorème de Cesàro,

$$\frac{1}{\mathrm{N}}\sum_{n=0}^{\mathrm{N}} n|a_n| \xrightarrow[\mathrm{N}\to+\infty]{} 0.$$

Il serait bon d'avoir $(1-x)\mathrm{N} = 1$. Rien ne nous en empêche : il suffit de prendre $x = 1 - \dfrac{1}{\mathrm{N}}\cdot$ On a donc

$$\delta_{\mathrm{N}} \leqslant \left|\ell - f\left(1 - \frac{1}{\mathrm{N}}\right)\right| + \sup_{n\geqslant \mathrm{N}} |na_n| + \frac{1}{\mathrm{N}}\sum_{n=0}^{\mathrm{N}} n|a_n|.$$

Comme $\lim\limits_{x\to 1} f(x) = \ell$, on a, pour N assez grand, $\delta_{\mathrm{N}} \leqslant \varepsilon$.

3. Nous allons remettre en place la même idée, mais avec ces conditions, la majoration est plus technique. Tout d'abord, pour utiliser l'hypothèse dans nos majorations, nous allons naturellement introduire le reste de la série dont on sait qu'il tend vers 0 : pour $\mathrm{N} \in \mathbb{N}$, on pose $\mathrm{R}_{\mathrm{N}} = \sum\limits_{n=\mathrm{N}}^{+\infty} n|a_n|^2$. Un calcul immédiat donne, pour $n \geqslant 1$,

$$|a_n| = \sqrt{\frac{\mathrm{R}_n - \mathrm{R}_{n+1}}{n}}.$$

En reprenant les notations de la question précédente, on a toujours pour $\mathrm{N} \in \mathbb{N}$ et $x \in [0,1[$,

$$\delta_{\mathrm{N}} \leqslant |\ell - f(x)| + \sum_{n=\mathrm{N}+1}^{+\infty} |a_n| x^n + \sum_{n=0}^{\mathrm{N}} |a_n|(1-x^n).$$

Occupons-nous du second terme. On écrit, à l'aide de l'inégalité de Cauchy-Schwarz,

$$\begin{aligned}\left(\sum_{n=\mathrm{N}+1}^{+\infty} |a_n| x^n\right)^2 &= \left(\sum_{n=\mathrm{N}+1}^{+\infty} |a_n|\sqrt{n}\frac{x^n}{\sqrt{n}}\right)^2 \\ &\leqslant \underbrace{\left(\sum_{n=\mathrm{N}+1}^{+\infty} n|a_n|^2\right)}_{=\mathrm{R}_{\mathrm{N}+1}} \left(\sum_{n=\mathrm{N}+1}^{+\infty} \frac{x^{2n}}{n}\right).\end{aligned}$$

On a clairement

$$\sum_{n=\mathrm{N}+1}^{+\infty} \frac{x^{2n}}{n} \leqslant \frac{1}{\mathrm{N}} \sum_{n=0}^{+\infty} (x^2)^n = \frac{1}{\mathrm{N}(1-x^2)} = \frac{1}{\mathrm{N}(1-x)(1+x)} \leqslant \frac{1}{\mathrm{N}(1-x)}.$$

On obtient donc

$$\sum_{n=\mathrm{N}+1}^{+\infty} |a_n| x^n \leqslant \sqrt{\frac{\mathrm{R}_{\mathrm{N}+1}}{\mathrm{N}(1-x)}}.$$

Venons-en au troisième terme. On a, comme dans la question précédente,

$$\sum_{n=0}^{\mathrm{N}} |a_n|(1-x^n) \leqslant (1-x) \sum_{n=1}^{\mathrm{N}} n|a_n|.$$

On en déduit que

$$\begin{aligned}\sum_{n=0}^{\mathrm{N}} |a_n|(1-x^n) &\leqslant (1-x) \sum_{n=1}^{\mathrm{N}} \sqrt{n\mathrm{R}_n - n\mathrm{R}_{n+1}} \\ &\leqslant (1-x) \left(\sum_{n=1}^{\mathrm{N}} (n\mathrm{R}_n - n\mathrm{R}_{n+1})\right)^{1/2} \left(\sum_{n=1}^{\mathrm{N}} 1^2\right)^{1/2},\end{aligned}$$

toujours d'après l'inégalité de Cauchy-Schwarz. Un changement d'indice donne

$$\begin{aligned}\sum_{n=1}^{\mathrm{N}} (n\mathrm{R}_n - n\mathrm{R}_{n+1}) &= \sum_{n=1}^{\mathrm{N}} n\mathrm{R}_n - \sum_{n=2}^{\mathrm{N}+1} (n-1)\mathrm{R}_n \\ &= \sum_{n=1}^{\mathrm{N}} \mathrm{R}_n - \mathrm{N}\mathrm{R}_{\mathrm{N}+1} \leqslant \sum_{n=1}^{\mathrm{N}} \mathrm{R}_n.\end{aligned}$$

Finalement, on obtient la majoration

$$\sum_{n=0}^{N} |a_n|(1-x^n) \leqslant (1-x)\left(\sum_{n=1}^{N} R_n\right)^{1/2} \sqrt{N} \leqslant (1-x)N\left(\frac{1}{N}\sum_{n=1}^{N} R_n\right)^{1/2}.$$

Là encore, tout nous pousse à prendre $x = 1 - \dfrac{1}{N}$ (*i.e.* $N(1-x) = 1$). Il vient alors

$$\delta_N \leqslant \left|\ell - f\Big(1 - \frac{1}{N}\Big)\right| + \sqrt{R_{N+1}} + \sqrt{\frac{1}{N}\sum_{n=1}^{N} R_n}.$$

Ces trois termes tendent vers 0 lorsque N tend vers l'infini, le premier par hypothèse et le troisième en vertu du théorème de Cesàro. On a bien $\lim\limits_{N\to+\infty} \delta_N = 0$.

4. Cette fois-ci, il est naturel de poser pour $n > 0$, $S_n = \dfrac{1}{n}\sum\limits_{k=1}^{n} ka_k$ et $S_0 = 0$, ce qui conduit, pour $n \geqslant 1$, à

$$a_n = \frac{nS_n - (n-1)S_{n-1}}{n} = S_n - \frac{(n-1)}{n}S_{n-1}.$$

On en déduit que, pour $N \in \mathbb{N}$ et $x \in \mathbb{R}$,

$$\begin{aligned}
\sum_{n=1}^{N} a_n x^n &= \sum_{n=1}^{N}\left(S_n x^n - \frac{n-1}{n}S_{n-1}x^n\right)\\
&= \sum_{n=1}^{N} S_n x^n - \sum_{n=1}^{N-1}\frac{n}{n+1}S_n x^{n+1}\\
&= S_N x^N + \sum_{n=1}^{N-1}\left(1 - \frac{nx}{n+1}\right)S_n x^n.
\end{aligned}$$

Pour $x = 1$, on obtient $\sum\limits_{n=1}^{N} a_n = S_N + \sum\limits_{n=1}^{N-1}\dfrac{1}{n+1}S_n$. En faisant tendre N vers l'infini, x étant dans $[0,1[$, il vient, puisque $\lim\limits_{N\to+\infty} S_N = 0$,

$$f(x) = a_0 + \sum_{n=1}^{+\infty}\left(1 - \frac{nx}{n+1}\right)S_n x^n.$$

Pour simplifier, on pose, pour $n \in \mathbb{N}$, $u_n = \left(1 - \dfrac{nx}{n+1}\right)S_n$. Avec les mêmes notations que précédemment, on a, pour $x \in [0,1[$,

$$\begin{aligned}\delta_{\mathrm{N}} &\leqslant |l - f(x)| + \left|f(x) - \sum_{n=0}^{\mathrm{N}} a_n\right| \\ &\leqslant |l - f(x)| + \left|a_0 + \sum_{n=1}^{+\infty} u_n x^n - a_0 - \sum_{n=1}^{\mathrm{N}} a_n\right| \\ &\leqslant |l - f(x)| + \sum_{n=\mathrm{N}+1}^{+\infty} |u_n| x^n + \left|\sum_{n=1}^{\mathrm{N}} u_n x^n - \sum_{n=1}^{\mathrm{N}} a_n\right|.\end{aligned}$$

Dans le second terme qui est égal à $\sum_{\mathrm{N}+1}^{+\infty}\left(1 - \frac{nx}{n+1}\right)\mathrm{S}_n x^n$, on majore chaque $|\mathrm{S}_n|$ par $\sup_{n\geqslant \mathrm{N}+1} |\mathrm{S}_n|$ et on écrit

$$\begin{aligned}\sum_{n=\mathrm{N}+1}^{+\infty}\left(1 - \frac{nx}{n+1}\right)x^n &= \sum_{n=\mathrm{N}+1}^{+\infty}\left((1-x)x^n + \frac{x^{n+1}}{n+1}\right) \\ &\leqslant \sum_{n=\mathrm{N}+1}^{+\infty}(1-x)x^n + \frac{1}{\mathrm{N}}\sum_{n=\mathrm{N}+1}^{+\infty} x^{n+1} \\ &\leqslant x^{\mathrm{N}+1} + \frac{x^{\mathrm{N}+2}}{\mathrm{N}(1-x)} \leqslant 1 + \frac{1}{\mathrm{N}(1-x)},\end{aligned}$$

ce qui conduit à

$$\sum_{n=\mathrm{N}+1}^{+\infty} |u_n| x^n \leqslant \sup_{n\geqslant \mathrm{N}+1} |\mathrm{S}_n|\left(1 + \frac{1}{\mathrm{N}(1-x)}\right).$$

On exprime le troisième terme en fonction des S_n. On obtient

$$\begin{aligned}&\left|\sum_{n=1}^{\mathrm{N}} u_n x^n - \sum_{n=1}^{\mathrm{N}} a_n\right| = \left|\sum_{n=1}^{\mathrm{N}} u_n x^n - \mathrm{S}_{\mathrm{N}} - \sum_{n=1}^{\mathrm{N}-1}\frac{1}{n+1}\mathrm{S}_n\right| \\ &= \left|\sum_{n=1}^{\mathrm{N}} u_n x^n - \frac{\mathrm{N}}{\mathrm{N}+1}\mathrm{S}_{\mathrm{N}} - \sum_{n=1}^{\mathrm{N}}\frac{1}{n+1}\mathrm{S}_n\right| \\ &= \left|-\frac{\mathrm{N}}{\mathrm{N}+1}\mathrm{S}_{\mathrm{N}} + \sum_{n=1}^{\mathrm{N}}\left(u_n - \frac{1}{n+1}\mathrm{S}_n\right)x^n + \sum_{n=1}^{\mathrm{N}}\frac{1}{n+1}\mathrm{S}_n(x^n - 1)\right| \\ &= \left|-\frac{\mathrm{N}}{\mathrm{N}+1}\mathrm{S}_{\mathrm{N}} + \sum_{n=1}^{\mathrm{N}}\frac{n}{n+1}(1-x)\mathrm{S}_n x^n + \sum_{n=1}^{\mathrm{N}}\frac{1}{n+1}\mathrm{S}_n(x^n - 1)\right|.\end{aligned}$$

En remarquant, de nouveau, que $|(x^n - 1)| \leqslant n(1-x)$, on en déduit que

$$\left|\sum_{n=1}^{\mathrm{N}-1} u_n x^n - \sum_{n=1}^{\mathrm{N}} a_n\right| \leqslant |\mathrm{S}_{\mathrm{N}}| + 2(1-x)\sum_{n=1}^{\mathrm{N}} |\mathrm{S}_n|.$$

Finalement, on a

$$\delta_{\mathrm{N}} \leqslant |\ell - f(x)| + \sup_{n \geqslant \mathrm{N}+1} |\mathrm{S}_n| \left(1 + \frac{1}{\mathrm{N}(1-x)}\right) + |\mathrm{S}_{\mathrm{N}}| + 2(1-x) \sum_{n=1}^{\mathrm{N}} |\mathrm{S}_n|.$$

On est invité à prendre à nouveau $\mathrm{N}(1-x) = 1$, *i.e.* $x = 1 - \dfrac{1}{\mathrm{N}}$ et dans ces conditions

$$\begin{aligned}\delta_{\mathrm{N}} &\leqslant \left|\ell - f\left(1 - \frac{1}{\mathrm{N}}\right)\right| + 2 \sup_{n \geqslant \mathrm{N}+1} |\mathrm{S}_n| + |\mathrm{S}_{\mathrm{N}}| + \frac{2}{\mathrm{N}} \sum_{n=1}^{\mathrm{N}} |\mathrm{S}_n| \\ &\leqslant \left|\ell - f\left(1 - \frac{1}{\mathrm{N}}\right)\right| + 3 \sup_{n \geqslant \mathrm{N}} |\mathrm{S}_n| + \frac{2}{\mathrm{N}} \sum_{n=1}^{\mathrm{N}} |\mathrm{S}_n|.\end{aligned}$$

En vertu du théorème de Cesàro, $\dfrac{1}{\mathrm{N}} \sum\limits_{n=1}^{\mathrm{N}} |\mathrm{S}_n|$ tend vers 0 puisque S_{N} tend vers 0 et finalement δ_{N} tend vers 0. Ce qu'on voulait. ◁

On peut noter que les questions 2 et 3 ne sont que des cas particuliers de la question 4. En effet, si $a_n = o\left(\dfrac{1}{n}\right)$ *la suite* (na_n) *tend vers* 0 *et le théorème de Cesàro permet de dire que* $\lim\limits_{n \to \infty} \dfrac{a_1 + \cdots + na_n}{n} = 0$. *La convergence de* $\sum\limits_{n=0}^{+\infty} n|a_n|^2$ *implique également ce résultat. Pour le voir on utilise l'inégalité de Cauchy-Schwarz. En écrivant* $ka_k = \sqrt{k}\sqrt{k}a_k$, *on a la majoration*

$$\left|\sum_{k=p+1}^{n} ka_k\right| \leqslant \sqrt{\sum_{k=p+1}^{n} k} \sqrt{\sum_{k=p+1}^{n} k|a_k|^2}.$$

On en déduit que pour p *fixé et* $n \geqslant p$,

$$\frac{|a_1 + \cdots + na_n|}{n} \leqslant \frac{|a_1 + \cdots + pa_p|}{n} + \sqrt{\mathrm{R}_p}$$

où $\mathrm{R}_p = \sum\limits_{k=p+1}^{+\infty} k|a_k|^2$ *est le reste de la série supposée convergente. Si* $\varepsilon > 0$ *est donné, on choisit* p *de sorte que* $\sqrt{\mathrm{R}_p} \leqslant \varepsilon$. *Pour* n *assez grand on a alors* $\dfrac{|a_1 + \cdots + na_n|}{n} \leqslant 2\varepsilon$. *Cela prouve bien que* $\lim\limits_{n \to +\infty} \dfrac{a_1 + \cdots + na_n}{n} = 0$.

3.27. Condition suffisante d'injectivité d'une série entière

Soient $D = \{z \in \mathbb{C}, |z| < 1\}$ et $(a_n)_{n\in\mathbb{N}}$ une suite complexe. On suppose la série $\sum na_n$ absolument convergente.

1. Vérifier que le rayon de convergence de $\sum\limits_{n=0}^{+\infty} a_n z^n$ est supérieur ou égal à 1. Pour $z \in D$, on pose $f(z) = \sum\limits_{n=0}^{+\infty} a_n z^n$.

2. On suppose que $a_1 \neq 0$ et $\sum\limits_{n=2}^{+\infty} n|a_n| \leqslant |a_1|$. Montrer que f est injective.

(École polytechnique)

▷ **Solution.**

1. Comme la série $\sum na_n$ est absolument convergente, on a en particulier $\lim\limits_{n\to+\infty} na_n = 0$. Donc, pour n assez grand, $n|a_n| \leqslant 1$ *i.e.* $|a_n| \leqslant \frac{1}{n}\cdot$ Comme la série entière de coefficient $\frac{1}{n}$ est de rayon de convergence égal à 1, celui de $\sum\limits_{n=0}^{+\infty} a_n z^n$ est supérieur ou égal à 1.

2. La fonction f est bien définie d'après la question précédente. Montrons que f est injective en raisonnant par l'absurde. Supposons qu'il existe z et z' distincts dans D tel que $f(z) = f(z')$. On a

$$0 = f(z') - f(z) = \sum_{n=0}^{+\infty} a_n(z'^n - z^n).$$

En isolant le terme d'indice $n = 1$ (celui correspondant à $n = 0$ est nul), on obtient

$$a_1(z - z') = \sum_{n=2}^{+\infty} a_n(z'^n - z^n) = (z' - z)\sum_{n=2}^{+\infty} a_n\left(\sum_{k=0}^{n-1} z'^k z^{n-1-k}\right). \quad (*)$$

On peut supposer qu'un des a_n pour $n \geqslant 2$ est non nul car sinon, $f : z \longmapsto a_1 z$ est injective, puisque $a_1 \neq 0$. Pour $n \geqslant 2$ et $a_n \neq 0$, on a

$$\left|a_n \sum_{k=0}^{n-1} z'^k z^{n-1-k}\right| \leqslant |a_n| \sum_{k=0}^{n-1} |z'|^k |z|^{n-1-k} < |a_n| \sum_{k=0}^{n-1} 1 = n|a_n|,$$

car $|a_n| > 0$ et z et z' sont dans D. En passant au module dans $(*)$, il vient donc

$$|a_1||z - z'| < |z - z'| \sum_{n=2}^{+\infty} n|a_n|.$$

L'inégalité est bien justifiée puisque la série $\sum na_n$ est absolument convergente. Elle est bien stricte puisque $|z-z'|>0$. Comme $|z-z'|>0$, il vient $|a_1| < \sum\limits_{n=2}^{+\infty} n|a_n|$, ce qui contredit l'hypothèse.

Conclusion. La fonction f est injective. ◁

L'exercice suivant étudie un peu le problème inverse : si une fonction développable en série entière sur le disque D *est injective, que peut-on dire de la taille de ses coefficients ?*

3.28. Théorème de Bieberbach dans le cas réel

Soit $f(z) = z + \sum\limits_{n=2}^{+\infty} a_n z^n$ la somme d'une série entière de rayon de convergence $\geqslant 1$. On suppose que tous les a_n sont réels et que f est injective sur $\mathrm{D} = \{z \in \mathbb{C},\ |z| < 1\}$.

1. Soit $z \in \mathrm{D}$. Montrer que $f(z) \in \mathbb{R}$ si et seulement si $z \in \mathbb{R}$. En déduire que si $\operatorname{Im} z \geqslant 0$ alors $\operatorname{Im} f(z) \geqslant 0$.

2. Calculer, pour $0 < r < 1$ et $n \in \mathbb{N}^*$, $\displaystyle\int_0^{\pi} \operatorname{Im} f(re^{i\theta}) \sin n\theta \mathrm{d}\theta$. En déduire que $|a_n| \leqslant n$ pour tout $n \geqslant 1$.

3. Montrer que la majoration obtenue est optimale.

(**École polytechnique**)

▷ **Solution.**

1. Soit $z \in \mathrm{D}$. Bien entendu, si z est réel, $f(z)$ aussi car les coefficients a_n sont tous réels. Supposons inversement que $f(z) \in \mathbb{R}$. On a donc $\overline{f(z)} = f(z)$. Or, $\overline{f(z)} = f(\overline{z})$. L'injectivité de f permet de conclure que $z = \overline{z}$ c'est-à-dire que $z \in \mathbb{R}$.

Notons alors D^+ l'ensemble des éléments z de D tels que $\operatorname{Im} z > 0$. La fonction $z \mapsto \operatorname{Im} f(z)$ est continue et ne s'annule pas sur D^+ d'après ce qu'on vient de voir. Comme D^+ est un ensemble connexe, cette fonction garde donc un signe constant. Il ne reste plus qu'à déterminer ce signe. Pour cela, on prend des valeurs proches de 0. Lorsque $t > 0$ tend vers 0, $f(it)$ est équivalent à it et on a donc $\operatorname{Im} f(it) > 0$ pour t assez petit. Par conséquent $\operatorname{Im} f(z) > 0$ pour tout z de D^+. Cela montre bien que pour tout z de D tel que $\operatorname{Im} z \geqslant 0$ on a $\operatorname{Im} f(z) \geqslant 0$.

2. Soit r dans $]0,1[$ et $n \in \mathbb{N}^*$. On a $\operatorname{Im} f(re^{i\theta}) = \sum\limits_{k=1}^{+\infty} a_k r^k \sin k\theta$, où l'on pose $a_1 = 1$. Cette série converge uniformément pour $\theta \in [0, \pi]$. L'interversion de l'intégration et de la sommation qui suit est donc légitime :

$$\int_0^\pi \operatorname{Im} f(re^{i\theta}) \sin n\theta \mathrm{d}\theta = \sum_{k=1}^{+\infty} a_k r^k \int_0^\pi \sin k\theta \sin n\theta \mathrm{d}\theta = \frac{\pi}{2} a_n r^n$$

car toutes les intégrales sont nulles sauf celle qui correspond à $k = n$.

On utilise cette expression intégrale de a_n pour le majorer. Comme la partie imaginaire est toujours positive d'après la question précédente, on a

$$\frac{\pi}{2}|a_n|r^n \leqslant \int_0^\pi \operatorname{Im} f(re^{i\theta})|\sin n\theta| \mathrm{d}\theta.$$

On va maintenant majorer le terme $|\sin n\theta|$. Une majoration brutale par 1 n'est pas suffisante. De même la majoration $|\sin n\theta| \leqslant n\theta$ ne convient pas. En fait, on a l'inégalité $|\sin n\theta| \leqslant n|\sin\theta|$ pour tout n et tout réel θ. Elle se démontre très facilement par récurrence sur n : c'est clair au rang $n = 1$, et pour passer au rang $n+1$ il suffit d'utiliser la formule d'addition $\sin(n+1)\theta = \cos\theta \sin n\theta + \cos n\theta \sin\theta$. On obtient alors

$$\frac{\pi}{2}|a_n|r^n \leqslant n \int_0^\pi \operatorname{Im} f(re^{i\theta}) \sin\theta \mathrm{d}\theta = n\frac{\pi}{2} a_1 r.$$

Comme $a_1 = 1$, on a après simplification $|a_n|r^{n-1} \leqslant n$. Cela vaut pour tout réel r de $]0, 1[$. En faisant tendre r vers 1 on obtient le résultat.

3. Considérons la série entière $\sum\limits_{n=1}^{+\infty} nz^n$. Son rayon de convergence est égal à 1 et pour $|z| < 1$ sa somme vaut $f(z) = \dfrac{z}{(1-z)^2}$. Pour voir que la majoration précédente est optimale, il suffit de vérifier que f est injective sur D. Soient z et z' deux points de D tels que $f(z) = f(z')$. On a $z(1-z')^2 = z'(1-z)^2$ ce qui équivaut à $(z'-z)(zz'-1) = 0$. Comme $|zz'| < 1$ on a forcément $z = z'$ et f est donc bien injective. $\triangleleft$

En fait Bieberbach avait conjecturé en 1916 que pour toute série entière complexe $\sum\limits_{n=1}^{+\infty} a_n z^n$ de rayon de convergence $\geqslant 1$ dont la somme est injective sur D*, on a $|a_n| \leqslant n|a_1|$ pour tout $n \geqslant 1$. Ce résultat n'a été prouvé qu'en 1984 dans le cas général. L'étude du cas réel de l'exercice est due à Dieudonné (1931).*

Les deux exercices suivants sont des applications du principe des zéros isolés dont nous rappelons l'énoncé. Soit f la somme de la série entière $\sum a_n z^n$, définie sur son disque de convergence. S'il existe une suite (z_p) de nombres complexes non nuls tendant vers 0 tels que $f(z_p) = 0$, pour tout p, alors $a_n = 0$, pour tout entier n.

3.29. Série de Laurent à valeurs entières

Soit $F(z) = b_m z^m + \cdots + b_1 z + b_0 + \sum_{i \geqslant 1} b_{-i} z^{-i}$, la suite $(b_i)_{-\infty < i \leqslant m}$ étant une suite de réels ; on suppose qu'il existe $A \in \mathbb{R}$ tel que $F(z)$ existe pour $|z| \geqslant A$.

1. On suppose que $b_1, b_2, \ldots, b_m$ appartiennent à $\mathbb{Q}$ et qu'il existe $N \in \mathbb{N}$ tel que pour p entier, $p \geqslant N$ implique $F(p) \in \mathbb{Z}$. Montrer que $b_0 \in \mathbb{Q}$ et que, pour tout $i \geqslant 1$, $b_{-i} = 0$.

2. Même question en ne supposant plus $b_1, \ldots, b_m$ rationnels.

(**École normale supérieure**)

▷ **Solution.**

1. Posons, pour $z \in \mathbb{C}$, $P(z) = \sum_{i=1}^{m} b_i z^i$ et $G(z) = \sum_{i \geqslant 1} b_{-i} z^i$, quand cette série converge. Par hypothèse, $G\left(\frac{1}{z}\right)$ existe pour $|z| \geqslant A$. On en déduit que le rayon R de la série entière définissant $G(z)$ est supérieur ou égal à $\frac{1}{A}$ (et $R = +\infty$ si $A = 0$). On a, pour tout $|z| \geqslant A$, l'égalité

$$F(z) = P(z) + b_0 + G\left(\frac{1}{z}\right).$$

On suppose que $b_1, \ldots, b_m$ sont dans $\mathbb{Q}$. On considère un dénominateur commun q à $b_1, \ldots, b_m$. Pour $p \in \mathbb{N}$, $p \geqslant N$, $qP(p)$ et $qF(p) = qP(p) + b_0 q + qG\left(\frac{1}{p}\right)$ appartiennent à $\mathbb{Z}$. On en déduit que $b_0 q + qG\left(\frac{1}{p}\right) \in \mathbb{Z}$. Mais nous savons que $\lim_{p \to +\infty} b_0 q + qG\left(\frac{1}{p}\right) = b_0 q + qG(0) = b_0 q$ (car G, somme d'une série entière est continue sur $\left]-\frac{1}{A}, \frac{1}{A}\right[$). Une suite convergente d'entiers est stationnaire. Il existe donc un entier N' tel que, pour $p \geqslant N', p \in \mathbb{N}$, on ait $G\left(\frac{1}{p}\right) = 0$. Ceci montre que $b_0 q \in \mathbb{Z}$ et donc que $b_0 \in \mathbb{Q}$. On observe par ailleurs que la suite $\left(\frac{1}{p}\right)_{p \geqslant N'}$ converge vers 0 et que, pour $p \geqslant N'$, $G\left(\frac{1}{p}\right) = 0$. D'après le principe des zéros isolés, la série entière qui définit G a tous ses coefficients nuls : pour tout $i \geqslant 1$, $b_{-i} = 0$. Ceci achève la démonstration.

On a démontré qu'en fait, F *est un polynôme. Il prend des valeurs entières sur* $\mathbb{Z} \cap [p, +\infty[$. *Nous avons démontré dans notre tome*

1 d'algèbre (exercice 5.24) qu'un tel polynôme est combinaison linéaire à coefficients entiers des polynômes de Hilbert.

2. Essayons d'aboutir à la même conclusion sans supposer que les b_i sont dans $\mathbb{Q}$. Pour cela, nous montrerons que l'hypothèse $F(p) \in \mathbb{Z}$ pour $p \geqslant N$ implique que, pour tout $i \in [\![1, m]\!]$ $b_i \in \mathbb{Q}$, ce qui permettra de conclure grâce à la question 1.

Posons, pour simplifier, $\alpha_p = G\left(\dfrac{1}{p}\right)$, pour $p \in \mathbb{N}, p \geqslant A$. Considérons le polynôme $Q = P + b_0$. Nous allons exprimer ses coefficients en fonction des α_p. Le polynôme Q est de degré inférieur ou égal à m et est donc déterminé, pour $p \geqslant N$ par ses valeurs en $p, p+1, \dots, p+m$. Il s'exprime en fonction des polynômes $L_p, L_{p+1}, \dots, L_{p+m}$, polynômes interpolateurs de base relatifs au $(m+1)$-uplet $(p, p+1, \dots, p+m)$. Pour tout $z \in \mathbb{C}$, on obtient

$$Q(z) = \sum_{k=p}^{p+m} Q(k) L_k(z), \quad \text{où } L_k(X) = \frac{\prod\limits_{\substack{p \leqslant j \leqslant p+m \\ j \neq k}} (X - j)}{\prod\limits_{\substack{p \leqslant j \leqslant p+m \\ j \neq k}} (k - j)}.$$

Pour commencer, intéressons-nous à b_m, le coefficient de X^m dans cette expression. On trouve

$$\begin{aligned} b_m &= \sum_{k=p}^{p+m} \frac{Q(k)}{\prod\limits_{\substack{p \leqslant j \leqslant p+m \\ j \neq k}} (k - j)} \\ &= \sum_{k=p}^{p+m} \frac{Q(k)}{(k-p)!(-1)^{p+m-k}(p+m-k)!} \\ &= \sum_{j=0}^{m} \frac{Q(p+j)(-1)^{m-j}}{j!(m-j)!}. \end{aligned}$$

On en déduit que

$$\begin{aligned} m!\, b_m &= \sum_{j=0}^{m} Q(p+j)(-1)^{m-j} C_m^j \\ &= \sum_{j=0}^{m} F(p+j)(-1)^{m-j} C_m^j - \sum_{j=0}^{m} \alpha_{p+j}(-1)^{m-j} C_m^j. \end{aligned}$$

Par hypothèse, $u_p = \sum\limits_{j=0}^{m} F(p+j)(-1)^{m-j} C_m^j$ est dans $\mathbb{Z}$ pour $p \geqslant N$; la suite $(\alpha_p)_{p \geqslant N}$ converge vers 0, donc $(u_p)_{p \geqslant N}$ converge vers $m!\, b_m$. C'est une suite d'entiers ; elle est donc stationnaire. On obtient pour $p \geqslant N'$, $m!\, b_m = u_p \in \mathbb{Z}$. Nous avons démontré que $b_m \in \mathbb{Q}$, et plus précisément que $m!\, b_m \in \mathbb{Z}$.

Nous sommes maintenant en mesure de démontrer que les b_i (pour $1 \leqslant i \leqslant m$) sont dans $\mathbb{Q}$, par récurrence sur $m \in \mathbb{N}^*$.

Si $m = 1$, la démonstration qui précède montre que $b_1 \in \mathbb{Q}$; c'est terminé. Supposons la propriété vérifiée au rang $m-1, m \geqslant 2$. Ce qui précède montre que $m!\, b_m$ est dans $\mathbb{Q}$. Posons, pour $z \geqslant \mathrm{A}$,

$$\mathrm{F}'(z) = m!\,\mathrm{F}(z) - m!\, b_m z^m = \sum_{i=0}^{m-1} b_i m!\, z^i + \sum_{i \geqslant 1} b_i m!\, z^i.$$

On a, par hypothèse, pour $p \in \mathbb{N}, p \geqslant \mathrm{N}$, $\mathrm{F}(p) \in \mathbb{Z}$, donc $\mathrm{F}'(p) \in \mathbb{Z}$. La fonction F' vérifie l'hypothèse de récurrence. On en déduit que, pour $i \in [\![1, m-1]\!]$, $b_i m! \in \mathbb{Q}$ et donc $b_i \in \mathbb{Q}$. La récurrence est terminée.

On a donc, pour tout $i \in [\![1, m]\!]$, $b_i \in \mathbb{Q}$ et on peut conclure comme dans la question 1. $\lhd$

Les trois exercices suivants concernent les fonctions analytiques réelles. Rappelons qu'une fonction f de classe $\mathcal{C}^\infty$ sur un intervalle I *est dite analytique si pour tout $x_0 \in \mathrm{I}$ il existe un voisinage* V *de x_0 sur lequel f est égale à la somme de sa série de Taylor en x_0.*

3.30. Caractérisation des fonctions réelles analytiques

Soit I un intervalle ouvert et $f : \mathrm{I} \to \mathbb{R}$ une fonction de classe $\mathcal{C}^\infty$. Montrer qu'il y a équivalence entre :

(*i*) f est analytique ;

(*ii*) pour tout segment $\mathrm{J} \subset \mathrm{I}$, il existe des constantes C, r strictement positives telles que

$$\forall n \in \mathbb{N}, \quad \forall x \in \mathrm{J}, \quad |f^n(x)| \leqslant \mathrm{C} r^n n!.$$

(**École polytechnique**)

$\rhd$ **Solution.**

• Montrons tout d'abord que $(ii) \Longrightarrow (i)$. Soit $x_0 \in \mathrm{I}$ et $\eta > 0$ tel que $\mathrm{J} = [x_0 - \eta, x_0 + \eta] \subset \mathrm{I}$. On fixe des constantes C et r telles que

$$\forall n \in \mathbb{N}, \quad \forall x \in \mathrm{J}, \quad |f^n(x)| \leqslant \mathrm{C} r^n n!.$$

On utilise la formule de Taylor avec reste intégral pour évaluer l'écart entre $f(x)$ et la somme partielle de la série de Taylor en x_0, pour x proche de x_0. On a, pour $x \in \mathrm{J}$ et $n \in \mathbb{N}$,

$$f(x) = \sum_{k=0}^{n} \frac{f^{(k)}(x_0)}{k!}(x - x_0)^k + \mathrm{R}_n(x),$$

avec

$$\mathrm{R}_n(x) = \int_{x_0}^{x} \frac{(x-t)^n}{n!} f^{(n+1)}(t)\,\mathrm{d}t.$$

L'hypothèse permet de majorer le reste de la manière suivante : pour $x \geqslant x_0$,

$$|\mathrm{R}_n(x)| \leqslant \int_{x_0}^{x} \frac{(x-t)^n}{n!} \mathrm{C}r^{n+1}(n+1)!\mathrm{d}t = \mathrm{C}r^{n+1}|x-x_0|^{n+1}.$$

On obtient la même majoration pour $x \leqslant x_0$.

Ainsi, lorsque $|x - x_0| < \min\left(\frac{1}{r}, \eta\right)$, $\mathrm{R}_n(x)$ tend vers 0. Par conséquent, f est somme de sa série de Taylor en x_0 autour de x_0. Cela vaut pour tout point x_0 de I et f est donc analytique.

• Montrons maintenant que $(i) \Longrightarrow (ii)$. Cherchons d'abord à majorer les dérivées successives de f au voisinage d'un point x_0 quelconque de I. Par hypothèse il existe $\eta > 0$ tel que $f(x) = \sum\limits_{n=0}^{+\infty} \frac{f^{(n)}(x_0)}{n!}(x-x_0)^n$ lorsque $|x - x_0| \leqslant \eta$. En particulier, la suite $\frac{f^{(n)}(x_0)}{n!}\eta^n$ tend vers 0 et on peut donc trouver $\mathrm{C} > 0$ tel que $|f^{(n)}(x_0)| \leqslant \mathrm{C}n!r^n$ pour tout n, où $r = \frac{1}{\eta}$. On va en déduire une inégalité du même type valable sur tout un voisinage de x_0 en augmentant les constantes C et r. Les dérivées de la fonction f sur $]x_0 - \eta, x_0 + \eta[$ s'obtiennent en dérivant terme terme le développement en série de f. On a donc, pour $x \in]x_0 - \eta, x_0 + \eta[$ et $n \in \mathbb{N}$,

$$f^{(n)}(x) = \sum_{k=n}^{+\infty} \frac{f^{(k)}(x_0)}{k!} k(k-1)\dots(k-n+1)(x-x_0)^{k-n}.$$

On en déduit que

$$\begin{aligned}\left|f^{(n)}(x)\right| &\leqslant \mathrm{C}\sum_{k=n}^{+\infty} k(k-1)\dots(k-n+1)r^k|x-x_0|^{k-n}\\ &= \mathrm{C}r^n \sum_{k=n}^{+\infty} k(k-1)\dots(k-n+1)(r|x-x_0|)^{k-n}.\end{aligned}$$

Prenons alors $|x - x_0| \leqslant \frac{1}{2r} = \frac{\eta}{2}$. La série ci-dessus est majorée par $\sum\limits_{k=n}^{+\infty} k(k-1)\dots(k-n+1)\frac{1}{2^{k-n}}$. Or, cette somme se calcule facilement. Le développement en série entière de $\frac{1}{1-x}$ sur $]-1, 1[$ est $\sum\limits_{k=0}^{+\infty} x^k$. Si on le dérive n fois on obtient,

$$\frac{n!}{(1-x)^{n+1}} = \sum_{k=n}^{+\infty} k(k-1)\dots(k-n+1)x^{k-n},$$

et il suffit d'évaluer cela en $\frac{1}{2}$. On obtient donc pour tout x tel que $|x - x_0| \leqslant \frac{\eta}{2}$ et tout entier n,

$$\left|f^{(n)}(x)\right| \leqslant \mathrm{C}r^n n! 2^{n+1} = 2\mathrm{C}(2r)^n n!.$$

On peut alors prouver la proposition (ii). Soit J un segment inclus dans I. Ce qui précède montre que pour chaque point y de J on peut trouver $\eta_y > 0$, $\mathrm{C}_y > 0$ et $r_y > 0$ tels que pour tout n et tout x dans $[y - \eta_y, y + \eta_y]$ on ait $\left|f^{(n)}(x)\right| \leqslant \mathrm{C}_y (r_y)^n n!$. Les intervalles $]y - \eta_y, y + \eta_y[$ pour y variant dans J forment un recouvrement ouvert de J. Comme J est compact, on peut en extraire un sous-recouvrement fini par la propriété de Borel-Lebesgue. Si on note $y_1, \dots, y_s$ les centres des intervalles retenus, il suffit de poser $\mathrm{C} = \max\limits_{1 \leqslant i \leqslant s} \mathrm{C}_{y_i}$ et $r = \max\limits_{1 \leqslant i \leqslant s} r_{y_i}$. On a alors, pour tout x de J et tout entier n, $\left|f^{(n)}(x)\right| \leqslant \mathrm{C}r^n n!$, ce qui prouve (ii). ◁

L'exercice suivant étudie à quelle condition une fonction définie comme somme d'une séries de fonctions est analytique. Cela passe par une estimation, assez délicate, des dérivées successives de la fonction.

3.31. Étude d'analycité

> Pour $a > 0$ et $x \in \mathbb{R}$ on pose $f(x) = \sum\limits_{n=1}^{+\infty} \sin(nx)\exp(-n^a)$.
>
> **1.** Montrer que f est bien définie et de classe $\mathcal{C}^\infty$ sur $\mathbb{R}$.
>
> **2.** Pour quelles valeurs de a la fonction f est-elle développable en série entière au voisinage de tout point ?
>
> (**École normale superieure**)

▷ **Solution.**

1. On pose $u_n(x) = \sin(nx)e^{-n^a}$ pour tout $n \geqslant 1$ et tout $x \in \mathbb{R}$. La fonction u_n est de classe $\mathcal{C}^\infty$ et pour tout $k \in \mathbb{N}$,

$$u_n^{(k)}(x) = n^k \sin\left(nx + \frac{k\pi}{2}\right)\exp(-n^a).$$

On en déduit que, pour tout $x \in \mathbb{R}$, $|u_n^{(k)}(x)| \leqslant n^k \exp(-n^a)$. Pour tout $k \in \mathbb{N}$, on a $n^k \exp(-n^a) = o\left(\frac{1}{n^2}\right)$ donc la série de fonctions $\sum u_n^{(k)}$ converge normalement sur $\mathbb{R}$. On en déduit que f est définie sur $\mathbb{R}$ et, en appliquant de manière réitérée le théorème de dérivation des séries de fonctions, que f est de classe $\mathcal{C}^\infty$ avec pour tout $k \in \mathbb{N}$, $f^{(k)} = \sum_{n=1}^{+\infty} u_n^{(k)}$.

2. Soit x_0 un réel quelconque. D'après la première question on a, pour tout $k \in \mathbb{N}$,

$$|f^{(k)}(x_0)| \leqslant \sum_{n=1}^{+\infty} n^k \exp(-n^a).$$

Le majorant est d'autant plus petit que a est grand. Pour avoir une idée de son ordre de grandeur, commençons par regarder le cas particulier $a = 1$ à l'aide d'une comparaison série-intégrale. On a

$$\begin{aligned}\sum_{n=1}^{+\infty} n^k \exp(-n) &\leqslant \sum_{n=1}^{+\infty} \int_n^{n+1} t^k e^{-(t-1)}\,\mathrm{d}t \leqslant e^{-1} \int_1^{+\infty} t^k e^{-t}\,\mathrm{d}t \\ &\leqslant e^{-1} \int_0^{+\infty} t^k e^{-t}\,\mathrm{d}t \leqslant e^{-1} k!.\end{aligned}$$

On a donc $\left|\dfrac{f^{(k)}(x_0)}{k!}\right| \leqslant e^{-1}$ et on en déduit que la série de Taylor en x_0 $\sum \dfrac{f^{(k)}(x_0)}{k!}(x-x_0)^k$ converge pour $|x-x_0| < 1$. Montrons que sa somme est $f(x)$. Pour $|x - x_0| < 1$ et $\mathrm{N} \in \mathbb{N}$, la formule de Taylor-Lagrange donne l'existence d'un réel c entre x_0 et x tel que

$$f(x) = \sum_{k=0}^{\mathrm{N}} \frac{f^{(k)}(x_0)}{k!}(x - x_0)^k + \frac{f^{(\mathrm{N}+1)}(c)}{(\mathrm{N}+1)!}(x - x_0)^{\mathrm{N}+1}.$$

D'après ce qui précède, on a $\left|\dfrac{f^{(\mathrm{N}+1)}(c)}{(\mathrm{N}+1)!}(x - x_0)^{\mathrm{N}+1}\right| \leqslant e^{-1}|x - x_0|^{\mathrm{N}+1}$.
On en déduit que $\lim\limits_{\mathrm{N}\to\infty} \dfrac{f^{(\mathrm{N}+1)}(c)}{(\mathrm{N}+1)!}(x - x_0)^{\mathrm{N}+1} = 0$ et donc que

$$f(x) = \sum_{k=0}^{+\infty} \frac{f^{(k)}(x_0)}{k!}(x - x_0)^k.$$

Comme x_0 était quelconque on en déduit que f est analytique sur $\mathbb{R}$. Tout cela reste *a fortiori* valable lorsque $a \geqslant 1$.

Supposons maintenant que $a < 1$. On va voir dans ce cas que la série de Taylor de f en 0 a un rayon de convergence nul. On a pour tout $k \in \mathbb{N}$,

$$f^{(4k+1)}(0) = \sum_{n=1}^{+\infty} n^{4k+1} e^{-n^a}.$$

De nouveau, on compare à une intégrale, mais cette fois en minorant. On obtient

$$f^{(4k+1)}(0) \geqslant \sum_{n=1}^{+\infty} \int_{n-1}^{n} t^{4k+1} e^{-(t+1)^a} \, dt \geqslant \int_0^{\infty} t^{4k+1} e^{-(t+1)^a} \, dt.$$

Essayons à nouveau de faire apparaître la fonction Γ d'Euler. Pour $t \geqslant 0$, il existe $c \in]t, t+1[$ tel que $(t+1)^a - t^a = ac^{a-1}$. On en déduit que $(t+1)^a - t^a \leqslant a$ si $t \geqslant 1$, car $a - 1 < 0$. On a donc

$$\begin{aligned} f^{(4k+1)}(0) &\geqslant \int_1^{+\infty} t^{4k+1} e^{-t^a - a} \, dt \geqslant e^{-a} \int_1^{+\infty} u^{\frac{4k+2}{a} - 1} e^{-u} du \\ &\geqslant e^{-a} \int_1^{+\infty} u^{\frac{4k}{a}} e^{-u} du, \end{aligned}$$

avec le changement de variable $u = t^a$. Comme l'intégrande est inférieure à 1 sur $[0, 1]$, on a

$$f^{(4k+1)}(0) \geqslant e^{-a} \int_0^{\infty} u^{\frac{4k}{a}} e^{-u} du - e^{-a} \geqslant e^{-a} \Gamma\left(\frac{4k}{a} + 1\right) - e^{-a}.$$

On a

$$\frac{f^{(4k+1)}(0)}{(4k+1)!} \geqslant e^{-a} \frac{\Gamma\left(\frac{4k}{a} + 1\right) - 1}{(4k+1)!} \sim e^{-a} \frac{\Gamma\left(\frac{4k}{a} + 1\right)}{(4k+1)!} = u_k.$$

Déterminons le rayon de convergence de la série entière $\sum u_k x^k$. On utilise la formule de Stirling

$$\Gamma(x+1) \underset{x \to +\infty}{\sim} \sqrt{2\pi x} \, x^x e^{-x}.$$

On en déduit, quand k tend vers $+\infty$,

$$\begin{aligned} \frac{u_{k+1}}{u_k} &\sim \frac{(4k+1)! \sqrt{2\pi \frac{4k+4}{a}} \left(\frac{4k+4}{a}\right)^{\frac{4k+4}{a}} e^{-\frac{4k+4}{a}}}{(4k+5)! \sqrt{2\pi \frac{4k}{a}} \left(\frac{4k}{a}\right)^{\frac{4k}{a}} e^{-\frac{4k}{a}}} \sim \frac{(4k+4)^{\frac{4k+4}{a}} (ae)^{-\frac{4}{a}}}{(4k)^4 (4k)^{\frac{4k}{a}}} \\ &\sim (4k)^{\frac{4}{a} - 4} \left(\frac{k+1}{k}\right)^{\frac{4k}{a}} (ae)^{-\frac{4}{a}} \sim a^{-\frac{4}{a}} (4k)^{\frac{4}{a} - 4}. \end{aligned}$$

Comme $\dfrac{4}{a} - 4 > 0$, on a donc $\displaystyle\lim_{k \to +\infty} \frac{u_{k+1}}{u_k} = +\infty$. Le rayon de convergence de la série entière $\sum u_k x^k$ est donc nul. Il en est de même *a fortiori* de la série entière $\sum \dfrac{f^{(4k+1)}(0)}{(4k+1)!} x^k$ et donc de $\sum \dfrac{f^{(4k+1)}(0)}{(4k+1)!} x^{4k+1}$. Pour tout $x \in \mathbb{R}$, la suite $\left(\dfrac{f^{(4k+1)}(0)}{(4k+1)!} x^{4k+1}\right)$ n'est pas bornée et *a fortiori* la suite $\left(\dfrac{f^{(k)}(0)}{k!} x^k\right)$ n'est pas bornée. Le rayon de convergence de

$\sum \frac{f^{(k)}(0)}{k!} x^k$ est nul. La série de Taylor de f en 0 ne converge sur aucun voisinage de 0. Donc f n'est pas développable en série entière au voisinage de 0.

Conclusion. La fonction f est développable en série entière au voisinage de tout point si et seulement si $a \geqslant 1$. $\triangleleft$

Le résultat de l'exercice suivant est très classique. Il donne une condition suffisante, due à Bernstein, pour qu'une fonction de classe $\mathcal{C}^\infty$ soit analytique.

3.32. Un théorème de Bernstein

Soit $a < b$ deux réels et $f :]a, b[\to \mathbb{R}$ une fonction de classe $\mathcal{C}^\infty$. On dit que f est *absolument monotone* sur $]a, b[$ si f et toutes ses dérivées sont positives sur $]a, b[$.

1. Donner des exemples de fonctions absolument monotones.

2. Montrer qu'une fonction absolument monotone est analytique.

(**École normale supérieure, école polytechnique**)

$\triangleright$ **Solution.**

1. La fonction exponentielle est positive et comme $\exp' = \exp$, toutes ses dérivées aussi. Elle est donc absolument monotone sur n'importe quel intervalle de $\mathbb{R}$.

La fonction tangente est absolument monotone sur $\mathrm{I} = [0, \frac{\pi}{2}[$. En effet, on a $\tan' = 1 + \tan^2 > 0$ et on montre alors facilement par récurrence que toutes les dérivées de tan sont positives sur I. Il suffit pour cela de dériver n fois cette égalité en utilisant la formule de Leibniz :

$$\tan^{(n+1)} = \sum_{k=0}^{n} \mathrm{C}_n^k \tan^{(k)} \tan^{(n-k)} .$$

2. Soit $f :]a, b[\to \mathbb{R}$ une fonction absolument monotone et $x_0 \in]a, b[$. On va prouver que sur un voisinage de x_0, f est égale à la somme de sa série de Taylor en x_0. Quitte à effectuer une translation de la variable (c'est-à-dire remplacer f par $f(x + x_0)$) on peut supposer $x_0 = 0$ et donc $a < 0$ et $b > 0$. On pose alors, pour $x \in]a, b[$

$$\mathrm{R}_n(x) = f(x) - \sum_{k=0}^{n} \frac{f^{(k)}(0)}{k!} x^k$$

le reste d'ordre n. La formule de Taylor avec reste intégral donne l'expression suivante de ce reste :

$$\mathrm{R}_n(x) = \int_0^x \frac{(x-t)^n}{n!} f^{(n+1)}(t)\mathrm{d}t = \frac{x^{n+1}}{n!} \int_0^1 (1-u)^n f^{(n+1)}(xu)\mathrm{d}u.$$

Notons que ce reste est positif pour $x \geqslant 0$. Prenons $\eta > 0$ tel que $[-\eta, \eta] \subset]a, b[$ et $x \in [-\eta, \eta]$. Comme $f^{(n+1)}$ est croissante (car $f^{(n+2)}$ est positive), on peut majorer $f^{(n+1)}(xu)$ par $f^{(n+1)}(\eta u)$ pour tout $u \in [0, 1]$ et comme ces termes sont positifs on a

$$\int_0^1 (1-u)^n f^{(n+1)}(xu)\mathrm{d}u \leqslant \int_0^1 (1-u)^n f^{(n+1)}(\eta u)\mathrm{d}u.$$

Il en résulte donc que,

$$|\mathrm{R}_n(x)| \leqslant \frac{|x|^{n+1}}{\eta^{n+1}} \mathrm{R}_n(\eta).$$

Il suffit maintenant de majorer $\mathrm{R}_n(\eta)$. Comme pour tout n, $\mathrm{R}_n(\eta) \geqslant 0$, les sommes partielles de la série à termes positifs $\sum \frac{f^{(k)}(0)}{k!} \eta^k$ sont toutes majorées par $f(\eta)$. Ainsi, cette série converge et a une somme $\leqslant f(\eta)$. Par suite on a $\mathrm{R}_n(\eta) \leqslant f(\eta)$ pour tout n. L'inégalité

$$|\mathrm{R}_n(x)| \leqslant \frac{|x|^{n+1}}{\eta^{n+1}} f(\eta)$$

montre alors que $\mathrm{R}_n(x)$ tend vers 0 pour tout x dans $]-\eta, \eta[$. D'où le résultat. $\lhd$

L'exercice suivant démontre le principe des zéros isolés pour les fonctions analytiques réelles.

3.33. Principe des zéros isolés

Soit $a < b$ deux réels et $f :]a, b[\to \mathbb{R}$ une fonction analytique. On suppose que la fonction f admet une infinité de zéros dans un segment $[c, d]$ de $]a, b[$. Montrer que f est identiquement nulle.

(**École polytechnique**)

$\rhd$ **Solution.**

Par hypothèse on peut se donner une suite $(u_n)_{n \geqslant 0}$ formée de zéros deux à deux distincts de f et, quitte à la remplacer par une sous-suite, on peut très bien supposer que cette suite converge vers un point x_0 du segment $[c, d]$. Par continuité de f on a $f(x_0) = 0$. Montrons que nécessairement toutes les dérivées de f sont nulles en x_0. En effet, si ce n'est pas le cas, en notant p le plus petit entier tel que $f^{(p)}(x_0) \neq 0$, on a $f(x) = \dfrac{f^{(p)}(x_0)}{p!}(x-x_0)^p + o(x-x_0)^p$ par un simple développement limité à l'ordre p. Ainsi, $\dfrac{f(x)}{(x-x_0)^p}$ tend vers une limite non nulle en x_0 et le théorème de localisation permet de dire qu'il existe un voisinage V de x_0 tel que $f(x) \neq 0$ pour $x \in \mathrm{V} \setminus \{x_0\}$. Cela est absurde puisque les zéros u_n sont tous dans V pour n assez grand.

Posons alors $\mathrm{E} = \{x \in]a,b[,\ \forall n \in \mathbb{N}, f^{(n)}(x) = 0\}$. On vient de voir que E n'est pas vide. Comme f et toutes ses dérivées sont continues, il est clair que E est un ensemble fermé (de $]a,b[$). Enfin, f étant analytique, si $x \in \mathrm{E}$, f est identiquement nulle sur un voisinage de x et par conséquent E est aussi ouvert. Comme l'intervalle $]a,b[$ est connexe, on a forcément $\mathrm{E} =]a,b[$ et f est donc identiquement nulle. $\triangleleft$

Si $\sum a_n z^n$ est une série entière de rayon de convergence $\mathrm{R} > 0$ et de somme f, pour tout $r \in]0,1[$, la série $\sum a_n r^n e^{in\theta}$, dont la somme est $f(re^{i\theta})$, converge uniformément par rapport à θ. Ceci permet de justifier l'échange de l'intégration et de la sommation qui conduit à $a_n r^n = \dfrac{1}{2\pi}\displaystyle\int_0^{2\pi} f(re^{i\theta})e^{-in\theta}\,d\theta$. Ce résultat très important sera supposé connu dans tous les exercices qui suivent. C'est un instrument puissant. Il permet de traduire une information sur f en une information sur les coefficients a_n. Plus précisément, de la connaissance de f sur le cercle de centre 0 et de rayon r, on en déduit les coefficients a_n et donc la connaissance de la fonction f sur tout le disque de convergence. On obtient en particulier les inégalités de Cauchy : si m_r est le maximum de $|f(z)|$, pour $|z| = r$, on a $|a_n|r^n \leqslant m_r$.

Notons de plus que, pour $r \in]0,\mathrm{R}[$, la fonction $f_r : \theta \longmapsto f(re^{i\theta})$ est continue et 2π-périodique. Ses coefficients de Fourier exponentiels sont d'après ce qui précède les $a_n r^n$ pour $n \geqslant 0$ et 0 sinon. La formule de Parseval appliquée à f_r donne donc $\displaystyle\sum_{n=0}^{+\infty} |a_n|^2 r^{2n} = \frac{1}{2\pi}\int_0^{2\pi} |f(r^{i\theta})|^2\,d\theta$.

Outre la formule donnant les coefficients a_n sous forme intégrale, l'exercice suivant utilise aussi le principe des zéros isolés.

3.34. Nullité sur un arc du cercle de convergence

On pose $\mathrm{D} = \{z \in \mathbb{C},\ |z| < 1\}$.

1. Soit $f : \overline{\mathrm{D}} \to \mathbb{C}$ continue sur $\overline{\mathrm{D}}$, développable en série entière sur D et nulle sur le cercle unité S^1. Montrer que f est nulle.

2. Même question en supposant seulement f nulle sur un arc du cercle unité de longueur $\alpha > 0$.

(**École normale supérieure**)

▷ **Solution.**

1. Posons $f(z)=\sum\limits_{n=0}^{+\infty} a_n z^n$ pour $|z|<1$. On a pour tout $n\in\mathbb{N}$ et $0<r<1$,

$$a_n r^n = \frac{1}{2\pi}\int_0^{2\pi} f(re^{i\theta})e^{-in\theta}d\theta.$$

Comme $(r,\theta)\longmapsto f(re^{i\theta})e^{-in\theta}$ est continue sur $[0,1]\times\mathbb{R}$, l'application $r\longmapsto \int_0^{2\pi} f(re^{i\theta})e^{-in\theta}d\theta$ est continue sur $[0,1]$. On fait tendre r vers 1 dans l'égalité précédente et on obtient $a_n=0$. Il en résulte que $f=0$.

2. L'idée est de construire à partir de f une fonction g vérifiant l'hypothèse de la question 1 en faisant « tourner » l'arc de longueur α pour recouvrir tout le cercle S^1.

Posons $g(z)=\prod\limits_{k=0}^{n} f(e^{ik\alpha}z)$, où n est choisi de sorte que $n\alpha>2\pi$. La fonction g est continue sur $\overline{\mathrm{D}}$, développable en série entière sur D, car chaque application $f_k : z\longmapsto f(e^{ik\alpha}z)$ l'est, et s'annule sur S^1 (car si $u\in\mathrm{S}^1$ il existe k tel que $f_k(u)=0$). D'après la question 1, la fonction g est nulle. Pour tout $p\in\mathbb{N}^*$, on a $g\left(\frac{1}{p}\right)=0$ et donc il existe un entier $k\in[\![0,n-1]\!]$ tel que $f\left(\frac{1}{p}e^{ik\alpha}\right)=0$ pour une infinité de valeurs de p. Le principe des zéros isolés permet d'affirmer que la fonction $z\longmapsto f(ze^{ik\alpha})$ est nulle sur D, c'est-à-dire que f est nulle sur D, puisque $ze^{ik\alpha}$ décrit D quand z décrit D. Par continuité, f est nulle sur $\overline{\mathrm{D}}$. ◁

3.35. Série entière à coefficients entiers, bornée sur son disque de convergence

Soit (a_n) une suite de $\mathbb{Z}$ telle que la série $\sum a_n z^n$ ait un rayon de convergence $\mathrm{R}\geqslant 1$. On pose $f(z)=\sum\limits_{n=0}^{+\infty} a_n z^n$ pour $|z|<1$ et on suppose que f est bornée sur le disque ouvert $\mathrm{D}=\{z\in\mathbb{C},\ |z|<1\}$. Montrer que f est un polynôme.

(**École normale supérieure**)

▷ **Solution.**

Soit $r\in\,]0,1[$. L'égalité de Parseval, appliquée à la fonction f_r définie par $f_r(\theta)=f(re^{i\theta})$, s'écrit

$$\sum_{p=0}^{+\infty}|a_p|^2r^{2p}=\frac{1}{2\pi}\int_0^{2\pi}|f(re^{i\theta})|^2\mathrm{d}\theta.$$

Soit M un majorant de $|f|$ sur le disque ouvert unité. On a la majoration $\sum_{p=0}^{+\infty} |a_p|^2 r^{2p} \leqslant \mathrm{M}^2$ et donc, pour tout $\mathrm{N} \in \mathbb{N}$, $\sum_{p=0}^{\mathrm{N}} |a_p|^2 r^{2p} \leqslant \mathrm{M}^2$. Ceci étant vrai pour tout $r \in]0,1[$, on en déduit, en faisant tendre r vers 1, que $\sum_{p=0}^{\mathrm{N}} |a_p|^2 \leqslant \mathrm{M}^2$, pour tout $\mathrm{N} \in \mathbb{N}$. Ainsi la série $\sum |a_n|^2$ converge et donc la suite (a_n) converge vers 0. Les a_n étant des entiers, ceci implique que tous les a_n sont nuls à partir d'un certain rang. La fonction f est donc un polynôme. ◁

Soit f une fonction entière (c'est-à-dire développable en série entière avec un rayon de convergence infini) et bornée sur $\mathbb{C}$. Des formules de Cauchy, on déduit que, pour tout $n \in \mathbb{N}$ et tout $r > 0$,

$$|a_n| \leqslant \frac{2\pi}{r^n} \left| \int_0^{2\pi} f(re^{i\theta})\, d\theta \right| \leqslant \frac{1}{r^n} \|f\|_\infty .$$

En faisant tendre r vers l'infini, on obtient que $a_n = 0$ pour $n > 0$ et donc que f est constante. On obtient le théorème de Liouville : une fonction entière et bornée sur $\mathbb{C}$ est constante.

L'exercice suivant montre que cela reste vrai si on suppose seulement la partie réelle de f bornée.

3.36. Fonctions entières de partie réelle bornée

Soit $f(z) = \sum_{n=0}^{+\infty} a_n z^n$ la somme d'une série entière de rayon de convergence $+\infty$. On pose $m_f(r) = \sup_{|z|=r} |f(z)|$ et $a_f(r) = \sup_{|z|=r} |\operatorname{Re} f(z)|$ pour $r > 0$.

1. Soit $0 < r_1 < r_2$; montrer que

$$m_f(r_1) \leqslant \frac{2r_1}{r_2 - r_1} a_f(r_2) + \frac{r_2 + r_1}{r_2 - r_1} |f(0)|.$$

On pourra se ramener au cas $f(0) = 0$.

2. On suppose qu'il existe M tel que, pour tout $z \in \mathbb{C}$, $|\operatorname{Re}(f(z))| \leqslant \mathrm{M}$. Montrer que f est constante.

(**École normale supérieure**)

▷ **Solution.**

1. On va commencer par chercher une majoration des coefficients a_p en fonction de la quantité $a_f(r)$. Pour cela, on va utiliser une expression intégrale de a_p faisant intervenir la fonction $\operatorname{Re} f$.

Pour $r > 0$ et $\theta \in \mathbb{R}$, on a $f(re^{i\theta}) = \sum\limits_{n=0}^{+\infty} a_n r^n e^{in\theta}$ et donc

$$\operatorname{Re} f(re^{i\theta}) = \frac{1}{2}\sum_{n=0}^{+\infty} r^n(a_n e^{in\theta} + \overline{a}_n e^{-in\theta}).$$

On en déduit que, pour tout $p \in \mathbb{N}$,

$$e^{-ip\theta}\operatorname{Re} f(re^{i\theta}) = \frac{1}{2}\sum_{n=0}^{+\infty} r^n(a_n e^{i(n-p)\theta} + \overline{a}_n e^{-i(n+p)\theta}).$$

La série $\sum |a_n| r^n$ converge, donc la série qui définit $e^{-ip\theta}\operatorname{Re} f(re^{i\theta})$ converge uniformément par rapport à θ, ce qui justifie l'interversion de l'intégration et de la sommation dans ce qui suit. Pour $p \in \mathbb{N}^*$, on a

$$\begin{aligned}\int_0^{2\pi} e^{-ip\theta}\operatorname{Re} f(re^{i\theta})\mathrm{d}\theta &= \frac{1}{2}\sum_{n=0}^{+\infty} r^n \int_0^{2\pi}(a_n e^{i(n-p)\theta} + \overline{a}_n e^{-i(n+p)\theta})\mathrm{d}\theta\\ &= \pi r^p a_p,\end{aligned}$$

car $\int_0^{2\pi} e^{ik\theta}\mathrm{d}\theta = 0$, pour tout $k \in \mathbb{N}^*$; il y a donc un seul terme non nul dans cette somme, celui qui correspond à $n = p$.

On en déduit, pour tout $p \in \mathbb{N}^*$, la majoration suivante :

$$\pi r^p |a_p| \leqslant \int_0^{2\pi} |\operatorname{Re} f(re^{i\theta})|\mathrm{d}\theta \leqslant 2\pi a_f(r),$$

c'est-à-dire $|a_p| \leqslant \dfrac{2a_f(r)}{r^p}\cdot$

Supposons maintenant que $f(0) = 0$, c'est-à-dire que $a_0 = 0$. Soit $0 < r_1 < r_2$. On applique les inégalités précédentes avec $r = r_2$. La série géométrique de terme général $\left(\dfrac{r_1}{r_2}\right)^n$ converge, donc on peut écrire, si $|z| = r_1$,

$$\begin{aligned}|f(z)| &\leqslant \sum_{n=1}^{+\infty} r_1^n |a_p| \leqslant 2a_f(r_2)\sum_{n=1}^{+\infty}\left(\frac{r_1}{r_2}\right)^n,\\ |f(z)| &\leqslant 2a_f(r_2)\frac{\frac{r_1}{r_2}}{1-\frac{r_1}{r_2}} = a_f(r_2)\frac{2r_1}{r_2 - r_1}.\end{aligned}$$

Cela étant vrai pour tout z de module r_1, on conclut que

$$m_f(r_1) \leqslant a_f(r_2)\frac{2r_1}{r_2 - r1}\cdot$$

Dans le cas général, où on ne suppose plus $f(0) = 0$, on considère la fonction g définie par $g(z) = f(z) - f(0)$. Elle vérifie l'inégalité précédente. De plus, on a, pour tout z de module r_1, $|f(z)| \leqslant |g(z)| +$

$|f(0)|$ et donc $m_f(r_1) \leqslant m_g(r_1) + |f(0)|$. On obtient de même, pour $|z| = r_2$, $\operatorname{Re}(g(z)) = \operatorname{Re}(f(z)) + \operatorname{Re}(f(0))$, d'où l'on tire $|a_g(r_2)| \leqslant |a_f(r_2)| + |\operatorname{Re}(f(0))| \leqslant |a_f(r_2)| + |f(0)|$. On obtient alors, à partir de ces différentes inégalités

$$m_f(r_1) \leqslant m_g(r_1) + |f(0)| \leqslant \frac{2r_1}{r_2 - r_1} a_g(r_2) + |f(0)|$$

$$m_f(r_1) \leqslant \frac{2r_1}{r_2 - r_1} a_f(r_2) + \frac{r_2 + r_1}{r_2 - r_1} |f(0)|,$$

ce qui est l'inégalité demandée.

2. On se ramène à une fonction nulle en 0, en considérant à nouveau la fonction g définie par $g(z) = f(z) - f(0)$. On a, pour tout $z \in \mathbb{C}$, $|\operatorname{Re}(g(z))| \leqslant \mathrm{M}'$, où $\mathrm{M}' = \mathrm{M} + |\operatorname{Re}(f(0))|$ et pour tout $r > 0$, $a_g(r) \leqslant \mathrm{M}'$. Si $0 < r_1 < r_2$, on a, d'après la question précédente,

$$m_g(r_1) \leqslant \frac{2r_1}{r_2 - r_1} \mathrm{M}'.$$

En faisant tendre r_2 vers $+\infty$, on obtient, pour tout $r_1 > 0$, $m_g(r_1) \leqslant 0$ et donc $m_g(r_1) = 0$. La fonction g est nulle sur tous les cercles de la forme $|z| = r_1$ et elle est nulle en 0. C'est la fonction nulle. La fonction f est donc constante. ◁

Si f est une fonction entière, $f(z) = \sum_{n=0}^{+\infty} a_n z^n$, un contrôle des coefficients a_n implique assez facilement un contrôle de f. Par exemple si $|a_n| \leqslant \frac{\mathrm{K}^n}{n!}$ pour tout n, on a tout de suite $|f(z)| \leqslant e^{\mathrm{K}|z|}$ pour tout z. L'exercice suivant aborde le problème inverse : comment déduire une estimation des coefficients a_n à partir d'une information sur $|f(z)|$?

3.37. Fonction entière dominée par une exponentielle

Soit $f : \mathbb{C} \longrightarrow \mathbb{C}$ développable en série entière sur $\mathbb{C}$, $f(z) = \sum_{n=0}^{+\infty} c_n z^n$. On suppose qu'il existe $\mathrm{K} > 0$ tel que pour tout $\mathrm{K}_1 > \mathrm{K}$, il existe $\mathrm{A}_{\mathrm{K}_1} \geqslant 0$, vérifiant, pour tout $z \in \mathbb{C}$,

$$|z| \geqslant \mathrm{A}_{\mathrm{K}_1} \Longrightarrow |f(z)| \leqslant e^{\mathrm{K}_1 |z|}.$$

Soit $\mathrm{K}_2 > \mathrm{K}$. Montrer qu'il existe $n_0 \in \mathbb{N}$ tel que, pour tout $n \in \mathbb{N}$,

$$n \geqslant n_0 \quad \Longrightarrow \quad |c_n| \leqslant \frac{\mathrm{K}_2^n}{n!}.$$

(**École polytechnique**)

▷ **Solution.**

On a, pour $r > 0$ et $n \in \mathbb{N}$, $c_n r^n = \dfrac{1}{2\pi}\displaystyle\int_0^{2\pi} f(re^{i\theta})e^{-in\theta}\mathrm{d}\theta$.

Soit $\mathrm{K}_2 > \mathrm{K}$ et $\mathrm{K}_1 \in \,]\mathrm{K}, \mathrm{K}_2[$. Par hypothèse, si $r \geqslant \mathrm{A}_{\mathrm{K}_1}$ on a pour tout θ, $|f(re^{i\theta})| \leqslant e^{\mathrm{K}_1 r}$. On en déduit que

$$|c_n|r^n \leqslant \frac{1}{2\pi}\int_0^{2\pi} |f(re^{i\theta})|\mathrm{d}\theta \leqslant \frac{1}{2\pi}\int_0^{2\pi} e^{\mathrm{K}_1 r}\mathrm{d}\theta \leqslant e^{\mathrm{K}_1 r}$$

et donc $|c_n| \leqslant \dfrac{1}{r^n}\, e^{\mathrm{K}_1 r}$.

La fonction $r \longmapsto \dfrac{1}{r^n}\, e^{\mathrm{K}_1 r}$ est minimale pour $r = \dfrac{n}{\mathrm{K}_1}$ et ce minimum est égal à $\dfrac{e^n \mathrm{K}_1^n}{n^n}$. On peut prendre la valeur $r = \dfrac{n}{\mathrm{K}_1}$ dans l'inégalité précédente si $\dfrac{n}{\mathrm{K}_1} \geqslant \mathrm{A}_{\mathrm{K}_1}$, soit $n \geqslant \mathrm{K}_1 \mathrm{A}_{\mathrm{K}_1}$. Posons $n_1 = \mathrm{E}\left(\mathrm{K}_1 \mathrm{A}_{\mathrm{K}_1}\right) + 1$. Pour $n \geqslant n_1$, on a donc $|c_n| \leqslant \dfrac{e^n \mathrm{K}_1^n}{n^n}$.

Il faut comparer cette dernière expression à $\dfrac{\mathrm{K}_2^n}{n!}$. Étudions le quotient des deux $\dfrac{e^n \mathrm{K}_1^n}{n^n} \Big/ \dfrac{\mathrm{K}_2^n}{n!} = \dfrac{n! e^n \mathrm{K}_1^n}{n^n \mathrm{K}_2^n}$. D'après la formule de Stirling, on sait que $n! \underset{n\to\infty}{\sim} \left(\dfrac{n}{e}\right)^n \sqrt{2\pi n}$ et donc $\dfrac{n! e^n \mathrm{K}_1^n}{n^n \mathrm{K}_2^n} \underset{n\to\infty}{\sim} \left(\dfrac{\mathrm{K}_1}{\mathrm{K}_2}\right)^n \sqrt{2\pi n}$. Puisque $\dfrac{\mathrm{K}_1}{\mathrm{K}_2} < 1$, on en déduit que $\displaystyle\lim_{n\to+\infty} \dfrac{n! e^n \mathrm{K}_1^n}{n^n \mathrm{K}_2^n} = 0$. Il existe un entier $n_0 \geqslant n_1$ tel que $\dfrac{n! e^n \mathrm{K}_1^n}{n^n \mathrm{K}_2^n} \leqslant 1$ pour $n \geqslant n_0$. On a alors, pour $n \geqslant n_0$, $|c_n| \leqslant \dfrac{\mathrm{K}_2^n}{n!}$. ◁

3.38. Relation entre $\sqrt[n]{|a_n|}$ et $\dfrac{\ln|f(z)|}{|z|}$

Soit $(a_n)_{n\in\mathbb{N}}$ une suite de nombres complexes. On note R le rayon de convergence de la série entière $\sum \dfrac{a_n}{n!} z^n$ et $f(z)$ sa somme. Soit l un réel strictement positif. Montrer l'équivalence entre :

(*i*) pour tout $l' > l$, il existe $n_0 \in \mathbb{N}^*$ tel que $\sqrt[n]{|a_n|} \leqslant l'$ pour $n \geqslant n_0$;

(*ii*) $\mathrm{R} = +\infty$ et pour tout $l' > l$, il existe $r_0 > 0$ tel que $\dfrac{\ln|f(z)|}{|z|} \leqslant l'$ pour $|z| \geqslant r_0$.

(**École polytechnique**)

▷ **Solution.**

• Supposons que (*i*) est vérifiée. La suite $(\sqrt[n]{|a_n|})$ est majorée par M.

On a, pour tout $z \in \mathbb{C}$ et tout $n \in \mathbb{N}^*$, $\left|\frac{a_n}{n!} z^n\right| \leqslant \frac{|\mathrm{M}z|^n}{n!}$ donc $\sum \frac{a_n}{n!} z^n$ converge absolument. Le rayon de convergence de la série est donc $+\infty$.

Étant donné $l' > l$, choisissons $l'' \in]l, l'[$. Soit n_0 tel que $\sqrt[n]{|a_n|} \leqslant l''$ pour $n \geqslant n_0$. On a alors, pour tout $z \in \mathbb{C}$,

$$
\begin{aligned}
|f(z)| &\leqslant \sum_{n=0}^{+\infty} \frac{|a_n|}{n!}|z|^n \leqslant \sum_{n=0}^{n_0-1} \frac{|a_n|}{n!}|z|^n + \sum_{n=n_0}^{+\infty} \frac{|l''z|^n}{n!} \\
&= \sum_{n=0}^{n_0-1} \left(\frac{|a_n|}{n!} - \frac{l''^n}{n!}\right)|z|^n + e^{l''|z|} = \mathrm{P}(|z|) + e^{l''|z|},
\end{aligned}
$$

où P est un polynôme. On en déduit, que pour tout $z \in \mathbb{C}$, on a

$$
\begin{aligned}
\ln|f(z)| &\leqslant \ln\left(\mathrm{P}(|z|) + e^{l''|z|}\right) \\
&\leqslant l''|z| + \ln\left(1 + \mathrm{P}(|z|)e^{-(l'')|z|}\right),
\end{aligned}
$$

$$
\frac{\ln|f(z)|}{|z|} \leqslant l'' + \frac{\ln\left(1 + \mathrm{P}(|z|)e^{-l''|z|}\right)}{|z|}.
$$

Sachant que $\lim_{x \to +\infty} l'' + \frac{\ln\left(1 + \mathrm{P}(x)e^{-l''x}\right)}{x} = l'' < l'$, il existe $r_0 > 0$ tel que l'on ait, pour $|z| \geqslant r_0$, $\frac{\ln|f(z)|}{|z|} \leqslant l'$.

• Supposons que (ii) est vérifiée. On exprime classiquement les coefficients a_n sous forme intégrale. On a, pour $r > 0$ et $n \in \mathbb{N}$,

$$
|a_n| = \frac{n! r^{-n}}{2\pi}\left|\int_0^{2\pi} f(re^{i\theta})e^{-in\theta}\mathrm{d}\theta\right| \leqslant \frac{n! r^{-n}}{2\pi}\int_0^{2\pi} |f(re^{i\theta})|\mathrm{d}\theta.
$$

Soit $l' > l$. Considérons $l'' \in]l, l'[$. Il existe $r_0 > 0$ tel que, si $|z| \geqslant r_0$, alors $\frac{\ln|f(z)|}{|z|} \leqslant l''$ et donc $|f(z) \leqslant e^{l''|z|}$. De ce qui précède, on déduit que, pour $r \geqslant r_0$, on a, pour tout $n \in \mathbb{N}$,

$$
|a_n| \leqslant \frac{n! r^{-n}}{2\pi}\int_0^{2\pi} e^{l''r}\mathrm{d}\theta \leqslant n! r^{-n} e^{l''r}.
$$

Le minimum de la fonction $r \longmapsto r^{-n}e^{l''r}$ est obtenu pour $r = \frac{n}{l''}$. Il vaut $\left(\frac{l''}{n}\right)^n e^n$. On a donc, pour $n \geqslant r_0 l''$, $|a_n| \leqslant n!\left(\frac{l''e}{n}\right)^n$ et donc $\sqrt[n]{|a_n|} \leqslant \sqrt[n]{n!}\left(\frac{l''e}{n}\right)$. Cherchons un équivalent du membre de droite. La formule de Stirling nous donne $n! \underset{n\to\infty}{\sim} \left(\frac{n}{e}\right)^n \sqrt{2\pi n}$. On en déduit que $\sqrt[n]{n!} \underset{n\to\infty}{\sim} \frac{n}{e}(2\pi n)^{\frac{1}{2n}} \underset{n\to\infty}{\sim} \frac{n}{e}$, puis que

$$\lim_{n\to+\infty} \sqrt[n]{n!}\left(\frac{l''e}{n}\right) = l'' < l'.$$

En particulier, il existe un entier n_0 tel que $\sqrt[n]{n!}\,\dfrac{l''e}{n} \leqslant l'$ pour $n \geqslant n_0$. On en déduit que $\sqrt[n]{|a_n|} \leqslant l'$ pour $n \geqslant n_0$. $\lhd$

Dans l'exercice 3.12 on a vu qu'une fraction rationnelle complexe dont 0 *n'est pas pôle est développable en série entière en* 0 *avec un rayon de convergence égal au plus petit module des pôles de f. Il est aisé d'en déduire la première question de l'énoncé suivant, à savoir qu'une fraction rationnelle f est analytique sur son ouvert de définition, c'est-à-dire développable en série entière au voisinage de tout point qui n'est pas un pôle. La suite de l'exercice démontre le principe du maximum pour une telle fonction.*

3.39. Principe du maximum pour une fraction rationnelle

Soit f une fonction rationnelle qui n'a pas de pôle dans le disque fermé $\overline{\mathrm{D}}(c, \mathrm{R})$ de centre c et de rayon R et $z_0 \in \mathrm{D}(c, \mathrm{R})$.

1. Montrer que f est développable en série entière au voisinage de z_0 ; quel est son rayon de convergence ?

2. Soit $(a_n)_{n\in\mathbb{N}}$ les coefficients du développement en série entière ; calculer en fonction des a_n, pour r assez petit,

$$\frac{1}{2\pi}\int_0^{2\pi} |f(z_0 + re^{i\theta})|^2 \mathrm{d}\theta.$$

3. Prouver que $|f|$ atteint son maximum sur $\overline{\mathrm{D}}(c, \mathrm{R})$ en un point de la frontière.

(**École polytechnique**)

$\rhd$ **Solution.**

1. Comme $z_0 \in \mathrm{D}(c, \mathrm{R})$, il n'est pas pôle de f. Considérons la fonction g définie par $g(z) = f(z + z_0)$. C'est encore une fraction rationnelle et 0 n'en est pas pôle. On sait alors que g est développable en série entière en 0 avec un rayon de convergence égal au plus petit module de ses pôles. Cela revient exactement à dire que f est développable en série entière en z_0 avec un rayon de convergence R' égal à $\min |z_0 - \alpha|$ où α parcourt les pôles de f.

2. On écrit, pour $|z-z_0| < \mathrm{R}'$, $f(z) = \sum\limits_{n=0}^{+\infty} a_n(z-z_0)^n$. Si $r \in \,]0, \mathrm{R}'[$, on obtient $f(z_0 + re^{i\theta}) = \sum\limits_{n=0}^{+\infty} a_n r^n e^{in\theta}$. La fonction $\theta \longmapsto f(z_0 + re^{i\theta})$ est continue et 2π-périodique. Ses coefficients de Fourier sont obtenus, pour $n \in \mathbb{Z}$ par

$$\begin{aligned} c_n &= \frac{1}{2\pi}\int_0^{2\pi} f(z_0 + re^{i\theta})e^{-in\theta}\mathrm{d}\theta = \frac{1}{2\pi}\int_0^{2\pi}\left(\sum_{k=0}^{+\infty} a_k r^k e^{i(k-n)\theta}\right)\mathrm{d}\theta \\ &= \frac{1}{2\pi}\sum_{k=0}^{+\infty}\int_0^{2\pi} a_k r^k e^{i(k-n)\theta}\mathrm{d}\theta = a_n r^n, \end{aligned}$$

l'interversion de l'intégration et de la sommation étant justifiée par la convergence normale de la série. La formule de Parseval donne alors

$$\frac{1}{2\pi}\int_0^{2\pi} |f(z_0 + re^{i\theta})|^2\mathrm{d}\theta = \sum_{n=0}^{+\infty} |a_n|^2 r^{2n}.$$

3. Le disque fermé $\overline{\mathrm{D}}(c, \mathrm{R})$ étant compact, la fonction continue $|f|$ y atteint son maximum. Supposons que ce maximum est atteint en un point du disque ouvert $\mathrm{D}(c, \mathrm{R})$. On prend pour z_0 un tel point et on applique ce qui précède. Pour $r > 0$ assez petit, on a donc,

$$\frac{1}{2\pi}\int_0^{2\pi} |f(z_0 + re^{i\theta})|^2\mathrm{d}\theta \leqslant \frac{1}{2\pi}\int_0^{2\pi} |f(z_0)|^2\mathrm{d}\theta = |f(z_0)|^2 = |a_0|^2.$$

On obtient donc

$$\sum_{n=0}^{+\infty} r^{2n}|a_n|^2 \leqslant |a_0|^2,$$

ce qui implique $a_n = 0$ pour $n \geqslant 1$. On a donc $f(z) = a_0$, pour tout z tel que $|z - z_0| < \mathrm{R}'$. La fraction rationnelle f, qui prend une infinité de fois la valeur a_0, est donc constante. Mais alors $|f|$ atteint son maximum en tout point et donc en particulier sur la frontière de $\overline{\mathrm{D}}(c, \mathrm{R})$. $\lhd$

Le lecteur notera que le même raisonnement s'appliquerait à toute fonction f continue sur $\overline{\mathrm{D}}$ et analytique sur D. Le maximum de $|f|$ sur le bord de $\overline{\mathrm{D}}$ est égal au maximum de $|f|$ sur $\overline{\mathrm{D}}$. Ce résultat est une des formulations possibles du principe du maximum.

L'exercice suivant, qui étudie diverses normes sur l'espace des fonctions développables en série entière avec un rayon de convergence R, démontre le principe du maximum dans le cas général par une méthode différente.

3.40. Principe du maximum

Soit $f(z) = \sum_{n=0}^{+\infty} \alpha_n z^n$ une série entière de rayon de convergence $R > 0$. Pour $\rho \in]0, R[$, on pose $N_{1,\rho}(f) = \sum_{n=0}^{+\infty} |\alpha_n|\rho^n$,

$$N_{2,\rho}(f) = \left(\sum_{n=0}^{+\infty} |\alpha_n|^2\rho^{2n}\right)^{1/2}, \text{ et } N_{\infty,\rho}(f) = \sup_{|z|=\rho} |f(z)|.$$

1. Montrer les inégalités suivantes :

$$N_{\infty,\rho}(f) \leqslant N_{1,\rho}(f), \quad N_{2,\rho}(f) \leqslant N_{\infty,\rho}(f),$$

$$\text{et pour } 0 < \delta < R - \rho, \quad N_{1,\rho}(f) \leqslant N_{2,\rho+\delta} \frac{\rho + \delta}{\sqrt{\delta(2\rho + \delta)}}.$$

2. On fixe $\rho \in]0, R[$ et on pose $u_n = \left(N_{1,\rho}(f^n)\right)^{1/n}$ ainsi que $v_n = \left(N_{2,\rho}(f^n)\right)^{1/n}$. Déterminer les limites des suites $(u_n)_{n\geqslant 1}$ et $(v_n)_{n\geqslant 1}$. Montrer que $N_{\infty,\rho}(f)$ est une fonction croissante de ρ.

(**École polytechnique**)

▷ **Solution.**

1. La série définissant f converge normalement sur le cercle de centre 0 et de rayon ρ, ce qui entraîne l'existence de $N_{1,\rho}(f)$ et *a fortiori* celle de $N_{2,\rho}(f)$, puisque $|\alpha_n|^2\rho^{2n} = o(|\alpha_n|\rho^n)$. L'existence de $N_{\infty,\rho}(f)$ résulte de la continuité de f et de la compacité du cercle $\{z \in \mathbb{C}, |z| = \rho\}$.

Pour tout z tel que $|z| = \rho$, on a $|f(z)| \leqslant \sum_{n=0}^{+\infty} |\alpha_n|\rho^n \leqslant N_{1,\rho}(f)$, ce qui montre que $N_{\infty,\rho}(f) \leqslant N_{1,\rho}(f)$.

La fonction $\theta \longmapsto f(\rho e^{i\theta})$ est 2π-périodique et continue. La série définissant $f(\rho e^{i\theta})$ (c'est-à-dire $\sum_{n=0}^{+\infty} \alpha_n \rho^n e^{in\theta}$) étant uniformément convergente par rapport à θ, on en déduit que les coefficients de Fourier de cette fonction sont les $\alpha_n\rho^n$, pour $n \geqslant 0$, et sont nuls pour $n < 0$. La formule de Parseval permet d'écrire

$$\begin{aligned}(N_{2,\rho}(f))^2 = \sum_{n=0}^{+\infty} |\alpha_n|^2\rho^{2n} &= \frac{1}{2\pi}\int_0^{2\pi} |f(\rho e^{i\theta})|^2 d\theta \\ &\leqslant \frac{1}{2\pi}\int_0^{2\pi} (N_{\infty,\rho}(f))^2 d\theta = (N_{\infty,\rho}(f))^2,\end{aligned}$$

et donc

$$\mathrm{N}_{2,\rho}(f) \leqslant \mathrm{N}_{\infty,\rho}(f).$$

Enfin, pour $0 < \delta < \mathrm{R}-\rho$, on écrit $\mathrm{N}_{1,\rho}(f) = \sum\limits_{n=0}^{+\infty} |\alpha_n|(\rho+\delta)^n \times \dfrac{\rho^n}{(\rho+\delta)^n}$ et on applique l'inégalité de Cauchy-Schwarz. On obtient

$$\begin{aligned}\mathrm{N}_{1,\rho}(f) &\leqslant \left(\sum_{n=0}^{+\infty} |\alpha_n|^2(\rho+\delta)^{2n})\right)^{\frac{1}{2}} \left(\sum_{n=0}^{+\infty} \frac{\rho^{2n}}{(\rho+\delta)^{2n}}\right)^{\frac{1}{2}} \\ &\leqslant \mathrm{N}_{2,\rho+\delta}(f)\left(\frac{1}{1-\dfrac{\rho^2}{(\rho+\delta)^2}}\right)^{\frac{1}{2}} \\ &\leqslant \mathrm{N}_{2,\rho+\delta}(f)\frac{\rho+\delta}{\sqrt{\delta(\delta+2\rho)}}.\end{aligned}$$

2. Montrons que la suite (u_n) converge vers $\mathrm{N}_{\infty,\rho}(f)$. On va utiliser les trois inégalités démontrées dans la question 1. On a d'une part $\mathrm{N}_{\infty,\rho}(f) = (\mathrm{N}_{\infty,\rho}(f^n))^{\frac{1}{n}} \leqslant u_n$, et d'autre part, pour $\delta \in \,]0,\mathrm{R}-\rho[$,

$$u_n \leqslant \left(\mathrm{N}_{2,\rho+\delta}(f^n)\right)^{\frac{1}{n}}\left(\frac{\rho+\delta}{\sqrt{\delta(2\rho+\delta)}}\right)^{\frac{1}{n}} \leqslant (\mathrm{N}_{\infty,\rho+\delta}(f^n))^{\frac{1}{n}}\left(\frac{\rho+\delta}{\sqrt{\delta(2\rho+\delta)}}\right)^{\frac{1}{n}}$$

$$\leqslant \mathrm{N}_{\infty,\rho+\delta}(f)\left(\frac{\rho+\delta}{\sqrt{\delta(2\rho+\delta)}}\right)^{\frac{1}{n}}.$$

Montrons que la fonction $\rho \longmapsto \mathrm{N}_{\infty,\rho}(f)$ est continue sur $]0,\mathrm{R}[$. Fixons $\delta_0 \in \,]0,\mathrm{R}-\rho[$. La fonction f est uniformément continue sur le disque fermé D de centre 0 et de rayon $\rho+\delta_0$. Pour tout $\varepsilon > 0$, il existe $\eta \in \,]0,\delta_0[$, tel que, pour tout $(z,z') \in \mathrm{D}^2$, $|z-z'| \leqslant \eta$ implique $|f(z)-f(z')| \leqslant \varepsilon$. Si $\rho' \in \,]0,\rho+\delta_0[$ est tel que $|\rho'-\rho| \leqslant \eta$, alors, pour tout $\theta \in \mathbb{R}$, on a $|f(\rho' e^{i\theta}) - f(\rho e^{i\theta})| \leqslant \varepsilon$ et donc

$$|f(\rho' e^{i\theta})| \leqslant |f(\rho e^{i\theta})| + \varepsilon \leqslant \mathrm{N}_{\infty,\rho}(f) + \varepsilon.$$

Ceci étant vrai pour tout θ, on en déduit que que $\mathrm{N}_{\infty,\rho'}(f) \leqslant \mathrm{N}_{\infty,\rho}(f)+\varepsilon$. Pour des raisons de symétries, on a $\mathrm{N}_{\infty,\rho}(f) \leqslant \mathrm{N}_{\infty,\rho'}(f) + \varepsilon$ et donc $|\mathrm{N}_{\infty,\rho'}(f) - \mathrm{N}_{\infty,\rho'}(f)| \leqslant \varepsilon$, ce qui démontre le résultat voulu.

On a donc $\lim\limits_{\delta\to 0^+} \mathrm{N}_{\infty,\rho+\delta}(f) = \mathrm{N}_{\infty,\rho}(f)$. Soit $\varepsilon > 0$. On choisit un réel $\delta \in \,]0,\mathrm{R}-\rho[$ tel que $\mathrm{N}_{\infty,\rho+\delta}(f) \leqslant \mathrm{N}_{\infty,\rho}(f)+\varepsilon$, si bien que

$$u_n \leqslant (\mathrm{N}_{\infty,\rho}(f)+\varepsilon)\left(\frac{\rho+\delta}{\sqrt{\delta(2\rho+\delta)}}\right)^{\frac{1}{n}},$$

pour tout $n \in \mathbb{N}$. Le membre de droite de cette inégalité tend vers $\mathrm{N}_{\infty,\rho}(f)+\varepsilon$, quand n tend vers $+\infty$. Il existe donc $n_0 \in \mathbb{N}$ tel que, pour $n \geqslant n_0$,

$$(\mathrm{N}_{\infty,\rho}(f)+\varepsilon)\left(\frac{\rho+\delta}{\sqrt{\delta(2\rho+\delta)}}\right)^{\frac{1}{n}} \leqslant \mathrm{N}_{\infty,\rho}(f)+2\varepsilon.$$

On a alors $\mathrm{N}_{\infty,\rho}(f) \leqslant u_n \leqslant \mathrm{N}_{\infty,\rho}(f)+2\varepsilon$ si $n \geqslant n_0$. Ceci démontre que

$$\lim_{n\to+\infty} u_n = \mathrm{N}_{\infty,\rho}(f).$$

Montrons que (v_n) converge vers la même limite. La méthode est la même que pour (u_n). En remplaçant ρ par $\rho-\delta$ dans la dernière inégalité de la question 1, on obtient

$$\mathrm{N}_{\infty,\rho-\delta}(f^n) \leqslant \mathrm{N}_{1,\rho-\delta}(f^n) \leqslant \mathrm{N}_{2,\rho}(f^n)\frac{\rho}{\sqrt{\delta(\rho+\delta)}},$$
$$\mathrm{N}_{\infty,\rho-\delta}(f^n)\frac{\sqrt{\delta(\rho+\delta)}}{\rho} \leqslant \mathrm{N}_{2,\rho}(f^n) \leqslant \mathrm{N}_{\infty,\rho}(f^n),$$
$$\mathrm{N}_{\infty,\rho-\delta}(f)\left(\frac{\sqrt{\delta(\rho+\delta)}}{\rho}\right)^{\frac{1}{n}} \leqslant v_n \leqslant \mathrm{N}_{\infty,\rho}.$$

Soit $\varepsilon>0$ et $\delta \in \,]0,\mathrm{R}-\rho[$ tel que $\mathrm{N}_{\infty,\rho-\delta}(f) \geqslant \mathrm{N}_{\infty,\rho}(f)-\varepsilon$. Sachant que $\lim\limits_{n\to+\infty}\left(\frac{\sqrt{\delta(\rho+\delta)}}{\rho}\right)^{\frac{1}{n}}=1$, on aura

$$\mathrm{N}_{\infty,\rho-\delta}(f)\left(\frac{\sqrt{\delta(\rho+\delta)}}{\rho}\right)^{\frac{1}{n}} \geqslant \mathrm{N}_{\infty,\rho}(f)-2\varepsilon$$

et donc $\mathrm{N}_{\infty,\rho}(f)-2\varepsilon \leqslant v_n \leqslant \mathrm{N}_{\infty,\rho}(f)$, pour n assez grand, ce qui démontre que (v_n) converge vers $\mathrm{N}_{\infty,\rho}(f)$.

D'après la question 1, on a, pour $\delta \in \,]0,\mathrm{R}-\rho[$,

$$\mathrm{N}_{1,\rho}(f^n) \leqslant \mathrm{N}_{2,\rho+\delta}(f^n)\frac{\rho+\delta}{\sqrt{\delta(\delta+2\rho)}}$$

et donc

$$(\mathrm{N}_{1,\rho}(f^n))^{\frac{1}{n}} \leqslant (\mathrm{N}_{2,\rho+\delta}(f^n))^{\frac{1}{n}}\left(\frac{\rho+\delta}{\sqrt{\delta(\delta+2\rho)}}\right)^{\frac{1}{n}}.$$

D'après ce qui vient d'être démontré, le membre de gauche de l'inégalité, qui est égal à u_n, tend vers $\mathrm{N}_{\infty,\rho}(f)$ quand n tend vers $+\infty$. L'expression $(\mathrm{N}_{2,\rho+\delta}(f^n))^{\frac{1}{n}}$, qui est la valeur de v_n obtenue quand on remplace ρ par $\rho+\delta$, tend vers $\mathrm{N}_{\infty,\rho+\delta}(f)$. Enfin, $\left(\frac{\rho+\delta}{\sqrt{\delta(\delta+2\rho)}}\right)^{\frac{1}{n}}$ tend vers 1. On en déduit, en faisant tendre n vers $+\infty$, que $\mathrm{N}_{\infty,\rho}(f) \leqslant \mathrm{N}_{\infty,\rho+\delta}(f)$: la fonction $\rho \longmapsto \mathrm{N}_{\infty,\rho}(f)$ est croissante. ◁

De la croissance de la fonction $\rho \longmapsto \mathrm{N}_{\infty,\rho}(f)$, *découle directement le principe du maximum : pour* $\rho \in]0, \mathrm{R}[$,

$$\max_{|z|\leqslant\rho} |f(z)| = \max_{|z|=\rho} |f(z)|.$$

On retrouve notamment le résultat de l'exercice précédent.

Voici encore un exercice sur le même thème.

3.41. Extrema d'une fonction entière

1. Que peut-on dire d'un polynôme $\mathrm{P} \in \mathbb{C}[\mathrm{X}]$ tel que $|\mathrm{P}|$ admette un extremum local en un point de $\mathbb{C}$?

2. Même question pour une fonction somme d'une série entière de rayon de convergence infini.

(**École normale supérieure**)

▷ **Solution.**

1. Soit $\mathrm{P} \in \mathbb{C}[\mathrm{X}]$. Supposons que $|\mathrm{P}|$ possède un extremum local en z_0. Si $\mathrm{P}(z_0) = 0$, c'est-à-dire si z_0 est une racine de P, alors $|\mathrm{P}|$ possède un minimum global en z_0. On suppose désormais que $\mathrm{P}(z_0) \neq 0$ et on va montrer qu'alors le polynôme P est constant. En considérant le polynôme $\mathrm{Q} = \mathrm{P}(z_0 + \mathrm{X})$ on se ramène au cas où $z_0 = 0$. On a $\mathrm{P} = \sum_{j=0}^{d} a_j \mathrm{X}^j$, avec $a_0 \neq 0$. Supposons que P ne soit pas un polynôme constant, c'est-à-dire qu'il existe $j \geqslant 1$ tel que $a_j \neq 0$. On note k le plus petit indice supérieur ou égal à 1 tel que $a_k \neq 0$ et on pose $\dfrac{a_k}{a_0} = b$. Il existe un polynôme R tel que $\mathrm{R}(0) = 0$ et $\mathrm{P} = a_0(1 + b\mathrm{X}^k + \mathrm{X}^k\mathrm{R})$, puis $\rho > 0$ tel que $|z| \leqslant \rho$ implique $|\mathrm{R}(z)| \leqslant \dfrac{1}{2}|b|$. On écrit, pour tout $z \in \mathbb{C}$, $\dfrac{|\mathrm{P}(z)|}{|a_0|} = \left|1 + bz^k + z^k\mathrm{R}(z)\right|$. On va choisir z tel que bz^k soit réel. Soit θ un argument de b. Pour tout $0 < r < \rho$ et $z = re^{-i\frac{\theta}{k}}$, on obtient

$$\frac{|\mathrm{P}(z)|}{|a_0|} = \left|1 + |b|r^k + z^k\mathrm{R}(z))\right| \quad \text{et} \quad |z^k\mathrm{P}(z)| \leqslant \frac{1}{2}r^k,$$

d'où l'on déduit

$$\frac{|\mathrm{P}(z)|}{|a_0|} \geqslant 1 + \frac{1}{2}|b|r^k > 1.$$

On a des z aussi proches que l'on veut de 0 pour lesquels $|\mathrm{P}(z)| > |a_0|$. La fonction $|\mathrm{P}|$ ne présente pas de maximum local en 0. Mais si on prend

$0 < r < \rho$ et $z = re^{-i\frac{\theta+\pi}{k}}$, on obtient

$$\frac{|\mathrm{P}(z)|}{|a_0|} = \left|1 - |b|r^k + z^k\mathrm{R}(z)\right| \quad \text{et} \quad |z^k\mathrm{P}(z)| \leqslant \frac{1}{2}r^k,$$

d'où l'on déduit

$$\frac{|\mathrm{P}(z)|}{|a_0|} \leqslant 1 - \frac{1}{2}|b|r^k < 1.$$

On a des z aussi proches que l'on veut de 0 pour lesquels $|\mathrm{P}(z)| < |a_0|$. La fonction $|\mathrm{P}|$ ne présente pas de minimum local en 0.

On obtient donc une contradiction et on conclut. Si P possède un extremum local en z_0 et si $\mathrm{P}(z_0) \neq 0$, le polynôme P est constant. *Ce qui précède fournit une démonstration du théorème de d'Alembert-Gauss. Soit* P *un polynôme non constant. On pose* $m = \inf |\mathrm{P}|$. *Comme* $\lim_{|z|\to+\infty} |\mathrm{P}(z)| = +\infty$, *il existe* $r > 0$ *tel que* $|z| \geqslant r$ *implique* $|\mathrm{P}(z)| \geqslant m + 1$. *On a donc* $m = \inf_{|z|\leqslant r} |\mathrm{P}(z)|$ *et comme le disque fermé de centre* 0 *et de rayon* r *est compact, il existe* z_0 *tel que* $|\mathrm{P}(z_0)| = m$. *La fonction* $|\mathrm{P}|$ *possède donc un minimum en* z_0 *et comme* P *n'est pas constant, on a* $\mathrm{P}(z_0) = 0$.

2. Soit f la somme d'une série entière de rayon de convergence infini. On a, pour tout $z \in \mathbb{C}$, $f(z) = \sum_{n=0}^{+\infty} a_n z^n$. Montrons que f est développable en série entière au voisinage de tout point avec un rayon de convergence infini. Soit $z_0 \in \mathbb{C}$. On a pour tout $z \in \mathbb{C}$,

$$f(z) = \sum_{n=0}^{+\infty} a_n(z - z_0 + z_0)^n = \sum_{n=0}^{+\infty} a_n \sum_{k=0}^{n} \binom{n}{k} (z - z_0)^k \, z_0^{n-k}.$$

Pour tout $(n, k) \in \mathbb{N}^2$, on pose

$$u_{n,k} = \begin{cases} a_n \binom{n}{k} (z - z_0)^k \, z_0^{n-k} & \text{si} \quad k \leqslant n \\ 0 & \text{sinon.} \end{cases}$$

On a, pour tout $n \in \mathbb{N}$,

$$\sum_{k=0}^{+\infty} |u_{n,k}| = \sum_{k=0}^{n} |a_n| \binom{n}{k} |z - z_0|^k \, |z_0|^{n-k} = |a_n| \left(|z - z_0| + |z_0|\right)^n.$$

La série entière $\sum |a_n| z^n$ a un rayon de convergence infini comme $\sum a_n z^n$, car pour tout $z \in \mathbb{C}$, la suite $(|a_n| z^n)$ est bornée. On en déduit que $\sum |a_n| \left(|z - z_0| + |z_0|\right)^n$ converge. Ainsi la série double $\sum u_{n,k}$ est absolument convergente et sa somme est

$$\sum_{n=0}^{+\infty} \sum_{k=0}^{+\infty} u_{n,k} = \sum_{n=0}^{+\infty} a_n z^n = f(z).$$

Or, en échangeant l'ordre de sommation on a

$$\sum_{k=0}^{+\infty}\sum_{n=0}^{+\infty} u_{n,k} = \sum_{k=0}^{+\infty}\sum_{n=k}^{+\infty}\binom{n}{k}(z-z_0)^k\, z_0^{n-k} = \sum_{k=0}^{+\infty}(z-z_0)^k\sum_{n=k}^{+\infty}\binom{n}{k}\, z_0^{n-k}.$$

En posant $b_k = \sum\limits_{n=k}^{+\infty}\binom{n}{k} z_0^{n-k}$, on a donc $f(z) = \sum\limits_{k=0}^{+\infty} b_k(z-z_0)^k$ pour tout $z \in \mathbb{C}$.

Supposons que $|f|$ possède un extremum local en z_0. On montre comme dans la première question que si $f(z_0) \neq 0$, *i.e.* $b_0 \neq 0$, la fonction f est constante. Si f n'est pas constante, il existe $j \geqslant 1$ tel que $b_j \neq 0$. On note k le plus petit indice supérieur ou égal à 1 tel que $b_k \neq 0$ et on pose $b = \dfrac{b_k}{b_0}$. Il existe une fonction g développable en série entière au voisinage de z_0 telle que $g(z_0) = 0$ et

$$f(z) = b_0\left(1 + b(z-z_0)^k + (z-z_0)^k g(z)\right),$$

où $g(z) = \dfrac{1}{b_0}\sum\limits_{n=k+1}^{+\infty} b_n(z-z_0)^{n-k}$. Par continuité de g, il existe $\rho > 0$ tel que $|g(z)| \leqslant \dfrac{1}{2}|b|$. En notant θ un argument de b, on obtient $|\mathrm{P}(z)| < |b_0|$ si $0 < r < \rho$ et $z = re^{-i\frac{\theta}{k}}$ et $|\mathrm{P}(z)| > |b_0|$ si $0 < r < \rho$ et $z = re^{-i\frac{\theta+\pi}{k}}$. On trouve dans tout voisinage de z_0 des points où $|\mathrm{P}(z)| < |b_0|$ et d'autres où $|\mathrm{P}(z)| > |b_0|$, ce qui contredit l'hypothèse.

Conclusion. Si $|f|$ possède un extremum local en z_0 et si $f(z_0) \neq 0$, la fonction f est constante. $\lhd$

Les deux exercices suivants traitent de la convergence des suites de fonctions développables en série entière sur le disque de centre 0 *et de rayon* 1*. Le premier montre que si les coefficients des différentes fonctions sont bornés uniformément, la convergence simple d'une suite* (f_n) *vers* f *équivaut à la convergence, pour tout* k*, des suites* $(a_k(f_n))_{n\in\mathbb{N}}$ *vers* $a_k(f)$ *où* $a_k(f)$ *désigne le coefficient de* z^k *dans le développement de* f.

3.42. Critère de convergence simple d'une suite de séries entières

Soit $\mathrm{M} > 0$ et $\mathcal{S}_\mathrm{M}$ l'ensemble des fonctions g de la variable réelle à valeurs dans $\mathbb{C}$, développables en série entière sur $]-1,1[$ et telles que si, pour tout $x \in\,]-1,1[$, $g(x) = \sum\limits_{k=0}^{+\infty} a_k(g)x^k$, on ait, pour tout $k \in \mathbb{N}$, $|a_k(g)| \leqslant \mathrm{M}$.

On considère $g \in \mathcal{S}_{\mathrm{M}}$ et une suite $(g_n)_{n\in\mathbb{N}}$ de fonctions appartenant à $\mathcal{S}_{\mathrm{M}}$. Montrer que chaque suite $(a_k(g_n))_{n\in\mathbb{N}}$ ($k \in \mathbb{N}$) converge vers $a_k(g)$ si et seulement si la suite $(g_n)_{n\in\mathbb{N}}$ converge simplement vers g. Y a-t-il alors convergence uniforme ?

(**École normale supérieure**)

▷ **Solution.**

• Supposons que, pour tout $k \in \mathbb{N}$, la suite $(a_k(g_n))_{n\in\mathbb{N}}$ converge vers $a_k(g)$. Alors, si $x \in\,]-1,1[$ et $n \in \mathbb{N}$,

$$\begin{aligned}|g(x) - g_n(x)| &\leqslant \sum_{k=0}^{+\infty} |a_k(g_n) - a_k(g)||x|^k \\ &\leqslant \sum_{k=0}^{\mathrm{K}} |a_k(g_n) - a_k(g)| + \sum_{k\geqslant \mathrm{K}+1} 2\mathrm{M}|x|^k \\ &\leqslant \sum_{k=0}^{\mathrm{K}} |a_k(g_n) - a_k(g)| + \frac{2\mathrm{M}|x|^{\mathrm{K}+1}}{1-|x|}.\end{aligned}$$

Soit $\varepsilon > 0$. Fixons un entier K tel que $\dfrac{2\mathrm{M}|x|^{\mathrm{K}+1}}{1-|x|} < \varepsilon$. Comme on a $\lim\limits_{n\to+\infty} \sum\limits_{k=0}^{\mathrm{K}} |a_k(g_n) - a_k(g)| = 0$, il existe un entier n_0 tel que, pour tout $n \geqslant n_0$, $\sum\limits_{k=0}^{\mathrm{K}} |a_k(g_n) - a_k(g)| < \varepsilon$ et donc $|g_n(x) - g(x)| < 2\varepsilon$. Cela montre que la suite $(g_n)_{n\in\mathbb{N}}$ converge simplement vers g.

On remarque, de plus, que la convergence est uniforme sur $[-a,a]$, pour tout $a \in [0,1[$. En effet, on a pour tout $x \in [-a,a]$, la majoration

$$|g_n(x) - g(x)| \leqslant \sum_{k=0}^{\mathrm{K}} |a_k(g_n) - a_k(g)| + \frac{2\mathrm{M}a^{\mathrm{N}+1}}{1-a},$$

ce qui permet de trouver un n_0 indépendant de x.

En revanche, la convergence n'est pas nécessairement uniforme sur l'intervalle $]-1,1[$. En effet si on prend $g(x) = \dfrac{1}{1-x} = \sum\limits_{k=0}^{+\infty} x^k$ et pour tout $n \in \mathbb{N}$, $g_n(x) = \dfrac{n}{n+1} g(x) = \sum\limits_{k=0}^{+\infty} \dfrac{n}{n+1} x^k$, alors, pour tout $k \in \mathbb{N}$, $a_k(g_n) = \dfrac{n}{n+1} \xrightarrow[n\to\infty]{} 1 = a_k(g)$. Mais pour tout $n \in \mathbb{N}^*$, $\left|g_n\left(1-\dfrac{1}{n}\right) - g\left(1-\dfrac{1}{n}\right)\right| = \dfrac{n}{n+1} \xrightarrow[n\to\infty]{} 1$ et il n'y a donc pas convergence uniforme de $(g_n)_{n\in\mathbb{N}}$ vers g sur $]-1,1[$.

• Supposons réciproquement que la suite $(g_n)_{n\in\mathbb{N}}$ converge simplement vers g. Il n'est pas possible d'utiliser ici l'expression intégrale des coefficients $a_k(g_n) = \dfrac{1}{2\pi r^k}\displaystyle\int_0^{2\pi} g_n(re^{i\theta})e^{-ik\theta}\mathrm{d}\theta$ et de passer à la limite à l'aide du théorème de convergence dominée, car on sait seulement que la suite $(g_n)_{n\in\mathbb{N}}$ converge simplement vers g sur l'intervalle $]-1,1[$.

On va prouver que $a_k(g_n)$ converge vers $a_k(g)$ par récurrence sur k. Pour $k=0$ c'est facile, car $a_0(g_n) = g_n(0)$ converge par hypothèse vers $g(0) = a_0(g)$. Pour passer au rang 1, on a envie de considérer la suite des fonctions $x \mapsto \dfrac{g_n(x)-a_0(g_n)}{x}$. Cette suite converge simplement vers $\dfrac{g(x)-a_0(g)}{x}$ mais a priori seulement pour $x \neq 0$. On ne peut donc pas utiliser la valeur 0 comme avant pour obtenir que $a_1(g_k)$ converge vers $a_1(g)$. En fait, on va montrer que dans le cas $k=0$, la convergence simple sur l'intervalle ouvert $]0,1[$ suffit amplement. En effet, soit $\varepsilon > 0$. On a, pour tout $x \in]0,1[$,

$$\begin{aligned}|a_0(g_n) - a_0(g)| &= \left| g_n(x) - g(x) + \sum_{k=1}^{+\infty}(a_k(g) - a_k(g_n))x^k \right| \\ &\leqslant |g_n(x) - g(x)| + \frac{2\mathrm{M}x}{1-x}.\end{aligned}$$

On choisit d'abord $x \in]0,1[$ tel que le second terme soit majoré par ε. Pour cette valeur de x, il existe un rang N tel que pour $n \geqslant \mathrm{N}$, $|g_n(x) - g(x)| \leqslant \varepsilon$ et donc $|a_0(g_n) - a_0(g)| \leqslant 2\varepsilon$. Cela montre que $a_0(g_n)$ converge vers $a_0(g)$.

À partir de ce résultat la récurrence se déroule sans problème. Supposons que $a_i(g_n)$ converge vers $a_i(g)$ pour tout $i \leqslant k$. On considère les fonctions

$$x \longmapsto \frac{g_n(x) - a_0(g_n) - a_1(g_n)x - \cdots - a_k(g_n)x^k}{x^{k+1}}.$$

Il est clair que cette suite de fonctions converge simplement sur $]0,1[$ vers la fonction $x \mapsto \dfrac{g(x) - a_0(g) - a_1(g)x - \cdots - a_k(g)x^k}{x^{k+1}}$, et qu'elles sont toujours dans $\mathcal{S}_\mathrm{M}$. Le résultat qu'on vient de prouver montre alors que $a_{k+1}(g_n)$ converge vers $a_{k+1}(g)$ ce qui termine la récurrence. $\triangleleft$

Si on note comme d'habitude D *le disque ouvert de centre* 0 *et de rayon* 1*, l'ensemble des fonctions continues sur* $\overline{\mathrm{D}}$ *et développables en séries entière sur* D *est complet pour la norme* $\|\ \|_\infty$. *La preuve de ce résultat fait l'objet de l'exercice suivant.*

3.43. Complétude de l'espace des fonctions continues sur $\overline{\mathrm{D}}$, développables en série entière sur D

Soit $\mathrm{D} = \{z \in \mathbb{C}, |z| < 1\}$ et E l'ensemble des fonctions continues sur $\overline{\mathrm{D}}$ et développables en série entière dans D. Pour $f \in \mathrm{E}$ et $z \in \mathrm{D}$, on écrit $f(z) = \sum\limits_{n=0}^{+\infty} a_n(f) z^n$.

1. Montrer que $a_n(f) = \dfrac{1}{2\pi}\displaystyle\int_0^{2\pi} f(e^{i\theta})e^{-in\theta}\mathrm{d}\theta$ pour tout $f \in \mathrm{E}$ et tout $n \in \mathbb{N}$.

2. Montrer que si une suite de E converge uniformément sur $\overline{\mathrm{D}}$, sa limite est encore dans E.

3. Montrer que E est complet pour la norme de la convergence uniforme.

4. Montrer que le sous-espace des polynômes est dense dans E.

(**École polytechnique**)

▷ **Solution.**

1. Soit $0 < r < 1$. La série entière $\sum\limits_{n=0}^{+\infty} a_n(f) z^n$ converge normalement sur le cercle de rayon r centré en 0, si bien que pour n entier naturel

$$\int_0^{2\pi} f(re^{i\theta})e^{-in\theta}\mathrm{d}\theta = \int_0^{2\pi} \sum_{p=0}^{+\infty} a_p(f) r^p e^{i(p-n)\theta}\mathrm{d}\theta$$

$$= \sum_{p=0}^{\infty} a_p(f) r^p \int_0^{2\pi} e^{i(p-n)\theta}\mathrm{d}\theta = 2\pi a_n(f) r^n.$$

La fonction $(r,\theta) \longmapsto f(re^{i\theta})e^{-in\theta}$ est continue sur $[0,1] \times [0,2\pi]$, ce qui assure la continuité de l'intégrale à paramètre $r \longmapsto \displaystyle\int_0^{2\pi} f(re^{i\theta})e^{-in\theta}\mathrm{d}\theta$ sur $[0,1]$. En faisant tendre r vers 1, il vient

$$\boxed{a_n(f) = \frac{1}{2\pi}\int_0^{2\pi} f(e^{i\theta})e^{-in\theta}\mathrm{d}\theta}.$$

2. Soit $(f_k)_{k\geqslant 0}$ une suite de E qui converge uniformément sur $\overline{\mathrm{D}}$ vers une fonction f. Les f_k étant continues, f est continue sur $\overline{\mathrm{D}}$. Il reste à prouver que f est développable en série entière dans D. On pose naturellement $\alpha_n = \dfrac{1}{2\pi}\displaystyle\int_0^{2\pi} f(e^{i\theta})e^{-in\theta}\mathrm{d}\theta$ et on va montrer que pour tout $z \in \mathrm{D}$, $f(z) = \sum\limits_{n=0}^{+\infty} \alpha_n z^n$. Soit donc z un point fixé de D. On a $|\alpha_n| \leqslant \|f\|_\infty$ pour tout n, donc la série $\sum\limits_{n=0}^{+\infty} \alpha_n z^n$ converge. On a pour tout entier k,

$$\left|f(z)-\sum_{n=0}^{+\infty}\alpha_n z^n\right| \leqslant |f(z)-f_k(z)| + \left|\sum_{n=0}^{+\infty}(a_n(f_k)-\alpha_n)z^n\right|.$$

Or, d'après la question 1 on a, pour tout n, $|a_n(f_k)-\alpha_n| \leqslant \|f-f_k\|_\infty$. Il vient finalement, pour tout k,

$$\left|f(z)-\sum_{n=0}^{+\infty}\alpha_n z^n\right| \leqslant \|f-f_k\|_\infty\left(1+\frac{1}{1-|z|}\right).$$

Il suffit de faire tendre k vers l'infini pour conclure.

Conclusion. f est bien développable en série entière sur D et continue sur $\overline{\mathrm{D}}$: f est dans E.

3. Considérons $(f_k)_{k\geqslant 0}$ une suite de E de Cauchy pour la norme de la convergence uniforme. L'espace $\mathcal{C}(\overline{\mathrm{D}},\mathbb{C})$ des fonctions continues sur $\overline{\mathrm{D}}$ est complet pour la norme $\|\ \|_\infty$. Il existe donc f continue sur $\overline{\mathrm{D}}$ telle que la suite (f_k) converge uniformément vers f. D'après la question précédente, f est dans E. Ainsi la suite (f_k) converge vers f dans $(\mathrm{E},\|\ \|_\infty)$.

Conclusion. L'espace E muni de la norme de la convergence uniforme $\|\ \|_\infty$ est complet.

4. Soit $f\in\mathrm{E}$. Il s'agit d'exhiber une suite de polynômes qui converge uniformément vers f sur $\overline{\mathrm{D}}$. Il n'est pas question de prendre les sommes partielles du développement en série entière de f : la convergence est certes uniforme sur tout compact inclus dans D, mais cela est loin d'être suffisant (cette série peut même ne pas converger en un point du bord de D). L'idée est d'introduire une autre fonction g, développable en série entière avec un rayon >1, et telle que $|f(z)-g(z)|<\varepsilon$ en tout point z, puis de prendre une somme partielle de la série entière de g pour approcher g uniformément à ε près sur $\overline{\mathrm{D}}$. Pour construire g, on utilise le fait que f est uniformément continue sur le compact $\overline{\mathrm{D}}$. Soit $\varepsilon>0$ fixé et $\eta>0$ un ε-module d'uniforme continuité de f sur $\overline{\mathrm{D}}$. Posons alors $g(z)=f\left(\dfrac{z}{1+\eta}\right)$ pour $|z|\leqslant 1+\eta$. Pour tout z de $\overline{\mathrm{D}}$ on a $|f(z)-g(z)|\leqslant\varepsilon$ car $|z-\dfrac{z}{1+\eta}|\leqslant\eta$. De plus, il est clair que g est développable en série entière sur le disque de centre 0 et de rayon $1+\eta$. Comme $\overline{\mathrm{D}}$ est un compact inclus dans ce disque ouvert, la série entière de g converge uniformément vers g sur $\overline{\mathrm{D}}$. En prenant une somme partielle, on peut donc trouver un polynôme P tel que $|\mathrm{P}(z)-g(z)|\leqslant\varepsilon$ pour tout $z\in\overline{\mathrm{D}}$. Par inégalité triangulaire, on a $|f(z)-\mathrm{P}(z)|\leqslant 2\varepsilon$ pour tout z de $\overline{\mathrm{D}}$. Cela implique la densité de l'espace des polynômes dans E. ◁

Le lecteur pourra noter que l'espace des polynômes n'est pas dense dans l'espace de toutes les fonctions continues sur $\overline{\mathrm{D}}$ *: par exemple la fonction* $z\mapsto\bar{z}$ *n'est pas limite uniforme sur* $\overline{\mathrm{D}}$ *d'une suite de polynômes* *(raisonner par l'absurde en supposant l'existence d'une telle suite* (P_n) *et regarder les intégrales* $\int_0^{2\pi} \mathrm{P}_n(e^{i\theta})e^{i\theta}\,d\theta$*). Il y a donc une différence sensible avec le théorème de Weierstrass réel étudié en cours.*

Les exercices qui terminent ce chapitre sont très difficiles et atteignent les limites de ce qu'on peut faire sans se lancer dans une véritable étude de l'analyse complexe. Donnons donc, en préambule, quelques résultats sur la dérivabilité au sens complexe.

Les fonctions définies par des séries entières sont dérivables par rapport à la variable complexe sur leur disque de convergence, c'est-à-dire que, pour tout $z_0 \in \mathrm{D}$*, le rapport* $\dfrac{f(z)-f(z_0)}{z-z_0}$ *a une limite quand* $z \in \mathbb{C}$ *tend vers* z_0*. On obtient* f'*, comme dans* $\mathbb{R}$*, en dérivant terme à terme la série entière définissant* f*. Démontrons ce résultat.*

Posons $f(z) = \sum\limits_{n=0}^{+\infty} a_n z^n$*, pour* $|z| < \mathrm{R}$*, rayon de convergence de la série. Le rayon de convergence de la série dérivée est encore égal à* R*. On pose, pour* $|z| < \mathrm{R}$*,* $g(z) = \sum\limits_{n=1}^{+\infty} n a_n z^{n-1}$*. Soit* $z_0 \in \mathrm{D}$ *et* r *tel que* $|z_0| < r < \mathrm{R}$*. On a, pour* $|z| < r$*,* $z \neq z_0$*,*

$$\frac{f(z)-f(z_0)}{z-z_0} = \sum_{n=1}^{+\infty} a_n \left(\sum_{k=0}^{n-1} z_0^k z^{n-1-k}\right).$$

De la majoration $\left|\sum\limits_{k=0}^{n-1} z_0^k z^{n-1-k}\right| \leqslant n r^{n-1}$*, on déduit que, pour* $\mathrm{N} \in \mathbb{N}^*$*,*

$$\left|\frac{f(z)-f(z_0)}{z-z_0} - g(z_0)\right| \leqslant \sum_{n=1}^{\mathrm{N}-1} |a_n| \left|\sum_{k=0}^{n-1} z_0^k z^{n-1-k} - n z_0^{n-1}\right| + 2\sum_{n=\mathrm{N}+1}^{+\infty} |a_n| n r^{n-1}.$$

On choisit N *tel que que le deuxième terme soit* $\leqslant \varepsilon$ *(c'est possible car la série converge) puis, le premier terme tendant vers* 0 *quand* z *tend vers* z_0*, on choisit* $\eta > 0$ *tel que* $\left|\dfrac{f(z)-f(z_0)}{z-z_0} - g(z_0)\right| \leqslant 2\varepsilon$ *pour* $|z-z_0| \leqslant \eta$*. C'est le résultat voulu.*

Notons que la condition de dérivabilité par rapport à la variable complexe est très forte. On peut démontrer que si une fonction f *est continûment dérivable sur* $\mathrm{D} = \{z \in \mathbb{C}, |z| < \mathrm{R}\}$*, alors* f *est développable en série entière sur* D*.*

3.44. Logarithme d'une fonction entière qui ne s'annule pas

Soit $(a_n)_{n\geqslant 0}$ une suite de nombres complexes telle que $\sum a_n z^n$ ait un rayon de convergence infini. On pose $f(z) = \sum_{n=0}^{+\infty} a_n z^n$ et on suppose que, pour tout $z \in \mathbb{C}$, $f(z) \neq 0$. Existe-t-il une suite $(b_n)_{n\geqslant 0}$ telle que,

$$\forall z \in \mathbb{C}, \quad \exp\left(\sum_{n=0}^{+\infty} b_n z^n\right) = f(z) \ ?$$

(**École polytechnique**)

▷ **Solution.**

La réponse est positive. L'application $\exp : \mathbb{C} \longrightarrow \mathbb{C}^*$ est surjective. Soit b_0 telle que

$$\exp(b_0) = f(0) = a_0.$$

On cherche une fonction g développable en série entière sur $\mathbb{C}$, telle que $g(0) = b_0$ et, pour tout $z \in \mathbb{C}$, $e^{g(z)} = f(z)$.

• *Analyse.* Comme f est développable en série entière avec un rayon de convergence infini, elle est dérivable par rapport à la variable complexe sur $\mathbb{C}$. Si g est une fonction développable en série entière telle que $e^g = f$ alors $f' = g'e^g = g'f$ et donc $g' = \dfrac{f'}{f}$.

• *Synthèse.* Supposons que l'on ait démontré que $h = \dfrac{f'}{f}$ est développable en série entière avec un rayon de convergence infini. Soit g la primitive de h telle que $g(0) = b_0$, c'est-à-dire que si $h(z) = \sum_{n=0}^{+\infty} d_n z^n$, alors $g(z) = b_0 + \sum_{n=0}^{+\infty} \dfrac{d_n}{n+1} z^{n+1}$. La série qui définit g a aussi un rayon de convergence infini. On a alors $(fe^{-g})' = (f' - g'f)e^{-g} = (f' - hf)e^{-g} = 0$. Montrons que la fonction $k = fe^{-g}$ est constante. On se ramène à la variable réelle. Soit $z \in \mathbb{C}$. Pour $t \in [0,1]$, on pose $k_z(t) = k(zt)$. Pour tout $t \in [0,1]$, $k_z'(t) = zk'(zt) = 0$ donc

$$k(z) = k_z(1) = k_z(0) = k(0) = f(0)e^{-g(0)} = a_0 e^{-b(0)} = 1,$$

par le choix de b_0. On en déduit que $f = e^g$. Ainsi on a déterminé une fonction g développable en série entière sur $\mathbb{C}$ telle que $e^g = f$.

Pour finir il reste donc à démontrer que $\dfrac{f'}{f}$ est développable en série entière sur $\mathbb{C}$. Pour cela il suffit de montrer que la fonction $\varphi = \dfrac{1}{f}$ l'est puisqu'on sait déjà que f' est développable en série entière avec un rayon de convergence infini. On cherche une suite $(d_n)_{n\geqslant 0}$ telle que $\sum d_n z^n$ ait un rayon de convergence infini, et telle que pour tout $z \in \mathbb{C}$, $\varphi(z) = \sum\limits_{n=0}^{+\infty} d_n z^n$. En écrivant que le produit de Cauchy $f\varphi$ est égal à la fonction constante 1 on obtient $a_0 d_0 = 1$ et pour tout $n \geqslant 1$, $\sum\limits_{k=0}^{n} a_k d_{n-k} = 0$, c'est-à-dire

$$d_0 = \frac{1}{a_0} \quad \text{et} \quad \forall n \geqslant 1,\ d_n = -\frac{1}{a_0}\sum_{k=1}^{n} a_k d_{n-k}.$$

Ces relations définissent une suite $(d_n)_{n\geqslant 0}$ unique (car $a_0 = f(0) \neq 0$).

Montrons déjà que le rayon de convergence de la série entière $\sum d_n z^n$ n'est pas nul. Le rayon de convergence de la série entière $\sum |a_n| z^n$ est infini comme celui de $\sum a_n z^n$. Soit $\mathrm{R} > 0$ telle que $\sum\limits_{n=1}^{+\infty} |a_n| \mathrm{R}^n \leqslant |a_0|$ (un tel R existe car $\lim\limits_{z\to 0} \sum\limits_{n=1}^{+\infty} |a_n| z^n = 0$). Montrons qu'il existe $\mathrm{K} > 0$ tel que $|d_n| \leqslant \dfrac{\mathrm{K}}{\mathrm{R}^n}$ pour tout $n \in \mathbb{N}$. On choisit $\mathrm{K} \geqslant |d_0|$. Supposons que la propriété soit vérifiée jusqu'au rang $n-1$. On a alors

$$\begin{aligned}|d_n| &\leqslant \frac{1}{|a_0|}\sum_{k=1}^{n} |a_k|\,|d_{n-k}| \leqslant \frac{1}{|a_0|}\sum_{k=1}^{n} |a_k| \frac{\mathrm{K}}{\mathrm{R}^{n-k}} \\ &\leqslant \frac{\mathrm{K}}{|a_0|\mathrm{R}^n}\sum_{k=1}^{n} |a_k|\mathrm{R}^k \leqslant \frac{\mathrm{K}}{\mathrm{R}^n}.\end{aligned}$$

Le rayon de convergence de la série $\sum d_n z^n$ est donc supérieur ou égal à R et, par construction, on a $\dfrac{1}{f(z)} = \varphi(z) = \sum\limits_{n=0}^{+\infty} d_n z^n$ pour $|z| < \mathrm{R}$.

On va maintenant montrer que cette égalité reste valable pour tout $z \in \mathbb{C}$. Pour $r > 0$, considérons la fonction $\varphi_r : t \longmapsto \varphi(re^{it})$. La fonction φ_r est 2π-périodique et de classe $\mathcal{C}^1$ (car f ne s'annule pas et car il est clair que $t \longmapsto f(re^{it})$ est de classe $\mathcal{C}^1$). Elle est donc développable en série de Fourier et

$$\varphi(re^{it}) = \varphi_r(t) = \sum_{n=-\infty}^{+\infty} c_n(\varphi_r) e^{int}.$$

Or, lorsque $0 \leqslant r < \mathrm{R}$, on a

$$\varphi_r(t) = \varphi(re^{it}) = \sum_{k=0}^{+\infty} d_k r^k e^{ikt}.$$

Comme la série est uniformément convergente par rapport à t, on peut échanger somme et intégrale. On obtient, pour $0 \leqslant r < \mathrm{R}$ et $n \in \mathbb{Z}$,

$$c_n(\varphi_r) = \frac{1}{2\pi} \sum_{k=0}^{+\infty} \int_0^{2\pi} d_k r^k e^{i(k-n)t} \, \mathrm{d}t,$$

et donc,

$$c_n(\varphi_r) = \begin{cases} d_n r^n & \text{si } n \geqslant 0 \\ 0 & \text{sinon.} \end{cases}$$

On va montrer que ces valeurs des coefficients de Fourier restent valides pour $r \geqslant \mathrm{R}$. Posons pour $r > 0$, $\psi(r) = r^{-n} \dfrac{1}{2\pi} \displaystyle\int_0^{2\pi} \varphi(re^{it}) e^{-int} \, \mathrm{d}t$. Comme φ est continûment dérivable, la fonction $(r, t) \longmapsto \varphi(re^{it})e^{-int} \, \mathrm{d}t$ est de classe $\mathcal{C}^1$ sur $\mathbb{R}_+^* \times [0, 2\pi]$, et on déduit du théorème de dérivation des intégrales à paramètre que ψ est de classe $\mathcal{C}^1$ sur $\mathbb{R}_+^*$. On a pour tout $r > 0$,

$$\begin{aligned} \psi'(r) &= -nr^{-n-1} \frac{1}{2\pi} \int_0^{2\pi} \varphi(re^{it}) e^{-int} \, \mathrm{d}t + r^{-n} \frac{1}{2\pi} \int_0^{2\pi} e^{it} \varphi'(re^{it}) e^{-int} \, \mathrm{d}t \\ &= \frac{r^{-n-1}}{2\pi} \int_0^{2\pi} (-n\varphi(re^{it})e^{-int} + re^{it}\varphi'(re^{it})e^{-int}) \, \mathrm{d}t \\ &= \frac{r^{-n-1}}{2i\pi} \int_0^{2\pi} \frac{\mathrm{d}\left(\varphi(re^{it})e^{-int}\right)}{\mathrm{d}t} \, \mathrm{d}t = \frac{r^{-n-1}}{2i\pi} [\varphi(re^{it})e^{-int}]_0^{2\pi} = 0. \end{aligned}$$

La fonction ψ est donc constante. Compte tenu de la valeur de $\psi(r)$ pour $r < \mathrm{R}$, on obtient, pour tout $r \geqslant 0$,

$$c_n(\varphi_r) = r^n \psi(r) = \begin{cases} b_n r^n & \text{si } n \geqslant 0 \\ 0 & \text{sinon.} \end{cases}$$

Finalement, pour tout $r > 0$ et tout $t \in \mathbb{R}$,

$$\varphi(re^{it}) = g_r(t) = \sum_{n=-\infty}^{+\infty} c_n(\varphi_r) e^{int} = \sum_{n=0}^{+\infty} d_n r^n e^{int} = \sum_{n=0}^{+\infty} d_n (re^{it})^n$$

et $\varphi = \dfrac{1}{f}$ est développable en série entière avec un rayon de convergence infini. D'où le résultat. $\triangleleft$

3.45. Un théorème de Fejér.

> Soient $\mathrm{D} = \{z \in \mathbb{C},\ |z| < 1\}$, $f : \overline{\mathrm{D}} \longrightarrow \mathbb{C}$ continue. On suppose f développable en série entière sur D : si $z \in \mathrm{D}$, $f(z) = \sum_{n=0}^{+\infty} a_n z^n$. On suppose de plus f injective.

1. On pose $P = \mathrm{Re}(f)$ et $Q = \mathrm{Im}(f)$. On identifie $\mathbb{C}$ à $\mathbb{R}^2$ et D à un ouvert de $\mathbb{R}^2$. Montrer que les fonctions P et Q sont de classe $\mathcal{C}^1$ et vérifient les *conditions de Cauchy* : pour tout $(x, y) \in D$,

$$\frac{\partial P}{\partial x}(x,y) = \frac{\partial Q}{\partial y}(x,y) \quad \text{et} \quad \frac{\partial P}{\partial y}(x,y) = -\frac{\partial Q}{\partial x}(x,y).$$

2. On note, pour tout $r \in [0, 1[$, $\overline{D}_r = \{z \in \mathbb{C},\ |z| \leqslant r\}$ et A_r l'aire de $f(\overline{D}_r)$ et A l'aire de $f(\overline{D})$. Montrer que, pour tout $r \in [0, 1[$,

$$A_r = \iint_{(x,y)\in\overline{D}_r} |f'(x+iy)|^2 \mathrm{d}x\mathrm{d}y.$$

En déduire que $\sum n|a_n|^2$ converge et que $\sum\limits_{n=0}^{+\infty} n|a_n|^2 \leqslant \dfrac{A}{\pi}$.

3. Montrer que $\sum a_n z^n$ converge uniformément sur $\overline{D}$.

(**École normale supérieure**)

▷ **Solution.**

1. Nous allons montrer que P et Q sont de classe $\mathcal{C}^1$ et exprimer leurs dérivées partielles en fonction de f'. Soit $(x_0, y_0) \in \mathbb{R}^2$, $z_0 = x_0 + y_0$. On a, pour $x \neq x_0$, en posant $z = x + iy_0$,

$$\begin{aligned}\frac{f(z)-f(z_0)}{z-z_0} &= \frac{P(x,y_0)+iQ(x,y_0)-P(x_0,y_0)-iQ(x_0,y_0)}{x-x_0}\\ &= \frac{P(x,y_0)-P(x_0,y_0)}{x-x_0} + i\frac{Q(x,y_0)-Q(x_0,y_0)}{x-x_0}.\end{aligned}$$

Sachant que $\dfrac{f(z)-f(z_0)}{z-z_0}$ a pour limite $f'(z_0)$ quand z tend vers z_0, on en déduit que $\dfrac{P(x,y_0)-P(x_0,y_0)}{x-x_0}$ et $\dfrac{Q(x,y_0)-Q(x_0,y_0)}{x-x_0}$ ont des limites quand x tend vers x_0. Autrement $\dfrac{\partial P}{\partial x}(x_0,y_0)$ et $\dfrac{\partial Q}{\partial x}(x_0,y_0)$ existent et vérifient, de plus

$$\frac{\partial P}{\partial x}(x_0,y_0) + i\frac{\partial Q}{\partial x}(x_0,y_0) = f'(z_0).$$

En écrivant de même, pour $y \neq y_0$ et $z = x_0 + iy$,

$$\begin{aligned}\frac{f(z)-f(z_0)}{z-z_0} &= \frac{P(x_0,y)+iQ(x_0,y)-P(x_0,y_0)-iQ(x_0,y_0)}{i(y-y_0)}\\ &= \frac{Q(x_0,y)-Q(x_0,y_0)}{y-y_0} - i\frac{P(x_0,y)-P(x_0,y_0)}{y-y_0},\end{aligned}$$

on prouve l'existence de dérivées partielles par rapport à y vérifiant

$$\frac{\partial Q}{\partial y}(x_0, y_0) - i\frac{\partial P}{\partial y}(x_0, y_0) = f'(z_0).$$

On en déduit les conditions de Cauchy

$$\frac{\partial P}{\partial x}(x_0, y_0) = \frac{\partial Q}{\partial y}(x_0, y_0) \quad \text{et} \quad \frac{\partial P}{\partial y}(x_0, y_0) = -\frac{\partial Q}{\partial x}(x_0, y_0).$$

On note de plus que, ces dérivées partielles sont continues, puisque f' est continue (elle est développable en série entière en 0 avec un rayon de convergence $\geqslant 1$ et donc en particulier continue sur D).

2. Pour tout $r \in [0, 1[$, on note $\overline{\mathrm{D}}_r = \{z \in \mathbb{C},\ |z| \leqslant r\}$, $\mathrm{K}_r = f(\overline{\mathrm{D}}_r)$ et $\mathrm{K} = f(\overline{\mathrm{D}})$. Les ensembles K_r et K sont compacts en tant qu'images de compact par une fonction continue, ce qui justifie l'existence de A et A_r. Nous allons calculer $\mathrm{A}_r = \iint_{(u,v)\in \mathrm{K}_r} \mathrm{d}u\,\mathrm{d}v$ par changement de variables.

La fonction f est continue et injective sur $\overline{\mathrm{D}}$ et établit donc une bijection de $\overline{\mathrm{D}}$ sur K. Cette bijection est même un homéomorphisme, puisque $\overline{\mathrm{D}}$ est compact (tout fermé F de $\overline{\mathrm{D}}$ est compact, donc $f(\mathrm{F})$ est compact et en particulier fermé dans K : l'image réciproque d'un fermé par f^{-1} étant un fermé, f^{-1} est continue). Elle est de classe $\mathcal{C}^1$ sur D et son jacobien en (x, y) est

$$\mathrm{Jac}(f)(x,y) = \begin{vmatrix} \dfrac{\partial P}{\partial x} & \dfrac{\partial P}{\partial y} \\ \dfrac{\partial Q}{\partial x} & \dfrac{\partial Q}{\partial y} \end{vmatrix}(x,y) = \left(\frac{\partial P}{\partial x}\right)^2 + \left(\frac{\partial Q}{\partial x}\right)^2 = |f'(x+iy)|^2,$$

en vertu des conditions de Cauchy.

Le changement de variables $(x, y) \longmapsto (u, v) = f(x, y)$ dans l'intégrale double nous donne donc, pour $r \in [0, 1[$,

$$\mathrm{A}_r = \iint_{(x,y)\in\overline{\mathrm{D}}_r} |f'(x+iy)|^2 \mathrm{d}x\mathrm{d}y.$$

On va calculer cette intégrale en passant en coordonnées polaires et en appliquant le théorème de Fubini. On obtient

$$\mathrm{A}_r = \iint_{\substack{0\leqslant s\leqslant r \\ 0\leqslant \theta\leqslant 2\pi}} |f'(se^{i\theta})|^2 s \,\mathrm{d}s\,\mathrm{d}\theta = \int_0^r \left(\int_0^{2\pi} |f'(se^{i\theta})|^2 \mathrm{d}\theta\right) s\ \mathrm{d}s.$$

L'intégrale sur θ va s'exprimer en fonction des coefficients a_n à l'aide de la formule de Parseval (voir page 238). Pour $z \in \mathrm{D}$, on a

$$f'(z) = \sum_{n=1}^{+\infty} n a_n z^n = \sum_{n=0}^{+\infty} (n+1) a_n z^n.$$

Prenons $s \in [0, r]$ et considérons la fonction $\theta \longmapsto g_s(\theta) = f'(se^{i\theta})$. Elle est continue et 2π-périodique et vérifie, pour tout $\in [0, 2\pi]$,

$$g_s(\theta) = \sum_{n=0}^{+\infty} (n+1) a_{n+1} s^n e^{in\theta}.$$

Les coefficients de Fourier $c_n(g)$ de g sont donnés pour $n \geqslant 0$ par $c_n(g) = (n+1)a_{n+1}s^n$ puisque la convergence de la série est normale. Le théorème de Parseval donne donc

$$\frac{1}{2\pi}\int_0^{2\pi} |f'(se^{i\theta})|^2 \mathrm{d}\theta = \sum_{n=0}^{+\infty} (n+1)^2 |a_{n+1}|^2 s^{2n} = \sum_{n=1}^{+\infty} n^2 |a_n|^2 s^{2n-2}.$$

On obtient donc

$$\mathrm{A}_r = \int_0^r 2\pi \left(\sum_{n=1}^{+\infty} n^2 |a_n|^2 s^{2n-2} \right) s\mathrm{d}s = 2\pi \int_0^r \sum_{n=1}^{+\infty} \underbrace{n^2 |a_n|^2 s^{2n-1}}_{\geqslant 0} \mathrm{d}s.$$

D'après le théorème de convergence monotone, on peut intervertir sommation et intégration puisque les fonctions sont positives, ce qui donne

$$\mathrm{A}_r = 2\pi \sum_{n=1}^{+\infty} |a_n|^2 n^2 \int_0^r s^{2n-1}\mathrm{d}s = 2\pi \sum_{n=1}^{+\infty} |a_n|^2 n^2 \frac{r^{2n}}{2n} = \pi \sum_{n=1}^{+\infty} n |a_n|^2 r^{2n}.$$

Comme $\overline{\mathrm{D}}_r \subset \overline{\mathrm{D}}$, on a $\mathrm{K}_r \subset \mathrm{K}$ et donc $\mathrm{A}_r \leqslant \mathrm{A}$. Ainsi pour tout $r \in [0, 1[$,

$$\sum_{n=1}^{+\infty} n |a_n|^2 r^{2n} \leqslant \frac{\mathrm{A}}{\pi} \quad \text{et en particulier} \quad \sum_{n=1}^{\mathrm{N}} n |a_n|^2 r^{2n} \leqslant \frac{\mathrm{A}}{\pi}$$

pour tout $\mathrm{N} \in \mathbb{N}^*$. En faisant tendre r vers 1, on obtient $\sum_{n=1}^{\mathrm{N}} n|a_n|^2 \leqslant \frac{\mathrm{A}}{\pi}$. La série à termes positifs $\sum n|a_n|^2$ converge donc et sa somme est majorée par $\frac{\mathrm{A}}{\pi}$.

En fait, on a l'égalité $\frac{\mathrm{A}}{\pi} = \sum_{n=1}^{+\infty} n|a_n|^2$. *En effet, on peut écrire, pour tout* $r \in]0, 1[$, $\sum_{n=1}^{+\infty} n|a_n|^2 \geqslant \sum_{n=1}^{+\infty} n|a_n|^2 r^{2n} \geqslant \frac{\mathrm{A}_r}{\pi}$. *On remarque que*

$$\mathrm{A}_r = \int_0^r \left(\int_0^{2\pi} f(se^{i\theta})\, d\theta \right) ds \xrightarrow[r \to 1]{} \int_0^1 \left(\int_0^{2\pi} f(se^{i\theta})\, d\theta \right) ds = \mathrm{A}.$$

En faisant tendre r *vers* 1, *on obtient* $\sum_{n=1}^{+\infty} n|a_n|^2 \geqslant \frac{\mathrm{A}}{\pi}$ *et donc l'égalité annoncée.*

3. En vertu d'un théorème d'Abel dont on trouvera la démonstration dans l'exercice 3.6, il suffit de prouver la convergence uniforme de la série entière sur $\mathrm{U} = \{z \in \mathbb{C}, |z| = 1\}$ *i.e.* de prouver que la série $\sum_{n=0}^{+\infty} a_n e^{in\theta}$ converge uniformément pour $\theta \in \mathbb{R}$. Fixons $\varepsilon > 0$.

Soient $\mathrm{N} \in \mathbb{N}$, $\theta \in \mathbb{R}$ et $r \in [0, 1[$. Posons $\mathrm{R_N} = \sum_{n=\mathrm{N}+1}^{+\infty} n|a_n|^2$. On a

$$\left| f(e^{i\theta}) - \sum_{n=0}^{\mathrm{N}} a_n e^{in\theta} \right| \leqslant |f(e^{i\theta}) - f(re^{i\theta})| + \left| \sum_{n=0}^{\mathrm{N}} a_n e^{in\theta}(1 - r^n) \right| + \left| \sum_{n=\mathrm{N}+1}^{+\infty} a_n r^n e^{in\theta} \right|.$$

On majore chaque terme.

• D'après l'inégalité de Cauchy-Schwarz, on a

$$\begin{aligned} \left| \sum_{n=\mathrm{N}+1}^{+\infty} a_n r^n e^{in\theta} \right| &\leqslant \sum_{n=\mathrm{N}+1}^{+\infty} |a_n| r^n = \sum_{n=\mathrm{N}+1}^{+\infty} |a_n| \sqrt{n} \frac{r^n}{\sqrt{n}} \\ &\leqslant \sqrt{\left(\sum_{n=\mathrm{N}+1}^{+\infty} n|a_n|^2 \right) \left(\sum_{n=\mathrm{N}+1}^{+\infty} \frac{r^{2n}}{n} \right)} \\ &\leqslant \sqrt{\frac{\mathrm{R_N}}{\mathrm{N}+1} \sum_{n=0}^{+\infty} r^n} \leqslant \sqrt{\frac{\mathrm{R_N}}{(\mathrm{N}+1)(1-r)}}. \end{aligned}$$

• Pour le second terme, on remarque que

$$\begin{aligned} \left| \sum_{n=0}^{\mathrm{N}} a_n e^{in\theta}(1 - r^n) \right| &\leqslant \sum_{n=0}^{\mathrm{N}} |a_n|(1-r)(1 + r + r^2 + \cdots + r^{n-1}) \\ &\leqslant (1-r) \sum_{n=0}^{\mathrm{N}} n|a_n|. \end{aligned}$$

L'inégalité de Cauchy-Schwarz permet d'écrire

$$\sum_{n=0}^{\mathrm{N}} n|a_n| \leqslant \sqrt{\left(\sum_{n=0}^{\mathrm{N}} n|a_n|^2 \right) \left(\sum_{n=0}^{\mathrm{N}} n \right)} \leqslant \sqrt{\frac{\mathrm{A}}{\pi} \cdot \frac{\mathrm{N}(\mathrm{N}+1)}{2}} \leqslant \mathrm{K}(\mathrm{N}+1),$$

où $\mathrm{K} = \sqrt{\dfrac{\mathrm{A}}{2\pi}}$. Il en résulte $\left| \sum_{n=0}^{\mathrm{N}} a_n e^{in\theta}(1 - r^n) \right| \leqslant \mathrm{K}(\mathrm{N}+1)(1-r)$.

• La fonction f étant continue sur le compact $\overline{\mathrm{D}}$, y est uniformément continue d'après le théorème de Heine. Soit donc $\varepsilon > 0$ et η un module d'uniforme continuité de f pour ε. Si $|1 - r| \leqslant \eta$, on a $|e^{i\theta} - re^{i\theta}| \leqslant \eta$ et $|f(e^{i\theta}) - f(re^{i\theta})| \leqslant \varepsilon$.

• Posons $r_\mathrm{N} = 1 - \dfrac{\varepsilon}{\mathrm{K}(\mathrm{N}+1)}$ (et donc $\mathrm{K}(\mathrm{N}+1)(1 - r_\mathrm{N}) = \varepsilon$). Pour N assez grand, $r_\mathrm{N} \in [0, 1[$ et même à partir d'un certain rang n_0, $1 - \eta \leqslant r_\mathrm{N} \leqslant 1$. On a donc pour $\mathrm{N} \geqslant n_0$ et θ dans $\mathbb{R}$,

$$\left| f(e^{i\theta}) - \sum_{n=0}^{\mathrm{N}} a_n e^{in\theta} \right| \leqslant \varepsilon + \sqrt{\frac{\mathrm{R_N}}{(\mathrm{N}+1)(1-r_{\mathrm{N}})}} + \varepsilon \leqslant \varepsilon + \sqrt{\frac{\mathrm{R_N K}}{\varepsilon}} + \varepsilon \leqslant 3\varepsilon$$

pour N assez grand puisque $\mathrm{R_N} \xrightarrow[\mathrm{N}\to+\infty]{} 0$.

La convergence est donc uniforme sur U et par conséquent sur $\overline{\mathrm{D}}$. ◁

La démonstration faite dans cette dernière question reprend exactement la démarche utilisée dans la question 3 de l'exercice 3.26. On va donner maintenant un autre éclairage de ce résultat à l'aide du théorème de Fejér sur les séries de Fourier que le lecteur trouvera à l'exercice 4.31. Posons $g(\theta) = f(e^{i\theta})$. La fonction g est continue, 2π-périodique, et comme cela est fait dans la question 1 de l'exercice 3.43, on montre que ses coefficients de Fourier $c_n(g)$ sont donnés par $c_n(g) = a_n$ si $n \geqslant 0$ et $c_n(g) = 0$ sinon. Le problème est donc de démontrer que la série de Fourier de g converge uniformément vers g. Notons $\mathrm{S}_n(\theta) = \sum_{k=0}^{n} a_k e^{ik\theta}$ la somme partielle de cette série de Fourier. Le théorème de Fejér prouvé dans l'exercice 4.31 affirme que la moyenne de Cesàro des sommes partielles, à savoir $\mathrm{F}_n = \dfrac{\mathrm{S}_0 + \mathrm{S}_1 + \cdots + \mathrm{S}_n}{n}$ possède cette propriété : elle converge uniformément vers g sur $\mathbb{R}$. Un petit calcul montre que

$$\mathrm{F}_n(\theta) = \sum_{k=0}^{n} \left(1 - \frac{k}{n}\right) a_k e^{ik\theta}.$$

On écrit $\mathrm{F}_n(\theta) = \mathrm{S}_n(\theta) - \dfrac{1}{n} \sum_{k=0}^{n} k a_k e^{ik\theta}$. Il suffit de voir que le second terme converge uniformément vers 0 pour conclure. Or,

$$\frac{1}{n} \left| \sum_{k=0}^{n} k a_k e^{ik\theta} \right| \leqslant \frac{|a_1| + 2|a_2| + \cdots + n|a_n|}{n}$$

et cette dernière suite tend vers 0 car la série $\sum n|a_n|^2$ converge (comme cela est démontré dans la remarque qui suit l'exercice 3.26).

Le dernier exercice de ce chapitre recherche une fonction développable en série entière sur $\mathbb{C}$ et prenant des valeurs données pour $z = 2^n$ ($n \in \mathbb{N}$). L'étude de l'unicité est l'occasion de se poser la question de l'existence d'une fonction s'annulant en des points donnés. Signalons que si (z_n) est une suite de nombres complexes non nuls telle que $(|z_n|)$ tende vers l'infini, il existe une fonction développable en série entière sur $\mathbb{C}$, s'annulant en z_n pour tout n et n'ayant pas d'autres zéros sur $\mathbb{C}$.

3.46. Fonction entière telle que $f(2^n) = (-1)^n$

1. Démontrer qu'il existe une suite $(a_n)_{n\in\mathbb{N}}$ de nombres réels telle que, pour tout $n \in \mathbb{N}$,

$$\sum_{k=0}^{\infty} 2^{nk} a_k = (-1)^n.$$

2. Y a-t-il unicité de la suite (a_n) ?

(**École normale supérieure, école polytechnique**)

▷ **Solution.**

1. Il s'agit de déterminer une suite réelle (a_n) telle que, si on pose $f(z) = \sum_{k=0}^{+\infty} a_k z^k$, on ait, pour tout $n \in \mathbb{N}$, $f(2^n) = (-1)^n$. Ceci implique entre autres que la série $\sum a_k z^k$ ait un rayon de convergence infini. On peut voir le calcul des a_k comme la résolution d'un système de taille infinie d'équations linéaires :

$$\left\{\begin{array}{lcc} a_0 + a_1 + a_2 + \cdots + a_n + \cdots & = & 1 \\ a_0 + 2a_1 + 2^2 a_2 + \cdots + 2^n a_n + \cdots & = & -1 \\ & \vdots & \\ a_0 + 2^n a_1 + 2^{2n} a_2 + \cdots + 2^{n^2} a_n + \cdots & = & (-1)^n \\ & \vdots & \end{array}\right.$$

D'où l'idée de se ramener à un système fini, en cherchant d'abord, pour $n \in \mathbb{N}^*$, à résoudre le système de $n+1$ équations à $n+1$ inconnues $a_{0,n}, a_{1,n}, \ldots, a_{n,n}$:

$$\left\{\begin{array}{lcc} a_{0_n} + a_{1,n} + a_{2,n} + \cdots + a_{n,n} & = & 1 \\ a_{0_n} + 2a_{1,n} + 2^2 a_{2,n} + \cdots + 2^n a_{n,n} & = & -1 \\ & \vdots & \\ a_{0_n} + 2^n a_{1,n} + 2^{2n} a_{2,n} + \cdots + 2^{n^2} a_{n,n} & = & (-1)^n \end{array}\right.$$

On remarque que le déterminant de ce système est le déterminant de Vandermonde $\mathrm{V}(1, 2, \ldots, 2^n)$. Les entiers $1, 2, \ldots, 2^n$ étant distincts, on en déduit que ce déterminant n'est pas nul. Le système possède donc une solution unique. Si on remplace une des colonnes de ce déterminant par le deuxième membre de l'équation, on obtient encore un déterminant de Vandermonde. En appliquant les formules de Cramer, on trouve donc après simplification, pour $0 \leqslant k \leqslant n$,

$$a_{k,n} = \frac{\mathrm{V}(1, \ldots, 2^{k-1}, -1, 2^{k+1}, \ldots, 2^n)}{\mathrm{V}(1, \ldots, 2^{k-1}, 2^k, 2^{k+1}, \ldots, 2^n)} = \frac{\prod_{j \neq k} (2^j + 1)}{\prod_{j \neq k} (2^j - 2^k)}$$

$$= \frac{\prod_{j=0}^{k-1} (1 + 2^j) \prod_{j=k+1}^{n} (1 + 2^j)}{\prod_{j=0}^{k-1} (2^j - 2^k) \prod_{j=k+1}^{n} (2^j - 2^k)}.$$

En mettant 2^j en facteur dans chaque terme au numérateur et au dénominateur, on obtient

$$a_{k,n} = \frac{\prod_{j=0}^{k-1} (1 + 2^{-j}) \prod_{j=k+1}^{n} (1 + 2^{-j})}{\prod_{j=0}^{k-1} (1 - 2^{k-j}) \prod_{j=k+1}^{n} (1 - 2^{k-j})} = \frac{\prod_{j=0}^{k-1} (1 + 2^{-j}) \prod_{j=k+1}^{n} (1 + 2^{-j})}{\prod_{j=1}^{k} (1 - 2^{j}) \prod_{j=1}^{n-k} (1 - 2^{-j})}$$

$$= \frac{\prod_{j=0}^{n} (1 + 2^{-j})}{(1 + 2^{-k}) \prod_{j=1}^{k} (1 - 2^{j}) \prod_{j=1}^{n-k} (1 - 2^{-j})}.$$

On fait maintenant tendre n vers l'infini. Les suites de terme général $u_n = \prod_{j=0}^{n} (1 + 2^{-j})$ et $v_n = \prod_{j=1}^{n} (1 - 2^{-j})$ convergent vers des limites non nulles. En effet, on a, pour $n \geqslant 1$, $\ln u_n = \sum_{j=0}^{n} \ln(1 + 2^{-j})$ et $\ln v_n = \sum_{j=1}^{n} \ln(1 - 2^{-j})$ et les séries $\sum \ln(1 + 2^{-j})$ et $\sum \ln(1 - 2^{-j})$ convergent. On note $\prod_{j=0}^{+\infty} (1 + 2^{-j})$ et $\prod_{j=1}^{+\infty} (1 - 2^{-j})$ les limites de ces suites et on pose $\mathrm{K} = \dfrac{\prod_{j=0}^{+\infty} (1 + 2^{-j})}{\prod_{j=1}^{+\infty} (1 - 2^{-j})}$. On trouve alors que, pour tout $k \in \mathbb{N}$, la suite $(a_{k,n})_{n \in \mathbb{N}^*}$ converge vers $a_k = \dfrac{\mathrm{K}}{(1 + 2^{-k}) \prod_{j=1}^{k} (1 - 2^{j})}$.

Il est tentant de penser que la suite (a_k) répond au problème posé. Remarquons, pour commencer, que pour tout $k \in \mathbb{N}$, on a

$$\left| \frac{a_{k+1}}{a_k} \right| = \frac{(1 + 2^{-k})}{(1 + 2^{-k-1})(2^{k+1} - 1)} \underset{k \to \infty}{\sim} \frac{1}{2^{k+1}} \xrightarrow[k \to +\infty]{} 0.$$

On en déduit que la série entière $\sum a_k z^k$ a un rayon de convergence infini. Il faut maintenant démontrer que, pour tout $p \in \mathbb{N}$, on a $f(2^p) = (-1)^p$. On a, par construction, pour $n \geqslant p$, $\sum\limits_{k=0}^{n} a_{k,n} 2^{pk} = (-1)^p$. Il s'agit d'un problème d'interversion d'une limite et d'une somme. On remarque que, k étant fixé, la suite $(|a_{k,n}|)_{n \in \mathbb{N}^*}$ croît car, pour passer d'un terme au suivant, on multiplie par $\dfrac{1+2^{-(n+1)}}{1-2^{-(n-k+1)}} > 1$. On a donc, pour $n \geqslant k$, $|a_{k,n}| \leqslant |a_k|$, c'est-à-dire une majoration indépendante de n, qui va conduire au résultat.

Fixons donc p. On a alors, pour $n \geqslant p$,

$$\begin{aligned} |f(2^p) - (-1)^p| &= \left| \sum_{k=0}^{+\infty} a_k 2^{pk} - \sum_{k=0}^{n} a_{k,n} 2^{pk} \right| \\ &\leqslant \sum_{k=0}^{n} |a_k - a_{k,n}| 2^{kp} + \sum_{k=n+1}^{+\infty} |a_k| 2^{pk}. \end{aligned}$$

La série $\sum |a_k| 2^{pk}$ est convergente. Pour tout $\varepsilon > 0$, il existe $n_0 \in \mathbb{N}^*$ tel que $\sum\limits_{k=n_0+1}^{+\infty} |a_k| 2^{pk} \leqslant \varepsilon$. On obtient alors, pour $n \geqslant \max(n_0, p)$,

$$\begin{aligned} |f(2^p) - (-1)^p| &\leqslant \sum_{k=0}^{n_0} |a_k - a_{k,n}| 2^{kp} + 2 \sum_{k=n_0+1}^{n} |a_k| 2^{pk} + \sum_{n+1}^{+\infty} |a_k| 2^{pk} \\ &\leqslant \sum_{k=0}^{n_0} |a_k - a_{k,n}| 2^{kp} + 2 \sum_{k=n_0+1}^{+\infty} |a_k| 2^{pk} \\ &\leqslant \sum_{k=0}^{n_0} |a_k - a_{k,n}| 2^{kp} + 2\varepsilon. \end{aligned}$$

En faisant tendre n vers $+\infty$, on obtient $|f(2^p) - (-1)^p| \leqslant 2\varepsilon$. Ceci étant vrai pour tout $\varepsilon > 0$, on a donc $f(2^p) = (-1)^p$.

2. Si (b_n) est une suite telle $g(z) = \sum\limits_{n=0}^{+\infty} b_n z^n$ soit définie sur $\mathbb{C}$, (b_n) est solution du problème posé si f et g prennent les mêmes valeurs en 2^p, pour tout $p \in \mathbb{N}$, c'est-à-dire si $f - g$ s'annule pour toutes ces valeurs. On est donc ramené à chercher s'il existe des fonctions développables en séries entières, non nulles, s'annulant en 2^p pour tout p. On pense assez naturellement à la fonction définie par $h(z) = \prod\limits_{n=0}^{+\infty} \left(1 - \dfrac{z}{2^n}\right)$, qui visiblement s'annule où il convient. Il faudrait démontrer que cette fonction est définie sur $\mathbb{C}$ et développable en série entière de rayon de convergence infini. On peut remarquer que, pour tout $z \in \mathbb{C}$, on

$h(z) = (1-z)\prod_{n=1}^{+\infty}\left(1-\frac{z}{2^n}\right) = (1-z)h\left(\frac{z}{2}\right)$ et chercher une fonction développable en série entière vérifiant cette propriété. On la cherche sous la forme $\varphi(z) = \sum_{n=0}^{+\infty} c_n z^n$. On a alors, sous réserve de convergence, pour $z \in \mathbb{C}$,

$$\begin{aligned}\varphi(z) - (1-z)\varphi\left(\frac{z}{2}\right) &= \sum_{n=0}^{+\infty} c_n z^n - \sum_{n=0}^{+\infty} c_n \frac{z^n}{2^n} + \sum_{n=0}^{+\infty} c_n \frac{z^{n+1}}{2^n} \\ &= \sum_{n=1}^{+\infty} c_n\left(1-\frac{1}{2^n}\right) z^n + \sum_{n=1}^{+\infty} \frac{c_{n-1}}{2^{n-1}} z^n.\end{aligned}$$

D'après l'unicité du développement en série entière, la condition $\varphi(z) = (1-z)\varphi\left(\frac{z}{2}\right) = 0$ s'écrit : pour tout $n \in \mathbb{N}^*$, $c_n = \dfrac{2}{1-2^n} c_{n-1}$. Si on se donne $c_0 \neq 0$, cette relation définit c_n pour $n \geqslant 1$. On remarque qu'on a alors $\lim\limits_{n\to+\infty} \dfrac{c_n}{c_{n-1}} = \lim\limits_{n\to+\infty} \dfrac{2}{1-2^n} = 0$. Le rayon de convergence de la série entière $\sum c_n z^n$ est donc infini. La fonction φ est définie sur $\mathbb{C}$ et par construction, vérifie $\varphi(z) = (1-z)\varphi\left(\frac{z}{2}\right)$. Une récurrence immédiate montre que, pour $z \in \mathbb{C}$ et $n \in \mathbb{N}$, on a

$$\varphi(z) = \prod_{k=0}^{n}\left(1-\frac{z}{2^k}\right)\cdot\varphi\left(\frac{z}{2^{n+1}}\right).$$

Quand n tend vers $+\infty$, $\varphi\left(\frac{z}{2^{n+1}}\right)$ tend vers $\varphi(0) = c_0 \neq 0$. On en déduit que le produit

$$\prod_{k=0}^{n}\left(1-\frac{z}{2^k}\right)$$

converge vers $\dfrac{\varphi(z)}{c_0}$. On a donc, pour tout $z \in \mathbb{C}$,

$$\varphi(z) = c_0\prod_{n=0}^{+\infty}\left(1-\frac{z}{2^n}\right) = c_0 h(z).$$

Pour $c_0 = 1$, on obtient $\varphi = h$. La fonction h est donc développable en série entière et vérifie $h(2^p) = 0$ pour tout $p \in \mathbb{N}$. Elle n'est pas nulle ($h(0) = 1$). Elle possède toutes les propriétés voulues. On peut conclure que la suite (a_n) cherchée n'est pas unique. $\triangleleft$

On peut noter que toute fonction de la forme $h\psi$, où ψ est développable en série entière, avec un rayon de convergence infini, a les mêmes propriétés que h.

Chapitre 4
Séries de Fourier

C'est autour de l'équation des cordes vibrantes que naît l'idée de la représentation des fonctions périodiques sous forme de séries trigonométriques : si t représente le temps, y l'oscillation de la corde à l'abscisse x, l'équation est de la forme

$$\frac{\partial^2 y}{\partial t^2} = \alpha^2 \frac{\partial^2 y}{\partial x^2},$$

où α est une constante, homogène à une vitesse. C'est d'Alembert (1749) qui introduit cette équation, et qui montre que la solution générale est de la forme

$$f(x + \alpha t) + g(x - \alpha t).$$

Reprenant les travaux de d'Alembert, Euler est conduit pour la première fois à considérer des fonctions définies par des expressions différentes sur des intervalles différents, qu'il appelle « discontinues », notamment pour représenter la forme triangulaire d'une corde pincée.

Une intuition géniale revient à Daniel Bernoulli (1755) qui observe qu'une corde peut donner à entendre non seulement le son fondamental et les harmoniques de celui-ci, de fréquence double, triple, etc., mais aussi la superposition de ces sons. Il en tire l'idée que toutes les solutions pour lesquelles on a $y = 0$ aux points d'attache de la corde, $x = 0$ et $x = \mathrm{L}$, et qui correspondent à une corde au repos à $t = 0$, doivent s'écrire comme somme d'une série trigonométrique i.e. une combinaison linéaire infinie des fonctions

$$\sin n\omega x \cos n\omega\alpha t,$$

avec $\omega = \dfrac{\pi}{\mathrm{L}}$.

Cela implique qu'une fonction arbitraire pour $0 < x < \mathrm{L}$ et nulle pour $x = 0$ et $x = \mathrm{L}$ doit pouvoir s'écrire comme combinaison linéaire infinie des fonctions $\sin n\omega x$. *Euler, en particulier, n'est pas convaincu. Et comme Bernoulli ne fait aucun effort pour prouver ce qu'il avance, ni pour calculer les coefficients, les objections finissent par l'emporter et par décourager toute étude sérieuse de la question. Ces objections, à propos de la périodicité, de la parité, ont en gros le même fond : on n'imagine pas à cette époque qu'une expression (fût-elle infinie) puisse être égale à une autre expression sur un intervalle sans lui être égale pour toutes les valeurs de la variable.*

À partir de 1805, Fourier s'implique dans l'étude de l'équation de la chaleur selon une méthode déjà éprouvée pour l'équation des cordes vibrantes (Lagrange) ou l'équation de la « chaînette » (Huygens) : on écrit les équations pour un système composé d'un nombre fini de corps et on obtient l'équation pour le système continu en faisant tendre la dimension de ces corps vers 0 *et leur nombre vers l'infini. Fourier résout le problème discret, mais n'effectue pas le passage à la limite. En faisant* $t = 0$ *dans la solution obtenue pour l'équation de la chaleur, il aurait obtenu l'écriture d'une fonction arbitraire (de période* 2π*) sous la forme d'une série trigonométrique sous la forme*

$$\begin{aligned} f(x) = &\frac{1}{2\pi}\int_0^{2\pi} f(x)\,dx \\ &+\left(\frac{1}{\pi}\int_0^{2\pi} f(x)\cos x\,dx\right)\cos x + \left(\frac{1}{\pi}\int_0^{2\pi} f(x)\cos 2x\,dx\right)\cos 2x + \cdots \\ &+\left(\frac{1}{\pi}\int_0^{2\pi} f(x)\sin x\,dx\right)\sin x + \left(\frac{1}{\pi}\int_0^{2\pi} f(x)\sin 2x\,dx\right)\sin 2x + \cdots \end{aligned}$$

Il imagine pour prouver l'existence du développement trigonométrique d'une fonction arbitraire une toute autre méthode. Voici, par exemple, comment il procède dans le cas particulier de la fonction $f(x)$ *qui vaut* 1 *sur* $]-\pi/2, \pi/2[$, -1 *sur* $]\pi/2, 3\pi/2[$, *où on cherche un développement de la forme*

$$f(x) = a_1 \cos x + a_3 \cos 3x + a_5 \cos 5x + \cdots$$

(les fonctions $\cos x$, $\cos 3x$, $\cos 5x$, ... *ont les mêmes symétries que la fonction donnée). En écrivant que ce développement, ainsi que les développements obtenus par dérivations successives, sont valables pour* $x = 0$, *il obtient le système d'équations linéaires infini*

$$\begin{aligned} 1 &= a_1 + a_3 + a_5 + a_7 + \cdots \\ 0 &= a_1 + 3^2 a_3 + 5^2 a_5 + 7^2 a_7 + \cdots \\ 0 &= a_1 + 3^4 a_3 + 5^4 a_5 + 7^4 a_7 + \cdots \\ 0 &= a_1 + 3^6 a_3 + 5^6 a_5 + 7^6 a_7 + \cdots \\ &\cdots \end{aligned}$$

Fourier résout d'abord ce système par élimination en ne conservant que les m *premières équations, et dans chaque équation que les* m *premières inconnues, puis passe à la limite* $m \to \infty$ *en utilisant la formule de Wallis*

$$\frac{\pi}{2} = \frac{2.2}{1.3} \cdot \frac{4.4}{3.5} \cdot \frac{6.6}{5.7} \cdots = 2\,\frac{3^2-1}{3^2} \cdot \frac{5^2-1}{5^2} \cdot \frac{7^2-1}{7^2} \cdots$$

Il obtient ainsi, après contrôle de la convergence,

$$f(x) = \frac{4}{\pi}\left(\cos x - \frac{1}{3}\cos 3x + \frac{1}{5}\cos 5x - \cdots\right)$$

Ce n'est que plus tard qu'il redécouvre la méthode « expéditive » pour calculer les coefficients de l'écriture d'une fonction périodique comme série trigonométrique, à supposer que cette écriture soit possible : multiplier par $\cos nx$ *ou* $\sin nx$ *et intégrer la série terme à terme. Mais dans sa* Théorie analytique de la chaleur, *achevée en 1816 et publiée en 1822, où il conserve la méthode des systèmes linéaires infinis, en même temps qu'il met au point la méthode de discrétisation, il précise : savoir calculer les coefficients* a_n *et* b_n *d'un développement hypothétique* $f(x) = \sum a_n \cos nx + \sum b_n \sin nx$ *ne prouve en aucune façon l'existence de ce développement, ou, si on préfère, la convergence de la série du second membre vers la fonction* f.

Entre temps, Deflers (1819) et Poisson (1820) auront donné des preuves de la convergence de la « série de Fourier » vers la fonction, valables sous des hypothèses non explicitées (mais $\mathcal{C}^2$ *suffit). Dirichlet, dans un travail dont on dira plus tard qu'il établit un nouveau standard de rigueur en analyse, donnera en 1829 des conditions de convergence adaptées aux fonctions continues par morceaux qui étaient devenues depuis Euler un objet de préoccupation pour les mathématiciens.*

Voici quelques rappels du cours qui permettent de fixer les notations. Pour une fonction f, 2π*-périodique, continue par morceaux, les coefficients de Fourier trigonométriques de* f *sont définis par*

$$a_n(f) = \frac{1}{\pi}\int_{-\pi}^{\pi} f(t)\cos nt\,dt \quad \text{et} \quad b_n(f) = \frac{1}{\pi}\int_{-\pi}^{\pi} f(t)\sin nt\,dt,$$

n *étant dans* $\mathbb{N}$ *et la série de Fourier associée est*

$$\frac{a_0}{2} + \sum_{n=1}^{+\infty}(a_n \cos nt + b_n \sin nt).$$

Les coefficients de Fourier exponentiels sont définis par

$$c_n(f) = \frac{1}{2\pi}\int_{-\pi}^{\pi} f(t)e^{-int}\,dt \text{ pour } n \in \mathbb{Z}$$

et la série de Fourier correspondante est $\sum\limits_{n=-\infty}^{+\infty} c_n(f)e^{int}$.

Nous commençons par une série d'exercices sur les polynômes trigonométriques. Un polynôme trigonométrique est une combinaison linéaire à coefficients complexes de fonctions de la forme $t \longmapsto e^{int}$, *avec* $n \in \mathbb{Z}$. *Si* f *est définie par* $f(t) = \sum\limits_{k=-n}^{n} c_k e^{ikt}$, *avec* $(c_{-n}, c_n) \neq (0,0)$, *on dit que* f *est de degré* n. *On peut encore écrire* f *sous la forme*

$f(t) = \sum\limits_{k=0}^{n} a_k \cos kt + b_k \sin kt$. *La fonction f est à valeur réelles si et seulement si les coefficients a_k et b_k sont réels.*

Les deux premiers exercices utilisent simplement les relations d'orthogonalité entre les fonctions $e_n : t \longmapsto e^{int}$:

$$\frac{1}{2\pi}\int_{-\pi}^{\pi} e^{int}e^{-imt}\,dt = \begin{cases} 1 \text{ si } n = m \\ 0 \text{ si } n \neq m. \end{cases}$$

Elles sont qualifiées ainsi car, si E *désigne l'espace vectoriel complexe préhilbertien des fonctions 2π-périodiques continues de $\mathbb{R}$ dans $\mathbb{C}$ muni du produit hermitien défini par*

$$(f|g) = \frac{1}{2\pi}\int_{-\pi}^{\pi} \overline{f(t)}g(t)\,dt \quad \text{pour } f \text{ et } g \text{ dans } \mathrm{E},$$

la famille $(e_n)_{n\in\mathbb{Z}}$ est une famille orthonormale. On gardera également à l'esprit que $c_n(f) = (e_n|f)$.

4.1. Calcul d'intégrales

Soit $(m, n) \in \mathbb{N}^2$. Justifier l'existence de l'intégrale

$$\frac{1}{2\pi}\int_{-\pi}^{\pi} \frac{\sin(2m+1)\,\frac{t}{2}}{\sin\,\frac{t}{2}}\;\frac{\sin(2n+1)\,\frac{t}{2}}{\sin\,\frac{t}{2}}\,dt$$

et la calculer.

(**École polytechnique**)

▷ **Solution.**

Pour tout entier naturel n la fonction $f_n : t \longmapsto \dfrac{\sin(2n+1)\,\frac{t}{2}}{\sin\,\frac{t}{2}}$ prolongée par $f_n(0) = (2n+1)$ est continue sur $[-\pi, \pi]$, ce qui justifie l'existence de $\mathrm{I}_{m,n} = \dfrac{1}{2\pi}\displaystyle\int_{-\pi}^{\pi} f_m(t)f_n(t)\,dt$.

Transformons l'expression de f_n à l'aide des formules d'Euler. On obtient, pour $t \neq 0$ dans $[-\pi, \pi]$,

$$f_n(t) = \frac{e^{i(n+\frac{1}{2})t} - e^{-i(n+\frac{1}{2})t}}{e^{i\frac{t}{2}} - e^{-i\frac{t}{2}}} = \frac{e^{-i(n+\frac{1}{2})t}}{e^{-i\frac{t}{2}}} \cdot \frac{e^{i(2n+1)t} - 1}{e^{it} - 1}$$
$$= e^{-int}\sum_{k=0}^{2n} e^{ikt} = \sum_{k=-n}^{n} e^{ikt},$$

résultat qui reste encore vrai si $t = 0$. En transformant de la même façon f_m, on obtient

$$\mathrm{I}_{m,n} = \sum_{|k|\leqslant m, |\ell|\leqslant n} \frac{1}{2\pi}\int_{-\pi}^{\pi} e^{ikt}e^{i\ell t}\,\mathrm{d}t.$$

Compte tenu des relations d'orthogonalité entre les fonctions $t \longmapsto e^{int}$, les seuls termes non nuls sont obtenus pour $k + \ell = 0$ et valent 1. Le choix de k fixe la valeur de ℓ et on peut prendre pour k tous les entiers entre $-\min(n,m)$ et $\min(n,m)$. D'où il résulte que

$$\boxed{\mathrm{I}_{m,n} = 2\min(m,n) + 1}. \quad \triangleleft$$

L'espace $\mathcal{T}_n$ des polynômes trigonométriques de degré inférieur ou égal à n est stable par dérivation. Comme il s'agit d'un espace de dimension finie, l'opérateur linéaire de dérivation $\mathrm{D} : \mathrm{P} \longmapsto \mathrm{P}'$ est continu et on peut s'intéresser au calcul de sa norme triple lorsque qu'on munit $\mathcal{T}_n$ de la norme de la convergence uniforme. Cela consiste donc à déterminer la plus petite constante $c > 0$ telle que $\|\mathrm{P}'\|_\infty \leqslant c\|\mathrm{P}\|_\infty$ pour tout $\mathrm{P} \in \mathcal{T}_n$.

Le premier énoncé ci-après montre que la constante $c = 2n$ convient en utilisant le noyau de Fejér. L'énoncé suivant démontrera l'inégalité de Bernstein qui montre que $c = n$ convient, cette constante étant optimale.

4.2. Majoration de la norme de la dérivation

Soit $\mathrm{P}(x) = \sum\limits_{k=-n}^{n} a_k e^{ikx}$ un polynôme trigonométrique de degré inférieur ou égal à n, où les a_k sont des nombres complexes. Trouver une constante c ne dépendant que de n telle que $\|\mathrm{P}'\|_\infty \leqslant c\|\mathrm{P}\|_\infty$.

On pourra poser $\mathrm{F}_n(x) = \sum\limits_{k=-n}^{n}\left(1 - \dfrac{|k|}{n}\right)e^{ikx}$ et considérer l'intégrale $\mathrm{I}_n(x) = \int_0^{2\pi} \mathrm{P}(x-y)\mathrm{F}_n(y)\sin(ny)\mathrm{d}y$.

(**École normale supérieure**)

▷ **Solution.**

Suivons les indications de l'énoncé et calculons $\mathrm{I}_n(x)$. En écrivant

$$\mathrm{P}(x-y)=\sum_{\ell=-n}^{n} a_\ell e^{i\ell x}e^{-i\ell y} \quad \text{et} \quad \sin ny=\frac{1}{2i}(e^{iny}-e^{-iny}),$$

l'intégrale $\mathrm{I}_n(x)$ vaut, par linéarité,

$$\frac{1}{2i}\sum_{\substack{-n\leqslant k\leqslant n\\ -n\leqslant \ell\leqslant n}} a_\ell e^{i\ell x}\Big(1-\frac{|k|}{n}\Big)\bigg(\int_0^{2\pi} e^{i(-\ell+k+n)y}\mathrm{d}y-\int_0^{2\pi} e^{i(-\ell+k-n)y}\mathrm{d}y\bigg).$$

Pour tout entier k, l'intégrale $\int_0^{2\pi} e^{ikx}\mathrm{d}x$ est nulle si $k\neq 0$ et vaut 2π sinon. Dans la somme définissant $\mathrm{I}_n(x)$, les seuls termes non nuls correspondent donc soit à $\ell=k+n$ (avec $-n\leqslant k\leqslant 0$), soit à $\ell=k-n$ (avec $0\leqslant k\leqslant n$). On en déduit que

$$\begin{aligned}
\mathrm{I}_n(x)&=\frac{2\pi}{2i}\left(\sum_{k=-n}^{0} a_{k+n}\Big(1-\frac{|k|}{n}\Big)e^{i(k+n)x}-\sum_{k=0}^{n} a_{k-n}\Big(1-\frac{|k|}{n}\Big)e^{i(k-n)x}\right)\\
&=\frac{\pi}{i}\left(\sum_{k=-n}^{0} a_{k+n}\frac{n+k}{n}e^{i(k+n)x}+\sum_{k=0}^{n} a_{k-n}\frac{k-n}{n}e^{i(k-n)x}\right)\\
&=\frac{\pi}{i}\left(\sum_{k=0}^{n} a_k\frac{k}{n}e^{ikx}+\sum_{k=-n}^{0} a_k\frac{k}{n}e^{ikx}\right)=\frac{\pi}{in}\sum_{k=-n}^{n} ka_k e^{ikx}.
\end{aligned}$$

En remarquant alors que $\mathrm{P}'(x)=\sum_{k=-n}^{n} ika_k e^{ikx}$, on obtient finalement, pour tout réel x,

$$\mathrm{I}_n(x)=\frac{\pi}{ni}\frac{1}{i}\mathrm{P}'(x)=-\frac{\pi}{n}\mathrm{P}'(x).$$

À l'aide de cette égalité, on va majorer $\|\mathrm{P}'\|_\infty$. On a, pour tout $x\in\mathbb{R}$,

$$\begin{aligned}
|\mathrm{P}'(x)|&=\frac{n}{\pi}|\mathrm{I}_n(x)|\leqslant\frac{n}{\pi}\int_0^{2\pi}|\mathrm{P}(x-y)\mathrm{F}_n(y)\sin ny|\mathrm{d}y\\
&\leqslant\frac{n}{\pi}\|\mathrm{P}\|_\infty\int_0^{2\pi}|\mathrm{F}_n(y)|\mathrm{d}y \quad \text{et donc,}\\
\|\mathrm{P}'\|_\infty&\leqslant\frac{n}{\pi}\|\mathrm{P}\|_\infty\int_0^{2\pi}|\mathrm{F}_n(y)|\mathrm{d}y.
\end{aligned}$$

Pour avoir un majorant explicite, on va calculer cette dernière intégrale, et pour cela calculer F_n. Pour $x\in\mathbb{R}$ et $n\in\mathbb{N}$, on a en regroupant l'indice $-k$ avec l'indice k,

$$\mathrm{F}_n(x)=-1+\sum_{k=0}^{n-1}\Big(1-\frac{k}{n}\Big)(e^{ikx}+e^{-ikx})=-1+\frac{2}{n}\,\mathrm{Re}\bigg(\sum_{k=0}^{n-1}(n-k)e^{ikx}\bigg).$$

Si $e^{ix} = 1$, alors

$$\mathrm{F}_n(x) = -1 + \frac{2}{n}\left(\sum_{k=0}^{n-1}(n-k)\right) = -1 + \frac{2n(n+1)}{2n} = n.$$

Si $e^{ix} \neq 1$, alors

$$\begin{aligned}\sum_{k=0}^{n-1}(n-k)e^{ikx} &= \sum_{k=0}^{n-1}\left(\sum_{\ell=0}^{k} e^{i\ell x}\right) = \sum_{k=0}^{n-1}\left(\frac{1-e^{i(k+1)x}}{1-e^{ix}}\right)\\ &= \frac{n}{1-e^{ix}} - \frac{e^{ix}(1-e^{inx})}{(1-e^{ix})^2} = \frac{ne^{-i\frac{x}{2}}}{-2i\sin\frac{x}{2}} - \frac{1-e^{inx}}{-4\sin^2\frac{x}{2}}.\end{aligned}$$

On en déduit que

$$\mathrm{F}_n(x) = -1 + \frac{2}{n}\left(\frac{n}{2} + \frac{1-\cos nx}{4\sin^2\frac{x}{2}}\right) = \frac{\sin^2\frac{nx}{2}}{n\sin^2\frac{x}{2}}.$$

On a donc $\mathrm{F}_n(y) \geqslant 0$, pour tout y. En revenant à notre intégrale, cela permet d'enlever la valeur absolue pour obtenir

$$\int_0^{2\pi} |\mathrm{F}_n(y)|\mathrm{d}y = \int_0^{2\pi} \mathrm{F}_n(y)\mathrm{d}y = \sum_{k=-n}^{n}\left(1-\frac{|k|}{n}\right)\int_0^{2\pi} e^{iky}\mathrm{d}y = 2\pi$$

et donc finalement $\boxed{\|\mathrm{P}'\|_\infty \leqslant 2n\|\mathrm{P}\|_\infty}$. ◁

Le polynôme trigonométrique F_n *est appelé noyau de Fejér d'ordre* n. *Son caractère positif (qui intervient déjà fortement dans la solution ci-dessus) est la clé du théorème de convergence uniforme de Fejér que le lecteur trouvera dans l'exercice 4.31.*

Notons qu'on peut montrer que $\int_0^{2\pi} \mathrm{F}_n(y)|\sin ny|dy = 4$, *ce qui permet d'améliorer un peu la majoration précédente puisqu'on obtient alors* $c = \frac{4n}{\pi}\cdot$ *En fait, la meilleure constante, qui est donc la norme de l'opérateur de dérivation, est* $c = n$. *Cela va découler de l'exercice suivant qui établit l'inégalité de Bernstein (dans le cas réel). Notons que cette dernière est démontrée d'une autre manière dans le tome 1 d'algèbre (exercice 5.37). La méthode mise en œuvre ici n'utilise que les théorèmes usuels de l'analyse réelle (théorème des valeurs intermédiaires, théorème de Rolle,...).*

4.3. Inégalité de Bernstein (1912)

Soit $n \in \mathbb{N}^*$ et f un polynôme trigonométrique réel de degré inférieur à n, c'est-à-dire une fonction pour laquelle il existe des réels $a_0, a_1, \dots, a_n, b_1, \dots, b_n$ tels que, pour tout $x \in \mathbb{R}$,

$$f(x) = a_0 + \sum_{k=1}^{n} (a_k \cos kx + b_k \sin kx).$$

1. Montrer que si f admet au moins $2n+1$ racines distinctes sur $[0, 2\pi[$, alors f est nul.

2. On suppose que $f'(0) = \|f'\|_\infty > n\|f\|_\infty$. On pose pour tout $x \in \mathbb{R}$, $g(x) = \dfrac{1}{n}\|f'\|_\infty \sin(nx) - f(x)$.
Montrer que g admet au moins $2n$ racines distinctes sur $[0, 2\pi[$.
Montrer que g' admet au moins $2n+1$ racines distinctes sur $[0, 2\pi]$.
Montrer que g'' admet au moins $2n+1$ racines distinctes sur $[0, 2\pi[$.
Que peut-on en déduire ?

3. Montrer que $\|f'\|_\infty \leqslant n\|f\|_\infty$. *C'est l'inégalité de Bernstein.*

(**École polytechnique**)

▷ **Solution.**

1. À l'aide des deux formules d'Euler $\cos kx = \dfrac{1}{2}(e^{ikx} + e^{-ikx})$ et $\sin kx = \dfrac{1}{2i}(e^{ikx} - e^{-ikx})$, on voit que

$$f(x) = a_0 + \frac{1}{2}\sum_{k=1}^{n}\left[(a_k - ib_k)e^{ikx} + (a_k + ib_k)e^{-ikx}\right] = e^{-inx}\mathrm{P}(e^{ix})$$

où $\mathrm{P}(\mathrm{X}) = \dfrac{1}{2}\sum\limits_{k=1}^{n}(a_k + ib_k)\mathrm{X}^{n-k} + a_0\mathrm{X}^n + \dfrac{1}{2}\sum\limits_{k=1}^{n}(a_k - ib_k)\mathrm{X}^{n+k}$ est un polynôme de degré inférieur à $2n$. Par hypothèse P possède $2n+1$ racines distinctes à savoir les images par $x \longmapsto e^{ix}$ des racines distinctes dans $[0, 2\pi[$ de f. Il s'agit donc du polynôme nul. On en déduit que les coefficients a_k et b_k sont tous nuls et par suite que f est nul. On peut évidemment remplacer l'intervalle $[0, 2\pi[$ par n'importe quel intervalle semi-ouvert de longueur 2π.

2. L'idée est de regarder g aux points où le sinus est maximal ou minimal. Posons, $t_k = \dfrac{\pi}{2n} + \dfrac{k\pi}{n}$ pour $k \in [\![0, 2n]\!]$. On a $nt_k = \dfrac{\pi}{2} + k\pi$ et

$$g(t_k) = \frac{(-1)^k\|f'\|_\infty - nf(t_k)}{n}.$$

Comme $\|f'\|_\infty > n\|f\|_\infty$, $g(t_k)$ est strictement positif pour k pair et strictement négatif pour k impair. Le théorème des valeurs intermédiaires garantit donc l'existence d'un zéro x_k de g dans chaque intervalle ouvert $]t_k, t_{k+1}[$, $k \in [\![0, 2n-1]\!]$. Ces racines sont deux à deux distinctes. Elles sont toutes dans $[0, 2\pi[$ sauf éventuellement x_{2n-1} qui appartient à $[t_{2n-1}, t_{2n}[= \left[2\pi - \frac{\pi}{2n}, 2\pi + \frac{\pi}{2n}\right[$. Mais dans le cas où $x_{2n-1} \geqslant 2\pi$, il suffit de la remplacer par $x_{2n-1} - 2\pi$ qui est encore racine par 2π-périodicité de g et qui appartient à l'intervalle $[0, t_0[$. Donc g admet au moins $2n$ racines distinctes dans $[0, 2\pi[$.

On a déjà $g'(0) = g'(2\pi) = 0$ et le théorème de Rolle appliqué entre deux racines consécutives de g donne au moins $2n-1$ racines deux à deux distinctes de g' dans $]0, 2\pi[$. Ainsi, g' admet au moins $2n+1$ racines distinctes dans $[0, 2\pi]$. Toujours par le théorème de Rolle, g'' admet au moins $2n$ racines dans $]0, 2\pi[$. Mais comme f' présente un maximum en 0, $f''(0) = 0$ et par suite $g''(0) = 0$. Donc g'' admet au moins $2n+1$ racines dans $[0, 2\pi[$. La question précédente permet d'affirmer que $g'' = 0$. Donc g est affine, donc constante (car bornée) et finalement nulle puisqu'elle s'annule.

On a alors $f(x) = \frac{1}{n}\|f'\|_\infty \sin(nx)$ et cela contredit l'hypothèse initiale car $\|f\|_\infty = n\|f'\|_\infty$.

3. Il est clair qu'il existe $x_0 \in \mathbb{R}$ tel que $|f'(x_0)| = \|f'\|_\infty$. Quitte à prendre $-f$ on peut supposer que $f'(x_0) > 0$. On considère alors $\tilde{f}(x) = f(x + x_0)$. C'est encore un polynôme trigonométrique de degré inférieur à n auquel il est loisible d'appliquer la question 2. Comme $\|f\|_\infty = \|\tilde{f}\|_\infty$ et de même pour les dérivées, on a $\|f'\|_\infty \leqslant n\|f\|_\infty$. $\lhd$

L'inégalité de Bernstein s'étend aux polynômes trigonométriques de degré $\leqslant n$ à coefficients complexes. En effet, soit P un tel polynôme. Il existe un réel x_0 tel que $|\mathrm{P}'(x_0)| = \|\mathrm{P}'\|_\infty$ car P' est continu et 2π-périodique donc atteint ses bornes. Il existe alors un réel α tel que $e^{i\alpha}\mathrm{P}'(x_0) = \|\mathrm{P}'\|_\infty$. Considérons le polynôme trigonométrique réel Q défini par $\mathrm{Q}(x) = \mathrm{Re}(e^{i\alpha}\mathrm{P}(x))$. Il est de degré $\leqslant n$ donc, d'après le résultat de l'exercice, $\|\mathrm{Q}'\|_\infty \leqslant n\|\mathrm{Q}\|_\infty$. On a $|\mathrm{Q}(x)| \leqslant |\mathrm{P}(x)|$ pour tout réel x, donc $\|\mathrm{Q}\|_\infty \leqslant \|\mathrm{P}\|_\infty$. Par ailleurs, $\mathrm{Q}'(x_0) = e^{i\alpha}\mathrm{P}'(x_0) = \|\mathrm{P}'\|_\infty$ de sorte que $\|\mathrm{Q}'\|_\infty \geqslant \|\mathrm{P}'\|_\infty$. Il en résulte donc que $\|\mathrm{P}'\|_\infty \leqslant n\|\mathrm{P}\|_\infty$: c'est l'inégalité de Bernstein pour P. Comme il y a égalité pour le polynôme trigonométrique $\sin nx$, on a finalement démontré que la norme triple de l'opérateur de dérivation sur l'espace des polynômes trigonométriques de degré $\leqslant n$ est égale à n.

Dans l'exercice suivant, on se ramène encore à des raisonnements sur les polynômes.

4.4. Fonction 2π-périodique orthogonale aux polynômes trigonométriques de degré $< n$

Soit $f : \mathbb{R} \to \mathbb{R}$, continue 2π-périodique et $n \in \mathbb{N}^*$. On suppose que $a_k(f) = b_k(f) = 0$ pour tout $k \in [\![0, n-1]\!]$. Montrer que f admet au moins $2n$ zéros dans $[0, 2\pi[$.

(**École normale supérieure**)

▷ **Solution.**

On a, par hypothèse, pour tout $k \in [\![0, n-1]\!]$,

$$\int_0^{2\pi} f(x) \cos kx \mathrm{d}x = \int_0^{2\pi} f(x) \sin kx \mathrm{d}x = 0$$

ou encore, pour tout $k \in \mathbb{Z}$, tel que $|k| < n$, $\frac{1}{\pi}\int_0^{2\pi} f(x)e^{ikx}\mathrm{d}x = 0$. Il faut en déduire que f s'annule au moins $2n$ fois sur $[0, 2\pi[$.

Cela nous rappelle l'exercice classique 1.17. Soit $f : [0,1] \to \mathbb{R}$, continue, telle que, pour $0 \leqslant k \leqslant n-1$, $\int_0^1 f(t)t^k\mathrm{d}t = 0$. Alors f s'annule au moins n fois sur $[0,1]$. La méthode consiste à remarquer qu'on a $\int_0^1 f(t)\mathrm{P}(t)\mathrm{d}t = 0$, pour tout polynôme P de degré inférieur ou égal à $n-1$, et que, si f change moins de n fois de signe sur $]0,1[$, on peut trouver $\mathrm{P} \in \mathbb{R}_{n-1}[\mathrm{X}]$ tel que $\mathrm{P}f$ garde un signe constant.

On va faire la même chose en remplaçant les polynômes par les polynômes trigonométriques. Par linéarité, on a $\int_0^{2\pi} f(x)g(x)\mathrm{d}x = 0$ pour toute fonction g de la forme $g(x) = \sum_{|k| \leqslant n-1} d_k e^{ikx}$, c'est-à-dire tout polynôme trigonométrique de degré $\leqslant n-1$.

On raisonne par l'absurde et on suppose que f s'annule moins de $2n$ fois sur $[0, 2\pi[$. On considère les r valeurs $\alpha_1, \alpha_2, \ldots, \alpha_r$ de $[0, 2\pi[$ en lesquelles f s'annule et change de signe. Nécessairement r est pair puisque, par périodicité, le signe de f est le même sur $]\alpha_r - 2\pi, \alpha_1[$ et sur $]\alpha_r, \alpha_1 + 2\pi[$ et entre les deux, il y a r changements de signe. On pose $r = 2s$. On a donc, par hypothèse, $r \leqslant 2n-2$ et $s \leqslant n-1$. Considérons le polynôme $\mathrm{P}(\mathrm{X}) = \mathrm{C}\prod_{k=1}^{r}(\mathrm{X} - e^{i\alpha_k})$, où C est une constante complexe à choisir, et g la fonction définie par $g(x) = e^{-isx}\mathrm{P}(e^{ix})$. La fonction g est un polynôme trigonométrique de degré s et, d'après les remarques précédentes, on a $\int_0^{2\pi} f(x)g(x)\mathrm{d}x = 0$.

Montrons que l'on peut choisir C pour que g soit à valeurs réelles. On a, pour tout $x \in \mathbb{R}$,

$$\begin{aligned}
\overline{g(x)} &= \overline{\mathrm{C}}e^{isx}\prod_{k=1}^{r}(e^{-ix}-e^{-i\alpha_k})\\
&= \overline{\mathrm{C}}e^{isx}\prod_{k=1}^{r}(-e^{-ix}e^{-i\alpha_k})\prod_{k=1}^{r}(e^{ix}-e^{i\alpha_k})\\
&= \overline{\mathrm{C}}e^{-isx}e^{-i\sum\limits_{k=1}^{r}\alpha_k}\prod_{k=1}^{r}(e^{ix}-e^{i\alpha_k}).
\end{aligned}$$

On a $g(x)=\overline{g(x)}$ pour tout réel x si $\mathrm{C}=\overline{\mathrm{C}}e^{-i\sum\limits_{k=1}^{r}\alpha_k}$. On peut prendre par exemple $\mathrm{C}=e^{-\frac{i}{2}\sum\limits_{k=1}^{r}\alpha_k}$.

La fonction g est alors à valeurs réelles. En $\alpha_1,\ldots,\alpha_r$, elle s'annule, mais pas sa dérivée car $g'(\alpha_k)=ie^{i(-s+1)\alpha_k}\mathrm{P}'(e^{i\alpha_k})\neq 0$, les racines de P étant simples. Elle change donc de signe en ces points. La fonction fg garde donc un signe constant sur $[0,2\pi]$. Comme elle est continue et non identiquement nulle, on a $\int_0^{2\pi}f(x)g(x)\mathrm{d}x\neq 0$, ce qui nous donne la contradiction cherchée. ◁

4.5. Une inégalité

Pour tout $n\in\mathbb{N}$, on note T_n le $\mathbb{R}$-espace vectoriel engendré par les applications $x\longmapsto\cos(2k\pi x)$ et $x\longmapsto\sin(2k\pi x)$ de $[0,1]$ dans $\mathbb{R}$, pour $0\leqslant k\leqslant n$, et V_n l'ensemble des éléments P de T_n qui vérifient, pour tout $x\in[0,1]$, $\mathrm{P}(x)\geqslant x-\dfrac{1}{2}$.

1. Montrer que, pour tout $\mathrm{P}\in\mathrm{T}_n$, on a

$$\int_0^1\mathrm{P}(x)\mathrm{d}x=\frac{1}{n+1}\sum_{k=0}^{n}\mathrm{P}\left(\frac{k}{n+1}\right).$$

2. Montrer que, pour tout $\mathrm{P}\in\mathrm{V}_n$, on a $\int_0^1\mathrm{P}(x)\mathrm{d}x\geqslant\dfrac{1}{2(n+1)}$.

(**École normale supérieure**)

▷ **Solution.**

1. En utilisant les formules d'Euler, on peut écrire P sous la forme $\mathrm{P}(x)=\sum\limits_{k=-n}^{n}c_ke^{i2k\pi x}$, où les c_k sont des nombres complexes. Sachant que $\int_0^1 e^{i2k\pi x}$ est égal à 0 si k n'est pas nul et à 1 sinon, on en déduit, par linéarité, que $\int_0^1\mathrm{P}(x)\mathrm{d}x=c_0$.

On calcule ensuite $\sum_{k=0}^{n} \mathrm{P}\left(\frac{k}{n+1}\right) = \sum_{\ell=-n}^{n} c_\ell \left(\sum_{k=0}^{n} e^{i2\ell\pi\frac{k}{n+1}}\right)$. On obtient, pour $\ell \in [\![-n, n]\!]$,

$$\sum_{k=0}^{n} e^{i2\ell\pi\frac{k}{n+1}} = \sum_{k=0}^{n} \left(e^{i\frac{2\ell\pi}{n+1}}\right)^k = \begin{cases} n+1 & \text{si } \ell = 0 \\ \dfrac{e^{i2\ell\pi} - 1}{e^{i\frac{2\ell\pi}{n+1}} - 1} = 0 & \text{si } \ell \neq 0. \end{cases}$$

On a donc $\sum_{k=0}^{n} \mathrm{P}\left(\frac{k}{n+1}\right) = (n+1)c_0 = (n+1)\int_0^1 \mathrm{P}(x)\mathrm{d}x.$

2. On applique la relation démontrée dans la première question. Il résulte de la définition de V_n que l'on a $\mathrm{P}\left(\frac{k}{n+1}\right) \geqslant \frac{k}{n+1} - \frac{1}{2}$, pour $0 \leqslant k \leqslant n$. Pour $k = 0$, on peut améliorer cette minoration. En effet, par 1-périodicité de P, on obtient $\mathrm{P}(0) = \mathrm{P}(1) \geqslant 1 - \frac{1}{2} \geqslant \frac{1}{2}\cdot$ On a finalement

$$\begin{aligned} \int_0^1 \mathrm{P}(x)\mathrm{d}x &\geqslant \frac{1}{n+1}\left(\frac{1}{2} + \sum_{k=1}^{n}\left(\frac{k}{n+1} - \frac{1}{2}\right)\right) \\ &\geqslant \frac{1}{n+1}\left(\frac{1}{2} + \frac{n(n+1)}{2(n+1)} - n\frac{1}{2}\right) = \frac{1}{2(n+1)}\cdot \ \triangleleft \end{aligned}$$

Les deux exercices suivants sont consacrés à l'inégalité de Hilbert. Le premier, dans le cas réel, utilise la formule de Parseval. Il faut garder à l'esprit que si un polynôme trigonométrique P *s'écrit* $\sum_{k=-n}^{n} c_k e^{ikx}$, *les coefficients de Fourier de* P *sont les* c_k *et qu'on peut lui appliquer tous les théorèmes de l'analyse de Fourier.*

4.6. Inégalité de Hilbert (1)

Soit $\mathrm{P} = \sum_{k=0}^{n} a_k \mathrm{X}^k \in \mathbb{R}[\mathrm{X}]$.

1. Montrer que $\int_{-1}^{1} \mathrm{P}^2(x)\mathrm{d}x = -i\int_0^{\pi} \mathrm{P}^2(e^{i\theta})e^{i\theta}\mathrm{d}\theta.$

2. En déduire l'inégalité de Hilbert,

$$\sum_{0 \leqslant k, \ell \leqslant n} \frac{a_k a_\ell}{k+\ell+1} \leqslant \pi \sum_{k=0}^{n} a_k^2.$$

(**École polytechnique**)

▷ **Solution.**

1. Démontrons, plus généralement que l'on a, pour tout $Q \in \mathbb{R}[X]$, $\int_{-1}^{1} Q(x)\mathrm{d}x = -i\int_0^{\pi} Q(e^{i\theta})e^{i\theta}\mathrm{d}\theta$. Par linéarité de l'intégrale, il suffit de le démontrer pour $Q = X^n$. On trouve

$$-i\int_0^{\pi} Q(e^{i\theta})e^{i\theta}\mathrm{d}\theta = -i\int_0^{\pi} e^{i(n+1)\theta}\mathrm{d}\theta = \frac{-i}{i(n+1)}((-1)^{n-1}-1)$$
$$= \frac{1}{n+1}(1-(-1)^{n+1}) = \int_{-1}^{1} Q(x)\mathrm{d}x.$$

2. Le premier membre de l'inégalité à démontrer est égal à

$$\sum_{0\leqslant k,\ell\leqslant n} a_k a_\ell \int_0^1 x^k x^\ell \mathrm{d}x = \int_0^1 \left(\sum_{0\leqslant k,\ell\leqslant n} a_k a_\ell x^k x^\ell\right)\mathrm{d}x = \int_0^1 P^2(x)\mathrm{d}x.$$

De la question 1, on tire la majoration

$$\int_0^1 P^2(x)\mathrm{d}x \leqslant \int_{-1}^1 P^2(x)\mathrm{d}x = \left|\int_0^{\pi} P^2(e^{i\theta})e^{i\theta}\mathrm{d}\theta\right| \leqslant \int_0^{\pi} |P(e^{i\theta})|^2\mathrm{d}\theta.$$

Le polynôme P étant à coefficients réels, on a $|P(e^{i\theta})|^2 = P(e^{i\theta})P(e^{-i\theta})$. La fonction qu'on intègre étant paire, on a donc

$$\int_0^{\pi} |P(e^{i\theta})|^2\mathrm{d}\theta = \frac{1}{2}\int_{-\pi}^{\pi} |P(e^{i\theta})|^2\mathrm{d}\theta = \frac{1}{2}\cdot 2\pi\sum_{k=0}^{n} a_k^2 = \pi\sum_{k=0}^{n} a_k^2,$$

d'après la formule de Parseval, ce qui donne l'inégalité voulue. ◁

On peut noter que l'inégalité est stricte si les coefficients c_k ne sont pas tous nuls puisque si P *n'est pas nul* $\int_0^1 P^2(x)\,dx < \int_{-1}^1 P^2(x)\,dx$. *Cette preuve de l'inégalité de Hilbert est due à Fejér et Riesz.*

L'énoncé suivant donne un résultat plus général.

4.7. Inégalité de Hilbert (2)

On note, pour n dans $\mathbb{Z}$, $e_n : t \in \mathbb{R} \longmapsto e^{int} \in \mathbb{C}$.

1. Calculer les coefficients de Fourier de la fonction 2π-périodique h telle que $h(t) = \pi - t$ pour t dans $[0, 2\pi[$.

2. Soient $P = \sum_{k=0}^{n} a_k e_{-k}$ et $Q = \sum_{\ell=0}^{n} b_\ell e_{-\ell}$ où les a_k et les b_ℓ sont des nombres complexes. Calculer $\frac{1}{2\pi}\int_0^{2\pi} P(t)Q(t)h(t)e_{-1}(t)\mathrm{d}t$.

3. *Inégalité de Hilbert.* Trouver une constante C (indépendante des a_k, b_ℓ et de n) telle que

$$\left|\sum_{0\leqslant k,\ell\leqslant n}\frac{a_k b_\ell}{k+\ell+1}\right|^2 \leqslant \mathrm{C}\sum_{k=0}^{n}|a_k|^2\sum_{\ell=0}^{n}|b_\ell|^2.$$

4. On pose, pour $0\leqslant k\leqslant n$, $c_k=\sum\limits_{j=0}^{n}\dfrac{a_j}{j+k+1}$. Montrer que

$$\sum_{k=0}^{n}|c_k|^2\leqslant \pi^2\sum_{j=0}^{n}|a_j|^2.$$

(**École normale supérieure**)

▷ **Solution.**

1. Les coefficients de Fourier de h sont $c_n(h)=\dfrac{1}{2\pi}\displaystyle\int_0^{2\pi}(\pi-t)e^{-int}\mathrm{d}t$, pour n dans $\mathbb{Z}$. Si $n\neq 0$, on trouve, en intégrant par parties

$$c_n(h)=\frac{1}{2\pi}\left(\left[\frac{(\pi-t)e^{-int}}{-in}\right]_0^{2\pi}-\int_0^{2\pi}\frac{e^{-int}}{in}\mathrm{d}t\right)=\frac{1}{in}$$

et

$$c_0(h)=\frac{1}{2\pi}\int_0^{2\pi}(\pi-t)\mathrm{d}t=\frac{1}{2\pi}\left[\pi t-\frac{t^2}{2}\right]_0^{2\pi}=0.$$

2. On notera que pour tous entiers n et m, on a $e_m e_n = e_{m+n}$. Cela donne, en développant

$$\mathrm{PQ}e_{-1}=\left(\sum_{k=0}^{n}a_k e_{-k}\right)\left(\sum_{\ell=0}^{n}b_\ell e_{-\ell}\right)e_{-1}=\sum_{0\leqslant k,\ell\leqslant n}a_k b_\ell e_{-(k+\ell+1)}.$$

On en déduit que

$$\begin{aligned}\frac{1}{2\pi}\int_0^{2\pi}\mathrm{PQ}he_{-1}&=\sum_{0\leqslant k,\ell\leqslant n}a_k b_\ell\times\frac{1}{2\pi}\int_0^{2\pi}e_{-(k+\ell+1)}h\\&=\sum_{0\leqslant k,\ell\leqslant n}a_k b_\ell c_{k+\ell+1}(h)=\frac{1}{i}\sum_{0\leqslant k,\ell\leqslant n}\frac{a_k b_\ell}{k+\ell+1}.\end{aligned}$$

3. D'après la question précédente, on a l'égalité

$$\left|\sum_{0\leqslant k,\ell\leqslant n}\frac{a_k b_\ell}{k+\ell+1}\right|^2=\left(\frac{1}{2\pi}\left|\int_0^{2\pi}\mathrm{PQ}he_{-1}\right|\right)^2$$

ce qu'on peut majorer ainsi :

$$\left|\int_0^{2\pi} \mathrm{PQ}he_{-1}\right| \leqslant \int_0^{2\pi} |\mathrm{P}||\mathrm{Q}||h||e_{-1}| \leqslant \|h\|_\infty \int_0^{2\pi} |\mathrm{P}||\mathrm{Q}| \leqslant \pi \int_0^{2\pi} |\mathrm{P}||\mathrm{Q}|.$$

D'après l'inégalité de Cauchy-Schwarz, on en déduit que :

$$\left|\sum_{0\leqslant k,\ell\leqslant n} \frac{a_k b_\ell}{k+\ell+1}\right|^2 \leqslant \frac{1}{4}\left(\int_0^{2\pi} |\mathrm{P}||\mathrm{Q}|\right)^2 \leqslant \frac{1}{4}\left(\int_0^{2\pi} |\mathrm{P}|^2\right)\left(\int_0^{2\pi} |\mathrm{Q}|^2\right).$$

En vertu de l'égalité de Parseval, $\int_0^{2\pi} |\mathrm{P}|^2 = 2\pi \sum_{k=0}^{n} |a_k|^2$ et $\int_0^{2\pi} |\mathrm{Q}|^2 = 2\pi \sum_{\ell=0}^{n} |b_\ell|^2$. On obtient finalement

$$\boxed{\left|\sum_{0\leqslant k,\ell\leqslant n} \frac{a_k b_\ell}{k+\ell+1}\right|^2 \leqslant \pi^2 \sum_{k=0}^{n} |a_k|^2 \sum_{\ell=0}^{n} |b_\ell|^2},$$

ce qui est l'inégalité demandée avec $\mathrm{C} = \pi^2$.

4. En posant $c_k = \sum_{j=0}^{n} \dfrac{a_j}{j+k+1}$, l'inégalité précédente s'écrit

$$\left|\sum_{\ell=0}^{n} b_\ell c_\ell\right|^2 \leqslant \pi^2 \sum_{k=0}^{n} |a_k|^2 \sum_{\ell=0}^{n} |b_\ell|^2,$$

inégalité valable pour tout $(b_0, b_1, \ldots, b_n)$ de $\mathbb{C}^{n+1}$. En particulier, si on prend $b_\ell = \overline{c_\ell}$ pour $0 \leqslant \ell \leqslant n$, on obtient

$$\left(\sum_{\ell=0}^{n} |c_\ell|^2\right)^2 \leqslant \pi^2 \sum_{k=0}^{n} |a_k|^2 \sum_{\ell=0}^{n} |c_\ell|^2.$$

Si $\sum_{\ell=0}^{n} |c_\ell|^2 \neq 0$, il reste en divisant :

$$\sum_{\ell=0}^{n} |c_\ell|^2 \leqslant \pi^2 \sum_{k=0}^{n} |a_k|^2,$$

inégalité triviale lorsque $\sum_{\ell=0}^{n} |c_\ell|^2 = 0$. $\lhd$

La dernière question de l'exercice signifie que si A *est la matrice de Hilbert* $\left(\dfrac{1}{i+j+1}\right)_{0\leqslant i,j\leqslant n}$ *et* $\|\ \|_2$ *la norme triple de* $\mathcal{M}_n(\mathbb{C})$ *associée à la norme hermitienne canonique de* $\mathbb{C}^n$, *on a* $\|\mathrm{A}\|_2 \leqslant \pi$.

Commence ici une série d'exercices où il s'agit d'écrire le développement en série de Fourier de diverses fonctions – il s'agit en général de fonctions de classe $\mathcal{C}^1$ par morceaux pour lesquelles le théorème de Dirichlet s'applique – et d'utiliser ces développements pour le calcul de sommes de séries numériques, d'intégrales, ou de séries de fonctions.

Nous commençons par des exemples très classiques. On notera que dans la première question de l'exercice suivant les fonctions considérées sont de période 2. On rappelle que pour une fonction de période T, *les coefficients de Fourier sont définis par*

$$c_n(f) = \frac{1}{\mathrm{T}} \int_0^{\mathrm{T}} f(t) e^{-2\pi i n t/\mathrm{T}}\, dt \quad (n \in \mathbb{Z}),$$

$$a_n(f) = \frac{2}{\mathrm{T}} \int_0^{\mathrm{T}} f(t) \cos\Big(\frac{2\pi}{\mathrm{T}} nt\Big)\, dt\ ,\ b_n(f) = \frac{2}{\mathrm{T}} \int_0^{\mathrm{T}} f(t) \sin\Big(\frac{2\pi}{\mathrm{T}} nt\Big)\, dt$$

($n \in \mathbb{N}$), et la série de Fourier de f est

$$\sum_{n=-\infty}^{+\infty} c_n(f) e^{2\pi i n t/\mathrm{T}}$$

ou

$$\frac{a_0}{2} + \sum_{n=1}^{+\infty} \Big(a_n \cos\frac{2\pi}{\mathrm{T}} nt + b_n \sin\frac{2\pi}{\mathrm{T}} nt\Big).$$

4.8. Calcul de sommes de séries

1. Soit f_1 (resp. f_2, f_3) la fonction 2-périodique définie par $f_1(t) = -1$ (resp. $-t$, $-t^2$) sur $]-1, 0[$ et $f_1(t) = 1$ (resp. t, t^2) sur $[0, 1]$. Développer ces fonctions en série de Fourier. Calculer

$$\sum_{p=0}^{+\infty} \frac{(-1)^p}{(2p+1)^3}.$$

2. Calculer les coefficients de Fourier de la fonction 2π-périodique qui vaut x^2 pour $x \in [-\pi, \pi]$.

En déduire la valeur de $\sum_{n=1}^{+\infty} \frac{1}{n^2}$.

(**École polytechnique**)

▷ **Solution.**

1. Les fonctions f_1, f_2, f_3 sont $\mathcal{C}^1$ par morceaux sur $\mathbb{R}$. La restriction de f_1 (resp. f_2, resp. f_3) à $]-1,0[\cup]0,1[$ est impaire, (resp. paire, resp. impaire).

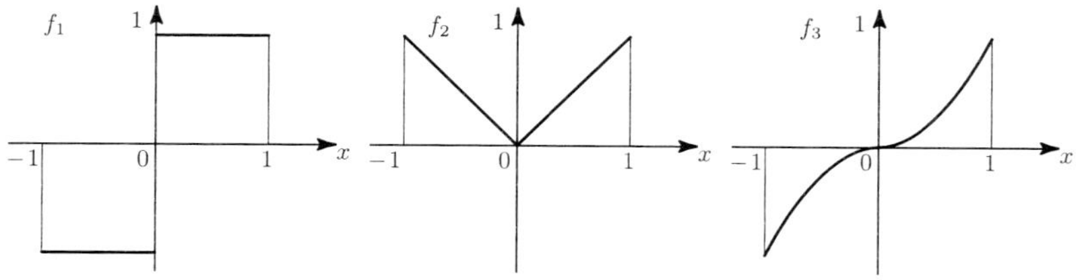

On en déduit que $a_n(f_1) = a_n(f_3) = b_n(f_2) = 0$ pour tout $n \in \mathbb{N}$. Calculons les autres coefficients. Pour $n \in \mathbb{N}^*$,

$$b_n(f_1) = \int_{-1}^{1} f_1(t)\sin(\pi nt)\mathrm{d}t = 2\int_0^1 \sin(\pi nt)\mathrm{d}t = \frac{2}{\pi n}(1-(-1)^n).$$

Les coefficients d'indice pair sont nuls et $b_{2n+1}(f_1) = \dfrac{4}{\pi(2n+1)}\cdot$ On calcule $a_n(f_2) = \int_{-1}^{1} f_2(t)\cos(\pi nt)\mathrm{d}t = 2\int_0^1 t\cos(\pi nt)\mathrm{d}t$ en intégrant par parties. On obtient $a_0(f_2) = 1$ et pour $n \in \mathbb{N}^*$,

$$a_n(f_2) = \left[2t\frac{\sin(\pi nt)}{n\pi}\right]_0^1 - \frac{2}{\pi n}\int_0^1 \sin(\pi nt)\mathrm{d}t = 0 + \frac{2}{\pi^2 n^2}((-1)^n - 1).$$

Les coefficients d'indice pair (non nul) sont tous nuls et pour tout $n \in \mathbb{N}$, $a_{2n+1}(f_2) = -\dfrac{4}{\pi^2(2n+1)^2}\cdot$

Pour $n \in \mathbb{N}^*$, $b_n(f_3) = \int_{-1}^{1} f_2(t)\sin(\pi nt)\mathrm{d}t = 2\int_0^1 t^2\sin(\pi nt)\mathrm{d}t$ s'obtient en intégrant deux fois par parties. On trouve

$$\begin{aligned}
b_n(f_3) &= \left[2t^2\frac{-\cos(\pi nt)}{\pi n}\right]_0^1 + \frac{4}{\pi n}\int_0^1 t\cos(\pi nt)\mathrm{d}t \\
&= \frac{2}{\pi n}(-1)^{n+1} + \frac{4}{\pi^2 n^2}\left[t\sin(\pi nt)\right]_0^1 - \frac{4}{\pi^2 n^2}\int_0^1 \sin(\pi nt)\mathrm{d}t \\
&= \frac{2}{\pi n}(-1)^{n+1} - \frac{4}{\pi^3 n^3}(1-(-1)^n).
\end{aligned}$$

En distinguant selon la parité de n, on écrit

$$b_{2n}(f_3) = -\frac{1}{\pi n} \quad \text{et} \quad b_{2n+1}(f_3) = \frac{2}{\pi(2n+1)} - \frac{8}{\pi^3(2n+1)^3}\cdot$$

Les fonctions f_1, f_2, f_3 étant $\mathcal{C}^1$ par morceaux, leur série de Fourier converge en tout point x vers $\frac{1}{2}(f(x+0)+f(x-0))$ et donc vers $f(x)$ si $x \notin \mathbb{Z}$. On a donc

$$\sum_{n=0}^{+\infty} \frac{4}{\pi(2n+1)} \sin(\pi(2n+1)x) = \begin{cases} -1 & \text{si } x \in]-1,0[, \\ 0 & \text{si } x \in \mathbb{Z} \\ 1 & \text{si } x \in]0,1[\end{cases}$$

$$\frac{1}{2} - \sum_{n=0}^{+\infty} \frac{4}{\pi^2(2n+1)^2} \cos(\pi(2n+1)x) = \begin{cases} -x & \text{si } x \in]-1,0[, \\ 0 & \text{si } x \in \mathbb{Z} \\ x & \text{si } x \in]0,1[\end{cases}$$

$$\sum_{n=1}^{+\infty} \left(\frac{-1}{\pi n}\right) \sin(2\pi n x) + \sum_{n=0}^{+\infty} \left(\frac{2}{\pi(2n+1)} - \frac{8}{\pi^3(2n+1)^3}\right) \sin(\pi(2n+1)x)$$
$$= \begin{cases} -x^2 & \text{si } x \in]-1,0[, \\ 0 & \text{si } x \in \mathbb{Z} \\ x^2 & \text{si } x \in]0,1[. \end{cases}$$

En particulier, si on prend $x = \frac{1}{2}$ dans la dernière formule, on obtient

$$\sum_{n=0}^{+\infty} \frac{2}{\pi(2n+1)} (-1)^n - \sum_{n=0}^{+\infty} \frac{8}{\pi^3(2n+1)^3} (-1)^n = \frac{1}{4}.$$

Mais, la première égalité donne, pour $x = \frac{1}{2}$, $\sum\limits_{n=0}^{+\infty} \frac{4(-1)^n}{\pi(2n+1)} = 1$. On a donc $\sum\limits_{n=0}^{+\infty} \frac{(-1)^n}{(2n+1)} = \frac{\pi}{4}$ et $\sum\limits_{n=0}^{+\infty} \frac{(-1)^n}{(2n+1)^3} = \frac{\pi^3}{8}\left(\frac{2}{\pi} \cdot \frac{\pi}{4} - \frac{1}{4}\right) = \frac{\pi^3}{32}$.

2. La fonction 2π-périodique f qui vaut x^2 pour $x \in [-\pi, \pi]$ est paire, continue et $\mathcal{C}^1$ par morceaux. Elle est partout égale à sa série de Fourier. On a $a_0 = \frac{2}{\pi} \int_0^\pi t^2 \mathrm{d}t = \frac{2\pi^2}{3}$ et, pour tout $n \in \mathbb{N}$, en intégrant par parties,

$$a_n(f) = \frac{2}{\pi} \int_0^\pi t^2 \cos(nt) \mathrm{d}t = \frac{2}{\pi n} \left[t^2 \sin(nt)\right]_0^\pi - \frac{4}{\pi n} \int_0^\pi t \sin(nt) \mathrm{d}t$$
$$= 0 + \frac{4}{\pi n^2} [t\cos(nt)]_0^\pi - \frac{4}{\pi n^2} \int_0^\pi \cos(nt)\mathrm{d}t = \frac{4}{n^2}(-1)^n.$$

On a donc, pour tout $x \in \mathbb{R}$,

$$f(x) = \frac{\pi^2}{3} + \sum_{n=1}^{+\infty} \frac{4(-1)^n}{n^2} \cos nx.$$

En particulier en prenant $x = \pi$ on obtient $\pi^2 = \frac{\pi^2}{3} + \sum_{n=1}^{+\infty} \frac{4}{n^2}$ ce qui donne la somme classique $\sum_{n=1}^{+\infty} \frac{1}{n^2} = \frac{\pi^2}{6}\cdot$ ◁

L'énoncé suivant redémontre le développement eulérien de la fonction cotangente, déjà obtenu par une méthode plus élémentaire dans l'exercice 2.26.

4.9. Développement eulérien de la fonction cotangente

Soit $0 < u < 1$ et $f : \mathbb{R} \longrightarrow \mathbb{R}$, 2π-périodique, telle que pour tout $x \in [-\pi, \pi]$, $f(x) = \cos(ux)$.

1. Calculer les coefficients de Fourier de f.

2. Calculer $g(u) = \sum_{n=1}^{+\infty} \frac{2u}{u^2 - n^2}\cdot$

3. Pour $t \in]0, 1[$, calculer $\mathrm{I}(t) = \int_0^t g(u)\mathrm{d}u$.

(**École polytechnique**)

▷ **Solution.**

La fonction f est continue sur $\mathbb{R}$, car $\lim_{t\to\pi^-} f(t) = \cos(u\pi) = \lim_{t\to-\pi^+} f$, et de classe $\mathcal{C}^1$ par morceaux.

1. La parité de f nous invite à considérer plutôt les coefficients trigonométriques. Les b_n sont tous nuls. Calculons donc pour $n \geqslant 0$

$$
\begin{aligned}
a_n &= \frac{1}{\pi}\int_{-\pi}^{\pi} \cos(nx)\cos(ux)\mathrm{d}u = \frac{2}{\pi}\int_0^{\pi} \cos(nx)\cos(ux)\mathrm{d}u \\
&= \frac{1}{\pi}\int_0^{\pi} (\cos(n+u)x + \cos(n-u)x)\,\mathrm{d}u \\
&= \frac{1}{\pi}\left(\frac{\sin(n\pi + u\pi)}{n+u} - \frac{\sin(u\pi - n\pi)}{n-u}\right) \\
&= \frac{(-1)^{n+1}}{\pi}\frac{2u}{n^2 - u^2}\sin \pi u.
\end{aligned}
$$

Puisque f est continue, $\mathcal{C}^1$ par morceaux, sa série de Fourier converge normalement sur $\mathbb{R}$ et a pour somme f. On a donc, si $x \in [-\pi, \pi]$,

$$\cos ux = \frac{\sin \pi u}{\pi u} + \sum_{n=1}^{+\infty} \frac{(-1)^{n+1}}{\pi}\frac{2u}{n^2 - u^2}\sin \pi u \cos nx.$$

2. On obtient, en substituant π à x dans la dernière formule,

$$\cos \pi u = \frac{\sin \pi u}{\pi u} - \frac{1}{\pi} \sum_{n=1}^{+\infty} \frac{2u}{n^2 - u^2} \sin \pi u = \frac{\sin \pi u}{\pi u} + \frac{g(u) \sin \pi u}{\pi}.$$

En divisant par $\sin \pi u$, il reste $\operatorname{cotan} \pi u = \dfrac{1}{\pi u} + \dfrac{g(u)}{\pi}$, et finalement

$$\boxed{g(u) = \pi \operatorname{cotan} \pi u - \frac{1}{u}}.$$

3. Il est clair sur l'expression ci-dessus que g est continue sur $]0, 1[$ et qu'elle se prolonge par continuité en 0 par $g(0) = 0$. Si $\alpha \in]0, t[$, on peut écrire

$$\begin{aligned} \int_\alpha^t g(u) \mathrm{d}u &= \int_\alpha^t \left(\pi \operatorname{cotan} \pi u - \frac{1}{u} \right) \mathrm{d}u = [\ln \sin \pi u - \ln u]_\alpha^t \\ &= \ln \left(\frac{\sin \pi t}{t} \right) - \ln \left(\frac{\sin \pi \alpha}{\alpha} \right) \\ &\xrightarrow[\alpha \to 0]{} \ln \left(\frac{\sin \pi t}{t} \right) - \ln \pi = \ln \left(\frac{\sin \pi t}{\pi t} \right) \end{aligned}$$

On conclut donc $\boxed{\displaystyle\int_0^t g(u) \mathrm{d}u = \ln \left(\frac{\sin \pi t}{\pi t} \right)}$. ◁

Il manque sans doute une dernière question à l'exercice : en intégrant terme à terme la série (ce qui est possible par convergence normale sur le segment $[0, t]$) on obtient

$$\int_0^t g(u) \, du = \sum_{n=1}^{+\infty} \ln \left(1 - \frac{t^2}{n^2} \right).$$

En passant à l'exponentielle et en tenant compte du résultat de la question 3 on obtient donc $\dfrac{\sin \pi t}{\pi t} = \displaystyle\prod_{n=1}^{+\infty} \left(1 - \frac{t^2}{n^2} \right)$ *pour tout* $t \in]0, 1[$*. Il s'agit du développement eulérien de la fonction sinus, qui reste valable sur* $\mathbb{C}$ *comme le montre l'exercice 2.29.*

Dans les trois exercices suivants, on ne calcule pas directement les coefficients de Fourier de la fonction f considérée, mais on obtient, à l'aide d'un développement en série entière, l'écriture de f comme somme d'une série trigonométrique. On démontre ensuite que celle-ci est la série de Fourier de f. L'argument utilisé doit être retenu : si $\sum c_n e^{inx}$ (ou $\sum (a_n \cos nx + b_n \sin nx)$) converge uniformément (et en particulier normalement) sur $\mathbb{R}$ et si on note $f(x)$ la somme de la série [1]*, alors les*

1. Naturellement, $f(x) = \dfrac{a_0}{2} + \sum\limits_{n \geqslant 1} (a_n \cos nx + b_n \sin nx)$ dans le cas des coefficients trigonométriques.

c_n (ou les a_n et b_n) sont les coefficients de Fourier de f. Démontrons ce résultat pour les coefficients exponentiels, la démonstration étant la même pour les coefficients trigonométriques. On a, pour tout réel x, $f(x) = \sum_{n=-\infty}^{+\infty} c_n e^{inx}$. La fonction f est continue sur $\mathbb{R}$, puisque la convergence est uniforme et, pour tout $n \in \mathbb{Z}$,

$$c_n(f) = \frac{1}{2\pi}\int_{-\pi}^{\pi} f(t)e^{-int}\,dt = \frac{1}{2\pi}\int_{-\pi}^{\pi}\sum_{k=-\infty}^{+\infty} c_k e^{i(k-n)t}\,dt.$$

La convergence de la série trigonométrique étant uniforme, on peut intervertir sommation et intégration et on obtient

$$c_n(f) = \sum_{k=-\infty}^{+\infty} c_k \frac{1}{2\pi}\int_{-\pi}^{\pi} e^{i(k-n)t}\,dt = c_n,$$

compte tenu des relations d'orthogonalité entre les fonctions $t \longmapsto e^{int}$.

4.10. Développement en série de Fourier (1)

> Développer la fonction $x \longmapsto \dfrac{1+\cos x}{4-2\cos x}$ en série de Fourier.
>
> (**École polytechnique**)

▷ **Solution.**

On exprime $f(x) = \dfrac{1+\cos x}{4-2\cos x}$ en fonction de e^{ix} et on utilise un développement en série entière de la fraction rationnelle obtenue. On a pour tout $x \in \mathbb{R}$,

$$\begin{aligned}\frac{1+\cos x}{4-2\cos x} &= -\frac{1}{2} + \frac{3}{4-2\cos x} = -\frac{1}{2} + \frac{3}{4-e^{ix}-e^{-ix}}\\ &= -\frac{1}{2} + \frac{3e^{ix}}{-(e^{ix})^2 + 4e^{ix} - 1}.\end{aligned}$$

On décompose en éléments simples la fraction rationnelle $\dfrac{3\mathrm{X}}{-\mathrm{X}^2+4\mathrm{X}-1}$. On obtient

$$\begin{aligned}\frac{3\mathrm{X}}{-\mathrm{X}^2+4\mathrm{X}-1} &= \frac{3\mathrm{X}}{-(\mathrm{X}-(2-\sqrt{3}))(\mathrm{X}-(2+\sqrt{3}))}\\ &= \frac{\sqrt{3}}{2}\left(\frac{2-\sqrt{3}}{\mathrm{X}-(2-\sqrt{3})} - \frac{2+\sqrt{3}}{\mathrm{X}-(2+\sqrt{3})}\right)\end{aligned}$$

et donc, pour tout réel x,

$$f(x) = -\frac{1}{2} + \frac{\sqrt{3}}{2}\left(\frac{2-\sqrt{3}}{e^{ix}-(2-\sqrt{3})} - \frac{2+\sqrt{3}}{e^{ix}-(2+\sqrt{3})}\right).$$

On peut écrire alors, pour tout réel x,

$$\begin{aligned}\frac{1}{e^{ix}-(2-\sqrt{3})} &= \frac{e^{-ix}}{1-(2-\sqrt{3})e^{-ix}} = e^{-ix}\sum_{n=0}^{+\infty}\left((2-\sqrt{3})e^{-ix}\right)^n \\ &= \sum_{n=0}^{+\infty}(2-\sqrt{3})^n e^{-i(n+1)x},\end{aligned}$$

car $|(2-\sqrt{3})e^{-ix}| \leqslant 1$. On a, de même, sachant que $\dfrac{1}{2+\sqrt{3}} = 2-\sqrt{3}$,

$$\begin{aligned}\frac{1}{e^{ix}-(2+\sqrt{3})} &= -\frac{1}{(2+\sqrt{3})\left(1-(2-\sqrt{3})e^{ix}\right)} \\ &= -(2-\sqrt{3})\sum_{n=0}^{+\infty}\left((2-\sqrt{3})e^{ix}\right)^n\end{aligned}$$

On en déduit que, pour tout réel x,

$$\begin{aligned}f(x) &= -\frac{1}{2} + \frac{\sqrt{3}}{2}\left(\sum_{n=0}^{+\infty}(2-\sqrt{3})^{n+1}e^{-i(n+1)x} + \sum_{n=0}^{+\infty}(2-\sqrt{3})^n e^{inx}\right) \\ &= \frac{-1+\sqrt{3}}{2} + \sqrt{3}\sum_{n=1}^{+\infty}(2-\sqrt{3})^n \cos nx.\end{aligned}$$

Cette série converge normalement sur $\mathbb{R}$ car, pour $n \geqslant 1$,

$$|(2-\sqrt{3})^n \cos nx| \leqslant (2-\sqrt{3})^n.$$

On en déduit que c'est le développement en série de Fourier de f.

Conclusion. Le développement de f en série de Fourier est donc

$$\boxed{f(x) = \frac{-1+\sqrt{3}}{2} + \sqrt{3}\sum_{n=1}^{+\infty}(2-\sqrt{3})^n \cos nx}. \lhd$$

On peut en déduire la valeur des intégrales $\int_{-\pi}^{\pi} f(t)\cos nt\,dt$ pour tout entier n. Cette idée est à la base de l'énoncé qui suit : on calcule des intégrales en les interprétant comme les coefficients de Fourier d'une fonction dont on détermine le développement en série de Fourier via l'utilisation de séries entières.

4.11. Calcul d'intégrales par développement en série de Fourier

Calculer pour $a \in \mathbb{R}_+^*$ et $n \in \mathbb{N}$,

$$\mathrm{I}_n = \frac{1}{\pi}\int_0^{2\pi} \frac{\cos nx}{\operatorname{ch} a - \sin x}\mathrm{d}x \quad \text{et} \quad \mathrm{J}_n = \frac{1}{\pi}\int_0^{2\pi} \frac{\sin nx}{\operatorname{ch} a - \sin x}\mathrm{d}x.$$

(**École polytechnique**)

▷ **Solution.**

Soit f la fonction $x \longmapsto \dfrac{1}{\operatorname{ch} a - \sin x}\cdot$ Pour $a > 0$, f est définie sur $\mathbb{R}$ et 2π-périodique. Il s'agit de calculer ses coefficients de Fourier. La fonction f est de classe $\mathcal{C}^1$ sur $\mathbb{R}$. Elle est donc égale à sa série de Fourier. Pour déterminer celle-ci, on exprime $f(x)$ en fonction de e^{ix} et on utilise des développements en série entière.

On a, pour tout $x \in \mathbb{R}$,

$$f(x) = \frac{1}{\operatorname{ch} a - \dfrac{1}{2i}(e^{ix} - e^{-ix})} = \frac{2ie^{ix}}{-e^{2ix} + 2ie^{ix}\operatorname{ch} a + 1}.$$

On considère la fraction rationnelle $\mathrm{F} = \dfrac{2i\mathrm{X}}{-\mathrm{X}^2 + 2i\mathrm{X}\operatorname{ch} a + 1}$ que l'on décompose en éléments simples. On obtient

$$\mathrm{F} = \frac{-2i\mathrm{X}}{(\mathrm{X} - ie^a)(\mathrm{X} - ie^{-a})} = -\frac{i}{\operatorname{sh} a}\left(\frac{e^a}{\mathrm{X} - ie^a} - \frac{e^{-a}}{\mathrm{X} - ie^{-a}}\right).$$

On en déduit que, pour tout réel x,

$$f(x) = -\frac{i}{\operatorname{sh} a}\left(\frac{e^a}{e^{ix} - ie^a} - \frac{e^{-a}}{e^{ix} - ie^{-a}}\right).$$

On développe chaque terme en série :

$$\frac{e^a}{e^{ix} - ie^a} = \frac{i}{1 + ie^{-a}e^{ix}} = i\sum_{n=0}^{+\infty}(-ie^{-a}e^{ix})^n = \sum_{n=0}^{+\infty}(-1)^n i^{n+1}e^{-na}e^{inx},$$

car $|ie^{-a}e^{ix}| = e^{-a} < 1$ et, de même,

$$\begin{aligned}\frac{e^{-a}}{e^{ix} - ie^{-a}} &= \frac{e^{-a}e^{-ix}}{1 - ie^{-a}e^{-ix}} = e^{-a}e^{-ix}\sum_{n=0}^{+\infty}(ie^{-a}e^{-ix})^n \\ &= \sum_{n=0}^{+\infty} i^n e^{-(n+1)a}e^{-(n+1)ix}.\end{aligned}$$

Finalement, on peut écrire, pour tout réel x,

$$\begin{aligned} f(x) &= \frac{-i}{\operatorname{sh} a}\left(i+\sum_{n=1}^{+\infty} e^{-na}\left(i^{n+1}(-1)^n e^{inx}-i^{n-1}e^{-inx}\right)\right)\\ &= \frac{1}{\operatorname{sh} a}\left(1+\sum_{n=1}^{+\infty} e^{-na}\, i^n\left((-1)^n e^{inx}+e^{-inx}\right)\right)\\ &= \frac{1}{\operatorname{sh} a}\left(1+\sum_{p=1}^{+\infty} 2e^{-2pa}(-1)^p\cos 2px\right.\\ &\qquad\left.+\sum_{p=0}^{+\infty} 2e^{-(2p+1)a}(-1)^p\sin(2p+1)x\right). \end{aligned}$$

Les séries $\sum e^{-2pa}(-1)^p\cos 2px$ et $\sum e^{-(2p+1)a}(-1)^p\sin(2p+1)x$ sont normalement convergentes, car pour tout réel x et tout entier p, $|e^{-2pa}(-1)^p\cos 2px|$ et $|e^{-(2p+1)a}(-1)^p\sin(2p+1)x|$ sont inférieurs à $(e^{-a})^{2p}$, avec $e^{-a}<1$.

On en déduit que l'écriture précédente est le développement de f en série de Fourier. D'où l'on tire, pour tout $p\in\mathbb{N}$,

$$\mathrm{I}_0=\frac{2}{\operatorname{sh} a}\ ;\ \mathrm{I}_{2p}=\frac{2(-1)^p e^{-2pa}}{\operatorname{sh} a}\ \text{si } p\geqslant 1\ ;\ \mathrm{I}_{2p+1}=0\ ;$$

$$\mathrm{J}_{2p}=0 \ \text{ et }\ \mathrm{J}_{2p+1}=\frac{2(-1)^p e^{-(2p+1)a}}{\operatorname{sh} a}\cdot \ \triangleleft$$

4.12. Développement en série de Fourier (2)

On pose $f(x,\theta)=\arctan\left(\dfrac{1-x}{1+x}\tan\theta\right)$.

1. Quel est le domaine de définition de f ?

2. Soit $\theta\in\left]0,\dfrac{\pi}{2}\right[$. Développer en série entière $x\longmapsto f(x,\theta)$.

3. Soit $x\in\left]-1,1\right[$. Développer en série de Fourier $\theta\longmapsto f(x,\theta)$.

(**École polytechnique**)

$\triangleright$ **Solution.**

1. Si $(x,\theta)\in\mathbb{R}^2$, $f(x,\theta)$ est défini pour $x\neq -1$ et $\theta\not\equiv\dfrac{\pi}{2} \pmod{\pi}$.

2. La fonction $x\longmapsto f(x,\theta)$ est $\mathcal{C}^\infty$ sur $\mathbb{R}\backslash\{-1\}$. Pour $x\neq -1$,

$$\frac{\partial f}{\partial x}(x,\theta)=\frac{\tan\theta\left(\dfrac{-2}{(1+x)^2}\right)}{1+\left(\dfrac{1-x}{1+x}\right)^2\tan^2\theta}\cdot$$

Après simplifications, $\dfrac{\partial f}{\partial x}(x,\theta) = \dfrac{-\sin 2\theta}{x^2+2x\cos 2\theta+1}\cdot$ Puisque 0 n'est pas un pôle de cette fraction rationnelle, $x \longmapsto \dfrac{\partial f}{\partial x}(x,\theta)$ est développable en série entière en 0 (voir l'exercice 3.12). Décomposons-la en éléments simples. Comme

$$\begin{aligned} x^2+2x\cos 2\theta+1 &= (x+\cos 2\theta)^2+\sin^2(2\theta) \\ &= (x+e^{2i\theta})(x+e^{-2i\theta}) \\ &= (1+xe^{-2i\theta})(1+xe^{2i\theta}), \end{aligned}$$

il existe $(\lambda,\mu) \in \mathbb{C}^2$ tel que

$$\frac{-\sin 2\theta}{\mathrm{X}^2+2\mathrm{X}\cos 2\theta+1} = \frac{\lambda}{1+\mathrm{X}e^{2i\theta}} + \frac{\mu}{1+\mathrm{X}e^{-2i\theta}}.$$

Comme la première fraction est réelle, on a $\lambda = \overline{\mu}$. On obtient λ en multipliant la décomposition ci-dessus par $1+\mathrm{X}e^{2i\theta}$ et en évaluant l'égalité en $-e^{-2i\theta}$. Il vient

$$\lambda = \frac{-\sin 2\theta}{1-e^{-4i\theta}} = \frac{-e^{2i\theta}\sin 2\theta}{2i\sin 2\theta} = \frac{-e^{2i\theta}}{2i}.$$

On obtient finalement

$$\frac{\partial f}{\partial x}(x,\theta) = -\frac{1}{2i}\left(\frac{e^{2i\theta}}{1+xe^{2i\theta}} - \frac{e^{-2i\theta}}{1+xe^{-2i\theta}}\right).$$

La fonction $x \longmapsto \dfrac{\partial f}{\partial x}(x,\theta)$ est développable en série entière sur $]-1,1[$ et, pour $|x|<1$,

$$\begin{aligned} \frac{\partial f}{\partial x}(x,\theta) &= -\frac{1}{2i}\left(e^{2i\theta}\sum_{n=0}^{+\infty}(-1)^n(e^{2i\theta})^n x^n - e^{-2i\theta}\sum_{n=0}^{+\infty}(-1)^n(e^{-2i\theta})^n x^n\right) \\ &= -\frac{1}{2i}\left(\sum_{n=0}^{+\infty}(-1)^n(e^{2i(n+1)\theta}-e^{-2i(n+1)\theta})x^n\right) \\ &= \sum_{n=0}^{+\infty}(-1)^{n+1}\sin(2(n+1)\theta\,)x^n. \end{aligned}$$

Ainsi, la fonction $x \longmapsto f(x,\theta)$ est développable en série entière sur $]-1,1[$. Puisque $\theta \in \left]0,\dfrac{\pi}{2}\right[$, on a $f(0,\theta) = \arctan(\tan\theta) = \theta$ et par intégration terme à terme, on obtient

$$f(x,\theta) = \theta + \sum_{n=0}^{+\infty}(-1)^{n+1}\frac{\sin 2(n+1)\theta}{n+1}x^{n+1}$$

c'est-à-dire

$$\boxed{f(x,\theta) = \theta + \sum_{n=1}^{+\infty} (-1)^n \frac{\sin 2n\theta}{n} x^n}.$$

3. La fonction $g : \theta \longmapsto f(x,\theta)$ est définie pour $\theta \in \mathbb{R}\backslash\left(\frac{\pi}{2} + \pi\mathbb{Z}\right)$; elle est π-périodique et impaire. On a $\lim\limits_{\theta \to \frac{\pi}{2}^-} f(x,\theta) = \frac{\pi}{2}$ et $\lim\limits_{\theta \to -\frac{\pi}{2}^+} f(x,\theta) = -\frac{\pi}{2}$. Donc g est continue par morceaux. D'après la question précédente, pour $\theta \in \left]0, \frac{\pi}{2}\right[$ on a

$$g(\theta) = \theta + \sum_{n=1}^{+\infty} (-1)^n \frac{\sin 2n\theta}{n} x^n.$$

Comme g est impaire, ainsi que les fonctions $\theta \longmapsto \sin 2n\theta$, cette relation reste vraie pour $\theta \in \left]-\frac{\pi}{2}, \frac{\pi}{2}\right[$.

Le développement en série de Fourier de la série ne pose pas de problème : pour $\theta \in \mathbb{R}$, posons $k(\theta) = \sum\limits_{n=1}^{+\infty} (-1)^n \frac{\sin 2n\theta}{n} x^n$. Cette série converge normalement car, pour $n \geqslant 1$, $\left|(-1)^n \frac{\sin 2n\theta}{n} x^n\right| \leqslant |x|^n$. En particulier, k est continue et $\sum\limits_{n=1}^{+\infty} (-1)^n \frac{\sin 2n\theta}{n} x^n$ est précisément sa série de Fourier.

Il ne reste plus qu'à s'intéresser au premier terme θ. Considérons la fonction π-périodique h définie par $h(\theta) = \theta$ pour tout $\theta \in \left]-\frac{\pi}{2}, \frac{\pi}{2}\right]$ et $h\left(\frac{\pi}{2}\right) = 0$. Elle est $\mathcal{C}^1$ par morceaux et d'après le théorème de convergence simple de Dirichlet, sa série de Fourier converge simplement vers h, puisque $h\left(\frac{\pi}{2}\right) = 0 = \frac{1}{2}\left(h\left(\frac{\pi}{2}^+\right) + h\left(\frac{\pi}{2}^-\right)\right)$. La fonction h étant impaire et π-périodique, on a pour $n \geqslant 1$,

$$b_n(h) = \frac{2}{\pi} \int_0^{\pi} \theta \sin n\theta \mathrm{d}\theta.$$

En intégrant par parties, on obtient

$$b_n(h) = \frac{2}{\pi}\left(\left[-\frac{\theta \cos n\theta}{n}\right]_0^{\pi} + \int_0^{\pi} \frac{\cos n\theta}{n} \mathrm{d}\theta\right) = -\frac{2\cos n\pi}{n}.$$

Ainsi $b_n(h) = 0$ si n est impair et $b_{2n} = \frac{(-1)^{n-1}}{n}$ si $n \geqslant 1$. On obtient donc, pour tout $\theta \in \mathbb{R}$.

$$h(\theta) = \sum_{n=1}^{+\infty} \frac{(-1)^{n+1}}{n} \sin 2n\theta.$$

Les fonctions g, h et k sont π-périodiques et g coïncide sur $\left]-\frac{\pi}{2}, \frac{\pi}{2}\right[$ avec $h+k$. Elles coïncident donc sur $\mathbb{R}\setminus\left(\frac{\pi}{2}+\pi\mathbb{Z}\right)$. Disposant des séries de Fourier de h et k, on obtient celle de g en faisant la somme :

$$f(x,\theta) = g(\theta) = \sum_{n=1}^{+\infty} \frac{(-1)^{n+1}}{n}\sin(2n\theta) + \sum_{n=1}^{+\infty}\frac{(-1)^n}{n}\sin(2n\theta)x^n,$$

ce qui s'écrit encore

$$\boxed{f(x,\theta) = \sum_{n=1}^{+\infty}\frac{(-1)^n}{n}\sin(2n\theta)(x^n-1)}. \quad \lhd$$

4.13. Calcul de la somme d'une série trigonométrique

1. Soit φ impaire, 2π-périodique, avec $\varphi(x) = \frac{x}{2}$ si $x \in]-\pi,\pi[$. Déterminer la série de Fourier de φ et prouver que celle-ci converge uniformément sur tout segment inclus dans $]-\pi,\pi[$.

2. Soit $a \in \mathbb{R}_+ \setminus \mathbb{N}$. On pose $f(x) = \sum_{n=1}^{+\infty} \frac{(-1)^{n-1}\sin nx}{n(n^2-a^2)}$. Prouver que $f \in \mathcal{C}^1(\mathbb{R},\mathbb{R})$. Quelle est sa série de Fourier ?

3. Prouver que f est de classe $\mathcal{C}^2$ sur l'intervalle $]-\pi,\pi[$ et calculer $f''(x)+a^2f(x)$ pour tout $x\in]-\pi,\pi[$.

4. Calculer $f(x)$ pour tout $x \in [-\pi,\pi]$.

(**École polytechnique**)

$\rhd$ **Solution.**

1. La fonction φ n'étant pas continue sur $\mathbb{R}$, nous ne sommes pas dans les conditions d'application du théorème de convergence uniforme de la série de Fourier du programme. On va démontrer directement le résultat demandé. Puisque φ est impaire, on a $a_n(\varphi) = 0$ pour tout $n \in \mathbb{N}$ et pour $n \geqslant 1$,

$$b_n(\varphi) = \frac{2}{\pi}\int_0^\pi \frac{x}{2}\sin nx\,\mathrm{d}x = \frac{1}{\pi}\left(\left[-\frac{x\cos nx}{n}\right]_0^\pi + \underbrace{\int_0^\pi \frac{\cos nx}{n}\mathrm{d}x}_{=0}\right)$$

$$= \frac{(-1)^{n+1}}{n}.$$

Posons, pour $n \in \mathbb{N}^*$, $s_n(x) = \sum_{k=1}^{n}\frac{(-1)^{k+1}}{k}\sin kx$. Le théorème de Dirichlet assure que $s_n(x)$ converge vers $\varphi(x)$ pour tout x de $]-\pi,\pi[$. Il nous faut montrer que la convergence est uniforme sur tout segment inclus dans $]-\pi,\pi[$. Un tel segment étant inclus dans un segment de la forme $[-\alpha,\alpha]$, avec $\alpha\in[0,\pi[$, on se placera dans ce dernier cas. On effectue une transformation d'Abel, en posant $\mathrm{U}_n(x)=\sum\limits_{k=0}^{n}(-1)^{k+1}\sin kx$. Il s'agit de l'opposé de la partie imaginaire de

$$\sum_{k=0}^{n}(-e^{ix})^k=\frac{1-(-e^{ix})^{n+1}}{1+e^{ix}}=\frac{1-(-e^{ix})^{n+1}}{e^{i\frac{x}{2}}2\cos\frac{x}{2}},$$

ce calcul étant valide pour $x\in[-\alpha,\alpha]$ car dans ce cas $-e^{ix}$ est distinct de 1. Il en résulte que $|\mathrm{U}_n(x)|\leqslant\dfrac{1}{\cos\frac{x}{2}}\cdot$ Sachant que, pour tout x de $[-\alpha,\alpha]$, on a $\cos\dfrac{x}{2}\geqslant\cos\dfrac{\alpha}{2}$, on en déduit que pour tout entier $n\geqslant 1$ et tout $x\in[-\alpha,\alpha]$, $|\mathrm{U}_n(x)|\leqslant\dfrac{1}{\cos\frac{\alpha}{2}}\cdot$ Autrement dit, la suite (U_n) est uniformément bornée sur $[-\alpha,\alpha]$. On a alors, pour $n\geqslant 1$ et $p\geqslant 0$,

$$\sum_{k=n}^{n+p}\frac{(-1)^{k+1}}{k}\sin kx=\sum_{k=n}^{n+p}\frac{\mathrm{U}_k(x)-\mathrm{U}_{k-1}(x)}{k}=\sum_{k=n}^{n+p}\frac{\mathrm{U}_k(x)}{k}-\sum_{k=n-1}^{n+p-1}\frac{\mathrm{U}_k(x)}{k+1}$$

ce qui conduit en regroupant les deux sommes à

$$\sum_{k=n}^{n+p}\frac{(-1)^{k+1}}{k}\sin kx=\frac{\mathrm{U}_{n+p}(x)}{n+p}-\frac{\mathrm{U}_{n-1}}{n}+\sum_{k=n}^{n+p-1}\mathrm{U}_k(x)\left(\frac{1}{k}-\frac{1}{k+1}\right).$$

Compte tenu de ce qui précède, on peut alors majorer cette tranche de Cauchy uniformément : pour tout x dans $[-\alpha,\alpha]$,

$$\begin{aligned}\left|\sum_{k=n}^{n+p}\frac{(-1)^{k+1}}{k}\sin kx\right|&\leqslant\frac{1}{\cos\frac{\alpha}{2}}\left(\frac{1}{n+p}+\frac{1}{n}+\sum_{k=n}^{n+p-1}\left(\frac{1}{k}-\frac{1}{k+1}\right)\right)\\&\leqslant\frac{2}{n\cos\frac{\alpha}{2}}.\end{aligned}$$

Le critère de Cauchy uniforme permet donc de conclure que $(s_n(x))_{n\geqslant 1}$ converge uniformément vers φ sur l'intervalle $[-\alpha,\alpha]$.

2. Posons, pour tout $n\in\mathbb{N}$ et $x\in\mathbb{R}$, $u_n(x)=\dfrac{(-1)^{n-1}\sin nx}{n(n^2-a^2)}\cdot$ La fonction u_n est définie sur $\mathbb{R}$ car $a\notin\mathbb{N}$.

On a, pour tout $x\in\mathbb{R}$, $|u_n(x)|\leqslant\dfrac{1}{n|n^2-a^2|}\cdot$ La série $\sum u_n$ qui définit f est donc normalement convergente. De plus, les fonctions u_n sont de classe $\mathcal{C}^1$ sur $\mathbb{R}$ et pour tout $x \in \mathbb{R}$, on a $|u_n'(x)| = \left|\dfrac{\cos nx}{n^2-a^2}\right| \leqslant \dfrac{1}{|n^2-a^2|}\cdot$ La série $\sum u_n'$ est donc normalement convergente. On en déduit, par le théorème de dérivation des séries de fonctions, que f est de classe $\mathcal{C}^1$ sur $\mathbb{R}$ et que, pour tout réel x,

$$f'(x) = \sum_{n=1}^{+\infty} \frac{(-1)^{n-1}\cos nx}{n^2-a^2}\cdot$$

La série trigonométrique qui définit f étant normalement convergente, on en déduit que c'est la série de Fourier de f.

3. Pour tout $n \in \mathbb{N}^*$, u_n est de classe $\mathcal{C}^2$ et, pour tout $x \in \mathbb{R}$, on a

$$u_n''(x) = \frac{(-1)^n n \sin nx}{n^2-a^2}\cdot$$

Sachant que $\dfrac{n}{n^2-a^2} - \dfrac{1}{n} = \dfrac{a^2}{n(n^2-a^2)}$, on en déduit que, pour tout $x \in \mathbb{R}$:

$$u_n''(x) = -\frac{(-1)^{n+1}}{n}\sin nx - a^2 u_n(x).$$

D'après la première question, la série $\sum \dfrac{(-1)^{n+1}}{n}\sin nx$ est uniformément convergente sur $[-\alpha,\alpha]$, pour $\alpha \in\,]-\pi,\pi[$ vers φ ; la série $\sum u_n$ est normalement convergente, donc uniformément convergente sur $\mathbb{R}$ vers f. On en déduit que $\sum u_n''$ est uniformément convergente sur $[-\alpha,\alpha]$. Le théorème de dérivation des séries s'applique de nouveau : f est de classe $\mathcal{C}^2$ sur $[-\alpha,\alpha]$ et $f'' = \sum\limits_{n=1}^{+\infty} u_n''$. Ceci étant vrai pour tout α de $[0,\pi[$, on en déduit que f est de classe $\mathcal{C}^2$ sur $]-\pi,\pi[$. De plus, on a, pour tout $x \in\,]-\pi,\pi[$,

$$\begin{aligned} f''(x) = \sum_{n=1}^{+\infty} u_n''(x) &= -\sum_{n=1}^{+\infty}\frac{(-1)^{n+1}}{n}\sin nx - a^2\sum_{n=1}^{+\infty} u_n(x) \\ &= -\varphi(x) - a^2 f(x). \end{aligned}$$

La fonction f vérifie sur $]-\pi,\pi[$ l'équation différentielle $y'' + a^2 y = -\varphi$.

4. La fonction $x \longmapsto -\dfrac{x}{2a^2}$ étant solution de l'équation différentielle, on en déduit qu'il existe $(\mathrm{A},\mathrm{B}) \in \mathbb{R}^2$ tel que, pour tout $x \in\,]-\pi,\pi[$,

$$f(x) = -\frac{x}{2a^2} + \mathrm{A}\cos ax + \mathrm{B}\sin ax.$$

f étant de plus continue, cette relation est en fait vérifiée sur $[-\pi,\pi]$. Or il est clair que $f(0) = f(\pi) = 0$. On obtient $\mathrm{A} = 0$, puis $\mathrm{B} = \dfrac{\pi}{2a^2\sin a\pi}\cdot$

Conclusion. Pour tout $x \in [-\pi, \pi]$, $f(x) = -\dfrac{x}{2a^2} + \dfrac{\pi}{2a^2}\dfrac{\sin ax}{\sin a\pi}$. ◁

Dans l'exercice suivant on passe par un développement en série de Fourier pour majorer la norme infinie d'une fonction de classe $\mathcal{C}^2$ par la norme de la convergence en moyenne quadratique de sa dérivée seconde.

4.14. Inégalité entre normes

Soit f une application de classe $\mathcal{C}^2$ de $[0,1]$ dans $\mathbb{R}$ telle que $f(0) = f(1) = 0$. Montrer que $\|f\|_\infty \leqslant \dfrac{\|f''\|_2}{3\sqrt{5}}$.

(**École polytechnique**)

▷ **Solution.**

Soit g la fonction impaire et 2-périodique qui prolonge f à $\mathbb{R}$. Comme $f(0) = f(1) = 0$, la fonction g est continue en 0 et 1 donc sur $\mathbb{R}$. La fonction f est de classe $\mathcal{C}^1$ donc g est $\mathcal{C}^1$ par morceaux. Elle est donc égale à la somme de sa série de Fourier. En posant pour tout $n \in \mathbb{N}^*$,

$$a_n(g) = \frac{1}{2}\int_0^2 g(t)\sin(\pi n t)\,\mathrm{d}t = \int_0^1 f(t)\sin(\pi n t)\,\mathrm{d}t,$$

on obtient, pour tout $x \in [0,1]$,

$$f(x) = g(x) = \sum_{n=1}^{+\infty} a_n(g)\sin(\pi n x).$$

La fonction g'' est définie sur $\mathbb{R}\backslash\mathbb{Z}$ et se prolonge en une fonction continue par morceaux impaire sur $\mathbb{R}$ en posant $g''(k) = 0$ pour tout entier k. On sait que ses coefficients de Fourier vérifient $a_n(g'') = -(\pi n)^2 a_n(g)$. Par la formule de Parseval, on obtient

$$\begin{aligned}\|f''\|_2^2 &= \int_0^1 (f''(x))^2\,\mathrm{d}x = \frac{1}{2}\int_{-1}^1 (g''(x))^2\,\mathrm{d}x \\ &= \frac{1}{2}\sum_{n=1}^{+\infty}(\pi n)^4 a_n(g)^2 = \frac{\pi^4}{2}\sum_{n=1}^{+\infty} n^4 a_n(g)^2.\end{aligned}$$

On a pour tout $x \in [0,1]$,

$$|f(x)| \leqslant \sum_{n=1}^{+\infty}|a_n(g)| \leqslant \sum_{n=1}^{+\infty}|n^2 a_n(g)|\frac{1}{n^2} \leqslant \sqrt{\sum_{n=1}^{+\infty} n^4 a_n(g)^2 \sum_{n=1}^{+\infty}\frac{1}{n^4}},$$

d'après l'inégalité de Cauchy-Schwarz.

On sait que $\sum_{n=1}^{+\infty} \frac{1}{n^4} = \frac{\pi^4}{90}$ et $\sum_{n=1}^{+\infty} n^4 a_n(g)^2 = \frac{2}{\pi^4} \|f''\|_2^2$. On en déduit, pour tout $x \in [0,1]$, $|f(x)| \leqslant \frac{\|f''\|_2}{\sqrt{45}}$ et donc $\boxed{\|f\|_\infty \leqslant \frac{\|f''\|_2}{3\sqrt{5}}}$. ◁

Dans l'exercice suivant, on détermine une fonction f dont la suite des coefficients de Fourier est une suite (a_n) à étudier, ce qui permet de déterminer un équivalent de a_n en utilisant les résultats de l'analyse de Fourier.

4.15. Recherche d'équivalent

Pour $n \in \mathbb{Z}$, on pose $a_n = \iint_{[0,1]^2} e^{-|x-y|} e^{2i\pi n(x-y)} \mathrm{d}x\mathrm{d}y$. Trouver un équivalent en $+\infty$ de

$$\mathrm{S_N} = \sum_{(m,n)\in \mathrm{I_N}} a_m a_n, \text{ où } \mathrm{I_N} = \{(m,n) \in \mathbb{Z}^2, |m| \geqslant \mathrm{N} \text{ ou } |n| \geqslant \mathrm{N}\}.$$

(**École normale supérieure**)

▷ **Solution.**

La première chose à faire est bien d'entendu d'expliciter un peu la suite a_n. La présence du terme $x - y$ dans l'intégrale double incite à faire le changement de variables suivant : on pose $v = x - y$ et $u = x$. Soit $\varphi : \mathbb{R}^2 \longrightarrow \mathbb{R}^2$ qui à (x,y) associe $\varphi(x,y) = (u,v) = (x, x-y)$. L'application φ réalise un difféomorphisme de $\mathbb{R}^2$ sur $\mathbb{R}^2$ dont le jacobien en tout point est égal à -1. Le théorème de changement de variables permet donc de dire que

$$a_n = \iint_{\mathrm{D}} e^{-|v|} e^{2i\pi n v} \mathrm{d}u\mathrm{d}v,$$

où $\mathrm{D} = \varphi([0,1]^2) = \{(u,v),\ u \in [0,1] \text{ et } u - v \in [0,1]\}$.

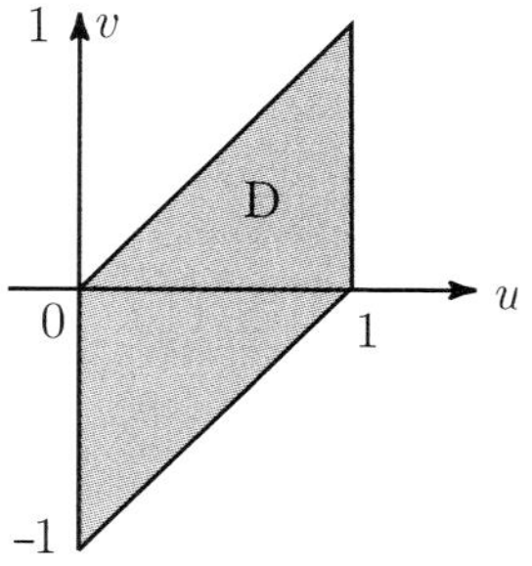

On a aussi $\mathrm{D} = \{(u,v),\ u \in [0,1] \text{ et } u-1 \leqslant v \leqslant u\}$; il s'agit d'un parallélogramme (voir figure ci-dessus).

En intégrant d'abord selon u, le théorème de Fubini permet d'écrire que

$$\begin{aligned} a_n &= \int_{-1}^{0} e^{-|v|} e^{2i\pi n v} \left(\int_0^{1+v} \mathrm{d}u \right) \mathrm{d}v + \int_0^1 e^{-|v|} e^{2i\pi n v} \left(\int_v^1 \mathrm{d}u \right) \mathrm{d}v \\ &= \int_{-1}^{0} e^{v} e^{2i\pi n v} (1+v) \mathrm{d}v + \int_0^1 e^{-v} e^{2i\pi n v} (1-v) \mathrm{d}v \\ &= \int_0^1 e^{-v} e^{-2i\pi n v} (1-v) \mathrm{d}v + \int_0^1 e^{-v} e^{2i\pi n v} (1-v) \mathrm{d}v \end{aligned}$$

Et finalement, $\boxed{a_n = 2 \int_0^1 e^{-v} \cos(2\pi n v)(1-v) \mathrm{d}v}$. $(*)$

On peut alors terminer le calcul de a_n en intégrant par parties. On obtient, pour $n \in \mathbb{N}$,

$$\begin{aligned} \int_0^1 (1-v) e^{v(-1+2i\pi n)} \mathrm{d}v &= \left[(1-v) \frac{e^{v(-1+2i\pi n)}}{-1+2i\pi n} \right]_0^1 + \int_0^1 \frac{e^{v(-1+2i\pi n)}}{-1+2i\pi n} \mathrm{d}v \\ &= \frac{1}{1-2i\pi n} + \frac{e^{-1}-1}{(1-2i\pi n)^2} \\ &= \frac{1+2i\pi n}{1+4\pi^2 n^2} + \frac{(e^{-1}-1)(1-4\pi^2 n^2 + 4i\pi n)}{(1+4\pi^2 n^2)^2}. \end{aligned}$$

On en déduit que

$$\begin{aligned} a_n &= 2 \operatorname{Re} \left(\int_0^1 (1-v) e^{v(-1+2i\pi n)} \mathrm{d}v \right) \\ &= \frac{2}{1+4\pi^2 n^2} + \frac{(e^{-1}-1)(2-8\pi^2 n^2)}{(1+4\pi^2 n^2)^2}. \end{aligned}$$

Si on évalue l'intégrale double en intégrant d'abord selon la variable v on tombe directement sur ce résultat, mais nous allons voir que la formule $(*)$ ci-dessus est importante.

Ce calcul permet déjà de justifier l'existence de la suite $\mathrm{S_N}$. En effet, de $\lim_{n \to +\infty} n^2 a_n = \frac{2}{4\pi^2} + \frac{(e^{-1}-1)(-8\pi^2)}{16\pi^4} = \frac{2-e^{-1}}{2\pi^2}$, on déduit que

$$a_n \underset{n \to \infty}{\sim} \frac{2-e^{-1}}{2\pi^2 n^2}.$$

La série $\sum a_n$ est absolument convergente donc la série double $\sum a_m a_n$ est sommable. En particulier $\mathrm{S_N}$ existe pour tout entier N. On peut écrire, pour $\mathrm{N} \in \mathbb{N}^*$,

$$\begin{aligned}\mathrm{S_N} &= \sum_{(n,m)\in\mathbb{Z}^2} a_n a_m - \sum_{\substack{|n|<\mathrm{N}\\ |m|<\mathrm{N}}} a_n a_m = \left(\sum_{n\in\mathbb{Z}} a_n\right)^2 - \left(\sum_{|n|<\mathrm{N}} a_n\right)^2 \\ &= \left(\sum_{n\in\mathbb{Z}} a_n + \sum_{|n|<\mathrm{N}} a_n\right)\left(\sum_{n\in\mathbb{Z}} a_n - \sum_{|n|<\mathrm{N}} a_n\right) \\ &= \left(\sum_{n\in\mathbb{Z}} a_n + \sum_{|n|<\mathrm{N}} a_n\right)\left(2\sum_{n\geqslant\mathrm{N}} a_n\right),\end{aligned}$$

car la relation $(*)$ montre que $a_{-n} = a_n$ pour tout n. Comme on a $\lim_{\mathrm{N}\to+\infty} \sum_{n\in\mathbb{Z}} a_n + \sum_{|n|<\mathrm{N}} a_n = 2\sum_{n\in\mathbb{Z}} a_n$, on en tire que

$$\mathrm{S_N} \underset{\mathrm{N}\to\infty}{\sim} 4\sum_{n\in\mathbb{Z}} a_n \sum_{n\geqslant\mathrm{N}} a_n,$$

si du moins $\sum_{n\in\mathbb{Z}} a_n$ n'est pas nul. Il nous faut donc encore faire deux choses : trouver la valeur de $\sum_{n\in\mathbb{Z}} a_n$ puis déterminer un équivalent du reste $\sum_{n\geqslant\mathrm{N}} a_n$.

• On va commencer par calculer la valeur de la somme $\sum_{n\in\mathbb{Z}} a_n$. Pour cela on utilise la relation $(*)$. Considérons la fonction 1-périodique f définie par $f(x) = e^{-x}(1-x)$ si $x \in [0,1[$. D'après $(*)$, a_n est un coefficient de Fourier trigonométrique de f. La fonction f est $\mathcal{C}^1$ par morceaux. On en déduit que sa série de Fourier converge en tout point vers $\frac{1}{2}(f(x+0)+f(x-0))$. On a, pour tout $x \in \mathbb{R}$,

$$\frac{1}{2}(f(x+0)+f(x-0)) = \frac{a_0}{2} + \sum_{n=1}^{+\infty}(a_n \cos 2\pi nx + b_n \sin 2\pi nx).$$

En prenant $x = 0$, on obtient $\frac{a_0}{2} + \sum_{n=1}^{+\infty} a_n = \frac{1}{2}(1+0) = \frac{1}{2}\cdot$ Puisque $a_n = a_{-n}$ pour tout entier n, on en déduit que

$$\sum_{n\in\mathbb{Z}} a_n = 2\left(\frac{a_0}{2} + \sum_{n=1}^{+\infty} a_n\right) = 1.$$

• On termine enfin la recherche de l'équivalent demandé. On a vu précédemment que

$$a_n \underset{n\to\infty}{\sim} \frac{2-e^{-1}}{2\pi^2 n^2} \underset{n\to\infty}{\sim} \frac{2-e^{-1}}{2\pi^2}\left(\frac{1}{n-1} - \frac{1}{n}\right).$$

Le théorème de sommation des relations d'équivalence dans le cas de séries convergentes à termes positifs donne, pour $\mathrm{N} \in \mathbb{N}^*$,

$$\sum_{n \geqslant \mathrm{N}} a_n \underset{\mathrm{N} \to \infty}{\sim} \frac{2 - e^{-1}}{2\pi^2} \sum_{n \geqslant \mathrm{N}} \left(\frac{1}{n-1} - \frac{1}{n} \right) = \frac{(2 - e^{-1})}{2\pi^2(\mathrm{N} - 1)}$$

et on peut conclure finalement que

$$\boxed{\mathrm{S}_\mathrm{N} \underset{\mathrm{N} \to \infty}{\sim} \frac{2(2 - e^{-1})}{\pi^2 \mathrm{N}}}. \quad \triangleleft$$

4.16. Formule sommatoire de Poisson

Soit f une application de classe $\mathcal{C}^\infty$ de $\mathbb{R}$ dans $\mathbb{C}$ telle que, pour tout $(n, m) \in \mathbb{N}^2$, $\lim\limits_{x \to \pm\infty} x^n f^{(m)}(x) = 0$. On pose

$$\varphi(x) = \sum_{k \in \mathbb{Z}} f(x + 2k\pi).$$

1. Que dire de φ ? Calculer les coefficients de Fourier de φ.

2. Montrer que

$$\varphi(x) = \frac{1}{2\pi} \sum_{n \in \mathbb{Z}} \hat{f}(n) e^{inx},$$

où $\hat{f}(n) = \int_{\mathbb{R}} f(t) e^{-int} dt$.

(**École polytechnique**)

▷ **Solution.**

1. Montrons que φ est définie et $\mathcal{C}^\infty$ sur $\mathbb{R}$. Pour commencer, montrons que la série définissant φ converge uniformément sur tout intervalle compact $[-\alpha, \alpha]$ ($\alpha > 0$). De l'hypothèse $\lim\limits_{x \to \pm\infty} x^2 f(x) = 0$, on déduit l'existence de $a > 0$ tel que $|x^2 f(x)| \leqslant 1$ si $|x| \geqslant a$. Pour $|x| \leqslant \alpha$ et $k \in \mathbb{Z}$, on a $|x + 2k\pi| \geqslant |2k\pi| - |x| \geqslant |2k\pi| - \alpha$ et donc $|x + 2k\pi| \geqslant a$ si $|k| \geqslant \dfrac{\alpha + a}{2\pi} \cdot$ On en déduit, pour $|k| \geqslant \dfrac{\alpha + a}{2\pi}$,

$$|f(x + 2k\pi)| \leqslant \frac{1}{(x + 2k\pi)^2} \leqslant \frac{1}{(2|k|\pi - \alpha)^2}.$$

La série $\sum \dfrac{1}{(2|k|\pi - \alpha)^2}$ étant convergente, on en déduit que la série $\sum f(x + 2k\pi)$ converge uniformément sur $[-\alpha, \alpha]$. La fonction φ est donc définie sur $\mathbb{R}$.

Pour tout $n \in \mathbb{N}$, la fonction $f^{(n)}$ vérifie la même hypothèse que f. On en déduit que la série $\sum f^{(n)}(x+2k\pi)$ converge uniformément sur tout intervalle $[-\alpha, \alpha]$. Le théorème de dérivation des séries de fonctions montre que, pour tout $\alpha > 0$, la fonction f est $\mathcal{C}^\infty$ sur $[-\alpha, \alpha]$ et que les dérivées successives de φ sont obtenues en dérivant terme à terme. Finalement f est $\mathcal{C}^\infty$ et, pour $n \in \mathbb{N}$ et $x \in \mathbb{R}$, on a

$$\varphi^{(n)}(x) = \sum_{k\in\mathbb{Z}} f^{(n)}(x+2k\pi).$$

La fonction φ est clairement 2π-périodique. Notons c_n ($n \in \mathbb{Z}$) ses coefficients de Fourier. La série définissant φ convergeant uniformément sur $[0, 2\pi]$, on peut intervertir la sommation et l'intégration et écrire, pour $n \in \mathbb{Z}$,

$$c_n = \frac{1}{2\pi}\int_0^{2\pi} \varphi(x)e^{-inx}\mathrm{d}x = \frac{1}{2\pi}\sum_{k\in\mathbb{Z}}\int_0^{2\pi} f(x+2k\pi)e^{-inx}\mathrm{d}x.$$

On obtient ensuite

$$c_n = \frac{1}{2\pi}\sum_{k\in\mathbb{Z}}\int_{2k\pi}^{2(k+1)\pi} f(x)e^{-inx}\mathrm{d}x = \frac{1}{2\pi}\int_{\mathbb{R}} f(x)e^{-inx}\mathrm{d}x,$$

cette dernière intégrale ayant un sens car $|f(x)e^{-inx}| = |f(x)| = o\left(\dfrac{1}{x^2}\right)$ au voisinage de $\pm\infty$, par hypothèse.

2. La fonction φ étant $\mathcal{C}^\infty$ donc $\mathcal{C}^1$ sur $\mathbb{R}$, elle est égale à la somme de sa série de Fourier en tout point, et celle-ci est normalement convergente. On a donc, pour tout réel x,

$$\varphi(x) = \sum_{n\in\mathbb{Z}} c_n e^{inx} = \sum_{n\in\mathbb{Z}}\left(\frac{1}{2\pi}\int_{\mathbb{R}} f(t)e^{-int}\mathrm{d}t\right)e^{inx}. \ \triangleleft$$

En particulier pour $x = 0$, on obtient l'égalité

$$\varphi(0) = \sum_{k\in\mathbb{Z}} f(2k\pi) = \frac{1}{2\pi}\sum_{n\in\mathbb{Z}} \hat{f}(n).$$

Cette formule qui relie les valeurs de f aux points $2k\pi$ aux valeurs de sa transformée de Fourier aux points entiers est usuellement appelée formule sommatoire de Poisson. Indiquons qu'une fonction f vérifiant comme dans l'énoncé $\lim\limits_{x\to\pm\infty} x^n f^{(m)}(x) = 0$ pour tout $(n, m) \in \mathbb{N}^2$ est dite à décroissance rapide. La formule de Poisson reste valide avec des hypothèses plus faibles sur f.

L'exercice suivant fait redémontrer cette formule sommatoire de Poisson dans un cas particulier avec une fonction 1-périodique. La formule obtenue dans ce cas est plus jolie car les 2π disparaissent.

4.17. Un cas particulier de la formule sommatoire de Poisson

On pose pour $t > 0$ fixé $f(x) = \sum\limits_{k=-\infty}^{+\infty} \exp\left(-\dfrac{(k-x)^2}{2t}\right)$.

1. Montrer que f est définie et de classe $\mathcal{C}^1$ sur $\mathbb{R}$ et 1-périodique.

2. Déterminer ses coefficients de Fourier.

3. On pose, pour $t > 0$, $\theta(t) = \sum\limits_{k=-\infty}^{+\infty} \exp\left(-\pi \dfrac{k^2}{t}\right)$. Déterminer une relation entre $\theta(t)$ et $\theta\left(\dfrac{1}{t}\right)$.

(**École polytechnique**)

▷ **Solution.**

1. Montrons que la série définissant $f(x)$ converge normalement sur tout intervalle $[-a, a]$ ($a > 0$). On a, pour $x \in [-a, a]$ et $k \in \mathbb{Z}$,

$$e^{-\frac{(k-x)^2}{2t}} = e^{\frac{-k^2-x^2+2kx}{2t}} \leqslant \exp\left(\frac{-k^2+2|k|a}{2t}\right) = o\left(\frac{1}{k^2}\right),$$

ce qui démontre le résultat annoncé. La fonction f est donc définie sur $[-a, a]$ et continue sur cette intervalle, car somme d'une série de fonctions continues qui converge uniformément.

De même, la série dérivée $\sum \dfrac{k-x}{t} \exp\left(-\dfrac{(k-x)^2}{2t}\right)$ converge normalement sur $[-a, a]$. En effet, on a

$$\frac{|k-x|}{t} e^{-\frac{(k-x)^2}{2t}} \leqslant \frac{|k|+a}{t} e^{\frac{-k^2+2|k|a}{2t}}$$

et la série $\sum \dfrac{|k|+a}{t} e^{\frac{-k^2+2|k|a}{2t}}$ converge. On en déduit que la fonction f est de classe $\mathcal{C}^1$ sur $[-a, a]$ et que sa dérivée s'obtient en dérivant terme à terme la série donnant $f(x)$. Ceci étant vrai pour tout $a > 0$, la fonction f est $\mathcal{C}^1$ sur $\mathbb{R}$.

On a, pour tout réel x,

$$\begin{aligned} f(x+1) &= \lim_{n\to+\infty} \sum_{k=-n}^{n} \exp\left(-\frac{(k-x-1)^2}{2t}\right) \\ &= \lim_{n\to+\infty} \sum_{k=-n-1}^{n-1} \exp\left(-\frac{(k-x)^2}{2t}\right) = f(x). \end{aligned}$$

La fonction f est 1-périodique.

2. Calculons les coefficients de Fourier de f. On a pour $n \in \mathbb{Z}$,

$$\begin{aligned} c_n(f) &= \int_0^1 f(x)e^{-2i\pi nx}\mathrm{d}x = \int_0^1 \sum_{k\in\mathbb{Z}} \exp\left(-\frac{(k-x)^2}{2t}\right) e^{-2i\pi nx}\mathrm{d}x \\ &= \sum_{k\in\mathbb{Z}} \int_0^1 \exp\left(-\frac{(k-x)^2}{2t}\right) e^{-2i\pi nx}\mathrm{d}x, \end{aligned}$$

l'interversion de la sommation et de l'intégration étant licite puisque la série converge normalement sur $[0,1]$. On remarque alors, en effectuant le changement de variable $y = x - k$, que

$$\int_0^1 \exp\left(-\frac{(k-x)^2}{2t}\right) e^{-2i\pi nx}\mathrm{d}x = \int_{-k}^{-k+1} e^{-\frac{y^2}{2t}} e^{-2i\pi ny}\mathrm{d}y,$$

d'où l'on déduit que $c_n(f) = \int_{\mathbb{R}} e^{-\frac{x^2}{2t}} e^{-2i\pi nx}\mathrm{d}x$.

Pour déterminer ces coefficients de Fourier, nous allons calculer, plus généralement, $\varphi(u) = \int_{\mathbb{R}} e^{-\frac{x^2}{2t}} e^{iux}\mathrm{d}x$ pour tout $u \in \mathbb{R}$.

La fonction $g : (u,x) \longmapsto e^{-\frac{x^2}{2t}} e^{iux}$ est continue sur $\mathbb{R}^2$ et on a, pour tout $(u,x) \in \mathbb{R}^2$, $|g(u,x)| \leqslant e^{-\frac{x^2}{2t}}$. La fonction $x \longmapsto g(u,x)$ est donc intégrable sur $\mathbb{R}$ pour tout réel u et vérifie une hypothèse de domination. Le théorème de continuité sous le signe $\int$ permet de conclure que φ est continue sur $\mathbb{R}$.

De plus, g admet une dérivée partielle par rapport à u et pour $(u,x) \in \mathbb{R}^2$, on a $\left|\dfrac{\partial g(u,x)}{\partial u}\right| = \left|ixe^{-\frac{x^2}{2t}} e^{iux}\right| = |x|e^{-\frac{x^2}{2t}}$. La fonction $x \longmapsto \dfrac{\partial g(u,x)}{\partial u}$ est donc intégrable, pour tout $u \in \mathbb{R}$ et vérifie une hypothèse de domination. On en déduit, d'après le théorème de dérivation sous le signe $\int$ que φ est de classe $\mathcal{C}^1$ sur $\mathbb{R}$ et que

$$\varphi'(u) = \int_{\mathbb{R}} ixe^{-\frac{x^2}{2t}} e^{iux}\mathrm{d}x.$$

On peut intégrer par parties, en intégrant $x \longmapsto ixe^{-\frac{x^2}{2t}}$ et en dérivant $x \longmapsto e^{iux}$. La fonction $x \longmapsto -ite^{-\frac{x^2}{2t}} e^{iux}$ ayant une limite nulle en $-\infty$ et $+\infty$, on obtient

$$\varphi'(u) = -\int_{\mathbb{R}} \left(-ite^{-\frac{x^2}{2t}}\right)\left(iue^{iux}\right)\mathrm{d}x = -ut\varphi(u).$$

La fonction φ vérifie l'équation différentielle $\varphi'(u) = -ut\varphi(u)$. Il existe donc une constante C telle que, pour tout $u \in \mathbb{R}$, $\varphi(u) = \mathrm{C}e^{-\frac{u^2 t}{2}}$. On calcule C en remarquant que

$$\mathrm{C} = \varphi(0) = \int_{\mathbb{R}} e^{-\frac{x^2}{2t}}\mathrm{d}x = \sqrt{2t}\int_{\mathbb{R}} e^{-x^2}\mathrm{d}x = \sqrt{2\pi t},$$

d'après un résultat classique. On a donc $\varphi(u) = \sqrt{2\pi t}\, e^{-\frac{u^2 t}{2}}$ et en particulier, pour tout $n \in \mathbb{Z}$,

$$c_n(f) = \varphi(-2\pi n) = \sqrt{2\pi t}\, e^{-2\pi^2 n^2 t}.$$

3. La fonction f étant de classe $\mathcal{C}^1$, sa série de Fourier converge sur $\mathbb{R}$ vers f. En particulier, on a, pour tout $t > 0$,

$$\sum_{k\in\mathbb{Z}} e^{-\frac{k^2}{2t}} = f(0) = \sqrt{2\pi t} \sum_{n\in\mathbb{Z}} e^{-2\pi^2 n^2 t}.$$

En remplaçant t par $\dfrac{t}{2\pi}$, on obtient, pour tout $t > 0$,

$$\sum_{k\in\mathbb{Z}} e^{-\pi \frac{k^2}{t}} = \sqrt{t} \sum_{n\in\mathbb{Z}} e^{-\pi n^2 t},$$

c'est-à-dire

$$\boxed{\theta(t) = \sqrt{t}\, \theta\left(\frac{1}{t}\right)}. \quad \triangleleft$$

La fonction θ étudiée dans l'exercice est reliée à la fonction Θ de Jacobi, définie par $\Theta(x) = \sum\limits_{n\in\mathbb{Z}} x^{n^2}$: on a en effet $\theta(t) = \Theta\left(e^{-\frac{\pi}{t}}\right)$. Introduite par Euler pour l'étude de problèmes de partitions de nombre entiers, la fonction Θ fut étudiée par Jacobi. En 1828, il découvrit la formule suivante : $\left(\sum\limits_{n\in\mathbb{Z}} x^{n^2}\right)^4 = 1 + 8 \sum\limits_{m=1}^{+\infty} \left(\sum\limits_{\substack{d\mid m \\ 4\nmid d}} d\right) x^m$. En observant le coefficient de x^n dans les deux membres de cette égalité, il en déduisit une expression du nombre de représentations d'un entier naturel n comme somme de quatre carrés.

La relation démontrée dans la question 3 de l'exercice relie le comportement de Θ en 1 à son comportement en 0.

Dans l'exercice suivant, on cherche un développement en série entière à partir d'un développement en série de Fourier.

4.18. Série génératrice des nombres de Bernoulli

> Soit φ la fonction 2π-périodique définie par $\varphi(x) = \exp\left(\dfrac{zx}{2\pi}\right)$ pour $x \in \,]-\pi, \pi]$, où $z \in \mathbb{C} \setminus 2i\pi\mathbb{Z}$.

Du développement en série de Fourier de φ, déduire le développement en série entière en 0 de la fonction $f : z \longmapsto \dfrac{z}{e^z - 1}$.

(**École polytechnique**)

▷ **Solution.**

La fonction φ est continue par morceaux sur $\mathbb{R}$. On peut calculer ses coefficients de Fourier. On obtient, pour $n \in \mathbb{Z}^*$,

$$c_n(\varphi) = \frac{1}{2\pi}\int_{-\pi}^{\pi} \varphi(x)e^{-inx}\mathrm{d}x = \frac{1}{2\pi}\int_{-\pi}^{\pi} e^{\frac{zx}{2\pi}}e^{-inx}\mathrm{d}x$$
$$= \frac{1}{2\pi}\cdot\frac{1}{\frac{z}{2\pi} - ni}\left[e^{\frac{zx}{2\pi}}e^{-inx}\right]_{-\pi}^{\pi} = \frac{(-1)^n(e^{\frac{z}{2}} - e^{-\frac{z}{2}})}{z - 2i\pi n}.$$

La fonction φ est $\mathcal{C}^1$ par morceaux sur $\mathbb{R}$. Le théorème de Dirichlet permet d'affirmer que sa série de Fourier converge en tout point x de $\mathbb{R}$ vers $\frac{1}{2}(\varphi(x+0) + \varphi(x-0))$. On a donc, pour tout $x \in \mathbb{R}$,

$$\frac{1}{2}(\varphi(x+0) + \varphi(x-0)) = (e^{\frac{z}{2}} - e^{\frac{-z}{2}})\sum_{n\in\mathbb{Z}} \frac{(-1)^n e^{inx}}{z - 2i\pi n}.$$

Afin d'en déduire le développement en série entière de la fonction $f : z \longmapsto \dfrac{z}{e^z - 1}$, on va choisir une valeur de x à laquelle appliquer cette formule. On songe naturellement à 0 ou à π. Pour 0, on ne voit pas apparaître $f(z)$. Pour $x = \pi$, on a $\frac{1}{2}(\varphi(x+0)+\varphi(x-0)) = \frac{1}{2}(e^{\frac{z}{2}} + e^{\frac{-z}{2}})$ et on obtient,

$$\frac{1}{2}(e^{\frac{z}{2}} + e^{\frac{-z}{2}}) = (e^{\frac{z}{2}} - e^{\frac{-z}{2}})\sum_{n\in\mathbb{Z}} \frac{1}{z - 2i\pi n} = (e^{\frac{z}{2}} - e^{\frac{-z}{2}})\sum_{n\in\mathbb{Z}} \frac{z + 2i\pi n}{z^2 + 4\pi^2 n^2}.$$

En divisant par $e^{\frac{z}{2}} - e^{-\frac{z}{2}}$ et en regroupant les termes correspondant à deux valeurs opposées de n, l'égalité devient

$$\frac{e^{\frac{z}{2}} + e^{-\frac{z}{2}}}{2(e^{\frac{z}{2}} - e^{-\frac{z}{2}})} = \frac{1}{z} + 2\sum_{n=1}^{+\infty} \frac{z}{z^2 + 4\pi^2 n^2}.$$

On transforme le premier membre. Pour cela, on écrit

$$\frac{e^{\frac{z}{2}} + e^{-\frac{z}{2}}}{2(e^{\frac{z}{2}} - e^{-\frac{z}{2}})} = \frac{e^z + 1}{2(e^z - 1)} = \frac{1}{2} + \frac{1}{(e^z - 1)}.$$

En multipliant notre égalité par z et en soustrayant $\frac{z}{2}$, on obtient finalement, pour tout $z \in \mathbb{C} \setminus 2i\pi\mathbb{Z}$,

$$f(z) = 1 - \frac{z}{2} + 2\sum_{n=1}^{+\infty} \frac{z^2}{z^2 + 4\pi^2 n^2}.$$

Il reste à développer cette somme en série entière. Pour cela, on développe en série entière $\frac{z^2}{z^2+4\pi^2n^2}$. On a, pour $|z| < 2\pi$ et $n \in \mathbb{N}^*$, $\left|\frac{z}{2\pi n}\right| < 1$ et donc

$$\frac{z^2}{z^2+4\pi^2n^2} = \frac{z^2}{4\pi^2n^2}\frac{1}{1+\dfrac{z^2}{4\pi^2n^2}} = \frac{z^2}{4\pi^2n^2}\sum_{k=0}^{+\infty}(-1)^k\frac{z^{2k}}{(4\pi^2n^2)^k}$$
$$= \sum_{k=0}^{+\infty}(-1)^k\frac{z^{2(k+1)}}{(4\pi^2n^2)^{k+1}} = \sum_{k=1}^{+\infty}(-1)^{k-1}\frac{z^{2k}}{(2\pi n)^{2k}}.$$

Considérons la série double $\sum u_{n,k}$ avec $u_{n,k} = (-1)^{k-1}\frac{z^{2k}}{(2\pi n)^{2k}}$ pour $(n,k) \in (\mathbb{N}^*)^2$. Pour tout $n \in \mathbb{N}^*$, $\sum_k |u_{n,k}|$ converge et

$$\sum_{k\in\mathbb{N}^*}|u_{n,k}| = \sum_{k\in\mathbb{N}^*}\frac{|z|^{2k}}{(2\pi n)^{2k}} = \frac{|z|^2}{4\pi^2n^2}\frac{1}{1-\dfrac{|z|^2}{4\pi^2n^2}} = \frac{|z|^2}{4\pi^2n^2-|z|^2}.$$

La série $\sum_n \frac{|z|^2}{4\pi^2n^2-|z|^2}$ converge. On déduit que la série double est sommable. On sait qu'alors on peut échanger l'ordre des sommations et on obtient, pour $|z| < 2\pi$, $z \neq 0$,

$$f(z) = 1 - \frac{z}{2} + 2\sum_{n\in\mathbb{N}^*}\sum_{k\in\mathbb{N}^*}u_{n,k} = 1 - \frac{z}{2} + 2\sum_{k\in\mathbb{N}^*}\sum_{n\in\mathbb{N}^*}u_{n,k}$$
$$= 1 - \frac{z}{2} + 2\sum_{k\in\mathbb{N}^*}\frac{(-1)^{k-1}}{(2\pi)^{2k}}\left(\sum_{n\in\mathbb{N}^*}\frac{1}{n^{2k}}\right)z^{2k}.$$

Remarquons que f admet un prolongement par continuité en 0 défini par $f(0) = 1$ et que l'égalité est encore vérifiée pour $z = 0$. On obtient donc, pour tout $|z| < 2\pi$,

$$\boxed{f(z) = 1 - \frac{z}{2} + 2\sum_{k\in\mathbb{N}^*}\frac{(-1)^{k-1}}{(2\pi)^{2k}}\left(\sum_{n\in\mathbb{N}^*}\frac{1}{n^{2k}}\right)z^{2k}.}$$

C'est le développement cherché. Il est valable pour $|z| < 2\pi$. On ne pouvait pas espérer mieux, puisque f n'est pas définie en $2i\pi$. ◁

Les nombres de Bernoulli b_n sont définis par $f(z) = \sum_{n=0}^{+\infty}\frac{b_n}{n!}z^n$. On a, d'après l'exercice, $b_0 = 1$, $b_1 = -\frac{1}{2}$ et $b_{2n+1} = 0$ pour $n \geqslant 1$.

En considérant le produit de $f(z)$ par $e^z - 1$, qui est égal à z, on obtient, par un produit de Cauchy, pour $n \geqslant 2$, $0 = \sum_{k=0}^{n-1} \frac{b_k}{k!} \cdot \frac{1}{(n-k)!}$, soit $\sum_{k=0}^{n-1} \mathrm{C}_n^k b_k = 0$. On a donc, pour $n \geqslant 2$, $b_{n-1} = -\frac{1}{n} \sum_{k=2}^{n} \mathrm{C}_n^k b_k$. Par une récurrence immédiate, on en déduit que les b_k appartiennent à $\mathbb{Q}$. Du développement en série obtenu dans l'exercice on tire, pour $k \geqslant 1$, $\frac{b_{2n}}{(2n)!} = \frac{(-1)^{k-1}}{(2\pi)^{2k}} \sum_{n\in\mathbb{N}^*} \frac{1}{n^{2k}}$ et donc $\sum_{n\in\mathbb{N}^*} \frac{1}{n^{2k}} = (-1)^{k-1} \frac{(2\pi)^{2k}}{2(2n)!} b_{2k}$ (formule d'Euler)*. La relation de récurrence précédente fournit $b_2 = \frac{1}{6}$, $b_4 = -\frac{1}{30}$, $b_6 = \frac{1}{42}, \ldots$ et donc*

$$\sum_{n\in\mathbb{N}^*} \frac{1}{n^2} = \frac{\pi^2}{6}, \quad \sum_{n\in\mathbb{N}^*} \frac{1}{n^4} = \frac{\pi^4}{90}, \quad \sum_{n\in\mathbb{N}^*} \frac{1}{n^6} = \frac{\pi^6}{945}, \ldots$$

Notons que l'on ne sait par contre quasiment rien de $\sum_{n=1}^{+\infty} \frac{1}{n^k}$ si k est impair. L'un des seuls résultats significatifs connus est que $\sum_{n=1}^{+\infty} \frac{1}{n^3}$ est irrationnel (résultat démontré par Apéry en 1978).

Si la fonction f est 2π-périodique et de classe $\mathcal{C}^1$, une simple intégration par parties montre que $c_n(f') = in\,c_n(f)$, pour tout $n \in \mathbb{Z}$. On voit, dans la solution de l'exercice suivant, que cela reste vrai lorsque f est continue et seulement $\mathcal{C}^1$ par morceaux. Plus généralement, si f est $\mathcal{C}^{k-1}$ et $\mathcal{C}^k$ par morceaux, alors on a $c_n(f^{(k)}) = (in)^k c_n(f)$. On en déduit notamment que $c_n(f) = o\left(\frac{1}{n^k}\right)$, puisque $c_n(f^{(k)})$ tend vers 0 quand n tend vers $+\infty$.

4.19. Série de Fourier d'une primitive

Soit f une fonction continue par morceaux, 2π-périodique de $\mathbb{R}$ dans $\mathbb{C}$. Pour tous $n \in \mathbb{N}^*$ et $x \in \mathbb{R}$, on pose $\mathrm{S}_n(x) = \sum_{1\leqslant|k|\leqslant n} \frac{c_k}{k} e^{ikx}$, où les c_k sont les coefficients de Fourier de f. Étudier la convergence de la suite de fonctions (S_n).

(**École polytechnique, école normale supérieure**)

▷ **Solution.**

En dérivant S_n, on obtient $S_n'(x) = \sum_{1 \leqslant |k| \leqslant n} i c_k e^{ikx}$. Au facteur i près, c'est une somme partielle de la série de Fourier de $f - c_0$. Il est donc assez naturel de considérer une primitive de $f - c_0$. Soit F la fonction définie par $F(x) = \int_{-\pi}^{x} (f(t) - c_0)\,dt$. On a, pour tout x,

$$\begin{aligned} F(x + 2\pi) &= F(x) + \int_{x}^{x+2\pi} (f(t) - c_0)\,dt = F(x) + \int_{-\pi}^{\pi} (f(t) - c_0)\,dt \\ &= F(x) + \int_{-\pi}^{\pi} f(t)\,dt - 2\pi c_0 = F(x). \end{aligned}$$

La fonction F est donc 2π-périodique. Elle est lipschitzienne car la fonction $f - c_0$ est bornée. Donc en particulier F est continue sur $\mathbb{R}$. Elle est aussi dérivable en tout point x où f est continue et en un tel point $F'(x) = f(x) - c_0$. Comme f est continue par morceaux, la fonction F est donc continue et $\mathcal{C}^1$ par morceaux. D'après le théorème de Dirichlet, sa série de Fourier converge uniformément vers F.

La fonction F n'étant pas dérivable sur $\mathbb{R}$, on ne peut pas directement utiliser les relations entre $c_n(F)$ et $c_n(F')$. Si $]a, b[$ est un intervalle sur lequel f est continue et $n \in \mathbb{N}^*$, on a

$$\int_a^b F(t) e^{-int} dx = \left[\frac{F(t)}{-in}\right]_a^b + \frac{1}{in} \int_a^b (f(t) - c_0) e^{-int} dt.$$

Si $a_1, a_2, \ldots, a_p$ sont les points de discontinuité de f sur $[-\pi, \pi]$, on obtient, en posant $a_0 = -\pi$ et $a_{p+1} = \pi$,

$$\begin{aligned} c_n(F) &= = \frac{1}{2\pi} \int_{-\pi}^{\pi} F(t) e^{-int} dx = \frac{1}{2\pi} \sum_{j=0}^{p} \int_{a_j}^{a_{j+1}} F(t) e^{-int} dx \\ &= \frac{1}{2\pi} \sum_{j=0}^{p} \left(\left[\frac{F(t)}{-in} e^{-int}\right]_{a_j}^{a_{j+1}} + \frac{1}{in} \int_{a_j}^{a_{j+1}} (f(t) - c_0) e^{-int} dt \right) \\ &= \frac{1}{-2i\pi n} (F(\pi) - F(-\pi)) + \frac{1}{2i\pi n} \int_{-\pi}^{\pi} (f(t) - c_0) e^{-int} dt \\ &= \frac{1}{in} c_n(f), \end{aligned}$$

car $\int_0^{2\pi} c_0 e^{-int}\,dt = 0$ (puisque $n \neq 0$).

On obtient de même

$$\begin{aligned} c_0(F) &= \frac{1}{2\pi} \int_{-\pi}^{\pi} F(t)\,dt = \frac{1}{2\pi} \left[tF(t)\right]_{-\pi}^{\pi} - \frac{1}{2\pi} \int_{-\pi}^{\pi} t(f(t) - c_0)\,dt \\ &= -\frac{1}{2\pi} \int_{-\pi}^{\pi} t f(t)\,dt, \end{aligned}$$

car $F(\pi) = F(-\pi) = 0$.

On a, pour $n \in \mathbb{N}^*$, $\sum\limits_{k=-n}^{n} c_n(F)e^{ikx} = c_0(F) + \frac{1}{i} S_n(x)$. La série de Fourier de F converge vers F. On en déduit que, pour tout $x \in \mathbb{R}$, $(S_n(x))$ converge vers

$$i(F(x) - c_0(F)) = i \left(\int_{-\pi}^{x} (f(t) - c_0) \, dt + \frac{1}{2\pi} \int_{-\pi}^{\pi} t f(t) \, dt \right).$$

La convergence de la série de Fourier de F étant uniforme sur $\mathbb{R}$, la convergence de la suite de fonctions (S_n) est également uniforme sur $\mathbb{R}$. ◁

Il résulte en particulier de l'exercice que si les c_n sont les coefficients de Fourier d'une fonction 2π-périodique, continue par morceaux, la suite de terme général $\sum\limits_{1 \leqslant |k| \leqslant n} \frac{c_k}{k} = \sum\limits_{k=1}^{n} \frac{c_k - c_{-k}}{k} = -i \sum\limits_{k=1}^{n} \frac{b_k}{k}$ *converge. Ainsi, la série* $\sum \frac{b_n}{n}$ *converge. On en déduit, par exemple, que la série trigonométrique* $\sum \frac{\sin nt}{\ln n}$*, qui converge sur* $\mathbb{R}$ *d'après l'exercice 2.7, n'est pas la série de Fourier d'une fonction continue par morceaux, puisque* $\sum \frac{1}{n \ln n}$ *diverge. Bien entendu cela découle aussi de la formule de Parseval puisque la série* $\sum \frac{1}{(\ln n)^2}$ *diverge.*

L'énoncé suivant donne une nouvelle preuve de l'inégalité de Wirtinger déjà rencontrée dans l'exercice 1.15.

4.20. Inégalité de Wirtinger

1. Soit $f : \mathbb{R} \longrightarrow \mathbb{R}$, 2π-périodique continue et de classe $\mathcal{C}^1$ par morceaux. Démontrer *l'inégalité de Wirtinger* :

$$\int_0^{2\pi} f^2 - \frac{1}{2\pi} \left(\int_0^{2\pi} f \right)^2 \leqslant \int_0^{2\pi} f'^2.$$

2. Soit $g \in \mathcal{C}^2([0, \pi], \mathbb{R})$ non nulle, telle que $g(0) = g(\pi) = 0$. Montrer que

$$\inf \left\{ \frac{g''(x)}{g(x)}, \ x \in]0, \pi[, \ g(x) \neq 0 \right\} \leqslant -1.$$

(**École normale supérieure**)

▷ **Solution.**

1. L'idée est d'utiliser la formule de Parseval pour les fonctions f et f'. On sait que

$$\int_0^{2\pi} f^2 = 2\pi \sum_{n=-\infty}^{+\infty} |c_n(f)|^2.$$

Par ailleurs, on sait que $c_n(f') = in\, c_n(f)$ pour tout $n \in \mathbb{Z}$. La formule de Parseval pour f' permet donc d'écrire que

$$\begin{aligned}\int_0^{2\pi} f'^2 &= 2\pi \sum_{n=-\infty}^{+\infty} |inc_n(f)|^2 = 2\pi \sum_{n\in\mathbb{Z}^*} n^2 |c_n(f)|^2 \\ &\geqslant 2\pi \sum_{n\in\mathbb{Z}^*} |c_n(f)|^2 = \int_0^{2\pi} f^2 - 2\pi |c_0(f)|^2.\end{aligned}$$

C'est le résultat demandé puisque $c_0(f) = \dfrac{1}{2\pi}\displaystyle\int_0^{2\pi} f$. L'étude du cas d'égalité est facile. Il y a égalité si et seulement si $c_n(f) = 0$ pour $|n| > 1$. Et $f(x)$ est alors de la forme $\mathrm{C} + \mathrm{A}\cos x + \mathrm{B}\sin x$ avec $(\mathrm{A}, \mathrm{B}, \mathrm{C}) \in \mathbb{R}^3$.

2. Raisonnons par l'absurde et supposons que

$$\inf\left\{\frac{g''(x)}{g(x)},\ x \in\,]0,\pi[,\ g(x) \neq 0\right\} > -1.$$

On a donc, pour tout $x \in [0,\pi]$ tel que $g(x) \neq 0$, $\dfrac{g''(x)}{g(x)} > -1$ et, en multipliant par $g^2(x)$, $g''(x)g(x) > -g(x)^2$. On en déduit que, pour tout $x \in [0,\pi]$, $g''(x)g(x) \geqslant -g(x)^2$, avec égalité pour les x où g s'annule. Puisque les fonctions g et g'' sont continues et que g n'est pas nulle, on en déduit que $\int_0^{\pi} g''(x)g(x)\mathrm{d}x > -\int_0^{\pi} g^2(x)\mathrm{d}x$. En intégrant par parties, on obtient

$$\int_0^{\pi} g''(x)g(x)\mathrm{d}x = \underbrace{\Big[g'(x)g(x)\Big]_0^{\pi}}_{=0} - \int_0^{\pi} g'^2(x)\mathrm{d}x.$$

On a donc l'inégalité $\int_0^{\pi} g'^2(x)\mathrm{d}x < \int_0^{\pi} g^2(x)\mathrm{d}x$. Considérons la fonction h impaire et 2π-périodique dont la restriction à $[0,\pi]$ est g. La fonction h est continue sur $\mathbb{R}$, car $g(0) = g(\pi) = 0$ et $\mathcal{C}^1$ par morceaux. Par ailleurs $\int_0^{2\pi} h(x)\mathrm{d}x = 0$, puisque h est impaire. De l'inégalité de Wirtinger, on déduit $\int_0^{2\pi} h^2(x)\mathrm{d}x \leqslant \int_0^{2\pi} h'^2(x)\mathrm{d}x$. Or, ceci est en contradiction avec ce qui précède puisque $\int_0^{2\pi} h'^2 = 2\int_0^{\pi} g'^2$ et $\int_0^{2\pi} h^2 = 2\int_0^{\pi} g^2$. ◁

L'exercice suivant a pour objet une généralisation de l'inégalité de Wirtinger qu'on utilise pour établir une minoration de la période d'une solution périodique non constante d'une équation différentielle autonome $x' = \mathrm{F}(x)$ *lorsque* F *est une application lipschitzienne. La seconde question reprend le même problème mais dans le cas discret.*

4.21. Solutions périodiques de $x' = \mathrm{F}(x)$

1. Soit f une application continue par morceaux T-périodique de $\mathbb{R}$ dans $\mathbb{C}$. Montrer que

$$\iint_{[0,\mathrm{T}]^2} |f(u)-f(v)|^2 \mathrm{d}u\mathrm{d}v = 2\sum_{k\in\mathbb{Z}^*}\left|\int_0^{\mathrm{T}} f(t)e^{-i\frac{2k\pi t}{\mathrm{T}}}\mathrm{d}t\right|^2.$$

Soit f de classe $\mathcal{C}^1$ de période T de $\mathbb{R}$ dans $\mathbb{C}$. Montrer que

$$\iint_{[0,\mathrm{T}]^2} |f'(u)-f'(v)|^2 \mathrm{d}u\mathrm{d}v \geqslant \left(\frac{2\pi}{\mathrm{T}}\right)^2 \iint_{[0,\mathrm{T}]^2} |f(u)-f(v)|^2 \mathrm{d}u\mathrm{d}v.$$

Soit F une application λ-lipschitzienne de $\mathbb{R}$ dans $\mathbb{R}$ et (E) l'équation différentielle $x'(t) = \mathrm{F}(x(t))$. Soit φ une solution non constante et T-périodique de (E). Montrer que $\dfrac{2\pi}{\mathrm{T}} \leqslant \lambda$.

2. Soit $(x_n)_{n\in\mathbb{N}}$ une suite de réels K-périodique. Montrer que

$$\sum_{0\leqslant n,m\leqslant \mathrm{K}-1} |x_n - x_m|^2 = 2\sum_{k=1}^{\mathrm{K}-1}\left|\sum_{n=0}^{\mathrm{K}-1} x_n e^{-i\frac{2k\pi n}{\mathrm{K}}}\right|^2.$$

Soit $\mathrm{D} : x = (x_n)_{n\in\mathbb{N}} \in \mathbb{R}^{\mathbb{N}} \longmapsto \mathrm{D}(x) = (x_{n+1}-x_n)_{n\in\mathbb{N}} \in \mathbb{R}^{\mathbb{N}}$. Trouver une constante $\mathrm{C} > 0$ telle que pour toute suite $(x_n)_{n\in\mathbb{N}}$ K-périodique et tout $k \in [\![1, \mathrm{K}-1]\!]$, on ait

$$\left|\sum_{n=0}^{\mathrm{K}-1} \mathrm{D}(x)_n e^{-i\frac{2k\pi n}{\mathrm{K}}}\right| \geqslant \mathrm{C}\left|\sum_{n=0}^{\mathrm{K}-1} x_n e^{-i\frac{2k\pi n}{\mathrm{K}}}\right|.$$

Soit F une application λ-lipschitzienne de $\mathbb{R}$ dans $\mathbb{R}$. Soit $(x_n)_{n\in\mathbb{N}}$ une suite non constante K-périodique vérifiant $x_{n+1} = x_n + \mathrm{F}(x_n)$. Trouver un minorant de K.

(**École polytechnique**)

▷ **Solution.**

1. Notons c_k ($k \in \mathbb{Z}$) les coefficients de Fourier de f. On a donc pour tout $k \in \mathbb{Z}$, $c_k = \dfrac{1}{\mathrm{T}}\int_0^{\mathrm{T}} f(t)e^{-i\frac{2k\pi t}{\mathrm{T}}}dt$. À partir de l'inégalité de Parseval $\int_0^{\mathrm{T}} |f(t)|^2\mathrm{d}t = \mathrm{T}\sum_{k\in\mathbb{Z}} |c_k|^2$, on peut calculer le premier membre de l'égalité. On obtient

$$\begin{aligned}
\iint_{[0,\mathrm{T}]^2} |f(u)-f(v)|^2\mathrm{d}u\mathrm{d}v &= \iint_{[0,\mathrm{T}]^2}\Big(|f(u)|^2+|f(v)|^2-f(u)\overline{f(v)}-f(v)\overline{f(u)}\Big)\mathrm{d}u\mathrm{d}v \\
&= 2\mathrm{T}\int_0^{\mathrm{T}} |f(u)|^2 - 2\int_0^{\mathrm{T}} f(u)\mathrm{d}u\int_0^{\mathrm{T}}\overline{f(v)}\mathrm{d}v \\
&= 2\mathrm{T}^2\sum_{k\in\mathbb{Z}}|c_k|^2 - 2\mathrm{T}^2|c_0|^2 \\
&= 2\mathrm{T}^2\sum_{k\in\mathbb{Z}^*}|c_k|^2 \\
&= 2\sum_{k\in\mathbb{Z}^*}\left|\int_0^{\mathrm{T}} f(t)e^{-i\frac{2k\pi t}{\mathrm{T}}}\mathrm{d}t\right|^2.
\end{aligned}$$

Si f est $\mathcal{C}^1$ et T-périodique, la relation précédente s'applique à f', ce qui donne

$$\iint_{[0,\mathrm{T}]^2} |f'(u)-f'(v)|^2\mathrm{d}u\mathrm{d}v = 2\sum_{k\in\mathbb{Z}^*}\left|\int_0^{\mathrm{T}} f'(t)e^{-i\frac{2k\pi t}{\mathrm{T}}}\mathrm{d}t\right|^2.$$

En intégrant par parties, on obtient pour tout $k \in \mathbb{Z}^*$,

$$\begin{aligned}
\int_0^{\mathrm{T}} f'(t)e^{-i\frac{2k\pi t}{\mathrm{T}}}\mathrm{d}t &= \Big[f(t)e^{-i\frac{2k\pi t}{\mathrm{T}}}\Big]_0^{\mathrm{T}} + \frac{2i\pi k}{\mathrm{T}}\int_0^{\mathrm{T}} f(t)e^{-i\frac{2k\pi t}{\mathrm{T}}}dt \\
&= \frac{2i\pi k}{\mathrm{T}}\int_0^{\mathrm{T}} f(t)e^{-i\frac{2k\pi t}{\mathrm{T}}}\mathrm{d}t.
\end{aligned}$$

On en déduit que, pour $k \in \mathbb{Z}^*$,

$$\begin{aligned}
\left|\int_0^{\mathrm{T}} f'(t)e^{-i\frac{2k\pi t}{\mathrm{T}}}\mathrm{d}t\right|^2 &= \left(\frac{2k\pi}{\mathrm{T}}\right)^2\left|\int_0^{\mathrm{T}} f(t)e^{-i\frac{2k\pi t}{\mathrm{T}}}\mathrm{d}t\right|^2 \\
&\geqslant \left(\frac{2\pi}{\mathrm{T}}\right)^2\left|\int_0^{\mathrm{T}} f(t)e^{-i\frac{2k\pi t}{\mathrm{T}}}\mathrm{d}t\right|^2.
\end{aligned}$$

De ce qui précède, on déduit que

$$\iint_{[0,\mathrm{T}]^2} |f'(u)-f'(v)|^2\mathrm{d}u\mathrm{d}v \geqslant \left(\frac{2\pi}{\mathrm{T}}\right)^2\iint_{[0,\mathrm{T}]^2} |f(u)-f(v)|^2\mathrm{d}u\mathrm{d}v.$$

On a, pour tout réel x, $\varphi'(t) = \mathrm{F}(\varphi(t))$. Sachant que F est λ-lipschitzienne, on en déduit pour $(u,v) \in \mathbb{R}^2$, l'inégalité

$$|\varphi'(u) - \varphi'(v)| = |\mathrm{F}(\varphi(u)) - \mathrm{F}(\varphi(v))| \leqslant \lambda|\varphi(u) - \varphi(v)|.$$

On obtient, en intégrant,

$$\iint_{[0,1]^2} |\varphi'(u) - \varphi'(v)|^2 \mathrm{d}u\mathrm{d}v \leqslant \lambda^2 \iint_{[0,1]^2} |\varphi(u) - \varphi(v)|^2 \mathrm{d}u\mathrm{d}v,$$

puis en appliquant l'inégalité précédente à la fonction φ qui est $\mathcal{C}^1$ et T-périodique

$$\left(\frac{2\pi}{\mathrm{T}}\right)^2 \iint_{[0,1]^2} |\varphi(u) - \varphi(v)|^2 \mathrm{d}u\mathrm{d}v \leqslant \lambda^2 \iint_{[0,1]^2} |\varphi(u) - \varphi(v)|^2 \mathrm{d}u\mathrm{d}v.$$

La fonction φ n'étant pas constante, la fonction $(u,v) \longmapsto |\varphi(u) - \varphi(v)|$ est continue et non identiquement nulle sur $[0,\mathrm{T}]^2$. On en déduit que $\iint_{[0,1]^2} |\varphi(u) - \varphi(v)|^2 \mathrm{d}u\mathrm{d}v > 0$. En simplifiant, on obtient l'inégalité

$$\left(\frac{2\pi}{\mathrm{T}}\right)^2 \leqslant \lambda^2, \text{ c'est-à-dire } \frac{2\pi}{\mathrm{T}} \leqslant \lambda.$$

2. En développant le premier membre de l'égalité à démontrer, on obtient

$$\begin{aligned}\sum_{0 \leqslant m,n \leqslant \mathrm{K}-1} |x_m - x_n|^2 &= \sum_{0 \leqslant m,n \leqslant \mathrm{K}-1} \left(|x_n|^2 + |x_m|^2 - x_n\overline{x_m} - x_m\overline{x_n}\right) \\ &= 2\mathrm{K} \sum_{m=0}^{\mathrm{K}-1} |x_m|^2 - 2 \sum_{0 \leqslant m,n \leqslant \mathrm{K}-1} x_m\overline{x_n}.\end{aligned}$$

On transforme ensuite $\mathrm{S} = 2\sum_{k=1}^{\mathrm{K}-1} \left|\sum_{n=0}^{\mathrm{K}-1} x_n e^{-i\frac{2k\pi n}{\mathrm{K}}}\right|^2$. On obtient, en échangeant l'ordre des sommations,

$$\begin{aligned}\mathrm{S} &= 2\sum_{k=1}^{\mathrm{K}-1} \sum_{0 \leqslant m,n \leqslant \mathrm{K}-1} x_m\overline{x_n} e^{-i\frac{2k\pi}{\mathrm{K}}(m-n)} \\ &= 2 \sum_{0 \leqslant m,n \leqslant \mathrm{K}-1} x_m\overline{x_n} \sum_{k=1}^{\mathrm{K}-1} e^{-i\frac{2k\pi}{\mathrm{K}}(m-n)}.\end{aligned}$$

On calcule ensuite les sommes $\sum_{k=1}^{\mathrm{K}-1} e^{-i\frac{2k\pi}{\mathrm{K}}(m-n)}$.

- Si $m \neq n$, on a $e^{-i\frac{2\pi}{K}(m-n)} \neq 1$ et

$$\sum_{k=1}^{K-1} e^{-i\frac{2k\pi}{K}(m-n)} = -1 + \frac{e^{-i2\pi(m-n)} - 1}{e^{-i\frac{2\pi(m-n)}{K}} - 1} = -1.$$

- Si $m = n$, on a $e^{-i\frac{2k\pi}{K}(m-n)} = 1$ et

$$\sum_{k=1}^{K-1} e^{-i\frac{2k\pi}{K}(m-n)} = K - 1.$$

On en déduit que

$$\begin{aligned} S &= -2\sum_{m\neq n} x_m\overline{x_n} + 2(K-1)\sum_{m=0}^{K-1} |x_m|^2 \\ &= -2\sum_{0\leqslant m,n\leqslant K-1} x_m\overline{x_n} + 2K\sum_{m=0}^{K-1} |x_m|^2, \end{aligned}$$

ce qui donne le résultat voulu.

On transforme l'expression à minorer. On obtient

$$\begin{aligned} \left|\sum_{n=0}^{K-1}(x_{n+1}-x_n)e^{-i\frac{2k\pi n}{K}}\right| &= \left|\sum_{n=0}^{K-1} x_{n+1}e^{-i\frac{2k\pi n}{K}} - \sum_{n=0}^{K-1} x_n e^{-i\frac{2k\pi n}{K}}\right| \\ &= \left|\sum_{n=1}^{K} x_n e^{-i\frac{2k\pi(n-1)}{K}} - \sum_{n=0}^{K-1} x_n e^{-i\frac{2k\pi n}{K}}\right| \\ &= \left|e^{i\frac{2k\pi}{K}} - 1\right|\left|\sum_{n=0}^{K-1} x_n e^{-i\frac{2k\pi n}{K}}\right|, \end{aligned}$$

car $x_K = x_0$, la suite (x_n) étant K-périodique.

En écrivant

$$\left|e^{i\frac{2k\pi}{K}} - 1\right| = \left|e^{i\frac{k\pi}{K}}\left(e^{i\frac{k\pi}{K}} - e^{i\frac{-k\pi}{K}}\right)\right| = 2\sin\frac{k\pi}{K},$$

on obtient, pour $k \in [\![1, K-1]\!]$, la minoration $\left|e^{i\frac{2k\pi}{K}} - 1\right| \geqslant 2\sin\frac{\pi}{K}\cdot$ Ceci montre l'existence de la constante C, égale à $2\sin\frac{\pi}{K}\cdot$

En sommant les égalités obtenues en faisant varier k de 1 à $K-1$, on obtient

$$\sum_{k=1}^{K-1}\left|\sum_{n=0}^{K-1} D(x)_n e^{-i\frac{2k\pi n}{K}}\right|^2 \geqslant C^2\sum_{k=1}^{K-1}\left|\sum_{n=0}^{K-1} x_n e^{-i\frac{2k\pi n}{K}}\right|^2,$$

ce qui équivaut, compte tenu de ce qui précède à

$$\sum_{0\leqslant n,m\leqslant \mathrm{K}-1} |\mathrm{D}(x)_n - \mathrm{D}(x)_m|^2 \geqslant \mathrm{C}^2 \sum_{0\leqslant n,m\leqslant \mathrm{K}-1} |x_n - x_m|^2.$$

L'application F étant λ-lipschitzienne, on a

$$\sum_{0\leqslant n,m\leqslant \mathrm{K}-1} |\mathrm{D}(x)_n - \mathrm{D}(x)_m|^2 \leqslant \lambda^2 \sum_{0\leqslant n,m\leqslant \mathrm{K}-1} |x_n - x_m|^2,$$

ce qui conduit à

$$\mathrm{C}^2 \sum_{0\leqslant n,m\leqslant \mathrm{K}-1} |x_n - x_m|^2 \leqslant \lambda^2 \sum_{0\leqslant n,m\leqslant \mathrm{K}-1} |x_n - x_m|^2.$$

La somme n'étant pas nulle, car la suite (x_n) est K-périodique et non constante, on en déduit que $\mathrm{C} \leqslant \lambda$, c'est-à-dire que $2\sin\dfrac{\pi}{\mathrm{K}} \leqslant \lambda$. On obtient $\dfrac{\pi}{\mathrm{K}} \leqslant \arcsin\dfrac{\lambda}{2}$ et finalement $\mathrm{K} \geqslant \dfrac{\pi}{\arcsin\dfrac{\lambda}{2}}$. $\triangleleft$

Les deux exercices qui suivent ont trait à la résolution d'équations différentielles linéaires dont les coefficients sont des fonctions 2π-périodiques. On recherche des solutions 2π-périodiques. L'équation différentielle se traduit immédiatement par des relations sur les coefficients de Fourier qui permettent de calculer les coefficients de la fonction inconnue et à partir de là de déterminer celle-ci.

Si une fonction est de classe $\mathcal{C}^k$, la relation de Parseval appliquée à $f^{(k)}$ montre que la famille $(\sum n^{2k}|c_n(f)|^2)_{n\in\mathbb{Z}}$ est sommable. Dans ces exercices, on fait l'hypothèse inverse que la famille $(\sum n^{2k}|c_n(f)|^2)_{n\in\mathbb{Z}}$ est sommable et on démontre alors que f est au moins de classe $\mathcal{C}^{k-1}$.

Le premier de ces exercices se place dans le cadre des fonctions 2π-périodiques de $\mathbb{R}$ dans $\mathbb{C}^p$. Cela ne change pas beaucoup du cadre habituel ; il suffit d'appliquer les théorèmes usuels à chacune des composantes.

4.22. Résolution d'une équation différentielle

Soit H l'ensemble des fonctions $f : \mathbb{R} \to \mathbb{C}^p$, continues et 2π-périodiques telles que $\sum n^4(|c_n(f)|^2 + |c_{-n}(f)|^2)$ converge, où $|\ |$ est la norme hermitienne de $\mathbb{C}^p$.

Si $f \in \mathrm{H}$, on pose

$$\mathrm{N}(f) = \sqrt{|c_0(f)|^2 + \sum_{n\in\mathbb{Z}} n^4 |c_n(f)|^2}.$$

1. Montrer que N est une norme. Monter que, si $f \in \mathrm{H}$, f est de classe $\mathcal{C}^1$. Montrer qu'il existe $\alpha > 0$ tel que, pour tout $f \in \mathrm{H}$, $\|f'\|_\infty \leqslant \alpha \mathrm{N}(f)$.

2. Soit $\mathrm{A} \in \mathcal{M}_p(\mathbb{R})$, symétrique, $g \in \mathrm{H}$ et $\mathrm{C} > 0$. Montrer qu'il existe un unique élément $f \in \mathrm{H}$ tel que $f - g + \dfrac{\mathrm{C}}{2}\mathrm{A}(f' + g') = 0$. Montrer que $\mathrm{N}(f) = \mathrm{N}(g)$.

(**École normale supérieure**)

▷ **Solution.**

1. Soit f et g sont deux éléments de H et $\lambda \in \mathbb{C}$, on a, pour tout $n \in \mathbb{Z}$, $c_n(f+g) = c_n(f) + c_n(g)$, d'où l'on tire

$$\begin{aligned}|c_n(f+g)|^2 &= |c_n(f)|^2 + |c_n(g)|^2 + 2\langle c_n(f), c_n(g)\rangle \\ &\leqslant |c_n(f)|^2 + |c_n(g)|^2 + 2|c_n(f)||c_n(g)| \\ &\leqslant 2(|c_n(f)|^2 + |c_n(g)|^2).\end{aligned}$$

On en déduit que la série $\sum n^4(|c_n(f+g)|^2 + |c_{-n}(f+g)|^2)$ converge, c'est-à-dire que $f + g \in \mathrm{H}$. On note, de plus que, pour tout $n \in \mathbb{Z}$, on a $c_n(\lambda f)|^2 = |\lambda|^2 |c_n(f)|^2$; on en déduit que $\sum n^4(|c_n(\lambda f)|^2 + |c_{-n}(\lambda f)|^2)$ converge, c'est-à-dire que λf est dans H. L'ensemble H est un sous-espace vectoriel de l'espace des applications continues et 2π-périodiques de $\mathbb{R}$ dans $\mathbb{C}^p$.

Posons, pour f et g dans H,

$$\langle f, g\rangle = \langle \overline{c_0(f)}, c_0(g)\rangle + \sum_{n\in\mathbb{Z}} n^4 \langle \overline{c_n(f)}, c_n(g)\rangle.$$

Cette définition a un sens car, pour tout $\mathrm{N} \in \mathbb{N}^*$, on a

$$\begin{aligned}\sum_{|n|\leqslant \mathrm{N}} n^4 |\langle c_n(f), c_n(g)\rangle| &\leqslant \sum_{|n|\leqslant \mathrm{N}} n^2|c_n(f)| n^2 |c_n(g)| \\ &\leqslant \sqrt{\sum_{|n|\leqslant \mathrm{N}} n^4 |c_n(f)|^2 \cdot \sum_{|n|\leqslant \mathrm{N}} n^4 |c_n(g)|^2} \\ &\leqslant \sqrt{\sum_{n\in\mathbb{Z}} n^4 |c_n(f)|^2 \cdot \sum_{n\in\mathbb{Z}} n^4 |c_n(g)|^2},\end{aligned}$$

d'après l'inégalité de Cauchy-Schwarz. On définit ainsi clairement une forme sesquilinéaire hermitienne positive sur H.

Montrons qu'elle est définie positive. Supposons que $\langle f, f\rangle = 0$. On a alors, pour tout $n \in \mathbb{Z}$, $c_n(f) = 0$. La formule de Parseval montre que $\int_0^{2\pi} |f(t)|^2 \mathrm{d}t = 0$ et donc que $f = 0$, puisque la fonction f est continue. On notera que si $f_1, f_2, \ldots, f_p$ sont les composantes de f, on a, pour tout $t \in \mathbb{R}$, $|f(t)|^2 = \sum_{k=1}^{p} |f_k(t)|^2$ et, pour tout $n \in \mathbb{Z}$, $c_n(f) = (c_n(f_1), c_n(f_2), \ldots, c_n(f_p))$ et donc $|c_n(f)|^2 = \sum_{k=1}^{p} |c_n(f_k)|^2$. La formule de Parseval pour f s'obtient en sommant les relations obtenues en appliquant la formule de Parseval aux fonctions $f_1, f_2, \ldots, f_p$.

On a défini un produit hermitien sur H et N est clairement la norme issue de ce produit hermitien. C'est donc une norme.

Montrons que si $f \in \mathrm{H}$, alors f est de classe $\mathcal{C}^1$. Pour cela, nous allons appliquer le théorème de dérivation des séries de fonctions. Pour tout $\mathrm{N}^* \in \mathbb{N}$, on a

$$
\begin{aligned}
\sum_{0<|n|\leqslant \mathrm{N}} |c_n(f) i n e^{inx}| &= \sum_{0<|n|\leqslant \mathrm{N}} |c_n(f) n^2| \left|\frac{1}{n}\right| \\
&\leqslant \sqrt{\sum_{0<|n|\leqslant \mathrm{N}} |c_n(f)|^2 n^4} \cdot \sqrt{\sum_{0\leqslant|n|\leqslant \mathrm{N}} \frac{1}{n^2}} \\
&\leqslant \sqrt{\sum_{n\in\mathbb{Z}} |c_n(f)|^2 n^4} \cdot \sqrt{2\sum_{n\in\mathbb{N}^*} \frac{1}{n^2}}.
\end{aligned}
$$

On en déduit que la série de fonctions $\sum c_n(f) i n e^{inx}$ converge normalement et qu'il en est de même *a fortiori* de la série $\sum c_n(f) e^{inx}$. La fonction h définie par $h(x) = \sum_{n\in\mathbb{Z}} c_n(f) e^{inx}$ est donc de classe $\mathcal{C}^1$ sur $\mathbb{R}$ et sa dérivée h' est donnée par $h'(x) = \sum_{n\in\mathbb{Z}} c_n(f) i n e^{inx}$. Il reste à justifier que $h = f$. La convergence normale de la série définissant h implique que les coefficients de Fourier de h sont égaux à ceux de f. La fonction $h - f$ dont les coefficients de Fourier sont nuls est donc nulle d'après la formule de Parseval. La fonction f est donc de classe $\mathcal{C}^1$ et, pour tout $x \in \mathbb{R}$, $f'(x) = \sum_{n\in\mathbb{Z}} c_n(f) i n e^{inx}$. On obtient en utilisant l'inégalité démontrée plus haut, pour tout $x \in \mathbb{R}$,

$$
|f'(x)| \leqslant \sum_{n\in\mathbb{Z}} |c_n(f) n| \leqslant \sqrt{\sum_{n\in\mathbb{Z}} |c_n(f)|^2 n^4} \cdot \sqrt{2\sum_{n\in\mathbb{N}^*} \frac{1}{n^2}} \leqslant \frac{\pi}{\sqrt{3}} \mathrm{N}(f)
$$

et donc $\|f'\|_\infty \leqslant \dfrac{\pi}{\sqrt{3}} \mathrm{N}(f)$.

2. Nous allons nous ramener au cas où la matrice A est diagonale. Il existe des matrices D diagonale et P orthogonale telle que $A = {}^t\mathrm{PDP}$. En multipliant par P à gauche, l'équation $f - g + \frac{C}{2}A(f' + g') = 0$ équivaut donc à

$$\mathrm{P}f - \mathrm{P}g + \frac{C}{2}\mathrm{DP}f' + \mathrm{DP}g' = 0.$$

La matrice P étant à coefficients constants, on a, pour $f \in H$ et $n \in \mathbb{Z}$, $c_n(\mathrm{P}f) = \mathrm{P}c_n(f)$ et donc, puisque P est orthogonale, $|c_n(\mathrm{P}f)| = |c_n(f)|$. On en déduit que $\mathrm{P}f$ appartient encore à H. L'application $f \to \mathrm{P}f$ est une bijection de H sur H. On remarque de plus que $(\mathrm{P}f)' = \mathrm{P}f'$. Il suffit donc de démontrer que, pour tout $g \in H$, il existe un unique élément f de H tel que $f - g + \frac{C}{2}D(f' + g') = 0$. Si $D = \mathrm{Diag}(\lambda_1, \lambda_2, \dots, \lambda_p)$, et si $f_1, f_2, \dots, f_p$ (resp. $g_1, g_2, \dots, g_p$) sont les composantes de f (resp. g), l'équation équivaut à

$$\forall k \in [\![1, p]\!], \quad f_k - g_k + \frac{C}{2}\lambda_k(f_k' + g_k') = 0.$$

On écrit que les coefficients de Fourier de $f_k - g_k + \frac{C}{2}\lambda_k(f_k' + g_k')$ sont nuls. On obtient, pour tout $n \in \mathbb{Z}$,

$$c_n(f_k) - c_n(g_k) + \frac{C}{2}\lambda_k(inc_n(f_k) + inc_n(g_k)) = 0$$

et donc

$$c_n(f_k) = \frac{1 - \frac{C}{2}\lambda_k in}{1 + \frac{C}{2}\lambda_k in}c_n(g_k) = \frac{2 - C\lambda_k in}{2 + C\lambda_k in}c_n(g_k).$$

Les coefficients de Fourier des fonctions f_k étant imposés, il y a au plus une solution.

On a, pour $n \in \mathbb{Z}$ et $k \in [\![1, p]\!]$, $\left|\frac{2 - C\lambda_k in}{2 + C\lambda_k in}c_n(g_k)\right| = |c_n(g_k)|$. Puisque $g \in H$, la série $\sum |c_n(g_k)|$ converge, car $|c_n(g_k)| \leqslant |c_n(g)|$. On peut donc poser, pour tout $x \in \mathbb{R}$,

$$f_k(x) = \sum_{n \in \mathbb{Z}} \frac{2 - C\lambda_k in}{2 + C\lambda_k in}c_n(g_k)e^{inx}.$$

La convergence étant normale, on a bien $c_n(f_k) = \frac{2 - C\lambda_k in}{2 + C\lambda_k in}c_n(g_k)$ pour tout n. Posons alors $f = (f_1, f_2, \dots, f_p)$. On obtient, pour tout $n \in \mathbb{Z}$, $c_n(f) = (c_n(f_1), \dots, c_n(f_p))$ et

$$|c_n(f)|^2 = \sum_{k=1}^{p} |c_n(f_k)|^2 = \sum_{k=1}^{p} |c_n(g_k)|^2 = |c_n(g)|^2.$$

On en déduit que, comme g, f appartient à H et $\mathrm{N}(f) = \mathrm{N}(g)$. Par construction, f est l'unique solution de l'équation différentielle. ◁

4.23. Étude de convergence uniforme

Pour $k \in \mathbb{N}$, on note $\mathcal{C}^k_{2\pi}$ l'ensemble des fonctions 2π-périodiques de $\mathbb{R}$ dans $\mathbb{C}$ de classe $\mathcal{C}^k$ et

$$\mathrm{H}_k = \{f \in \mathcal{C}^0_{2\pi},\ \sum_{n\in\mathbb{Z}} n^{2k}|c_n(f)|^2 < +\infty\}.$$

1. Montrer que $\mathrm{H}_{k+1} \subset \mathcal{C}^k_{2\pi}$. Que peut-on dire de l'inclusion inverse ?

2. Soit $k \geqslant 1$. Montrer que, pour tout réel $a > 0$ et tout $f \in \mathrm{H}_k$, il existe un unique $g \in \mathrm{H}_{k+2}$ tel que $g'' = \dfrac{g-f}{a}$.

3. Soit $f_0 \in \mathrm{H}_1$, $a > 0$ et (f_p) définie par $f''_{p+1} = \dfrac{f_{p+1} - f_p}{a}$. Étudier la convergence de la suite (f_p).

4. Pour $t \in [pa, (p+1)a[$, on pose $\mathrm{F}_a(t,x) = f_p(x)$. Donner les coefficients de Fourier de $x \longmapsto \mathrm{F}_a(t,x)$. Étudier la convergence uniforme de (F_a) lorsque a tend vers 0.

(**École normale supérieure**)

▷ **Solution.**

1. Soit $f \in \mathrm{H}_{k+1}$. Pour montrer que $f \in \mathcal{C}^k_{2\pi}$, nous allons montrer que f est égale à la somme de sa série de Fourier et que celle-ci est dérivable k fois terme à terme. Par l'inégalité de Cauchy-Schwarz, on a pour $\mathrm{N} \in \mathbb{N}$,

$$\begin{aligned}
\sum_{1\leqslant|n|\leqslant \mathrm{N}} n^k|c_n(f)| &= \sum_{1\leqslant|n|\leqslant \mathrm{N}} n^{k+1}|c_n(f)| \times \frac{1}{n} \\
&\leqslant \sqrt{\sum_{1\leqslant|n|\leqslant \mathrm{N}} n^{2k+2}|c_n(f)|^2}\sqrt{\sum_{1\leqslant|n|\leqslant \mathrm{N}} \frac{1}{n^2}} \\
&\leqslant \sqrt{\sum_{n\in\mathbb{Z}} n^{2k+2}|c_n(f)|^2}\sqrt{2\sum_{n=1}^{+\infty} \frac{1}{n^2}},
\end{aligned}$$

puisque la série $\sum\limits_{n\in\mathbb{Z}} n^{2k+2}|c_n(f)|^2$ converge par hypothèse. Ainsi, la série $\sum\limits_{n\in\mathbb{Z}} n^k|c_n(f)|$ est convergence et il en de même *a fortiori* de $\sum\limits_{n\in\mathbb{Z}} n^\ell|c_n(f)|$ pour $0 \leqslant \ell \leqslant k$.

On pose, pour tout réel x, $g(x) = \sum_{n\in\mathbb{Z}} c_n(f)e^{inx}$. La série qui définit $g(x)$ est normalement convergente. Il en est de même, pour tout $0 \leqslant \ell \leqslant k$ de la série $\sum_{n\in\mathbb{Z}} c_n(f)(in)^\ell e^{inx}$ obtenue en dérivant ℓ fois terme à terme. Une application réitérée du théorème de dérivation des séries de fonctions montre que g est de classe $\mathcal{C}^k$. Enfin, la série définissant g étant normalement convergente, ses coefficients de Fourier peuvent s'obtenir en échangeant intégration et sommation, ce qui donne, pour tout $p \in \mathbb{Z}$,

$$c_p(g) = \frac{1}{2\pi}\int_0^{2\pi} g(x)e^{-ipx}\mathrm{d}x = \sum_{n\in\mathbb{Z}} \frac{1}{2\pi}\int_0^{2\pi} c_n(f)e^{i(n-p)x}\mathrm{d}x = c_p(f).$$

Les fonctions f et g ont donc mêmes coefficients de Fourier. Ceux de la fonction $f - g$ sont donc nuls. De la formule de Parseval on déduit alors que $\int_0^{2\pi} |f(x) - g(x)|^2\mathrm{d}x = 0$ et donc $f = g$, puisque $f - g$ est continue et 2π-périodique. La fonction f qui est égale à g est de classe $\mathcal{C}^k$ et on a l'inclusion $\mathrm{H}_{k+1} \subset \mathcal{C}^k_{2\pi}$.

Supposons réciproquement que $f \in \mathcal{C}^k_{2\pi}$. Si $k \geqslant 1$, on peut calculer les coefficients de Fourier de f'. On sait que, pour $n \in \mathbb{Z}$, $c_n(f') = (in)c_n(f)$. Un récurrence immédiate conduit à $c_n(f^{(k)}) = (in)^k c_n(f)$. La formule de Parseval appliquée à $f^{(k)}$ donne

$$\sum_{n\in\mathbb{Z}} |c_n(f^{(k)})|^2 = \sum_{n\in\mathbb{Z}} n^{2k}|c_n(f)|^2 = \frac{1}{2\pi}\int_0^{2\pi} |f^{(k)}(x)|^2\mathrm{d}x.$$

Ceci montre que $f \in \mathcal{C}^k_{2\pi}$. On a donc l'inclusion $\mathcal{C}^k_{2\pi} \subset \mathrm{H}_k$. Par contre, on n'a pas $\mathcal{C}^k_{2\pi} \subset \mathrm{H}_{k+1}$. Considérons, pour $k \in \mathbb{N}$, la fonction f définie sur $\mathbb{R}$ par $f(x) = \sum_{n\in\mathbb{Z}^*} \frac{e^{inx}}{n^{k+\frac{3}{2}}}\cdot$ La série qui définit f est normalement convergente. On en déduit que f est continue et que ses coefficients de Fourier sont définies par $c_n(f) = \frac{1}{n^{k+\frac{3}{2}}}\cdot$ Le théorème de dérivation des séries de fonction montre que f est de classe $\mathcal{C}^k$ et que, pour tout réel x, on a $f^{(k)}(x) = \sum_{n\in\mathbb{Z}^*} i^k \frac{e^{inx}}{n^{\frac{3}{2}}}\cdot$ Cependant f n'appartient pas à H_{k+1} car la série de terme général $n^{2(k+1)}|c_n(f)|^2 = \frac{n^{2(k+1)}}{n^{2k+3}} = \frac{1}{n}$ diverge.

2. On cherche $g \in \mathrm{H}_{k+2}$ telle que $g - ag'' = f$. On sait d'après la question 1 que si $g \in \mathrm{H}_{k+2}$, alors g est de classe $\mathcal{C}^{k+1}$ et donc de classe $\mathcal{C}^2$, puisque $k \geqslant 1$. Si les fonctions $g - ag''$ et f sont égales, elles ont mêmes coefficients de Fourier. On doit donc avoir, pour tout $n \in \mathbb{Z}$,

$$c_n(f) = c_n(g) - ac_n(g'') = c_n(g) - a(in)^2c_n(g) = (1 + an^2)c_n(g)$$

et $c_n(g) = \frac{c_n(f)}{1 + an^2}\cdot$ Si g existe, elle est d'après la question 1 égale à la somme de sa série de Fourier et on a, pour tout réel x,

$$g(x) = \sum_{n\in\mathbb{Z}} \frac{c_n(f)}{1+an^2} e^{inx}.$$

La suite $(c_n(f))$ converge vers 0 donc la série définissant g est normalement convergente. Elle définit une fonction g continue et 2π-périodique dont les coefficients de Fourier sont les $\dfrac{c_n(f)}{1+an^2}\cdot$ On a, de plus $n^{2k+4}|c_n(g)|^2 \underset{n\to\infty}{\sim} \dfrac{1}{a^2} n^{2k}|c_n(f)|^2$ et puisque f appartient à H_k, g appartient à H_{k+2}. La fonction g est au moins de classe $\mathcal{C}^2$ et par construction les fonctions $g - ag''$ et f ont mêmes coefficients de Fourier. Elles sont égales.

3. En utilisant la question 2, on démontre de manière simple, par récurrence sur p, que f_p est définie pour tout $p \in \mathbb{N}$ et est élément de H_{2p+1}. D'après la question 1, $f - \mathrm{P}$ est égale à la somme de sa série de Fourier. Les coefficients de Fourier de f_p sont définis, pour tout $n \in \mathbb{Z}$ par $c_n(f_p) = \dfrac{c_n(f_0)}{(1+an^2)^p}\cdot$ On en déduit que, pour tout $n \in \mathbb{Z}^*$, la suite $c_n(f_p)_{p\in\mathbb{N}}$ converge vers 0, alors que la suite $(c_0(f_p))_{p\in\mathbb{N}}$ est constante. Nous allons montrer que (f_p) converge uniformément vers la fonction constante $x \longmapsto c_0(f_0)$. Il s'agit d'inverser une sommation et un passage à la limite. On a, pour tous $p \in \mathbb{N}$ et $n \in \mathbb{Z}$, $|c_n(f_p)| \leqslant |c_n(f_0)|$. Le salut vient de cette majoration uniforme par rapport à p. On a, pour tout $x \in \mathbb{R}$,

$$\begin{aligned}|f_p(x) - c_0(f_0)| = |f_p(x) - c_0(f_p)| &= \left|\sum_{n\in\mathbb{Z}^*} \frac{c_n(f_0)}{(1+an^2)^p} e^{inx}\right| \\ &\leqslant \sum_{n\in\mathbb{Z}^*} \frac{|c_n(f_0)|}{(1+an^2)^p}.\end{aligned}$$

Pour $\mathrm{N} \in \mathbb{N}$, on obtient

$$|f_p(x) - c_0(f_0)| \leqslant \sum_{1\leqslant|n|\leqslant \mathrm{N}} \frac{|c_n(f_0)|}{(1+an^2)^p} + \sum_{|n|>\mathrm{N}} |c_n(f_0)|.$$

Soit $\varepsilon > 0$. On peut choisir N pour que $\sum\limits_{|n|>\mathrm{N}} |c_n(f_0)| \leqslant \varepsilon$, car $\sum |c_n(f_0)|$ converge, puisque f_0 est dans H_1. Ensuite, il existe $p_0 \in \mathbb{N}$ tel que $\sum\limits_{1\leqslant|n|\leqslant\mathrm{N}} \dfrac{|c_n(f_0)|}{(1+an^2)^p} \leqslant \varepsilon$, puisque chaque terme de cette somme (finie) tend vers 0. On a donc, pour tous $p \geqslant p_0$ et $x \in \mathbb{R}$, $|f_p(x) - c_0(f_0)| \leqslant 2\varepsilon$. La suite (f_p) converge uniformément vers $c_0(f_0) = \dfrac{1}{2\pi}\displaystyle\int_0^{2\pi} f_0(x)\mathrm{d}x$.

4. Pour t fixé, la fonction $x \longmapsto \mathrm{F}_a(t,x)$ coïncide avec f_p, où $p = \mathrm{E}\left(\dfrac{t}{a}\right)$. Ses coefficients de Fourier sont donc, d'après la question précédente, $\frac{c_n(f_0)}{(1+an^2)^p} = \frac{c_n(f_0)}{(1+an^2)^{\mathrm{E}(\frac{t}{a})}}\cdot$ On sait que la fonction f_p est, pour tout $p \in \mathbb{N}$, égale à sa série de Fourier. On a donc, pour $a > 0$, $t \geqslant 0$ et $x \in \mathbb{R}$,

$$\mathrm{F}_a(t,x) = \sum_{n\in\mathbb{Z}} \frac{c_n(f_0)}{(1+an^2)^{\mathrm{E}(\frac{t}{a})}} e^{inx}.$$

Posons, pour $x \in \mathbb{R}$ et $t \geqslant 0$, $u_n(a,t,x) = \frac{c_n(f_0)}{(1+an^2)^{\mathrm{E}(\frac{t}{a})}} e^{inx}$. Cherchons la limite de $u_n(a,t,x)$ quand a tend vers 0. On peut écrire

$$(1+an^2)^{\mathrm{E}(\frac{t}{a})} = \exp\left(\mathrm{E}\left(\frac{t}{a}\right)\ln(1+an^2)\right).$$

Si $t > 0$, on a

$$\mathrm{E}\left(\frac{t}{a}\right)\ln(1+an^2) \underset{a\to 0}{\sim} \frac{t}{a}\cdot an^2 = tn^2.$$

On en déduit que $\lim\limits_{a\to 0}(1+an^2)^{\mathrm{E}(\frac{t}{a})} = e^{tn^2}$, résultat qui reste vrai pour $t = 0$. On obtient, pour $t \geqslant 0$ et $x \in \mathbb{R}$, $\lim\limits_{a\to 0} u_n(a,t,x) = c_n(f_0)e^{-tn^2}e^{inx}$. On va montrer évidemment que, pour $t \geqslant 0$ et $x \in \mathbb{R}$,

$$\lim_{a\to 0} \mathrm{F}_a(t,x) = \sum_{n\in\mathbb{Z}} c_n(f_0)e^{-tn^2}e^{inx}$$

et que, de plus, cette convergence est uniforme par rapport à t et x. On pose, pour tout $n \in \mathbb{Z}$, $v_n(t,x) = c_n(f_0)e^{-nt^2}e^{inx}$. On remarque que, pour $a > 0$, $t \geqslant 0$ et $x \in \mathbb{R}$, on a $(1+an^2)^{\mathrm{E}(\frac{t}{a})} \geqslant 1$. On en déduit $|u_n(a,t,x)| \leqslant |c_n(f_0)|$ et de plus $|v_n(x,t)| \leqslant |c_n(f_0)|$, majorations indépendantes de t et x. La série $\sum |c_n(f_0)|$ étant convergente, la série $\sum v_n(t,x)$ est normalement convergente. On note $\mathrm{G}(t,x)$ sa somme. On écrit, pour tous t, x, a et $\mathrm{N} \in \mathbb{N}$

$$\begin{aligned}|\mathrm{F}_a(t,x) - \mathrm{G}(t,x)| &\leqslant \sum_{n\in\mathbb{Z}} |u_n(a,t,x) - v_n(t,x)| \\ &\leqslant \sum_{|n|\leqslant \mathrm{N}} |u_n(a,t,x) - v_n(t,x)| + 2\sum_{|n|>\mathrm{N}} |c_n(f_0)|.\end{aligned}$$

Montrons que, pour tout $n \in \mathbb{Z}$, la convergence de $u_n(a,t,x)$ vers $v_n(t,x)$ est uniforme par rapport à t et x. On a pour $t \geqslant 0$ et $x \in \mathbb{R}$,

$$|u_n(a,t,x) - v_n(t,x)| \leqslant |c_n(f_0)| \left| \frac{1}{(1+an^2)^{\mathrm{E}(\frac{t}{a})}} - e^{-tn^2} \right|$$

et

$$\left|\frac{1}{(1+an^2)^{\mathrm{E}(\frac{t}{a})}} - e^{-tn^2}\right| = e^{-tn^2}\left|\exp(tn^2 - \mathrm{E}\Big(\frac{t}{a}\Big)\ln(1+an^2)) - 1\right|$$
$$\leqslant e^{-tn^2}\left(\exp(tn^2 - \mathrm{E}\Big(\frac{t}{a}\Big)\ln(1+an^2)) - 1\right),$$

car $\mathrm{E}\left(\frac{t}{a}\right)\ln(1+an^2)) \leqslant \frac{t}{a}\cdot an^2 \leqslant tn^2$. De la minoration, valable pour tout $x \geqslant 0$, $\ln(1+x) \geqslant x - \frac{x^2}{2}$, on déduit que

$$\left|\frac{1}{(1+an^2)^{\mathrm{E}(\frac{t}{a})}} - e^{-tn^2}\right| \leqslant e^{-tn^2}\left(\exp(tn^2 - \mathrm{E}\Big(\frac{t}{a}\Big)\Big(an^2 - \frac{a^2n^4}{2}\Big) - 1\right)$$
$$\leqslant e^{-tn^2}\left(e^{\left(an^2(\frac{t}{a} - \mathrm{E}(\frac{t}{a})) + \mathrm{E}(\frac{t}{a})\frac{a^2n^4}{2}\right)} - 1\right)$$
$$\leqslant e^{-tn^2}\left(e^{\left(an^2 + \frac{tan^4}{2}\right)} - 1\right).$$

La majoration $e^u - 1 \leqslant ue^u$, valable pour $u \geqslant 0$ conduit à

$$\left|\frac{1}{(1+an^2)^{\mathrm{E}(\frac{t}{a})}} - e^{-tn^2}\right| \leqslant e^{an^2 - tn^2\left(1 - \frac{an^2}{2}\right)}\left(an^2 + \frac{tan^4}{2}\right).$$

Pour $a \leqslant \frac{1}{n^2}$, on obtient

$$\left|\frac{1}{(1+an^2)^{\mathrm{E}(\frac{t}{a})}} - e^{-tn^2}\right| \leqslant e^{an^2 - \frac{1}{2}tn^2}\left(an^2 + \frac{an^2}{2}e^{\frac{tn^2}{2}}\right),$$

car $e^u \geqslant u$ pour $u \geqslant 0$. Finalement on obtient

$$\left|\frac{1}{(1+an^2)^{\mathrm{E}(\frac{t}{a})}} - e^{-tn^2}\right| \leqslant e^{an^2}\left(\frac{3}{2}an^2\right)$$

et donc, pour $t \geqslant 0$, $x \in \mathbb{R}$ et $a \leqslant \frac{1}{n^2}$,

$$|u_n(a,t,x) - v_n(t,x)| \leqslant 2|c_n(f_0)|e^{an^2}(an^2).$$

Revenons à l'inégalité

$$|\mathrm{F}_a(t,x) - \mathrm{G}(t,x)| \leqslant \sum_{|n|\leqslant \mathrm{N}} |u_n(a,t,x) - v_n(t,x)| + 2\sum_{|n|>\mathrm{N}} |c_n(f_0)|.$$

Soit $\varepsilon > 0$. On choisit N tel que $2 \sum_{|n|>\mathrm{N}} |c_n(f_0)| \leqslant \varepsilon$. On prend ensuite $a \leqslant \dfrac{1}{\mathrm{N}^2}$. On a alors, d'après ce qui précède, pour $t \geqslant 0$, $x \in \mathbb{R}$ et $|n| \leqslant \mathrm{N}$, $|u_n(a,t,x) - v_n(t,x)| \leqslant 2|c_n(f_0)|e^{a\mathrm{N}^2}(a\mathrm{N}^2)$ et donc

$$\sum_{|n|\leqslant \mathrm{N}} |u_n(a,t,x) - v_n(t,x)| \leqslant e^{a\mathrm{N}^2}(a\mathrm{N}^2) \sum_{|n|\leqslant \mathrm{N}} |c_n(f_0)|.$$

Pour a assez petit, on aura $\sum_{|n|\leqslant \mathrm{N}} |u_n(a,t,x) - v_n(t,x)| \leqslant \varepsilon$ et donc $|\mathrm{F}_a(t,x) - \mathrm{G}(t,x)| \leqslant 3\varepsilon$, ceci pour tous $t \geqslant 0$ et $x \in \mathbb{R}$.

Conclusion. F_a converge uniformément vers la fonction G.

Une fonction f continue et 2π-périodique est de classe $\mathcal{C}^\infty$, si et seulement pour tout $k \in \mathbb{N}$, on a $c_n = o\left(\dfrac{1}{|n|^k}\right)$. Nous avons déjà vu que la condition est nécessaire. Réciproquement, si cette condition est réalisée, la fonction est égale à la somme de sa série de Fourier et elle est $\mathcal{C}^\infty$ d'après le théorème de dérivation des séries de fonctions. Dans l'exercice suivant est énoncée une condition suffisante portant sur les coefficients de Fourier pour que la fonction soit analytique, c'est-à-dire localement développable en série entière.

4.24. Condition suffisante d'analycité

> Soit $f \in \mathcal{C}^\infty(\mathbb{R}, \mathbb{C})$ une fonction 2π-périodique. Montrer que s'il existe $\lambda > 0$ et $\mathrm{C} > 0$ tels que $|c_n(f)| \leqslant \mathrm{C}\exp(-\lambda|n|)$ pour tout entier $n \in \mathbb{Z}$, alors f est analytique, c'est-à-dire pour tout $x_0 \in \mathbb{R}$ développable en série entière au voisinage de x_0.
>
> (**École normale supérieure**)

▷ **Solution.**

Supposons qu'il existe $\lambda > 0$ et $\mathrm{C} > 0$ tels que, pour tout $n \in \mathbb{Z}$, on ait $|c_n(f)| \leqslant \mathrm{C}\exp(-\lambda|n|)$. Comme f est de classe $\mathcal{C}^1$, d'après le théorème de convergence normale, f est somme de sa série de Fourier. On a donc, pour tout $x \in \mathbb{R}$,

$$f(x) = \sum_{n\in\mathbb{Z}} c_n(f)e^{inx}.$$

Soit $x_0 \in \mathbb{R}$. Afin de développer f en série entière au voisinage de x_0, commençons par le faire pour les fonctions $x \longmapsto e^{inx}$. On obtient, pour tout $x \in \mathbb{R}$,

$$e^{inx} = e^{inx_0}e^{in(x-x_0)} = e^{inx_0} \sum_{k=0}^{+\infty} \frac{(in)^k(x-x_0)^k}{k!}.$$

On pose, pour $(n, k) \in \mathbb{N}\times\mathbb{Z}$, $a_{n,k} = c_n(f)e^{inx_0}\dfrac{(in)^k(x-x_0)^k}{k!}$. Montrons que la série double $\sum a_{n,k}$ est sommable. Pour tout $n \in \mathbb{Z}$, on a

$$\sum_{k=0}^{+\infty} |a_{n,k}| = |c_n(f)| \sum_{k=0}^{+\infty} \frac{|n(x-x_0)|^k}{k!} = |c_n(f)|e^{|n(x-x_0)|}.$$

On a par hypothèse, pour tout $n \in \mathbb{Z}$,

$$|c_n(f)|e^{|n(x-x_0)|} \leqslant Ce^{-\lambda|n|}e^{|n(x-x_0)|} \leqslant Ce^{(-\lambda+|x-x_0|)|n|}.$$

On en déduit que si $|x - x_0| < \lambda$, la série $\sum |c_n(f)|e^{|n(x-x_0)|}$ converge et donc la série double $\sum a_{n,k}$ est sommable. Sa somme est égale à

$$\sum_{n\in\mathbb{Z}} \left(\sum_{k\in\mathbb{N}} a_{n,k}\right) = \sum_{n\in\mathbb{Z}} c_n(f)e^{inx} = f(x).$$

La série double étant sommable, on peut intervertir l'ordre des sommations et on trouve, pour $|x - x_0| < \lambda$,

$$f(x) = \sum_{k\in\mathbb{N}} \left(\sum_{n\in\mathbb{Z}} a_{n,k}\right) = \sum_{k\in\mathbb{N}} \frac{(x-x_0)^k}{k!} \left(\sum_{n\in\mathbb{Z}} (in)^k c_n(f)e^{inx_0}\right).$$

La fonction f est donc développable en série entière au voisinage de x_0. $\lhd$

Le prochain thème abordé concerne l'étude de la convergence vers une fonction 2π-périodique de sa série de Fourier ou plus généralement d'une suite de polynômes trigonométriques. L'exercice suivant étudie la non-convergence uniforme de la série de Fourier vers la fonction, au voisinage d'un point de discontinuité de celle-ci : c'est le phénomène de Gibbs.

4.25. Le phénomène de Gibbs

1. Calculer les coefficients de la fonction 2π-périodique f qui est affine sur $[0, 2\pi[$ et vérifie $f(0) = 0$, $\lim\limits_{x\to(2\pi)^-} f(x) = 2\pi$.

2. Soit s_n la somme partielle d'indice n de sa série trigonométrique. Déterminer les extrema de s_n. Soit m_n le premier minimum de s_n sur $[0, 2\pi[$. Étudier le comportement de la suite (m_n). Interpréter.

(**École polytechnique**)

▷ **Solution.**

1. On a, pour tout $t \in [0, 2\pi[$, $f(t) = t$. On obtient

$$c_0(f) = \frac{1}{2\pi}\int_0^{2\pi} t\,\mathrm{d}t = \pi \ \text{ et, pour } n \in \mathbb{Z}^*,$$

$$c_n(f) = \frac{1}{2\pi}\int_0^{2\pi} te^{-int}\mathrm{d}t = \frac{1}{2\pi}\left(\left[\frac{te^{-int}}{-in}\right]_0^{2\pi} + \int_0^{2\pi}\frac{e^{-int}}{in}\mathrm{d}t\right) = \frac{i}{n}\cdot$$

On en déduit que $a_0(f) = 2\pi$ et, pour $n \in \mathbb{N}^*$,

$$a_n(f) = 0 \ \text{ et } b_n(f) = -\frac{2}{n}\cdot$$

2. Il résulte de la question 1 que la fonction s_n est définie par

$$s_n(t) = \pi - 2\sum_{k=1}^{n}\frac{\sin kt}{k}\cdot$$

Étudions les extrema de s_n sur $[0, 2\pi[$. On a, pour tout réel t,

$$s_n'(t) = -2\sum_{k=1}^{n}\cos kt = -2\,\mathrm{Re}\left(\sum_{k=1}^{n}e^{ikt}\right).$$

On obtient $s_n'(0) = -2n$ et, pour $t \in]0, 2\pi[$,

$$s_n'(t) = -2\,\mathrm{Re}\left(e^{it}\frac{e^{int}-1}{e^{it}-1}\right) = -2\,\mathrm{Re}\left(e^{i(\frac{n+1}{2})t}\frac{\sin\left(\frac{nt}{2}\right)}{\sin\left(\frac{t}{2}\right)}\right)$$

$$= -2\frac{\cos\left(\frac{n+1}{2}t\right)\sin\left(\frac{nt}{2}\right)}{\sin\left(\frac{t}{2}\right)} = 1 - \frac{\sin\left(n+\frac{1}{2}\right)t}{\sin\frac{t}{2}}.$$

La dérivée de s_n' s'annule et change de signe si $\cos\left(\frac{n+1}{2}t\right) = 0$ ou $\sin\left(\frac{nt}{2}\right) = 0$, c'est-à-dire pour $t = \frac{(2k+1)\pi}{n+1}$ $(0 \leqslant k \leqslant n)$ ou $t = \frac{2k\pi}{n}$ $(1 \leqslant k \leqslant n-1)$. Le premier extremum de s_n sur $[0, 2\pi[$ est obtenu pour $t = \frac{\pi}{n+1}\cdot$ C'est un minimum, car s_n' est négative au voisinage de 0 ($s_n'(0) = -2n$). On a donc $m_n = s_n\left(\frac{\pi}{n+1}\right)$. Pour exprimer m_n, partons de s_n', qui est continue sur $[0, 2\pi[$ et donnons une forme intégrale à s_n. On a $s_n(0) = \pi$. On en déduit que, pour $t \in [0, 2\pi[$,

$$s_n(t) = \pi + \int_0^t s_n'(x)\mathrm{d}x = \pi + t - \int_0^t \frac{\sin\left(n+\frac{1}{2}\right)x}{\sin\frac{x}{2}}\mathrm{d}x.$$

En particulier, on a $m_n = \pi + \dfrac{\pi}{n+1} - \displaystyle\int_0^{\frac{\pi}{n+1}} \dfrac{\sin\left(n+\frac{1}{2}\right)x}{\sin\frac{x}{2}}\mathrm{d}x$. Pour calculer la limite de l'intégrale $\mathrm{I}_n = \displaystyle\int_0^{\frac{\pi}{n+1}} \dfrac{\sin\left(n+\frac{1}{2}\right)x}{\sin\frac{x}{2}}\mathrm{d}x$, on fait le changement de variable $u = (n+\frac{1}{2})x$. On obtient

$$\mathrm{I}_n = \int_0^{\frac{(n+\frac{1}{2})\pi}{(n+1)}} \frac{\sin u}{(n+\frac{1}{2})\sin\frac{u}{2n+1}}\mathrm{d}u.$$

Considérons la fonction f_n définie sur $]0,\pi[$ par

$$f_n(x) = \frac{\sin x}{(n+\frac{1}{2})\sin\frac{x}{2n+1}} \quad \text{si } x \leqslant \frac{(n+\frac{1}{2})\pi}{n+1} \quad \text{et } 0 \text{ si } x > \frac{(n+\frac{1}{2})\pi}{n+1}.$$

Les fonctions f_n sont intégrables sur $]0,\pi[$ et pour tout $x \in]0,\pi[$, on a $\lim\limits_{n\to+\infty} f_n(x) = 2\dfrac{\sin x}{x}$; la fonction $x \longmapsto \dfrac{\sin x}{x}$ est intégrable sur $]0,\pi[$. Enfin, on a une relation de domination. En effet, on obtient, pour $n \geqslant 1$ et $0 < x \leqslant \dfrac{(n+\frac{1}{2})\pi}{n+1}$, en utilisant la relation $\sin(x) \geqslant \dfrac{2}{\pi}x$, qui est valable sur $[0, \frac{\pi}{2}]$,

$$0 \leqslant f_n(x) \leqslant \pi\frac{\sin x}{x}.$$

Cette inégalité est vérifiée sur tout l'intervalle $]0,\pi[$. Le théorème de convergence dominée permet de conclure que $\lim\limits_{n\to+\infty} \mathrm{I}_n = 2\displaystyle\int_0^{\pi} \dfrac{\sin x}{x}\mathrm{d}x$. On en déduit enfin que

$$\lim_{n\to+\infty} m_n = \pi - 2\int_0^{\pi} \frac{\sin x}{x}\mathrm{d}x.$$

La fonction f étant de classe $\mathcal{C}^1$ par morceaux sur $\mathbb{R}$, sa série de Fourier converge en tout point t vers $\frac{1}{2}(f(t^+) + f(t^-))$. On a donc ici, pour $t \notin 2\pi\mathbb{Z}$, $\lim\limits_{n\to+\infty} s_n(t) = f(t)$ et $\lim\limits_{n\to+\infty} s_n(0) = \frac{1}{2}(0+2\pi) = \pi$. La convergence n'est uniforme sur aucun intervalle d'intérieur non vide contenant 0. En effet, on a $\lim\limits_{n\to+\infty} \dfrac{\pi}{n+1} = 0$. Si la convergence était uniforme, on aurait $\lim\limits_{n\to+\infty} m_n = \lim\limits_{n\to+\infty} s_n(0) = \pi$. Quand tend vers l'infini, $\dfrac{\pi}{n+1}$ tend vers 0, mais la différence entre $s_n(0)$ et le minimum de s_n sur

$\left[0, \frac{\pi}{n+1}\right]$ tend vers une limite finie égale à $2\int_0^\pi \frac{\sin x}{x}\,\mathrm{d}x$ (soit environ 3,7). Ce défaut de convergence au voisinage d'un point de discontinuité de f est appelé *phénomène de Gibbs.* ◁

Les deux exercices suivants visent à démontrer que toute fonction continue 2π-périodique de $\mathbb{R}$ dans $\mathbb{C}$ est limite uniforme d'une suite de polynômes trigonométriques (équivalent du théorème d'approximation de Weierstrass pour les fonctions continues sur un segment). La méthode est la même dans les deux cas : on considère la suite de terme général $f_n = f * u_n$, obtenue en convolant f avec une suite de polynômes trigonométriques u_n, positifs, dont l'intégrale sur $[0, 2\pi]$ est égal à 1 et tels que, pour tout $\delta \in]0, \pi[$, le maximum de u_n sur $[-\pi, -\delta] \cup [\delta, \pi]$ tende vers 0 quand n tend vers $+\infty$. On montre alors que la suite (f_n) converge uniformément vers f. On remarque enfin que f_n est un polynôme trigonométrique pour tout n. En effet si u_n est de degré p et s'écrit $u_n(x) = \sum_{k=-p}^{p} a_{k,n}e^{ikx}$, on a, pour tout réel x,

$$\begin{aligned} f_n(x) &= \int_0^{2\pi} f_n(t)u_n(x-t)\,dt = \sum_{k=-p}^{p} a_{k,n}e^{ikx} \int_0^{2\pi} f(t)e^{-ikt}\,dt \\ &= 2\pi \sum_{k=-p}^{p} a_{k,n}c_k(f)e^{ikx}. \end{aligned}$$

4.26. Théorème de Weierstrass trigonométrique

> Soit E l'ensemble des applications de $\mathbb{R}$ dans $\mathbb{C}$ continues et 2π-périodiques. Pour f et g dans E, on considère l'application $f * g$ définie par $f * g(x) = \int_0^{2\pi} f(x-t)g(t)\mathrm{d}t$.
>
> **1.** Montrer que $f * g$ est élément de E. Que dire si f est $\mathcal{C}^\infty$?
>
> **2.** Pour $n \in \mathbb{N}$, on considère l'application $u_n : \mathbb{R} \to \mathbb{R}$ définie par $u_n(x) = c_n(1+\cos x)^n$, où $c_n \in \mathbb{R}$ est choisi tel que $\int_0^{2\pi} u_n = 1$, et on pose $f_n = f * u_n$. Que peut-on dire de la suite (f_n) ?
>
> (**École polytechnique**)

▷ **Solution.**

1. La fonction $\varphi : (x,t) \longmapsto f(x-t)g(t)$ est définie et continue sur $\mathbb{R}^2$. On en déduit, d'après le théorème de continuité sous le signe $\int$, que $f*g$ est définie et continue sur $\mathbb{R}$. Il est clair qu'elle est 2π-périodique. Elle est donc élément de E. Si f est de classe $\mathcal{C}^1$, la fonction φ est dérivable par rapport à x et la fonction $\dfrac{\partial \varphi}{\partial x}(x,t) \longmapsto f'(x-t)g(t)$ est continue sur $\mathbb{R}^2$. Du théorème de dérivation sous le signe $\int$, on déduit que $f * g$ est de classe $\mathcal{C}^1$ et que $(f*g)'(x) = \int_0^{2\pi} f'(x-t)g(t)\mathrm{d}t$. Une démonstration par récurrence immédiate montre que si f est $\mathcal{C}^\infty$, $f*g$ est également $\mathcal{C}^\infty$ et que, pour tout $n \in \mathbb{N}$, $(f*g)^{(n)} = f^{(n)} * g$.

Du changement de variable $u = x - t$, on tire

$$f * g(x) = \int_{x-2\pi}^{x} f(u)g(x-u)\mathrm{d}u = \int_0^{2\pi} f(u)g(x-u)\mathrm{d}u = g * f(x).$$

On a donc $f * g = g * f$. Si g est $\mathcal{C}^\infty$, il en est de même de $f * g$.

2. Montrons que la suite (f_n) converge uniformément vers f. Puisque par définition on a, pour tout $n \in \mathbb{N}$, $\int_0^{2\pi} u_n(t)\mathrm{d}t = 1$, on peut écrire, pour tout $x \in \mathbb{R}$,

$$\begin{aligned}
|f_n(x) - f(x)| &= \left|\int_0^{2\pi} f(x-t)u_n(t)\mathrm{d}t - f(x)\int_0^{2\pi} u_n(t)\mathrm{d}t\right| \\
&= \left|\int_{-\pi}^{\pi} (f(x-t) - f(x))u_n(t)\mathrm{d}t\right| \\
&\leqslant \int_{-\pi}^{\pi} |f(x-t) - f(x)|u_n(t)\mathrm{d}t,
\end{aligned}$$

puisque u_n est positive.

Donnons-nous $\varepsilon > 0$. Comme f est continue et 2π-périodique, elle est uniformément continue. Il existe $\eta \in \,]0,\pi[$ tel que $|f(s) - f(t)| \leqslant \varepsilon$ si $|s-t| \leqslant \eta$. On coupe l'intégrale en trois morceaux, les intégrales sur $[-\pi,-\eta]$, sur $[-\eta,\eta]$ et sur $[\eta,\pi]$. On obtient

$$\int_{-\eta}^{\eta} |f(x-t) - f(x)|u_n(t)\mathrm{d}t \leqslant \varepsilon \int_{-\eta}^{\eta} u_n(t)\mathrm{d}t \leqslant \varepsilon \int_{-\pi}^{\pi} u_n(t)\mathrm{d}t = \varepsilon \quad \text{et}$$

$$\int_{-\pi}^{-\eta} |f(x-t) - f(x)|u_n(t)\mathrm{d}t + \int_{\eta}^{\pi} |f(x-t) - f(x)|u_n(t)\mathrm{d}t \leqslant 4\|f\|_\infty \int_{\eta}^{\pi} u_n(t)\mathrm{d}t,$$

puisque la fonction u_n est paire. Il reste à majorer cette dernière intégrale par une quantité tendant vers 0 quand n tend vers $+\infty$. Comme cos, la fonction u_n décroît sur $[\eta,\pi]$. On a donc

$$\int_{\eta}^{\pi} u_n(t)\mathrm{d}t \leqslant \pi u_n(\eta) \leqslant \pi c_n(1+\cos\eta)^n.$$

Mais on a, par définition,

$$\frac{1}{c_n} = \int_0^{2\pi} (1+\cos t)^n \mathrm{d}t = 2\int_0^{\pi} (1+\cos t)^n \mathrm{d}t \geqslant 2\int_0^{\pi} (1+\cos t)^n \sin t \mathrm{d}t$$
$$= 2\left[\frac{-(1+\cos t)^{n+1}}{n+1}\right]_0^{\pi} = 2\cdot\frac{2^{n+1}}{n+1}.$$

On obtient finalement $c_n \leqslant \dfrac{n+1}{2^{n+2}}$, $\displaystyle\int_\eta^\pi u_n(t)\mathrm{d}t \leqslant \frac{\pi(n+1)}{4}\left(\frac{1+\cos\eta}{2}\right)^n$

$$\text{et } |f_n(x) - f(x)| \leqslant \varepsilon + \pi\|f\|_\infty (n+1)\left(\frac{1+\cos\eta}{2}\right)^n.$$

Puisque $\dfrac{1+\cos\eta}{2} < 1$, on a $\displaystyle\lim_{n\to+\infty}(n+1)\left(\frac{1+\cos\eta}{2}\right)^n = 0$. On en déduit que l'on a $|f_n(x) - f(x)| \leqslant 2\varepsilon$, pour tout réel x, si n est assez grand. Ceci démontre que la suite (f_n) converge uniformément vers f sur $\mathbb{R}$. ◁

Comme cela est expliqué avant l'énoncé de l'exercice on vérifie facilement que f_n est un polynôme trigonométrique. L'exercice a donc montré que toute fonction de E *est limite uniforme sur* $\mathbb{R}$ *d'une suite de polynômes trigonométriques (théorème de Weierstrass trigonométrique).*

Se pose alors le problème de la mesure de la qualité de l'approximation d'une fonction 2π-périodique continue par les polynômes trigonométriques. De manière précise, si $f : \mathbb{R} \to \mathbb{C}$ est 2π-périodique continue et si $\mathcal{T}_n$ est l'espace des polynômes trigonométriques de degré $\leqslant n$ on cherche à étudier à quelle vitesse la suite $\delta_n(f) = \inf_{\mathrm{P}\in\mathcal{T}_n} \|f - \mathrm{P}\|_\infty$ converge vers 0*. Le théorème de Jackson qui fait l'objet de l'exercice ci-après redémontre le théorème de Weierstrass trigonométrique et fournit une première réponse à cette question.*

4.27. Théorème de Jackson (1911)

On pose $\mathrm{J}_n(t) = c_n \left(\dfrac{\sin\dfrac{(n+1)t}{2}}{\sin\dfrac{t}{2}}\right)^4$, la constante c_n étant choisie de telle sorte que $\displaystyle\int_{-\pi}^{\pi} \mathrm{J}_n = 1$ (J_n est appelé *le noyau de Jackson* d'indice n). On note E l'ensemble des applications de $\mathbb{R}$ dans $\mathbb{C}$ continues, 2π-périodique. Pour $g \in \mathrm{E}$ et $h > 0$, on pose

$$\omega_h(g) = \max_{|t-s|\leqslant h} |g(s) - g(t)| \quad \text{et} \quad \mathrm{T}_n g(x) = \int_{-\pi}^{\pi} \mathrm{J}_n(x-t) g(t)\mathrm{d}t.$$

1. Montrer qu'il existe $a > 0$ tel que $\int_{-\pi}^{\pi} |t| \mathrm{J}_n(t)\mathrm{d}t \leqslant \dfrac{a}{n+1}$.

2. Montrer qu'il existe $b > 0$ tel que, pour tout $g \in \mathrm{E}$ et $n \in \mathbb{N}^*$ on ait

$$\|\mathrm{T}_n g - g\|_\infty \leqslant b\,\omega_{\frac{2\pi}{n}}(g).$$

3. Conclure que la suite $(\mathrm{T}_n g)$ converge uniformément vers g.

(**École normale supérieure**)

▷ **Solution.**

1. La fonction f_n définie sur $[-\pi, \pi]$ par $f_n(t) = \left(\dfrac{\sin \dfrac{(n+1)t}{2}}{\sin \dfrac{t}{2}}\right)^4$ si $t \neq 0$ et $f_n(0) = (n+1)^4$ est continue sur $[-\pi, \pi]$ et paire. Par définition, on a $\dfrac{1}{c_n} = \int_{-\pi}^{\pi} f_n(t)\mathrm{d}t = 2\int_0^{\pi} f_n(t)\mathrm{d}t$ et donc

$$\int_{-\pi}^{\pi} |t|\mathrm{J}_n(t)\mathrm{d}t = c_n \int_{-\pi}^{\pi} |t| f_n(t)\mathrm{d}t = \frac{\int_0^{\pi} t f_n(t)\mathrm{d}t}{\int_0^{\pi} f_n(t)\mathrm{d}t}.$$

Nous allons majorer le numérateur N_n et minorer le dénominateur D_n de ce quotient, en partant de l'encadrement classique : $\dfrac{2}{\pi}t \leqslant \sin t \leqslant t$ pour $t \in \left[0, \dfrac{\pi}{2}\right]$. On obtient

$$\mathrm{N}_n \leqslant \int_0^{\pi} t \left(\frac{\sin \dfrac{(n+1)t}{2}}{\dfrac{t}{\pi}}\right)^4 \mathrm{d}t = \pi^4 \int_0^{\pi} \frac{\sin^4 \dfrac{(n+1)t}{2}}{t^3}\mathrm{d}t$$

et

$$\mathrm{D}_n = \frac{1}{2c_n} \geqslant \int_0^{\pi} \left(\frac{\sin \dfrac{(n+1)t}{2}}{\dfrac{t}{2}}\right)^4 \mathrm{d}t.$$

Le changement de variable $u = \dfrac{(n+1)t}{2}$ conduit à

$$\mathrm{N}_n \leqslant \pi^4 \left(\frac{n+1}{2}\right)^2 \int_0^{\frac{n+1}{2}\pi} \frac{\sin^4 u}{u^3}\mathrm{d}u \leqslant k_1(n+1)^2,$$

où $k_1 = \dfrac{\pi^4}{4}\int_0^{+\infty} \dfrac{\sin^4 u}{u^3}\mathrm{d}u > 0$. Le même changement de variable donne

$$\mathrm{D}_n \geqslant 2(n+1)^3 \int_0^{(n+1)\frac{\pi}{2}} \frac{\sin^4 u}{u^4}\mathrm{d}u \geqslant k_2(n+1)^3$$

où $k_2 = 2\int_0^{\frac{\pi}{2}} \frac{\sin^4 u}{u^4}\mathrm{d}u > 0$. On note que les fonctions qui interviennent dans les intégrales précédentes sont toutes prolongeables par continuité en 0, ce qui assure leur intégrabilité sur les intervalles bornés. De plus, la fonction $u \longmapsto \frac{\sin^4 u}{u^3}$ est majorée par $\frac{1}{u^3}$, ce qui assure son intégrabilité sur $[1, +\infty[$.

Finalement, on obtient, pour tout $n \in \mathbb{N}$, $\int_{-\pi}^{\pi} |t|\mathrm{J}_n(t)\mathrm{d}t \leqslant \frac{\frac{k_1}{k_2}}{n+1}$, ce qui est le résultat voulu avec $a = \frac{k_1}{k_2}\cdot$

2. Soit g un élément de E. Puisque, par hypothèse, $\int_{-\pi}^{\pi} \mathrm{J}_n(t)\mathrm{d}t = 1$, on peut écrire, pour tout réel x et $n \in \mathbb{N}^*$, $g(x) = \int_{-\pi}^{\pi} g(x)\mathrm{J}_n(t)\mathrm{d}t$. Le changement de variable $u = x - t$ et la périodicité de g et J_n permettent d'écrire

$$\mathrm{T}_n g(x) = \int_{x-\pi}^{x+\pi} \mathrm{J}_n(u)g(x-u)\mathrm{d}u = \int_{-\pi}^{\pi} \mathrm{J}_n(u)g(x-u)\mathrm{d}u.$$

On obtient donc

$$\mathrm{T}_n g(x) - g(x) = \int_{-\pi}^{\pi} \mathrm{J}_n(t)(g(x-t) - g(x))\mathrm{d}t$$

$$\text{puis} \quad |\mathrm{T}_n g(x) - g(x)| \leqslant \int_{-\pi}^{\pi} \mathrm{J}_n(t)|g(x-t) - g(x)|\mathrm{d}t.$$

On cherche une majoration de $|g(x-t) - g(x)|$ faisant intervenir $\omega_{\frac{2\pi}{n}}(g)$. Pour tout entier $\mathrm{N} \in \mathbb{N}^*$, on peut écrire

$$|g(x-t) - g(x)| \leqslant \sum_{i=1}^{\mathrm{N}} \left| g\left(x - i\frac{t}{\mathrm{N}}\right) - g\left(x - (i-1)\frac{t}{\mathrm{N}}\right)\right|.$$

Si N vérifie $\left|\frac{t}{\mathrm{N}}\right| \leqslant \frac{2\pi}{n}$, soit $\mathrm{N} \geqslant \frac{n}{2\pi}|t|$, on obtient

$$|g(x-t) - g(x)| \leqslant \mathrm{N}\omega_{\frac{2\pi}{n}}(g)\cdot$$

On prend $\mathrm{N} = \mathrm{E}\left(\frac{n}{2\pi}|t|\right) + 1$, ce qui donne $\mathrm{N} \leqslant \frac{n}{2\pi}|t| + 1$ et donc

$$|g(x-t) - g(x)| \leqslant \left(\frac{n}{2\pi}|t| + 1\right)\omega_{\frac{n}{2\pi}}(g).$$

On en déduit alors, en utilisant la majoration obtenue dans la question précédente et l'égalité $\int_{-\pi}^{\pi} \mathrm{J}_n(t)\mathrm{d}t = 1$, que, pour tout réel x,

$$
\begin{aligned}
|\mathrm{T}_n g(x) - g(x)| &\leqslant \omega_{\frac{n}{2\pi}}(g) \int_{-\pi}^{\pi} \left(\frac{n}{2\pi}|t| + 1 \right) \mathrm{J}_n(t)\mathrm{d}t \\
&\leqslant \omega_{\frac{n}{2\pi}}(g) \left(\frac{n}{2\pi} \frac{a}{n+1} + 1 \right) \\
&\leqslant \omega_{\frac{n}{2\pi}}(g) \left(\frac{a}{2\pi} + 1 \right).
\end{aligned}
$$

Finalement, en posant $b = \dfrac{a}{2\pi} + 1 > 0$, on a

$$\|\mathrm{T}_n g - g\|_\infty \leqslant b\,\omega_{\frac{2\pi}{n}}(g).$$

On note que la constante b ne dépend ni de n, ni du choix de $g \in \mathrm{E}$.

3. Toute fonction g de E étant continue et 2π-périodique est uniformément continue sur $\mathbb{R}$. On en déduit que $\lim\limits_{n \to +\infty} \omega_{\frac{2\pi}{n}}(g) = 0$. En effet, pour tout $\varepsilon > 0$, considérons η un module d'uniforme continuité de f pour ε et un entier naturel n_0 tel que $\dfrac{2\pi}{n} \leqslant \eta$ pour $n \geqslant n_0$. Si $n \geqslant n_0$, alors pour $|s-t| \leqslant \dfrac{2\pi}{n}$, on a $|s-t| \leqslant \eta$ et donc $|g(s) - g(t)| \leqslant \varepsilon$. On en déduit que $\omega_{\frac{2\pi}{n}}(g) \leqslant \varepsilon$, ce qui démontre le résultat voulu. Comme la suite $(b\omega_{\frac{2\pi}{n}}(g))$ converge vers 0, la suite $(\mathrm{T}_n g)$ converge uniformément vers g sur $\mathbb{R}$. $\triangleleft$

Il est facile de vérifier que J_n est un polynôme trigonométrique de degré $2n$. En effet, on part de

$$\frac{\sin(n+1)\frac{t}{2}}{\sin\frac{t}{2}} = \frac{e^{i(n+1)\frac{t}{2}} - e^{-i(n+1)\frac{t}{2}}}{e^{i\frac{t}{2}} - e^{-i\frac{t}{2}}} = e^{-ni\frac{t}{2}} \frac{e^{i(n+1)t} - 1}{e^{it} - 1} = e^{-ni\frac{t}{2}} \sum_{k=0}^{n} e^{ikt}.$$

En élevant au carré, on obtient

$$
\begin{aligned}
\left(\frac{\sin(n+1)\frac{t}{2}}{\sin\frac{t}{2}} \right)^2 &= e^{-nit} \left(\sum_{k=0}^{n} e^{ikt} \right)^2 = e^{-nit} \sum_{k=0}^{2n} (n+1-|k-n|) e^{ikt} \\
&= \sum_{k=-n}^{n} (n+1-|k|) e^{ikt}.
\end{aligned}
$$

En élevant de nouveau au carré, on obtient bien un polynôme trigonométrique de degré $2n$ et ainsi J_n appartient à $\mathcal{T}_{2n}$.

Prenons alors g une fonction 2π-périodique et α-höldérienne (avec $\alpha \in \,]0,1]$), c'est-à-dire pour laquelle il existe $\mathrm{K} > 0$ tel que, pour tous réels x et y, $|g(x) - g(y)| \leqslant \mathrm{K}|x-y|^\alpha$. Reprenons les notations données dans l'introduction de l'exercice en posant $\delta_n(f) = \inf\limits_{\mathrm{P} \in \mathcal{T}_n} \|g - \mathrm{P}\|_\infty$.

Comme $\mathrm{T}_n g$ *est un polynôme trigonométrique de degré* $\leqslant 2n$, *la question 2. de l'exercice ci-dessus montre que* $\delta_{2n}(g) \leqslant b\mathrm{K}\left(\frac{2\pi}{n}\right)^{\alpha}$, *autrement dit que* $\delta_{2n}(g) = O(1/n^{\alpha})$. *Comme la suite* $\delta_n(g)$ *est décroissante, on a aussi* $\delta_n(g) = O(1/n^{\alpha})$. *C'est une mesure très précise de la qualité de l'approximation de* g. *Un an après les résultats de Jackson, Bernstein établit une réciproque de cela : si* $\delta_n(g) = O(1/n^{\alpha})$ *alors* g *est* α*-höldérienne. C'est l'objet de l'exercice suivant. Notons que c'est dans cette étude que Bernstein a prouvé l'inégalité qui porte son nom et qui a été vue dans l'exercice 4.3.*

4.28. Un théorème de Bernstein (1912)

On note $\mathcal{T}_n$ l'espace des polynômes trigonométriques de degré inférieur ou égal à n. Soit f une fonction continue et 2π-périodique de $\mathbb{R}$ dans $\mathbb{C}$. On pose $\delta_n(f) = \inf_{\mathrm{P}\in\mathcal{T}_n} \|f - \mathrm{P}\|_\infty$. Soit $\alpha \in]0, 1[$. On suppose qu'il existe $\mathrm{C} > 0$ tel que, pour tout $n \in \mathbb{N}^*$, $\delta_n(f) \leqslant \mathrm{C}n^{-\alpha}$.

1. Montrer que $\delta_n(f)$ est atteint.

2. On considère, pour tout $n \in \mathbb{N}$, un polynôme P_n dans $\mathcal{T}_{2^n}$ tel que $\|\mathrm{P}_n - f\|_\infty = \delta_{2^n}(f)$. Montrer qu'il existe $\mathrm{A} > 0$ tel que, pour tout $n \in \mathbb{N}^*$, $\|\mathrm{P}_n'\|_\infty \leqslant \mathrm{A}2^{(1-\alpha)n}$ (on pourra utiliser *l'inégalité de Bernstein* $\|\mathrm{P}'\|_\infty \leqslant n\|\mathrm{P}\|_\infty$, si $\mathrm{P} \in \mathcal{T}_n$).

3. Montrer que f est α-höldérienne, c'est-à-dire qu'il existe un réel $\mathrm{K} > 0$ tel que, pour tous réels x et y, $|f(x) - f(y)| \leqslant \mathrm{K}|x - y|^{\alpha}$.

(**École normale supérieure**)

▷ **Solution.**

1. Cela résulte de ce que $\mathcal{T}_n$ est de dimension finie. Pour justifier que $\delta_n(f)$ est atteint, on montre qu'on peut se limiter à faire varier P dans un compact de $\mathcal{T}_n$, c'est-à-dire, puisque $\mathcal{T}_n$ est de dimension finie, dans un fermé borné.

Toute fonction continue et 2π-périodique est bornée sur $\mathbb{R}$. On a, pour tout $\mathrm{P} \in \mathcal{T}_n$, $\|f - \mathrm{P}\|_\infty \geqslant \|\mathrm{P}\|_\infty - \|f\|_\infty$. Ainsi, si $\|\mathrm{P}\|_\infty > \|f\|_\infty + \delta_n(f)$, on a $\|f - \mathrm{P}\|_\infty > \delta_n(f)$. En notant $\mathrm{B} = \{\mathrm{P} \in \mathcal{T}_n, \|\mathrm{P}\|_\infty \leqslant \|f\|_\infty + \delta_n(f)\}$, on obtient donc $\delta_n(f) = \inf_{\mathrm{P}\in\mathrm{B}} \|f - \mathrm{P}\|_\infty$. L'ensemble B étant compact et non vide, cette borne inférieure est atteinte.

2. L'existence de P_n résulte de la question 1. Suivant l'indication de l'énoncé, on utilise l'inégalité de Bernstein. On a, pour $n \in \mathbb{N}$,

$$\begin{aligned}\|\mathrm{P}_{n+1} - \mathrm{P}_n\|_\infty &\leqslant \|\mathrm{P}_{n+1} - f\|_\infty + \|\mathrm{P}_n - f\|_\infty \leqslant \delta_{2^{n+1}}(f) + \delta_{2^n}(f) \\ &\leqslant 2\delta_{2^n}(f) \leqslant \mathrm{C}2^{1-n\alpha},\end{aligned}$$

car $\delta_{2^{n+1}}(f) \leqslant \delta_{2^n}(f)$. On en déduit que

$$\|P'_{n+1} - P'_n\|_\infty \leqslant 2^{n+1} \cdot C2^{1-n\alpha} \leqslant 4C2^{n(1-\alpha)},$$

puis que

$$\|P'_n\|_\infty \leqslant \|P'_0\|_\infty + \sum_{k=0}^{n-1} \|P'_{k+1} - P'_k\|_\infty \leqslant \|P'_0\|_\infty + \sum_{k=0}^{n-1} 4C2^{k(1-\alpha)}$$
$$\leqslant \|P'_0\|_\infty + 4C\frac{\left(2^{1-\alpha}\right)^n - 1}{2^{1-\alpha} - 1} \leqslant \|P'_0\|_\infty + \frac{4C}{2^{1-\alpha} - 1}2^{n(1-\alpha)}.$$

Puisque $2^{(1-\alpha)n}$ tend vers $+\infty$ quand n tend vers $+\infty$, la suite $\left(\frac{\|P'_0\|_\infty}{2^{(1-a)n}}\right)$ est majorée (par B) et on a, pour tout $n \in \mathbb{N}$,

$$\|P'_n\|_\infty \leqslant A2^{(1-\alpha)n}, \quad \text{où } A = B + \frac{4C}{2^{1-\alpha} - 1}.$$

3. Il s'agit de trouver $K > 0$ tel que $|f(x) - f(y)| \leqslant K|x - y|^\alpha$ pour tout couple $(x, y) \in \mathbb{R}^2$. Il faut donc majorer $\frac{|f(x) - f(y)|}{|x - y|^\alpha}$ quand $x \neq y$.

Pour les « grandes» valeurs de $|x - y|$, cela ne pose pas de problème. Si, par exemple $|x - y| \geqslant 1$, on a

$$\frac{|f(x) - f(y)|}{|x - y|^\alpha} \leqslant |f(x) - f(y)| \leqslant 2\|f\|_\infty.$$

Supposons désormais $0 < |x - y| < 1$. On utilise le résultat de la question précédente, l'inégalité des accroissements finis pour majorer $|P_n(x) - P_n(y)|$, et la proximité de f et P_n. Pour tout $n \in \mathbb{N}$, on a

$$|f(x) - f(y)| \leqslant |f(x) - P_n(x) + |f(y) - P_n(y)| + |P_n(x) - P_n(y)|$$
$$\leqslant 2\|P_n - f\|_\infty + \|P'_n\|_\infty |x - y|$$
$$\leqslant 2\delta_{2^n}(f) + A2^{(1-\alpha)n}|x - y| \leqslant C2^{1-n\alpha} + A2^{(1-\alpha)n}|x - y|.$$

On en déduit que

$$\frac{|f(x) - f(y)|}{|x - y|^\alpha} \leqslant 2C\left(\frac{1}{2^n|x - y|}\right)^\alpha + A(2^n|x - y|)^{1-\alpha}.$$

Choisissons $n \in \mathbb{N}$ tel que $2^n|x - y| \in \left[\frac{1}{2}, 1\right[$, *i.e.* $\frac{1}{2^{n+1}} \leqslant |x - y| < \frac{1}{2^n}\cdot$ C'est possible car $|x - y| \in]0, 1[$. On a alors

$$\frac{|f(x) - f(y)|}{|x - y|^\alpha} \leqslant 2C2^\alpha + A.$$

Finalement, on obtient, pour tout $(x, y) \in \mathbb{R}^2$,

$$|f(x) - f(y)| \leqslant K|x - y|^\alpha,$$

avec $K = \max(2\|f\|_\alpha, C2^{1+\alpha} + A)$. Ceci démontre que la fonction f est α-höldérienne. ◁

L'exercice suivant est à rapprocher des exercices 4.26 et 4.27. On convole f avec le noyau de Poisson qui dépend d'un paramètre réel et plus d'un paramètre discret comme les noyaux de Fejér ou de Jackson. Il ne s'agit plus non plus d'un polynôme trigonométrique. On utilise essentiellement ce noyau de Poisson pour relier l'analyse de Fourier à la théorie des fonctions analytiques.

4.29. Noyau de Poisson

Soit $f : \mathbb{R} \longmapsto \mathbb{C}$ continue par morceaux et 2π-périodique. On note $(c_n)_{n\in\mathbb{Z}}$ la suite de ses coefficients de Fourier exponentiels.

Pour $r \in [0, 1[$, on pose $f_r(t) = \sum_{n=-\infty}^{+\infty} r^{|n|} c_n e^{int}$.

1. Déterminer φ_r telle que l'on ait

$$\forall t \in \mathbb{R}, f_r(t) = \frac{1}{2\pi} \int_0^{2\pi} f(u)\varphi_r(t-u)\mathrm{d}u.$$

La fonction φ_r est appelée *noyau de Poisson*.

2. Montrer que φ_r converge uniformément vers 0 lorsque r tend vers 1^- sur tout segment inclus dans $]0, 2\pi[$.

3. Montrer que, pour tout réel x,

$$\lim_{r\to 1^-} f_r(x) = \frac{1}{2}(f(x^+) + f(x^-))$$

(où $f(x^+)$ (resp. $f(x^-)$) désigne la limite à droite (resp. à gauche) en x).

4. Montrer que si f est continue, f_r converge uniformément vers f lorsque r tend vers 1^-.

(**École polytechnique**)

▷ **Solution.**

1. La fonction f_r est bien définie sur $\mathbb{R}$ et continue car la série qui la définit est normalement convergente. On a, pour tout $t \in \mathbb{R}$,

$$\begin{aligned} f_r(t) &= \sum_{n=-\infty}^{+\infty} r^{|n|} e^{int} \frac{1}{2\pi} \int_0^{2\pi} f(u)e^{-inu}\mathrm{d}u \\ &= \frac{1}{2\pi} \sum_{n=-\infty}^{+\infty} \int_0^{2\pi} f(u) r^{|n|} e^{in(t-u)}\mathrm{d}u. \end{aligned}$$

La fonction f est continue par morceaux donc bornée sur $[0, 2\pi]$ et donc sur $\mathbb{R}$, puisqu'elle est 2π-périodique. On en déduit que, pour tout $n \in \mathbb{Z}$ et $(t, u) \in \mathbb{R}^2$,

$$|f(u)r^{|n|}e^{in(t-u)}| \leqslant \|f\|_\infty r^{|n|}.$$

La série $\sum f(u)r^{|n|}e^{in(t-u)}$ converge normalement donc uniformément par rapport à u et sa somme est continue par morceaux. On peut donc intervertir intégration et sommation. On obtient, pour tout $t \in \mathbb{R}$,

$$f_r(t) = \frac{1}{2\pi}\int_0^{2\pi} f(u) \sum_{n=-\infty}^{+\infty} e^{in(t-u)}r^{|n|}\mathrm{d}u.$$

En posant pour tout $t \in \mathbb{R}$,

$$\boxed{\varphi_r(t) = \sum_{n=-\infty}^{\infty} r^{|n|}e^{int},}$$

série qui converge normalement car, pour tout $n \in \mathbb{N}$, $|r^{|n|}e^{int}| = r^{|n|}$, on obtient, pour tout $t \in \mathbb{R}$,

$$f_r(t) = \frac{1}{2\pi}\int_0^{2\pi} f(u)\varphi_r(t-u)\mathrm{d}u.$$

2. Transformons l'expression de φ_r. Pour tout $t \in \mathbb{R}$, on a

$$\begin{aligned}
\varphi_r(t) &= \sum_{n=0}^{+\infty} r^n e^{int} + \sum_{n=0}^{+\infty} r^n e^{-nit} - 1 = \frac{1}{1-re^{it}} + \frac{1}{1-re^{-it}} - 1 \\
&= \frac{2 - 2r\cos t - 1 - r^2 + 2r\cos t}{1 + r^2 - 2r\cos t} = \frac{1-r^2}{1+r^2-2r\cos t} \\
&= \frac{1-r^2}{(r-\cos t)^2 + \sin t^2} > 0.
\end{aligned}$$

Soit $[a, b] \subset]0, 2\pi[$. La fonction cos atteint sa borne supérieure $\lambda < 1$ sur le segment $[a, b]$. On a donc, pour tout $t \in [a, b]$,

$$0 \leqslant \varphi_r(t) \leqslant \frac{1-r^2}{1+r^2-2\lambda r} \xrightarrow[r \to 1^-]{} 0.$$

Ceci montre que φ_r converge uniformément vers 0 sur $[a, b]$.

3. En faisant le changement de variable $t = x - u$, on obtient, pour tout $x \in \mathbb{R}$,

$$\begin{aligned}
f_r(x) &= \frac{1}{2\pi}\int_0^{2\pi} f(u)\varphi_r(x-u)\mathrm{d}u = \frac{1}{2\pi}\int_{x-2\pi}^{x} f(x-t)\varphi_r(t)\mathrm{d}t \\
&= \frac{1}{2\pi}\int_0^{2\pi} f(x-t)\varphi_r(t)\mathrm{d}t,
\end{aligned}$$

car φ_r et f sont 2π-périodiques.

Soit $\varepsilon > 0$. On a

$$\lim_{t \to 0^+} f(x-t) = f(x_-) \text{ et } \lim_{t \to 2\pi^-} f(x-t) = \lim_{t \to 0^-} f(x-t) = f(x_+).$$

On peut donc trouver $\alpha \in]0, \alpha[$ tel que

$$\begin{cases} 0 < t \leqslant \alpha & \Longrightarrow \quad |f(x-t) - f(x_-)| \leqslant \varepsilon \\ 2\pi - \alpha \leqslant t < 2\pi & \Longrightarrow \quad |f(x-t) - f(x_+)| \leqslant \varepsilon. \end{cases}$$

On note que $\int_0^{2\pi} \varphi_r(t)\mathrm{d}t = \sum\limits_{n=-\infty}^{+\infty} r^{|n|} \int_0^{2\pi} e^{int}\mathrm{d}t = 2\pi$, car la série converge normalement. On a d'autre part, puisque φ_r converge uniformément vers 0 sur $[\alpha, 2\pi - \alpha]$ quand r tend vers 1^-, on a $\lim\limits_{r \to 1^-} \int_\alpha^{2\pi-\alpha} \varphi_r(t) = 0$. Enfin comme φ_r est paire et 2π-périodique, on a $\int_0^\alpha \varphi_r(t)\mathrm{d}t = \int_{2\pi-\alpha}^{2\pi} \varphi_r(t)\mathrm{d}t$. On déduit de tout ceci que

$$\lim_{r \to 1^-} \int_0^\alpha \varphi_r(t)\mathrm{d}t = \lim_{r \to 1^-} \int_{2\pi-\alpha}^{2\pi} \varphi_r(t)\mathrm{d}t = \pi.$$

On écrit alors

$$f_r(x) - \frac{f(x_+) + f(x_-)}{2} = \frac{1}{2\pi}\left(\int_0^{2\pi} f(x-t)\varphi_r(t)\mathrm{d}t - \pi f(x_+) - \pi f(x_-)\right)$$

$$= \frac{1}{2\pi}\left(\int_0^\alpha (f(x-t) - f(x_-))\varphi_r(t)\mathrm{d}t + \int_{2\pi-\alpha}^{2\pi} (f(x-t) - f(x_+))\varphi_r(t)\mathrm{d}t\right.$$

$$+ f(x_-)\left(\int_0^\alpha \varphi_r(t) - \pi\right)\mathrm{d}t + f(x_+)\left(\int_{2\pi-\alpha}^{2\pi} \varphi_r(t)\mathrm{d}t - \pi\right)$$

$$\left. + \int_\alpha^{2\pi-\alpha} f(x-t)\varphi_r(t)\mathrm{d}t\right).$$

On majore les différents termes. On obtient

$$\left|\int_0^\alpha (f(x-t) - f(x_-))\varphi_r(t)\mathrm{d}t\right| \leqslant \varepsilon \int_0^\alpha \varphi_r \leqslant \varepsilon\pi,$$

car φ_r est positive et $\int_0^\pi \varphi_r = \pi$, et de même,

$$\left|\int_{2\pi-\alpha}^{2\pi} (f(x-t) - f(x_+))\varphi_r(t)\mathrm{d}t\right| \leqslant \varepsilon\pi.$$

On en déduit que

$$\left|f_r(x) - \frac{1}{2}(f(x_+) + f(x_-))\right| \leqslant \varepsilon + \frac{\|f\|_\infty}{2\pi}\left(\left|\int_0^\alpha \varphi_r - \pi\right| + \right.$$

$$\left.\left|\int_{2\pi-\alpha}^{2\pi} \varphi_r - \pi\right| + \int_\alpha^{2\pi-\alpha} \varphi_r\right).$$

D'après ce qui précède, le terme de droite de l'inégalité tend vers ε lorsque r tend vers 1^-. Il existe donc $r_0 \in]0,1[$ tel que, pour $r_0 \leqslant r \leqslant 1$ on a

$$\left| f_r(x) - \frac{1}{2}\left(f(x^+) + f(x^-)\right)\right| \leqslant 2\varepsilon.$$

Conclusion. $\boxed{\lim_{r \to 1^-} f_r(x) = \frac{1}{2}\left(f(x^+) + f(x^-)\right).}$

4. Supposons f continue et reprenons la démonstration faite dans la question précédente. La fonction f étant continue sur $\mathbb{R}$, 2π-périodique, elle est donc uniformément continue sur $\mathbb{R}$. Soit $\varepsilon > 0$ et $\alpha \in]0,\pi[$ un module d'uniforme continuité de f pour ε.

On a alors, pour tout réel x,

$$\begin{cases} 0 < t \leqslant \alpha & \Longrightarrow \ |f(x-t) - f(x)| \leqslant \varepsilon \\ 2\pi - \alpha \leqslant t < 2\pi & \Longrightarrow \ |f(x-t) - f(x)| = |f(x-t) - f(x-2\pi)| \leqslant \varepsilon. \end{cases}$$

On peut reprendre les inégalités précédentes avec $f(x_+) = f(x_-) = f(x)$. Cette fois, α est indépendant de x. On obtient, pour tout $x \in \mathbb{R}$,

$$|f_r(x) - f(x)| \leqslant \varepsilon + \frac{\|f\|_\infty}{2\pi}\left(\left|\int_0^\alpha \varphi_r - \pi\right| + \left|\int_{2\pi-\alpha}^{2\pi} \varphi_r - \pi\right| + \int_\alpha^{2\pi-\alpha} \varphi_r\right).$$

On a donc, pour $r_0 \leqslant r \leqslant 1$ et tout $x \in \mathbb{R}$,

$$|f_r(x) - f(x)| \leqslant 2\varepsilon.$$

Conclusion. f_r converge uniformément vers f lorsque r tend vers 1^-. $\triangleleft$

Le noyau de Poisson est utilisé dans l'exercice qui suit pour montrer qu'une fonction continue dont tous les coefficients de Fourier exponentiels sont réels et positifs est automatiquement développable en série de Fourier.

4.30. Fonctions à coefficients de Fourier positifs

Soit $f \in \mathcal{C}(\mathbb{R}, \mathbb{C})$ une fonction 2π-périodique. On suppose que la suite $(c_n(f))_{n\in\mathbb{Z}}$ de ses coefficients de Fourier est réelle positive. Montrer que f est somme de sa série de Fourier. On pourra introduire $\sum\limits_{n\in\mathbb{Z}} c_n(f) r^{|n|}$ pour $0 < r < 1$.

(**École normale supérieure**)

▷ **Solution.**

Pour $r \in]0,1[$ et $n \in \mathbb{Z}$ on a $0 \leqslant r^{|n|}c_n(f) \leqslant r^{|n|}\|f\|_\infty$ donc la série $\sum_{n\in\mathbb{Z}} r^{|n|}c_n(f)$ converge. On pose $\mathrm{S}(r) = \sum_{n=-\infty}^{+\infty} r^{|n|}c_n(f)$. Nous allons montrer que S est majorée sur $]0,1[$, d'où nous déduirons la convergence de la série $\sum c_n(f)$ et donc la convergence normale de la série de Fourier de f.

On a, pour $r \in]0,1[$,

$$\begin{aligned}\mathrm{S}(r) &= \sum_{n=-\infty}^{+\infty} r^{|n|}c_n(f) = \frac{1}{2\pi}\sum_{n=-\infty}^{+\infty} r^{|n|}\int_0^{2\pi} f(t)e^{-int}\,\mathrm{d}t \\ &= \frac{1}{2\pi}\sum_{n=-\infty}^{+\infty}\int_0^{2\pi} r^{|n|}f(t)e^{-int}\,\mathrm{d}t.\end{aligned}$$

On a, pour tout $t \in [0,2\pi]$, $|r^{|n|}f(t)e^{-int}| \leqslant r^{|n|}\|f\|_\infty$, donc la série de fonctions $\sum r^{|n|}f(t)e^{-int}$ est normalement convergente sur $[0,2\pi]$. On peut donc échanger l'intégration et la sommation. On obtient

$$\mathrm{S}(r) = \frac{1}{2\pi}\int_0^{2\pi} f(t)\sum_{n=-\infty}^{+\infty} r^{|n|}e^{-int}\,\mathrm{d}t.$$

La somme de cette série est calculée dans la question 2 de l'exercice précédent :

$$\begin{aligned}\sum_{n=-\infty}^{+\infty} r^{|n|}e^{-int} &= \sum_{n=0}^{+\infty} r^n e^{-int} + \sum_{n=1}^{+\infty} r^n e^{int} = \frac{1}{1-re^{-it}} + \frac{re^{it}}{1-re^{it}} \\ &= \frac{1-r^2}{|1-re^{it}|^2} = \frac{1-r^2}{1+r^2-2r\cos t}.\end{aligned}$$

On en déduit

$$\mathrm{S}(r) = \frac{1}{2\pi}\int_0^{2\pi} f(t)\frac{1-r^2}{1+r^2-2r\cos t}\,\mathrm{d}t.$$

Par hypothèse les coefficients $c_n(f)$ sont positifs donc $\mathrm{S}(r)$ est positif. D'autre part, pour tout $t \in [0,2\pi]$, $\dfrac{1-r^2}{1+r^2-2r\cos t} = \dfrac{1-r^2}{|1-re^{it}|^2} \geqslant 0$. On en déduit que

$$\begin{aligned}\mathrm{S}(r) &= \frac{1}{2\pi}\left|\int_0^{2\pi} f(t)\frac{1-r^2}{1+r^2-2r\cos t}\,\mathrm{d}t\right| \\ &\leqslant \frac{1}{2\pi}\int_0^{2\pi} |f(t)|\frac{1-r^2}{1+r^2-2r\cos t}\,\mathrm{d}t \\ &\leqslant \frac{\|f\|_\infty}{2\pi}\int_0^{2\pi} \frac{1-r^2}{1+r^2-2r\cos t}\,\mathrm{d}t.\end{aligned}$$

Pour calculer l'intégrale il suffit d'utiliser la formule donnant $\mathrm{S}(r)$ avec la fonction f constante égale à 1. Il est clair que dans ce cas $\mathrm{S}(r) = 1$. Ainsi, pour tout $r \in]0, 1[$,

$$\frac{1}{2\pi} \int_0^{2\pi} \frac{1 - r^2}{1 + r^2 - 2r\cos t}\, \mathrm{d}t = 1$$

et on a

$$\mathrm{S}(r) \leqslant \|f\|_\infty .$$

Soit $\mathrm{N} \in \mathbb{N}$. Comme la série est à termes positifs, on a, pour tout $r \in]0, 1[$,

$$\sum_{n=-\mathrm{N}}^{\mathrm{N}} c_n(f) r^{|n|} \leqslant \mathrm{S}(r) \leqslant \|f\|_\infty .$$

En faisant tendre r vers 1, on en déduit $\sum\limits_{n=-\mathrm{N}}^{\mathrm{N}} c_n(f) \leqslant \|f\|_\infty$. Cela étant vrai pour tout $\mathrm{N} \in \mathbb{N}$, on en déduit que la série à terme positifs $\sum c_n(f)$ est convergente, puis que la série de Fourier $\sum c_n(f) e^{nit}$ est absolument convergente. Sa somme est alors nécessairement égale à f (l'argument est classique et a été développé avant l'exercice 4.10). $\lhd$

Le lecteur sait que si f est une fonction 2π-périodique et continue, la série de Fourier $\mathrm{S}_n(f)$ ne converge pas forcément. Le mathématicien Fejér a été l'un des premiers à donner un exemple d'une telle fonction. Mais aussitôt il a obtenu un résultat positif qui se révèle très utile : la moyenne de Cesàro des sommes partielles de la série de Fourier de f, c'est-à-dire $\dfrac{\mathrm{S}_1(f) + \cdots + \mathrm{S}_n(f)}{n}$, converge uniformément vers cette fonction. Combiné au théorème de Cesàro, cela montre que si la suite $\mathrm{S}_n(f)(x)$ converge en un réel x, sa limite ne peut être que $f(x)$. L'énoncé suivant propose la démonstration du théorème de Fejér (dans le cadre de fonctions 1-périodiques). L'idée est d'écrire la moyenne des sommes partielles sous la forme $f * \mathrm{K}_n$, convolée de f et du noyau de Fejér K_n. Celui-ci (déjà rencontré dans l'exercice 4.2) a la propriété fondamentale d'être positif.

4.31. Théorème de Fejér (1904)

Soit f une application continue 1-périodique de $\mathbb{R}$ dans $\mathbb{C}$.

On pose, pour $n \in \mathbb{N}^*$, $\mathrm{K}_n(x) = \sum\limits_{k=-n}^{n} \left(1 - \dfrac{|k|}{n}\right) e^{2i\pi kx}$ *(noyau de Fejér d'indice n).*

On note S_n la somme partielle d'indice n de la série de Fourier de f et $f_n = \dfrac{1}{n}(S_0 + S_1 + \cdots + S_{n-1})$.

1. Montrer que, pour tout $n \in \mathbb{N}^*$, on a

$$f_n(x) = \int_0^1 K_n(x-y) f(y) dy.$$

2. Montrer que la suite (f_n) converge uniformément vers f.

(École normale supérieure)

▷ **Solution.**

1. Notons c_k, pour $k \in \mathbb{Z}$, les coefficients de Fourier exponentiels de f. On a, pour tout $n \in \mathbb{N}$,

$$\begin{aligned} S_n(x) &= \sum_{k=-n}^{n} c_k e^{2i\pi kx} = \sum_{k=-n}^{n} \int_0^1 f(y) e^{2i\pi k(x-y)}\, dy \\ &= \int_0^1 f(y) \left(\sum_{k=-n}^{n} e^{2i\pi k(x-y)} \right) dy. \end{aligned}$$

On en déduit que

$$f_n(x) = \frac{1}{n} \int_0^1 f(y) \left(\sum_{k=0}^{n-1} \left(\sum_{\ell=-k}^{k} e^{2i\pi \ell(x-y)} \right) \right) dy.$$

Considérons la fonction L_n définie par $L_n(x) = \dfrac{1}{n} \sum\limits_{k=0}^{n-1} \left(\sum\limits_{\ell=-k}^{k} e^{2i\pi \ell x} \right)$. En échangeant les deux sommations, on obtient

$$L_n(x) = \frac{1}{n} \sum_{\ell=-(n-1)}^{n-1} (n - |\ell|) e^{2i\pi \ell x} = K_n(x).$$

On a donc bien $f_n(x) = \int_0^1 K_n(x-y) f(y)\, dy$.

2. Montrons que K_n est positive et vérifie $\int_0^1 K_n(x) dx = 1$.

En notant, pour tout $k \in \mathbb{N}$, $d_k(x) = \sum\limits_{\ell=-k}^{k} e^{2i\pi \ell x}$, il résulte de la question 1 qu'on a, pour tout $n \in \mathbb{N}^*$, $K_n(x) = \dfrac{1}{n} \sum\limits_{k=0}^{n-1} d_k(x)$. Supposons $e^{2i\pi x} \neq 1$. On a alors, pour tout $k \in \mathbb{N}^*$,

$$d_k(x) = e^{-ikx} \frac{e^{2i\pi(2k+1)x} - 1}{e^{2i\pi} - 1} = \frac{e^{2i\pi(k+1)x} - e^{-2i\pi kx}}{e^{2i\pi x} - 1}.$$

On en déduit que

$$\begin{aligned}
\mathrm{K}_n(x) &= \frac{1}{n(e^{2i\pi x}-1)} \sum_{k=0}^{n-1} (e^{2i\pi(k+1)x} - e^{-2i\pi kx}) \\
&= \frac{1}{n(e^{2i\pi x}-1)} \left(\frac{e^{2i\pi x}(e^{2i\pi nx}-1)}{e^{2i\pi x}-1} - \frac{e^{-2i\pi nx}-1}{e^{-2i\pi x}-1} \right) \\
&= \frac{e^{2i\pi x}\,(e^{2i\pi nx}+e^{-2i\pi nx}-2)}{n(e^{2i\pi x}-1)^2} = \frac{2\cos(2\pi nx)-2}{n(2i\sin \pi x)^2} = \frac{\sin^2(\pi nx)}{n\sin^2(\pi x)}.
\end{aligned}$$

Par continuité de K_n, $\mathrm{K}_n(x) = n$ si $e^{2i\pi x} = 1$. La fonction K_n est bien positive.

Pour tout entier k, l'intégrale $\int_0^{2\pi} e^{2i\pi kx}\mathrm{d}x$ est nulle si $k \neq 0$ et vaut 1 sinon. On en déduit que $\int_0^1 \mathrm{K}_n(x)\mathrm{d}x = 1$.

Le changement de variable $t = x - y$ dans l'intégrale qui définit f_n conduit à

$$f_n(x) = \int_{x-1}^{x} \mathrm{K}_n(t) f(x-t)\,\mathrm{d}t = \int_0^1 \mathrm{K}_n(t) f(x-t)\,\mathrm{d}t,$$

car f et K_n sont 1-périodiques. On écrit alors

$$\begin{aligned}
f_n(x) - f(x) &= \int_0^1 \mathrm{K}_n(t) f(x-t)\mathrm{d}t - f(x)\int_0^1 \mathrm{K}_n(t)\mathrm{d}t \\
&= \int_0^1 \mathrm{K}_n(t)(f(x-t) - f(x))\mathrm{d}t.
\end{aligned}$$

Puisque K_n est positive, on en déduit que

$$|f_n(x) - f(x)| \leqslant \int_0^1 \mathrm{K}_n(t)|f(x-t) - f(x)|\mathrm{d}t.$$

La fonction f est uniformément continue sur $\mathbb{R}$, puisque continue et 2π-périodique. Pour $\varepsilon > 0$, soit $\eta \in \left]0, \frac{1}{2}\right[$ tel que $|f(x) - f(y)| \leqslant \varepsilon$ si $|x-y| \leqslant \eta$. On a alors

$$\int_0^{\eta} \mathrm{K}_n(t)|(f(x-t) - f(x))|\mathrm{d}t \leqslant \varepsilon \int_0^{\eta} \mathrm{K}_n(t)\mathrm{d}t \leqslant \varepsilon \int_0^1 \mathrm{K}_n(t)\mathrm{d}t \leqslant \varepsilon$$

$$\begin{aligned}
\int_{1-\eta}^{1} \mathrm{K}_n(t)|(f(x-t) - f(x))|\mathrm{d}t &= \int_{1-\eta}^{1} \mathrm{K}_n(t)|(f(x-t) - f(x-1))|\mathrm{d}t \\
&\leqslant \varepsilon \int_{1-\eta}^{1} \mathrm{K}_n(t)\mathrm{d}t \leqslant \varepsilon.
\end{aligned}$$

On majore ensuite l'autre morceau d'intégrale. Pour $t \in [\eta, 1-\eta]$, on a

$$\mathrm{K}_n(t) = \frac{\sin^2(\pi n x)}{n\sin^2(\pi t)} \leqslant \frac{1}{n\sin^2(\pi t)} \leqslant \frac{1}{n\sin^2(\pi\eta)}.$$

On en déduit que

$$\int_\eta^{1-\eta} \mathrm{K}_n(t)|\mathrm{F}(x-t)-\mathrm{F}(x)|\mathrm{d}t \leqslant \frac{2\|\mathrm{F}\|_\infty}{n\sin^2(\pi\eta)}.$$

Cette dernière quantité tend vers 0 quand n tend vers $+\infty$. Elle est inférieure à ε si n est supérieur à un entier naturel n_0. On a alors, si $n \geqslant n_0$, $|\mathrm{F}_n(x)-\mathrm{F}(x)| \leqslant 3\varepsilon$, pour tout réel x. La suite $(\mathrm{F}_n)_{n\in\mathbb{N}}$ converge donc uniformément vers F sur $\mathbb{R}$. ◁

Les exercices suivants s'intéressent à des questions de nature topologique sur l'espace des fonctions continues 2π-périodiques, les deux premiers à des problèmes de complétude.

4.32. Complétude pour la norme quadratique

Soit E l'ensemble des applications de $\mathbb{R}$ dans $\mathbb{C}$ continues et 2π-périodiques. On munit E du produit hermitien défini par

$$\langle f, g\rangle = \int_0^{2\pi} \overline{f(t)}g(t)\,\mathrm{d}t.$$

E est-il complet ?

(**École polytechnique**)

▷ **Solution.**

On note $\|\ \|_2$ la norme issue de ce produit hermitien. La réponse est négative. Une suite de Cauchy de E peut, par exemple, converger au sens de la norme $\|\ \|_2$ vers une fonction non continue.

Soit f une fonction de $\mathbb{R}$ dans $\mathbb{C}$, 2π-périodique, continue par morceaux, et pour laquelle il existe au moins un point $x_0 \in]0, 2\pi[$ en lequel la limite à droite diffère de la limite à gauche. Notons S_n les sommes partielles de sa série de Fourier. On a, pour $0 < n < m$, $\|\mathrm{S}_m - \mathrm{S}_n\|_2^2 = \sum_{\substack{k\in\mathbb{Z}\\ n<|k|\leqslant m}} |c_k(f)|^2$. La série $\sum_{k\in\mathbb{Z}} |c_k(f)|^2$ étant convergente, on en déduit que (S_n) est une suite de Cauchy. On sait que (S_n) converge vers f au sens de la norme $\|\ \|_2$. Si la suite (S_n) convergeait vers une fonction g de E, on aurait $\|f-g\|_2 = 0$, c'est-à-dire $\int_0^{2\pi} |f(t)-g(t)|^2\,\mathrm{d}t = 0$.

Cela impose que $f(t) = g(t)$ en tout point t où f est continue. Mais alors, les limites de f à gauche et à droite en x_0 valent toutes les deux $g(x_0)$ ce qui contredit l'hypothèse faite ci-dessus. $\triangleleft$

Bien entendu il est possible de donner une solution de cet exercice n'utilisant pas du tout l'analyse de Fourier.

Dans l'énoncé qui suit on s'intéresse à l'espace des fonctions continues 2π-périodiques dont la série de Fourier converge absolument et on montre qu'il s'agit d'une algèbre de Banach.

4.33. Fonctions dont la série des coefficients de Fourier converge absolument

Soit $\mathcal{B}$ l'ensemble des applications continues 2π-périodiques de $\mathbb{R}$ dans $\mathbb{C}$ telle que la série $\sum c_n(f)$ soit absolument convergente (les $c_n(f)$ étant les coefficients de Fourier de f).

1. Montrer que $\mathcal{B}$ est un $\mathbb{C}$-espace vectoriel et que tout élément de $\mathcal{B}$ est somme de sa série de Fourier.

2. Pour $f \in \mathcal{B}$, on pose $\|f\| = \sum\limits_{n\in\mathbb{Z}} |c_n(f)|$. Montrer que l'on définit ainsi une norme pour laquelle $\mathcal{B}$ est complet.

3. Montrer que $(f, g) \in \mathcal{B}^2$ implique $fg \in \mathcal{B}$ et $\|fg\| \leqslant \|f\|\|g\|$.

(**École polytechnique**)

$\triangleright$ **Solution.**

1. Montrons que $\mathcal{B}$ est un sous-espace de l'espace vectoriel des fonctions continues, 2π-périodique de $\mathbb{R}$ dans $\mathbb{C}$. Soit f et g deux éléments de $\mathcal{B}$, λ un réel. On a, pour tout $n \in \mathbb{N}$,

$$c_n(f + g) = c_n(f) + c_n(g) \quad \text{et} \quad c_n(\lambda f) = \lambda c_n(f).$$

Par hypothèse, les séries $\sum c_n(f)$ et $\sum c_n(g)$ convergent absolument. Il en est de même de $\sum c_n(f) + c_n(g)$ et $\sum \lambda c_n(f)$. On en déduit que $f + g$ et λf sont dans $\mathcal{B}$. Ainsi $\mathcal{B}$ est un espace vectoriel.

Soit $f \in \mathcal{B}$. On pose, pour tout réel x, $g(x) = \sum\limits_{n\in\mathbb{Z}} c_n(f)e^{inx}$. La série qui définit $g(x)$ est normalement convergente sur $\mathbb{R}$, par hypothèse. La fonction g est donc définie et continue sur $\mathbb{R}$. Calculons ses coefficients de Fourier. On obtient, pour tout $k \in \mathbb{Z}$,

$$\begin{aligned} c_k(g) &= \frac{1}{2\pi}\int_0^{2\pi} \sum_{n\in\mathbb{Z}} c_n(f)e^{i(n-k)x}\mathrm{d}x = \sum_{n\in\mathbb{Z}} \frac{1}{2\pi}\int_0^{2\pi} c_n(f)e^{i(n-k)x}\mathrm{d}x \\ &= c_k(f), \end{aligned}$$

l'interversion de l'intégrale et de la sommation étant justifiée par la convergence normale de la série. Les fonctions f et g ont mêmes coefficients de Fourier. Les coefficients de Fourier de $f-g$ sont donc nuls. La formule de Parseval donne donc $\int_0^{2\pi} |f(x)-g(x)|^2 \mathrm{d}x = 0$. La fonction $f-g$ étant continue, elle est nulle sur $[0, 2\pi]$ et donc sur $\mathbb{R}$ tout entier. On a donc $f = g$ et la fonction f est égale à la somme de sa série de Fourier.

2. Pour f et g dans $\mathcal{B}$ et $\lambda \in \mathbb{R}$, on a

$$\|f+g\| = \sum_{n\in\mathbb{Z}} |c_n(f+g)| \leqslant \sum_{n\in\mathbb{Z}} |c_n(f)| + \sum_{n\in\mathbb{Z}} |c_n(g)| = \|f\| + \|g\| \text{ et}$$

$$\|\lambda f\| = \sum_{n\in\mathbb{Z}} |c_n(\lambda f)| = \sum_{n\in\mathbb{Z}} |\lambda||c_n(f)| = |\lambda|\|f\|.$$

Par ailleurs, $\|f\| = 0$ implique, pour tout $n \in \mathbb{Z}$, $c_n(f) = 0$ et donc, d'après la formule de Parseval, $\int_0^{2\pi} |f(x)|^2 \mathrm{d}x = 0$. La fonction f étant continue, elle est nulle sur $[0, 2\pi]$ et donc sur $\mathbb{R}$. On a donc bien défini une norme sur $\mathcal{B}$.

Montrons que $\mathcal{B}$ est complet pour cette norme. Soit $(f_k)_{k\in\mathbb{N}}$ une suite de Cauchy de $\mathcal{B}$. On a, pour tout $n \in \mathbb{Z}$ et tout $(k, \ell) \in \mathbb{N}^2$,

$$|c_n(f_k) - c_n(f_\ell)| \leqslant \|f_k - f_\ell\|.$$

On en déduit que, pour tout $n \in \mathbb{Z}$, la suite $(c_n(f_k))_{k\in\mathbb{N}}$ est de Cauchy. Elle est donc convergente, puisque $\mathbb{C}$ est complet. On note c_n sa limite.

Montrons que $\sum |c_n|$ converge. La suite (f_k) est bornée puisqu'elle converge. Soit $\mathrm{M} > 0$ tel que $\|f_k\| \leqslant \mathrm{M}$, pour tout $k \in \mathbb{N}$. Pour $\mathrm{N} \in \mathbb{N}$ et $k \in \mathbb{N}$, on a $\sum_{|n|\leqslant \mathrm{N}} |c_n(f_k)| \leqslant \|f_k\| \leqslant \mathrm{M}$. En faisant tendre k vers l'infini, on obtient $\sum_{|n|\leqslant \mathrm{N}} |c_n| \leqslant \mathrm{M}$. Ceci étant vrai pour tout $\mathrm{N} \in \mathbb{N}$, on en déduit que $\sum |c_n|$ converge. Posons, pour tout $x \in \mathbb{Z}$, $f(x) = \sum_{n\in\mathbb{Z}} c_n e^{inx}$. On montre, comme dans la question 1 qu'on définit ainsi une fonction f continue sur $\mathbb{R}$ et dont les coefficients de Fourier sont les c_n.

Montrons que la suite $(f_k)_{k\in\mathbb{N}}$ converge vers f. Soit $\varepsilon > 0$. Il existe $k_0 \in \mathbb{N}$ tel que $\|f_k - f_\ell\| = \sum_{n\in\mathbb{Z}} |c_n(f_k) - c_n(f_\ell)| \leqslant \varepsilon$ si $k, \ell \geqslant k_0$. Pour tout $\mathrm{N} \in \mathbb{N}$, on a alors $\sum_{|n|\leqslant \mathrm{N}} |c_n(f_k) - c_n(f_\ell)| \leqslant \varepsilon$. En faisant tendre ℓ vers $+\infty$, on obtient $\sum_{|n|\leqslant \mathrm{N}} |c_n(f_k) - c_n| \leqslant \varepsilon$. Ceci étant vrai pour tout $\mathrm{N} \in \mathbb{N}$, on en déduit que $\sum_{n\in\mathbb{Z}} |c_n(f_k) - c_n(f_\ell)| \leqslant \varepsilon$, c'est-à-dire que $\|f_k - f\| \leqslant \varepsilon$, ceci pour tout $k \geqslant k_0$. Cela montre que (f_k) converge vers f.

Tout suite de Cauchy de $\mathcal{B}$ est convergente. L'espace vectoriel normé $\mathcal{B}$ est complet.

On peut rédiger cela bien plus rapidement si on sait que $\ell^1(\mathbb{Z}, \mathbb{C})$ l'espace des suites sommables $u = (u_n)_{n\in\mathbb{Z}}$ de nombres complexes muni de la norme $\|u\|_1 = \sum_{n\in\mathbb{Z}} |u_n|$ est un espace de Banach. En effet, l'application qui a $f \in \mathcal{B}$ associe la suite $(c_n(f))_{n\in\mathbb{Z}}$ est un isomorphisme d'espaces vectoriels normés.

3. Soit f et g deux éléments de $\mathcal{B}$. On a, pour tout $x \in \mathbb{R}$,

$$f(x) = \sum_{n\in\mathbb{Z}} c_n(f)e^{inx} \quad \text{et} \quad g(x) = \sum_{n\in\mathbb{Z}} c_n(g)e^{inx}.$$

Ces deux séries sont absolument convergentes. La série double $\sum a_{n,m}$ définie par $a_{n,m} = c_n(f)e^{inx}c_m(g)e^{imx}$ est donc sommable et sa somme est $f(x)g(x)$. D'après le théorème d'associativité, on peut sommer pour $m + n = p$ et écrire

$$\begin{aligned} f(x)g(x) &= \sum_{p\in\mathbb{Z}} \left(\sum_{m+n=p} c_n(f)e^{inx}c_m(g)e^{imx} \right) \\ &= \sum_{p\in\mathbb{Z}} \left(\sum_{m+n=p} c_n(f)c_m(g) \right) e^{ipx}. \end{aligned}$$

Posons, pour $p \in \mathbb{Z}$, $a_p = \sum_{m+n=p} c_n(f)c_m(g)$. Montrons que les a_p sont les coefficients de Fourier de fg. Les séries $\sum |c_n(f)|$ et $\sum |c_m(g)|$ convergent. On en déduit que la série double $\sum |c_n(f)||c_m(g)|$ est sommable de somme $\|f\|\|g\|$. Comme précédemment, on peut écrire

$$\|f\|\|g\| = \sum_{p\in\mathbb{Z}} \left(\sum_{m+n=p} |c_n(f)||c_m(g)| \right).$$

Comme $|a_p| \leqslant \sum_{m+n=p} |c_n(f)||c_m(g)|$, on en déduit que la série $\sum_p |a_p|$ converge. Sachant que, pour tout $x \in \mathbb{R}$, on a

$$f(x)g(x) = \sum_{p\in\mathbb{Z}} a_p e^{ipx}$$

et que cette série converge normalement, on en déduit, comme dans la question 1, que les a_p sont les coefficients de Fourier de fg, puis que fg est dans $\mathcal{B}$.

Enfin, par définition, on a

$$\|fg\| = \sum_{p\in\mathbb{Z}} |a_p| \leqslant \sum_{p\in\mathbb{Z}} \left(\sum_{m+n=p} |c_n(f)||c_m(g)| \right) = \|f\|\|g\|.$$

La dernière question de l'exercice montre que $\mathcal{B}$ est une algèbre de Banach.

Il n'est pas du tout évident de caractériser l'appartenance d'une fonction à $\mathcal{B}$ par des conditions de régularité. L'exercice suivant donne une condition suffisante : une fonction α-höldérienne avec $\alpha > 1/2$ est dans $\mathcal{B}$. Ce résultat est dû à Bernstein.

4.34. Convergence de la série de Fourier d'une fonction α-höldérienne

Soit f une application 2π-périodique de $\mathbb{R}$ dans $\mathbb{C}$. On suppose qu'il existe $\mathrm{M} > 0$ et $\alpha > 0$ tel qu'on ait, pour tous réels x et y, $|f(x) - f(y)| \leqslant \mathrm{M}|x - y|^\alpha$ (on dit que f est α-höldérienne).

1. Montrer qu'au voisinage de $\pm\infty$, $c_n(f) = O\left(\dfrac{1}{|n|^\alpha}\right)$.

2. Montrer qu'il existe $\mathrm{K} > 0$ tel que, pour tout $h > 0$,

$$\sum_{n\in\mathbb{Z}} |c_n(f)|^2 \sin^2 nh \leqslant \mathrm{K}|h|^{2\alpha}.$$

3. On suppose $\alpha > \dfrac{1}{2}$. Montrer que la série de Fourier de f est absolument convergente. Quelle est sa somme ?

(**École polytechnique**)

▷ **Solution.**

1. Il résulte de l'hypothèse que la fonction f est continue sur $\mathbb{R}$. Soit $h > 0$. Considérons les coefficients de Fourier de la fonction f_h, définie par $f_h(x) = f(x + h) - f(x - h)$, qui est continue et 2π-périodique. On obtient, pour tout $n \in \mathbb{Z}$,

$$\begin{aligned} c_n(f_h) &= \frac{1}{2\pi}\left(\int_0^{2\pi} (f(x+h)e^{-inx}\mathrm{d}x - \int_0^{2\pi} (f(x-h)e^{-inx}\mathrm{d}x\right) \\ &= (e^{inh} - e^{-inh})c_n(f) = 2i\sin(nh)c_n(f). \end{aligned}$$

De l'hypothèse, on déduit alors que

$$\begin{aligned} 2|\sin nh||c_n(f)| &= \frac{1}{2\pi}\left|\int_0^{2\pi} (f(x+h) - f(x-h))e^{-inx}\mathrm{d}x\right| \\ &\leqslant \frac{1}{2\pi}\int_0^{2\pi} |f(x+h) - f(x-h)|\mathrm{d}x \\ &\leqslant \frac{1}{2\pi}\int_0^{2\pi} \mathrm{M}(2h)^\alpha = \mathrm{M}(2h)^\alpha. \end{aligned}$$

En particulier, en prenant $h = \dfrac{1}{|n|}$, on obtient, pour $n \in \mathbb{Z}^*$

$$|c_n(f)| \leqslant \frac{\mathrm{M}}{2\sin 1}\frac{2^\alpha}{|n|^\alpha},$$

ce qui démontre le résultat voulu.

2. On écrit la formule de Parseval pour f_h. On obtient

$$\sum_{n\in\mathbb{Z}} 4|c_n(f)|^2\sin^2(nh) = \frac{1}{2\pi}\int_0^{2\pi}|f(x+h)-f(x-h)|^2\mathrm{d}x.$$

Mais on a, par hypothèse

$$\frac{1}{2\pi}\int_0^{2\pi}|f(x+h)-f(x-h)|^2\mathrm{d}x \leqslant \frac{1}{2\pi}\int_0^{2\pi}\mathrm{M}|2h|^{2\alpha}\mathrm{d}x = \mathrm{M}|2h|^{2\alpha}.$$

Finalement, on obtient

$$\sum_{n\in\mathbb{Z}} |c_n(f)|^2\sin^2(nh) \leqslant \mathrm{M}2^{2\alpha-2}|h|^{2\alpha},$$

ce qui est l'inégalité voulue avec $\mathrm{K} = \mathrm{M}2^{2\alpha-2}$.

3. Il faut démontrer la convergence de $\sum|c_n(f)|$, en utilisant la série précédente pour une valeur bien choisie de h. Étant donné la présence de carrés, on songe à utiliser l'inégalité de Cauchy-Schwarz.

On a pour $\mathrm{N} \in \mathbb{N}^*$,

$$\begin{aligned}\Bigg(\sum_{\substack{|n|\leqslant \mathrm{N}\\ n\neq 0}} |c_n(f)|\Bigg)^2 &= \Bigg(\sum_{\substack{|n|\leqslant \mathrm{N}\\ n\neq 0}} |c_n(f)|\sin(nh)\frac{1}{\sin(nh)}\Bigg)^2\\ &\leqslant \sum_{\substack{|n|\leqslant \mathrm{N}\\ n\neq 0}} |c_n(f)|^2\sin^2(nh)\sum_{\substack{|n|\leqslant \mathrm{N}\\ n\neq 0}}\frac{1}{\sin^2(nh)}\\ &\leqslant \mathrm{K}|h|^{2\alpha}\sum_{\substack{|n|\leqslant \mathrm{N}\\ n\neq 0}}\frac{1}{\sin^2(nh)},\end{aligned}$$

où h est choisi de telle manière que $\sin(nh) \neq 0$ si $|n| \leqslant \mathrm{N}$ et $n \neq 0$. Il faut ensuite majorer $\dfrac{1}{\sin^2(nh)}$. On peut par exemple prendre $h = \dfrac{\pi}{2\mathrm{N}}$, auquel cas nh est dans $]-\dfrac{\pi}{2}, \dfrac{\pi}{2}[$, pour tout n. Compte tenu de l'inégalité $\sin x \geqslant \dfrac{2}{\pi}x$, pour $x \in [0, \dfrac{\pi}{2}]$, on obtient

$$\Bigg(\sum_{\substack{|n|\leqslant \mathrm{N}\\ n\neq 0}} |c_n(f)|\Bigg)^2 \leqslant \mathrm{K}h^{2\alpha}\frac{\pi^2}{4}\sum_{\substack{|n|\leqslant \mathrm{N}\\ n\neq 0}}\frac{1}{n^2h^2} \leqslant \frac{\mathrm{K}\pi^2}{2}h^{2\alpha-2}\sum_{n=1}^{+\infty}\frac{1}{n^2}.$$

Quand N tend vers $+\infty$, h tend vers 0 et si $\alpha < 1$ le membre de droite de l'inégalité tend vers $+\infty$. On ne peut rien en conclure. Si $\alpha > 1$, il tend vers 0, ce qui signifie que $\sum_{n\in\mathbb{Z}^*} |c_n(f)| = 0$ et donc $c_n(f) = 0$ si $n \neq 0$. Ceci était prévisible car si on fait tendre y vers x dans la relation fournie par l'énoncé, on obtient $f'(x) = 0$. La fonction f est donc constante.

Nous allons améliorer la méthode proposée en faisant varier h avec n. Plus précisément, nous allons considérer $\sum_{2^{\mathrm{N}}\leqslant|n|<2^{\mathrm{N}+1}} |c_n(f)|$ et prendre alors $h = \dfrac{\pi}{2^{\mathrm{N}+2}}$. On obtient, comme précédemment

$$\left(\sum_{2^{\mathrm{N}}\leqslant|n|<2^{\mathrm{N}+1}} |c_n(f)|\right)^2 \leqslant \frac{\mathrm{K}\pi^2}{2} h^{2\alpha-2} \sum_{2^{\mathrm{N}}\leqslant n<2^{\mathrm{N}+1}} \frac{1}{n^2}.$$

La dernière somme contient 2^{N} termes inférieur à $\left(\dfrac{1}{2^{\mathrm{N}}}\right)^2$. Elle est inférieure à $\dfrac{1}{2^{\mathrm{N}}}\cdot$ En remplaçant h par sa valeur $\dfrac{\pi}{2^{\mathrm{N}+2}}$, on obtient

$$\left(\sum_{2^{\mathrm{N}}\leqslant|n|<2^{\mathrm{N}+1}} |c_n(f)|\right)^2 \leqslant \frac{\mathrm{K}\pi^2}{2} \frac{\pi^{2\alpha-2}}{2^{(\mathrm{N}+2)(2\alpha-2)}} \frac{1}{2^{\mathrm{N}}} \leqslant \frac{\mathrm{K}'}{2^{\mathrm{N}(2\alpha-1)}},$$

où $\mathrm{K}' = \dfrac{\mathrm{K}\pi^{2\alpha}}{2^{(4\alpha-3)}}\cdot$ La série $\sum \dfrac{1}{2^{\mathrm{N}(2\alpha-1)}}$ est convergente, car $2\alpha - 1 > 0$; on en déduit que $\sum |c_n(f)|$ converge. La série de Fourier de f converge donc normalement.

Sa somme ne peut être alors que f. En effet, si on considère la fonction g définie par $g(x) = \sum_{n\in\mathbb{Z}} c_n(f)e^{inx}$, celle-ci est continue, car la convergence est normale et ses coefficients de Fourier sont les $c_n(f)$ (pour les calculer, on peut intégrer terme à terme, puisque la série converge normalement). Les coefficients de Fourier de $f - g$ sont donc nuls et la formule de Parseval montre que $\int_0^{2\pi} |f(x) - g(x)|^2 \mathrm{d}x = 0$. Les fonctions f et g étant continues, on en déduit que $g = f$. ◁

Notons que ce résultat est en un sens optimal. Il existe en effet des fonctions 1/2-höldériennes dont la série de Fourier n'est pas absolument convergente.

L'exercice suivant décrit les formes linéaires continues sur l'espace préhilbertien des fonctions continues 1-périodiques.

4.35. Dual topologique

Soit E l'espace des fonctions 1-périodiques, continues de $\mathbb{R}$ dans $\mathbb{C}$. Soit λ une forme linéaire sur E continue pour la norme $\| \ \|_2$. Montrer qu'il existe une suite complexe $(a_n)_{n\in\mathbb{Z}}$ telle que $\sum |a_n|^2$ converge et

$$\forall f \in \mathrm{E}, \quad \lambda(f) = \sum_{-\infty}^{+\infty} a_n c_n(f).$$

(**École normale supérieure**)

▷ **Solution.**

Soit λ une forme linéaire sur E, continue pour $\| \ \|_2$. Pour tout $n \in \mathbb{Z}$, on note e_n la fonction $t \longmapsto e^{2i\pi nt}$ et $a_n = \lambda(e_n)$. On sait que la famille $(e_n)_{n\in\mathbb{Z}}$ est orthonormée.

Soit $f \in \mathrm{E}$. Pour $\mathrm{N} \in \mathbb{N}$, on pose $\mathrm{S_N} = \sum\limits_{n=-\mathrm{N}}^{\mathrm{N}} c_n(f)e_n$. On sait que la suite $(\mathrm{S_N})_{\mathrm{N}\geqslant 0}$ converge au sens de la norme $\| \ \|_2$ vers f. On a donc, par continuité de λ,

$$\lambda(f) = \lim_{\mathrm{N}\to+\infty} \lambda(\mathrm{S_N}) = \lim_{\mathrm{N}\to+\infty} \sum_{n=-\mathrm{N}}^{\mathrm{N}} a_n c_n(f).$$

La série $\sum a_n c_n(f)$ converge car, pour $0 \leqslant m \leqslant n$, on a

$$\left|\sum_{m}^{n} a_k c_k(f)\right| = \left|\lambda\left(\sum_{k=m}^{n} c_k(f)e_k\right)\right| \leqslant \|\!|\lambda|\!\| \left\|\sum_{k=m}^{n} c_k(f)e_k\right\|_2$$
$$\leqslant \|\!|\lambda|\!\| \sqrt{\sum_{k=m}^{n} |c_k(f)|^2}$$

et $\sum\limits_{k=m}^{n} |c_k(f)|^2$ tend vers 0 quand m et n tendent vers $+\infty$, car la série $\sum |c_n(f)|^2$ converge. Ainsi, la série $\sum a_k c_k(f)$ converge. On montre de même que la série $\sum a_{-k}c_{-k}(f)$ converge. On peut donc écrire

$$\lambda(f) = \sum_{n=-\infty}^{+\infty} a_n c_n(f).$$

Il reste à démontrer que $\sum |a_n|^2$ converge. Pour $\mathrm{N} \in \mathbb{N}$, on considère la fonction $f_\mathrm{N} = \sum\limits_{n=-\mathrm{N}}^{\mathrm{N}} \overline{a_n} e_n$. On a, d'une part,

$$\lambda(f_{\mathrm{N}}) = \sum_{n=-\mathrm{N}}^{\mathrm{N}} \overline{a_n}\lambda(e_n) = \sum_{n=-\mathrm{N}}^{\mathrm{N}} |a_n|^2 = |\lambda(f_{\mathrm{N}})|$$

et d'autre part

$$|\lambda(f_{\mathrm{N}})| \leqslant |||\lambda||| \; \|f_{\mathrm{N}}\|_2 \leqslant |||\lambda||| \sqrt{\sum_{n=-\mathrm{N}}^{\mathrm{N}} |a_n|^2}.$$

On en déduit que

$$\sqrt{\sum_{n=-\mathrm{N}}^{\mathrm{N}} |a_n|^2} \leqslant |||\lambda|||.$$

Cela étant vrai pour tout $\mathrm{N} \in \mathbb{N}$, $\sum |a_n|^2$ converge et

$$\sqrt{\sum_{n=-\infty}^{\infty} |a_n|^2} \leqslant |||\lambda|||. \quad \triangleleft$$

On peut en fait montrer que $|||\lambda||| = \sqrt{\sum_{n=-\infty}^{\infty} |a_n|^2} = \|(a_n)\|_2$ *(norme dans* $\ell_2(\mathbb{Z})$*). En effet, pour tout* $f \in \mathrm{E}$*, on a d'après l'inégalité de Cauchy-Schwarz et la formule de Parseval,*

$$\begin{aligned} |\lambda(f)| &\leqslant \sqrt{\sum_{n=-\infty}^{\infty} |a_n|^2}\sqrt{\sum_{n=-\infty}^{\infty} |c_n|^2} \\ &\leqslant \|(a_n)\|_2 \, \|f\|_2 \end{aligned}$$

et donc $|||\lambda||| \leqslant \|(a_n)\|_2$.

Réciproquement, toute suite (a_n) *de* $\ell_2(\mathbb{Z})$ *définit une application linéaire continue de* E*. On pose pour tout* $f \in \mathrm{E}$, $\lambda(f) = \sum_{n=-\infty}^{+\infty} a_n c_n(f)$. *Comme* $(c_n(f)) \in \ell_2(\mathbb{Z})$, $\sum |a_n c_n(f)|$ *converge d'après l'inégalité de Cauchy-Schwarz et* λ *est bien définie. On montre en reprenant la démonstration précédente que* λ *est continue et* $|||\lambda||| = \|(a_n)\|_2$. *L'application* $(a_n) \in \ell_2(\mathbb{Z}) \longmapsto \lambda \in \mathcal{L}_c(\mathrm{E}, \mathbb{C})$ *est linéaire et surjective. Elle conserve la norme donc elle est injective.*

Nous avons vu l'importance de la convolution dans les problèmes d'approximation (exercices 4.26, 4.27, 4.29 et 4.31). Le dernier exercice de ce chapitre étudie les propriétés des opérateurs de convolution $f \longmapsto k * f$*, définis sur l'espace vectoriel* E *des fonctions continues de*

$\mathbb{R}$ dans $\mathbb{C}$, 2π-périodiques, muni de la norme de la convergence quadratique : compacité de l'opérateur, propriété des éléments propres. Un bon cadre pour la définition des opérateurs compacts est celui des espaces de Hilbert (ce que n'est pas E, *d'après l'exercice 4.32 ; il faudrait se placer dans le complété de* E*). Les propriétés spectrales démontrées dans la question 5 sont générales. Si* L *est un opérateur compact entre deux espaces de Hilbert, l'ensemble des valeurs propres est soit fini, soit une suite convergeant vers* 0, *et tout sous-espace propre relatif à une valeur propre non nulle est de dimension finie.*

4.36. Opérateurs de convolution

On considère l'espace E des fonctions continues de $\mathbb{R}$ dans $\mathbb{C}$ et 2π-périodiques muni de la norme $\| \ \|_2$ de la convergence quadratique. Pour $k \in \mathrm{E}$, on pose, pour toute fonction f de E,

$$(\mathrm{K}f)(x) = \int_0^{2\pi} k(x-t)f(t)\mathrm{d}t.$$

1. Montrer que K est un endomorphisme continu de E.

2. Déterminer les coefficients de Fourier de Kf.

3. *Compacité de l'opérateur* : montrer que si $(f_n)_{n\in\mathbb{N}}$ est une suite bornée de E, on peut extraire de $(\mathrm{K}f_n)_{n\in\mathbb{N}}$ une suite convergente.

4. Montrer que tout espace propre autre que le noyau de K est de dimension finie.

5. Plus généralement, soit L un endomorphisme continu de E tel que pour toute suite bornée $(f_n)_{n\in\mathbb{N}}$ de E on puisse extraire de $(\mathrm{L}f_n)_{n\in\mathbb{N}}$ une suite convergente.

a. Montrer que tout sous-espace propre autre que le noyau de L est de dimension finie et que 0 est valeur d'adhérence de toute suite $(\lambda_n)_{n\in\mathbb{N}}$ de valeurs propres deux à deux distinctes.

b. Conclure que toute suite $(\lambda_n)_{n\in\mathbb{N}}$ de valeurs propres de L deux à deux distinctes converge vers 0.

(**École normale supérieure**)

▷ **Solution.**

1. On rappelle que la norme $\| \ \|_2$ est définie par $\|f\|_2 = \sqrt{\int_0^{2\pi} |f|^2}$. On reconnaît dans K$f$ le produit de convolution de k et de f. Les propriétés en sont classiques .

De la continuité de la fonction $(x,t) \longmapsto k(x-t)f(t)$ sur $\mathbb{R}^2$, on déduit que Kf est continue sur $\mathbb{R}$; elle est aussi 2π-périodique car k l'est. La fonction Kf est donc un élément de E.

Il est clair que l'application K est linéaire. Reste à montrer qu'elle est continue. En appliquant l'inégalité de Cauchy-Schwarz, on obtient, pour tout réel x,

$$|\mathrm{K}f(x)|^2 \leqslant \int_0^{2\pi} |k(x-t)|^2 \mathrm{d}t \int_0^{2\pi} |f(t)|^2 \mathrm{d}t.$$

Puisque k est 2π-périodique, on a

$$\int_0^{2\pi} |k(x-t)|^2 \mathrm{d}t = \int_{x-2\pi}^{x} |k(u)|^2 \mathrm{d}u = \int_0^{2\pi} |k(t)|^2 \mathrm{d}t = \|k\|_2^2 .$$

On a donc $|\mathrm{K}f(x)|^2 \leqslant \|k\|_2^2 \, \|f\|_2^2$, pour tout réel x et en intégrant,

$$\|\mathrm{K}f\|_2^2 \leqslant 2\pi \, \|k\|_2^2 \, \|f\|_2^2, \text{ c'est-à-dire } \quad \|\mathrm{K}f\|_2 \leqslant \sqrt{2\pi} \, \|k\|_2 \, \|f\|_2 .$$

L'endomorphisme K est continu et $|||\mathrm{K}||| \leqslant \sqrt{2\pi} \, \|k\|_2$.

2. Pour tout élément f de E, on note $c_n(f)$ ($n \in \mathbb{Z}$) les coefficients de Fourier de f. Pour calculer les coefficients de Fourier de Kf, on applique le théorème de Fubini. Pour tout $n \in \mathbb{Z}$, on a

$$\begin{aligned}
c_n(\mathrm{K}f) &= \frac{1}{2\pi} \int_0^{2\pi} \mathrm{K}f(x) e^{-inx} \mathrm{d}x \\
&= \frac{1}{2\pi} \int_0^{2\pi} \left(\int_0^{2\pi} k(x-t) f(t) \mathrm{d}t \right) e^{-inx} \mathrm{d}x \\
&= \frac{1}{2\pi} \iint\limits_{[0,2\pi]^2} k(x-t) f(t) e^{-inx} \mathrm{d}x \mathrm{d}t \\
&= \frac{1}{2\pi} \int_0^{2\pi} \left(\int_0^{2\pi} k(x-t) e^{-inx} \mathrm{d}x \right) f(t) \mathrm{d}t.
\end{aligned}$$

On transforme

$$\begin{aligned}
\int_0^{2\pi} k(x-t) e^{-inx} \mathrm{d}x &= e^{-int} \int_0^{2\pi} k(x-t) e^{-in(x-t)} \mathrm{d}x \\
&= e^{-int} \int_0^{2\pi} k(x) e^{-inx} \mathrm{d}x = 2\pi e^{-int} c_n(k)
\end{aligned}$$

et on obtient finalement $c_n(\mathrm{K}f) = \int_0^{2\pi} c_n(k) f(t) e^{-int} \mathrm{d}t = 2\pi c_n(k) c_n(f)$.

3. Remarquons que si la suite (f_n) converge vers f, alors chaque suite $(c_p(f_n))_{n\in\mathbb{N}}$ converge vers $c_p(f)$: en effet, on a d'après le théorème de Parseval

$$|c_p(f_n) - c_p(f)|^2 \leqslant \sum_{q\in\mathbb{Z}} |c_q(f_n) - c_q(f)|^2 = \frac{1}{2\pi} \|f_n - f\|_2^2 \xrightarrow[n\to+\infty]{} 0.$$

De plus, par continuité de K, la suite $(\mathrm{K}f_n)$ converge vers $\mathrm{K}f$ et ses coefficients de Fourier sont égaux à $2\pi c_p(k)c_p(f)$. Cela nous indique comment choisir les coefficients de la valeur d'adhérence de la suite $(\mathrm{K}f_n)$ dans le cas général.

Soit $(f_n)_{n\in\mathbb{N}}$ une suite à valeurs dans E, majorée en norme par M. D'après le théorème de Parseval, on a pour tout $n \in \mathbb{N}$, $\sum\limits_{p\in\mathbb{Z}} |c_p(f_n)|^2 = \frac{1}{2\pi}\ \|f_n\|_2^2 \leqslant \frac{1}{2\pi}\mathrm{M}^2$. Pour tout $p \in \mathbb{Z}$, la suite $(c_p(f_n))_{n\in\mathbb{N}}$ est bornée donc possède une sous-suite convergente. Un procédé diagonal fournit une sous-suite $(f_{\varphi(n)})_{n\in\mathbb{N}}$ telle que pour tout p de $\mathbb{Z}$, la suite $(c_p(f_{\varphi(n)}))_{n\in\mathbb{N}}$ converge (le lecteur pourra se reporter à l'exercice 2.34 pour une présentation de ce procédé). Notons $c_p = \lim\limits_{n\to+\infty} c_p(f_{\varphi(n)})$. On a alors, pour $(n, p_0) \in \mathbb{N}^2$,

$$\sum_{p=-p_0}^{p_0} |c_p(f_{\varphi(n)})|^2 \leqslant \sum_{p=-\infty}^{+\infty} |c_p(f_{\varphi(n)})|^2 \leqslant \frac{1}{2\pi}\mathrm{M}^2.$$

En faisant tendre n vers $+\infty$, on obtient $\sum\limits_{p=-p_0}^{p_0} |c_p|^2 \leqslant \frac{1}{2\pi}\mathrm{M}^2$.

Posons, pour tout $p \in \mathbb{Z}$, $d_p = 2\pi c_p c_p(k)$. On obtient, pour tout $p_0 \in \mathbb{N}$, en appliquant l'inégalité de Cauchy-Schwarz,

$$\sum_{-p_0}^{p_0} |d_p| \leqslant 2\pi \sqrt{\sum_{-p_0}^{p_0} |c_p|^2 \sum_{-p_0}^{p_0} |c_p(k)|^2} \leqslant 2\pi \frac{\mathrm{M}}{\sqrt{2\pi}} \frac{\|k\|_2}{\sqrt{2\pi}} \leqslant \mathrm{M}\|k\|_2.$$

La série de terme général $|d_p|$ est donc convergente. On peut poser, pour tout $x \in \mathbb{R}$, $g(x) = \sum\limits_{p\in\mathbb{Z}} d_p e^{-ipx}$. La série qui définit g converge normalement sur $\mathbb{R}$, donc g est définie, continue et 2π-périodique et ses coefficients de Fourier sont les d_p.

Montrons que la suite $(\mathrm{K}f_{\varphi(n)})_{n\in\mathbb{N}}$ converge vers g. On a, pour $n \in \mathbb{N}$,

$$\begin{aligned}
\left\|\mathrm{K}f_{\varphi(n)} - g\right\|_2^2 &= 2\pi \sum_{p\in\mathbb{Z}} |c_p(\mathrm{K}f_{\varphi(n)}) - c_p(g)|^2 \\
&= 2\pi \sum_{p\in\mathbb{Z}} |c_p(\mathrm{K}f_{\varphi(n)}) - d_p|^2 \\
&= (2\pi)^3 \sum_{p\in\mathbb{Z}} |c_p(k)|^2 |c_p(f_{\varphi(n)}) - c_p|^2.
\end{aligned}$$

On sait que pour tout $(n, p) \in \mathbb{N}\times\mathbb{Z}$, $|c_p(f_n)|^2 \leqslant \frac{\mathrm{M}^2}{2\pi}$ et donc $|c_p|^2 \leqslant \frac{\mathrm{M}^2}{2\pi}$. On a alors, pour tout $p_0 \in \mathbb{N}$,

$$\left\|\mathrm{K}f_{\varphi(n)} - g\right\|_2^2 \leqslant (2\pi)^3 \sum_{p=-p_0}^{p_0} |c_p(k)|^2 |c_p(f_{\varphi(n)}) - c_p|^2 + (2\pi)^3 \left(\sum_{\substack{p\in\mathbb{Z} \\ |p|>p_0}} |c_p(k)|^2 \right) \frac{2\mathrm{M}^2}{2\pi}.$$

Étant donné $\varepsilon > 0$, on choisit $p_0 \in \mathbb{Z}$ tel que $8\pi^2\mathrm{M}^2 \sum_{\substack{p\in\mathbb{Z} \\ |p|>p_0}} |c_p(k)|^2 \leqslant \frac{\varepsilon^2}{2}$.

Puisque $\lim_{n\to+\infty} (2\pi)^3 \sum_{p=-p_0}^{p_0} |c_p(k)|^2 |c_p(f_{\varphi(n)}) - c_p|^2 = 0$, il existe n_0 tel que pour $n \geqslant n_0$, $(2\pi)^3 \sum_{p=-p_0}^{p_0} |c_p(k)|^2 |c_p(f_{\varphi(n)}) - c_p|^2 \leqslant \frac{\varepsilon^2}{2}$. On obtient enfin, pour $n \geqslant n_0$, $\|\mathrm{K}f_{\varphi(n)} - g\|_2 \leqslant \varepsilon$.

Conclusion. La suite $(\mathrm{K}f_{\varphi(n)})_{n\in\mathbb{N}}$ converge vers g pour la norme $\| \ \|_2$. On a extrait de $(\mathrm{K}f_n)_{n\in\mathbb{N}}$ une suite convergente.

Un opérateur K *tel que, si* $(f_n)_{n\in\mathbb{N}}$ *est une suite bornée alors on peut extraire de* $(\mathrm{K}f_n)_{n\in\mathbb{N}}$ *une suite convergente est appelé un* opérateur compact.

4. Déterminons les valeurs propres et les sous-espaces propres de K afin de montrer que les sous-espaces propres autres que le noyau sont de dimension finie. Soit $\lambda \in \mathrm{Sp}(\mathrm{K})$ et $f \neq 0$ tel que $\mathrm{K}f = \lambda f$. On a alors pour tout $p \in \mathbb{Z}$, $c_p(\mathrm{K}f) = \lambda c_p(f) = 2\pi c_p(k) c_p(f)$. Si $\lambda \neq 2\pi c_p(k)$, alors $c_p(f) = 0$. Si pour tout $p \in \mathbb{Z}$, $\lambda \neq 2\pi c_p(k)$, alors $\|f\|_2^2 = \sum_{p\in\mathbb{Z}} |c_p(f)|^2 = 0$ et $f = 0$: λ n'est pas valeur propre. On en déduit que

$$\mathrm{Sp}(\mathrm{K}) \subset \{2\pi c_p(k), p \in \mathbb{Z}\}.$$

Soit une valeur propre λ non nulle de K. On considère l'ensemble $\mathrm{A}_\lambda = \left\{p \in \mathbb{Z}, c_p(k) = \frac{\lambda}{2\pi}\right\}$. D'après ce qui précède, il n'est pas vide. Comme $c_p(k)$ tend vers 0 lorsque $|p|$ tend vers l'infini, il est nécessairement fini.

Soit f un vecteur propre relatif à la valeur propre λ. Si $p \notin \mathrm{A}_\lambda$, alors $c_p(f) = 0$. Soit l'élément de E défini par $g(x) = \sum_{p\in\mathrm{A}_\lambda} c_p(f) e^{ipx}$ et $h = f - g$. En distinguant les cas $m \in \mathrm{A}_\lambda$ et $m \notin \mathrm{A}_\lambda$, on montre que, pour tout $m \in \mathbb{Z}$, $c_m(h) = 0$. On en déduit que $\|h\|_2 = 0$ et donc $h = 0$, c'est-à-dire $f = g$. La fonction f est égal à la fonction $x \longmapsto \sum_{p\in\mathrm{A}_\lambda} c_p(f) e^{ipx}$.

Réciproquement, toute fonction f de la forme $x \longmapsto \sum_{p\in\mathrm{A}_\lambda} c_p e^{ipx}$, où les c_p sont des nombres complexes quelconques, vérifie que $\mathrm{K}f = \lambda f$.

On conclut donc que λ est valeur propre de K et que le sous-espace propre correspondant est engendré par les fonctions $x \longmapsto e^{ipx}$ $(p \in \mathrm{A}_\lambda)$. Il est donc de dimension finie.

5. Dans cette question, L est un opérateur compact quelconque de E.

a. Soit λ une valeur propre non nulle de L et E_λ l'espace propre correspondant. L'espace vectoriel E est muni du produit scalaire défini par $(f, g) = \int_0^{2\pi} f\overline{g}$, dont est issue la norme $\| \ \|_2$. Si E_λ n'est pas de dimension finie, on peut trouver dans E_λ une suite $(f_n)_{n\in\mathbb{N}}$ de vecteurs formant une famille orthonormale. Les vecteurs f_n sont unitaires, donc la suite $(f_n)_{n\in\mathbb{N}}$ est bornée. On peut extraire de $(\mathrm{L}f_n)_{n\in\mathbb{N}}$ une suite $(\mathrm{L}f_{\varphi(n)})_{n\in\mathbb{N}}$ convergente. Par définition, on a pour tout $n \in \mathbb{N}$, $f_{\varphi(n)} = \dfrac{1}{\lambda}\mathrm{L}f_{\varphi(n)}$. On en déduit que la suite $(f_{\varphi(n)})_{n\in\mathbb{N}}$ est également convergente. Soit f sa limite. Par continuité de la norme on obtient $\|f\|_2 = 1$. Mais d'autre part, on a pour tout $(n, p) \in \mathbb{N}^2$, $(f_{\varphi(n)}, f_{\varphi(p)}) = 0$. Par continuité du produit scalaire, on en déduit, en faisant tendre n et p vers $+\infty$, $(f, f) = 0$ et donc $\|f\|_2 = 0$. Nous aboutissons à la contradiction voulue. Tout espace propre distinct du noyau est donc de dimension finie.

Naturellement cette démonstration générale s'appliquait dans la question précédente, mais dans ce cas particulier, il était possible de déterminer les espaces propres.

Soit $(\lambda_n)_{n\in\mathbb{N}}$ une suite de valeurs propres deux à deux distinctes. Montrons que 0 est valeur d'adhérence de la suite $(\lambda_n)_{n\in\mathbb{N}}$. Pour tout n, considérons un vecteur propre f_n associé à la valeur propre λ_n. Posons $\mathrm{X}_n = \mathrm{Vect}(f_0, f_1, \ldots, f_n)$. Les valeurs propres étant toutes distinctes, $(f_0, f_1, \ldots, f_n)$ est une base de X_n. Soit $(e_n)_{n\in\mathbb{N}}$ la suite obtenue en appliquant à $(f_n)_{n\in\mathbb{N}}$ le procédé d'orthonormalisation de Schmidt. Si $n \in \mathbb{N}^*$, alors il existe $\alpha_n \in \mathbb{R}$ et $g_n \in \mathrm{X}_{n-1}$ tels que $e_n = \alpha_n f_n + g_n$. On a alors $\mathrm{L}e_n = \alpha_n\lambda_n f_n + \mathrm{L}g_n$; par construction $\mathrm{L}g_n$ est dans X_{n-1} et donc $\mathrm{L}e_n - \lambda_n e_n$ est dans X_{n-1}. Soit maintenant n et m tels que $0 < m < n$. On a $\mathrm{L}e_n - \lambda_n e_n \in \mathrm{X}_{n-1}$, $\mathrm{L}e_m - \lambda_m e_m \in \mathrm{X}_{m-1} \subset \mathrm{X}_{n-1}$ et $e_m \in \mathrm{X}_{n-1}$. On en déduit $\mathrm{L}e_n - \lambda_n e_n - \mathrm{L}e_m \in \mathrm{X}_{n-1}$. Ce vecteur est donc orthogonal à e_n, ce qui donne $\lambda_n = (\mathrm{L}e_n - \mathrm{L}e_m, e_n)$ et donc $|\lambda_n| \leqslant \|\mathrm{L}e_n - \mathrm{L}e_m\|_2$.

La suite $(e_n)_{n\in\mathbb{N}}$ étant bornée, on peut extraire de $(\mathrm{L}e_n)_{n\in\mathbb{N}}$ une suite convergente $(\mathrm{L}e_{\varphi(n)})_{n\in\mathbb{N}}$. Pour $0 < m < n$, on a

$$|\lambda_{\varphi(n)}| \leqslant \|\mathrm{L}e_{\varphi(n)} - \mathrm{L}e_{\varphi(m)}\|_2.$$

La suite $(\mathrm{L}e_{\varphi(n)})_{n\in\mathbb{N}}$ étant de Cauchy, la suite $(\lambda_{\varphi(n)})_{n\in\mathbb{N}}$ converge vers 0, qui est donc valeur d'adhérence de la suite $(\lambda_n)_{n\in\mathbb{N}}$.

b. Supposons que $(\lambda_n)_{n\in\mathbb{N}}$ est une suite de valeurs propres deux à deux distinctes qui ne converge pas vers 0. Il existe donc $\varepsilon > 0$ et une suite extraite $(\lambda_{\varphi(n)})$ telle que $|\lambda_{\varphi(n)}| \geqslant \varepsilon$ pour tout n. Mais alors 0 ne peut pas être valeur d'adhérence de cette suite $(\lambda_{\varphi(n)})$ ce qui est absurde d'après la question précédente. $\triangleleft$

Le lecteur trouvera encore quelques belles applications de la théorie des séries de Fourier (par exemple l'étude de l'équation de la chaleur) dans le troisième tome d'analyse.

Table des matières

Introduction 1

Chapitre 1. Intégration 5

1.1. Un calcul d'intégrale 6
1.2. Une inégalité (1) 7
1.3. Une inégalité (2) 7
1.4. Inégalité de Young 8
1.5. Cas d'égalité dans le théorème de majoration 12
1.6. Une inégalité (3) 13
1.7. Inégalité de Van der Corput 15
1.8. Majoration de l'erreur dans la méthode des trapèzes 17
1.9. Méthode des trapèzes pour une fonction convexe 19
1.10. Recherche d'un minimum 21
1.11. Recherche d'une borne inférieure 22
1.12. Inégalité de Hardy 24
1.13. Recherche d'un minimum 25
1.14. Étude d'une suite 26
1.15. Inégalité de Wirtinger 27
1.16. Fonctions dont les deux premiers moments sont nuls 29
1.17. Fonctions dont les n premiers moments sont nuls 30
1.18. Recherche d'orthogonal 31
1.19. Méthode de Gauss 32
1.20. Une somme de Riemann (1) 34
1.21. Une somme de Riemann (2) 35
1.22. Étude asymptotique des sommes de Riemann 36
1.23. Découpage en morceaux de même aire 38
1.24. Estimation d'une suite de coefficients binomiaux 39
1.25. Lemme de Riemann-Lebesgue 41
1.26. Deuxième formule de la moyenne 43
1.27. Suites équiréparties : généralités 45
1.28. Suites équiréparties : critère de Weyl 47
1.29. Suites équiréparties : un exemple 50
1.30. Calcul d'une intégrale 50
1.31. Mesure du domaine d'annulation d'une fonction 51
1.32. Limites de normes intégrales 53
1.33. Équivalent d'une primitive 54
1.34. Recherche de limite 55
1.35. Équivalent des intégrales de Wallis 56

1.36. Recherche d'un équivalent (1) 57
1.37. Recherche d'un équivalent (2) 58
1.38. Recherche d'un équivalent (3) 60
1.39. Développement asymptotique (1) 62
1.40. Développement asymptotique (2) 64
1.41. Méthode de Laplace (1) 66
1.42. Méthode de Laplace (2) 69
1.43. Développement en série entière 73
1.44. Lemme de Gronwall (1) 76
1.45. Lemme de Gronwall (2) 76
1.46. Moyenne spatiale 77
1.47. Une équation intégrale (1) 78
1.48. Une équation intégrale (2) 79
1.49. Une équation intégrale (3) 80
1.50. Une équation intégrale (4) 81
1.51. Indice d'une courbe fermée 83
1.52. Une preuve du théorème de d'Alembert-Gauss 87

Chapitre 2. Suites et séries de fonctions **91**

2.1. Majoration sur une demi-droite 92
2.2. Une décomposition en série de la valeur absolue 94
2.3. Fonctions continues presque additives 96
2.4. Contrôle uniforme de séries alternées 97
2.5. Sommation au sens de Riemann 99
2.6. Convergence uniforme des séries de Dirichlet 102
2.7. Convergence d'une série trigonométrique 104
2.8. Étude de la convergence d'une série de fonctions 106
2.9. Suite ne convergeant uniformément sur aucun ouvert 108
2.10. Continuité et convergence de fonctions 110
2.11. Série normalement convergente de somme non dérivable . . 111
2.12. Régularité d'une série trigonométrique 112
2.13. Série de primitives successives 113
2.14. Équivalent d'une série de fonctions 114
2.15. Courbe de Bolzano 117
2.16. Interversion série-intégrale 121
2.17. Sur le théorème d'intégration d'une série de fonctions . . . 123
2.18. Polynômes de Bernstein 125
2.19. Limites uniformes de polynômes strictement croissants . . . 128
2.20. Un théorème de Walsh 130
2.21. Théorème de Chudnovsky 131
2.22. Algèbre des fonctions presque périodiques 133
2.23. Théorème de Korovkin (1953) 136
2.24. Approximation de Laguerre 138

2.25. Convergence d'une suite de polynômes 140
2.26. Développement eulérien de la cotangente 142
2.27. Produits infinis (1) 146
2.28. Produits infinis (2) 148
2.29. Développement eulérien du sinus sur $\mathbb{C}$ 152
2.30. Théorème de Dini 156
2.31. Un théorème de point fixe 158
2.32. Suite de fonctions lipschitziennes sur un compact 160
2.33. Convergence uniforme de suites de fonctions convexes . . . 161
2.34. Théorème d'Ascoli 162
2.35. Un cas particulier du théorème d'Ascoli 165
2.36. Théorème de sélection de Helly 166
2.37. Suite de fonctions d'un sous-espace de dimension finie de $\mathcal{C}^0([0,1])$ 167
2.38. Critère de convergence uniforme 169

Chapitre 3. Séries entières **171**

3.1. Rayon de convergence (1) 172
3.2. Rayon de convergence (2) 172
3.3. Rayon de convergence (3) 173
3.4. Rayon de convergence (4) 174
3.5. Étude d'une série entière sur le cercle de convergence 175
3.6. Le théorème d'Abel-Dirichlet 178
3.7. Calcul de la somme d'une série entière 181
3.8. Calcul de la somme de séries de fonctions 182
3.9. Somme d'une série entière extraite 184
3.10. Calcul d'une somme 186
3.11. Calculs de sommes de séries alternées 187
3.12. Développement en série entière des fractions rationnelles . 190
3.13. Signe des coefficients d'un développement en série entière . 192
3.14. Séries génératrices de deux suites récurrentes 195
3.15. Partitions d'un entier en parts fixées 197
3.16. Série génératrice du nombre de partitions de n 199
3.17. Signe des dérivées successives d'une fonction 201
3.18. Développement en série entière (1) 203
3.19. Développement en série entière (2) 204
3.20. Développement en série entière (3) 206
3.21. Limite simple de polynômes à coefficients positifs 208
3.22. Recherche d'un équivalent 210
3.23. Étude asymptotique au bord du disque de convergence . . 212
3.24. Un théorème de Gauss 214
3.25. Série de Lambert 217
3.26. Théorèmes taubériens 220

3.27. Condition suffisante d'injectivité d'une série entière 226
3.28. Théorème de Bieberbach dans le cas réel 227
3.29. Série de Laurent à valeurs entières 229
3.30. Caractérisation des fonctions réelles analytiques 231
3.31. Étude d'analycité 233
3.32. Un théorème de Bernstein 236
3.33. Principe des zéros isolés 237
3.34. Nullité sur un arc du cercle de convergence 238
3.35. Série entière à coefficients entiers, bornée sur son disque de convergence 239
3.36. Fonctions entières de partie réelle bornée 240
3.37. Fonction entière dominée par une exponentielle 242
3.38. Relation entre $\sqrt[n]{|a_n|}$ et $\dfrac{\ln|f(z)|}{|z|}$ 243
3.39. Principe du maximum pour une fraction rationnelle 245
3.40. Principe du maximum 247
3.41. Extrema d'une fonction entière 250
3.42. Critère de convergence simple d'une suite de séries entières 252
3.43. Complétude de l'espace des fonctions continues sur $\overline{\mathrm{D}}$, développables en série entière sur D 255
3.44. Logarithme d'une fonction entière qui ne s'annule pas . . . 258
3.45. Un théorème de Fejér. 260
3.46. Fonction entière telle que $f(2^n) = (-1)^n$ 266

Chapitre 4. Séries de Fourier **271**

4.1. Calcul d'intégrales 274
4.2. Majoration de la norme de la dérivation 275
4.3. Inégalité de Bernstein (1912) 278
4.4. Fonction 2π-périodique orthogonale aux polynômes trigonométriques de degré $< n$ 280
4.5. Une inégalité 281
4.6. Inégalité de Hilbert (1) 282
4.7. Inégalité de Hilbert (2) 283
4.8. Calcul de sommes de séries 286
4.9. Développement eulérien de la fonction cotangente 289
4.10. Développement en série de Fourier (1) 291
4.11. Calcul d'intégrales par développement en série de Fourier . 293
4.12. Développement en série de Fourier (2) 294
4.13. Calcul de la somme d'une série trigonométrique 297
4.14. Inégalité entre normes 300
4.15. Recherche d'équivalent 301
4.16. Formule sommatoire de Poisson 304
4.17. Un cas particulier de la formule sommatoire de Poisson . . 306

4.18. Série génératrice des nombres de Bernoulli 308
4.19. Série de Fourier d'une primitive 311
4.20. Inégalité de Wirtinger 313
4.21. Solutions périodiques de $x' = \mathrm{F}(x)$ 315
4.22. Résolution d'une équation différentielle 319
4.23. Étude de convergence uniforme 323
4.24. Condition suffisante d'analycité 328
4.25. Le phénomène de Gibbs 329
4.26. Théorème de Weierstrass trigonométrique 332
4.27. Théorème de Jackson (1911) 334
4.28. Un théorème de Bernstein (1912) 338
4.29. Noyau de Poisson 340
4.30. Fonctions à coefficients de Fourier positifs 343
4.31. Théorème de Fejér (1904) 345
4.32. Complétude pour la norme quadratique 348
4.33. Fonctions dont la série des coefficients de Fourier converge absolument 349
4.34. Convergence de la série de Fourier d'une fonction α-höldérienne 352
4.35. Dual topologique 355
4.36. Opérateurs de convolution 357

Table des matières 363

Index 369

Index

Abel (transformation d'), 97, 99, 104, 175, 176, 179, 180, 182, 299
Abel-Dirichlet (théorème d'), 178, 182, 188, 189, 203, 220
Alembert-Gauss (théorème de d'), 87, 252
Apéry (théorème d'), 313
Ascoli (théorème d'), 162

Banach (algèbre de), 351
Bernoulli (nombres de), 310, 312
Bernstein
- inégalité de, 277, 280
- polynômes de, 125, 135
- théorème de, 237, 340, 354

Bertrand (séries de), 62
Bieberbach (théorème de), 227
Bolzano (courbe de), 117
Bolzano-Weierstrass (théorème de), 162
Borel-Lebesgue (théorème de), 156, 161

Cantor (procédé diagonal de), 163, 165, 166, 209
Cauchy
- critère de, 120, 163, 180
- formules de, 241
- inégalités de, 239
- produit de, 189, 191, 192, 197, 200, 202, 204, 205, 217, 219, 312
- règle de, 174
- suite de, 177, 257, 350, 352, 363
- tranche de, 101, 102, 104, 300

Cauchy-Lipschitz (théorème de), 209
Cauchy-Schwarz (inégalité de), 12, 23–26, 28, 112, 223, 226, 249, 265, 287, 323, 325, 355, 360, 361
Chudnovsky (théorème de), 131
convergence dominée (théorème de), 53, 59, 60, 62, 68, 89, 188, 203, 333

découpe taubériene, 106, 221
Dini (théorème de), 156, 157, 160
Dirichlet
- séries de, 102
- théorème de, 287, 299, 311, 314

équirépartition, 45–50
eulérien (développement), 142, 152, 291

Fejér
- noyau de, 277, 279, 280, 342, 347
- théorème de, 347

fonction presque périodique, 133
Fourier
- transformée de, 307

Fubini (théorème de), 264, 304, 360

Gauss
- méthode de, 32
- théorème de, 215

Gibbs (phénomène de), 331
Gronwall (lemme de), 76

Hardy (inégalités de), 24
Helly (théorème de sélection de), 166
Hilbert (inégalité de), 284–287
Hölder (inégalité de), 11

indice d'une courbe fermée, 84
inégalité
- de Cauchy-Schwarz, 12, 23–26, 28, 112, 223, 226, 249, 265, 287, 323, 325, 355, 360, 361
- de Hilbert, 284–287
- de Hölder, 11
- de Van der Corput, 14
- de Wirtinger, 27, 315, 316
- de Young, 8

Jackson
- noyau de, 336, 342
- théorème de, 336

Jacobi (fonction theta de), 310

Korovkin (théorème de), 136

Laguerre (approximation de), 138
Lambert (séries de), 218
Laplace (méthode de), 66–74
Laurent (série de), 229
Leibniz (formule de), 237

moyenne
  deuxième formule de la, 43
  première formule de la, 11, 71
méthode des trapèzes, 17, 19

noyau
  de Fejér, 279, 280, 342, 347
  de Jackson, 342
  de Poisson, 342

Parseval (formule de), 284, 285, 287, 315, 318, 321, 323, 326, 352, 355, 356, 360
partition d'un entier, 197, 200
Poisson
  formule sommatoire de, 306–310
  noyau de, 342
principe des zéros isolés, 229, 238–240
principe du maximum, 181, 246–254

Riemann (sommes de), 34–41, 216, 219
Riemann-Lebesgue (lemme de), 41
Rolle (théorème de), 33, 281

Stirling (formule de), 40, 41, 73, 138, 236, 244, 246
suites équiréparties, 45–50

taubériens (théorèmes), 221
Taylor
  formule de avec reste intégral, 25, 232, 237
  polynôme de, 69, 72
  série de, 232, 237
Taylor-Lagrange
  formule de, 38, 39, 71, 177
  inégalité de, 138
théorème du relèvement, 84

Van der Corput (inégalité de), 14

Wallis (intégrales de), 56, 74
Walsh (théorème de), 130
Weierstrass (théorème de), 31, 32, 42, 49, 86, 125, 132, 134, 137, 139, 258, 334
Weyl (critère de), 47
Wirtinger (inégalité de), 27, 315, 316

Young (inégalité de), 8

Imprimerie BARNÉOUD - BONCHAMP-LÈS-LAVAL
Dépôt légal : mars 2009 - N° d'imprimeur : 902115
Imprimé en France